böhlau

Marianne Klemun

Wissenschaft als Kommunikation in der Metropole Wien

Die Tagebücher Franz von Hauers der Jahre 1860–1868

Unter Mitarbeit von Karl Kadletz

BÖHLAU VERLAG WIEN KÖLN WEIMAR

universität wien
Historisch-Kulturwissenschaftliche Fakultät

Institut für Geschichte
UNIVERSITÄT WIEN

Geologische Bundesanstalt

Veröffentlicht mit freundlicher Unterstützung durch:
Dekanat der Historisch-Kulturwissenschaftlichen Fakultät der Universität Wien
Institut für Geschichte der Universität Wien
Geologische Bundesanstalt

Bibliografische Information der Deutschen Nationalbibliothek:
Die Deutsche Nationalbibliothek verzeichnet diese Publikation in der
Deutschen Nationalbibliografie; detaillierte bibliografische Daten sind
im Internet über http://dnb.d-nb.de abrufbar.

Umschlagabbildung:
»Kahlenberger und Grinzinger«. Holzschnitt aus: Figaro. Humoristisches Wochenblatt, 4. Jg. (1860),
6. Oktober, Nr. 41, S. 3, © Universitätsbibliothek Wien, Altes Buch.

Korrektorat: Verena M. Schirl, Wien
Einbandgestaltung: Michael Haderer, Wien
Satz: Michael Rauscher, Wien
Druck und Bindung: Hubert & Co., Göttingen
Gedruckt auf chlor- und säurefreiem Papier
Printed in the EU

Vandenhoeck & Ruprecht Verlage | www.vandenhoeck-ruprecht-verlage.com

ISBN 978-3-205-20968-3

Inhalt

II. DAS TAGEBUCH FRANZ VON HAUERS 1860–1868

Vorwort

Vor einigen Jahren regte uns Mag. Thomas Hofmann, Leiter der Bibliothek der Geologischen Bundesanstalt, dankenswerterweise dazu an, Tagebücher des Geologen und späteren Direktors der Geologischen Reichanstalt Franz Hauer aus der Zeit von 1860–1868 zu edieren. Eine erste Transkription lag auch bereits vor.

Unsere Arbeit fügte sich ideal in ein Projekt ein, das wir mit Mitchell Ash zum Thema »Wissenschaft und Metropole. Orte und Konstellationen wissenschaftlichen Wissens in der späten Habsburgermonarchie« (»Arbeitsgruppe Allgemeine Wissenschaftsgeschichte«) als Teil der an der Österreichischen Akademie der Wissenschaften angesiedelten »Kommission Geschichte und Philosophie der Wissenschaft« entwickelt hatten.

Wir danken dem Obmann der Kommission ao. Univ.-Prof. i. R. Dr. Hermann Hunger, der Stellvertretenden Vorsitzenden und zum Zeitpunkt der Arbeit an diesem Buch Präsidentin der philologisch-historischen Klasse der Akademie der Wissenschaften, o. Univ.-Prof. Dr. Brigitte Mazohl, und auch dem zweiten Stellvertretenden Obmann, Präsidenten der mathematisch-naturwissenschaftlichen Klasse, o. Univ.-Prof., Dipl.-Ing. Dr. Georg Brasseur, für die Unterstützung der Kommission und damit unserer Arbeit. Besonders gilt das auch für den Werkvertrag, der Dr. Karl Kadletz ermöglicht wurde.

Mag. Thomas Hofmann sei für diese Anregung besonders gedankt, Herrn Thomas Kristen ebenso für die erste Transkription, die wir überarbeitet haben und auf der wir unsere kritische Edition aufbauen konnten. Hedi Kadletz-Schöffel danke ich für das akribische Korrekturlesen einiger Teile des Manuskriptes.

Viele Institutionen haben uns ihre Tore freundlich geöffnet und die Archivare Dr. Stefan Sienell (Österreichische Akademie der Wissenschaften) und Mag. Thomas Hofmann (Geologische Bundesanstalt) haben uns maßgeblich unterstützt.

Dem Dekanat der Historisch-Kulturwissenschaftlichen Fakultät der Universität Wien, dem Institut für Geschichte der Universität Wien sowie der Geologischen Bundesanstalt sind wir für die Finanzierung des Druckes zu Dank verpflichtet.

Marianne Klemun und Karl Kadletz, Oktober 2019

I. WISSENSCHAFT ALS KOMMUNIKATION

Marianne Klemun

1. Einleitung

12ten [September 1860]

> Zu Reichsrath Maager; nicht zu Hause. – Zu Gf [Graf] St. Julien; er zeigt viel guten Willen. – wieder zu Maager; wieder nicht zu Hause; Discours mit seinem Sohn, einem Handlungs-Commis. Nach Hietzing zu Baumgartner[1]. Er versichert nie gegen die G.R.A. aufgetreten zu sein.[2] Wollte Gf. Goluchowsky [Gołuchowski][3] seine Anträge zu unserem Nachtheil verändern, so wolle er mit der Sache nichts weiter zu thuen haben; er wolle nicht in seinen alten Tagen seinem der ganzen Wissenschaft geweihtem Leben untreu werden. Sollte er angegriffen werden, so sei er bereit und entschloßen, seine Vorschläge wörtlich drucken zu lassen.[4]

Kaum überraschend stammt die Stelle aus dem Tagebuch des Erdwissenschaftlers Franz von Hauer (1860–1868). Interaktionen, bestimmt von unterschiedlicher Nähe und Distanz, hinterließen in ihm ihre deutlichen Spuren. Informationen flottierten zwischen Naturforschern, Professoren, Kustoden, Bibliothekaren, Bergbeamten, Interessierten, Politikern, Mitgliedern des Verstärkten Reichsrates, Ministern, Präsidenten der Institutionen, Zeitungsherausgebern, Mäzenen, Architekten, Bürokraten, Kanzlisten, Bürodienern und Vertretern des Behördenapparates. Gesellschaftlich heterogen, schrieben sich Interessenskonflikte und Synergien zwischen Wissenschaft, Politik und Öffentlichkeit in die Kommunikationszusammenhänge ein.

»Naturforschung«[5] führt zusammen, ihre Produktion bedarf der Kommunikation. Ohne sie als eine wie immer gestaltete Artikulation sind weder Wissenschaft per se, noch ihre Präsenz oder Akzeptanz gegeben. In der Zeit zwischen 1830 und 1870 entfaltete sich die Infrastruktur der Zivilgesellschaft signifikant. Naturforscher befassten sich mit spezifischen Naturräumen, erarbeiteten eine auf den Staat und/oder das Im-

---

1 Andreas von Baumgartner (1793–1865), Professor der Physik und angewandten Mathematik an der Universität Wien, war 1848 Minister für öffentliche Arbeiten gewesen, wurde ab 1851 Nachfolger Brucks als Handelsminister und ab 26.12.1851 Nachfolger von Krauß als Finanzminister bis 14.1.1855. Seit 1851 wirkte er als Präsident der k.k. Akademie der Wissenschaften in Wien.

2 Das widerspricht dem Vortrag von Minister Gołuchowski beim Kaiser (20. Mai 1860), der sich auf das eindeutig gegen die Reichsanstalt gerichtete Gutachten Baumgartners vom 17. April 1858 bezieht. Siehe Konzept des Vortrages, Präsidialakten des Innenministeriums, Zl 1560. Siehe auch Kap. 5.3.

3 Agenor Gołuchowski (1812–1875) war zu diesem Zeitpunkt Staatsminister und Regierungschef.

4 GBA [Geologische Bundesanstalt], Bibliothek und Archiv, A 00077-TB Hauer, 1860–1868.

5 Ich bleibe bei dem altertümlich anmutenden Begriff »Naturforscher«, weil er sehr oft von den Protagonisten selbst für sich in Anspruch genommen wurde.

perium[6] bezogene Beschreibung und Erklärung der Natur, der Erdoberfläche und ihrer Tiefen und Höhen, ihrer Naturphänomene sowie ihrer Bestandteile. Sie taten dies in unterschiedlichen Rollen und nicht alle gleich gut vernetzt, teils als Privatgelehrte, als Professoren und Lehrer an höheren Bildungseinrichtungen, als Kustoden in Museen, oft peripher in verschiedenen beruflichen Zusammenhängen des Staates wie auch der Montan- und Bergbehörde, als Organisatoren von wissenschaftlichen Institutionen und besonders als Privatiers in der zivilen Gesellschaft. Miteinander in Kontakt stehende Akteure bildeten mit Vertretern des Adels und bürgerlichen Aufsteigern gesellschaftlich informelle nach unten offene Gruppen, die sich besonders ab 1840 in der Metropole Wien auch multifunktionelle Räume des naturkundlichen Wissensaustauschs und der Wissensproduktion schufen. Von Spezialisten geführte Gespräche überwanden öffentlichkeitswirksam traditionelle Barrieren gesellschaftlicher und wissenschaftlicher Korsette und verdichteten das Interesse zu öffentlichen Themen wie etwa der Frage der Klärung von Vulkanerscheinungen, der Meteoriten und der Evolution. Sie verwandelten ihre Treffen mittels Kommunikation zu öffentlich wahrnehmbaren wissenschaftlich und gesellschaftlich relevanten Kristallisationspunkten.

Die bereits bestehenden höfischen Einrichtungen, wie etwa das für die Naturgeschichte so wesentliche k.k. Naturhistorische Hofmuseum ergänzten alsbald die neuen »Räume des Wissens.«[7] Letztere arbeiteten als neue staatliche Forschungsinstitutionen, so die »k.k. Geologische Reichsanstalt« (ab 1849) und die »k.k. Centralanstalt für Meteorologie und Erdmagnetismus« (ab 1851), eng mit den Behörden zusammen. Gemeinsam mit gelehrt-bürgerlichen Kreisen sowie den frisch etablierten Sozietäten operierten deren Akteure in enger mündlicher Verflechtung miteinander. Dazu zählten besonders die »Freunde der Naturwissenschaften« (ab 1845), die »k.k. Zoologisch-Botanische Gesellschaft« (ab 1851), die »k.k. Geographische Gesellschaft« (ab 1856) und der »Verein zur Verbreitung naturwissenschaftlicher Kenntnisse« (ab 1860). Nahezu alle bürgerlichen »Assoziationen« basierten auf einer mehr oder weniger identen personellen Führungselite, waren organisatorisch ähnlich strukturiert und ließen sich von gemeinsamen Idealen zivilisatorischer Beweggründe des »Fortschritts« leiten. Beziehungen fachlicher Natur bestanden zunächst zueinander, und infrastruk-

6 Zum Imperiumskonzept zuletzt besonders: Pieter M. Judson, The Habsburg Empire. A New History (Cambridge, Massachusetts and London 2016). Siehe aus wissenschaftshistorischer Perspektive dazu den Band: Mitchell G. Ash und Jan Surman (Eds), The Nationalization of Scientific Knowledge in the Habsburg Empire, 1848–1918 (New York 2012); auch: Marianne Klemun, National ›Consensus‹ As Culture and Practice: The Geological Survey in Vienna and the Habsburg Empire (1849–1867). In: The Nationalization of Scientific Knowledge in the Habsburg Empire, 1848–1918, ed. by Mitchell G. Ash and Jan Surman (New York 2012), S. 83–101.

7 Zum Konzept der Räume des Wissens in physischer und symbolischer Hinsicht siehe: David N. Livingstone, Putting Science in Its Place. Geographies of Scientific Knowledge (Chicago/London 2003); auch: Mitchell G. Ash, Räume des Wissens – was und wo sind sie? Einleitung in das Thema. In: Berichte zur Wissenschaftsgeschichte 23 (2000), S. 235–242.

turelle Synergien sowie Konkurrenzen mündeten in komplexen interessensgelenkten Überschneidungen bei wirkmächtiger Inklusion und Exklusion von Interessierten und ihren spezifischen Anliegen. Das lief sowohl auf eine Erweiterung der Naturforschung bzw. Naturwissenschaften als auch der jeweils eigenen auf zentrale Figuren bezogenen Statushebung hinaus.

Bei erster Sichtung der Tagebücher Hauers faszinierten mich neben der Fülle an Details besonders die regen mündlichen Austauschprozesse des organisatorischen Arbeitsalltags des zwar an die Reichsanstalt beruflich gebundenen Naturforschers, der aber andere Wissensräume und besonders Vereine evozierte und oft wesentlich mitgestaltete. Die Person des Schreibers schien im Dschungel der auf persönliche Kontakte rekurrierenden Notizen sogleich aus dem Bild zu schwinden. Stattdessen wurde Wien als kommunikativer Referenzraum, der die Akteure der Naturforschung und ihre differenten Wissensorte in ihren geselligen Bezügen untereinander verband, wie in keiner anderen Quelle in besonderer Weise fassbar. Kontakte, die offenbar von Angesicht zu Angesicht und unmittelbar stattfanden, wurden augenfällig. In ihrem Ausmaß sind sie allenfalls komplementär zu anderen Kommunikationsmodi zu erschließen, wie etwa den Publikationen, Zeitschriften und Zeitungsartikeln, den Vorträgen und Diskussionen in formellen Sitzungen der Vereine und Institutionen, den Korrespondenzen. Deshalb drängte sich eine umfangreich kommentierte Edition mit einer entsprechend ausführlichen Einleitung zu den Tagebüchern der Jahre 1860 bis 1868 auf.

Diese Studie über die kommunikativ hergestellte Wissensakkumulierung in der Metropole Wien für die Zeit von 1830 bis etwa 1870 hat mehrere Intentionen. Organisatorisch, kommunikativ und fachlich begründete Gruppenbildungen, Austauschbedingungen anhand von Kooperationen wie auch gesellschaftlich-politischen Hemmnissen, die sich in Wissensräumen untereinander vernetzend manifestierten, stehen im Mittelpunkt des Erkenntnisinteresses. Die an der Spitze der »k.k. Geologische[n] Reichsanstalt« tätigen Organisatoren Wilhelm von Haidinger und Franz Hauer banden nicht nur Erdwissenschaftler, sondern Naturforscher aller Couleur, auch Privatpersonen in ihren Kommunikationsaustausch ein, auch in das seit 1849 vorangetriebene imperiale Projekt der geologischen Kartierung der Gesamtmonarchie. Darüber hinaus entwickelten sie Expertisen, die weit über die geologische Begehung hinausgingen, wie etwa die chemische Analyse von Erzen und Wasservorkommen, die Sammlung und Deutung von Daten über Erdbeben, Meteoriten, Bergbauangelegenheiten etc. Sie standen in regem Kontakt mit nahezu allen in Wien und der Monarchie arbeitenden Naturforschern und übten zunehmend eine außerordentliche Strahlkraft auf sie aus. Gemeinsam entfalteten sie in wenigen Jahren ein dominantes wissenschaftliches Kräftefeld, das weit über die Reichsanstalt hinaus nahezu alle wissenschaftlichen Institutionen sowie die an Naturforschung interessierten Personen Wiens miteinander vernetzte, ja sogar dominierte. Von dieser erfolgreichen Einrichtung aus wurden in besonderer Dichte politische wie auch wissenschaftliche Fäden der Kommunikation gezogen, die auf eine Katalysatorwirkung der Naturforschung hinausliefen. Deren spezifische Bedingungen werden in dieser Studie analysiert, gleichzeitig wird der Blick auf generelle Zusammenhänge der Organisation von Wissen und Wissenschaft als kommunikativer Prozess gelenkt.

Erklärungsbedarf hatte diese Zentrumsbildung in Wien, die in Bezug auf die Erdwissenschaften personell und inhaltlich weltweit keine auch nur annähernd vergleichbare Dichte aufwies, weshalb dieses Phänomen als für die Metropolenbildung spezifisch adressiert werden mag. Kennzeichnend sind, laut historischer Metropolenforschung, eine diverse Population auf dichtem Raum, struktureller Reichtum und kulturelle Ressourcen, technisch elaborierte Infrastruktur, die Konzentration unterschiedlicher Kräfte, das Ziel von Migration und schließlich ein besonderer Handlungsspielraum für unterschiedliche Gruppen. Sowohl der forcierte infrastrukturelle Ausbau der Stadt und die Verdichtung durch Einrichtungen, die nur hier existent und auf das ganze Imperium ausgerichtet waren, als auch die greifbare Wissensakkumulation lassen es zu, von Wien als einem der vielen »Laboratorien des Fortschritts«[8] bezüglich der Naturforschung zu sprechen. Dorothee Brantz' Begriff der Metropole als »Thick Space«[9] wird in dieser Studie auf die Kommunikation in der Stadt und das in ihr gebündelte Wissen bezogen. Die Protagonisten der Reichsanstalt hatten einen maßgeblichen Anteil an dieser Entwicklung. Nicht nur der hohe internationale Standard und die weltweite Vernetzung ihrer Forschung, sondern besonders ihre kommunikativen Aktivitäten auf unterschiedlichsten Ebenen (massive Publikationstätigkeit und engagierte Öffentlichkeitsarbeit) in Wien ermöglichten ihre einzigartig dominante Forschungspräsenz, ihre öffentliche Sichtbarkeit, so die These dieses Buches.

Dass die Arbeit der »k.k. Geologische[n] Reichsanstalt« im Inneren und die Darstellung nach außen nach zwei verschiedenen Modi funktionierte, lässt sich als Hauptmoment dieser Erfolgsgeschichte definieren. Ein personell und inhaltlich offen kommunizierendes Gefäß für die Mitwirkung von Personen unterschiedlichster Vorbildung an der geologischen Begehungsarbeit bei ausgeklügelter Arbeitsteilung mit einem auf das Produkt der Gesamterschließung der Monarchie eindeutig bestimmten klaren Weg, so könnte man die Zielrichtung der »k.k. Geologische[n] Reichsanstalt« kurz auf einen Nenner bringen. Von der Begehungsarbeit abgesehen, wurde die Anstalt infolge ihrer inhaltlichen und personellen Vernetzung in und außerhalb Wiens auch zu einem »centre of calculation«[10] weit über die Erdwissenschaften hinaus. Diese kommunikative Ausrichtung war bereits in den Vorgängerinstitutionen, dem »Montanistische[n] Museum« (ab 1840) und ab 1845 mit den Treffen der »Freunde der Naturwissenschaf-

8 Heinz Reif, Metropolises. History, Concepts, Methodologies. In: Dorothee Brantz, Sasha Disko and Georg Wagner-Kyora (Eds.), Thick Space: Approaches to Metropolitanism (Bielefeld 2012), S. 31–47, bes. 32 ff.

9 Siehe dazu: Die Geologische Bundesanstalt in Wien 150 Jahre Geologie im Dienste Österreichs (1849–1999). ed. von der Geologischen Bundesanstalt (Wien 1999), bes. S. 93 f.

10 Bruno Latour, Science in Action: How to Follow Scientists and Engineers through Society (Harvard University Press 1987).

ten« eingeführt worden: Die Aktivitäten zeichneten sich dadurch aus, dass sie auf international hohem wissenschaftlichem Niveau und stets mittels unterschiedlicher Kanäle der Wissenskommunikation, wie massiver Buchproduktion, Zeitschriftenpublikation und auch Boulevardpresse, artikuliert wurden. Zwischen all diesem auf Papier verstetigten Wissen stand das persönliche Gespräch, der direkte interpersonelle wissenschaftliche Austausch. Letztere Kommunikationsform fand bisher in der Forschung kaum Beachtung und wird hier in den Mittelpunkt der Analyse gerückt.

Kooperation beherrschte die auf eine gemeinsame Zielsetzung angelegte Arbeit, eine relative Autonomie in den Entscheidungsprozessen gegenüber der Oberbehörde und eine einheitliche Ausrichtung bildeten die Basis, die Öffentlichkeit für sich zu gewinnen. Nahezu dramatisch zeigten sich Bruchlinien zwischen den Akteuren, als die Eigenständigkeit der Reichsanstalt plötzlich aufgehoben, sie im Juni 1860 der »k.k. Akademie der Wissenschaften« unterstellt worden war und die Vertreter der Reichsanstalt alle Hebel in Politik und Öffentlichkeit aktivierten. Ihre frühere Unabhängigkeit zurückzuerringen, gelang der Reichsanstalt nicht nur wegen der Sichtbarkeit ihrer außerordentlich erfolgreichen Arbeiten, ihres beispiellosen Outputs an Publikationen und eines hohen Grads an Vernetzung, sondern auch infolge ihrer Präsenz in den Printmedien. Ferner bewirkte auch die persönliche Einflussnahme von Wissenschaftlern und politischen Repräsentanten das Ihre.

Während die bisherige Forschung zur Wissenschaftsgeschichte Wiens sich bislang verstärkt auf die Zeit des Fin de Siècle konzentrierte,[11] mit dem mehr oder weniger idealisierend verklärenden Bild einer kreativen Großstadt,[12] so wird nun die Epoche des Neoabsolutismus und der liberalen Ära in den Mittelpunkt des Stadtbezuges gerückt. Carl Schorske mit seiner brillanten Analyse einer Jugendgeneration vor und nach 1900, wonach jene wegen der Unterlassungen im Liberalismus die rational-liberale Haltung der Väter über Bord geworfen habe, machte die Lücke der Forschung über diesen Aufbruch der »Vätergeneration« deutlich. Allerdings wurde die Periode auch maßgeblich von Initiativen vor 1848 geprägt, bezüglich Forderungen nach einer Autonomie beanspruchenden bürgerlichen Gesellschaft, nach einer »bürgerlichen Öffentlichkeit«[13] und nach Befreiung des Individuums aus staatlicher Bevormundung, indem sich Interessierte in Assoziationen neue Wege der Interaktion und Kommunikation untereinander erschlossen. Brüche, die sich durch die Revolution 1848 vermeintlich ergaben, wurden in der Forschung bisher überbetont, denn sie waren schnell überwunden. Insofern will diese Studie die Kontinuitäten vor 1848 bis zu dem Jahre

11 Carl Schorske, Wien – Geist und Gesellschaft im Fin de Siècle (München/Zürich 1994). Das Original erschien in englischer Sprache 1982. Besonders anregend: Deborah Coen, Vienna in the Age of Uncertainty. Science, Liberalism, and Private Life (Chicago/London 2007).

12 Robert Waissenberger, Vorwort. In: Traum und Wirklichkeit. Wien 1870–1930. 93. Sonderausstellung des Historischen Museums der Stadt Wien (Wien 1985), S. 10–11; ferner auch: Emil Brix und Allan Janik (Eds.), Kreatives Milieu. Wien um 1900 (München 1993).

13 Wiewohl es problematisch ist, verwende ich den Habermas'schen Begriff.

1867 in den Mittelpunkt rücken. Denn allgemein gesehen sind die Jahrzehnte kurz vor und nach der Revolution 1848, des Neoabsolutismus und der konstitutionellen Phase bis 1867 bislang in der Wissenschaftsgeschichte noch unterbelichtet. Eine Ausnahme stellen die wertvollen Studien Deborah Coens dar.[14]

Das Jahrzehnt vor 1848 bildet einen wichtigen Ausgangpunkt dafür, den Wandel von einem weitgehend pessimistischen Blick auf die Stellung der Wissenschaften im öffentlichen Bewusstsein der Zeitgenossen dieses Jahrzehnts hin zu einer zeitgenössischen Wahrnehmung der Aufbruchsstimmung zu konstatieren. Waren da nicht Diagnosen, die etwa 1822 noch lauteten: »Die Wissenschaften werden dort [in Wien] noch lange, auch in ihrem ganzen Flore, isoliert bleiben, der Enthusiasmus Einzelner wird das große Ganze nie durchdringen und ein allgemeines Interesse zu erregen im Stande sein.«[15]

In seiner Notiz über »Die Elemente des geistigen Lebens in Wien«[16] 1847 identifizierte Adolf Schmidl dieses Jahrzehnt als wichtiges Übergangsstadium des »Heraustretens« aus dem Elfenbeinturm (er nannte es die »Studirstube«) der Wissenschaften. Es waren nicht zufällig öffentlich zugängliche Vorträge im Stile Alexander von Humboldts[17] in Berlin, jener öffentlich zugänglichen Abendveranstaltungen angesehener Vertreter der Hochschulen, die anziehend wirkten. So mobilisierte der Physiker Andreas Freiherr von Ettingshausen in den Jahren 1845–1846 1300 Zuhörer, bestehend aus Staatsbeamten, Militärs und Geistlichen, Frauen und Männern. Veranstaltungen dieser Größenordnung wurden nun als Argument ventiliert, dass ein Publikum in Wien zu aktivieren war. Dass »ein Trieb zur Belehrung in allen Kreisen« bereits bestand, machte Schmidl wie so viele Bildungsbürger der Zeit optimistisch. »Production und Consumption« von Wissen, so Schmidl als Herausgeber der »Oesterreichische[n] Blätter für Literatur und Kunst, Geografie, Geschichte, Statistik und Naturkunde«, waren zwar in Folge »zerstreuter Geister in sich zersplittert«, beide seien jedoch auf dem Wege, sich gegenseitig zu bedingen.

Kommunikation, in welcher Form sie auch erfolgte und was auch immer man heute darunter verstehen mag und auch welches Konzept man der Analyse zugrunde legt,[18]

---

14 Deborah R. Coen, Climate in Motion: Science, Empire, and the Problem of Scale (Chicago/London 2018).

15 Heinrich Joachim Jäck, Wien und dessen Umgebungen (Weimar 1822), S. 146.

16 Adolf Schmidl, Die Elemente des geistigen Lebens in Wien. In: Oesterreichische Blätter für Literatur und Kunst, Geografie, Geschichte, Statistik und Naturkunde 4 (Wien 1847), IV. Jg. Nr. 56, 6. März 1847, S. 221–224.

17 Alexander von Humboldt hielt ab 1827 innerhalb von sechs Monaten einundsechzig Vorträge an der Universität in Berlin. Sie waren so beliebt, dass sie jeweils hunderte von Zuhörer/innen anzogen. Sein Publikum war bunt und enthielt Repräsentanten aus allen Schichten, von Mitgliedern der königlichen Familie bis zu Kutschern und Dienstmädchen. Frauen war der Besuch an der Universität versagt, umso mehr nutzten sie diese öffentlichen Vorträge. Siehe dazu: Andrea Wulf, Alexander von Humboldt und die Erfindung der Natur (München 2016), S. 246.

18 Aus der reichen Literatur zur Wissenschaftskommunikation: Friedrich Krotz, Mediatization. A Con-

sie war und ist nie eine Einwegstraße.[19] Entgegen derzeit bevorzugter Konzepte der Wissenschaftskommunikation, die Vermittlungsprozesse als Popularisierung in den Vordergrund stellen[20] und damit implizit von einer essentiellen Aufweichung der Inhalte ausgehen sowie hierarchische Unterschiede zwischen den Sendern und Empfängern implizieren, verfolgt diese Studie ein sowohl eng als auch weit gefasstes Kommunikationsverständnis zugleich. Sie geht davon aus, dass Wissenschaft ohne jegliche Artikulation, die Publikationsformen und Austauschwege eingeschlossen, gar nicht existieren würde. Artikulation evoziert, gestaltet und verändert, wirkt sowohl auf die Rezipienten innerhalb einer Wissensformation, auf das Rezipierte als auch ihre Sender und Inhalte zurück.[21] Wissen wird jedenfalls immer co-produziert und transformiert seine Inhalte und Formen während seines Entstehungsprozesses und seiner Mobilität. In dieser Arbeit ist der Zoom auf Zirkulationsprozesse innerhalb der Gruppe gerichtet, die sich rund um Wilhelm Haidinger und Franz Hauer in Wien formierte und zu anderen Kreisen außerhalb der Reichsanstalt ausstrahlte. Die Vernetzung im Inneren der Institution wird als gleichrangig zu jener nach außen sich erweiternden analysiert. Dass sich beide Sphären gegenseitig bedingten, ineinandergriffen, das wusste bereits die Generation eines Franz Hauer und all seiner ihm näher und ferner stehenden Kontaktpersonen. Erst in den zunächst lokalen Zirkulationsprozessen der Kommunikation baut sie ihre Wirkmächtigkeit aus. Im Sinne der Medientheoretikerin Sybille Krämer wird ein Aspekt der Kommunikation in dieser Studie besonders beachtet, der das »Wahrnehmbarmachen« und »Erscheinenlassen«[22] der wissenschaftlichen Aktivität und eines Feldes wie der Geologie betraf.

Der zeitliche Horizont zwischen 1830 und 1870, die Verbürgerlichung der Naturwissenschaften und die Ausformung der Wissenslandschaft in Wien fällt mit der

---

cept with which to Grasp Media and Societal Change. In: Knut Lundby (Ed.), Mediatization. Concept, Changes, Consequences (New York 2009). S. 21–40; Renate Mayntz, Friedhelm Neidhardt, Peter Weingart, Ulrich Wengenroth (Eds.), Wissensproduktion und Wissenstransfer: Wissen im Spannungsfeld von Wissenschaft, Politik und Öffentlichkeit (Bielefeld 2008); Greg Myers, Discourse Studies of Scientific Popularization. Questioning the Boundaries. In: Discourse Studies 5/2 (2003), S. 265–279; Michael North (Ed.), Kultureller Austausch. Bilanz und Perspektiven der Frühneuzeitforschung (Köln/Weimar 2009).

19 Das implizieren ältere Kommunikationsmodelle.

20 Terry Shinn, Richard Whitley (Eds.), Expository Science. Forms and Functions of Popularisation (Dordrecht/ Boston/Lancaster 2012); Faidra Papanelopoulou, Agustí Nieto-Galan, Enrique Perdiguero (Eds.), Popularizing Science and Technology in the European Periphery, 1800 – 2000 (Oxford 2016); Helena Calsamiglia, Popularization Discourse. In: Discourse Studies 5/2 (2003), S. 139–146; Dirk Hoerder, Christiane Harzig, Adrian Shubert, The Historical Practice of Diversity. Transcultural Interactions from the Early Modern Mediterranean to the Postcolonial World (New York/Oxford 2003).

21 Min-Hsiu Liao, Popularization and Translation. In: Yves Gambier, Luc van Doorslaer (Eds.), Handbook of Translation Studies. Vol. 4. (Amsterdam/Philadelphia: 2013), S. 130–133.

22 Vgl. Sybille Krämer, Medium, Bote, Übertragung. Kleine Metaphysik der Medialität (Frankfurt am Main 2008).

politischen Differenzierung, dem Aufbruch von Liberalismus und Demokratie zusammen. Dass die Erdwissenschaften nicht nur wegen ihrer Anschlussfähigkeit an die staatlichen Interessen, sondern durch die elaborierten Kommunikationsstrategien ihrer Protagonisten eine einzigartig forschungsaktive und kommunikative, international beachtete Gruppierung formierten, wird diese Studie ausarbeiten. Rein fachlich gesehen, geht es keineswegs nur um die Erdwissenschaften, sondern die Positionierung der Naturwissenschaften in Wien, in der Gesellschaft, in der Stadt, im Imperium, also um ihre polyzentrische Ausdehnung mittels Kommunikation an sich. Wissensbestände, die heute auf internationaler Ebene Reputation genießen, sind auf dieses Milieu der so entstandenen anregenden Wissensakkumulation in Wien zurückzuführen. In besonderer Weise gingen die Samen auf: Zu denken ist etwa an Eduard Suess' später weltweit rezipierte Synthese des »Antlitzes der Erde« (1883–1909), die ohne diese erste wissenschaftliche Sozialisierung und Erfahrung fern der Universität während vieler Gespräche und gemeinsamer Unternehmungen im Feld in diesem Milieu als Paläontologe und Geologe nicht zu denken wäre.

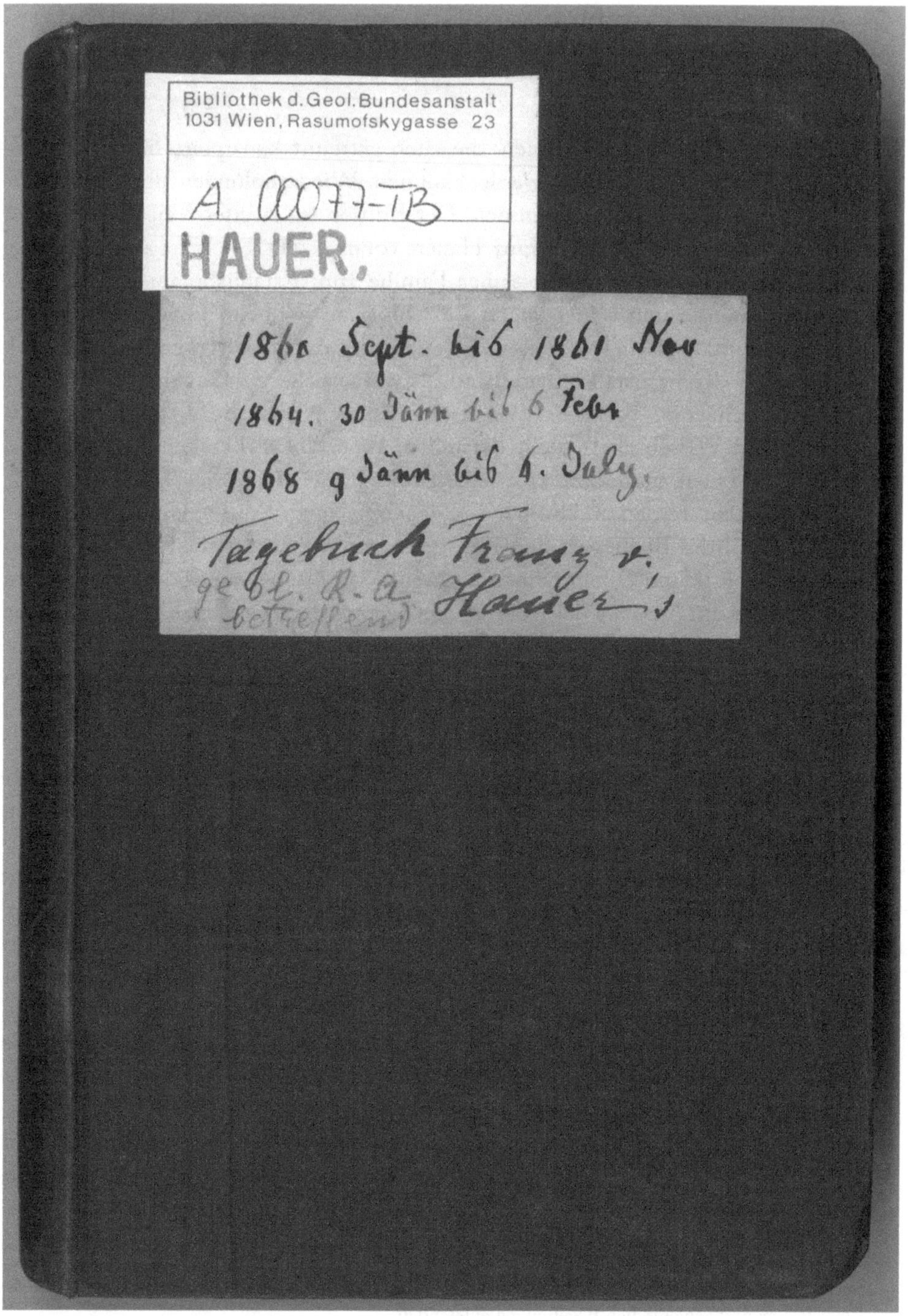

Abb. 1: Tagebuch Franz Hauers, 1860–1868, Sign. A00077-TB.

2. Architektur des Buches: Spuren, Narrative, Methoden

Diese Studie besteht aus zwei Teilen, die auch getrennt konzipiert sind, damit sie unabhängig voneinander gelesen werden können. Wiederholungen und Redundanzen werden bewusst in Kauf genommen. Der Edition im zweiten Teil dieser Arbeit ist eine Darstellung der Karriere Franz Hauers vorangestellt. Sie bewegt sich entlang einer Thematik der Zugehörigkeit seiner Familie zum Establishment der Bürokratie im Montanwesen und seiner engen Beziehung zu Wilhelm Haidinger, dem Initiator des »Montanistische[n] Museum[s]« und der daraus hervorgegangenen »k.k. Geologische[n] Reichsanstalt«. Beide sind als wesentliche Fundamente von Hauers Karriere einzuschätzen. Auch lässt sich sein Lebensweg ohne Bezug zum Verhältnis von Politik und Wissenschaft nicht darstellen. Eine Übersicht über die Form und Funktion von Hauers insgesamt 32 erhaltenen Tagebüchern sowie Hinweise auf die Editionsrichtlinien werden im zweiten Teil der vorgelegten Edition vorangestellt.

Der erste Teil des Buches ist den Kontexten von Wissenschaft, Kommunikation, Gesellschaft, Politik und Öffentlichkeit in ihren Verflechtungen gewidmet, für welche die Tagebücher zum Ausgang der Überlegungen genommen werden. Eröffnet wird die Analyse eingangs mit der Erörterung des Tagebuchs als Genre der Wissenschaftsgeschichte. Dabei wird die These vertreten, dass Hauer als geologischer Geländeforscher sein über 20 Jahre entwickeltes System der Notation[1] auch bei den Aufzeichnungen in der Stadt ab 1860 in Anwendung brachte. Der Zusammenhang zwischen der Sozialisierung Hauers als Geologe im Feld und seiner Aufschreibetechnik als Schreibtischgelehrter wird im ersten Schritt hergestellt, womit die ihnen immanenten spezifischen Strukturen offengelegt werden.

Was nun die Architektur dieser Studie anbelangt, sei nochmals erwähnt, dass mit der Frage des Tagebuchs als vielbeachtete Quelle heutiger Ansätze der Wissenschaftsgeschichte die Analyse eröffnet wird. Die Kommunikation zwischen Wissenschaft und Öffentlichkeit wird des Weiteren anhand jener Organisationsformen diskutiert, die den »Strukturwandel der bürgerlichen Öffentlichkeit« bestimmten, nämlich den Vereinen. Sie bildeten entscheidende Foren, in denen sich Naturwissenschaftler als Gemeinschaft konstituierten, publizierten, Hierarchien produzierten und »symbolisches Kapital«[2] erwirtschafteten.

Die enge Kooperation der 1849 gegründeten Reichsanstalt mit den Printmedien, die sich in Hauers Tagebuch deutlich offenbart, hatte nämlich eine wesentliche Vorgeschichte. Praktiken dieser Art, wie die der permanenten Artikulation in Medien, tau-

1 Seit 1839 sind Tagebücher Hauers nachgewiesen, die bis 1860 alle eigentlich als Notizbücher während seiner Reisen und geologischen Begehungen entstanden.

2 Pierre Bourdieu, Zur Soziologie der symbolischen Formen (Frankfurt am Main 2000 [urspr. frz. 1970]).

chen nicht plötzlich auf, sie werden von den Protagonisten spezifisch entwickelt, gestaltet und exerziert. Ohne Rückschau auf die Kontinuität, die in der Metternich'schen Zeit wurzelt, ergäbe sich ein falsches Bild. Das gute Verhältnis zur Tagespresse wurde trotz der einschränkenden Zensur bereits im Vormärz angebahnt und ausprobiert, persönlich-familiäre Beziehungen Wilhelm Haidingers und seiner Dienststelle im Münz- und Bergwesen ab 1840 ebneten die Wege. Das enge Verhältnis zum Pressewesen wurde kontinuierlich gepflegt und bildete eine günstige Ausgangslage, sodass im Krisenjahr 1860, als die »k.k. Geologische Reichsanstalt« mit der Akademie der Wissenschaften fusioniert worden war, dagegen eine forciertere Pressekampagne professionell auf Schiene gebracht werden konnte. Die Stimmen blieben anonym und deren Träger können nur durch die Tagebuchaufzeichnungen Hauers identifiziert werden. Und darin liegt ein besonderer Erkenntniswert der Quelle. Er bezeugt, dass die Protagonisten selbst die Öffentlichkeitsarbeit stetig bedienten – und nicht Journalisten, wie bisher oft angenommen, weil die Presseartikel meist anonym erschienen waren.

Die Studie bezieht sich dort auf Kontinuität, wo sich Stränge der bürgerlichen Öffentlichkeit lange vor 1848 zeigten und Fundamente gebildet wurden. Das selbstbewusste Auftreten der Reichsanstalt in der Öffentlichkeit wäre ansonsten undenkbar, hätte es nicht bereits Vorläufe der Erprobung medialer Praktiken gegeben. Dabei hatten sowohl die vom Hof als auch Staat geförderten Sammlungen und Museen, besonders das »Montanistische Museum«, eine wichtige Örtlichkeit dargestellt, in der trotz der Zensur und des Versammlungsverbots ein Forum des naturwissenschaftlichen Dialogs etabliert wurde. Die »Freunde der Naturwissenschaften«[3], im Jahre 1845 entstanden, dienen dieser Studie somit als Modellorganismus, um die verschiedenen Ebenen der Kommunikation in ihrer Genese als Praktiken differenziert begreifen zu können. Denn neben einem Meinungs- und Informationsaustausch, der von Angesicht zu Angesicht zwischen den unterschiedlichen Akteuren erfolgte, expandierten andere Kommunikationsmodi[4] wie Sitzungsberichte und Periodika.

---

3 Trotz der Überwachung konnten etwa internationale Beziehungen angebahnt werden. Beispiele dafür sind besonders für das Joanneum in Graz nachweisbar. Dort hatte der Hamburger Gelehrte Ami Boué, Gründungsmitglied der französischen Gesellschaft für Geologie, dem Kustos angeboten, in einen direkten Tausch mit der steiermärkischen Zeitung einzutreten. Siehe Marianne Klemun, Different functions of learning and knowledge – Geology takes form: Museums in the Habsburg Empire, 1815–1848. In: G. D. Rosenberg, and R. M. Clary, R.M. (Eds.), Museums at the Forefront of the History and Philosophy of Geology: History Made, History in the Making: Geological Society of America, Special Paper 535 (2018), S. 163–175.

4 Angesichts der Allgegenwart des Begriffes Kommunikation sollte man ihm eigentlich skeptisch gegenüberstehen. So ist an Botho Strauß' Einschätzung zu denken, es handle sich um das »Unwort des Zeitalters«, der man beipflichten kann. Es besteht auch eine Ambivalenz, einerseits bedingt durch einen traditionellen Begriff im Sinne des Übertragungsmodells und andererseits im persönlichen Verständigungsmodell (Habermas). Dahinter steht, so Krämer, quasi ein »postalisches Prinzip« im ersten Fall, ein persönliches im zweiten Fall. Sybille Krämer schlägt einen dritten Weg vor, der das »Wahrnehmbarmachen« und »Erscheinenlassen« nach sich zieht. Vgl. Sybille Krämer, Medium, Bote, Übertragung. Kleine

Aushandlungsprozesse zwischen Wissenschaft und Politik spielten sich auf verschiedenen Ebenen ab. Anlässe, die für Dynamik sorgten, gingen wohl einher mit dem gemeinsamen Ziel, der relevanten Forschung prinzipiell einen Platz im öffentlichen Bewusstsein zu geben. Beziehungen und Interaktionen zwischen den unterschiedlichen Protagonisten, Wissensfeldern, Wissensobjekten und epistemischen Dingen erwiesen sich im Falle von konkreten Forschungsphänomenen, wie etwa dem Vulkanismus und Vulkanausbrüchen auf der Insel Santorin 1861, den Meteoriteneinschlägen und der Rezeption von Darwins Theorie als kommunikationsverdichtend.

Nicht alle Gesellschaften sprossen nach 1848 völlig neu und plötzlich hervor. So manche Initiative schrieb sich in bereits zuvor schon bestehende Wissensräume ein, wie etwa in das Hauptmünzamt an der Hofkammer im Münz- und Bergwesen am Heumarkt, wo Haidinger die 1835 gegründete Mineraliensammlung 1840 in ein »Montanistische[s] Museum« verwandelte, aus dem 1849 die »k.k. Geologische Reichsanstalt« hervorging. In das »Montanistische Museum« implantierte Haidinger 1845 gemeinsam mit Franz Hauer sozusagen auch eine frühe Zelle des Assoziationswesens, die »Freunde der Naturwissenschaften«, die sich zunächst ohne staatliche Bewilligung formierten. Personell wie auch organisatorisch bildete diese informelle Vereinigung die Keimzelle für die »k.k. Geologische Reichsanstalt« und ihre spezifische Organisationskultur und war auch Modell für spätere Gründungen von Assoziationen (wie etwa der Geographischen Gesellschaft und der Anthropologischen Gesellschaft), in denen sich die bereits erfahrenen Vereinsgründer wie Wilhelm Haidinger, Ferdinand Hochstetter, Eduard Suess und Franz Hauer erneut an der Spitze engagierten. Insofern wird der Genealogie dieser Organisationsformen besondere Bedeutung beigemessen.

Wo handelte man das Wissen über Natur aus? Nicht nur im Feld selbst oder nur im Büro der Institution, sondern auch im losen Abstand dazu, vor allem in der Stadt, unterwegs auf der Straße, etwa am Stammtisch, in Soireen und in den Zusammenkünften der wissenschaftlichen Gesellschaften. Letztere übertrafen in ihrer Öffentlichkeitswirkung und Mitgliederzahl die Universitäten bei weitem. So spielten sich zwar die Begegnungen an unterschiedlichen Orten der Stadt ab, die Versammlungen der Vereine blieben jedoch auf wenige bereits konstituierte Einrichtungen und ihre Gebäude quasi im Zentrum des Zentrums, der Innenstadt, konzentriert. Wien war Metropole und Dorf zugleich. Die Akteure bestimmten eigene relativ überschaubare Zonen als Handlungsräume der Wissenschaften innerhalb eines sich zwar wandelnden dynamischen Wiener Stadtraums, in dem aber an die bereits bestehenden, im Herzen der Stadt etablierten Institutionen angeknüpft wurde. Es wurden somit räumliche Kontinuitäten geschaffen. Als die »k.k. Geographische Gesellschaft« in Wien

Metaphysik der Medialität (Frankfurt am Main 2008), S. 18 f.; siehe Botho Strauß, Der Untenstehende auf Zehenspitzen (München 2004), S. 41 und Jürgen Habermas, Theorie des kommunikativen Handelns (Frankfurt am Main 1981), 2 Bde.

aus der Taufe gehoben wurde, firmierte zunächst die Wohnung des Hauptinitiators Wilhelm Haidingers, in der Ungargasse gelegen, als erster Austragungsort. Ihre konstituierende Sitzung wurde dann in den Räumlichkeiten der Reichsanstalt abgehalten, wo sie auch weiterhin verblieb. Später fanden die regelmäßigen Treffen weit zentraler im Gebäude der Akademie der Wissenschaften (der ehemaligen Universität am Jesuitenplatz) ihre Aufnahme. Das Gleiche gilt auch für den »Verein zur Verbreitung naturwissenschaftlicher Kenntnisse«, der ebenfalls seine Treffen ins Zentrum des sonstigen wissenschaftlichen Geschehens rückte. Barrieren sozial-gesellschaftlicher Art wurden in den Vereinen zwar teilweise aufgehoben, demgegenüber wurden sie hingegen in der Akademie der Wissenschaften und den Universitäten neu etabliert. Die Simultanität von ausschließenden und inkorporierenden Raumkonfigurationen an einer Lokalität, nämlich der Akademie, führte zur Osmose zwischen den Teilnehmern. So wurden die Vorträge über Darwins neue Theorie, sowohl von den Akademiemitgliedern als auch Vereinszugehörigen, also beiden Mitgliedergruppen, den elitären »Akademikern« als auch den gesellschaftlich bunt gemischten Vereinsmitgliedern an diesem Ort gehalten, was wegen dieser engen Nachbarschaft auch eher zu Konflikten führte.[5] Allgemein ist diese Entwicklung kein Zufall, sie illustriert das Zusammenrücken der Wissensräume nicht nur ideell, sondern auch physisch wie auch gesellschaftlich. Es wird zu zeigen sein, wie abgesehen von den geselligen Vereinen, die verbindende Zwischenräume konstituierten, hingegen soziale Inklusion die Reichsanstalt und Exklusion die Akademie der Wissenschaften prägten und darin ein wesentlicher Gegensatz sowohl organisatorisch wie auch wissenspolitisch zu identifizieren ist.

Je nach Ausmaß der Verdichtung der Kommunikation spielte sich Öffentlichkeit in den dynamischen Stadtraum ein. Komplexe Raumkonfigurationen ergeben sich in der Stadt infolge ihrer Sozialformationen. Während Henri Lefebvre die Beobachtung betont, dass sich urbane Zentren durch gleichartige Orte (wie etwa Akademiegebäude, Dom etc.) ähneln, manifestiert sich Raum in modernen Innenstädten nach Michel de Certeau als »espace pratiqué«[6], vor allem als Ermöglichungsraum zur Schaffung multipler inklusiver wie auch exklusiver Handlungs- und Wissenskulturen. Hauers Tagebuch wird somit aus dem methodischen Bewusstsein[7] heraus gelesen, multiple Raumkonfigurationen des Wissens als Manifestation verdichteter Kommunikationskultur im Stadtraum Wien zu begreifen.

---

5 Siehe Kap. 9.

6 Michel de Certeau, L'Invention du quotidien. Bd. 1: Arts de Faire (Paris 1990), S. 173.

7 Henri Lefebvre, La production de l'espace (Paris 2000 [1974])

Abb. 2: Mitarbeiter der »k.k. Geologischen Reichsanstalt« im Outfit für die Geländearbeit: Karl Paul, Franz Hauer, Guido Stache.

3. Forschungsperspektiven

3.1 Ein »Polarisationsbüschel« – Wissenschaft als Form der Kommunikation

Im Jahre 1844 hatte der Wiener Mineraloge und Initiator des »Montanistische[n] Museum[s]« der Münz- und Bergbehörde, Wilhelm Haidinger, eine Aufsehen erregende Beobachtung gemacht, die alsbald als Haidinger'sches »Polarisationsbüschel«[1] berühmt wurde.[2] Haidinger wies experimentell nach, dass das »unbewaffnete Auge« selbst als Analysator agiere, um unter bestimmten Umständen polarisiertes Licht zu sehen: »Mittelst der gelben Lichtbüschel, die man durch Glimmerblättchen auf den Plättchen polarisirten Lichtes entdeckt, kann man leicht die directe Beobachtung auf diesen vermitteln. Man darf nur eine kurze Zeit durch den Glimmer hindurchsehen und dann denselben schnell vom Auge entfernen, so bleibt für den in abweichender Richtung unmittelbar darauf folgenden Eindruck eines ähnlichen Büschels die Retina mehr empfindlich.«[3]

Bis heute von der Medizin noch immer nicht ganz geklärt, liegt das Geheimnis dieser Fähigkeit ausschließlich im Auge des Betrachters und in einem Moment. Im übertragenen Sinn[4] hinterlässt das faszinierende Quellenmaterial ebenfalls spontan einen bleibenden Eindruck, wie das Muster des Haidinger'schen »Polarisationsbüschels«, gleichwohl ich, als Kulturwissenschaftlerin, von der sozialen Konstruktion des Wissens[5] ausgehend, keineswegs meine, dass im Betrachter selbst und in dessen Auge sich die Wirklichkeit direkt spiegle. Die Fragestellung und das Quellenmaterial gemeinsam (ob durch eine Glimmerfläche oder einen Turmalin, einen Akt, Brief oder einen Tagebucheintrag evoziert), hinterließen bei mir das Muster eines »Polarisationsbüschels«. Das Tagebuch evoziert einen einprägsamen Eindruck, der für das Phänomen Kommunikation sensibilisiert.

Entscheidend bei Haidingers Versuchsanordnung sind die Winkel. In dieser Studie ist es analog dazu der multiperspektivische Blick auf die Produktion von Naturwissen im Wien des 19. Jahrhunderts, der immer wieder im Tagebuch von einem Moment

1 Wilhelm von Haidinger, Ueber das directe Erkennen des polarisirten Lichts und der Lage der Polarisationsebene. In: Annalen der Physik und Chemie, Bd. LXIII, Heft 9 (1844), S. 29–39.

2 Besonders Helmholtz beschäftigte dieses Phänomen sehr: Siehe Hermann von Helmholtz, Handbuch der physikalischen Optik (Leipzig 1867), Bd. 1, S. 421, 423, 823.

3 Wilhelm von Haidinger, Ueber das directe Erkennen des polarisirten Lichts und der Lage der Polarisationsebene. In: Annalen der Physik und Chemie, Bd. LXIII, Heft 9 (1844), S. 29–39.

4 Zur Produktivität der Analogie allg. siehe Klaus Hentschel, Analogien in Naturwissenschaft, Medizin und Technik (Stuttgart 2010).

5 Noch immer grundlegend für diese Ausrichtung: Steven Shapin und Simon Schaffer, Leviathan and the Air-pump: Hobbes, Boyle, and the Experimental Life (Princeton 1985).

aus gelenkt wird. Das reiche Material von Selbstzeugnissen, auf denen meine Studie beruht, zeigt trotz der Tendenz der Protagonisten, das eigene Tun in einem besonderen Licht zu positionieren, auch im Lichte von Polarisation eben auch Gegensätze, die in Vielstimmigkeit aufgelöst werden.

Kommunikation wurde in der Wissenschaftsgeschichte lange entweder in Bezug auf die Wissensproduktion (Publikationswesen etc.) oder als Interaktionsgeschichte zwischen verschiedenen Wissenskulturen behandelt. Neuere Ansätze plädieren eher für eine Ausweitung der Perspektive, nämlich Wissenschaft als »Form der Kommunikation«[6] per se zu verstehen. Das bedeutet, von Praktiken der medialen Wissensproduktion auszugehen und dabei Mobilität, Transformation, Übersetzungsprozesse sowie Zirkulation einzuschließen, zumal dem Phänomen Kommunikation die Frage nach der Bewegung von Wissen inhärent ist. Der Vorteil dieses Zugangs ist, dass die Grenze zwischen der Produktion und Verbreitung von Wissen, des Expertentums und der Laien, als nicht gegeben erachtet wird, sondern entweder als nicht existent, porös oder als fließend konzipiert wird. Damit konzentriert sich die Analyse dennoch nicht auf Zusammenhänge jeder Art. Besser wäre zu fragen, welche Funktionen solche Abgrenzungen zwischen Laien und Professionalisten in bestimmten Situationen eigentlich haben und wer sie als solche für sich beansprucht.

Ein anderer »Betrachtungswinkel« ergibt sich aus der Lektüre der Tagebücher. Dabei drängen sich viele Fragen auf: Ist es wissenschaftshistorisch relevant, zu erfahren, dass ein Multifunktionär, wie es Franz von Hauer war, regelmäßig in den 1860er Jahren die private Wohnung etwa eines Ministers, eines Reichsratsmitgliedes oder Präsidenten der Akademie der Wissenschaften ohne große vorherige Ankündigung aufsuchte? Ist es bedeutsam, dass er ununterbrochen Kollegen des kaiserlichen Naturhistorischen Hofmuseums, Experten des Bergwesens, Vertreter der Industrie und Kultur traf, um sich über Drittes und Dritte auszutauschen, Fachfragen zu diskutieren oder besonders institutionelle Rahmenbedingungen voranzutreiben? Dienten sie ausschließlich dafür, die Dominanz der Erdwissenschaften in Konkurrenz zu anderen Feldern der Naturwissenschaften zu festigen? Für den Wissenschaftsorganisator und Geologen waren diese Begegnungen wie für viele seiner Kollegen bei Treffen in Gasthäusern, bei Soireen, in und nach den Vortragsveranstaltungen, bei Zeitungsredaktionen jedenfalls für sein berufliches und wissenschaftliches Tagesgeschäft elementar. Sie waren integrales Movens seiner Aktivitäten und Strategien, wert, täglich im buchhalterischen Gestus für das weitere Handlungsgeschehen im Tagebuch memoriert zu werden.

Heute geben uns diese Notizen über Hauers Person hinaus und jenseits traditioneller einzelner Institutionengeschichten in der Tat überraschende Einblicke in das mündliche Kommunikationsgeschehen. Sie ermöglichen es, transdisziplinäre Gruppenbildungen und Beziehungen auszuloten. Gleichzeitig manifestieren sie unmittelbar Interaktionen zwischen Naturwissenschaft, Politik und Kommunikation im Raum der

6 James A. Secord, Knowledge in Transit. In: Isis 95 (2004), S. 654–672, hier S. 654.

Stadt Wien der 1860er Jahre. Mündliche Aus- und Absprachen, konkrete Agitationen zugunsten einzelner Wissensfelder der eigenen Einrichtung (wie der »k.k. Akademie der Wissenschaften« und der »k.k. Geologische[n] Reichsanstalt«) blieben uns in dieser Qualität der Mikroebene jedenfalls ansonsten völlig verschlossen, gäbe es da nicht die knapp gehaltenen Notizen Hauers in seinen Tagebüchern. Dabei ist zu fragen, ob sich in diesen »Aggregaten von Männern der Wissenschaft«[7], um hier einen zeitgenössischen Ausdruck zu bemühen, auch gemeinsame Denkstile im Sinne Flecks[8] etablierten und ob eine Abgrenzung von anderen »diskursiven Formationen«[9] erfolgte.

Weit über die zentrale Figur hinaus eröffnen uns die Tagebücher jedenfalls einen Kommunikationskosmos, der die mündlichen wie auch schriftlichen Austauschprozesse zwischen unterschiedlichen Protagonisten der Naturforschung und Politik in Wien vergegenwärtigt. Da sind die Repräsentanten der Bürokratie und des politischen Establishments. Da agieren Vertreter der neugegründeten staatlichen Institutionen (der seit 1847 bestehenden k.k. Akademie der Wissenschaften und der 1849 entstandenen »k.k. Geologische[n] Reichsanstalt«). Da versammeln sich Protagonisten der nach und nach entstandenen Vereine (der »Freunde der Naturwissenschaften«, der »k.k. Zoologisch-Botanischen Gesellschaft« 1851[10], der »k.k. Geographischen Gesellschaft« 1856, des »Vereines zur Verbreitung wissenschaftlicher Kenntnisse« (ab 1860) und der Vereinigungen der Montanisten wie auch Vertreter des Bau- und Zeitungswesens. Im konkreten mündlichen Zusammentreffen und in ihren Bezugnahmen aufeinander hinterlassen all diese Kommunikationsformen punktuell und im Moment Spuren im Tagebuch. Kaum zu glauben, dass eine flüchtige Begegnung oder ein kurzes Gespräch, wohl einem kurzlebigen Augenblick entsprungen, uns heute dennoch zugänglich sind. In der Tat sind zudem viele der Akteure (besonders Franz Hauer und Wilhelm Haidinger) in multiplen Rollen aktiv, je nach Institution, Zugehörigkeit zu gleich mehreren Vereinen, der Akademie und Reichsanstalt zugleich sowie auch in

---

7 Der Satzteil stammt von Haidinger. Siehe Wilhelm Haidingers Lebenserinnerungen. Universitätsbibliothek Wien, Manuscripta 512, neue Signatur 165.760, fol. 1–75, hier fol. 64v. Beilage 4, Schreiben vom 7. Mai 1846 an Fürst Metternich, Begründung für eine Gesellschaftsgründung, der nicht stattgegeben wurde. Erstmals abgedruckt in Karl Kadletz, Die Geologische Reichsanstalt im Schicksalsjahr 1860. Genese und Ablauf des Konflikts um ihre Eingliederung in die Akademie der Wissenschaften (Phil. Diss. Wien 2003), S. 245–270.

8 Ludwik Fleck, Entstehung und Entwicklung einer wissenschaftlichen Tatsache. Einführung in die Lehre des Denkstils und des Denkkollektivs (= suhrkamp taschenbuch wissenschaft 312) (Frankfurt am Main 1980 [Basel 1935].

9 Foucault versteht unter »Diskursiver Formation« eine größere Einheit wie eben auch eine Disziplin, in der sich verschiedenen Aussagen zu einem Block zusammenfügen lassen. – Siehe: Michel Foucault, Archäologie des Wissens. (suhrkamp taschenbuch wissenschaft 356) (Frankfurt am Main 1981), S. 58.

10 Zur Gründung dieser Gesellschaft siehe Marianne Klemun, Gründung des »Zoologisch-Botanischen Vereins« 1851 – Eine »Kathedrale« der Naturgeschichte und Biologie in der wissenschaftsorganisatorischen Landschaft der Habsburgermonarchie. In: Verhandlungen der Zool.-Bot. Gesellschaft Österreich 138 (2001), S. 255–270.

ihren Spezialinteressen als Naturforscher entsprechend vertreten, was einen wesentlichen Faktor ausmacht, der es ebenfalls erlaubt, diesbezüglich von Verdichtung zu sprechen.

In historischen Studien ist eine »teilnehmende Beobachtung«[11] eigentlich schlichtweg nicht möglich. Und doch hinterlässt uns das Tagebuch zuweilen den trüglichen Eindruck eines wie in Analogie zu Haidingers »Polarisationsbüschel« auftauchenden ganz spezifischen Etwas. Mit komplementär erschlossenen Quellen, Briefen, Selbstdarstellungen und Zeitungskommentaren und mit Hilfe gebotener klassischer Quellenkritik lässt sich in der zeitlichen Rückschau der Situation einer teilnehmenden Beobachtung in speziellen Aspekten dennoch näherkommen – wie etwa dem Austausch über die erste Darwin-Lektüre und dem Kampf gegen die Akademie, als sie die Reichsanstalt unter ihre Fittiche nahm. Mittels mikrohistorischer Analyse wird die Praxis unterschiedlicher Kommunikationsformen auch miteinander in Beziehung gesetzt.

Begegnungen dieser Art waren nicht nur an Personen gebunden. Fakten, wissenschaftliche Tatsachen, wissenschaftlich ungelöste Fragen und Neuheiten, auch solche, wie sie das Feuilleton aufwirft, wirkten wie Fermente, ebenso Episteme und »quasi Objekte«[12], Sammlungstücke und Forschungsthemen, lokale Ereignisse, Karriere-News. Im Sinne Bruno Latours[13] wurden sie im Kommunikationssammelsurium zu Aktanten, agierten in diesem verdichteten Beziehungsgeflecht und prägten die Wissenskultur der Stadt. An konkreten Beispielen wird diesem städtischen »Amphitruo« an Stimmen (wie es Haidinger, an Metaphern sich nicht sparsam bedienend, formulierte[14]) Gehör verschafft. Kommunikation trifft Vermittlung, trifft Rezeption von Wissen und konstituiert deren sozial-gesellschaftliche Zusammenhänge zugleich.

Wien als Metropole der habsburgischen Länder bot den Akteuren in der Phase des Neoabsolutismus und der liberalen Ära mit all seinen neu etablierten wissenschaftlichen Einrichtungen eine willkommene Konstellation, eine engere Allianz zwischen Politik, Öffentlichkeit und Wissenschaft zu schmieden. Die Konzentration auf die Betrachtung des Wandels beruht auf der Vorüberlegung, dass es mobilisierende Kräfte auf beiden Seiten verstanden, die Aktionsfelder als »Ressourcen für einander [sic]«[15] zu nutzen. Viele der bürgerlichen später als liberal einzuordnenden Intellektuellen wa-

---

11 Diese Bezeichnung geht auf den Ethnographen Bronislaw Malinowski zurück. Siehe dazu: James Clifford, On Ethnographic Authority. In: Representations 2 (1983), S. 118–146.

12 Damit werden nach Serres Objekte bezeichnet, die als das Kollektiv verwebend zu verstehen sind.

13 Bruno Latour, Science in Action: How to Follow Scientists and Engineers Through the Society (Harvard 1988).

14 Siehe Wilhelm Haidingers Lebenserinnerungen, UB Wien, Manuscripta 512, neue Signatur I 165.760, fol 8v.

15 Mitchell Ash, Wissenschaft und Politik als Ressourcen für einander [sic]. In: Rüdiger vom Bruch und Brigitte Kaderas (Eds.), Wissenschaften und Wissenschaftspolitik. Bestandaufnahmen zu Formationen, Brüchen und Kontinuitäten im Deutschland des 20. Jahrhunderts (Stuttgart 2002), S. 32–51.

ren als Parteigänger der Revolution 1848 schnell zu den Duldern der Reaktion geworden. Mit den neuen Gegebenheiten wollten sie sich gern arrangieren, zumal der Staat doch auch Möglichkeiten für ihr Engagement bot. Die politisch-wissenschaftliche Dimension der Handlungsoptionen bildete ein miteinander verwobenes komplexes Verhältnis, in dem sowohl bisherige unterbelichtete Handlungsbedingungen von den Wissenschaftlern erkannt und in der öffentlichen Darstellung als auch im Journalismus schlagartig wirksam wurden. Besonders die Kämpfe um institutionelle sowie wissenschaftliche Deutungshoheit zwischen der 1847 gegründeten »k.k. Akademie der Wissenschaften« und der seit 1849 existierenden »k.k. Geologische[n] Reichsanstalt« spielten eine prominente Rolle. Ihre Gegensätze verweisen auf eine längere Vorgeschichte vor 1848, eingebettet in multiple Fronten und unterschiedliche Erwartungshaltungen, Identitätskonstruktionen und Strategien einer Gründergeneration, zu welcher der Orientalist Hammer-Purgstall, der Physiker Andreas Baumgartner, der Botaniker Stephan Endlicher, der Chemiker Alexander Schrötter, der Physiker Andreas von Ettingshausen wie der Mineraloge Wilhelm Haidinger und der Paläontologe Moriz Hörnes (oft auch Hoernes) zählten. Auch war die persönliche Bekanntschaft der in Führungspositionen tätigen Wissenschaftler mit Ministern und Amtsträgern der Behörden ein Aspekt, der in den Entscheidungsprozessen wirksam wurde.

An der öffentlichen Diskussion über den Bestand der Reichsanstalt beteiligten sich fachlich wie auch administrativ Akteure unterschiedlicher sozialer Herkunft, wissenschaftlichen Prestiges und Einrichtungen, die auch die öffentliche Meinung sowie den Medien prägten. Zugleich verschoben sich innerhalb der Wissenslandschaft der alten Naturgeschichte in diesem Zeitraum die Konturen alter und neuer disziplinärer Selbstverständlichkeiten infolge neuer Felder wie der Physiologie, welche die Taxonomie ergänzte. Paläontologie, Geologie und physische Geographie gesellten sich zur Mineralogie, die als ein bisher über allem stehendes Dach aufgelöst wurde.

In einer Phase, in der diese Ausdifferenzierung der Naturforschung mit der Verschiebung aus den traditionellen Orten (wie den Höfen) an wissenschaftliche Institutionen korrelierte, ging die Aushandlung der Glaubwürdigkeit der Erkenntnisse nun allmählich auch auf Letztere über. Damit trennte sich die Darstellung der Forschung bekanntlich in zwei Wege, in eine auf vornehmlich die Wissenschaftler gerichtete Kommunikationsform und eine für eine breitere Öffentlichkeit.[16] Die eine bezog sich auf fachliche Zeitschriften, die andere auf das Zeitungswesen, das verdichtet als Sprachrohr genutzt wurde. Für Wien ist dieser Ausdifferenzierungsprozess in der Zeit zwischen 1840 und 1868 anzusiedeln, weshalb dieser Zeitabschnitt für die Studie gewählt wurde. Aber auch hier gibt es schillernde Abweichungen von dieser Tendenz, wenn Forscher ihre Arbeiten zunächst in Vordruck in der Wiener Zeitung publizierten, bevor sie diese auch als Monographie veröffentlichten, wie im Falle Franz Ungers

16 Siehe dazu: Peter Weingart, Die Wissenschaft der Öffentlichkeit. Essays zum Verhältnis von Wissenschaft, Medien und Öffentlichkeit (Weilerswist 2006 [2005]), S. 15.

und seiner »Botanischen Briefe«[17], einem frühen Dokument des vor-darwinischen Evolutionsgedankens.

In dem engen Zusammenhang von Wissenschaft und Kommunikation kann es sich keineswegs um einen Nebenschauplatz der Wissens- und Wissenschaftsgeschichte handeln. Beide Phänomene sind im Prozess des »Knowledge in the Making« konstitutiv. Den verschiedenen vom Bürgertum getragenen Kommunikationsformen kommt nämlich ein beträchtlicher Part bei der Genese von Wissenschaftsfeldern, ihrer Etablierung, Wirksamkeit und Akzeptanz in der Gesellschaft zu.

3.2 Die Tagebücher Hauers – Überschau und wissenschaftshistorische Zugänge

Die »Tagebücher«[18] der Jahre 1860–1868[19] Franz von Hauers, eines der aktivsten Mitglieder der Wiener Wissenschaftsszene dieser Jahre, sind jeweils in den Wintermonaten in Wien entstanden. Deshalb werden sie in dieser Studie auch oft als Wintertagebuch bezeichnet. Die Aufzeichnungen machen umfangmäßig ein einziges stärkeres Buch unter 32 anderen meist dünneren Bändchen aus, in die Hauer in seinem langen erfolgreichen Leben an der Spitze besonders der »k.k. Geologische[n] Reichsanstalt« und vieler Vereine für ihn Merkwichtiges notierte. In den Sommermonaten führte er ebenfalls regelmäßige Aufzeichnungen, die jedoch aus Feldnotizen während der geologischen Aufnahme bei der Geländearbeit in den Kronländern der Monarchie bestanden. Diese wurden bereits in einer eigenen Studie exemplarisch behandelt,[20] die das Phänomen der Übersetzung von der Beobachtung zur Festlegung der geologischen Erkenntnis während der Begehungen reichend analysierte.

Von den 32 heute an der Geologischen Bundesanstalt aufbewahrten Bänden (aus der Zeit 1839–1885)[21] waren diese Tagebücher mehrheitlich eigentlich Feldtagebücher (auch der Begriff Notizbücher wäre passend) und entstanden eben in den Sommermonaten, in denen diese Aufschreibeform zum wichtigsten Werkzeug der neuen wissenschaftlichen Praxis der Geologie im Gelände avancierte. Tagebücher, die in Wien, nicht auswärts und nicht während der geologischen Feldarbeiten, geführt wurden, bildeten eher die Ausnahme. Der Band beginnend mit dem Herbst 1860, ist der erste der Tagebücher, die man als Winter- oder Stadttagebücher bezeichnen könnte. In

17 Siehe dazu das Kap. 4.2.

18 Der Begriff Tagebuch wurde vermutlich vom Archivar auf dem Banddeckel so ausgewiesen, im zeitgenössischen Betrieb der Reichsanstalt wurden die Feldnotizen ebenfalls als Tagebuch bezeichnet.

19 GBA, Bibliothek und Archiv, A 00077-TB Hauer.

20 Siehe Marianne Klemun, Administering science: the paper form of scientific practice and geological fieldwork. In: Earth Sciences History 33, Nr. 2 (2014), S. 279–293.

21 Für die Zeit als Intendant des Hofmuseums 1885–1896 sind vermutlich die Tagebücher im Archiv des Naturhistorischen Museums. Diese werden hier nicht berücksichtigt.

diesem Zusammenhang sei hier die These gewagt, dass die Erfahrung der Tagebuchführung im Gelände während der Feldarbeit aus Hauers Sozialisierung als Geologe stammte, die dessen spezifische Praxis des knappen Notierens infolge seiner häufigen Bewegung in der Stadt ebenfalls prägte. Denn die für die Geländearbeit essentiellen Muster der Verortung lassen sich strukturell auch in dem Wintertagebuch bezüglich der Stadt finden. Im Stadtraum wurde ebenfalls quasi ein Itinerar geführt, das die Hotspots an Kontakten, im Büro und auf den Wegen in der Stadt verortete. Folgt man ihnen, erschließt sich ein verdichteter Raumkörper der Wissenskommunikation in der Metropole Wien.

Für eine ausführlichere Edition und Kommentierung der Tagebücher samt einer umfangreichen Analyse anstatt einer nur sehr begrenzten Umschrift sprachen mehrere Gründe. Die verkürzte und sehr knappe Aufzeichnungstechnik des Tagebuchschreibers stellt den/die heutige/n Leser/in inhaltlich vor viele Rätsel. Die Zusammenhänge liegen im Aufschreibesystem Hauers infolge seiner stichwortartigen Niederschrift nicht auf der Hand, sie ergeben sich erst, wenn man den Hinweisen in weiteren schriftlichen Medien nachgeht. Dazu zählen Artikel in publizierten Sitzungsberichten, die Publikationen und Briefe, allenfalls die tiefere Kenntnis politischer und wissenschaftlicher Kontexte, die Einbeziehung von Diskursen, lokalen Konstellationen samt ihrer Ermöglichungsbedingungen. Auch gründliche Kenner der Lokalgeschichte würden sich im Dickicht der Andeutungen verlieren, wie auch Experten des Wissenschaftslebens. Hauer schrieb dieses Tagebuch für sich selbst, als Erinnerungsstütze für den Arbeitsalltag und wie einen Notizkalender – und sicher nicht vordringlich im Bewusstsein für ein späteres Publikum.

Es wird mit dieser Studie der Entwicklung Rechnung getragen, dass in den letzten Jahren Tagebücher bzw. Notizbücher[22] als außerordentlich wichtige wissenschaftsgeschichtliche Quellen, als Format und »special genre«, in der Forschung eine besondere Beachtung erfuhren. Im Rahmen des Interesses an Praktiken erforderte ihr Status, sie als eigenständiges Medium zu betrachten. Ausgegangen war dieser Aufwertungsprozess im Zusammenhang mit der lange von der Wissenschaftsgeschichte privilegierten Laborforschung, so Holmes, Renn und Rheinberger, die sie als »point of crystallization for a truly interdisciplinary epistemology«[23] qualifizierten. Unterschiedliche methodische Zugänge aus der Philologie[24] und anderen Wissenschaften sind nicht mehr nur von Nutzen, sondern auch unerlässlich. Die früher so häufig beschworene »Formlo-

22 Hier wird die Bezeichnung »Tagebuch« verwendet, die vermutlich vom Archivar für die Aufschreibeform Hauers eingeführt wurde. Gemeint ist eher das Genre, das in der Wissenschaftsgeschichte oft auch als Notizbuch adressiert wird.

23 Siehe Frederic L. Holmes, Laboratory Notebooks and Investigative Pathways. In: Frederic L. Holmes, Jürgen Renn and Hans-Jörg Rheinberger (Eds.), Reworking the Bench. Research Notebooks in History of Science (= Archimedes Vol. 7, Dordrecht/Boston/London 2003), S. 295–307.

24 Arno Dusini, Tagebuch. Möglichkeiten einer Gattung. Habilitationsschrift an der Universität Wien (Wien 2002).

sigkeit« des Tagebuchs wird heute in ihr Gegenteil verkehrt gesehen. Vielfalt an Formen ist dem Tagebuch zu Eigen, dessen Charakteristik nun als »dynamisch-komplex und nicht mechanisch-dialektisch«[25] beschrieben wird. Für den Fall des Hauer'schen Tagebuchs ist die Zusammenführung zwischen neueren Ansätzen einer Soziologie des Raumes[26] und wissenschaftstheoretischen wie auch wissenschaftsgeschichtlichen Zugängen relevant.

Der Schreiber hatte seit 1839, also mehr als 21 Jahre lang, als Geologe wissenschaftliche Feldtagebücher (Notizbücher) auf Reisen geführt, bevor er im Jahre 1860 erstmals auch seine Arbeit in der »k.k. Geologische[n] Reichsanstalt« und seine Kontakte innerhalb der Stadt ebenfalls im Tagebuch verzeichnete. Die Thematik der Feldforschung soll deshalb aus epistemischer Perspektive ins Bewusstsein gerufen werden, weil sie meines Erachtens auch das Muster für das Aufschreibe-Regime Hauers während seiner winterlichen Aufenthalte im Büro und in der Stadt Wien konstituierte.

Oft übersehen, ist zu bedenken, dass Feldforschung erst in den letzten Jahren zu einem eigenen Forschungsfeld der Wissenschaftsgeschichte avancierte.[27] Die Arbeit im Gelände war keine Selbstverständlichkeit, sie musste erst im Laufe des 18. Jahrhunderts mit wissenschaftlichem Ansehen ausgestattet werden. Feldforschung setzte sich etwa in den Erdwissenschaften als Praxis erst durch, nachdem sich die Fragen nicht mehr auf den Kosmos, sondern auf konkrete lokale Verhältnisse konzentriert hatten.[28] Damit einher ging die zunehmende Bedeutung der Stratigraphie. Flächendeckend wurde sie – jeweils auf das Territorium oder sogar auf das Imperium bezogen – von den einzelnen Staaten ab dem 19. Jahrhundert institutionell in Angriff genommen.[29] Für die Habsburgermonarchie waren ab 1836 unterschiedliche Initiativen der geologischen Landesaufnahme, wie etwa die »geognostisch-montanistischen Vereine für Innerösterreich und das Land ob der Enns« sowie jener für Tirol und Vorarlberg, zu nennen. Zusammengeführt und zentralisiert wurden sie nun von der 1849 gegründeten »k.k. Geologische[n] Reichsanstalt«, welche die geologische Kartierung des ganzen Imperiums auf der Basis minutiös organisierter Feldarbeit unter Haidingers

25 Gustav René Hocke, Europäische Tagebücher aus vier Jahrhunderten (Wiesbaden/München 1986), S. 12.

26 Martina Löw, Raumsoziologie (Frankfurt am Main 2001).

27 Robert E. Kohler and Jeremy Vetter, »The Field«, In: Bernard Lightman (Ed.), A Companion to the History of Science (Chichester 2016), S. 286 ff; Robert E. Kohler, Landscapes and Labscapes: Exploring the Lab-Field Border in Biology (Chicago/London 2002). Zuletzt besonders: Helena Ekerholm, Karl Grandin, Christer Nordlund and Patience A. Schell (Eds.), Understanding Field Science Institutions (Watson Publishing International 2017).

28 Martin Rudwick, Minerals, strata and fossils. In: N. Jardine, J. A. Secord and E. C. Spary (Eds.), Cultures of Natural History (Cambridge 1996), S. 266–286.

29 Siehe dazu den Band der Zeitschrift Earth Sciences History Vol. 26, Nr. 1 (2007), der den Surveys in Europa und Brasilien gewidmet ist. Pietro Corsi, Introduction to thematic set on papers on Geological Surveys. In: Earth Science History, Vol. 26/Nr. 1 (2007), S. 5–12.

und Hauers Führung zum Ziel hatte. Insofern gehörte die geologische Begehung bald zur wichtigsten Praxis der in dem Survey involvierten Geologen.

Drei metatheoretische Perspektiven sind wissenschaftshistorisch relevant.[30] Feldforschung muss zugleich als Aktivität der Gewinnung und auch der Mobilmachung von Daten verstanden werden. Die Überführung von natürlichen Phänomenen in der Natur zu Evidenzen auf Papier (in unserem Fall ist es das Tagebuch) ist ihr inhärent. Dieser Ansatz wird in der Wissenschaftsgeschichte als »science-in-the-making«[31] bezeichnet. Im wissenschaftlichen Notizbuch bzw. Tagebuch wird dieser komplexe Prozess der Erkenntnisgenerierung manifest. Nicht Tempel der Seele oder der Innerlichkeit, des Bekennens, wie das Genre oft bezeichnet wird, sondern Ort des Erkennens scheint als Diagnose für Hauers Tagebuchprojekt adäquat zu sein.

Hauers Tagebücher im Feld unterscheiden sich nicht von jenen, die sich auf Aktivitäten in unterschiedlichen Arbeits- und öffentlichen Aushandlungsräumen der Stadt Wien beziehen. Denn auch hier werden wesentliche Raumdeterminanten durch einen Filter wirksam, meist implizit gekoppelt mit der kontaktierten Person. Während im Gelände die unüberschaubare Vielfalt selektiv nach bestimmten vorgefassten Kriterien und durch Beobachtung reduziert wird, bezogen auf die weitere Brauchbarkeit, so werden aus der Fülle von Kontakten in der Stadt gleichsam wie in einem Begebenheitsraster jene ausgewählt, die für den weiteren Gang der Geschehnisse als entscheidend eingeschätzt werden. Konzentrierte Selektion ist das wichtigste Moment des Aufschreibens. Das Tagebuch (Notizbuch) begleitet wie ein Sieb Arbeitsprozesse und Absprachen in Zeit und Raum. Es dient als Destillat des Tages dem Autor zur Stütze für die Selbstkontrolle und stellt eine Investition in die Zukunft dar. Wie an einer Checklistkaskade arbeitet Hauer seine Tagesgeschäfte im Buch chronologisch entsprechend ihrer Erledigung ab. So ist das Buch nicht auf das Jetzt, sondern einerseits auf das Handeln in der Vergangenheit fokussiert, gleichzeitig nimmt der Aspekt der prognostizierten Brauchbarkeit der Informationen in der Zukunft diese vorweg und ist als Medium zwischen diesen zeitlich miteinander verbundenen Ebenen wirksam. Neben der Zeit stellt die Bewegung von einem zum anderen Ort in der Stadt eine Grammatik dar, einen impliziten Regulator, der das Regime der Narration bestimmt.

Das Diarium (Notizbuch) ist eine »portable world«[32] und ein »memory tool« ersten Ranges. Es ist kein Zufall, dass Hauer sein Tagebuch über die Tagesgeschäfte in Wien erst zu einem Zeitpunkt für sich einführt,[33] als er sich durch die Krise der Reichsanstalt im Jahre 1860 gezwungen sieht, den Kampf für die Aufrechterhaltung der Anstalt

---

30 Siehe Marianne Klemun, Administering science: the paper form of scientific practice and geological fieldwork. In: Earth Sciences History 33, Nr. 2 (2014), S. 279–293.

31 Steven Shapin, Why the public ought to understand science-in-the-making. Public Understanding of Science 1 (1992), S. 27–30.

32 Marie-Noëlle Bourguet, A Portable World: The Notebooks of European Travelers (Eighteenth and Nineteenth Centuries). In: Intellectual History Review 20/3 (2010), S. 377–400.

33 Jedenfalls sind nur diese Tagebücher an der GBA erhalten, ob andere existierten, ist nicht belegt.

durch Beeinflussung der Öffentlichkeit mittels der Medien auszutragen. Da sich die Ereignisse überstürzten und die Maßnahmen für die Reichsanstalt unüberschaubar wurden, bedurfte es einer sorgsamen Selektion relevanter Informationen. Hauer besprach sich mit den engsten Freunden, klapperte Parteigänger ab und suchte potentielle Mitstreiter auf. Somit transformierte sich die Stadt symbolisch in ein Gelände mit »Anhaltspunkten« oder »Aufschlüssen«,[34] die Hauer nach Befürwortern und Gegnern sortiert sondierte. Begehungen der Kommunikationsspots prägten die Selektion bei der Niederschrift, sie bildeten die Konzentrationspunkte der Darstellung wie etwa die »Aufschlüsse« im Gebirge, die in den Feldtagebüchern unter der Bedingung disziplinärer Kontrolle das Geschehen wie ein Knochengerüst trugen.

Wenn man sich fragt, was Feldforschung ausmacht, dann sind es drei verschiedene »Ingredienzien«, die sich miteinander verbinden. Zunächst ist es das geschulte Auge, das sich seine Fokussierung wählt. Vom intellektuellen Vorwissen abhängig, leitet die Beobachtung sonach die Dokumentation an Ort und Stelle. Die Aktivität des Fixierens auf Papier als Praxis operiert zwischen der Erfahrung des Reisens und der Fixierung von stratigraphischer Erkenntnis. Das trainiert-geschulte Auge und die schreibende Hand laufen analog. Dennoch stellt sich ein intermedialer Raum ein, der Eigenständigkeit für sich in Anspruch nimmt. Dieses »Dazwischen« ist eine äußerst intime Sphäre, die von Subjektivität, auch Unordnung und Privatheit bestimmt wird. Gleichzeitig gibt es bürokratische Aspekte, die allen Registrierungsprozessen inhärent sind: Die formale Ordnung erfolgt stets nach dem Itinerar, einer Von-Tag-zu-Tag-Bewegung. Die zeitliche Gliederung des Tages strukturiert die Einträge. Der Tagesrapport vollzieht sich im datierten Register. Es handelt sich stets um »dated entries«.[35]

Diese Charakterisierung lässt sich bereits im Beleg einer Definition des Tagebuches des Jahres 1811 finden: »1. Ein Buch, in welches man die gewöhnlichen Vorfallenheiten jedes Tages verzeichnet. 2. Dieses Verzeichniß der täglichen Vorfallenheiten selbst. In beyden Fällen nach dem Franz. auch ein Journal, und im Lat. Diarium«[36]. Die essentielle Bedeutung des Tages für die Textform Tagebuch (auch für das Notizbuch geltend) ist nach Dusini auf den Punkt zu bringen: »Das Tagebuch ist – sein Name zeugt davon – auf den ›Tag‹ gereimt. Es erzählt nicht nur von ›Tagen‹, es erzählt auch *in* ›Tagen‹. Und wie in allen anderen Gattungen, die auf den ›Tag‹ gereimt sind, stellte sich der ›Tag‹, den wir durch unsere Lektüre hindurch als Zeiteinheit wahrzunehmen

34 Zu dieser sprachlichen Nutzung der Begriffe in Geologie wie auch Geschichtswissenschaft: siehe: Marianne Klemun, Historismus/Historismen – Geschichtliches und Naturkundliches: Identität – Episteme – Praktiken, in: Christine Ottner, Gerhard Holzer und Petra Svatek (Eds.), Wissenschaftliche Forschung in Österreich 1800–1900. Spezialisierung, Organisation, Praxis (= Schriften des Archivs der Universität Wien, Fortsetzung der Schriftenreihe des Universitätsarchivs der Universität Wien, Bd. 21, Göttingen 2015), S. 17–41.

35 Bourguet, A Portable World, a. a. O.

36 Johann Christoph Adelung, Grammatisch-kritisches Wörterbuch der hochdeutschen Mundart (Wien 1811), 4. Bd., S. 517–518,

gewohnt sind, auch in der Gattung des *Tagebuchs* als Text dar: Die Zeit des *Tagebuchs* ist textierte Zeit. [...] Im TAG verleiht das *Tagebuch* dem Tag eine eigene Figur.«[37]

Die Zeiteinheit Tag bestimmt den Bau des Textes und zusätzliche Zeitkategorien strukturieren den textuellen Körper eines Tages. Am häufigsten beginnt Hauer den Tag mit dem Eintrag »Morgens«, gefolgt von »Früh«, »In der Früh« oder auch »Zeitlich Früh«. Wiederkehrend wird mit der Zeiteinheit »Vormittag« begonnen, wenn das Geschehen in dieser Zeiteinheit narrativ zusammenfassbar abgerundet wird. An der konsequent monotonen Erwähnung von »Morgens« als Einstieg in den Tag lässt sich ablesen, dass sie eine als wichtig erachtete Zeitspanne des Alltags ausmacht. Auch der Mittag hat Strukturierungsfunktion. Und meist schließt ein Tag mit einer Bemerkung »Abends«, die sich auf die Korrespondenzerledigung, Lektüre oder die konkrete wissenschaftliche Arbeit bezieht. Mit den Zeitangaben formatiert sich das Tagebuch im Tag als Aneinanderreihung seiner Elemente, die infolge des textuellen Zusammenhangs zeitliche Orientierung schaffen. Die chronikhafte Zeitachse ist dem Tagebuch immanent und diese ermöglicht es, sie »in beiden Richtungen zu durchlaufen.«[38]

An die Zeit ist jedoch auch die räumliche Bewegung gebunden. So heißt es häufig als Auftakt des Tages: »Früh in die Anstalt« bzw. »In die Stadt«. Damit wird das zeitliche Alltägliche an den Handlungsraum gebunden, das prinzipiell Tagtägliche »das gerade in der trivialen Form seine Macht entfaltet, [wird] im Tagebuch ›Zum Ereignis.‹«[39] Wir haben es mit einer verkürzten Version des Tagesablaufes zu tun, einer Reduktion auf Einzelheiten, die auch räumliche Konsistenz erlangen. Denn Hauer dokumentiert konsequent besonders seine Gänge in der Stadt zwischen dem Hofmuseum in der Burg, der nahe der Burg gelegenen Akademie (Jesuitenplatz), dem Gasthaus Streitberger, der Bierhalle Dreher, der Reichsanstalt in der Rasumofskygasse, der Wohnung seines Chefs Haidinger in der Ungargasse usw. und seiner eigenen in der Langegasse oder in Dornbach. Die wechselnde Bezugnahme der konkreten Wissensräume zueinander wird über die Personenkontakte protokolliert. Insofern ist Hauers Tagebuch eine Artikulation des auf Personen und Wissensräume bezogenen Wissenschaftsbetriebs in der verdichteten Großstadt Wien, wo wissenschaftliche Einrichtungen wie ihre Protagonisten aufeinander bezogen gesellschaftlich sowie räumlich ko-agieren.

Auf einer anderen Ebene ist zu berücksichtigen, dass in formaler Hinsicht die Schrift des Tagebuch- oder Notizbuchhalters und die Anordnung auf Papier höchst repräsentativ für einen Schreiber sind, der in Anordnung und Stil seinem persönlichen Geschmack oder seiner Gewohnheit folgt. Dazu zählen die Vorliebe für bestimmte Wörter, Abkürzungen und formale Eigenheiten, individuelle Techniken, die den Textkörper als einmaligen auszeichnen. Dazu gehört auch der Einsatz bestimmter regel-

---

37 Arno Dusini, Tagebuch. Möglichkeiten einer Gattung. Habilitationsschrift an der Universität Wien (Wien 2002), S. 109. Siehe auch Arno Dusini, Tagebuch (Paderborn 2005), S. 93 und 94.

38 Paul Ricoeur, Zeit und Erzählung, Bd. III (Paderborn [1991] 2007), S. 169f.

39 Dusini, Tagebuch, a. a. O., S. 125.

mäßig auftretender Textordnungszeichen, das, was nach Dusini als bestem Kenner der Gattung Tagebuch als »ordo textualis«[40] bezeichnet wird. So positioniert Hauer stets das Datum des Tages in die Mitte des Blattes, Erledigungen (Briefe) setzt er meist vom Korpus ab.

Es findet sich eine eigene Ästhetik, die sich bereits in der Wahl des Buches, der Beschreibungsdichte und der Regelmäßigkeit ausdrückt. Formal und ästhetisch ist das Tagebuch Hauers sehr gleichförmig getaktet. Gleichzeitig ist inhaltlich die Strategie erkennbar, Beschreibungen generell nur wenig Raum zu geben. So vermerkt Hauer zwar gern seine Spaziergänge und ihre Verortung, jedoch nur als geschehen, nicht aber auf landschaftliche Eindrücke bezogen. Darin ist eine strukturelle Parallele zu den Geländeaufzeichnungen feststellbar. Nicht der narrative Inhalt ist Teil der Message, sondern der Hinweis auf erledigte Abwicklung. Knappheit statt Weitschweifigkeit bestimmt den Duktus. Wenn es allerdings zu einer ausführlicheren Modellierung des Geschehenen kommt, dann ist diese Abweichung als bedeutend zu interpretieren. Hauer gibt oft Gespräche, die nicht konsensual und über dritte Personen verlaufen, quasi im Telegrammstil wieder. Neben der Tatsache, wo und mit welchen Fragen die Zeit des Tages verbracht wurde, sind es die aus Gesprächen stammenden Informationen, die andeutungsweise sondiert im Tagebuch landen.

3.3 Die Tagebücher Hauers als »heißes« oder »kaltes« Medium

Im Sinne Marshall McLuhans relationaler Unterscheidung von »kalten« und »heißen« Medien[41] könnte man argumentieren, dass Hauers Tagebuch als Medium für ihn als dem wichtigsten Adressaten ein »heißes« darstellte. Es zeichnet sich durch Detailreichtum und größtmögliche Informationsdichte aus, die er als Rezipient später zu decodieren wusste, auch wenn nur knappe Andeutungen wie Verweise die Information fixiert hatten. Heiße Medien erfordern beim Nutzer einen geringeren Partizipationsgrad und sprechen hauptsächlich nur einen Sinn an. Für uns als Leser/innen heute bilden Hauers Notizen jedoch ein »kaltes« Medium, weil sie Ergänzung und Erklärung erfordern, um ihren Sinn zu erfassen. Kalte Medien beanspruchen eine intensivere Beschäftigung.

Es besteht allerdings im Hinblick auf allfällige Rezipienten ein eklatanter Unterschied zwischen dem Stadttagebuch und dem Feldtagebuch, denn im Falle des Letzteren musste der Tagebuchschreiber davon ausgehen, dass die Einträge von der Anstaltsleitung kontrolliert und später auch vom Team des Survey konsultiert wurden. Er schrieb als Geländeforscher keineswegs nur für sich, weshalb diese Aufzeichnungen

---

40 Dusini, Tagebuch, a.a.O., S. 106.

41 Marshall McLuhan, Understanding Media. The Extension of Man [New York 1964] (Corte Madera 2003).

eigentlich als heißes Medium für die Rezipienten konzipiert wurden. Sie mussten einem hohen Grad an Decodierbarkeit implizieren und mit bekannten Mustern und Fachbegriffen der Geländearbeit operieren.

Hauer verfasste jedoch seine Stadttagebücher (Wintertagebücher) wohl nur zur eigenen Verwendung, zur Kontrolle, um seine Tätigkeiten und situativ getroffenen Aussagen für sich zugänglich zu erhalten. Es ging um eine Gedächtnisstütze. Wichtige Treffen und Ereignisse sollten nicht seiner Vergessenheit anheimfallen.

Was macht aber ein Notizbuch als Buch – grundlegend, praxeologisch gesehen – zu etwas ganz Besonderem? Während etwa die Aufschreibeform auf einzelnen Blättern eine nachträgliche Neu- und Um-Ordnung erlaubt, wie sie beispielsweise besonders von Philologen praktiziert wurde,[42] erfolgt der Eintrag in einem gebundenen Buch entlang der Zeitleiste als integraler Teil eines Kontinuums. Im Nachhinein belegt diese Praxis teleologisch die Bezüge von Daten oder der Tage innerhalb eines bestimmten Zeitabschnitts zueinander. Die Verwaltung des Selbst während der Arbeit gewinnt so einen kompakten Körper.

Das Tagebuch wurde oft als Form des Gesprächs des Tagebuchautors mit dem Ich charakterisiert. Diese Deutung scheint heute nicht mehr im Mittelpunkt zu stehen und auch für das Verständnis von Hauers Schreibsystem nicht treffend zu sein. Stattdessen wirken im Tagebuch die operativen Zeitstrukturen systemisch miteinander, indem sie sich aufeinander beziehen.

Für die Geologen des Survey war das Tagebuch unterwegs bei der Begehung auch wesentlicher Beleg dafür, von welchen Orten weg welche Routen genommen wurden. An der Rückseite ihrer Diarien machten sie zur besseren Benutzbarkeit ein Verzeichnis dieser Orte für das spätere Nachschlagen, gekoppelt an das Datum. Die Praxis unterstreicht zwei Aspekte: Erstens wurde das Notizbuch später immer wieder konsultiert, zweitens orientierte sich das Tagebuch an den Gegebenheiten der Buchkultur, für die ein Index ein Charakteristikum darstellte.

Feldforschung erfordert unzählige Schritte der Eigenadministration, die weit über den eigentlichen Beobachtungsprozess hinausgehen, für den disziplinierende Regeln der Vorgangsweise bestehen. Einzelne Schritte werden optimiert, die sowohl das Subjekt als auch Objekt unter Kontrolle halten. Dennoch ist stets auch Kreativität zwischen dem Wissen, der Beobachtung (dem trainierten Auge) und der endgültigen Fixierung im Spiel. Routine ist grundlegend und kann als Strategie der Objektivierung im Sinne von Dastons »mechanical objectivity«[43] interpretiert werden, die sich unabhängig vom individuellen Beobachter einstellt. Was immer der Fall ist, die

42 Ein solches Beispiel stellt der Ägyptologe Hermann Junker dar, der in seiner »Selbstdarstellung« seine Verzettelungsmanie von Inschriften dazu nutzte, ein Wörterbuch der »Ägyptischen Spätzeit« zu erstellen. Vgl. dazu: Hermann Junker, Leben und Werk in Selbstdarstellung (= Sitzungsberichte der phil.-hist. Klasse der Österreichischen Akademie der Wissenschaften 242,5, 1963), bes. S. 17.

43 Lorraine Daston und Peter Galison, Objectivity (New York 2007).

Organisation des Materials passiert nicht zufällig, sie ist einerseits der professionellen Sozialisierung als Geologe geschuldet und andererseits sind die Einträge abhängig von der Persönlichkeit des individuellen Schreibers.

Das Potential der Analyse von Tagebüchern kennt keine Grenzen, es bringt jedenfalls Historiker/innen dem wie auch immer gestalteten alltäglichen Arbeitsprozess der Forscher näher. Die Spur dessen kann damit in mikrohistorischer Weise gefasst werden. Der Wissenschaftshistoriker Holmes verweist darauf, dass die Notizbücher für die jeweiligen Forscher auch später als Argument für etwaige Prioritätsansprüche genutzt wurden.[44] Der datierte, zeitlich nachvollziehbare Eintrag gereichte zum Garanten des der Forschung stets inhärenten Wettbewerbs.

Bei Hauer haben wir im Falle des Stadttagebuchs weniger ein Elaborat vor uns liegen, das uns den Erkenntnisprozess als solchen als Sukzession einzelner Schritte näherbringt. Es ist eher ein Dokument der Einzelinformationen in gesellschaftlichen Zusammenhängen, des gesellschaftlichen Umgangs im Arbeitsalltag, der Vernetzung von vielen Tagesneuheiten skizziert, kurz, es ist Beleg dafür, wo und mit wem er seine Zeit verbrachte. Man wird mitunter auch den Eindruck nicht los, dass sich so mancher Eintrag in der Frage erschöpfte, wer in Forschungsvorhaben und Strategien des Kampfes für ein Weiterbestehen der Reichsanstalt eingeweiht wurde oder wer nicht. Wer brachte sich für die gemeinsame Sache ein und übernahm einen anonym ausgerichteten Artikel für die Presse? Jedenfalls belegt es, wer bei wem für die Reichsanstalt intervenierte. Die Investition in die Zukunft wurde zum Entstehungsgrund des Textes. Hauer spricht zudem in seinem Tagebuch nicht mit sich, um hier eine beliebte Zuschreibung der Funktion des Tagebuches aufzugreifen, nein, er gibt Gespräche, die er oder andere führen, andeutungsweise wieder. Somit schlägt sich sein kommunikativ gehaltener Alltag in der Stadt konzentriert im Tagebuch nieder.

In dem Wintertagebuch Hauers rückt die Reichsanstalt nicht nur als Arbeitsstätte in den Mittelpunkt, sondern als »corporate identity«, mit der sich der Autor auf seine Rolle festlegt und seine Aufgabenbewältigung per Kommunikation mit vielen Menschen vollzieht.

Wenn das Tagebuch einerseits Inszenierung oder Materialisierung von Zeit ist, schreibt die Abfolge von Orten andererseits den Raum in die Zeit ein. Wie das Leben sich in dieser Textsorte einspielt, gibt diese auch dem Raum der Stadt seine Signifikanz.

---

44 Frederic L. Holmes, Laboratory Notebooks and Investigative Pathways. In: Frederic L. Holmes, Jürgen Renn and Hans-Jörg Rheinberger (Eds.), Reworking the Bench. Research Notebooks in History of Science (= Archimedes Vol. 7, Dordrecht/Boston/London, 2003), S. 295–307.

Abb. 3: »Vereinsthätigkeiten in Wien haben bereits begonnen. Zur Wintersaison.« Holzschnitt aus: Figaro. Humoristisches Wochenblatt, 4. Jg. (1860), 13. Oktober, Nr. 42, S. 4.

4. Wissenschaftskommunikation, Gesellschaft und Öffentlichkeit

4.1 Die »Freunde der Naturwissenschaften« (1845–1851): »gesellschaftliche Form für Wissenschaft«[1]

In den letzten Jahrzehnten waren die Forschungsarbeiten zur Wissenschaftskommunikation durch drei Tendenzen gekennzeichnet. Zum einen wurde der Briefwechsel als wichtigstes Mittel des Austauschs zwischen Wissenschaftlern als Netzwerkforschung priorisiert.[2] Zum anderen wurde die Bildung neuer Journale und noch nie zuvor dagewesener institutioneller Konfigurationen zum Gradmesser der Ausdifferenzierung von Wissensfeldern anhand der Kommunikationsgemeinschaften von Spezialisten sowie der organisatorischen Infrastruktur von Disziplinen bestimmt.[3] Das Vereinswesen hingegen wurde beispielsweise in Andreas W. Daums einflussreicher Studie als Erscheinung der bürgerlichen Laienkultur und als »Popularisierung« eingeschätzt. Dafür habe sich die Naturforschung in besonderem Maße geeignet, löste sie doch beim Bürgertum große Faszination aus.[4]

Die Reduktion des Assoziationswesens auf das Laienphänomen scheint meines Erachtens für die habsburgischen Länder und besonders Wien nicht zuzutreffen. Die praxeologische Perspektive, die bisher eher ausgeblendet wurde, ergibt eine andere Einschätzung. In der Transformationsphase, in der sich zwar allmählich die Professionalisten von den Laien separierten, stellten die Gesellschaften und Vereine die wichtigsten Ermöglichungsräume dar, in denen die statusbildende Binnendifferenzierung mittels Performanz, in Vorträgen, im Gedankenaustausch und via Publikationen in Fachjournalen ausgehandelt wurden. Auch spielten die Akademisierungserwartungen und Verwissenschaftlichung eine zentrale Rolle bei der Motivation für die Aktivitäten.

Ursache und Folgen dürfen nicht miteinander verwechselt werden. Im Assoziationswesen wurden Grenzen zwischen diesen sozial heterogenen Gruppen dynamisch immer wieder erst gezogen. Und doch blieben diese weiterhin fließend. Wie konnten sich Professionalisten als solche verstehen, wenn noch keine Aufstiegsschritte kanoni-

1 Wilhelm Haidinger, Der 8. November 1845. Jubel-Erinnerungstage. Rückblick auf die Jahre 1845 bis 1870 (Wien 1870), S. 1.

2 Siehe dazu beispielsweise für das 18. Jahrhundert: Regina Dauser, Stefan Hächler, Michael Kempe, Franz Mauelshagen, Martin Stuber (Eds.), Wissen im Netz. Botanik und Pflanzentransfer in europäischen Korrespondenznetzen des 18. Jahrhunderts (Berlin 2008).

3 Siehe dazu: Peter Weingart, Die Wissenschaft der Öffentlichkeit. Essays zum Verhältnis von Wissenschaft, Medien und Öffentlichkeit (Weilerswist 2006 [2005]).

4 Andreas W. Daum, Wissenschaftspopularisierung im 19. Jahrhundert. Bürgerliche Kultur, naturwissenschaftliche Bildung und die deutsche Öffentlichkeit, 1848–1914 (Oldenburg 2002 [1995]).

siert waren? Auch war die Universität noch keineswegs der wesentliche Ort der Ausgestaltung der Verwissenschaftlichung sowie der Disziplinlandschaft. So wurden etwa in Wien die Lehrstühle für Botanik, Chemie, Mineralogie und Zoologie als eigenständige Felder außerhalb der Medizinerausbildung erst mit der Universitätsreform 1849, jene der Paläontologie und Geologie erst nach 1857 geschaffen. Erst danach konnten sich die an der Universität Ausgebildeten auf ein gediegenes Studium und ihren akademischen Status berufen. Für die Generation, die vor 1848 wirksam wurde, bestand noch keine klar vorgesehene Laufbahnregelung.

Spezifische Fachgesellschaften der Naturforschung, wie sie in den deutschen Territorien bereits häufiger existierten, fehlten in Wien noch, von wenigen Ausnahmen abgesehen. Bezüglich der Erdwissenschaften zeigte sich hier noch die traditionell-höfische Ausrichtung auf einzelne privilegierte Köpfe ganz besonders. Friedrich Mohs wurde, nachdem er sich im Mekka des Bergwesens, an der Bergakademie Freiberg, als Nachfolger des weltweit Studenten anziehenden Lehrers Abraham Gottlob Werner etabliert hatte, nun als Professor der Mineralogie an die Universität Wien berufen, konnte die Nutzung der Sammlungen des Hofmuseums wie auch der 1835 etablierten Kollektion des Berg- und Münzwesens für den universitären Lehrbetrieb für sich fordern.[5] Ein Übergangsmodell darstellend, subordinierte er alle existierenden höfischen und staatlichen Institutionen unter seiner Person. Um den mineralogischen Unterricht tragfähig zu machen, koppelte sich die Montanistik allerdings alsbald nach seinem Tode von der Abhängigkeit vom Hof und der Universität ab und etablierte ein Standbein letztlich nur mehr ausschließlich unter der Behörde der »Hofkammer im Münz- und Bergwesen«. Die 1835 vom Hofkammerpräsidenten Fürst August Longin von Lobkowitz errichtete Sammlung wurde nach Friedrich Mohs' plötzlichem Tode 1839 von seinem Schüler und Nachfolger an der Behörde, Wilhelm Haidinger, zu einem »Montanistische[n] Museum« ausgebaut.[6]

Der Name war Programm. Von Haidinger eingeführt, artikulierte er die Verbindung von Sammeln, Forschen und Lehrbetrieb nun ausschließlich an diesem Ort. Wiewohl nicht als Professor an die Universität gekoppelt und mit niedrigerem Salär ausgestattet, organisierte Haidinger als Bergrat Kurse für die Abgänger der Bergakademie in Schemnitz [Banská Štiavnica], den Nachwuchs des höheren Bergpersonals, der nun auch mit einem theoretischen Grundlagenkurs direkt in der Hauptstadt pro-

5 Marianne Klemun, »Die Gestalt der Buchstaben, nicht das Lesen wurde gelehrt«. Friedrich Mohs' »naturhistorische Methode« und der mineralogische Unterricht in Wien. In: ÖGW (2004), S. 43–60.

6 Seit dem Jahre 1843 wurde die Sammlung in der Hofkammer im Münz- und Bergwesen von Haidinger als »k.k. Montanistische[s] Museum« bezeichnet und so bürgerte sich der Begriff ein. Siehe dazu: Wilhelm Ritter von Haidinger, Der 8. November 1845. Jubel-Erinnerungstage. Rückblick auf die Jahre 1845 bis 1870. In: Die Realschule. Zeitschrift für Realschulen, Bürgerschulen und verwandte Anstalten 1,2 (1870), S. 65–74, hier S. 66. Siehe auch GBA, Bibliothek und Archiv, A 00077-TB Hauer. 1843. Siehe auch: Die Geologische Bundesanstalt in Wien 150 Jahre Geologie im Dienste Österreichs (1849–1999), ed. von der Geologischen Bundesanstalt (Wien 1999), bes. S. 93 f.

filiert werden sollte. Im Unterschied zu Mohs, der eher nur den Adel und »illustres« Publikum, darunter auch »Damen«, in seinen in den Sammlungen stattgefundenen öffentlichen Vorträgen mit der Bestimmung von Mineralien unterhalten hatte, zielte Haidinger dezidiert darauf ab, junge Nachwuchswissenschaftler zu produzieren. Seine Vision ging so weit, dass er für seinen Schüler Franz Hauer 1843 eine erste Professur für Paläontologie etablieren wollte. Sie wäre die erste ihrer Art auf der Welt geworden.

> Am 9ten Jänner 1843 eröffnete ich meinen ersten Cours von Vorträgen über Mineralogie. Die geologisch geographische Sammlung war aufgestellt, und das Institut in der Tat ein k.k. Montanistisches Museum geworden, unter welchen Namen es nun immer bekannter wurde. Zur Anhörung der Vorträge und zu manchen andern practisch wissenschaftlichen Arbeiten waren neue junge Männer, absolvirte Schemnitzer Bergakademiker und k.k. Bergpracticanten einberufen worden,[7]

so Haidingers Erklärung, die uns vorführt, wie er die Behörde energisch vor vollendete Tatsachen stellte. Der Mineralienkollektion der Hofkammer hatte er einfach den Begriff »Montanistische[s] Museum« verliehen, womit eine klare Ausrichtung der Sammlung in der zeitgenössischen Bedeutung eines Museums in Kombination eines Forschungs- und Lehrbetriebs[8] erfolgte. Freilich war die Bezeichnung »montanistisch« ebenfalls wohldurchdacht, denn Haidinger vermied somit eine klare Positionierung zwischen einer bereits überkommenen Mineralogie im Mohs'schen Sinne oder einer Geognosie, die Stratigraphie implizierte.[9] Er nahm der Behörde den Wind aus den Segeln. Zudem bedingten auch andere Aspekte als nur Haidingers Beharrlichkeit dessen Durchsetzungsvermögen: einerseits seine Herkunft als Sohn eines höfisch arrivierten Mineralogen, seine Nähe zur Hofkammer, sein Status als ein international ausgewiesener Gelehrter[10] und seine Profilierung als bekanntester Schüler von Friedrich Mohs und Übersetzer von dessen »Mineralogie« ins Englische.[11] Von ihm wurde erwartet, dass er Mohs' wissenschaftliches Erbe fortsetzen würde.

---

7 Siehe Wilhelm Haidingers Lebenserinnerungen. Universitätsbibliothek Wien, Manuscripta 512, neue Signatur 165.760, fol. 1–75, hier fol. 10v. Erstmals abgedruckt in Karl Kadletz, Die Geologische Reichsanstalt im Schicksalsjahr 1860, a. a. O., S. 245–270.

8 Siehe dazu: Melanie Blank und Julia Debelts, Was ist ein Museum? »... eine metaphorische Complication ...«. Museum zum Quadrat Nr. 9. (Wien 2002).

9 Marianne Klemun, Geognosie versus Geologie: Nationale Denkstile und kulturelle Praktiken bezüglich Raum und Zeit im Widerstreit. In: Berichte zur Wissenschaftsgeschichte. Organ der Gesellschaft für Wissenschaftsgeschichte 38/3 (2015), S. 227–242.

10 Wilhelm Haidinger, Anfangsgründe der Mineralogie. Zum Gebrauche bei Vorlesungen (Leipzig 1829). Haidinger bezeichnete seine Arbeit als »leichtfassliche Mineralogie« die für die »Library of Useful Knowledge«, die er während seines Aufenthaltes in Edinburgh im Kontakt zu Robert Jameson, einem bedeutenden Wernerianer wie es auch Mohs war, nach seiner Rückkehr geschrieben hatte.

11 Frederick Mohs, Treatise on Mineralogy or Natural History of the Mineral Kingdom. Übersetzt von William Haidinger (Edinburgh 1825), 3 Bde.

In diesem bürokratischen Milieu des Montanwesens entwickelte sich Schritt für Schritt eine Initiative, die sich zu einem Brennpunkt entwickeln sollte und deren Entstehungsbedingungen hier in den einzelnen Etappen mikrohistorisch nachvollzogen werden. Wilhelm von Haidinger und Franz Hauer unterwanderten die Hürden der Zensur und des Versammlungsverbots. An Samstagen organisierte nämlich Haidinger in seinem »Montanistische[n] Museum« ein auf Freiwilligkeit aufbauendes Seminarsystem mit selbständigen Referaten der Teilnehmer und offenen Diskussionen. Es waren Versammlungen, in denen seine Studenten sich selbst ausprobieren, ans Podium treten und Bericht erstatten konnten. Die Methode war für einen ansonsten eher als Frontalunterricht gestalteten Vorlesungsbetrieb neu und stammte eigentlich aus England, wo Haidinger zwei Jahre verbracht hatte.

Damit hatte Haidinger zunächst ganz im Stillen etwas ins Rollen gebracht, was er schon lange im Auge hatte: eine wissenschaftliche Gesellschaft und eine wissenschaftliche Publikation. »Handeln statt Zensur«[12] gereichte zum Motto der Aktivitäten. Den harten Kern bildeten angehende Bergbeamte, doch war der Kurs ebenfalls sowohl für interessierte junge bürgerliche Hörer als auch für Honoratioren offen. Aus den regelmäßigen Treffen seiner »Zuhörer« in einem öffentlichen Lokal entstand alsbald der »Entschluß«, sich offiziell als Sozietät zu formieren.

> Namentlich waren es mehrere meiner Zuhörer auch außerhalb der Studien in näherer gesellschaftlicher Berührung mit Franz v[on] Hauer, und andere junge Männer, die den Entschluß faßten, sich öfters zu dem Zwecke wissenschaftlicher Besprechungen zu versammeln. Öffentliche Orte, wie das Bierhaus zum rothen Säbel auf der hohen Brücke, wo mehrere derselben sich um diese Zeit öfters zusammengefunden hatten – schienen doch am Ende nicht angemessen.[13]

Um nicht als Autoritätsperson die Jugend einzuschüchtern, sondern ihr eigene Handlungsmacht zuzugestehen, wie es Haidinger später selbstgefällig betonen sollte, fehlte er bei der ersten Versammlung der jungen angehenden Bergbaubeamten, Ärzten und Studierenden. Der Zuspruch von elf Personen war wohl dem kollegialen Klima, einer Atmosphäre des gegenseitigen Respekts geschuldet, die Haidinger bereits in seinen Samstagstreffen zu schaffen vermocht hatte. Nach der nächsten Zusammenkunft am 8. November 1845 musste bei seinem Chef, k.k. Hofkammer-Präsident Karl Friedrich Freiherr Kübeck von Kübau, die Erlaubnis sowohl zur Gründung der Gesellschaft als auch für die Nutzung der Räumlichkeiten des »Montanistische[n] Museum[s]« eingeholt werden. Haidinger war auf die Notwendigkeit der Einreichung bei der niederösterreichischen Landesregierung verwiesen worden. Er verstand dies zunächst noch als positives Signal: »Ich hatte nun freie Hand für

12 Dieser Ausspruch geht auf Haidinger zurück.

13 Wilhelm Haidingers Lebenserinnerungen, UB Wien, Manuscripta 512, neue Signatur I 165.760, fol. 15r.

die eigentlichen Einleitungen zur Bildung einer Gesellschaft.«[14] Die Gelehrten Wiens, die sich bereits zuvor um die Bildung einer Akademie bemüht hatten, Professoren der Universität und des Polytechnikums, Persönlichkeiten des Montanwesens sowie der Bürokratie, Kustoden der Museen und die junge Generation seines Lehrganges wurden kontaktiert. 30 Geladene fanden sich am 30. Dezember 1845 im »Montanistische[n] Museum« ein, um das weitere Vorgehen zu bestimmen. Eine Gruppe um den Botaniker und Professor an der Universität Stephan Endlicher (1804–1849) hatte sich jedoch parallel formiert und spaltete sich ab, um das bereits länger betriebene Projekt einer Gesamtakademie anzustreben, die Geisteswissenschaften inkludierend im Auge habend, während Haidinger – wiewohl der Gründung einer Akademie ebenfalls nicht abgeneigt – weiterhin am Plan für die Naturwissenschaften festhielt. Joseph Hammer-Purgstall, einer der Initiatoren der Akademie der Wissenschaften, hielt in seinen Erinnerungen, Anfang Dezember 1845 datiert, fest, Stephan Endlicher habe ihn besucht und informiert, »dass Bergrath Haidinger die Gründung einer Gesellschaft der Naturforschung angeregt, wovon er fürchte, dass dieser einseitige Privatverein die Gründung der Akademie von Seiten des Staats aus hinderlich war.«[15] Die Gegenüberstellung von Privatverein und staatlicher Akademie, Naturforschung und Gesamtbereich, wurde von Seiten Endlichers genutzt, um Haidingers allseitig sehr positiv aufgenommene Initiative als Konkurrenzprojekt zu diffamieren, wiewohl Haidinger keineswegs eine Intrige gegen die Betreiber des Akademieplanes im Sinne hatte. Später, im April 1848, sollte sich die Haltung der 1847 etablierten Akademie ändern. Die Hofkanzlei hatte bei der Akademie eigens angefragt, wie sie zur Genehmigung der Statuten »eines faktisch schon seit zwei Jahren wirksamen Vereines unter der Benennung Freunde der Naturwissenschaften«[16] stehe. Erst im Juni 1848, wohl aus Gründen der Revolutionsereignisse, reagierte das Präsidium wohlwollend bezüglich des Anliegens. Gerichtet war das Schreiben an das inzwischen neue Innenministerium: »Nach dem Urtheile der mathematisch-naturwissenschaftlichen Classe ist das Vorhandensein und die Fortdauer eines solchen Vereines nicht blos im Allgemeinen für die Förderung der Naturwissenschaften, für deren Pflege nie genug gethan werden kann, im hohen Grade ersprießlich und wünschenswerth, sondern die Classe sieht auch ihre eigene Aufgabe dadurch auf eine wirksame Weise unterstützt. Die Akademie wird nie im Stande sein alle Gegenstände, welche die unerschöpfliche Natur dem untersuchenden Verstande bietet, vollständig zu umfassen und auszubeuten; die Ergebnisse ihrer Arbeiten werden immer nur als ein kleiner Theil dessen erscheinen, was durch die Gesamtheit der Forscher geleistet werden kann.«[17]

---

14 Wilhelm Haidingers Lebenserinnerungen, UB Wien, Manuscripta 512, neue Signatur I 165.760, fol 15r.

15 Joseph Hammer-Purgstall, Erinnerungen aus meinem Leben, ed. von Walter Höflechner, Alexandra Wagner, Gerit Koitz-Arko. Publikationen aus dem Archiv der Universität Graz, ed. von Alois Kernbauer (Graz 2018), S. 734.

16 AÖAW, Allg. Akten, No. 482/1848, Hofkanzlei (Pillersdorf) an das Präsidium der Akademie der Wissenschaften, 6. 4. 1848.

17 AÖAW, Allg. Akten, No. 482/1848, Hofkanzlei (Pillersdorf) an das Präsidium der Akademie der Wissenschaften, 6. 4. 1848.

Der Vorteil des Vereines wurde darin gesehen, dass er als »Stützpunkt«, die »zerstreute[n] Kräfte« zu sammeln vermöge. »Vereinigen sich mehrere neben ihrem harmonischen Zusammenwirken, so wird dadurch der Tendenz der Akademie nur vorgearbeitet. Ein Verein, wie der von Hrn. Bergrath ins Leben gerufene, gibt jüngern Talenten Gelegenheit sich auf der wissenschaftlichen Bahn zu versuchen, und zu künftige Mitarbeitern der Akademie selbst heranzubilden [... und die Akademie werde] um so mehr in die Lage gesetzt, die ihrem Bereiche zunächst stehenden geistigen Kräfte zu erkennen und zu würdigen.«[18] Der Weg des Nebeneinanders zwischen einer Gelehrtenakademie und einem offenen Verein sei auch in Berlin und Paris eingeschlagen worden. In der Akademie war erkannt worden, dass Haidinger eine Fördereinrichtung betrieb, die der Akademie keineswegs in die Quere kam.

Blicken wir nochmals in die Zeit um 1845 zurück, als die Idee des Vereins konkrete Formen angenommen hatte. Haidinger, selbst zwar ein Liberaler, hatte nämlich in diesem Jahr doch seine Beziehung zu Metternich nutzen wollen, um sein Projekt der Sozietät durchzusetzen. Zu diesem Zeitpunkt hatte Friedrich Simony, der auf seinen Reisen im Salzkammergut besondere Fossilien aufsammeln konnte, Interesse für seine Arbeiten bei Fürst Metternich erweckt.[19] Er verkaufte seine Sammlungen an ihn, Franz Hauer als Bergrat des Museums sollte die Ammoniten beschreiben. Man hatte es verstanden, den Fürsten in seiner Selbstherrlichkeit wie auch in seinem Interesse für die Naturwissenschaften zu erreichen. Die Benennung *Ammonites metternichi* (heute *Pinacoceras metternichi*) traf ins Herz aristokratischen Repräsentationsbedürfnisses. Da Metternich bei der Hofkammer für Münz- und Bergwesen eine Reiseunterstützung für Simony erwirken wollte, wurde Haidinger sogar als ihr Direktor um ein befürwortendes Gutachten gebeten. Es ergab sich für Haidinger eine einmalige Situation, um Metternich gleichzeitig mit der dringenden Notwendigkeit einer Gesellschaftsgründung zu konfrontieren. Sein Appell blieb zwar fruchtlos, zeigt aber, wie Haidinger sein Anliegen beharrlich verfolgte:

> Noch immer entbehrt Wien eines Organs, dessen Zweck die Erweiterung der Naturwissenschaften ist. Die unmittelbare Unterstützung durch die Hohe Staats-Verwaltung in einzelnen Fällen bleibt das einzige Mittel um doch etwas zur Erweiterung der Naturwissenschaften beizutragen, da keine ausgedehnteren Anstalten für den Zweck bestehen.[20]

Die Wiener Gesellschaft hatte zu diesem Zeitpunkt tatsächlich kaum Chancen besessen, in der Öffentlichkeit an den Wissenschaften teilzuhaben. Viele Organe waren nur

---

18 AÖAW, Allg. Akten, No. 482/1848, Hofkanzlei (Pillersdorf) an das Präsidium der Akademie der Wissenschaften, 6. 4. 1848.

19 Zu Metternich: Hedwig Kadletz-Schöffel, Metternich und die Wissenschaften. 2 Bde. (Dissertationen der Universität Wien 234/I und II, Wien 1992).

20 Abschrift eines Briefs von Haidinger an Fürst Metternich, 21. April 1846, Beilage zu: Wilhelm Haidingers Lebenserinnerungen, UB Wien, Manuscripta 512, neue Signatur I 165.760, fol. 61r.

vorübergehend lebensfähig gewesen, wie beispielsweise die »Vaterländische[n] Blätter für den Oesterreichischen Kaiserstaat« (1808–1820). Das nötigte Haidinger, die offizielle staatlich-höfische »Wiener Zeitung« als wichtigstes Ziel seiner Plattform auszuwählen. Ferner war es ein besonderer Schachzug, denn als der Bergbehörde unterstellt, konnte ihn diese nicht abweisen:

> An demselben 21.ten April [1846] verabredete ich mit Hauer, die Vorträge für die Versammlungen in [sic] Vornhinein zu ordnen, und dann die Berichte über dieselben durch die Wiener Zeitung zu veröffentlichen. So ›wird‹[,] schrieb ich noch denselben Abend auf, ›die Gesellschaft und Publikation eingeschmuggelt‹.[21]

Obwohl Haidinger mit der »Wiener Zeitung« bereits negative Erfahrungen gemacht hatte, als er über Friedrich Simonys ansprechende Landschaftszeichnungen berichten wollte, hielten ihn erste Absagen und Restriktionen durch die Zensur nicht davon ab, neuerlich bei der Zeitungsredaktion anzuklopfen. Fürsprecher trugen das Ihre bei. Der Verlagsbuchhändler Wilhelm Braumüller, auch der General-Landes- und Haupt-Münz-Probierer Alexander Löwe wie auch der mit dem Besitzer der Wiener Zeitung verwandte Paläontologe Moriz Hörnes vermittelten die Aufnahme der Berichte. »Der wichtige Schritt, die Verbindung mit der Öffentlichkeit war geschehen. Die That brachte uns die Zuneigung vieler, denen an dem Fortschritt der Wissenschaft wirklich etwas gelegen war,«[22] meinte Haidinger euphorisch.

Gleichwohl zeigte sich die Metternich'sche Polizei besorgt, wenn nicht sogar argwöhnisch. Falsche Zuordnungen, die eine allfällig konspirierende Versammlung dahinter vermuteten, wies Haidinger strikt zurück, indem er sich gegen Unterstellungen verwehrte und sich recht naiv gebend den Gerüchten den Boden wegzog:

> Man hat mich gefragt, was das für eine naturwissenschaftliche Gesellschaft sey, deren Sitzungsberichte nun immer in der Wiener Zeitung zu lesen sind?
>
> Ich antwortete, wenn man die Zusammenkunft mehrerer Menschen eine Gesellschaft nenne, so gelte dieser Name wohl auch hier, wolle man aber dasjenige bezeichnen, was man im Vergleich mit so manchen andern Gesellschaften zu denselben Zwecken, oder andern vereinigt, Verein, Institut, u.s.w. so nennen könnte, so fehlt alle Ähnlichkeit.
>
> So oft Freunde der Naturwissenschaften versammelt sind, bildet sich eine naturwissenschaftliche Gesellschaft, geht man auseinander, so ist die Gesellschaft aufgelöst. Wohl wenn sie die Zeit zur Arbeit, oder zur Mittheilung von einzeln vollendeter Arbeit benützt, und dadurch, von der großen Schuld der Zeiten Minuten, Tage, Jahre streicht. Wir treffen uns heute hier, einige interessante Mittheilungen werden gemacht, die auch außerhalb

21 Wilhelm Haidingers Lebenserinnerungen, UB Wien, Manuscripta 512, neue Signatur I 165.760, fol 33v.
22 Wilhelm Haidingers Lebenserinnerungen, UB Wien, Manuscripta 512, neue Signatur I 165.760, fol 35r.

unseres Kreises dem theilnehmenden Freunde angenehm seyn dürften, und für deren Bekanntmachung daher gesorgt wird.

Aber wir haben keinen bestimmten Ort, keine bestimmte Zeit der Zusammenkunft, keine fest bestimmten Mitglieder, keinen Secretair, keine Geschäftsleiter, keinen Präsidenten, keine Direktoren, keine Statuten[,] keine berathene Geschäftsordnung, noch mehr als alles dieses keinen Kreuzer an Vermögen oder gesellschaftlichen Fonds, noch weniger organisirte Beiträge. Kurz es fehlt Alles, was zu einer Gesellschaft von der bezeichneten Art gehört.

Aber doch nehmen so viele von den Herren Theil an diesem Austausch von Arbeit und Ideen, daß man daraus wohl das Bedürfniß an gesellschaftlichem Zusammenwirken erkennen kann. Wenn wir auch in Wien keine Gesellschaft, keinen Verein zur Förderung der Naturwissenschaften haben, der sich in die Reihe derjenigen Institute stellen kann, welche anderwärts für die Wissenschaft nützlich gewirkt, so glaube ich wird sich ein solcher wohl am ersten aus dem wirklich tief gefühltem Bedürfniße entwickeln.[23]

Der Weg war beschritten. Haidinger und Hauer hatten unübersehbar Taten gesetzt, die Zusammenkünfte waren nicht mehr abzustellen, auch wenn die legale Erlaubnis noch lange dafür ausgeblieben war. Es hatte sich erwiesen, dass es im Vormärz möglich war, im Konnex zur Bürokratie und Fürst Metternich geregelte Zusammenkünfte zu initiieren, die geduldet wurden, wobei das staatlich getragene »Montanistische Museum« wohl einen neutralen Boden für dieses deutlich emanzipatorisch-zielgerichtete Handeln bildete. Dass Handlungsspielräume bestanden, das hatte auch der Weltbürger Ami Boué (1794–1881), der in Edinburgh gelebt, in Paris die Geologische Gesellschaft mitbegründet hatte und ab 1840 in Vöslau ansässig war und auch wirkliches Mitglied der Akademie wurde, in einem Gespräch mit Hauer bestätigt: »[...] nicht die Regierung allein, mehr noch die Gelehrten der früheren Periode seien Schuld gewesen, daß nichts vorwärts ging. Sie hätten gar nicht verstanden, mit den Staatsmännern umzugehen.«[24]

4.2 Mündlichkeit und Schriftlichkeit: wissenschaftliches Reden und Publizieren

Das Schreiben über Gespräche bzw. Reden ist ein paradoxes Unterfangen. Zum einen haftet dem Mündlichen der Hauch des Unbeständigen an, zum anderen verschmähte die Wissenschaftsgeschichte Konversation als Praxis gegenüber den Printmedien und verlor sie für das 19. Jahrhundert jedenfalls gänzlich aus den Augen, wiewohl sie Jahrhunderte in der Gelehrtenkultur etabliert war. Erst jüngst bezeichnete James A.

23 Haidinger an Unbekannt, (7. Mai 1846), Beilage 4 zu Wilhelm Haidingers Lebenserinnerungen, UB Wien, Manuscripta 512, neue Signatur I 165.760, fol. 63r

24 GBA, Bibliothek und Archiv, Hauer TB, 10. März 1861.

Secord die mündliche Kommunikation von Wissen als »at the heart of the making of knowledge.«[25] Secord sieht diese Missachtung durch die idealisierte Vorstellung vom Niedergang des Goldenen Zeitalters der aufklärerischen Konversation begründet. Jedoch wurde gerade im 19. Jahrhundert das wissenschaftliche Wissen nicht nur mittels der Kanäle der Printmedien kommuniziert und etabliert, sondern besonders auch durch das gesprochene Wort. Und das in ganz unterschiedlichen Formen und Foren, im privaten Gespräch, in einer Unterhaltung, einer Konversation, einem Meinungsaustausch, einem Vortrag, aber auch von Eröffnungsreden bei Vereinen und an den Universitäten. Letztere fanden bei Rektoren und Antrittsvorlesungen im Druck ihre Verstetigung.

Secord argumentiert, dass die anerkanntesten Naturforscher der Londoner Szene wie beispielweise Joseph Banks, ihren außerordentlichen Ruf nicht nur ihren Reisen und schon gar nicht den Publikationen, sondern in erster Linie ihren Gesprächsrunden verdankten. Nicht die großen Entdeckungen kamen in diesen geselligen Foren zu Wort, sondern Neuheit und Details. In unterschiedlichen Settings von privat bis formell spielte die Konversation eine weit größere Rolle bei der Etablierung einer gemeinsamen Kultur und Soziabilität der Wissenschaft, als wir ihr zugestehen wollten. Konversation, Gespräche und Reden fanden in unterschiedlichen Situationen statt und bestimmten ein breites Spektrum an geteilter Kultur der Wissenschaft.

Als probates Mittel der Publikumsaktivierung identifizierte der Wiener Journalist Adolph Schmidl die an der Universität und am Museum gehaltenen öffentlichen Vorträge, die er akribisch in seinem Journal verzeichnete und als Teil einer neuen Öffentlichkeit von Wissenschaft propagierte.[26] Franz Unger (1800–1870), der 1849 als Professor der Botanik an die Universität berufen wurde,[27] versuchte ebenfalls in Wien sehr forciert, seine Vorstellung von einer neuen Wissenschaft öffentlich wirksam zu kommunizieren. Er bot über zwei Jahrzehnte Vorlesungen an, die offenbar von einem breiteren Publikum besucht werden sollten. Hauers Geschwister, so sein Tagebuch, genossen die öffentlichen Vorlesungen am 19. Februar 1861 ebenfalls.

---

25 James A. Secord, How Scientific Conversation became Shop Talk. In: Aileen Fyfe and Bernard Lightman (Eds.). Science in the Marketplace (Chicago/London 2007), S. 23–59.

26 Adolph Schmidl, Die Elemente des geistigen Lebens in Wien. In Oesterreichische Blätter für Literatur und Kunst, Geografie, Geschichte, Statistik und Naturkunde 4. Jg., Nr. 56 (Wien 1847), 6. März 1847.

27 Zur Biographie: Alexander Reyer, Leben und Wirken des Naturhistorikers Dr. Franz Unger (Graz 1871); Hubert Leitgeb, Franz Unger (Graz 1870); Julius Wiesner, Franz Unger. Gedenkrede, gehalten am 14. Juli 1901 anlässlich der im Arkadenhofe der Wiener Universität aufgestellten Unger-Büste (Separatabdruck, Wien 1902) und Marianne Klemun, Franz Unger (1800–1870). Wanderer durch die Welten der Natur. In: Glücklich, wer den Grund der Dinge zu erkennen vermag. Österreichische Mediziner, Naturwissenschaftler und Techniker im 19. und 20. Jahrhundert (Frankfurt am Main/Berlin/Bern 2003), S. 27–43. Auch: Marianne Klemun (Ed.), Einheit und Vielfalt. Franz Ungers (1800–1870) Konzepte der Naturforschung im internationalen Kontext (Göttingen 2016).

Eine zwar undatierte, aber in diese Zeit passende persönliche Notiz, die wohl an seinen ehemaligen Koautor Endlicher gerichtet war, zeigt Ungers Überlegungen, die darum kreisten, wie er sein aktuelles Spezialwissen seinen Studenten und zudem auch einem »großem Publikum« besser vermitteln könne:

> [...] weil nur jene Teile der Botanik sich eignen würden, die allgemeinen Seiten der Erkenntnis zu repräsentieren, da die Behandlung der Gegenstände nicht blos für den Fachmann, vielmehr für den Laien zugänglich werden soll, mit einem Worte, das Kleid und der Schnitt derselben, halte ich bei weitem einflußreicher, wenn der Unterricht sein Glück bei dem großen Publikum machen wollte, kömmt es meines Erachtens hierbei vorzüglich darauf an, aus dem Wuste der Erkenntnisse und Erfahrungen, das auszuwählen, was am klarsten und eindeutigsten dargestellt werden kann, und woran wir an einzelnen Beispielen die leitenden Ideen sich fort entwickeln können. Für die beschwerliche Naturwissenschaft ist das unumgänglich nothwendig, um nicht von der Masse der mannigfaltigen Stufungen sich widersprechender Thatsachen erdrückt zu werden und im Chaos derselben richtungslos dazustehen. Der Mensch begnügt sich ja nicht etwas zu wissen, sondern um Zusammenhänge nach ihrem Grunde kennenzulernen.[28]

Dass Originalität und ein guter, dem Wissensstand des Auditoriums entgegenkommender Vortragsstil ausschlaggebend sei, das machte nun den Habitus eines Universitätsprofessors aus. Es bestimmte sein »Charisma«.[29] Diese Vorstellung von einer wissenschaftlichen Persona war ein neues bestimmendes Element, Performanz erhielt es im engen Bezug zu einem breiteren Publikum. In den »Botanische[n] Briefe[n]«, die Unger nicht zufällig zunächst in der »Wiener Zeitung«, dem traditionell-offiziellen Organ des Hofes, vorab in Serie drucken ließ, bevor sie zum Bändchen kompiliert im Druck erschienen, diskutierte er im ersten Kapitel quasi sehr öffentlichkeitswirksam die neue Bestimmung der Botanik als Wissenschaft und erwies sich auch als eigenständiger Theoretiker des Evolutionsgedankens.[30] Er hatte die »Wiener Zeitung« als

---

28 Notiz von Unger, Teilnachlass Ungers, Institut für Pflanzenwissenschaften Graz.

29 Siehe allgemein die Studie: William Clark, Academic Charisma and the Origins of the Research University (Chicago/London 2006), bes. S. 446. Allerdings behauptet Clark fälschlicherweise, in der philosophischen Fakultät in Wien seien neue Institute wie etwa die Meteorologie etc. gegründet worden. Die k.k. Meteorologische Reichsanstalt war aber eine eigenständige, von der Universität unabhängige Einrichtung.

30 Nach Junker ist Unger »einer der interessantesten unter den zahlreichen Vorläufern Darwins«. Vgl. Thomas Junker, Darwinismus und Botanik. Rezeption, Kritik und theoretische Alternativen im Deutschland des 19. Jahrhunderts. In: Quellen und Studien zur Geschichte der Pharmazie 54 (Stuttgart 1989), S. 104; Sander Gliboff, H. G. Bronn, Ernst Haeckel, and the Origins of German Darwinism. A Study in Translation and Transformation (Cambridge MA 2008), Kap. 1; Sander Gliboff, Evolution, Revolution, and Reform in Vienna. Franz Unger's Ideas on Descent and their Post-1848 Reception. In: Journal of the History of Biology 31.2 (1998), S. 179–209 und Sander Gliboff, Franz Unger and Developing Concepts of Entwicklung. In: Marianne Klemun (Ed.), Einheit und Vielfalt, a.a.O., S. 93 –104.

Medium genutzt, um das »große Publikum« in Briefen, also in einem kommunikativen Format, die Interessierten in einer Zeitung adressierend, an seinen Erkenntnissen teilhaben zu lassen. Diese umfangreichen Artikel evozierten auch das Interesse in Kreisen, die nicht zu den studentischen Hörern zählten.

Das immer mehr an Platz gewinnende hohe Ansehen der Redekunst lässt sich auch anhand des Unterrichts am »Montanistische[n] Museum« beobachten. Die von Haidinger für die Studenten im Jahr 1843 eingeführten Samstagsvorträge, in denen der bereits erlernte Stoff nochmals von ihnen in Reden gefasst werden sollte, hatten ihr Vorbild in einer immer mehr um sich greifenden Form der wissenschaftlich-akademischen Kommunikation, dem Vortrag. Dieser fehlte in privaten Geselligkeitsformen, was Haidinger über die 1840er Jahre in Wien vermerkte:

> Die Reichenbach'schen Wochengesellschaften am Mittwoche fanden im Sommer auf dem Cobenzl – oder Reisenberg bei Grinzing statt. Unangenehme Gerüchte verscheuchten die Gäste, und die Versammlungen fanden später auch in der Stadt nicht mehr den alten Faden. Endlichers' Salon war jeden Montag offen bis zu seinem Tode im Jahre 1849. Man sah an beiden Orten öfters Männer, die Gönner der Wissenschaft vorstellen wollten, dadurch daß sie sich mit den unscheinbaren oft wirklich mühevollen Arbeitern bei einem Amphitruo einen Abend in einem Saale zu erscheinen herabließen. Der eigentliche Naturforscher fand wenig, er sah sich verloren im Gespräch des Tages. An den Mittwochen fanden später Abendvereinigungen bei Hofrath Baumgartner statt, im Sommer auf dem Lande auch wohl nur mit ihm[,] wie im Sommer 1845 in dem Biergarten zum rothen Roße in Unter St[.] Veit.[31]

Haidinger schwebte etwas anderes vor, keine launigen gesellschaftlich salonartigen Treffen, sondern ein Forum, an dem die aktive Beteiligung aller Anwesenden Bedingung war. Unter einem »theilnehmenden« Publikum war Partizipation gedacht, die sich durch Reden, Vorträge und Bemerkungen ereignete. Haidinger selbst nützte zudem jede Gelegenheit semi-öffentlicher gesellschaftlicher Zusammenkünfte, um auf die Notwendigkeit einer solchen Gesellschaft der Naturwissenschaften in Wien hinzuweisen. Dabei sollte der Gegenstand der Unterhaltung eng an die Wissenschaft gebunden werden. Die Einladung des Gewerbevereines im Jahre 1844 zu einem Festmahl angesichts der Verleihung von Preisen schien ihm besonders gut geeignet zu sein, selbst auch ein elitäres Publikum in einer Ansprache von der Idee einer Gesellschaftsgründung zu infizieren:

> Ich dachte man könnte bei dem Festmahle Beziehungen der Anwendung der Wissenschaften und der Pflege der letzteren selbst in einer Ansprache erörtern, und etwa durch

31 Wilhelm Haidingers Lebenserinnerungen, UB Wien, Manuscripta 512, neue Sign. I 165.760, fol 8r und 8v.

einen Trinkspruch auf das Wohl und die Entwicklung einer künftigen wissenschaftlichen Gesellschaft das Wort zur That steigern.[32]

Es handelte sich nicht zufällig auch um eine orale Form, eine Rede, die einem besonderen Anlass gewidmet war und öffentlich die Aufmerksamkeit auf diese Notwendigkeit zu lenken trachtete. Und wieder hatte sich Haidinger als Meister der Parallelaktion erwiesen.

Den Initiativen zu Vereinsgründungen gingen stets Gespräche und lose Versammlungen voran. Auch wenn solche Vorschläge nicht unmittelbar ident wie geplant umgesetzt wurden, war spätestens um 1845/1846 das Bewusstsein öffentlich artikuliert, dass eine Veränderung im Verhältnis von Wissenschaft und Öffentlichkeit an der Tagesordnung zu stehen habe. So erinnerte sich Haidinger:

> Nie werde ich die Gefühle vergessen mit welchen ich an jenem Tage in Ettingshausen's[33] Wohnung, Landstraße (Hauptstraße N^{ro} 58, 2^{r} Stock) die Freunde begrüßte, mit denen ich nun über einen Gegenstand Besprechungen halten sollte, der mir so lange als Lebensbedingung der künftigen Zustände der Wissenschaft in Österreich vorgeschwebt. Aber auch Ettingshausen und Schrötter[34] waren von der Wichtigkeit des Augenblickes erfüllt. Schrötter sagte: ›Was wir jetzt verhandeln ist wichtig, wir machen Geschichte.‹[35]

»Was wir jetzt verhandeln ist wichtig, wir machen Geschichte,«[36] mit dem Ausspruch sollte Schrötter nicht ganz unrecht haben. Er hatte damit die Organisationsform einer Akademie gemeint, Haidinger jedoch vornehmlich den Gegenstand im Blick, die Naturwissenschaften, um dafür, wie er es formulierte, »Um den größern Körper unserer ersten Männer der Wissenschaft in Bewegung zu setzen.«[37]

Weiterhin versammelten sich die »Freunde der Naturwissenschaften« des »Montanistische[n] Museums«, wobei Vorträge und Berichte aller Beteiligten die Form der Zusammenkunft strukturierten. Da nach langem Zuwarten auch keine Aussicht auf Bewilligung dieser Assoziation mehr zu erhoffen war, gründete Haidinger mittels Subskription ein Periodikum. Die rege Teilnahme von etwa 30 Personen war beachtlich, in der »Wiener Zeitung« fand sich laufend im Vorhinein der Hinweis darauf. Tage nach den wöchentlichen Sitzungen erschien zudem ein von Haidinger zusammengestellter Bericht.

32 Wilhelm Haidingers Lebenserinnerungen, UB Wien, Manuscripta 512, neue Sign. I 165.760, fol 12 r.
33 Andreas Freiherr von Ettingshausen (1796–1878) war Physiker und Mathematiker und auch Direktor des physikalischen Instituts und wurde 1847 erster Generalsekretär der Akademie der Wissenschaften.
34 Anton Schrötter von Kristelli (1802–1875) war Chemiker und Professor der allgemeinen Chemie am Polytechnikum. Er hatte wie Haidinger auch bei Mohs Mineralogie gehört.
35 Wilhelm Haidingers Lebenserinnerungen, UB Wien, Manuscripta 512, neue Sign. I 165.760, fol 21 r.
36 Wilhelm Haidingers Lebenserinnerungen, UB Wien, Manuscripta 512, neue Sign. I 165.760, fol 21 r.
37 Wilhelm Haidingers Lebenserinnerungen, UB Wien, Manuscripta 512, neue Sign. I 165.760, fol 22v.

Auf diese Weise kam die spezifische Art der Kommunikation medial doppelt zum Vorschein, durch den Verweis auf die multidisziplinären Vorträge in der »Wiener Zeitung« für ein breiteres Publikum sowie auch mit der ausführlicheren Darstellung im Periodikum für die Gruppe nach innen wie auch für eine sich formierende *Wissenschaftliche Community*. Die Akteure wurden mit ihren Beiträgen öffentlich sichtbar. Somit inkorporierte die Kommunikation gleichzeitig das gesprochene Wort als Protokoll und artikulierte es schließlich zusätzlich mit den Mitteln des Drucks in periodischen Schriften. Darin wird das gleichwertige Verhältnis zwischen dem mündlichen und dem schriftlichen Part in besonderer Weise deutlich. Für das breitere Publikum wurde die Austauschpraxis in Form von Vorträgen nachvollziehbar, wie es die Einträge in der »Wiener Zeitung« dokumentierten. Ersichtlich wurde auch, dass erwartet wurde, dass jeder nicht nur seine Stimme erheben, sofern die Rede einen Gegenstand der Naturforschung betraf, sondern auch aktiv werden sollte. Darin lag das demokratische Element. Keineswegs bestand die Tendenz, nur den Organisatoren oder Funktionären eine Bühne zu verschaffen, wie es später viele Vereine in realiter lebten. Jeder übernahm abwechselnd die Rolle des Akteurs und auch die des Publikums.

Während die »Wiener Zeitung« als Werkzeug der Dynastie und des Staates fungierte, bediente sich die Wissenschaft dieses Mediums nun ebenfalls. Als die »k.k. Geologische Reichsanstalt« aus dem »Montanistische[n] Museum« hervorgehend, 1849 ins Leben gerufen wurde, profitierte sie weiterhin davon, wie bereits ihre Vorgängerinstitution, die »Wiener Zeitung« als Sprachrohr zu nutzen, indem sie regelmäßig ihre Berichte über die Tätigkeit der jungen Einrichtung in diesem Medium zum Besten gab.

In der Zeit von 1846 bis 1851 waren zudem vier von Haidinger herausgegebene umfangreiche Bände erschienen.[38] Die ersten hatten ambitioniert einen Umfang von fast 500 Seiten. Insgesamt waren mehr als 2000 Seiten an Forschungsarbeit in kürzester Zeit publiziert worden. Indem die Berichte den Sitzungen folgend geordnet waren,[39] bildeten sie das kommunikative Moment der »Freunde der Naturwissenschaften« in der Zeitschrift auch direkt ab. Gleichzeitig wurde die Abfolge der Redner mit ihren Themen in den Sitzungen auch in der »Wiener Zeitung« regestenformähnlich kurz aufgelistet. Der Transfer von den Vorträgen zu dem Zeitschriftenbericht bis zur Erwähnung in der »Wiener Zeitung« war dem Prinzip der Komplexitätsreduktion unterworfen, er war gleichzeitig auf unterschiedliche Erwartungen der Adressaten angepasst.

Das Modell basierte auf Spontaneität. So wurden Redner, die sich kurzfristig gemeldet hatten, sofort ins Programm aufgenommen.[40] Allerdings kam es bei der Pres-

---

38 Wilhelm von Haidinger (Ed.), Naturwissenschaftliche Abhandlungen, gesammelt und durch Subscription herausgegeben, 4 Bde. (Wien 1847–1850).

39 Wilhelm Haidinger, Berichte über die Mittheilungen von Freunden der Naturwissenschaften in Wien, 7 Bde. (Wien 1846–1852).

40 Ein Brief belegt dieses Verhalten Haidingers. Er schrieb an Franz Hauer: »Herr Dr Schmidt-Göbel von Prag macht uns das Vergnügen für die heutige Sammlung eine Mittheilung vorzubereiten. Er hat den

semeldung zu zeitlichen Verschiebungen infolge der Zensur: »Es verdient bemerkt zu werden, und ist charakteristisch für die damaligen Zustände, daß der Sitzungsbericht jedesmal an dem Tage nach der Sitzung eingerichtet war, aber der mehrwöchentliche Aufenthalt durch die Censur hervorgebracht wurde«,[41] meinte Haidinger die Zeit zurückblickend.

Die Medialität der Sitzungen mobilisierte Mitwirkende und erzeugte ein interessiertes öffentliches Auditorium. Die Bezeichnung »Freunde der Naturwissenschaften« deutete auf das Objekt wie auch auf die Beziehung der Subjekte untereinander. So manche Bindung wurde hier gestiftet, die in Freundschaft mündete. Ein wesentliches Element des Erfolges war die Repräsentation eines breiten Spektrums der Naturwissenschaften: Physik, Chemie, Technik, Geologie, Paläontologie, Geographie, Mineralogie, Instrumentenkunde, Zoologie bis zur Botanik und Rassenkunde. Dem entsprach ein buntes gesellschaftliches Spektrum, das geadelte Bürger, Beamte und auch Kleinbürger zusammenbrachte.

Haidinger blickte 1851 zurück: »Als der Bericht über die erste Versammlung von den Freunden der Naturwissenschaften am 27. April 1846 in der Wiener Zeitung vom 6. Mai[42] erschien, gab es in Wien noch keine Kaiserliche Akademie der Wissenschaften, keine k.k. geologische Reichsanstalt, keinen zoologisch-botanischen Verein.«[43]

Es ist interessant, dass Haidinger die bereits länger florierenden landwirtschaftlichen Vereine nicht erwähnt, da ihm der ausschließliche Bezug von Nützlichkeit nicht ausreichend für seine Gesellschaft schien. Es ging um Forschung mit einem weiten Horizont. Die Zeit der Herausgabe der vier Bände charakterisierte Haidinger als lehrreich für eine »Geschichte der stufenweise Entwickelung der gesellschaftlichen Bestrebungen in den Naturwissenschaften in Wien.«[44] Neben der Pressearbeit und den Berichten über die Sitzungen gab Haidinger außerdem in der Zeit von 1847–1850 die »Naturwissenschaftliche[n] Abhandlungen« heraus, deren Ausrichtung er eindeutig von Popularisierung abzugrenzen suchte:

> Die Abhandlungen selbst beziehen sich räumlich auf die Erweiterung der Naturwissenschaften. Weder solche, die auf die Verbreitung derselben, noch solche, welche auf die An-

---

Bericht bereits vollendet. Ich bitte Sie denselben nebst den übrigen Berichten, Morgen mitzubringen.« Haidinger dürfte wegen seiner Krankheit Hauer zuhause erwartet haben. Vgl. GBA, Archiv und Bibliothek, Inv. Nr. A 004-BM Franz-Hauer-Nachlaß, Brief, Hietzing, 17. August, 1846.

41 Wilhelm Haidingers Lebenserinnerungen, UB Wien, Manuscripta 512, neue Sign. I 165.760, fol 44r.

42 Wilhelm Haidinger, Wissenschaftliche Nachrichten. In: Österreichisch-Kaiserliche privilegirte Wiener Zeitung Nr. 125 (Wien 1846), 6. Mai, S. 3 [1017].

43 Wilhelm Haidinger, Vorwort. In: Berichte über die Mittheilungen von Freunden der Naturwissenschaft (Wien 1851), S. IV.

44 Wilhelm Haidinger, Vorwort. In: Berichte über die Mittheilungen von Freunden der Naturwissenschaft (Wien 1851), S. IV.

> wendung im praktischen Leben sich beziehen, gehören in den Kreis derjenigen Arbeiten, welche hier beabsichtigt sind.[45]

Haidinger bediente sich somit aller Register des Kommunizierens, die von den mündlichen Vorträgen über die Sitzungsberichte in der Presse und in gedruckter Weise im Zeitschriftenformat bis hin zum streng wissenschaftlich ausgerichteten Fachbeitrag reichten. Diese vierfache Schiene wurde verschiedenen Auditorien gerecht und signalisierte zudem wissenschaftliche Differenzierung, die sich der Vermittlungsverantwortung für die Gesellschaft bewusst war. Waren in den Sitzungen die Beteiligten selbst ihr wichtigstes Publikum, so erweiterten sich in der »Wiener Zeitung« die Publikumskreise auf eine größere Öffentlichkeit, und die gedruckten ausführlichen »Abhandlungen« erreichten sogleich eine internationale *Community.* Dieses Prinzip wurde in den Publikationen der Reichsanstalt beibehalten, auch die Akademie der Wissenschaften trennte die öffentliche Darstellung ihrer Arbeitsprozesse zwischen den Sitzungsberichten und den Abhandlungen. Und die Bedeutung des Gesprächs spielte an dieser Institution eine zugleich verbindende wie auch ausgrenzende Rolle, was uns das Tagebuch Hauers anschaulich vorführt. Haidinger, der als wirkliches Mitglied der Akademie der ersten Stunde sogleich auch Vorträge der Akademie und Sitzungsgeschehen in seine Darstellungen in der »Wiener Zeitung« integrierte, wurde jedoch bereits am 18. Dezember 1847 in einer Sitzung offiziell darum gebeten, diese Artikel in Bezug auf die Tätigkeit der Akademie zu unterlassen. Schrötter und Endlicher waren die Antragsteller dieses Begehrens.[46] Haidinger legitimierte seine journalistische Tätigkeit bezeichnenderweise mit Argumenten, die seiner Überzeugung der Wichtigkeit der Präsenz der Wissenschaft in der Öffentlichkeit entstammte:

> Was er bis jetzt gethan habe, sey aus freudiger Anerkennung des Fortschrittes und im Interesse aller, welche daran Antheil nehmen, geschehen. Er betrachte die Leistungen der Akademie als ein Gemeingut der ganzen gebildeten Welt, und es falle ihm schwer zu schweigen, wo es sich um Arbeit und Ueberzeugung zu solcher durch das Beispiel Anderer handle.[47]

Hier bildete sich das hierarchische Prinzip der Akademie ab, denn Haidinger war, wiewohl ein aktives wirkliches Mitglied der Akademie, zu diesen Schritten nicht expressis verbis autorisiert worden.

Bleibt noch zu fragen, was die »Freunde der Naturwissenschaften« für die Erdwissenschaften disziplinär bewirkten. Anhand der Verwendung der nebeneinander existierenden Fachtermini Geognosie und Geologie in den Publikationen der »Freunde

---

45 Wilhelm Haidinger, Naturwissenschaftliche Abhandlungen 1, Vorwort (Wien 1847), S. III.
46 AÖAW, Protokoll der Gesamtsitzung, Nr. 2, 18. Dezember 1847.
47 AÖAW, Protokoll der Gesamtsitzung, Nr. 2, 18. Dezember 1847.

der Naturwissenschaften« (1846–1851) lässt sich eine Verlagerung von Geognosie zu Geologie konstatieren. Während das eine auf die Stratigraphie Bezug nahm und sich von der spekulativen Geologie distanzierte, wurde die Geologie zum Überbegriff auch der »k.k. Geologischen Reichsanstalt«, die den »Freunde[n] der Naturwissenschaften« die ersten Knoten ihres Netzwerkes verdankte. Naturforschung als Sammelbegriff wurde immer mehr vermieden, zumal dieser doch einen populären Anschein signalisierte, hingegen wurden die Naturwissenschaften als einigendes »Band« postuliert.

In diesem Abschnitt konnte gezeigt werden, wie ein Museum einerseits als Ermöglichungsraum fungierte, sodass in ihm eine Assoziation etabliert werden konnte und die Abhängigkeit von der Behörde als Vorteil subversiv genutzt wurde. Ferner war die Sichtbarkeit der kommunikativen Struktur, der Beteiligung von Vorträgen, die nicht vorselektiert wurden, ihr Erfolgsrezept. Die simultane Artikulation in unterschiedlichen Formaten, den Meldungen in den Zeitungen und in zwei auf unterschiedliche Öffentlichkeiten ausgerichteten fachlichen Publikationsorganen, spielte eine nicht zu unterschätzende Rolle. Sie zollte einer multiplen Öffentlichkeit Tribut.

Innerhalb kürzester Zeit waren etwa 40 junge in Wien ansässige, angehende Naturforscher beflügelt worden, sich zu betätigen und gleich mehrmals Aufsätze beizutragen. Der Personenkreis deckte nahezu alle Bereiche der Naturwissenschaften ab, wobei die individuelle Zuweisung lediglich zu einem Fachbereich keinen Sinn ergeben würde. Die meisten Protagonisten beschäftigten sich mit mehreren Gebieten, die sich heute nicht mehr gemeinsamer Zuordnung erfreuen würden, sodass eine Schubladisierung, die sich primär nach einer Disziplin orientieren würde, nicht sinnvoll ist. Um nur ein Beispiel zu erwähnen: Franz Leydolt (1810–1859) hatte – wiewohl Sohn eines Wiener Seidenfabrikanten – Medizin studiert. Er hatte Professor Mohs auf seiner Tour zu Salinen des Kaiserstaates begleitet, wurde Assistent des Botanikers Franz Joseph Jacquin an der Universität Wien, wurde sodann mit der Lehrkanzel für Geographie und Naturgeschichte der Realschule betraut, bis er schließlich zum Professor für Mineralogie und Geognosie am Polytechnischen Institut (heute Technische Universität) ernannt wurde. Als Sekretär der k.k. Gartenbaugesellschaft zeigte er Engagement, auch im Unterricht der Naturgeschichte für die kaiserlich-türkische Garde. Seine Studien über die Bildung des Eises und des Nachweises des Glases als amorphe Masse sorgten für Aufsehen bei seinen Zeitgenossen. Die Berufskarrieren in dieser Übergangsphase der Formierung von neuen Disziplinen nahmen mitunter seltsame Wege, die sich innerhalb großer Dachlandschaften bewegten.

Am Beginn aller verstetigten Beiträge stand immer das Gespräch, die Rede, die mündliche Aus- und Ansprache, die Besprechung. Letztere sollte auch durch die personelle Kontinuität die kommunikative Kultur der Nachfolgeeinrichtung, der Reichsanstalt, besonders beeinflussen. Im Tagebuch Hauers der Jahre 1860–1868 findet diese spezifische Dialogkultur auch neben einseitigen Gesprächen ihren deutlichen Niederschlag.

4.3 Zukunftsvisionen 1840–1849: Museum, Institut, »geologische Landeskunde« oder Reichsanstalt (Survey)?

Für eine neue Ausrichtung der Forschungs- und Studienlandschaft tauchten etwa ab 1840 diskursiv neue Überlegungen der Institutionalisierung auf. Dabei wurde auf die Formate Museum, Institut, »geologische Landeskunde« oder auch Anstalt rekurriert. Das war nicht zufällig, denn sie signalisierten unterschiedliche Schwerpunkte innerhalb des Verhältnisses von Lehre, Sammlung und Forschung. Welchen Weg man beschreiten sollte, fragten sich jene, die sich um eine Reform Gedanken machten. Auch wenn die Begriffe Museum, Institut und Anstalt jeweils ein breites Spektrum an unterschiedlichen Assoziationen inkorporierten, war doch Forschung, Lehre und Sammlung in ihnen jeweils anders aufeinander bezogen. Sowohl die universitäre Lehre als auch eine Anstalt musste über eine Sammlung verfügen. Denn Sammlungen dienten ja als wichtigste Ressource der Naturforschung. Sie mussten direkt verfügbar sein. Auch jene Institutionen der Zeit, die sich als »Museum« begriffen, wie etwa das Joanneum in Graz, boten seit 1811 regelmäßige (heute würde man sagen fachhochschulähnliche) Lehrgänge an, die an den Universitäten noch keinen Einlass gefunden hatten. Auch Akademien waren vielfach Träger von Kollektionen und forschungskonstitutiv, es fehlte allerdings der Aspekt der höheren Studienvermittlung. Die verschiedenen Typen innerhalb der Organisationslandschaft waren zwar nicht säuberlich voneinander zu trennen, dennoch vermittelte der Bezug darauf ein Signal in eine Richtung.

Als sich Haidinger im Juli 1849 um eine Hebung seiner am »Montanistische[n] Museum« etablierten Lehre mit dem Vorschlag eines ersten Lehrstuhls für Paläontologie bemühte, der eine Innovation weltweit dargestellt hätte, gab es auch andernorts Ideen, die höhere Bildungslandschaft in der Habsburgermonarchie zu reformieren. Die Richtung, wie sich diese strukturieren sollte, zeigte sich für unterschiedliche Realisierungen offen. Sollte man sich an Frankeich orientieren, wo die Museen zu Kristallisationspunkten beider Bereiche, der Forschung und Lehre, avancierten und Lehrstühle inkorporierten, oder doch an völlig anderen Modellen? Auch stand die Gründung eines »naturhistorischen Institutes«[48] im Raum, das alle Bereiche der alten Naturgeschichte beinhalten sollte und zu dem Haidingers Plan eines paläontologischen Lehrstuhls auch gepasst hätte. Am »Montanistische[n] Museum« war der Unterricht auch bereits thematisch und personell ausgedehnt worden. Neben Mineralogie, Geologie und Paläobotanik wurden analytische Chemie und Dokimasie, allgemeine Chemie und Lötrohr-Probierkunst, Civil-Baukunst sowie auch physiologische Botanik und höhere Mathematik gelehrt. Das zeigte durchaus Potential, das Museum in ein höheres universitäres umfassend naturwissenschaftliches Lehr- und Forschungsin-

48 Jedenfalls spricht Haidinger in einem Brief an Franz Hauer vom 28. August 1849 von einem »Institut«. Brief Haidingers an Hauer, 28. August 1846, GBA, Bibliothek und Archiv, Inv.-Nr. A 004BM, Franz-Hauer-Nachlass.

stitut zu verwandeln. In Deutschland waren Institute als neue Organisationseinheiten international besonders an Universitäten verankert worden, die, wie auch die Seminare in der Philologie, eine neue Unterrichtspraxis implizierten. In den neuen Laboratorien der Physiologie, Chemie und Physik rezipierten Studenten von nun an Wissen nicht nur passiv, sondern machten selbst Erfahrungen bei der Handhabung eines Experiments. Gerade diese Praxis hatte Haidinger ja auch am »Montanistische[n] Museum« realisiert.

Die alte Fächertrias der Naturgeschichte hatte sich jedenfalls inzwischen aufgelöst und methodisch differenziert. Es war ein Transformationsprozess in der Naturforschung, der selbst auch in der breiteren Öffentlichkeit wahrgenommen wurde. Die Diskrepanz zwischen dem öffentlich wachsenden Ansehen der Naturwissenschaften und ihrer mangelnden Präsenz an Universitäten war unübersehbar geworden. Reformen, die politisch wie organisatorisch umzusetzen waren, standen längst an.[49] Den Naturwissenschaften[50] wurde immer mehr eine dominante Bedeutung im Wissenssystem zugeschrieben, sie sollten nun zufolge der Mobilisierung infolge der Revolution 1848 aus dem innerhalb der medizinischen Fakultäten positionierten Schattendasein als Hilfswissenschaften befreit werden. Mit Naturwissenschaften wurden in der Öffentlichkeit vornehmlich Entdeckungen, die Entwicklung neuer Instrumente und ein breites Spektrum an Gegenständen assoziiert. Wilhelm Haidinger hatte eine pragmatische Ordnung der Naturwissenschaften entwickelt, als er sie für seinen Verein der »Freunde der Naturwissenschaften« 1846 als integrativ-verbindende Plattform definierte:

> Der Gegenstand entscheidet. Die Wissenschaften der Massenvorkommen – Astronomie (die der Weltkörper), Meteorologie, Geographie, Geologie (die unserer Erde nach den Räumen über der Oberfläche, der Oberfläche selbst, und dem was unter derselben vorkommt.), die Wissenschaften der Individuen Mineralogie, Botanik, Zoologie, mit Anatomie und Physiologie, die der Materie – Chemie und ihrer Massen – Physik, endlich die Wissenschaft des Raumes, in welchem Alles in der Natur erscheint, die Mathematik, sie bilden den Kreis der Naturwissenschaften.[51]

Haidinger, zwar Mineraloge, entwarf dennoch für diese Treffen ein »Band«, das großzügig alle naturwissenschaftlichen Fächer zusammenfügte. Auf eine notwendige

---

49 Hinsichtlich des Nichtschritthaltens mit internationalen Entwicklungen in Bezug auf die österreichische Universitätsgeschichte siehe: Walter Höflechner, Österreich: eine verspätete Wissenschaftsnation? In: Karl Acham (Ed.), Geschichte der Humanwissenschaften in Österreich, Bd. 1: Historischer Kontext, wissenschaftssoziologische Befunde und methodologische Voraussetzungen (Wien 1999), S. 93–114.

50 Der Begriff Naturwissenschaft erlebte einen Aufschwung besonders seit 1835. Gibt man das Stichwort etwa in »Anno« ein, findet sich nur ein Eintrag in der Zeit 1778–1789, vier zwischen 1797 und 1805, 22 zwischen 1806 und 1815, 174 zwischen 1815 und 1825, 340 zwischen 1826–1834, 1082 zwischen 1835 und 1843! Parallel dazu nahm die Verwendung des Begriffes Naturforschung ab.

51 Wilhelm Haidingers Lebenserinnerungen, UB Wien, Manuscripta 512, neue Signatur I 165.760, fol 18v.

Differenzierung seines eigenen Bereiches, der Mineralogie, verzichtete er. Wiewohl eine grobe Einteilung, war sie doch öffentlichkeitskonform und hatte keineswegs den Anspruch einer spezifischen Ordnung der Disziplinen für Experten. Sie schuf eine Verbindung aller Gebiete als »eine« einzige Naturwissenschaft und integrierte alle nur möglich denkbaren Teilaspekte. Auch die Idee der Hebung des Assistenten Hauer auf eine Spezialprofessur, die er seinem Minister vorgetragen hatte, passte hier hinein. Sie war als Zeichen zu verstehen, in welche Richtung der Ausbau der Naturwissenschaften am »Montanistische[n] Museum« gehen könnte. Aus dem Kreis um Haidinger ging kurze Zeit später Eduard Suess hervor, der sich 1857 – ohne über ein Doktorat zu verfügen – seine außerordentliche Professur für Paläontologie an der Universität erkämpfte.

Doch auch andernorts wurde über Reformen nachgedacht. Bezüglich der Modifikation der alten Naturgeschichte hatte bereits zuvor, im Juli 1848, ein Reformpapier von Ludwig Karl Schmarda (1819–1908) in Wien kursiert. Er war Realschulprofessor und Professor der Landwirtschaftslehre am Joanneum in Graz und auch Mitglied der »Freunde der Naturwissenschaften«. Schmarda schlug ein eigenes, von der Universität unabhängiges, aber mit musealen Einrichtungen verknüpftes naturhistorisches Großinstitut vor, das auch die Ausbildung von angehenden Gymnasiallehrern bedienen sollte. In diesem sollten mehrere Professoren gleichrangig ihre Arbeiten wahrnehmen können. Sein Fächerkanon erwies sich als weitaus differenzierter als jener Haidingers: »Kristallographie, Mineralogie, analytische Chemie anwendungsorientiert auf Oryktognosie und Geognosie, Paläontologie, Geognosie und Geologie; Anatomie und Physiologie der Pflanzen, descriptive Botanik, Phytochemie, Pflanzengeographie; Zootomie und Zoophysiologie, descriptive Zoologie, Zoochemie und Zoogeographie; Anthropologie« sollten gelehrt werden. Das Vorbild des »Muséum national d'histoire naturelle« am Jardin des plantes in Paris ist evident. Dieses war in der Französischen Revolution als zentrale naturwissenschaftliche Forschungs- und Lehrstätte etabliert worden. Eine Bindung an eine museale Institution hatte auch Stephan Endlicher in seinem 1842 ausgearbeiteten Akademieprojekt vorgeschlagen, da er den Fortschritt der Naturwissenschaften an gute Forschungsplätze in Sammlungen und Laboratorien geknüpft sah. Allerdings existierte das Problem der Abhängigkeit zu einer höfischen Einrichtung, die organisatorisch schwer zu ändern war, weshalb dieses Modell schließlich keine Chance bekam.[52] Gleichzeitig erhielt der Botanische Garten an der Universität ein neues Gebäude, das als »Botanisches Museum« bezeichnet wurde.

Dennoch geisterte die Frage einer Verbindung der höfischen Sammlungen mit dem Universitätsunterricht in manchen Köpfen herum. Schon im September 1848 beschäftigte das Problem auch die Akademie der Wissenschaften, nachdem der Botaniker Fenzl eine engere Beziehung der bestehenden Sammlungen mit der Akademie gefor-

52 Herbert H. Egglmaier, Naturgeschichte. Wissenschaft und Lehrfach. Ein Beitrag zur Geschichte des naturhistorischen Unterrichts in Österreich (Graz 1988), S. 260–262, bes. 260.

dert hatte. Haidinger nahm dazu sofort Stellung, wie es im Protokoll der Sitzung aufscheint: »Herr Bergrath Haidinger nimmt das Wort und unterstützt den Antrag. Er unterscheidet zwischen Anstalten, welche die Verbreitung der Wissenschaften bezwecken und jenen, welche die Erweiterung der Wissenschaften zum Ziele haben. Als erstere erscheinen die verschiedenen Unterrichts- Anstalten, zu den letzteren gehört die Akademie. Er hebt nur die Nothwendigkeit hervor, die Akademie mit den Behelfen auszurüsten, ohne welche eine Erweiterung der Wissenschaft nicht möglich ist und erklärt es für unerlässlich, die Sammlungen, welche die nicht zum Unterricht bestimmt sind, der Akademie unterzuordnen.«[53] Die Vorschläge, alle höfischen Sammlungen unter dem Dach der Akademie zu vereinen, fanden zwar jeweils Beifall, allerdings wurden sie nicht umgesetzt. Die Debatte zeigt, dass in der Zeit nach 1840 die Frage der Sammlungen im Kontext von Lehre und Forschung als wichtige Ressource in ein neues staatlich-administratives Licht gerückt wurde. Die Arbeitsteilung zwischen der »Erweiterung« des Wissens als Forschung und die »Verbreitung« als Lehre taucht auch in weiteren Diskussionen bezüglich etwaiger Abgrenzungen immer wieder auf.

In der weiteren regen Diskussion des Reformkonzeptes für die Wiener Universität blieb die jeweilige schon zuvor geforderte Aufspaltung in eine deskriptive und eine strukturelle Professur für alle drei Bereiche der Naturgeschichte erhalten, obwohl das Reformpapier nach den Ereignissen des Oktober 1848 mit seinem Odium des Revolutionären sonst fallen gelassen wurde. Feuchtersleben, Unterstaatssekretär des neu gebildeten Ministeriums, griff diese Anregung auf, jedoch bedeute der Oktoberaufstand (1848) der Wiener Bürger das Ende seiner Karriere. In seinem Nachlass befindet sich ein Entwurf, in dem er sich über die Entfernung einiger untauglicher Professoren des medizinischen Studiums in Wien Gedanken machte. Stephan Endlicher kam bei der Beurteilung gut weg, es wurde aber festgestellt, dass das »anatomische« Element vom praktischen, »der botanischen Waarenkunde«[54], zu trennen sei, was ein neues Nützlichkeitspostulat ins Spiel brachte. Die Paläontologie hatte sich dabei gegenüber der alten bereits existierenden Mineralogie noch nicht etablieren können. Die Ideen fielen schließlich infolge der Fokussierung auf die Universität als wichtigsten Wissensraum, in dem Forschung und Lehre neu konzipiert werden sollten, unter den Tisch.

Für die nach einem Vorlauf erfolgte Umsetzung aller einschneidenden Reformen der Universität, die sich im Jahre 1849 vollzogen und auf Franz Serafin Exners Entwurf[55] zurückgingen, war bekanntlich Minister Graf Leo Thun-Hohenstein verant-

53 AÖAW, Protokoll der Gesamtsitzung, Nr. 16, 11. September 1848.

54 AVA (Österreichisches Staatsarchiv, Allgemeines Verwaltungsarchiv), Wien, Nachlass Feuchtersleben Memoire I (undatiert, aber vor 1849!) Nr. 24/51.

55 Siehe dazu bes. den Nachweis der Autorschaft Exners: Helmut Engelbrecht, Geschichte des österreichischen Bildungswesens. Bd. 4: Von 1848 bis zum Ende der Monarchie (Wien 1986); Auszüge in: 1848: Einrichtung des Unterrichtsministeriums. In: Forum Politische Bildung (Ed.), Wendepunkte und Kontinuitäten. Zäsuren der demokratischen Entwicklung in der österreichischen Geschichte (Innsbruck/Wien 1998), Sonderband der Informationen zur Politischen Bildung, S. 22–38.

wortlich.[56] Auf den Reformdruck hatte man am 23. März 1848 mit der Gründung eines eigenen Ministeriums für Unterricht und Kultus geantwortet, einer Einrichtung, die sich nun die Planung und Steuerung der Universitätspolitik zur Aufgabe stellte. Das erklärt auch, warum Haidingers Vorschlag, nun einer anderen Behörde zugehörig (dem am 1. Mai 1848 gegründeten Ministerium für Landeskultur und Bergwesen), vorerst nicht zum Zug kam, wiewohl Ferdinand Freiherr von Thinnfeld (1793–1868) als Minister und zugleich als Schwager Haidingers dem Ansinnen prinzipiell offen und sehr positiv gegenüberstand. Die Ablehnung von Haidingers Vorschlag durch Thinnfeld am 26. August 1849 erfolgte in verklausulierter Weise und deutete darauf hin, dass er seinem Amtskollegen im Ministerium für Kultus und Unterricht nicht in das Handwerk pfuschen wollte. Dies geht indirekt aus seiner an Haidinger gerichteten Antwort hervor:

> Da mir jedoch für das Montanistische Museum eine andere höhere, für das öffentliche Interesse viel wichtigere und für den Oesterreichischen Kaiserstaat würdigere Aufgabe vorschwebt, als es jene einer directen, wenn gleich sublimeren Lehranstalt ist, so fordere ich Sie auf, diese in das Auge zu fassen und mir darüber Ihren vollständig ausgearbeiteten Organisationsplan vorzulegen.[57]

Haidinger wurde von Thinnfeld aufgefordert, für sein »Montanistische[s] Museum« ein Zukunftsprogramm zu entwerfen, während sich gleichzeitig herausgestellt hatte, dass die Lehre in den Natur- und Montanwissenschaften nun entweder an den Bergakademien in Příbram und Vordernberg oder der Universität etabliert wurde. Der unmittelbare Übergang von dem »Montanistische[n] Museum« zu einem staatlichen Survey, der »k.k. Geologische[n] Reichsanstalt«, war durch die behördliche Verankerung im Ministerium für »Landescultur und Bergwesen« gegeben. Aber auch die bereits verfolgten Ziele, die schon 1835 mit der Gründung der mineralogischen Sammlung am »Münz- und Bergwesen« geschaffen wurden, wirkten nachhaltig. Diese Kollektion bildete einerseits einen Sammelpunkt der aus den Bergwerken der Monarchie stam-

---

56 Eduard Winter, Revolution, Neoabsolutismus und Liberalismus in der Donaumonarchie (Wien 1969); Richard Meister, Entwicklung und Reformen des österreichischen Studienwesens. Teil I: Abhandlung (= Sitzungsberichte der Österreichischen Akademie der Wissenschaften, phil.-hist. Klasse, 239/1, Wien 1963); Hans Lentze, Die Universitätsreform des Ministers Graf Leo Thun-Hohenstein (= Sitzungsberichte der Österreichischen Akademie der Wissenschaften, phil.-hist. Kl. 239/2, Wien 1962); Brigitte Mazohl-Wallnig, Universitätsreform und Berufungspolitik. Die Ära des Ministers Thun-Hohenstein. In: Klaus Müller-Salget, Sigurd Paul Scheichl (Eds.), Nachklänge der Aufklärung im 19. und 20. Jahrhundert (Innsbruck 2008), S. 129–149. Die Historiografie hat lange Thun überschätzt und Exner als Spiritus Rector marginalisiert. Auch hat sich das Bild Thuns extrem gewandelt.

57 Wilhelm Haidinger, Das Kaiserlich-Königliche Montanistische Museum und die Freunde der Naturwissenschaften in Wien in den Jahren 1840 bis 1850. Erinnerungen an die Vorarbeiten zur Gründung der Kaiserlich-Königlichen Geologischen Reichs-Anstalt (Wien 1869), S. 129.

menden Mineralien und Gesteine. Der Bestand von 40.000 Objekten war ein wichtiges Argument für die wünschenswerte Kontinuität der Einrichtung. Andererseits hatte das »Montanistische Museum« bereits wie ein erster behördlicher geognostischer Staatsdienst gewirkt, der das Wissen über die Ressourcen mittels systematischer Begehung der Länder der Habsburgermonarchie zum Ziel gehabt hatte. Eine erste »Geognostische Uibersichtskarte der Oesterreichischen Monarchie« war bereits 1845 unter der Leitung Haidingers gedruckt worden. Ihr Titel trug den Verweis auf eine internationale Gemeinschaftsarbeit, indem auf die Kooperation Bezug genommen wurde: »aus den in der Bibliothek der k.k. Hofkammer im Münz- und Bergwesen vorhandenen und den von den k.k. Montanistischen Aemtern eingesendeten Daten neben den Arbeiten und Mittheilungen von F. S. Beudant, A. Boué. A. Graf Breuner, L. v. Buch, H. v. Dechen, H. de Collegno, B. Cotta., W. Fuchs, H. Göttmann, J. Grimm, C. Lill v. Lilienbach, R.I. Murchison, K. Naumann, P. Partsch, L. Pasini, A. Reuss. F. Rittler, F. v. Rosthorn, R. A. Schmidt, B. Studer, F. Unger, L. Zeuschner, F. Zippe usw.«[58]

Die Ausrichtung auf einen staatlich ermöglichten Survey wurde bereits 1847 von Haidinger angedacht, als er die jungen Naturforscher Franz Hauer und Moriz Hörnes nach Frankreich und England geschickt hatte, um die dortige spezifische Form der Organisation der Surveys zu studieren.[59] Den Antrag um Finanzierung hatte die Akademie in ihrer Sitzung vom 18. Dezember 1847 genehmigt.[60]

Um nochmals die einzelnen Säulen zusammenzufassen: Die Umwandlung in ein »Montanistische[s] Museum« 1840 hatte der Ausrichtung Rechnung getragen, die Sammlung zusätzlich als Ausbildungsstätte zu nutzen. Das hatte eigentlich Erzherzog Johann am Landesmuseum Joanneum 1811 in Graz bereits eingeführt, höhere Lehrgänge, die auch staatlich anerkannt wurden und gleichzeitig zu Kristallisationspunkten der naturkundlichen Forschung avancierten. Haidinger als Absolvent dieser Kurse in Graz imitierte dieses Programm in Wien, das Wohlgefallen bei den Behörden hatte sich eingestellt. Und die Publikationen der »Freunde der Naturwissenschaften« signalisierten in der Öffentlichkeit das große Potential dieser informell an das Museum gebundenen »Bergbaubeamten«-Gruppe.

Für Haidinger existierte die zentrale Option, diesen bereits durchaus gut verlaufenden Lehrbetrieb noch weiter auszubauen. Die zeitlich begrenzte Anstellung Franz Hauers als Assistent am »Montanistische[n] Museum« benötigte eine Verlängerung,

58 Siehe dazu auch die Publikation: Christina Bachl-Hofmann, Die Geologische Bundesanstalt, a. a. O., S. 53.

59 Die Briefe Hauers an seine Familie auf dieser Reise sind ediert. Siehe dazu: Franz von Hauer Reiseberichte über eine mit Moriz Hörnes im Sommer 1848 unternommene Reise nach Deutschland, Frankreich, England und der Schweiz mit einer Subvention der Akad. d. Wissenschaften zwecks Studien über geologische Landesaufnahmen, ed. von Walther E. Petraschek und Günther Hamann (= Veröffentlichungen der Kommission für Geschichte der Mathematik, Naturwissenschaften und Medizin, Heft 43, Wien 1985).

60 AÖAW, Protokoll der Gesamtsitzung, Nr. 1, 19. Dezember 1847.

wofür Haidinger eine paläontologische Professur in Vorschlag brachte. Das war ein zentraler Schritt in die Zukunft dazu, den Status des »Montanistische[n] Museums« in Hinblick auf die Etablierung einer höheren Schule aufzuwerten. Damit hätte – wie bereits erwähnt – das Museum mit einer ersten Spezialprofessur der Paläontologie weltweit in diesem Feld eine Vorreiterrolle eingenommen. Das »Montanistische Museum« war übrigens die einzige höhere Lehranstalt, die in den Wirren des Revolutionsjahres ununterbrochen lehrte, was ihm Sympathien bei der Bürokratie einbrachte. In der ministeriellen Befürwortung Haidingers für die Funktion als erster Direktor der GRA spielte dieser Aspekt durchaus eine Rolle. Aber lesen wir die ganze Stelle der Befürwortung, die belegt, welche Voraussetzungen von Seiten der Bürokratie als förderlich für diesen Posten ins Treffen geführt wurden:

> Hiernach hat Bergrath Haidinger die mineralogisch[-]geognostische Sammlung dieses Musäums in einen von allen Fachmännern und Gelehrten als musterhaft bewunderten Stand versezt[,] erweitert vervollständigt; er organisirte und regelte die von ihm ins Leben gerufene geognostischen Landesbereisungen, sammelte, ordnete und vervollständigte alle ihm zugänglichen geognostischen Arbeiten und Forschungen und legte dadurch den Grund zu der im Jahre 847 unter seiner Leitung vollendeten S M dem Kaiser Ferdinand überreichten großen geognostischen Uibersichtskarte. Seit dem Jahre 842 hielt er die selbst während des stürmischen Jahres 848 unangefochten fortgesezten mineralogischen Vorlesungen, durch welche dem Staate eine Reihe ausgezeichneter junger Bergbeamte geliefert wurde, und seine gelehrten Arbeiten über das von ihm geleitete Musäum über Mineralogie und Naturwissenschaften gründeten ihm einen in der Gelehrtenwelt so ausgezeichneten Ruf, daß ihn die meisten gelehrten Vereine und auch die Akademie der Wissenschaften in Wien zu ihrem Mitgliede wählten.[61]

Haidingers nützliches Potential wurde vom Staat durchaus hoch eingeschätzt, indem die Ausbildung des Nachwuchses und die Bedeutung der geologischen Begehungen in der Monarchie betont wurden. Da infolge der Universitätsreform die Naturwissenschaften gemaß ihrer wachsenden Bedeutung im Universitätsbetrieb ohnehin ihren außerordentlichen Platz bekommen hatten, um auch die Mittelschullehrer besser ausgebildet zu haben, schien für das »Montanistische Museum« die Zeit gekommen zu sein, die Lehre eindeutig abzuschütteln und sich auf die begonnene geologische Erschließung des Gesamtgebietes der Monarchie zu konzentrieren.

Die Etablierung akkordierter geologischer Begehungen eines Gebietes war im 19. Jahrhundert erwacht. In Großbritannien, dem die vorbildliche Gründung eines staatlichen geologischen Surveys 1835 als erstem in der Welt zugeschrieben wird, ope-

61 StA, Ministerrat 1849, K 10; Zl 3671, »Vortrag des Ministers für Landes Cultur und Bergwesen ddte 19 Novemb 849 mit dem Antrage auf Ernennung des Bergrathes Wilhelm Haidinger zum Direktor vom 15 d Mts neu gegründeten geologischen Reichsanstalt«, 19. Nov. 1849.

rierte der Survey nicht als eigene Organisationseinheit, sondern als Teil des »Ordnance Trigonometrical Survey of Britain«. Es fehlte hier, wie Simon Knell in seiner Studie nachweist,[62] der bürokratische Bezug und zunächst noch die Ausrichtung auf ein industrialisiertes Empire. Einzelne Akteure wie William Smith und andere kartieren schon lange zuvor, aber ihr Status wurde allenfalls nur innerhalb der Geological Society forciert, und die Akteure erfreuten sich zudem lokaler Patronage. Neben den Gentleman Geologen, die sich an der Tätigkeit ergötzten, nutzten Vertreter der Mittelklasse die Geologie als soziales Experiment des Aufstiegs. Diesen glückte es langfristig, eine nachhaltige Praktik des Kartierens zu etablieren. Erst als es Henry de la Bèche gelang, ein eigenes »Museum of Economic Geology« (1837) unter einem staatlichen Regime zu schaffen, und er mehrere Geologen anstellen konnte, koppelte sich der Survey sowohl von der Geological Society in London als auch vom Ordnance Survey ab. Die Geological Survey Act von 1845 vereinigte die englischen und irischen Unternehmungen, und das 1851 eröffnete »Museum of Practical Geology« als nationales Museum ermöglichte es, sich vom Britischen Museum unabhängig zu halten.

Im Unterschied zur Entwicklung in Großbritannien, wo drei differente gesellschaftliche Gruppen, die Gentry, praktische Experten und schließlich auch Mittelschichtsaufsteiger, die Geologie erst langsam in eine staatlich anerkannte Wissenschaft transformierten, war es in der Habsburgermonarchie die Kraft der Bürokratie, der Montanbeamten und der enge Bezug zum Montanwesen, die zusammen dem Survey eine weitaus konzentriertere Grundlage als in Großbritannien bescherte. Während sich die Praxis der Vorgehensweise der geologischen Kartierung in Großbritannien über Jahrzehnte erst ausgebildet hatte, setzte die auf den Vorläufern der 1830er Jahre gegründete Kartierung des »Montanistische[n] Museum[s]« und ab 1849 durch die »k.k. Geologische Reichsanstalt« ungleich konzertierter ein. Diese ausgezeichnet akkordierte Vorgangsweise der Folgezeit war in der internationalen Landschaft der Kartierungsorganisation einzigartig und fand besonders in London hochachtungsvolle Bewunderung.

Geologische Surveys und ihre Institutionalisierungsfrage sind aus verschiedenen Gründen interessant: Erstens profitierten die Modelle der geologischen Begehungen in den Staaten voneinander, da um die Mitte des Jahrhunderts klar wurde, dass diese Unternehmungen effektiver waren, wenn sie wie in der Habsburgermonarchie zentral organisiert wurden.[63] Zum anderen stellten sie erste Beispiele einer in der westlichen Welt etablierten Art von »big science« dar, die in der Folge in die Kolonien transportiert wurde.

---

62 Simon J. Knell, The sustainability of geological mapmaking: the case of the Geological Survey of Great Britain. In: Earth Sciences History, Vol. 26/Nr. 1 (2007), S. 18 ff.

63 Pietro Corsi, Introduction to thematic set on Geological mapping and Geological Surveys. In: Earth Sciences History, Vol. 26/Nr. 1 (2007), S. 5–12.

Wie in London mit einer einzigen Figur, nämlich Henry de la Bèche, war es in Wien ebenfalls ein Einzelkämpfer, Wilhelm Haidinger, der sich begleitet von Franz Hauer im Dickicht neuer Organisationsmöglichkeiten einen Weg ebnete. Noch aber stand er an einer Kreuzung. Denn neben der Idee, das »Montanistische Museum« in ein »naturhistorisches Institut« zu verwandeln, tauchte 1849 auch der Begriff einer »Geologischen Landeskunde« auf. Sie stellte eine weitere Variante von Haidingers Optionen dar. Lynn Nyhart hat für die Zeit um 1900 darauf verwiesen, dass das »Suffix« »kunde« hauptsächlich bei jenen Wissenschaften auftauchte, wo ein enger Bezug zwischen Museum und Forschung existierte.[64] Etymologisch verweist das Suffix auf Können und artikuliert somit einen prinzipiellen Unterschied zu einem rein theoretischen Bezug. Praktische Verwertbarkeit und imperiale Sinngebung sind im Begriff inkludiert, gekoppelt an eine Art enzyklopädischer Struktur, die dem bildungshungrigen Publikum Wissen aufbereiten sollte. Auch Haidingers Bezeichnung »Naturhistorisches Institut« war nicht unpassend in Anbetracht dessen, dass das »Montanistische Museum« sowohl eine Sammlung als auch ein Labor betrieb und zu einer die Naturwissenschaften umfassenden universitären Einrichtung ausbaufähig gewesen wäre.

Haidingers Terminus einer »Geologischen Landeskunde« für die wie immer neu zu bildende Einrichtung war nicht unklug gewählt, ordnete er sich damit doch jenem Dach unter, das die Staatenkunde für das Staatswesen politisch wirksam als eines ihrer Subgebiete entwickelte. Die »Kundekunde« schien als Signal allerdings nicht mehr passend, stand doch alsbald ein enzyklopädischer Überblick nicht mehr im Vordergrund, sondern ein auf den Staat als Imperium bezogener Forschungsauftrag. Wohl aber war nun die Geologie erstmals als Begriff für eine Einrichtung denkbar. Es war Haidingers Verdienst, dass er das Mohs'sche und auch von dessen Nachfolger Zippe hochgehaltene Paradigma einer alleinigen äußeren Beschreibung der Gesteine und Mineralien mit einer historischen Perspektive der Theorienbildung bereits am »Montanistische[n] Museum« verbunden hatte. So war es naheliegend, den alten Terminus Geognosie, der ahistorisch die Stratigraphie von der spekulativen Geologie getrennt hatte, zu vermeiden.

Während in Frankreich[65] und in Großbritannien der Begriff Geologie bereits nach der Jahrhundertwende infolge der Fachgesellschaften aufgegriffen und mit weiteren wichtigen Aspekten wie dem Entwicklungsgedanken, dem Uniformitätsgebot und dem Katastrophendenken aufgefüllt wurde, verursachte die Aufsplitterung im deutschsprachigen Raum in Geognosie und Geologie mit der Assoziation von Struktur versus Spekulation die teilweise verzögerte Durchsetzung des explizit historischen Konzeptes.[66] In den österreichischen Ländern hatte Adolphe Morlot schon 1847 im Umfeld

64 Lynn Nyhart, Kundekunde, oder: Das Allgemeine im Museum. In: Michael Hagner und Manfred Laubichler (Eds.), Der Hochsitz des Wissens (2006), S. 207–223.

65 Siehe dazu mehr: François Ellenberger, Histoire de la géologie, Vol. 1 und 2 (Paris 1988–1994).

66 Siehe mehr dazu: Marianne Klemun, Geognosie versus Geologie: Nationale Denkstile und kulturelle

Wilhelm Haidingers dezidiert auf den Begriff Geognosie verzichtet und sich mit der Begriffsgeschichte und der methodischen Positionierung des Feldes in seiner Tätigkeit als erster »Kommissär« und geologischer Kartierer des gerade gegründeten »Geognostisch-Montanistische[n] Verein[s] für Innerösterreich und das Land ob der Enns« auseinandergesetzt. Die Geologie stellte er in Referenz zur Botanik und Zoologie, die sich in der Wiener Tradition zwar einer besonderen Wertschätzung als Wissenschaft der Objekte, als Taxonomie,[67] erfreute, aber nun reformiert wurde. Im Vergleich mit der Physiologie, die Funktionen der Organe untersuchte, forderte er – Whewell rezipierend – induktives Vorgehen auch für die Mineralogie: »Wer eine solche [Muschel] in die Hand nimmt und nicht nur sagt: – ›das ist Sandstein oder Kalk‹ – sondern – ›dieses war einst die Schale eines Meeresbewohners‹ – der tritt schon aus dem Feld der strengen Geognosie heraus und wird Geolog.«[68]

Morlot wies der Paläontologie dezidiert eine hilfswissenschaftliche Stellung zur Geologie zu, durch die relationale Verhältnisse der »Gebilde« bestimmt werden könnten. Die von Leopold von Buch definierte Gesteinsmetamorphose ersetzte Morlot mit dem bezeichnenden Terminus »Mineralphysiologie«. Die Analyse der Erdkruste, welche die Veränderungen aufzeichnen sollte, verstand er in Analogie zu Anatomie und Physiologie wortwörtlich als Instanz des Geologen. Morlot war zwar von Bernhard von Cotta beeinflusst gewesen, dennoch stammt dieser Entwurf von ihm selbst und war den lokalen Wissensgegebenheiten bzw. Wissenskulturen angepasst, zumal die Physiologie von Franz Unger prominent positioniert wurde. Eigentlich wäre der Berner Morlot gerne in Wien geblieben und hätte sich auch in der neu gegründeten Reichsanstalt gerne betätigt. Obwohl seine Arbeiten zunächst in dieser Szene aufgegriffen wurden, er zu den »Freunde[n] der Naturwissenschaften« zählte und Haidingers Auffassungen der Pseudomorphose teilte, musste Morlot dennoch Wien verlassen, da man seine überaus mutige Art in der Prägung der Epochenbezeichnung Quartär nicht schätzte. Diese hatte er im Unterschied zu Desnoyers, dem Erfinder des Begriffes, nicht nur mit fossilen Organismen, sondern mit der Eiszeittheorie verknüpft.[69] Er wurde sodann Professor an der Akademie in Lausanne und widmete sich fortan nur mehr der Archäologie. Morlots Beitrag zur Einführung der Eiszeittheorie wurde nicht in Wien, aber außerhalb des Landes beispielsweise von Ignaz Venetz, Louis Agassiz

Praktiken bezüglich Raum und Zeit im Widerstreit. In: Berichte zur Wissenschaftsgeschichte. Organ der Gesellschaft für Wissenschaftsgeschichte 38/3 (2015), S. 227–242.

67 Friedrich Mohs, Versuch einer Elementar-Methode zur naturhistorischen Bestimmung und Erkennung der Foßilien (Wien 1812).

68 Adolphe Morlot, Erläuterungen zur geologischen Übersichtskarte der nordöstlichen Alpen (Wien 1847), S. 39.

69 Mehr dazu: Marianne Klemun, Questions of periodization and Adolphe von Morlot's contribution to the term and the concept «Quaternär" (1854). In: History of Geomorphology and Quaternary Geology, ed. by David Oldroyd (= Geological Society, London, Special Publications 301, 2008), S. 19–31.

und Charles Lyell durchaus geschätzt, der größte Quartärforscher Albrecht Penck 1909 rehabilitierte ihn in seinem Werk »Die Alpen im Eiszeitalter«.

Noch vor Gründung der »k.k. Geologische[n] Reichsanstalt« hatte Morlot eine Metaebene des Faches Geologie entwickelt, die in enger Beziehung mit Haidinger entstand. Somit wurde ersichtlich, dass der Begriff und das Konzept der Geologie als Zukunftsvision für Wien tragbar waren. Es sprach nichts dagegen, eine neue Einrichtung mit diesem zieren zu lassen. Dass aus dem Institut und dem Museum eine Anstalt geworden war, resultierte aus der Tatsache, dass für einen bestimmten Zweck, nämlich die bereits durch die montanistischen Vereine ab 1836 begonnene geologische Erschließung der Monarchie, die vom Staat als wegweisend anerkannt wurde, von diesem alsbald personelle und sachliche Mittel zur Verfügung gestellt wurden.

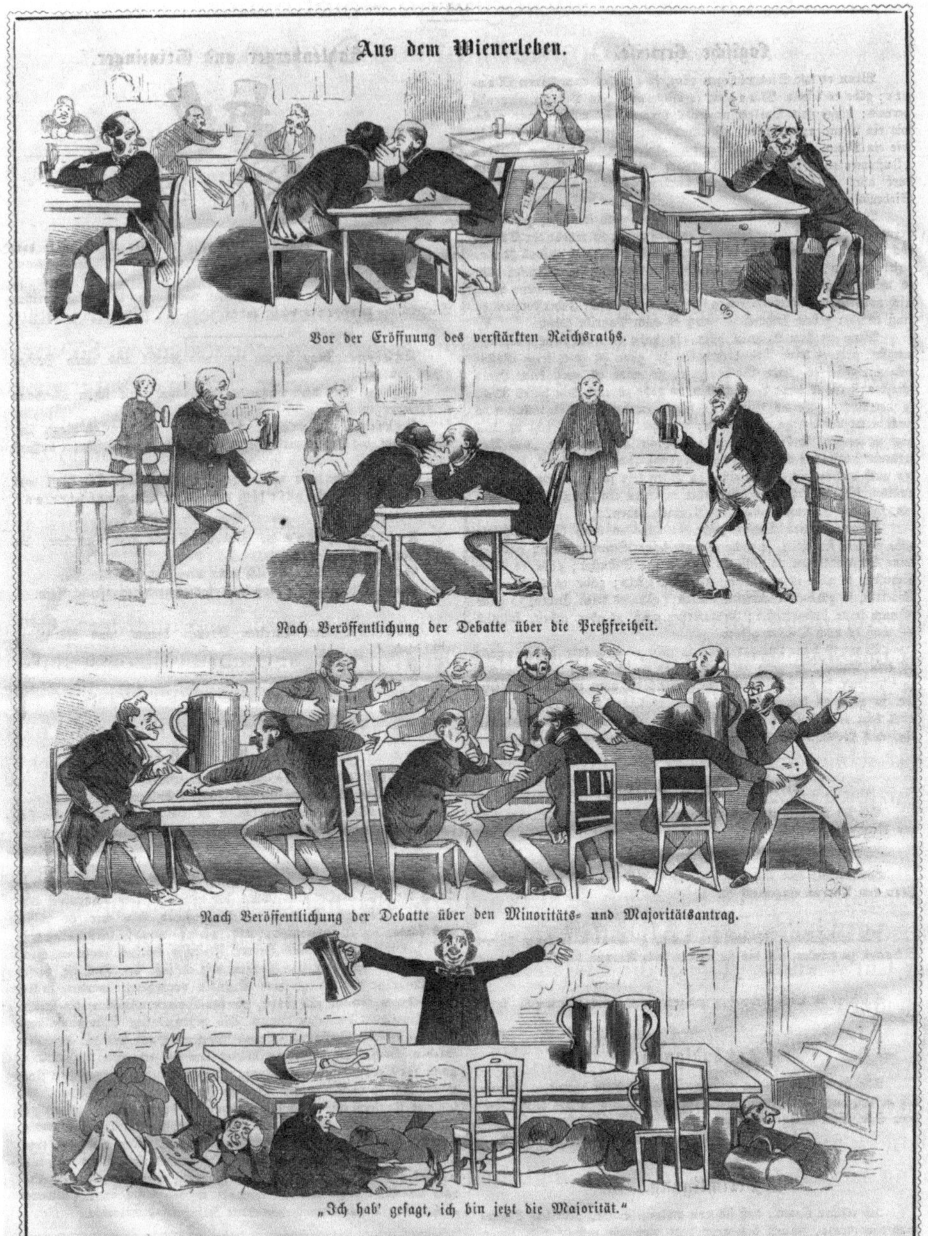

Abb. 4: »Aus dem Wienerleben. Vor der Eröffnung des verstärkten Reichsraths.« Holzschnitt aus: Figaro. Humoristisches Wochenblatt, 4. Jg. (1860), 6. Oktober, Nr. 41, S. 4.

5. Die »k. k. Geologische Reichsanstalt« – ein kommunikatives System

5.1 Geologie und Staatsmacht – Reichsanstalt und Ministerien (1849–1859)

Ab 1848 änderte der Staat seinen Umgang mit Wissenschaft grundlegend, indem er Reformen als Staatsangelegenheit vollzog. Davon profitierten die Naturwissenschaften wie etwa die Geo- und Montanwissenschaften, passten sie doch auch einschlägig in das besonders vom liberalen Gedankengut geprägte Fortschrittsdenken. So war in der Augsburger Allgemeinen Zeitung zu lesen: »Naturgeschichte und Naturwissenschaften sind seit jeher eine Lieblingsbeschäftigung des österreichischen gelehrten und Laien-Publicums. In früheren Zeiten, wo historische, politische und philosophische Studien erschwert, wenn nicht unmöglich gemacht wurden, waren sie eine Zufluchtsstätte für viele unabhängige Geister. Gegenwärtig sind sie ein Bedürfniss der Gesellschaft, insbesondere des höhern Mittelstandes.«[1]

Es gibt genügend Aspekte, die uns zur Aussage veranlassen, dass in der Zeit der Märzverfassung und des Neoabsolutismus Wissenschaftsförderung und der Ausbau der Behördenstruktur einander bedingten. Der gemeinsame Umbau vollzog sich nach der gescheiterten Revolution des Jahres 1848 sowohl im Staat wie in der Wissenschaft im Wege der Verwaltung. Wie bestimmte der Staat nun in diesem Jahrzehnt nach 1848 schließlich – infolge des Neoabsolutismus – seine Zielvorgaben und mit welchen Prinzipien setzte er diese um?

Die Krise des Jahres 1848 bot Veranlassung für die erfolgreiche Umgestaltung der österreichischen Verwaltungslandschaft, die summarisch als Übergang vom Konzept kollegial beratender Behörden zu sieben Ministerien mit eigenverantwortlichen und persönlich engagierten Ministern zu charakterisieren ist. Vor dem Hintergrund dieser Entwicklung ist auch die Etablierung der »k.k. Geologische[n] Reichsanstalt« zu sehen. Ihre Wurzeln reichen – wie schon zuvor bereits ausführlich erörtert – in das in der »Hofkammer für Münz- und Bergwesen« errichtete »Montanistische Museum«[2] zurück, wo bereits ab 1842 zur Bildung des höheren Beamtenpersonals im Bergwesen Vorlesungen gehalten und geologische Begehungen unternommen wurden. Das Berg- und Hüttenwesen kam infolge der allgemeinen verwaltungsmäßigen Neuordnung zunächst unter die Zuständigkeit des Ministeriums für öffentliche Arbeiten,

---

1 [Anonymus, vermutlich Hauer], Wien, 30. Juni. In: Augsburger Zeitung, Beilage zu Nr. 188, Freitag, 6. Juli (1860), S. 31–42.

2 Vgl. dazu besonders Wilhelm Haidinger: Das Kaiserlich-Königliche Montanistische Museum und die Freunde der Naturwissenschaften in Wien in den Jahren 1840 bis 1850. Erinnerungen an die Vorarbeiten zur Gründung der Kaiserlich-Königlichen Geologischen Reichs-Anstalt (Wien 1869).

an dessen Spitze der Physiker Andreas Baumgartner stand, ab Mai 1849 unter die des »Ministerium[s] für Landescultur und Bergwesen.«[3] Dessen Minister, Ferdinand von Thinnfeld (1793–1868), ließ sich von Wilhelm Haidinger, dem Leiter des »Montanistische[n] Museums« einen Organisationsplan vorlegen, um es – bereitwillig diesem folgend – reorganisieren zu können.

Über den Beginn und das Ende des Neoabsolutismus in Österreich wie auch über die Frage der Ausformung des Konstitutionalismus gibt es ebenso wie über die Klassifizierung, ob wir es mit einer eigenen »Ära«[4], einer eigenen »Epoche«[5] oder sogar mit einem »Zeitalter«[6] zu tun haben, in der historischen Forschung erwartungsgemäß keine Einigkeit. Zuweilen wird als Anfangsdatum der 2. Dezember 1848 genannt, als der erst achtzehnjährige Erzherzog Franz Joseph überraschend seine Herrschaft antritt. Kurz zuvor im November war nach der Niederschlagung der Revolution das Kabinett Schwarzenberg gebildet worden, von dem ein neues Ministerium für Landeskultur und Bergwesen etabliert wurde. Im März 1849 war der Reichstag aufgelöst und eine Verfassung erlassen worden, Letztere allerdings trat nie in Kraft.

Vielfach wird auch der 31. Dezember 1851 angeführt, als der Kaiser das sogenannte Silvesterpatent erließ und nach Auflösung der Märzverfassung das monarchische Prinzip geltend machte. Das brachte Reformen, aber kein Mitspracherecht. Für das Ende setzt Lothar Gall als »Einschwenken in konstitutionelle Bahnen«[7] 1860 an, beginnend mit dem Oktoberdiplom, einem Verfassungsgesetz, das den Landtagen ihre Macht zurückgab. Wilhelm Brauneder bestimmt die Zäsur erst mit 1867 (durch die Dezembergesetze) mit der verfassungspolitischen Wende.[8] Unter dem Blickwinkel von Österreichs

---

3 Vgl. Otto Guglia, Das Ministerium für Landeskultur und Bergwesen 1848–1853. In: Festschrift für Heinrich Kunnert (= Burgenländische Forschungen, Sonderheft 2, Eisenstadt 1969), S. 54–65.

4 Vgl. Erich Zöllner, Perioden der österreichischen Geschichte und Wandlungen des Österreich-Begriffes bis zum Ende der Habsburgermonarchie. In: Adam Wandruszka und Peter Urbanitsch (Eds.), Die Habsburgermonarchie 1848–1918, Bd.3: Die Völker des Reiches, Teilbd. 1 (Wien 1980), S. 1–32, hier S. 26; und Gerald Stourzh, Die Gleichberechtigung der Volksstämme als Verfassungsprinzip 1848–1918. In: Adam Wandruszka und Peter Urbanitsch (Eds.), Die Habsburgermonarchie 1848–1918, Bd.3: Die Völker des Reiches, Teilbd. 2 (Wien 1980), S. 975–1206, hier S. 1000.

5 So Berthold Sutter, Probleme einer österreichischen Parlamentsgeschichte 1848 bis 1918. In: Die Habsburgermonarchie 1848–1918, Bd.7: Verfassung und Parlamentarismus, 2. Teilband: Helmut Rumpler und Peter Urbanitsch (Eds.), Die regionalen Repräsentativkörperschaften (Wien 2000), S. 541–568, hier S. 553.

6 Helmut Rumpler, Ministerrat und Ministerratsprotokolle 1848 bis 1867. Behördengeschichtliche und aktenkundliche Analyse. In: Die Protokolle des Österreichischen Ministerrates 1848–1867. Einleitungsband (Wien 1970), S. 11–108, hier 19.

7 Lothar Gall, Europa auf dem Weg in die Moderne 1850–1890 (Oldenbourg Grundriss der Geschichte 14), 3. erw. Aufl. (München 1997), S. 59.

8 Wilhelm Brauneder, Verfassungsentwicklung in Österreich 1848 bis 1918. In: Die Habsburgermonarchie 1848-1918, Bd.7: Verfassung und Parlamentarismus, 2. Teilband: Helmut Rumpler und Peter Urbanitsch (Eds.): Die regionalen Repräsentativkörperschaften (Wien 2000), S. 69–237, hier 70.

Großmachtstellung und der deutschen Frage war das Jahr 1866 als »Schicksalsjahr«[9] entscheidend, aus der Sicht der österreichischen Verfassungsgeschichte wurde das Jahr 1859 als Schlüsseljahr bewertet und das vornehmlich bezüglich des Weges von der »konservativ-absolutistischen zur liberal-konstitutionellen Monarchie.«[10]

Seit der Revolution 1848 spitzte sich nach einem Jahrzehnt Regierung Kaiser Franz Josephs I. die Situation eklatant zu, denn das Geld war ausgegangen. Der Riesenaufwand für Gendarmerie und Armee aus selbstherrlichem absolutistischem Gutdünken heraus führte in die Krise, zuletzt durch den Krieg in Italien und die Niederlage in Solferino 1859 verschärft. Abermals stellte der Kaiser notgedrungen eine Verfassung in Aussicht, die zunächst nur als beratendes Gremium fungierte. Das Oktoberdiplom 1860 sah dann echte Kompetenzen für die Vertretungskörperschaften vor. Der Reichsrat wurde zwar 1865 vorübergehend sistiert, die Niederlage bei Königgrätz [Hradec Králové] führte jedoch zu seiner Wiedereinberufung. 1867 wurde der Ausgleich abgeschlossen, fortan existierte die Monarchie in zwei Reichshälften.

Diese Phase, zwischen 1851 und 1860/67, stimmte nicht zufällig weitgehend mit der Phase der ersten staatlich bedingten und von der »k. k. Geologische[n] Reichsanstalt« koordinierten geologischen Landesaufnahme (1849/51–1863/67) überein, die alle bisherigen zivil unternommenen Anstrengungen der geognostisch-montanistischen Vereine bündelte und ersetzte.[11] Die Träger der Entscheidungsgewalten der Ministerien kamen oft aus dem liberalen Fortschrittsdenken, das sie allerdings den doch von der Krone bestimmten machtpolitischen Gegebenheiten anpassten. Der Neoabsolutismus barg Reaktion und Reform in sich, er bedeutete einen verfassungspolitischen Rückschritt bei gleichzeitiger Verwaltungs- und Wissenschaftsinnovation.

> Erschöpft und todesmatt lag das alte Österreich auf dem Boden; es galt, das Licht von einer erlöschenden Kerze auf eine neue zu übertragen […] Schwarzenberg glaubte, durch äußere Erfolge zur inneren Kräftigung des Staates zu gelangen. […] In den inneren Fragen gab er seinen Ministern freie Hand. »Wir hatten alles aufzufrischen«, sagt Bach, »weil alles faul geworden war, der Ober- und Unterbau im Staate war morsch, die guten Ideen der Revolution aus ihren Stürmen in das Staatsleben herüberzuretten, der Büreaukratie neu zu beleben, war unsere Pflicht.[12]

So begründete Innerminister Alexander Freiherr von Bach, ein engagierter Reorganisator der politischen Verwaltung, als einstiger Verteidiger der Märzverfassung nun nach-

9 Siehe Adam Wandruszka, Schicksalsjahr 1866 (Graz/Wien/Köln 1966).

10 Stefan Malfèr, Die Protokolle des Österreichischen Ministerrats 1848–1867. IV. Abt. Das Ministerium Rechberg, Band I, 19. Mai 1858–2/3 März 1860 (Wien 2003). Einleitung S. LXVIII.

11 Nur der Verein in der Steiermark blieb aufrecht, kooperierte sehr intensiv mit der GRA. Siehe dazu: GBA, Bibliothek und Archiv, Amtsarchiv, 1860, Nr. 424 v.

12 Friedrich Schütz, Alexander Bach. Nach dessen eigenen Mitteilungen. Feuilleton der Neuen Freien Presse. 18. November 1893, S. 1–3, hier 3.

träglich sein doch vom konservativen Gedankengut beeinflusstes und karrierebedingtes Umschwenken zum Neoabsolutismus.[13]

Sieht man davon ab, dass alle Entscheidungsgewalt letztendlich beim Kaiser lag, wurde alles an Veränderung hauptsächlich durch eine moderne Bürokratie ermöglicht. »The revolutions of 1848–49 left several important legacies to Austrian liberalism. One consequence was that much of Bürger society viewed the state as the appropriate place where reform of society should occur«, so Pieter M. Judson.[14] Liberale sahen nun auch für den Staat eine Agenda für die Reform der Wissenschaft, auch diese wurde von dieser bürokratischen Dimension bestimmt. Dass sie im »Zusammenhang mit dem Gesamtinstrumentarium politischer und gesellschaftlicher Strukturgestaltung«[15] zu sehen ist, hat Fritz Fellner für die Geschichtswissenschaft bereits vor langer Zeit, im Jahre 1984, eingemahnt:

> Die aus der Sicht des siegreichen Parlamentarismus erklärte Diffamierung des neoabsolutistischen Jahrzehnts von 1852 bis 1860 hat bis in die jüngste Vergangenheit den Blick dafür verschlossen, den Innovationsschub zu erkennen, den dieses Jahrzehnt für die Struktur des Habsburgerreiches erbracht hatte, nicht zuletzt deshalb, weil die Geschichte der einzelnen Lebensbereiche weitgehend isoliert behandelt wurde. Die Umstrukturierung der Wissenschaften in den Jahrzehnten nach der Jahrhundertmitte ist jedoch in Parallele zu setzen mit der Reform der Verwaltung.[16]

Die Etablierung der Geologie als Aspekt der Bürokratisierung öffentlich-staatlicher Ordnung offenbart aber dieselbe Ambivalenz wie die neue Freiheit der Wissenschaft an den der Reform neu unterworfenen Universitäten. Sie ist als Gegensatz zu einer wie immer gestalteten Liberalisierung durch die Thun'sche Reform innerhalb der Universität, jedoch im Verbund des Neoabsolutismus im Kontrast zu einer erneut eingeschränkten Freiheit der öffentlichen Meinungsäußerung in der Presse zu sehen. Die Gleichzeitigkeit heterogener Erscheinungen gab dem Neoabsolutismus ein durchaus spannendes, bisher in der Wissenschaftsgeschichte wenig diskutiertes Potential. Die-

13 Siehe zu Bach: Elisabeth Satzinger, Alexander Bach während des Jahres 1848. Ein politisches Charakterbild (Phil. Diss. Wien 1944) und Eva Macho, Alexander Freiherr von Bach. Stationen einer umstrittenen Karriere (= Beiträge zur Neueren Geschichte Österreichs, ed. von Bertrand Michael Buchman) (Frankfurt am Main/Berlin/ Bern/ etc. 2009).

14 Pieter M. Judson, Exclusive Revolutionaries. Liberal Politics, Social Experience, and National Identity in the Austrian Empire, 1848–1914 (Ann Arbor 1996).

15 Fritz Fellner, Geschichtswissenschaft. In: Das Zeitalter Kaiser Franz Josephs. 1 Teil: Von der Revolution zur Gründerzeit 1848–1880. Beiträge (Katalog des Niederösterreichischen Landesmuseums, N. F. 147, Wien 1984), S. 374–379, hier 374.

16 Ebda.

ser Aspekt ist »gerade um ihrer Widersprüchlichkeit, um ihrer Uneinheitlichkeit, um ihrer Differenz willen zu vergegenwärtigen.«[17]

Zu den neuen Amtsträgern, die ihre Befugnis an der Spitze eines neugebildeten Ministeriums innovativ handhabten, zählte Ferdinand Freiherr von Thinnfeld. Als Bergbauunternehmer und aus dem Kreise um den der Industrie und dem Naturwissen aufgeschlossenen Erzherzog Johann stammend gab er der administrativen Förderung der Erd- und Montanwissenschaften im »Ministerium für Landescultur und Bergwesen« entscheidende Impulse.

Einen ersten Anstoß bezüglich der Neuordnung des »Montanistische[n] Museums« erregte die zur Lösung anstehende dringliche Frage einer zukünftigen Gestaltung der bisher von den Ständen getragenen Bergakademien in Vordernberg, für die eine Reorganisation und Verlagerung nach Leoben (heute Montanuniversität) entschieden wurde. Das »Montanistische Museum« grenzte sich unterdessen gegenüber diesen höheren montanistischen Lehrbetrieben deutlich ab, indem man nun eher das Interesse als Forschungsstelle signalisierte, das vornehmlich die geologische Landeskenntnis zum Ziel hatte. Allgemein unterstanden Lehranstalten von da an auch dem neu gegründeten Kultus- und Unterrichtsministerium, nicht aber die Montanlehranstalten, die später 1853 vom Ministerium des Inneren an das unter Andreas Baumgartner stehende Finanzministerium kamen.[18]

Die Relevanz der jungen Disziplin Geologie für die Montanistik und Industrie vermochte Thinnfeld als steirischer Großgrund- und Bergwerksbesitzer durchaus richtig einzuschätzen, hatte er doch auch mineralogische Vorlesungen bei Friedrich Mohs am Joanneum in Graz gehört. Er war auch auf seiner Grand Tour durch England und Frankreich mit der Bedeutung der dort als gesellschaftsfähigen, von der Gentry betriebenen Geologie bei den Pulsgebern der Industrialisierung in dieser Erkenntnis bestätigt worden.[19] Dass er durch seine Heirat mit der Schwester seines Studienkollegen, Maria Klara Sidonie Haidinger,[20] der Angelegenheit nicht nur inhaltlich und kollegial, sondern auch familiär verbunden war, zeigt die nicht nur in seinem Fall vielfach verbreitete enge Verflechtung des Beamtenmilieus in seinen obersten Etagen.

17 Karin Hausen, Die Nicht-Einheit der Geschichte als historiographische Herausforderung. Zur historischen Relevanz und der Geschlechtergeschichte. In: Hans Medick und Anne-Charlott Trepp (Eds.), Geschlechtergeschichte und Allgemeine Geschichte. Herausforderungen und Perspektiven (= Göttinger Gespräche zur Geschichtswissenschaft, Bd.5., Göttingen 1998), S. 35.

18 StA, 1853; M.C. K 6-2, Auszug aus dem Protokoll der Minister-Conferenz vom 2. April 1853.

19 Wilhelm Haidinger, Zur Erinnerung an Ferdinand Freiherr von Thinnfeld. In: Jahrbuch der k.k. geologischen Reichs-Anstalt Bd. 18 (1868), S. 321–336.

20 Zur Biographie: Vgl. aus der reichen Literatur bes. Karl Kadletz, Wilhelm Haidinger (1795–1871). In: Gerhard Heindl (Ed.), Wissenschaft und Forschung in Österreich. Exemplarische Leistungen österreichischer Naturforscher, Techniker und Mediziner (Frankfurt am Main etc. 2000), S. 9–30 und Tillfried Cernajsek, Wilhelm Karl Ritter von Haidinger – der erste geowissenschaftliche Manager Österreichs. In: Abhandlungen der Geologischen Bundesanstalt 53 (Wien 1996), S. 5–13.

Als engagierter Mentor dieses Wissensfeldes sorgte Thinnfeld Anfang 1849 für die großzügige erfolgreiche Umwandlung in ein staatliches Institut, das laut der kaiserlichen Bewilligung mit dem »Montanistische[n] Museum« zu »verschmelzen« war. Die »k.k. Geologische Reichsanstalt« wurde am 15. bzw. 29. November 1849 mit kaiserlichem Erlass gegründet und war »am 1. Dezember ins Leben getreten,«[21] wofür sich Thinnfeld persönlich beim Kaiser eingesetzt hatte. Im Vergleich zur Vorgängerinstitution kamen keine neuen Aufgaben auf die Anstalt zu, jedoch verschoben sich die Schwerpunkte. Nun war ihr Aufgabenprofil klar festgelegt worden, und auch ihr Etat von 25.000 Gulden jährlich bedeutete doch eine stattlich-großzügige Summe für diesen aus liberalem Geist getragenen Neustart.

Anstelle der Vermittlung von Wissen trat prioritär die vom Staat beauftragte aktive Produktion erdwissenschaftlicher Erkenntnisse mit der Auflage von deren öffentlicher Zugänglichkeit. Statt bisheriger beliebiger Dokumentation der geologischen Verhältnisse aus Beiträgen der Zivilgesellschaft wurde die von Wien ausgehende Landesaufnahme aller Länder der Monarchie an die erste Stelle der Ziele gerückt. Die Grundlagenforschung barg praktische Zwecke in sich. Für die »analytische Untersuchung« von Mineralien diente ein eigener Laborbetrieb, der ausgebaut werden sollte und wo auch »Hüttenproducte« auf Bedarf der Bergbehörden und Unternehmer als Dienstleistung an sie einer Bestimmung unterzogen werden konnten. Das Museum sollte innerhalb der Anstalt weiter bestehen, die Gesteine sowohl mineralogisch als paläontologisch bestimmt und auch weiterhin einer »systematischen Sammlung« zugeführt werden. Für die zu verfertigenden Karten wurde eigens betont, dass sie »der Oeffentlichkeit« übergeben werden müssten: »Alle gesammelten Wahrnehmungen und wissenschaftlichen Forschungen sind in ausführlichen Abhandlungen zur allgemeinen Kenntniß zu bringen.«[22] Auch Archive sollten angelegt werden. Alle Punkte dieser Instruktion trugen die Handschrift Haidingers, denn sie stellten dezidiert jene Brücke zur Öffentlichkeit her, die er persönlich so schätzte. Der gerade angeführte vorletzte Passus stellte die Anstalt eindeutig unter das Prinzip der Forschung und Kommunikation. Thinnfeld gelang es zunächst, die Agenden seines Ministeriums auszuweiten. So konnte er beispielsweise die Staatsforste und die Montanherrschaften mit dem Argument von Sachzwängen in der Ressortverwaltung in sein Ministerium eingliedern. Indes waren die Tage des Ministeriums gezählt, nur wenige Jahre später, am 17. Jänner 1853, wurde das Ministerium für Landeskultur und Bergwesen wieder aufgelöst, Thinnfeld mit allen Ehren seines Amtes enthoben. Das Ministerium hatte sich gegenüber dem Finanzresort und dem Ministerium für Kultus und Unterricht nicht durchsetzen können. Die Förderer Thinnfelds, Ministerpräsident Felix Fürst zu Schwarzenberg und

21 Vgl. Allgemeines Reichs-Gesetz- und Regierungsblatt für das Kaiserthum Oesterreich, ausgegeben und versendet am 9. März 1850. 57: Bekanntmachung des Ministeriums für Landescultur und Bergwesen vom 1. December 1849.

22 Siehe: Allgemeines Reichs-Gesetz- und Regierungsblatt, am 9. März, a. a. O.

Innenminister Franz Graf Stadion, waren 1852 bzw. 1853 gestorben bzw. zurückgetreten, weshalb erneut ein Umbau der Ressort-Landschaft erfolgte. Fachministerien, so die Erklärung Walter Goldingers, waren nicht sehr beliebt, es haftete ihnen die Aura des Liberalismus an. Nach dem Tod von Schwarzenberg wurde auch der Ruf nach Einsparungen lauter. Die »k. k. Geologische Reichsanstalt« hatte ihren Mentor Thinnfeld verloren und wurde dem nun vom Justizminister zum Innenminister gewordenen Alexander Bach (1813–1893) untergeordnet.

Nun kam neuartig ein negativer Faktor der infolge des politischen Drucks erfolgten Umgestaltung der Ministerien auf die Reichsanstalt zu. Im Zuge der Debatte über die Form der Verteilung der Aufgaben des aufgelösten Ressorts für Landeskultur und Bergwesen an andere Kabinette[23] wurde erstmals die folgenreiche Frage aufgeworfen, ob es nicht besser wäre, die Selbständigkeit der Reichsanstalt aufzuheben und sie der Akademie der Wissenschaften einzuverleiben. Denn strenggenommen gehöre sie als gelehrtes Institut dorthin, zumal der Minister des Inneren ohnehin auch als Kurator der Akademie fungiere.[24] Damit war eine Idee geboren, die immer wieder die Eigenständigkeit der Reichsanstalt hinterfragte und immer dann aus der Schublade geholt werden sollte, wenn die missliche Finanzlage zur Bewältigung anstand. Kaiser Franz Joseph I. verlangte sonach am 16. Mai 1853 als Entscheidungsgrundlage vom Innenminister Bach einen Bericht über diese Angelegenheit. Ein Gutachten bei Direktor Wilhelm Haidinger wurde eingeholt,[25] das erkennen ließ, dass der Sachverhalt recht emotional aus der Sicht der institutionellen Identität interpretiert wurde. Dass damit offenbar eine alte Wunde aufgerissen wurde, war dem Amtsträger Alexander Bach wohl nicht entgangen. Dass er speziell aus diesem Grunde die Entscheidung in der Folge jahrelang verschleppte, ist nicht nachzuweisen, eine durchaus umsichtige Handlungsweise aber schon.

Die Akten sprechen nämlich eine eigene Sprache, denn wiewohl der Kaiser am 17. Oktober 1852 wie auch am 16. Mai 1853 die »abgeforderten Vorschläge über die Regulierung des gesamten Personals des Innern« verlangte, was auch als Basis für eine Entscheidung der weiteren Geschicke der Reichsanstalt fungieren sollte, zögerte Bach die Entscheidung hinaus. Dafür lassen sich mehrere Gründe anführen. Zum einen hatte der erfolgreiche Reformer den ganzen Beamtenapparat des Staates um ein Vielfaches aufgestockt, eine Geschäftseinteilung für sein eigenes Ressort entworfen und zum anderen die schwierige Grundentlastung umgesetzt. Im April 1852 war die Einschränkung seiner Kompetenzen erfolgt, indem die von ihm aufgebaute Gendarmerie

23 StA, 1853, M.C.; K 6-2, Auszug aus dem Protokoll, 2.4.1853.

24 Siehe StA, 1853; M.C. K 6-2. Auszug aus dem Protokoll der Minister-Conferenz (Bach und Stadion waren nicht anwesend): »Die geologische Reichsanstalt würde als ein gelehrtes Institut, streng genommen zur Akademie der Wissenschaften gehörend, sie ist zur Förderung des Montanwesens eben so, wie zur Erhöhung des Ertrags der Bodenwirtschaft bestimmt. Es schien daher angemessen, diese Anstalt dem Minister des Inneren als Kurator dieser Akademie zu unterstellen.«

25 AVA, Karton 73b, Nr. 3443/MI – 252 1853, Haidinger an Bach, 22. Mai 1853.

nun einer Polizeibehörde unterstellt wurde und damit der Polizeistaat unter seinem Kollegen Kempen erneut Metternich'sche Züge annahm, was dem einst Freiheit proklamierenden Geist schwer im Magen lag. Die Abschaffung des Ministerpräsidenten und die Auflösung des Gesamtministeriums als Regierungseinheit waren dazugekommen. Später sollte der kaisertreue Minister doch der Mahnung seines obersten Gebieters insofern zweideutig entgegnen, dass er »die legislativen Verfügungen, die mit dem Erlass vom Dezember 1851 [vom Kaiser] in Aussicht gestellt wurde[n]«[26], abwarten wollte. Seit dem 23. Mai 1851 hatte Franz Joseph den Vorsitz im Ministerrat übernommen, mit dem am 20. August 1851 veröffentlichten Handschreiben hatte er alle Staatsbeamten und öffentlichen Bediensteten von der Formel der Angelobung, die sich auf die Verfassung bezog, entbunden. Stattdessen wurde fortan der Eid auf den Kaiser geleistet. Er beinhaltete das Treue- und Gehorsamsgelöbnis.

Bach, der lange Zeit als Innenminister zielstrebig dahingehend gewirkt hatte, die Bürokratie zu stärken und die Verwaltung auszubauen, war zwar im Lauf des Neoabsolutismus seinen einstigen Auffassungen als 48er untreu geworden. In der Sache der Reichsanstalt jedoch könnte man ihm Sympathie für einen nach liberalen Grundsätzen agierenden hochangesehenen Gelehrten, wie ihn Haidinger repräsentiert hatte, unterstellen. Man wird den Eindruck nicht los, dass Bach ganz bewusst mit einer Entscheidung auf sich warten ließ, ungeachtet der Mahnungen des Kaisers.

Denn der Minister war in dieser Sache keineswegs untätig gewesen, er forderte am 16. Oktober 1853 ein Gutachten von Andreas von Baumgartner ein, der als Präsident der Akademie die Einverleibung der Reichsanstalt äußerst vehement befürworten sollte.[27] Fatal für die weitere Entscheidungsfindung war langfristig gesehen die Tatsache, dass Baumgartner am 24. April 1854 der Reichsanstalt eine sehr mangelhafte Budgetgebarung und keine »tadelfreie« Tätigkeit attestierte. Denn das Gutachten lenkte den Blick damit besonders auf die Finanzen, den neuralgischen Punkt des Staates. Bach ließ sich von diesem Vorwurf des Präsidenten, der als Finanzminister auch sein Amtskollege war, jedoch nicht völlig überzeugen. Bezüglich der Produktivität der Reichsanstalt war Bach auch regelmäßig durch Haidinger offiziell, im Rahmen des regelmäßigen Behördenlaufs, und auch persönlich mit Beispielen ihrer Arbeit beehrt worden, etwa mit kolorierten geologischen Karten und Publikationen.[28]

---

26 StA, K.Z. 1858, K 4, Zl. 798 ex 58, Vortrag von Bach, 8.3.1858.

27 Abschrift aus dem AVA, K 73b, I.M. Praesent. Nr. 3976/M.I. 1072 de 854 in der Geologischen Bundesanstalt, unter GBA, Bibliothek und Archiv, Briefe, »Baumgartner«.

28 So schreibt Haidinger an einen Unbekannten am 11. Oktober 1855: »Hochverehrter Freund, [...] An meinen eigenen vorgesetzten Minister Freiherrn von Bach, Minister des Inneren, wurde ein Exemplar bereits unter dem 26ten September, mit einem Berichte von mir, in welchem ich suchte den gediegenen hohen Werth des Inhalts in den höheren Sphären soviel ich konnte zur Anerkennung zu bringen, denn wir müssen billig dankend erkennen, nur weil uns Werthvolles über jene Gegenden mitgetheilt wird. Die Ergebnisse werden lange als Maßgebend dastehen und immer richtig bleiben.« GBA, Bibliothek und Archiv, Brief Haidingers, 11. Oktober 1855.

Als das Defizit der Reichsanstalt zur Präzisierung anstand, erklärte Bach in seinem Vortrag beim Kaiser am 15. Dezember 1855 diese Ausgaben als Folge der Tatsache, dass bei der Gründung der Reichsanstalt keine Dotationszuweisung an die Reichsanstalt für die Posten der Druckwerke und die Kosten des Mietzinses vorgesehen waren. Am Anfang war die Reichsanstalt im Hauptmünzamtsgebäude (Am Heumarkt 1, heute Heimstätte der Münze Austria AG) kostenneutral untergebracht gewesen. 1851 erfolgte die Übersiedlung ins Palais Rasumofsky, wofür die Miete in Höhe von 5425 Gulden jährlich aufgebracht werden musste. Der Verlust der Unterkunft im k.k. ehemaligen Münzgebäude bewirkte die zusätzliche Miete, die nicht bereits 1849 vorhergesehen und budgetiert werden konnte. Das war eine klare Gegenposition gegenüber dem Papier des Präsidenten der Akademie, der zudem als Finanzminister auf Argumente seines Ressorts zurückgegriffen hatte.

Dem Finanzministerium unter Andreas Baumgartner (23.5.1851–7.2.1855) war 1853 »das gesamte Bergwesen, die Administration der Salinen, der Aerarial- Berg- und Hüttenwerke« mit dem Argument unterstellt worden, dies betreffe die »Einflußnahme der Staatsverwaltung auf ein bestimmtes der Domainen- oder Fondsverwaltung unterstehendes Objekt,«[29] nicht aber die »k.k. Geologische Reichsanstalt«, die als wissenschaftliche Einrichtung besser in das Innenministerium zu passen schien. Dass der Präsident der Akademie der Wissenschaften auf die finanzielle Gebarung verwies, belegt, dass er nicht nur in seiner Rolle als oberster Lenker der Akademie, sondern auch als Finanzminister argumentierte, als welcher er aber in diesem konkreten Fall eigentlich gar nicht gefragt worden war.

Für Bach jedoch waren sachliche Gründe leitend. Seine nur dem Kaiser unterstellte ministerielle Machtbefugnis übte er nicht unreflektiert aus, da doch die erhebliche Arbeitsleistung der Einrichtung unbestritten war. Bei seinen Überlegungen spielte die Trennung zwischen den vom Staat zu gewährleistenden Rahmenbedingungen und den wissenschaftlichen Meriten, die eine Qualitätsbewertung bedeuteten, einen klaren Unterschied, wobei er eigene Kompetenz nur für den ersten Teil beanspruchte. Minister Bach hatte die Sachlage jahrelang geprüft. Inzwischen hatte Chefgeologe Franz Foetterle am 22. November 1857 eine Promemoria an den Innenminister abgegeben, in der er den Standpunkt der Reichsanstalt gegenüber den Angriffen Baumgartners nochmals klarstellte.[30] Die Darstellung überzeugte Bach so sehr, dass er nun doch einen Schlussstrich unter diese ungelöste Frage zog und in einem 30 Seiten langen Dossier die Eigenständigkeit der Reichsanstalt eindeutig befürwortete, die Meriten ausführte und versicherte, dass er als »Resultat einer tiefen, auf Grundlage mehrjähriger umfassender Beobachtungen ruhenden Uiberzeugung, [... der Einverleibung] keine weitere Folge geben«[31] könne. Die jahrelange Verzögerung entsprach der Angemessenheit

29 StA, 1853; M.C. K 6-2, Auszug aus dem Protokoll der Minister-Conference vom 2. April 1853.

30 AVA, Präs. Akten; K 73 b, Promemoire Foetterle, 22. Nov. 1857, 3380 58, Nr. 5, fol. 74–84.

31 AVA, Präs. Akten; K 73, Vortrag Bach, 17. April 1858, 7450 59, Zl. 3380/M.I.

hinsichtlich der Wichtigkeit des Problems, um der Anstalt Gerechtigkeit widerfahren zu lassen. Da die Reichsanstalt erst zu kurz existiert hatte, um ihre Leistung objektiv bewerten zu können, hätte es dieser Vertagung bedurft, so seine Erklärung:

> Um über eine so wichtige Frage ein fachkundiges Gutachten zu erstatten, war es für mich unerläßlich nothwendig, mir alle Verhältnisse der Anstalt, ihre Organisation, die an derselben angestellten Personen, die durch diese vermittelnden Leistungen in der geologischen Landesdurchforschung und auf dem Gebiethe der wissenschaftlichen Publikationen, endlich auch über den wissenschaftlichen Ruf und das Ansehen der Anstalt in den hiefür kompetenten Kreisen eine umfassende Sachkenntnis zu verschaffen.[32]

Bemerkenswert ist die Haltung gegenüber der Wissenschaft als von der Politik unabhängiges Feld. Denn der Minister schrieb die Aufgabe der Bewertung der *Wissenschaftlichen Community* zu und beurteilte die Sachlage nicht eigenmächtig. Er nahm sich nicht heraus, nach eigenem Gutdünken zu urteilen, sondern bezog sich auf »kompetente Kreise«, um zu einem Resultat kommen zu können:

> Sowie jetzt die beiden Anstalten neben einander bestehen, möge man sie in Zukunft belassen. Beide sind lebenskräftig geworden, beide genießen eines verdienten Rufes, beide sind eine Zierde der Monarchie, und werden es umso mehr bleiben, je mehr sie aus der einmal eingeschlagenen Bahn ungehindert sich fortbewegen können.
>
> Selbst die zwischen den beiden Instituten unverkennbar bestehende Rivalität kann nur dazu beitragen, den wissenschaftliche Geist wach zu erhalten und einer exklusiven Richtung, die sich nur zu leicht in die rein wissenschaftliche Körper einschleicht, einen heilsamen Damm zu setzen.[33]

Dieses Dossier zeigt die grundsätzlich positive Agenda des Ministers, die unter der idealisierten Prämisse stand, dass sich Wissenschaft ungehindert von der Alltagspolitik und dem Neid der Gelehrten untereinander entwickeln und der Staat die idealen Rahmenbedingungen gewährleisten musste. Es stammte zudem von einer der bedeutendsten Politikerpersönlichkeiten des ersten Dezenniums der Regierungszeit Franz Josephs I., einem glänzenden Anwalt und engagierten Verwaltungsorganisator.

Haidinger war sich im Klaren, wie knapp die Entscheidung für die Reichsanstalt ausgegangen war, wenn er an seinen engsten Mitarbeiter Franz Hauer etwas erleichtert schrieb:

> Bach hatte es eigentlich lange vorbereitet, aber es hing noch immer jene bewußte ominöse Eingabe wie ein Damokles-Schwert auf uns herab, die erst gerade erledigt wurde – es habe

32 AVA, Präs. Akten; K 73, Vortrag Bach, 17. April 1858, 7450 59, Zl. 3380/M.I.
33 AVA, Präs. Akten; K 73, Vortrag Bach, 17. April 1858, 7450 59, Zl. 3380/M.I.

beim Alten zu verbleiben. So gelang es gerade noch, sagte B. ›Bevor ich ausscheide.‹ Ich wünschte, ihn wenigstens dann auf einer noch einflußreicheren Stelle zu sehen! Denn man kann gewiß sagen, er hat uns gehalten, während wir feindselige Schritte und Gesinnungen von vielen Seiten nachzuweisen im Stande wären. Aber jetzt welche Zeit der Gärung und Krisen.[34]

Der Kaiser, der einwilligend die Sachlage »dermalen auf sich beruhen [zu] lassen« geruhte, schien nicht zu vergessen mit gehobenem Finger zu betonen, dass er Bach auftrage, »eindringlich darüber zu wachen, daß die geologische Reichsanstalt die ihr vorgezeichneten Aufgaben löse, und daß ihre Geldgebarung eine möglichst sparsame und vollkommen ordnungsgemäße sei.«[35]

Bach legte sofort noch ein Scherflein nach, indem er sogleich auch den Titel eines wirklichen Hofrats für Haidinger beantragte und dessen »vielfache Verdienste« ausführlich darstellte. Die ansonsten damit verbundene Erhöhung des Gehaltes war anlässlich der finanziellen Lage nicht opportun, doch wirkt die Maßnahme angesichts der diffamierenden Vorwürfe, die im Raum gestanden hatten, wie eine Wiedergutmachung. Es wird später auf diese Zusammenhänge noch ausführlicher eingegangen.

Jedenfalls informierte Karl Hauer seinen Bruder Franz Hauer, da dieser gerade nicht in Wien war:

So erscheint mir das immer mehr an Consistenz gewinnende Gerücht vom Zurücktritte Bachs nicht erfreulich. Das grosse Ereigniss des Tages, die Ernennung Haidingers zum Hofrath, gab Veranlassung jenes Gerücht fast in Gewissheit zu verwandeln. Als sich Haidinger nemlich zum Bedanken vorstellte, sagte ihm Bach[,] es freue ihn sehr[,] dass er ihm diese Auszeichnung noch vor seinem Ausscheiden verschaffen konnte, und er moege es insbesonders als eine indirekte Erledigung auf den vor Jahren von Baumgartner gestellten, berüchtigten Antrag betrachten. Aus dieser einzigen Äusserung geht eingentlich [sic] hinlaenglich hervor[,] wie sehr die Anstalt seinen Rücktritt bedauern müsste. Aehnlichen Abschied nahm er auch letzthin in einer Ministerialsitzung wie Wehli erzaehlte. Andere behaupten wieder im Gegensatze es sei nicht zu denken daran, er sei mehr den[n] je der Liebling des Kaisers. Kurz die Geschichte ist raethselhaft, muss sich aber endlich doch bald aufklaeren.[36]

Es war eine der letzten Amtshandlungen Bachs. Die schillernde Ministerfigur nahm – da ihre Entlassung unausweichlich war – am 21. August 1859 ihren Hut. Die unter persönlicher Anwesenheit des Kaisers entstandene Katastrophe von Solferino forderte

34 Brief Haidinger an Hauer, 9. Aug. 1859, GBA, Bibliothek und Archiv, Nachlass Hauer, Briefe.
35 Erzherzog Rainer, im Auftrag der Majestät, 4. Juli 1859, AVA, Präs. Akten; K 73, 7450 59, Zl. 3380/M.I.
36 Brief von Karl Hauer an Franz Hauer, 6. August 1859. GBA, Bibliothek und Archiv, Nachlass Hauer, Briefe.

nicht nur am Kriegsschauplatz ihre Opfer, sondern auch bei jenen Machtträgern, die man verantwortlich machen wollte. Franz Joseph konnte und wollte seinerseits allerdings diese Niederlage nicht zugeben und sah eine Änderung des Regierungssystems vor. Die in Ungnade Gefallenen wurden immerhin in einem in Wien grassierenden Scherzgedicht verspottet: »Wenn's Bacherl vertrocknet, Und Bruckerl[37] bricht, Wenn's Rauscherl[38] verstummet, Und Grünne[39] verschwindet, Kommts Glück. Eher nicht.«[40]

Bachs Nachfolger, Agenor Graf Gołuchowski (1812–1875), sollte durch das Prinzip des Länderföderalismus das Regierungssystem auf eine neue solide Basis bringen. Für die Absegnung dieser Politik und die Sanierung der Finanzen wirkte das Instrument des am 5. März 1860 erlassenen neuen Verstärkten Reichsrates, der das bisherige nur mit Beratungsfunktion ausgestattete Gremium ersetzte. Dieses bedeutete eine wichtige Etappe zur verfassungsmäßigen Beteiligung der Staatsbürger an der Gestaltung des Staatshaushaltes im Ministerium Rechberg, denn es ging um die »Einberufung temporärer Mitglieder, welche nicht dem Staatsdienste angehören, zur Beratung spezieller Fragen.«[41] Durch dieses vorsichtige Eingeständnis einer Demokratisierung wurde ein Zugang zu den internationalen Kapitalmärkten erhofft.

Die Staatskrise des Jahres 1859 hatte ihre Auswirkungen auf die vom Staat abhängigen Institutionen und somit ganz besonders auch auf die »k.k. Geologische Reichsanstalt«. Franz Joseph hatte bereits im November 1859 die Schaffung einer Budgetkommission angeordnet. Ihre Bestimmung war es, Maßnahmen auszuarbeiten, die auf die Erreichung eines Gleichgewichts zwischen Einnahmen und Ausgaben abzielten. Der dramatisch düstere Zustand der Staatsfinanzen wurde somit noch deutlicher als vermutet, nun wurde vom Verstärkten Reichsrat erwartet, dass er einen wesentlichen Einfluss auf die bessere Gebarung der Staatsausgaben nehmen werde. Die alleinige Entscheidungsgewalt lag nicht mehr nur bei der vom Kaiser beeinflussten Machtbefugnis der Minister, sondern wurde begleitet von der Debatte im Verstärkten Reichsrat. Eine neue Ära war für die Reichsanstalt angebrochen. Man hatte nicht mehr nur die Minister zu adressieren, sondern auch die Reichsräte, die man von den außerordentlichen Leistungen zu überzeugen hatte.

Um die erste Phase des Zusammenhangs und der wechselseitigen Beziehungen zwischen den Ministerien und der Reichsanstalt zusammenzufassen: Das enge fa-

---

37 Karl Ludwig Bruck (1798–1860) war 1848–1851 Handelsminister und ab 1855 bis zu seinem Selbstmord im Jahre 1860 Finanzminister.

38 Joseph Othmar von Rauscher (1797–1875) war 1853–1861 röm.-kath. Erzbischof von Wien und Initiator des Konkordats von 1855.

39 Karl Ludwig Grünne (1808–1884), Feldmarschall und Generaladjutant, wurde nach 1859 seines Amtes enthoben und zum Stallmeister degradiert.

40 Zitiert nach Eva Macho, Alexander von Bach, Stationen einer umstrittenen Karriere (Frankfurt am Main etc. 2009), S. 207.

41 Zitiert nach: Stefan Malfèr, Die Protokolle des Österreichischen Ministerrats 1848–1867. IV: Abt. Das Ministerium Rechberg, Band I, 19. Mai 1858–2./3. März 1860 (Wien 2003), Einleitung S. LIII.

miliäre, kollegiale und besonders fachbedingte Nahverhältnis zwischen Sektionsrat Haidinger und dem ersten für die Anstalt zuständigen Minister Thinnfeld war der Gründung und der großzügigen Ausstattung der Reichsanstalt äußerst förderlich. Die Umstrukturierung der Ministeriumszuständigkeiten stellte Finanzminister Baumgartner vor vollendete Tatsachen. Mit seinem Organisationstalent hatte sich Bachs Autorität gegen die Vorschläge des Reichsrates und seines Präsidenten Kübeck bei der Aufteilung der Geschäfte des Ministeriums für Landeskultur und Bergwesen 1853 durchgesetzt. Als Minister des Inneren befasste er sich intensiv mit den organisatorischen und fachlichen Eigenheiten der Reichsanstalt, für die er sich engagiert einsetzte. Die durch das Ministerium strukturierten Ermöglichungsbedingungen für eine staatliche Anstalt und ihre Beamten waren ihm, dem ehemaligen 48er, ein besonderes Anliegen. Zwischen Sommer 1859 und Herbst 1860 verschob sich die Mehrheit von gemäßigt Konservativen und konservativen Föderalisten im Ministerrat zu jenen der liberal ausgerichteten Minister. Karl Ludwig Bruck (1798–1860), ab 1855 bis zu seinem Selbstmord im Jahre 1860 Finanzminister, und auch dessen Nachfolger Ignaz von Plener (1860–1865) zeigten erneut großes Engagement, die Eigenständigkeit der Reichsanstalt zu erhalten und ihre materiellen Ansprüche zu gewährleisten.

5.2 Demokratisierung des Staates – Lebensader der »k. k. Geologischen Reichsanstalt«

Im Jahre 1860 überschlugen sich die Ereignisse der Umstrukturierung des Staatsapparates als Folge der Katastrophe des Jahres 1859, an der Fehler der Diplomatie und Kriegsführung schuld waren. Der Reichsrat war zunächst nur als ein beratendes Gremium gedacht, quasi zur Beruhigung der Öffentlichkeit. Nun ging jedoch das Oktoberdiplom viel weiter, indem es Kompetenzen für die Vertretungskörperschaften vorsah. Im Besonderen war dies der neue Verstärkte Reichsrat, auf den die Leitung der »k. k. Geologische[n] Reichsanstalt« neben den Ministern ebenfalls Einfluss nehmen konnte und musste, zumal die Akte einer Einverleibung in die Akademie der Wissenschaften im Juni 1860 wieder geöffnet worden war. In diesem Demokratisierungsprozess lag die besondere Chance der Reichsanstalt, ihre Anliegen und materiellen Grundlagen noch deutlicher als je zuvor öffentlich zu positionieren.

Im Dezember 1860 wurde Anton von Schmerling zum Staatsminister ernannt, jener liberal gesinnte Mann, der als Hauptvertreter der Großdeutschen 1849 in die Paulskirche gewählt worden, aber sodann Bach als Justizminister nachgefolgt war, jener Mann, der zuvor im Jahre 1851 wegen des Pressegesetzes freiwillig seinen Abschied genommen hatte und nun als große Hoffnung zum Retter in der Not avancierte.

Unmittelbarer Nachfolger von Bach als Innenminister war ab 21. Augusut 1859 Agenor Graf Gołuchowski, der konservative Gegenpart, der auch der Reichsanstalt keineswegs in gleichem Maße gewogen schien wie sein Vorgänger. Die Ministerkonferenz war gerade neu definiert worden,[42] und so erwirkte er kurz und bündig beim Kaiser den Erlass vom 7. Juni 1860, die Reichsanstalt mit der Akademie zu vereinigen.

Es war schließlich die schillernde liberale Figur eines Schmerling, der am 13. Dezember 1860 Gołuchowski ablöste und am 25. April 1861 erfolgreich im Ministerrat die Zurücknahme des Beschlusses zur Vereinigung der Reichsanstalt mit der Akademie der Wissenschaften erwirkte,[43] was am 15. Mai 1861 mit kaiserlicher Entschließung sonach bestätigt wurde. Dazwischen lagen fast elf Monate des erbitterten Kampfes, in dem sich das Führungsteam der Reichsanstalt akkordiert gegen einen überlegenen Gegner stellte. Jedoch erfolgten nun die Formen der Aushandlungsprozesse nicht mehr nur hinter verschlossenen Türen der Ministerialbürokratie, der Verstärkte Reichsrat als flexibles Element der Demokratie bot neue Möglichkeiten der Interessensverteidigung. Öffentlichkeit wurde nun zu einem nicht nur geforderten, gefürchteten, sondern auch ergebniswirksamen Instrument. Die Informationskampagne der Reichsanstalt richtete sich auf die Vertreter des Verstärkten Reichsrates, auf Minister persönlich und mittels intensiver Pressearbeit auf die Öffentlichkeit, was letztlich alles zusammen Erfolg zeitigte. Die Tagebücher Hauers sind ein Dokument ersten Ranges in dieser Hinsicht. Diese setzten sich mit dem Beginn dieser Mobilisierung der Reichsanstaltsgeologen in diesem Kampf für die Erhaltung der Eigenständigkeit ein.

Es sei gestattet, nochmals zu der Ausgangssituation im Jahre 1859 zurückzukommen. Die neu errichtete Budget-Kommission, die von November 1859 bis März 1860 tagte, legte den Finger auf die tatsächliche Wunde der Finanzkrise. Sie benannte ausdrücklich ihre Verursacher, das Militär.[44] Die Erwartung, dass der Voranschlag des Militärs von 90 Millionen auf 72 Millionen[45] reduziert werde, was den deutlichen Bedarf der Einsparung bei den Gesamtkosten der Armee-Verwaltung gegenüber jenen von 22.343.000 Millionen Kronen im Jahr 1859 darstelle, wurde energisch diskutiert:

> Das Praesidium spricht seine Uiberaschung rü[c]ksichtlich dieser Eröffnungen aus, welche nunmehr statt der gehofften weiteren Abminderung sogar eine unerwartet namhafte

42 Stefan Malfèr, Die Protokolle des Österreichischen Ministerrats 1848–1867. IV: Abt. Das Ministerium Rechberg, Band I, 19. Mai 1858–2./3. März 1860 (Wien 2003), Einleitung S. LXVIII.

43 HHStA, Kab. Kanzlei, KZ. 1339/1861.

44 Siehe dazu auch mehr: Stefan Malfèr, Zur Abrüstungsdebatte in Österreich im 19. Jahrhundert. In: Bericht über den achtzehnten österreichischen Historikertag in Linz 1990 (= Veröffentlichungen des Verbandes Österreichischer Geschichtsvereine 27, Wien 1991), S. 80–83.

45 Dazu meldete sich besonders Sektionschef Josef Lasser Ritter von Zollheim zu Wort: »er entnimmt aus der Darstellung des Präsidiums, daß die Lage der Finanzen keineswegs trostlos ist, wenn es gelingt, den Armee-Aufwand auf 72 Millionen zu beschränken; die Commission hat dann die Aufgabe gelöst, denn es wäre die Möglichkeit gezeigt, mit dem ordentlichen Einkommen die ordentlichen Ausgaben zu de[c]ken«. StA, Kabinettsarchiv K 42 a, Protokoll XX, 18. Februar 1860. Schließlich wurden der Armee doch 132 Millionen zugebilligt. Siehe Stefan Malfèr, Die Protokolle des Österreichischen Ministerrats 1848–1867. IV: Abt. Das Ministerium Rechberg, Band I, 19. Mai 1858–2./3. März 1860 (Wien 2003). Einleitung S. LI.

> Erhöhung der in den ersten Besprechungen gestellten Anforderung in Aussicht stellen. Es müsse wiederholt werden, dass der gegenwärtige beklagenswerthe Zustand der Staatsfinanzen hauptsächlich durch die Anforderungen der Armee hervorgerufen wurde, welche den Staat [...] 2.000 Millionen kostete.[46]

Von der Gefahr, dass man mit diesem bisherigen Militäraufwand »unrettbar dem Bankrott entgegentreibe«, warnte Sektionschef Josef Lasser Ritter von Zollheim nachdrücklich, wenn er meinte:

> Es habe fast den Anschein, als ob die eingreifenden und so höchst empfindlichen Restriktionen bei der Civilverwaltung nur dem Zwecke gemacht wurden, um die dadurch erzielten Einsparungen zur Erhöhung des Militär-Budget zu verwenden![47]

Die Dringlichkeit, das Budget nachhaltig zu entlasten, stand für alle Minister an. Im Innenministerium ergab sich ein größerer Spielraum für Einsparungen lediglich bei der Gendarmerie, wofür Gołuchowski bereits im Oktober 1859 seine Anträge vorgelegt hatte.[48] Jedoch wurden auch solche Institutionen genau geprüft, die bisher Defizite produziert hatten. Und damit geriet auch die »k.k. Geologische Reichsanstalt« erneut unter den strengen Rotstift der öffentlichen Einsparungsdebatte.

Bereits in der Ministerkonferenz am 10. Jänner 1860 hatte der Finanzminister vorgeschlagen, alle Schulen und wissenschaftlichen Institutionen dem Unterrichtministerium unterzuordnen. Der Unterrichtminister wehrte sich jedoch vehement gegen die Übertragung der Reichsanstalt an sein Ministerium, weil »es scheine, daß deren Bestand in Frage gestellt werde und das offenbar nicht der Augenblick sei, um eine Änderung bezüglich der Leitung eintreten zu lassen.«[49]

Das Provisorium der Reichsanstalt schrie förmlich nach einer Lösung. Gnadenlos ging nun Innenminister Gołuchowski vor, indem er den Voranschlag der »k.k. Geologische[n] Reichsanstalt« von 37.800 Gulden mit einem geringen Abbau von 1500 Gulden,[50] wie es vom Finanzministerium der Budget-Kommission vorgelegt worden war, gar nicht mehr abwartete. In seinem Vortrag beim Kaiser am 20. Mai 1860[51] begründete er die Vereinigung der Reichsanstalt mit der Akademie der Wissenschaften mit dem Einsparungsargument, zumal die Reichsanstalt bei ihrer Selbständigkeit weiterhin ein Budget von jährlich 42.000 Gulden erfordere.

46 StA, Kabinettsarchiv K 42 a, Protokoll XX, 18. Februar 1860.

47 StA, Kabinettsarchiv K 42 a, Protokoll XX, 18. Februar 1860.

48 Stefan Malfèr, Die Protokolle des Österreichischen Ministerrats 1848–1867. IV: Abt. Das Ministerium Rechberg, Band I, 19. Mai 1858–2./3. März 1860 (Wien 2003). Einleitung S. XLIX.

49 Stefan Malfèr, Die Protokolle des Österreichischen Ministerrats 1848–1867. IV. Abt. Das Ministerium Rechberg, Band I, 19. Mai 1858–2./3. März 1860 (Wien 2003), Einleitung S. 367.

50 HHStA, VRR – K1, Mappe 5/I, 2. Juni 1860.

51 HHStA, Kab. Kanzlei, KZ, 1648 aus 1860 und ebda CBPot. 93 c/1860.

Von der Spardoktrin getrieben, schlug Innenminister Gołuchowski im Vortrag beim Kaiser am 20. Mai ohne Vorwarnung an die Reichsanstalt aufgrund Reduktionsmöglichkeiten des Budgets von 19.800 Gulden diese Maßnahme vor. Er stütze sich auf den Passus des Jahres 1859, als Erzherzog Rainer in des Kaisers Auftrage verordnete, wenn bei künftigen Problemen »Abhilfe nur durch eine Aenderung in der bestehenden Organisation der Anstalt erzielt werden könnte, die hierauf bezüglichen Anträge der Allerhöchsten Sanktion unterzogen werden.«[52]

Die Basis für das Argument bildete das Gutachten Baumgartners aus dem Jahre 1854. Ihm maß nun Gołuchowski insofern große Bedeutung bei, weil dieser »unter die ersten Koriphäen der wissenschaftlichen Bestrebungen der Monarchie gehörig und zugleich vermöge seiner vieljährigen Laufbahn im Staatsdienste mit dem Organismus der verschiedenen Staats-Anstalten, deren Bedürfnissen und gegenseitigen Stellung genau vertraut, als Autorität bei Abgabe von Gutachten zu derartigen Fragen betrachtet werden kann.«[53]

Das weitaus sachlichere Gutachten seines liberalen Vorgängers Bach wie auch jenes von Foetterle ließ er völlig aus dem Spiel. Als entscheidend kam faktisch hinzu, dass er feststellen musste, dass seit 1855 »mehrfache Uiberschreitungen des Präliminare derselben sowohl bezüglich der kurrenten Auslagen als rücksichtlich der Druckkosten« stattgefunden hatten. Der Mietzins würde auf alle Fälle wegfallen, allenfalls könnte bei Mehrbedarf außerhalb der Akademie auch im Barbarastift eine Lösung gefunden werden. Eile schien Gołuchowski nun geboten zu sein. Er rechnete damit, dass sobald der Kaiser die Maßnahme genehmigt haben würde, er von Präsident Baumgartner noch vor Schluss des Verwaltungsjahrs im Oktober 1860 »im gepflogenem Einvernehmen mit dem Finanzminister« die weiteren »Detail-Anträge« erhalten werde. Auch die Kündigung des Mietvertrages der Reichsanstalt stellte er bereits in Aussicht, wiewohl die Reichsanstalt bereits im Februar 1853, erneut 1856 und 1859 um eine Lösung gebeten hatte.[54] Nicht einmal 14 Tage später wurde das kaiserliche Handschreiben vom 4. Juni am 7. Juni im Reichsgesetzblatt mit folgendem Wortlaut veröffentlicht:

> [...] bei der Gleichartigkeit der wissenschaftlichen Zwecke, welche die geologische Reichsanstalt und die mathematisch-naturwissenschaftliche Classe der Akademie der Wissenschaften verfolgen, Allerhöchst anzuordnen geruht, daß die geologische Reichsanstalt vom 1. November angefangen mit der kaiserlichen Akademie der Wissenschaften vereinigt werde.[55]

52 AVA, Innenministerium, Präs. Akten des I.M., Konzept zum Vortrag von Gołuchowski vom 20.5. 1860, Zl. 1560.

53 AVA, Innenministerium, Präs. Akten des I.M., Konzept zum Vortrag von Gołuchowski vom 20.5. 1860, Zl. 1560.

54 GBA, Bibliothek und Archiv, Amtsarchiv, Prot. Nr. 318, 3. Mai 1860.

55 AÖAW, Aktenarchiv der GRA 1860, Akt 12 b. Zl1/ praes. 1860, Handbillet Franz Josephs, praes. 5. Juni

Als dieser Erlass in der Akademie einlangte, löste er große Geschäftigkeit aus. Präsident Baumgartner befand sich gerade auf Kur in Karlsbad, musste aber per neuer Telegraphie sofort informiert worden sein, denn er benachrichtigte noch am selben Tag des Bekanntwerdens, am 7. Juni, Theodor Georg von Karajan, den Vizepräsidenten der Akademie. Er instruierte ihn, Rücksprache mit Wilhelm Haidinger, dem Leiter der Anstalt, zu halten und eine Beratungsgruppe einzurichten. Dabei sollte auch der Generalsekretär der math.-naturwissenschaftlichen Klasse, der Chemiker Anton von Schrötter, Professor der Mineralogie Franz Xaver Maximilian Zippe und der Aktuar Scharler beigezogen werden. Gleichzeitig betonte Baumgartner, dass diese Arbeiten »ohne Aufsehen unternommen werden müssen, damit nicht das Publikum mehr von der Sache erfahre.«[56] Daraus wird ersichtlich, dass man damit rechnete, dass die Reichsanstalt ihre Freunde und Unterstützer in der Öffentlichkeit aktivieren würde.

Sogleich benachrichtige Karajan Haidinger von dem Allerhöchsten Handschreiben und der Bildung einer Gruppe zu »comissionellen Berathungen [...], die begreiflicher Weise streng vertraulicher Art sein müssen.«[57] Er erbat von Haidinger eine »beschleunigte Ausarbeitung des Berichts über den bisherigen Status, die Besoldungen der Beamten überhaupt, die Erforderniße und die Gebarung der Geologischen Reichsanstalt«[58] betreffend.

Haidinger, der den Erlass von seiner vorgesetzten Behörde, dem Ministerium des Innern, ebenfalls erhalten hatte,[59] berief sich auf dessen genauen Wortlaut, der den Präsidenten »zu beauftragen geruhte, die Detail-Vorschläge zur Durchführung der Allerhöchsten Anordnungen auszuarbeiten«. Der »erwählte Vertrauensmann Seiner k.k. Apostolischen Majestät« zur Ausarbeitung der Detailvorschläge sei der Präsident. »Es scheint mir, daß es nicht möglich ist, solches Allergnädigstes Vertrauen auf eine andere Person, einen Stellvertreter, eigenmächtig zu übertragen.«[60] Als überzeugter »Akademiker«, er meinte damit seine Rolle als wirkliches Mitglied der Akademie, sehe er Probleme in einem Handeln, das den Statuten der Akademie eindeutig widersprechen würde. Der durch und durch auf satzungsgemäßes und auch kollegiales Vorgehen stets achtende Leiter der Anstalt[61] verweigerte sich nun komplett dem System, das ausschließlich auf die Prinzipien eines starren Regimes rekurrierte. Seiner Absage fügte er noch einen persönlichen Kommentar bei:

1860: »An meinen Geheimen Rat Praesidenten der Akademie der Wissenschaften Freiherrn von Baumgartner N° 93, c 860.

56 AÖAW, Aktenarchiv der GRA 1860, Akt 14, 7.6.1860, Baumgartner an Karajan, Karlsbad, 7. Juni 1860.

57 AÖAW, Aktenarchiv der GRA 1860, Akt 15, Karajan an Haidinger, 11. Juni 1860.

58 AÖAW, Aktenarchiv der GRA 1860, Akt 15, Karajan an Haidinger, 11. Juni 1860.

59 GBA, Bibliothek und Archiv, Amtsarchiv, Prot. Nr. 420, 7./10. Juni 1860. In Vertretung hatte Foetterle den Inhalt des Erlasses an alle Mitarbeiter der geologischen Reichsanstalt mitgeteilt.

60 AÖAW, Aktenarchiv der GRA 1860, Akt 7, Haidinger an Karajan, 14. Juni 1860.

61 In der Akademie beschäftigte sich Haidinger jahrelang mit ihrer Reform und der Änderungen der Satzungen. Siehe dazu die AÖAW, Protokolle der Gesamtsitzungen.

Freiherr von Baumgartner wird aber aus den zahlreichen gedruckten Schriften und Nachweisungen, aus Erhebungen der Acten unserer vorgesetzten Behörde Alles leicht entnehmen, was auf unsere Verhältnisse sich bezieht. Eurer Hochwolgeboren hochverehrtes Schreiben ist aber offenbar unter dem Eindrucke der großen Fremdartigkeit für den Kreis ihrer eigenen Studien, unseres Faches, unserer Arbeiten, unserer Sammlungen, unserer Bibliothek u.s.w. geschrieben.

Über alles Dieß geben unsere zehn Bände Jahrbuch, groß O°, drei Bände Abhandlungen groß 4° Nachricht, welche mit Inhalt und Register versehen, sowohl in der k.k. Hof-Bibliothek als auch in der kais. Akademie der Wissenschaften vorliegen. Ich habe mich stets der größten Öffentlichkeit in jeder Richtung befleißigt, und werde auch fortan, was mir Allergnädigst anvertraut wurde, ehrlich und redlich für meinen Allergnädigsten Kaiser und Herrn und mein Vaterland, nach besten Kräften pflegen und vertheidigen, unter gegenwärtigen Verhältnißen und Formen, nach dem Allerhöchsten Ausspruche bis zum 1. November, und sodann in denjenigen, welche mir unter den nun und späterhin zu erwartenden Verhältnißen zukommen werden.

[...] Zwanzig Jahre, vom 14. April 1840 an, wirkte ich im Allerhöchsten Staatsdienste erfolgreich, ehrenvoll und ausgezeichnet. Es gilt jetzt, ehrenvoll wie bisher, vor aller Welt, Ruhm und Vortheil meines Allergnädigsten Kaisers und Herrn und meines Vaterlandes zu vertreten. Ich verzichte meinerseits auf jede streng vertrauliche Berathung.[62]

In der Tat hatte Haidinger durchaus Grund dazu, zu betonen, dass die Behörde zufriedenstellend über Daten verfügte. Denn jährlich wurde ein ausführlicher Bericht an die Oberbehörde abgegeben, die Budgetierung begründet und die Vorhaben der Zukunft akribisch dargestellt.

Während in der »k.k. Geologische[n] Reichsanstalt« der Erlass wie eine Bombe einschlug, aber dennoch die angestellten Geologen und befreundeten Kräfte aufs Äußerste motivierte, sich öffentlich zu wehren, zeigte sich in der Akademie alsbald eine erste Ernüchterung. Generalsekretär Schrötter musste anlässlich einer Audienz beim Innenminister erkennen, dass die Akademie von der Einverleibung keineswegs große finanzielle Vorteile zu erwarten hätte, da von Seiten des Ministers nur die Dotation von 18.000 Gulden vorhergesehen war. Schrötter informierte Baumgartner von dieser Einsicht:

So eben komme ich aber vom Grafen Goluchowsky [Gołuchowski] und habe auch mit seinem Secretär gesprochen, bin also ganz genau informiert, zögere daher nicht Dir alles, was ich in Erfahrung brachte, mitzutheilen. [...] Deine im Jahre 1853 an Beust über die Verbindung der geolog. R.A. mit der Akademie in Folge eines a.h. Handschreibens ange-

62 AÖAW, Aktenarchiv der GRA 1860, Akt Nr. 7, Haidinger an Karajan, 14. Juni 1860.

> gebene Äusserung ist die Grundlage der gegenwärtig getroffenen Verfügung. Nur ist man in dem Hauptpunkte leider nicht mit dem damals von Dir gestellten so wohl begründeten Antrage einverstanden. Man will nämlich die Dotation der Akademie nur um 18000 fl vermehren, ist aber bereit überflüßige Beamte in Disponibilität zu setzen, das chemische Laboratorium aufzuheben, die Sammlungen theils in den ›großen Localitäten der Akademie‹ unterzubringen. Wie Du hieraus siehst ist man im Minist. des Innern wenig mit der Sachlage bekannt und will sparen um jeden Preis, natürlich wobei der Wissenschaft zuerst [kommt]. Goluchosky[!] ist überzeigt daß alles recht gut gehen werde und rechnet dabei ganz auf Deine Vorschläge. Haidinger weiß bis heute den 8. noch nicht, und ich fürchte, er wird bei seiner Schwäche dem Schrecken erliegen, obwohl er froh sein sollte, sich durch die Akademie den Rücken decken lassen.[63]

Die Stelle am Schluss hatte Schrötter zweimal durchstrichen, die zweite Ergänzung lautete: »Es wird für ihn wirklich ein Schlag werden den er nicht überlebt. Leider muss man sagen, daß er und namentlich seine Treiber selbst an diesem Mißgeschicke Schuld sind.«[64] Das waren harte Worte seines einstigen Weggefährten Haidingers, mit dem 20 Jahre zuvor gemeinsam Pläne der Gründung einer wissenschaftlichen Gesellschaft geschmiedet worden waren. Mit »Treiber« war wohl die Aktivität der Mitarbeiter der Reichsanstalt gemeint, die ihre Arbeit »angetrieben« und stets auch öffentlich wirksam »angetrieben« hatten. Schrötter riet Baumgartner, doch Haidinger einzubeziehen, denn »dadurch wird man wenigstens erfahren, welchen Anordnungen er sich am meisten widersetzen« wird. Als Schrötter von der Absage Haidingers erfuhr, suchte er ihn persönlich umzustimmen:

> Verehrter Freund! Unser Vicepräsident v. Karajan hat mit Dank Dein Antwortschreiben auf seine Zuschrift vom 11. gelesen. […] Nimmst Du aber an den vorla[e]ufigen commissionellen Berathungen, die nun einmal unvermeidlich[?] [nicht teil…] so beraubst Du Dich selbst der Mittel manches nach Deinem Wunsche zu lenken, was später zu erreichen viel schwieriger wird. Ich glaube also Du solltest Dir die Sache noch überlegen, und doch bei den Berathungen erscheinen. […] Die Sache wird also ganz offen […] geführt und jeder dazu berufene wird sich dem Gange der Verhandlungen in Kenntnis setzen können. In der W. Z. werden wir freilich die Verhandlung nicht geben.[65]

So freundschaftlich der Brief auf den ersten Blick klingen mag, beinhaltete er doch eine unterschwellig ausgesprochene ironische Kritik, den Hinweis auf die Praxis der »k.k. Geologische[n] Reichsanstalt«, regelmäßig Berichte über sich in der »Wiener Zeitung« zu publizieren. Auch die Streichung der letzten Grußformel von »Mit un-

63 AÖAW, Aktenarchiv der GRA 1860, Akt 7, Schrötter an Baumgartner, 9. Juni 1860.
64 AÖAW, Aktenarchiv der GRA 1860, Akt 7, Schrötter an Baumgartner, 9. Juni 1860.
65 AÖAW, Aktenarchiv der GRA 1860, Akt 17, Schrötter an Haidinger, 16. Juni 1860.

veränderter Freundschaft« zu »gewohnter« Freundschaft deutet auf den Freud'schen Ausrutscher hin, der das ausdrückte, was es wohl war, nämlich keineswegs mehr ein guter Rat einer wirklich unveränderten Beziehung. Auf wenige Zeilen reduziert, bestätigte Haidinger den Erhalt dieses Schreibens. Zur ersten Sitzung der Kommission war er zwar erschienen, entsprechend seiner Amtspflichten, jedoch verließ er alsbald das Gremium, nachdem er die Erklärung abgegeben hatte, »er könne sich an diesen Berathungen nicht betheiligen; er werde sich den zu treffenden Anordnungen fügen, sich nimmermehr an dem Zustandebringen derselben betheiligen.«[66]

Zum selben Zeitpunkt hatte Haidinger noch persönlich an Baumgartner geschrieben, dass er ihm »für Auskünfte aller Art zu seiner Disposition als ›Vertrauensmann des Kaisers‹«[67] zur Verfügung stehe. Die beiden kannten einander seit langer Zeit und gehörten auch derselben Generation an. Aber Baumgartner reagierte nicht. Nachdem Haidinger von dessen Rückkehr aus der Kur erfahren hatte, schrieb er »sogleich um anzufragen, wo ich zu ihm kommen könne, in der Stadt oder in Hietzing, wo er wohnt. Es ist mir doch – nicht mehr in der Blüthe der Jugend etwas beschwerlich, viel hin- und wieder zu kutschieren, und doch unheimlich aufgeregt, würde Scherer sagen, noch dazu.«[68]

Was die mittlerweile eingesetzte Kommission an der Akademie inzwischen erarbeitete, bedeutete nicht nur eine völlige Degradierung des Direktors in seiner Leitungsbefugnis, sondern auch eine klare Reduzierung des Personals zum Nutzen der Akademie. Die wichtigsten Resultate betrafen die Tatsache, dass die Reichsanstalt als permanente »Geologische Section der kaiserlichen Akademie der Wissenschaften, naturwissenschaftliche Klasse« untergeordnet werde, wobei der jeweilige Sekretär der Klasse ihr angehören solle. Künftig könnte auch ein anderes wirkliches Mitglied mit diesem Referat betraut werden. Die Vorhaben des Direktors der Sektion mussten der Zustimmung der Klasse vorgelegt werden, wie auch jährlich im Voraus alle Begehungspläne. Künftig solle die Sektion nur ein Jahrbuch herausgeben, das auf die geologische Erschließung der Monarchie abziele, alle anderen Beiträge würden den Akademiepublikationen zufallen.«[69] Personalreduktion und die Auflösung der Sammlungen ergänzten die Tendenz der Verschmelzung, die der Sektion keine Autonomie zugestand. Besonders die Reduktion der Publikationsproduktion zugunsten der Akademie war wohl kaum mit Ersparnis zu legitimieren.

Gołuchowski konnte die Ergebnisse der Kommission kaum erwarten.[70] Sowohl für den Präsidenten der Akademie als auch für den Minister stellte sich bald heraus, dass weder die zuversichtlichen Hoffnungen einer hohen Einsparung noch die räumliche Integration leicht zu bewerkstelligen waren. So war das Resümee des Präsidenten der

---

66 AÖAW, Aktenarchiv der GRA 1860, Akt Nr. 19, Protokoll, 21.–27. Juni 1860.

67 Haidinger an Hauer, 6. Juli 1860, GBA, Bibliothek und Archiv, Nachlass Hauer, Briefe.

68 Haidinger an Hauer, 6. Juli 1860, GBA, Bibliothek und Archiv, Nachlass Hauer, Briefe.

69 AÖAW, Aktenarchiv der GRA 1860, Akt Nr. 20, Protokoll, 27. Juni 1860.

70 Er fragte bereits am 27. Juli bei Baumgartner nach. Siehe: AÖAW, Aktenarchiv der GRA 1860, Akt Nr. 20, Protokoll, 27. Juni 1860.

Akademie[71] äußerst enttäuschend für den Minister. Trotz der Streichung der Reisepauschale und von Posten etc. musste er 22.000 Gulden für die Akademie budgetieren. Gołuchowski war zwar bereit, der Akademie entgegenzukommen, aber beharrte auf seine ihm auferlegten Grenzen.

So hatte sich Baumgartner doch vom scharfen Gegner des Jahres 1854 langsam nicht nur zum neutralen, sondern expliziten Unterstützer der Reichsanstalt gewandelt.

Auch die Öffentlichkeit tendierte eindeutig auf die Seite der »k.k. Geologische[n] Reichsanstalt«, die jede Möglichkeit nutzte, ihre auf hervorragenden Leistungen beruhenden Tätigkeiten zu vermitteln. Baumgartners ausführliches Resümee enthielt den Hinweis, dass sich die Räume der Akademie nicht für die Reichsanstalt eignen würden und die Räumlichkeiten der ehemaligen Tabakfabrik gekauft werden könnten. Auch der Name und die Posten sollten aufrechterhalten bleiben. Die Akademie würde nur die Kontrolle über das Budget übernehmen, bei einer Einsparung von 7000 Gulden, ansonsten bleibe der Personalstand und die Unabhängigkeit des Direktors gewährleistet.[72] Gołuchowski forderte weitere Reduktionen des Budgets um 3000 Gulden und konnte der Lösung der Widmung der Tabakfabrik nicht zustimmen.[73]

Am 13. August berichtete Haidinger dem noch im Feld weilenden engsten Mitarbeiter Franz Hauer über die Situation, wobei er die Hoffnung zwar auf den Verstärkten Reichsrat setzte, aber die Macht Gołuchowskis nicht unterschätzen wollte:

> Was Du selbst und unsere Geologen überhaupt gewirkt ist gewonnen. Hier sind wir im Stillstand! Baumgartner ist nun unser Retter, gegenüber Goluchowsky [Gołuchowski]. Ob der Letztere siegt, ob der Reichsrath? Bald hört man von einem Ministerium Clam, bald von Auflösung des Reichsrathes. Eines ist gewiß, während aller dieser Ereignisse wird am meisten der Zweck des menschlichen Lebens, Spuren des Daseyns hinterlassen zu haben, wenig gefördert. Der gestrige warme Tag war Dir gewiß sehr günstig, aber heute haben wir schon wieder Windgestürm. Auf eine kürzliche Eingabe von mir, mit einer [neuer?] Steigerung der Liechtenstein'schen GRA-Räume um 2000 fl C.W. erhielt ich den Bescheid, daß nun von Seite des Ministeriums gekündigt wird. Unser Aufenthalt dort schließt also mit dem 24. April 1861. Und unser Winter wird dem Umziehen gewidmet seyn. Baumgartner wird ein Aerarial-Locale ausfindig machen, vielleicht bis zum Bau des neuen uns bestimmten Gebäudes im neuen Plane, oder -- wer lebt bis dahin? -- für immer.[74]

Letztlich votierte auch der Verstärkte Reichsrat in seiner 10. Sitzung am 14. September für den Fortbestand der Reichsanstalt, was Gołuchowskis Ansinnen keineswegs

---

71 AÖAW, Aktenarchiv der GRA 1860, Akt Nr. 2, Baumgartner an Gołuchowski (Konzept), 2. October 1860.

72 AÖAW, Aktenarchiv der GRA 1860, Akt Nr.3, Baumgartner an Gołuchowski, 8. August 1860

73 AÖAW, Aktenarchiv der GRA 1860, Akt Nr. 22, Gołuchowski an Baumgartner, 26. September1860.

74 Brief Haidingers an Hauer, 13. August 1860, GBA, Bibliothek und Archiv, Nachlass Hauer, Briefe.

förderlich war. Dieser ließ den Oktober verstreichen, ohne die Stellung der Reichsanstalt anzutasten. Am 13. Dezember 1860 wurde Gołuchowski von Anton von Schmerling in seinem Amt abgelöst. Schmerling war wohl der einflussreichste Politiker dieser Jahre, allerdings mit der Unterstützung des ab April 1861 tagenden Abgeordnetenhauses des Reichsrates.

In der Ministerratssitzung vom 25. April 1861 plädierte Schmerling für die Zurücknahme des Beschlusses, am 26. April 1861 hielt er darüber den Vortrag beim Kaiser,[75] mit dessen Entschließung am 15. Mai 1861 die Selbständigkeit der Reichsanstalt als staatliche Institution bestätigt wurde.

Nun war ein Kapitel der Unsicherheit für die Reichsanstalt zu Ende gekommen. Die Finanzkrise hatte den Gedanken der Aufhebung bedingt, dennoch spielten auch andere Faktoren, wie die von der Akademie unterschiedlichen Vorstellungen und Konzepte eines Wissenschaftsbetriebes, eine maßgebliche Rolle. Diese werden noch in einem Kapitel ausführlicher diskutiert.

Der Umstand der politischen Geburtsstunde des Verstärkten Reichsrates als Instrument der Einflussnahme über den Machtapparat des Staates hinaus hatte seine Auswirkung und darüber hinaus die Agitation von Seiten der Geologen der Reichsanstalt und ihrer Befürworter. Dieser Aspekt wird im nächsten Kapitel im Zentrum der Analyse stehen.

5.3 Kommunikationsstrategien der Reichsanstalt im Ringen um ihre Eigenständigkeit

> Grade wenn die Gegner glauben, daß sie uns todt gemacht[,] muß man zeigen daß man erst recht lebendig ist. Ich bin en verve! wie lange nicht! Schlappschwänzige Windstille verweichlicht mich. Ich fühle das Wehen von Sturm u. mir ist wohler, es bläht sich segelgleich die Thatkraft und von meinen alten Horazinischen Oden klingt mir aufregend Tag und Nacht der Refrain,[76]

so fasst der Jurist des Montanwesens Otto Bernhard von Hingenau[77] seine Stimmung ein, als er am 9. Juni 1860 von dem Erlass der Eingliederung der »k.k. Geologische[n] Reichsanstalt« in die Akademie überrascht wurde. Es kann als Motto für die Aktivitäten der Geologen der Reichsanstalt in der Folgezeit verstanden werden. Sie und ihr engster Kreis waren über die Hiobsbotschaft der Einverleibung der Reichsanstalt

75 AVA-1; Praes. –Akten – 2, Prot. 3488, Vortrag vom 28.4.1861.

76 Hingenau an Hauer, 10. Juli 1860, GBA, Bibliothek und Archiv, Nachlass Hauer, Briefe.

77 Otto Gottlieb Bernhard Freiherr von Hingenau (1818–1872) hatte zunächst Jus in Wien studiert, danach absolvierte er die Bergakademie in Schemnitz [Banská Štiavnica], wirkte als Bergrat in Leoben und ab 1860 als Professor des Bergrechts in Wien. Vgl. ÖBL, 2. Bd., 321.

in die Akademie vom 9. Juni zunächst geschockt, doch setzten sie alsbald kräftige Schritte der Gegenwehr. Ihre Kampagne dauerte insgesamt fast ein Jahr; ein Jahr, in dem jede Gelegenheit genutzt wurde, in Gesprächen mit ihren Bekannten und Forschungskollegen, anlässlich der Treffen bei den Sozietäten, nach den Akademiesitzungen, bei Politikern und nicht zuletzt in anonym gehaltenen Zeitungsberichten weitere Kreise über diese fatale Entscheidung und erwartete negative Konsequenzen zu informieren. Kommunikation auf allen Ebenen wurde nun zum Schlüssel der zu erkämpfenden Eigenständigkeit der »k.k. Geologische[n] Reichsanstalt«.

Einblick in dieses geschäftige akkordierte Ringen um öffentliche Sichtbarkeit der Reduzierung einer staatlichen Anstalt geben die Briefe der nächsten Vertrauten untereinander und das Tagebuch Franz Hauers. Die Aussagen werden hier deshalb ausführlich zitiert, um die Kooperation der untereinander konzertierten Vorgangsweisen im Detail zu verfolgen. Denn die Kampfansage mit einer hohen Handlungsverantwortung lastete nicht nur auf der Schulter des Direktors, sondern wurde von allen an der GRA beschäftigten Geologen, aber auch den ihnen nahestehenden Gleichgesinnten gemeinsam getragen. Sie demonstrierten ein spezifisches Charakteristikum der Kultur des respektvollen Miteinanders innerhalb und außerhalb der Reichsanstalt. Sie zeigen auch, wie die Kommunikation einerseits die Minister und die Reichsräte gewann und andererseits befreundete Kollegen anderer Fachgebiete involvierte. Gerade in einer Sondersituation zeigte es sich, wie tragfähig ein solches System tatsächlich war.

Franz Foetterle,[78] als 2. Geologe angestellt, spielte die Rolle des Diplomaten der Gruppe. Franz Hauer, die rechte Hand Haidingers, betätigte sich als anonymer Artikellieferant für die Boulevardpresse und bildete das Scharnier, Dritte in das Engagement einzubeziehen. Hauers Bruder Karl, Leiter des Labors, betätigte sich sogar als Spitzel, wenn er gute Kontakte zum Kanzlisten Rudolf Kammel an der Akademie pflegte, der ihm sogar so manche Einsicht in das aktenmäßig sonst unzugänglich dokumentierte Geschehen ermöglichte. Der Paläontologe und Adjunkt des Hof-Mineralienkabinetts Moriz Hörnes erhob die Stimme in seinem Wirkungskreis, und Otto Bernhard Hingenau, Bergbeamter und Professor des Bergrechts an der Universität mit seiner seit 1853 florierenden »Österreichischen Zeitschrift für Berg- und Hüttenwesen« bildete das Sprachrohr in Richtung Montanisten und Bergbeamte. Willkommen waren auch Persönlichkeiten, die mit der Reichsanstalt beruflich nicht direkt verbunden waren, wie Andreas Kornhuber, Gymnasialprofessor am Oberrealgymnasium in Preßburg, oder Karl Kořistka, Professor der elementaren Mathematik und praktischen Geometrie in Prag, sowie August Emanuel Reuss, Professor der Mineralogie in Prag, die ihrerseits die Fama weitertrugen.

Der Erlass des Kaisers vom 9. Juni war zu einer Zeit erfolgt, als die meisten Geologen außerhalb Wiens kartierend unterwegs waren. Franz Foetterle, 2. Geologe der

78 Franz Foetterle (1823–1876) war 1849–1876 Chefgeologe, 1873–1876 Vizedirektor.

Reichsanstalt, benachrichtigte am 23. Juni 1860 Franz Hauer, der sich im Gelände aufhielt, über seine sofortigen Maßnahmen:

> Lieber Freund! Das Gewitter, das seit so lange über unseren Häuptern schwebte[,] hat sich plötzlich entladen und der einschlagende Blitz das mühsame Werk 10 jähriger Anstrengung beinahe zertrümmert. Die Sache kam so unerwartet plötzlich, daß man sich jetzt noch nicht von der Heftigkeit des Schlages nicht [sic] erhohlen kann. Erst Samstag Nachmittags kam ein dumpfes Gerücht, und Sonntag früh war (in der Zeitung); gleichzeitig ein Erlaß, dessen Abschrift Du erhältst; und der Dich über den Stand aufklären wird. Haidinger hatte ebenso wenig eine Ahnung. Baumgartner ist nicht hier. Er scheint jedoch sogleich an Schrötter oder Karajan[79] geschrieben zu haben; denn zwei Tage später erhielt schon Haidinger ein Schreiben von Karajan[,] worin er Bericht über Alles mögliche, über den jetzigen Stand, und die zu machenden Einschränkungen verlangte, und eine Kommission in Aussicht stellt[e], wozu Haidinger beigezogen werden sollte. Haindinger antwortete, daß er weder als Akademiker noch als Direktor Karajan hiezu berechtigt halte, nachdem das Allerh. Handschr[eiben]. direkt an Baumgartner gerichtet sei. Inzwischen war alles thätig um zu retten, was möglich. Hingenau lief gleich zu Thun und Salm [...], schrie Zetter, Hörnes zu Haidinger; dieser entschloß sich gleich am 12. an alle Comité Mitglieder des Reichsrathes zu schreiben, sie sollen die Anstalt nicht fallen lassen. Ich war bei Reyer,[80] dem ich eindringlichste Vorstellungen machte, hinzu kam Franz Mayer von Leoben, der im Sub-Comité für Budget des Innern sitzt, diesem gab ich die ausgedehntesten Mittheilungen, kurz Hingenau und ich waren bestrebt, daß die Reichsräthe den Gegenstand auffangen, und sowohl in den Comité wie Gesammt Berathungen zur Sprache bringen. Dieß alles nahm meine Thätigkeit so sehr in Anspruch, daß ich jedes Bestreben[,] Dir sogleich zu schreiben aufgeben mußte, und meine Abreise sich bis heute verschob. Ich beabsichtigte zu Plener und Goluchowsky [Gołuchowski] zu gehen[,] allein es ist unmöglich gewesen hinzukommen, so sehr sind b[ei]de überlaufen, und ich mußte es aufgeben, soll ich doch endlich wegkommen. Haidinger schrieb nun heute an Baumgartner. Auch spricht er jetzt schon davon zum Kaiser zu gehen. Uiberhaupt hat er durch unsere Bestreb[un]g[e]n neuen Muth gefaßt, ob es irgend wie nützen wird, wer weiß es.[81]

Aus den Briefen erfahren wir, dass sowohl Haidinger als auch Hauer – und dieser noch während seiner Feldarbeit – die ersten Artikel für die Augsburger Allgemeine Zeitung verfasst hatten und ab 27. Juni mit kurzen Abständen elf Artikel im Zeitraum von drei Monaten über die Reichsanstalt erschienen. In ihnen wurde die Vorgangsweise »als Strafgericht über ein Institut, dessen Leistungen und Ergebnisse seit dem Decennium

79 Vizepräsident der Akademie

80 Konstantin August Freiherr von Reyer (1801–1875), Großkaufmann und Industrieller, Besitzer der Kolonialzuckerraffinerie in Wiener Neustadt, war ab 1860 Mitglied des Herrenhauses im Reichsrat.

81 Brief von Foetterle an Franz Hauer, 23. Juni 1860, GBA, Bibliothek und Archiv, Nachlass Hauer, Briefe.

ihres Bestehens nicht nur im Inland, sondern auch im Ausland hoch erhoben und gerühmt wird,«[82] dargestellt. Man berief sich auf keine geringer bekannte Figur als der eines Alexander von Humboldt, der die Arbeit als »schwer zu erreichendes Muster«[83] gelobt habe.

Haidinger, der eine Zusammenarbeit mit dem an der Akademie gebildeten Komitee zur Umsetzung der verordneten Eingliederung abgelehnt hatte, schwenkte allmählich doch ein, versuchte Baumgartner persönlich aufzusuchen (traf ihn allerdings nicht an), um erneut eine Gesprächsbasis herzustellen, und gewann auch wieder Zuversicht, wie er an Hauer schrieb:

> Das ist sehr gut, daß Du an Freund Hingenau schriebst. Es ist übrigens oft gerade der Verlauf der Zeit das Nothwendigste, und ich habe doch innerlich einige Hoffnung, und wenigstens die Überzeugung, daß nichts Wichtiges versäumt werden wird. Inliegend schicke ich Abschrift eines freundlichen Artikels der ›Allgemeinen‹, der doch hoffentlich da und dort in Wien wie anderwärts nicht ohne Aufmerksamkeit zu erregen bleiben wird. Ich erhielt ihn eben zur Ansicht, auch hatte ich gerade die Wiener Zeitung vom 4. mit dem Monatsbericht der kk GRA[,] als Lipold[84] bei mir war. Er kam nun auf den Tag, da er eine Freikarte[85] hat, was sehr günstig war. In meinem Berichte steht die Einstellung des Druckes des Jahrbuches. Er wollte von mehreren Gewerken, welche auf seine Abhandlung über die Steinkohlen-Gegend warten[,] eine Anfrage an das kk. M.d.I. veranlassen, überhaupt vielleicht einen oder den anderen Artikel von Reuß oder Koristka [sic][86] vermitteln. Es ist gewiß günstig, wenn etwa eine Stimme dieser Art laut wird. (Ob irgend etwas für die Akademie-Seite gesagt werden wird?).[87]

Man begnügte sich nicht nur, die Darstellung der Leistungen der »k. k. Geologische[n] Reichsanstalt« durch Mundpropaganda und direkte Kontakte in Wien zu verbreiten,

---

82 [Anonymus], Die Vereinigung der geologischen Reichsanstalt mit der kaiserlichen Akademie der Wissenschaften. In: Augsburger Allgemeine Zeitung, Beilage Nr. 181, 29. Juni 1860.

83 [Anonymus], Die Vereinigung der geologischen Reichsanstalt mit der kaiserlichen Akademie der Wissenschaften. In: Augsburger Allgemeine Zeitung, Beilage Nr. 181, 29. Juni 1860.

84 Lipold Marcus Vinzenz (1816–1863) hatte Jus und Philosophie in Graz studiert und sonach die Akademie in Schemnitz absolviert. Er arbeitet als Schachtmeister in Hall in Tirol und war an der Aufnahme des Geognostisch-Montanistischen Vereines beteiligt (1841–1844). 1849 wurde er als 2. Chefgeologe an die Reichsanstalt geholt, bis er 1867 Direktor des Bleibergwerkes in Idria (Idrija, Krain, heute Slowenien) wurde.

85 Die Geologen der Reichsanstalt erhielten für ihre Mobilität während ihrer Feldarbeit Freikarten für die Bahn, um an die entsprechenden Orte gelangen zu können.

86 Karl Kořistka (1825–1906) hatte Physik in Wien studiert, sonach die Bergakademie in Schemnitz absolviert und war ab 1851 als Professor der elementaren Mathematik und praktischen Geometrie an der Universität Prag tätig. 1864 sollte er ein »Comité für die Naturwissenschaftliche Forschung in Böhmen« mitbegründen.

87 GBA, Bibliothek und Archiv, Brief von Haidinger an Hauer, 6. Juli 1860.

sondern zog auch die Kollegen in Prag und in Ungarn in die positive Verbreitungsmaschinerie ein:

> Vielleicht wäre von unsern Freunden in Siebenbürgen ein Artikel in irgend in- oder ausländischen Zeitungen auch nicht übel, der sich etwa auf die gegenseitigen anregenden und freundschaftlichen Beziehungen der GRA durch die Aufnahmen bezöge. Ich selbst kann natürlich auf diese Weise am wenigstens [sic!] einwirken, ich [f. 2r.] muß mir hauptsächlich einen Weg als wichtigste Eingabe in Aussicht halten. Hätte nur, wie man Anfangs erwartete[,] der verstärkte Reichsrath schon seine große Plenarsitzung, wo ich hoffte[,] daß auch wir vorkamen, und glimpflich durchkämen. Aber nun Baumg[artner] zurück ist, betreibt er vielleicht seine Sache so eifrig, daß er schon wieder Alles neuerdings mit Gol[uchowski] durchgemacht hat und es wieder vorgelegt ist. Zippe[88], Boue [Boué][89], scheinen mir ganz dort dienstbar gemacht, auch Reuss[90] ist wohl ganz eingeschüchtert oder reiht sich vielleicht dem Unvermeidlich scheinenden an, so daß ich nichts höre, wenn auch Boue [Boué] etwa ihm etwas mitgetheilt hat. Was alle Theilnehmer an unsern Arbeiten hier [?] übrigens fühlen, ist leicht zu denken, und ein wahrer Vorwurf Jenen, welche solche Verhältnisse hervorgebracht. Möchte sich doch das Ganze am Ende glücklich lösen. Jedenfalls ist die Lage peinlich, und auch ich fühle mich in meinem 66t Jahre wohl sehr angegriffen. Philosophisch dürfen wir uns wohl trösten, mit dem Bewußtseyn -- ich selbst und Ihr alle, hochverehrte treue Arbeitsgenossen, daß wir viele Erfolge vorbereitet und erreicht, aber es bleibt doch auch außerdem ein hinreichend menschlicher Wunsch übrig[,] nicht gleich zu den Todten geworfen zu werden! [...] Ich kann nun nichts weiter sagen als: [...] -- ist doch gar zu lang ausgefallen, und heißt auch nicht mehr als coraggio ufficiali! Was wir gearbeitet ist für jetzt und immer gewonnen, und wir stehen in der Brèche[,] mögen wir von fern oder im Rücken angegriffen werden. [...] Aber diese Geschichte war doch gar zu störend. Ein wahres Solferino![91]

Die weitere direkte Verhandlung überließ Haidinger alsbald dem zweiten Geologen der Reichsanstalt Franz Foetterle, einem äußerst geschickten Diplomaten, der seine Geländearbeit unterbrach, nach Wien kam und sofort aktiv wurde, wie er an Franz Hauer, der sich in Siebenbürgen (heute Rumänien) aufhielt, schrieb:

88 Franz Xaver Maximilian Zippe (1791–1863) war ab 1. November 1850 Professor der Mineralogie an der Universität Wien und Mitglied der Akademie der ersten Stunde (1847). Seine epistemologischen Auffassungen waren der veralteten Mohs'schen Methode verhaftet, die sich nur auf die äußerliche Beschreibung der Mineralien konzentrierte.

89 Ami Boué (1794–1881), Privatier, der in Edinburgh studiert hatte und 1830 zu den Mitbegründern der Société géologique de France zählte, hatte sich 1835 in Vöslau angesiedelt und wurde 1847 zum Mitglied der Akademie der Wissenschaften ernannt.

90 August Emanuel Reuss (1761–1830) hatte Medizin studiert, wurde Professor der Mineralogie in Prag und 1863 Nachfolger Zippes an der Universität Wien.

91 Brief von Haidinger an Hauer, 6. Juli 1860, GBA, Bibliothek und Archiv, Nachlass Hauer, Briefe.

Liebster Freund!
Ich traf am 8. richtig in Temesvar ein, um hier unserer Verabredung gemäß auf Hingenau's Mittheilung zu warten, nachdem ich die Zeit vom 2 bis 7. zu Exkursionen an der Maros benützte. Hingenaus Brief war im ganzen blos für seine Person einladend, dennoch erwartete ich Dich am 8. u. 9.; am letzteren Tage erhielt ich überdieß einen Brief vom Kornhuber,[92] worin er mir seine Besprechung mit Plener mittheilte, so wie daß dieser mit der Vereinigung nicht einverstanden sei.

Kornhuber fügte noch hinzu, daß es gut wäre, wenn ich mit Pläner [sic! Plener] reden würde. Ich entschloß mich daher[,] bis abends zu warten und dann aber jedenfalls nach Wien zu fahren. Vorher jedoch setzte ich mich nieder, und schrieb an Plener den in der Anlage mitfolgenden Brief, um dessen Rücksendung ich Dich bitte; diesem Schreiben legte [ich] wie Du daraus ersehen wirst, die Antwort auf Baumgartners Aeußerung bei, und schickte das ganze sogleich nach meiner Ankunft noch am selben Abend zu Plener u. z. in dessen Wohnung. Maßgebend für meine Reise war auch die Nachricht, die mir Senoner[93] mittheilte, daß Baumgartner in Wien sei, und Haidinger mit ihm gesprochen habe. Haidinger war ganz zufrieden, daß ich gekommen bin. Donnerstag Mittags, als ich gerade mit Aktensuchen für Haidinger beschäftiget war, kam plötzlich Baumgartner in die Anstalt, war ganz charmant, und ersuchte[,] ihn doch mit der Anstalt ihren Samlungen [sic], ihrer Einrichtung bekannt zu machen, nachdem er gar nichts davon wisse, und jetzt den Bericht zu machen habe. Er meinte, es handle sich ja nicht um die Zertrüm[m]erung, sondern um die Erhaltung des ganzen wie es ist, mit einigen Ersparungen, nachdem einmahl gespart werden soll.[94]

Baumgartner hatte offensichtlich Entgegenkommen gezeigt, indem er am 12. Juli der Reichsanstalt persönlich einen Besuch abstattete. Foetterle empfing ihn und besuchte ihn zwei Tage später in Hietzing, wobei er die Statuten und den Plan überbrachte, der die ursprüngliche Ausrichtung der Reichsanstalt in Richtung angewandte Bereiche belegen sollte.

Es war sehr gut, daß Foetterle einige Zeit in Wien zubrachte, er konnte gerade sehr zweckmäßig an Baumgartner Nachrichten geben. In Folge eines Billets Baumgartners habe ich übrigens nun auch eine Denkschrift für ihn verfaßt und eben weggeschickt, worin manche Gegensätze in unseren Verhältnissen wie sie sind, und wie sie seyn würden,

92 Andreas Kornhuber war zu diesem Zeitpunkt noch Professor der Naturgeschichte am Obergymnasium in Pressburg, einer der ersten im neuen System infolge der Thun'schen Reformen, ab 20. August sollte er sodann zum Professor der Botanik und Zoologie am Polytechnischen Institut in Wien (heute Technische Universität) werden. Kornhuber war auch aktives Mitglied der »Freunde der Naturwissenschaften« gewesen und beschäftigte sich intensiv mit den geologischen Gegebenheiten rund um Pressburg, 1856 war er zum Korrespondierenden Mitglied der Reichsanstalt ernannt worden.

93 Adolph Senoner (1806–1895) war Archivar und Bibliothekar der »k. k. Geologischen Reichsanstalt«.

94 Franz Foetterle an Hauer, Wien, 16. Juli 1860, GBA, Bibliothek und Archiv, Nachlass Hauer, Briefe.

wenn man uns todt machen wollte[,] ersichtlich gemacht werden, oder vielmehr es sind alle die Aufgaben hervorgehoben, welche uns vorlagen, und welche fortan befolgt werden sollten. Überhaupt könnte G[ołuchowski] nach Allem was er in Erfahrung genommen[,] keinen sachentsprechenderen Antrag stellen, als den -- Alles beim Alten zu lassen, was der kk GRA selbst angehört, und die Stellung zunächst dem Montanistikum zurück, aus welcher er selbst sie weggewiesen hat! Ob er diese Überzeugung gewinnen wird? Ich erwarte nun bald Hörnes.[95]

Haidinger, dankbar, dass ihn Hauer brieflich stets auch zu beschwichtigen suchte, meinte:

Dein Brief und Bericht glücklich angekommen, und wahrlich Labsal in unser Düster. Hörnes und Foetterle die nun auch fort sind erzählen Dir mehr und umständlich. Seitdem habe ich noch an Baumgartner geschrieben. -- Vereinigung mit der Akademie ist Tod der geologischen Reichsanstalt, aber auch Tod der geologischen Landeskenntniß in Österreich. Ich hätte nun sollen mit der Commission Karajan, Schrötter, Zippe, Boue [Boué] Selbstmord begehen! Dazu ist immer noch Zeit. Oder vielmehr ich kann gemordet werden, aber selbst will ich nicht Hand an mich legen. Du hast gut reden. Du bist noch jung, aber mit den 66 im Gange und dem Ruin vor sich hat man keine reizende Aussicht. Es wird vielleicht in dem Wechsel der Verhältnisse, oder vielmehr ganz gewiß, wird es auch wieder besser, aber über die jetzige Zeit der Nullität müssen wir erst hinaus seyn. Graf G[ołuchowski] wüthet indessen nach allen Richtungen, so daß viele Mitglieder des verstärkten Reichsrathes damit höchst unzufrieden sind. Lauter Gewaltstreiche, car tel est mon plaisir. Dein Ergebniß unsern hochverehrten Freund Bielz[96] zu erobern ist sehr dankenswerth. Ich bitte Dich ihm und allen hochverehrten Freunden meine besten Wünsche zu sagen. Wenigstens gewinnen wir noch diesen Sommer ein gutes Stück Erfahrung und wenn uns auch das Loos beschieden ist, daß am Ende unser Name der kk geologischen Reichsanstalt aus dem Verzeichnisse des Lebens ausgelöscht ist, so wird es mir doch unbenommen bleiben noch den Nekrolog mit dem letzten Lebensjahre der selig Entschlafenen zu bringen. Die Herren Commissionsmitglieder meinten, nun sei Schiffbruch, man müsse retten, was man könne. Ich sagte ihnen aber, ich betrachte mich als Capitän, der noch zuletzt auf den Trümmern übrig bleibt. Das ist auch mein fester Vorsatz, an mir soll es nicht fehlen. Hingenau hat sich höchst liebevoll und unternehmend bewiesen. Er kennt auch so viele Persönlichkeiten, daß gewiß Nichts versäumt wird. Er ist auch frisch und kräftig. Ich sollte auch immer im Vordergewühle der Feldschlacht seyn, bin aber leider sehr matt. Es ist mir übrigens leid, daß es Dir, der doch wohl in nicht sehr

95 Haidinger an Hauer, 25. Juli 1860, GBA, Bibliothek und Archiv, Nachlass Hauers, Briefe.

96 Eduard Albert Bielz (1827–1898) hatte 1857 das »Handbuch der Siebenbürgischen Landeskunde« herausgegeben, wirkte bei der »Cameralforstverwaltung« in Hermannstadt (heute Sibiu, Rumänien) und begleitete Hauer bei seinen geologischen Begehungen in Siebenbürgen.

weiter Zeit das Ganze zu leiten haben wirst, so sehr gleichgiltig ist, ob wir unter eine jetzt so traurige Körperschaft kommen [kamen?], wie die Akademie in ihren Aussichten, Intriguen u.s.w. ist, von denen man nicht einmal gerne etwas hört. Da bleibe ich denn freilich gar vereinzelt übrig, werde aber doch nicht anstehen, dasjenige zu verfolgen, was meine Pflicht erheischt! Wie viel Schönes wird nicht zu Grunde gehen, wenn die Theilnahmslosigkeit der Akademie Herr wird! Also laß uns doch noch hoffen![97]

Dass die Artikel in der Augsburger Zeitung auch tatsächlich erschienen, hatte Haidinger besonders gefreut. So schrieb er an Hauer:

Liebster Freund, Dein Artikel ist nun doch glücklich vom Stapel gelaufen, über Triest und Franzensbad nach Augsburg. Ich kann schwer die Gefühle des Dankes ausdrücken für die Zeichen der Theilnahme, welche uns nun von so vielen Seiten in unserer difficulty zukommen. Nach dem ersten Artikel, von dem ich Dir Abschrift zuschickte, war in dessen bereits ein anderer in der Allgemeinen, aus einem ganz verschiedenen Standpunkte in der Beilage am 18 t erschienen, und nun der letzte in der Beilage vom 21 t. Der vom 18 t wird mit so viel Wahrscheinlichkeit auf Baron Reichenbach[98] bezogen, daß ich ihm einige Worte des Dankes darüber schrieb, wenn wir auch gerade jetzt nicht in der lebhaftesten Correspondenz standen, und ich ihm gerade noch meine Mittheilung an die Akademie überschicken konnte, wo ich seine Ansicht der Bildung der Kügelchen im leeren Raume bekämpft, und die Geschichte des Brockedon'schen Graphit-Preß-Prozesses[99] als unvollständig citirt nachgewiesen hatte.[100] – [...] Auch im Berggeist war ein sehr theilnehmender Artikel über unsere Geologische. [...] Die Sitzungen des Reichsrathes sind auf die ersten Tage des August erwartet, der Schluß wohl zum 15. Ich habe jetzt hauptsächlich noch den Juli Bericht durch zu machen. So viele Artikel nun schon in den Zeitungen waren, von keinem hat man gehört, der gesagt hätte, es würde in der Akademie-Waltung besser gehen! Übrigens scheint Alles ruhig. Aber diese Geschichte geht mir doch in der That sehr nahe, so daß gar Vieles zurückbleibt. Mit herzlichsten Grüßen, besonders auch an Deinen treuen Reisebegleiter Bielz, Dein treu ergebener alter Freund, W. Haidinger.[101]

97 Brief von Haidinger an Hauer, Aug. 1859 [muss aber 1860 sein], GBA, Bibliothek und Archiv, Nachlass Hauer, Briefe.

98 Karl Ludwig Freiherr von Reichenbach (1788–1869) war Erfinder, Naturforscher und Unternehmer; er hatte ab 1821 vorübergehend die Leitung der Berg- und Hüttenwerke im Besitze von Graf Salm in Blansko in Mähren inne.

99 William Brockedon (1787–1854), Maler und Erfinder, ließ sich das Pressverfahren, bei dem Graphit komprimiert wurde, 1844 patentieren. Es war die Basis für die weitere Entwicklung der Arzneiform Tablette.

100 Haidinger als Meteoritenexperte stimmte Reichenbachs Auffassungen über Meteoriten nicht zu. Siehe dazu das Kap. 11 über Meteoriten.

101 Brief von Haidinger an Hauer, 6. Juli 1860, GBA, Bibliothek und Archiv, Nachlass Hauer, Briefe.

Hingenau als Herausgeber der Zeitschrift »Der Berggeist« trug das Seine in den Medien bei. So schrieb er an Hauer:

> Haidinger[,] der mit mir ungemein lebhaft correspondirt[,] nennt meine ›Erklärung‹ in seiner stets etwas überschwänglichen Weise ein diplomatisches Meisterstück und mich bedünkt[,] selbst ich hätte in meinen Kämpfen gegen den Bonapartismus des ›et ab hoste dicisse iuvat‹ nicht ganz verschmäht. Haidinger sandte mir eine Abschrift Deines Artikels mit dem Wunsche des Freund Hörnes, ihn falls ihn die Allg[emeine] Z[ei]t[ung] nicht nähme – anderweitig zu publiciren. – Das kann ich eben nicht zusagen, weil meine Relationen zur hiesigen Journalistik ziemlich schwach sind u. nach der etwas kalten Aufnahme einer für ein Handels Ministerium petitionirenden Deputation – letztere Agitation nicht zu stark betont werden darf, will man nicht nach Oben verletzen! Jedenfalls werde ich noch etwas warten u. dann nach Umständen redactorisch damit umspringen. Im schlimmsten Falle habe ich ja meine Zeitung u[.] kann Nummern [!?] davon versenden. [...] Dagegen freue ich mich des guten Fortgangs Eurer Arbeiten sehr! Sende mir doch aus den Bergbezirken etwas für meine Zeitschrift damit ich von der Thätigkeit der Geologen (in einem montanberen [? !]) eben jetzt berichten kann.[102] [...] Cras ingens iterabimus aequor!«.[103] ... Ja! mein Freund! Die Wogen schwollen hoch u[.] höher – Innen u[.] Aussen[.] Die Zaghaften zittern und verstecken die Köpfe – die unser eins bedenklich schüttelt – aber das hilft Nichts! Thatkraft wird es brauchen, so oder so u. in Allem werfen kommende Ereignisse lange schwarze Schatten vor sich her; [...] ich lebe mit gespitztem Seelenohren u[.] entziehe mich keinem Wirken[,] das mir nahe tritt.[104]

Haidinger, der sich zunächst zurückgezogen hatte, befürchtete alsbald, dass Baumgartner viele Kollegen aus der Akademie, die fachlich den Erdwissenschaften zuzuordnen waren, etwa Ami Boué, August Emanuel Reuss und Franz Xaver Zippe, auf seine Seite ziehen könnte. Inzwischen waren unzählige Artikel in der Augsburger Allgemeinen Zeitung aus der anonymen Werkstatt der Reichsanstalt bzw. Hauers erschienen, die das Ansinnen der Eingliederung der Reichsanstalt als Akt der »bürokratischen Nivellirungssucht«, als »Auswüchse im Staatsleben« anprangerten:

> [...] eine schablonenartige Geistesdressur. Und diese scheint doch eigentlich das Ideal jener Männer[,] welche die Publicationen der Centralcommission mit einem Federstrich sistieren wollen, das Budget der Akademie der Wissenschaften um die Hälfte gekürzt, das der geologischen Reichsanstalt in die Akademie der Wissenschaften eingeschachtelt haben. Gewiß werden sich auch diese Institute dem Gesetze einer weisen Ökonomie fügen müssen, die von nun an im österreichischen Staatshaushalt Platz greifen wird. Sie werden

102 Hingenau an Hauer, 10. Juli 1860, GBA, Bibliothek und Archiv, Nachlass Hauer, Briefe.
103 Nach Horaz: »Morgen sind wir wieder auf hoher See«.
104 Hingenau an Hauer, 10. Juli 1860, GBA, Bibliothek und Archiv, Nachlass Hauer, Briefe.

> das Beamtentum, das leere Formelwesen, den falschen Prunk abschaffen müssen, der sich in einzelnen der Institute eingeschlichen hat. Aber sie werden dieß thun müssen nicht um sich aufzugeben, sondern um mit desto mehr Kraft als wissenschaftliche Institute zu erhalten. Nur der baare Unverstand oder der üble Wille können gegen den Bestand derselben gerichtet seyn.[105]

Zunächst hatte Baumgartner das Ergebnis der Beratungen aus der Arbeitsgruppe mit Boué, Zippe und Schrötter dem Innenminister vorgelegt, der die Einverleibung so ehrgeizig betrieben hatte. In diesem waren die einzelnen Einsparungsposten akribisch aufgelistet worden. Baumgartner hatte sich doch als gefügiger Vollzieher an die Vorgaben der eisernen Einsparung gehalten.[106] Er hatte gleichzeitig erkannt, dass die Ergebnisse der Beratungen in der Akademie den Bogen überspannt hatten. Immer mehr wurde deutlich, dass keine der zwei Parteien von der Eingliederung der »k.k. Geologische[n] Reichsanstalt« profitierte. Die Wende bei Baumgartner dürfte sich Anfang August abgespielt haben, da er immer mehr erkennen musste, dass die Reichsanstalt für die Akademie eine finanzielle Belastung und keinen Gewinn darstellen würde. Hauers Bruder Karl, der in der Reichsanstalt das Labor betrieb, gelang es, sich als Spitzel in der Akademie weiter Informationen bei dem in der Akademie tätigen Kanzlisten Kammel über den Fortgang der Planungen zu verschaffen:

> Liebster Franz! Es ist mir durch ein kühnes und hinterlistiges Maneuvre gelungen die beiden Aktenstücke welche unsere neue Organisation enthalten zu Gesichte zu bekommen, freilich nur für wenige Momente, allein sie genügten vollkommen um alles wichtige daraus zu entnehmen. Das eine ist das Resultat jener perfiden Berathungen welche das Winkel Comitée der Akademie unter dem Vorsitze Karajans gepflogen hat, und dessen einflussreichster Sprecher Schroetter war, der schonungslos den Namen, die selbststaendige Stellung, die Publikationen so wie die Existenz einer Reihe zeitlich Angestellter, worunter auch meine Wenigkeit gehoert, zu vernichten strebte. Dieser Vorschlag der in allen Details vollkommen ausgearbeitet ist bedurfte nur Baumgartners Unterschrift, und waere dann zweifelsohne von Goluchowsky [Gołuchowski] genehmigt worden; doch diese Unterschrift sollte ihm eben nicht zu Theil werden, und das Projekt ist somit ein glücklich überwundener Standpunkt. Das andere ist der von Baumgartners verfasste Plan der demnaechst den beiden Ministern zur Sanction unterlegt werden soll. Das voluminose Aktenstück ist von seiner eigenen Hand geschrieben und ist im Ganzen genommen ein so günstig sich aeusserndes Plaidoyer über alle unsere Leistungen und die Nothwendigkeit unserer Anstalt, dass kaum einem unmittelbar Betheiligten es gelingen könnte diess beredter darzustellen.[107]

105 Augsburger Allgemeine Zeitung, Beilage zu Nr. 179, Mittwoch, 27. Juni 1860, S. 2987.
106 AÖAW, Aktenarchiv der GRA 1860, Akt Nr. 3, Abschrift vom 8.8.1860.
107 Karl Hauer an Franz Hauer, 13. August 1860, GBA, Bibliothek und Archiv, Nachlass Hauer, Briefe.

Was diese Briefstelle belegt, ist die Tatsache, dass die Beschäftigten der Reichsanstalt sich ständig umhörten und am neusten Stand der Gerüchteküche bezüglich ihrer Vorgesetzten und deren Pläne waren. Die unredliche Einsichtnahme in geheime Akten der Akademie half, ihre Argumentationslinien zu schärfen. Als Franz Hauer, die rechte Hand Haidingers, von seiner geologischen Reise nach Wien zurückkam, führte ihn der erste Weg zu Baumgartner.

> Nach Hietzing zu Baumgartner. Er versichert nie gegen die G.R.A. aufgetreten zu sein.[108] Wollte Gf. Goluchowsky [Gołuchowski] seine Anträge zu unserem Nachtheil verändern, so wolle er mit der Sache nichts weiter zu thuen haben; er wolle nicht in seinen alten Tagen seinem der ganzen Wissenschaft geweihtem Leben untreu werden. Sollte er angegriffen werden, so sei er bereit und entschloßen, seine Vorschläge wörtlich drucken zu lassen. Das Comissionsprotokoll[109] der H[er]rn Karajan, Schrötter, Zippe u. Boué habe er ad acta gelegt und dem Kaiser nicht vorgelegt. – Reductionen in unserer Dotation[110] seien nur von Goluch. [Gołuchowski] angeordnet. Auch die Akademie sei so sehr geschmälert, daß ihre Wirksamkeit ganz gelähmt erscheine. Er habe schon vor 2 Jahren und jetzt wieder für meine Ernennung zum wirkl. Mitglied der A[kademie][111] gestimmt.[112]

Selbst der Vermittlung des Finanzministers Ignaz von Plener bei Gołuchowski, »die Frage der gedachten Vereinigungsregel einer neuerlichen Verhandlung zu unterziehen«, konnte Gołuchowski nicht entgegenkommen, weil er sich an den Erlass des Kaisers gebunden sah, obwohl er versicherte, dass er von » der sehr geschätzten Note umfassend dargelegten mit einem aus dreien […] Zeitungsartikeln begleitet[en]«[113] doch beeindruckt war. Dass viele der Zeitungsbeiträge anonym aus dem Kreis des Führungsteams kamen, belegt das Tagebuch Hauers und auch die Überreichung dieser Artikel an die Minister und Reichsräte durch Dritte. Es wird auf diese Strategien noch in einem eigenen Kapitel einzugehen sein.

108 Das widerspricht dem Vortrag von Minister Gołuchowski beim Kaiser (20. Mai 1860), der sich auf das eindeutig gegen die Reichsanstalt gerichtete Gutachten Baumgartners vom 24. April 1854 bezieht. Siehe Konzept des Vortrages, Präsidialakten des Innenministeriums, Zl 1560.

109 Gemeint ist das »Commissionsprotokoll« der Sitzung der »commisionellen Berathungen« zur Umsetzung der Unterordnung der Reichsanstalt in die Akademie, die von dem General Sekretär der mathem.-naturw. Klasse Schrötter geleitet wurde und bei der Ami Boué, Franz Xaver Zippe und der Aktuar der Akademie, Franz Scharler als Protokollführer zusammenkamen. Siehe dazu: AÖAW, GRA, Aktenarchiv der GRA, Akt Nr. 19, 1860, Protokoll, 27. Juni 1860.

110 Siehe: HHStA, Mappe 5/I, Akt 4, fol. 4v.

111 Hauer war noch kein wirkliches, sondern nur korrespondierendes Mitglied der Akademie. Die Ernennung erfolgte zwei Monate später.

112 GBA, Bibliothek und Archiv, TB Hauer, 10. September 1860.

113 AVA, Zl. 3072; Gołuchowski an Plener, 26. 9. 1860. Port. Nr. 3072/2.

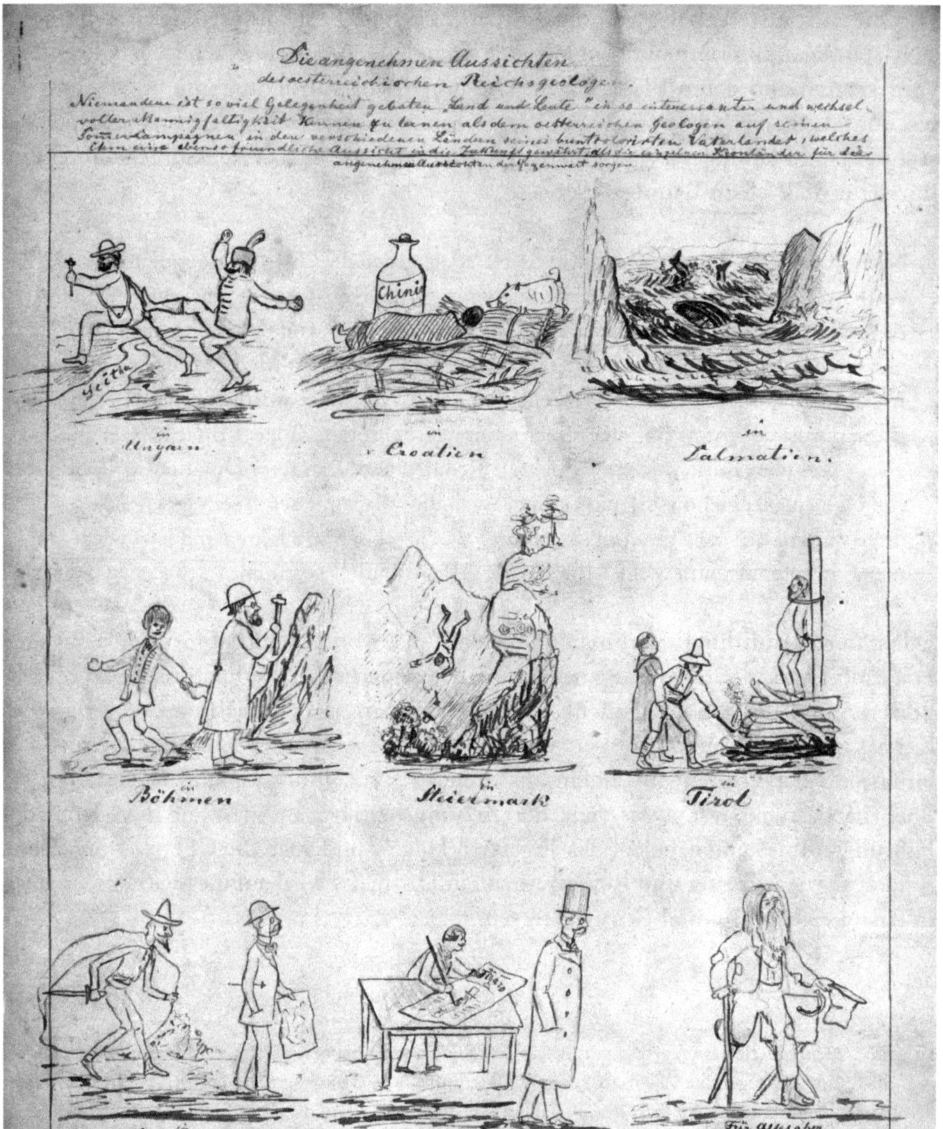

Abb. 5: »Die angenehmen Aussichten eines österr. Reichsgeologen« Ausschnitt aus »Neuer Freier Figaro« 1, Nr. 14, 1866, Scherzhandschrift.

6. Die »k. k. Geologische Reichsanstalt«: ein ideal funktionierender kommunikativer »Organismus« und seine »Umwelten«

6.1 Geologie als Instrument der Gesamtmonarchie, der imperialen »Großmacht«

Es sind vier Säulen zu nennen, auf denen die Stärke der Reichsanstalt beruhte. Erstens bezog sich die Erforschung auf alle Länder der Habsburgermonarchie nach einem akkordierten Plan und dieser repräsentierte die Gesamtmonarchie, die imperiale »Großmacht«. Zweitens kooperierte sie mit vielen anderen staatlichen Stellen und bediente sich dieser mittels der in Reformen ausgebauten dichten Verwaltungsnetzwerke. Drittens konnte das Führungsteam personell und inhaltlich auf Vorerfahrungen und ein Potential an jungen Mitarbeitern zurückgreifen, welches sich bereits als Gruppe entweder durch eine Schulung innerhalb der Kaderschmiede in der Bergakademie in Schemnitz (Banská Štiavnica), im gemeinsamen »Montanistische[n] Museum« oder im Zusammenwirken der »Freunde der Naturwissenschaften« ausgeformt hatte. Diese Kontinuität stärkte den Zusammenhalt. Viertens entwickelte sie eine institutionelle Identität, die durch gemeinsame Ziele und Kooperation getragen auch den respektvoll aufeinander bezogenen Umgang untereinander kultivierte, was sich in den regelmäßigen Sitzungen und intensiver gegenseitiger Bezugnahme auf die jeweiligen Arbeiten manifestierte. Gleichzeitig waren sowohl die Begehungen im Sommer als auch die Aushandlungsprozesse in den Winterzeiten für Interessierte offen, die sich einerseits durch gemeinsame Feldforschung auch vorübergehend in einen gemeinsamen »Denkstil« einfügten und andererseits zum Publikationsforum der Reichsanstalt beitrugen. Temporär wurden Mitarbeiter aus anderen Stellen, wie etwa den naturkundlichen Museen, in der Geländeforschung eingebunden, was für deren eigene Karriere förderlich war, aber auch die konzertierte Vorgangsweise der GRA sowie ihre bessere Vernetzung in den Kronländern gewährleistete. Ferner zeigte die Einrichtung ganz bewusst, wie sehr sie an der Beteiligung durch die Bevölkerung interessiert war.

Um zur ersten Säule zu kommen, dem gemeinsamen Ziel: Die zentrale Aufgabe der Reichsanstalt in Wien bestand in dem Vorhaben, die flächendeckende geologische Kartierung aller Länder der Habsburger-Monarchie[1] durchzuführen. Die Bewältigung dieses riesigen von einer geologischen Vielfalt bestimmten Raumes[2], der

1 Vgl. dazu: Die Geologische Bundesanstalt in Wien. 150 Jahre Geologie im Dienste Österreichs (1849–1999). Hg. von der Geologischen Bundesanstalt (Wien 1999), bes. S. 93 f.

2 Haidinger berechnete den Umfang des Raumes mit 12.000 Quadratmeilen. Vgl. Wilhelm Haidinger, Die Aufgabe des Sommers 1850 für die k.k. geologische Reichsanstalt in der geologischen Durchforschung des Landes. In: Jahrbuch der k.k. geologischen Reichsanstalt 1 (1850), S. 6, hier S. 7.

12.000 Quadratmeilen[3] (= 300.000 km²) umfasste, war zwar für dreißig Jahre geplant, erfolgte jedoch bereits innerhalb von 17 Jahren. Die Arbeit erwies sich schon von Beginn an als besonders erfolgreich, weil sie nicht länderweise, sondern zugleich in mehreren Gebieten nebeneinander erfolgte. Das erforderte eine ausgezeichnete Planung des Einsatzes der Feldgeologen, die ihre Begehungen nur im Sommer durchführen konnten. Es wurden Sektionen gebildet und stets waren mindesten zwei Begehungsgeologen in einer Sektion unterwegs.

Die Aufnahme mündete in einem nach einheitlichen Prinzipien gestaltetes Gesamtbild,[4] einem Kartenwerk, das wie die neue Verwaltung einheitlich den Raum von der Lombardei bis zur Bukowina, von Dalmatien bis zum Elbedurchbruch im Maßstab 1:144.000 umfasste (1863). Sie beruhte auf der Topographie der Generalquartiersmeisterstabskarte. Sie bestand zunächst aus Manuskriptkarten, für deren Basis die Generalstabskarten in Karten von 400 Klafter: 1 Wiener Zoll (1:28.000) verwendet wurden. Tausende solcher Karten mussten händisch kopiert werden, damit sie für die geologische Eintragung nutzbar waren. Und die geologischen Einfärbungen wiederum mussten auch handschriftlich vervielfältigt werden.[5] 1867 erschien auf dieser Basis, allerdings in einem größeren Maßstab (1:576.000), die von Franz Hauer in zwölf Blatt herausgegebene »Geologische Übersichtskarte der Österreich-Ungarischen Monarchie«, die in kleinerem Maßstab (1:2.016.000) noch weitere Auflagen erlebte.

Die publizierte geologische Karte der Gesamtmonarchie 1867 war nicht die erste ihrer Art. Ihr ging die von Wilhelm Haidinger 1845 erstellte »Geognostische Übersichtskarte der Monarchie« (1:864.000) voraus. Dass sich aber die erste von der »k.k. Geologische[n] Reichsanstalt« betriebene geologische Aufnahme bereits auf Vorarbeiten einer Gesamtkarte stützen konnte, stellte ein zentrales Argument der Selbstbeschreibung schon beim Entwurf zur »Bildung eines Reichs-Institutes für die geologische Durchforschung des Oesterreichischen Kaiserstaates«[6] dar, denn man hob sich bewusst von allen montanistisch-geognostischen Vereinen und der ersten Karte ab. Allen Vorläufern ermangelte es nämlich eines übergeordneten höheren Planes, der nur von einer staatlichen Stelle, wie es die Reichsanstalt gewährleisten könnte, zu realisieren sei, so betonte es Minister Thinnfeld:

> Allein alle diese Unternehmungen stehen doch mehr oder weniger vereinzelt da, es gebricht an einem höheren, im allgemeinen öffentlichen Interesse geleiteten, gehörig fon-

3 Ebda, 7.

4 Franz Hauer, Geologische Übersichtskarte der Österreichisch-Ungarischen Monarchie nach den Aufnahmen der k.k. geologischen Reichsanstalt 1:576.000 (Wien 1867–74).

5 Diese Karten in Manuskriptform werden heute in der Geologischen Bundesanstalt als bedeutender Schatz der Institution verwahrt.

6 Alleruntherthänigster Vortrag des treugehorsamsten Ministers für Landescultur und Bergwesen, Ferdinand Edlen von Thinnfeld. Abgedruckt in: Jahrbuch der k.k. geologischen Reichsanstalt 1 (1850), S.2–6, hier 3.

dirten Centralpuncte, der nur unter der Ägide der Staatsverwaltung selbst Grosses leisten und die hohe Aufgabe auf würdige Weise löse kann.[7]

Es war das öffentliche Interesse, dem die Anstalt explizit zu dienen hatte. Ein wichtiger Aspekt des erwartbaren wissenschaftlichen Erfolgs liege in der Administration und der wissenschaftlichen Leitung, welche die wissenschaftlichen Ergebnisse zusammenführte, »die neu einlaufenden diesfälligen Arbeiten registriert und für die Herausgabe, Zusammenstellung und Uebersicht in einen wissenschaftlichen Einklang gebracht werden«[8], so sah es der Entwurf des Ministers vor. In den Wintermonaten wurden die Ergebnisse in Sitzungen ausführlich besprochen, die Erkenntnisse ausgetauscht, zusammengeführt und die Feldgeologen publizierten auch ihre Erkenntnisse individuell in Aufsätzen im Rahmen des Jahrbuchs der Reichsanstalt.

Als die Karte nach 17 Jahren vorlag, meinte Haidinger im Jahre 1867:

Herrlich schließt sich nun, und ehrenvoll für unser Österreich das Ergebniß der Karte an, deren erstes Blatt uns vorliegt. Wir stehen durch diese Erfolge für immer auf dem Boden der Großmacht. Ist auch gerade in diesem Blatte der Karte nun politisch die Lombardie, Venetien von Österreich abgetrennt, durch unsere Arbeiten haben wir diese Gegenden für immer in wissenschaftlicher Beziehung gewonnen. Der Idee eines großen Österreich entspricht die Thatsache einer k.k. geologischen Reichsanstalt. Alles was Geologie betrifft mußte früher in kleinem, provinziellem Geiste erliegen und sich erschöpfen, bis man aus einem höheren Standpunkte von Wien, der Reichs-Hauptstadt aus die Arbeiten begann. Jede einzelne Arbeit wirkt seitdem zu dem großen Zwecke des gemeinschaftlichen wissenschaftlichen Fortschrittes, aber die Vereinigung war es, welche die Grundlage darbot.[9]

Die Intention einer gleichförmigen Überführung aller Kronländer in einen kohärenten nach systematisch-geologischen Zusammenhängen in der »Reichshauptstadt« einheitlich modellierten und gleichzeitig wissenschaftlich definierten Hoheitsraumes wurde von Seiten der Protagonisten von Anfang an als große Chance gesehen, die Künstlichkeit der politischen Grenzziehungen der Länder innerhalb der Monarchie durch deren Bezug auf Natur zu unterwandern, quasi die territorialen Gegebenheiten des Gesamtstaates im Inneren zu naturalisieren:

Man könnte Ein [!] Kronland nach dem anderen vornehmen. Aber die Natur der Gebirge ist von der Art, dass eine solche Theilung nach künstlichen Grenzen nicht ausgeführt werden kann,[10]

---

7 Ebda.

8 Ebda, 4.

9 GBA, Bibliothek und Archiv, Brief Haidingers an Hauer, 25. März 1867.

10 Wilhelm Haidinger, Die Aufgabe des Sommers 1850 für die k.k. geologische Reichsanstalt in der geo-

verkündet Haidinger stolz diese für Geologen bestehende Selbstverständlichkeit, deren Unterstreichung es dennoch in aller Öffentlichkeit bedurfte.[11] Mittels der geologischen Kartierung bezogenen sich Geologen nun auf einen nach außen abgegrenzten Raum, welcher den Staat insgesamt repräsentierte, auf eine Tabula rasa, deren Binnengestaltung in ihren Händen lag. Karten machen jeden Raum zu einer eigenständigen und ihren konkreten komplexen Inhalten gegenüber indifferenten Ordnungsdimension, welche die Trennung von Raum und Zeit, wie sie für die Moderne charakteristisch ist, vollzieht.[12] Die Stratigraphie schreibt der Karte eine Zeitdimension in abstrakter Form ein, die sich auf Natur bezieht und infolge dieser Transformation zugleich auch zutiefst politisch ist.

Das Jahrbuch trug auf der Titelseite das Emblem des »Viribus unitis«.[13] Die in diesem Zeitraum nach 1848 von der Wissenschaft aus der Politik entlehnte und vom jungen Kaiser Franz Joseph am Beginn seiner langen Amtszeit selbst beschworene Devise der Habsburgermonarchie symbolisierte allgemein das Zurücktreten liberalen emanzipativen Gedankengutes zugunsten unbedingter Loyalität zur Krone nach der gescheiterten Revolution 1848, als sich das Wirtschafts- und Bildungsbürgertum Österreichs, das seine Chance für eine politische Umsetzung versäumt hatte, erneut mit der wiederhergestellten monarchischen Macht arrangieren musste.[14] Nationale Gegensätze wie sie 1848 erstmals radikal zutage gekommen waren, wurden zunächst großzügig überspielt. Die Antwort auf die evident gewordene gesellschaftlich-politische Krise manifestierte sich nicht zuletzt auch in der staatlichen Zulassung der von der bürgerlichen Elite verlangten und getragenen neuen wissenschaftlichen Einrich-

logischen Durchforschung des Landes. Sitzungen der k.k. geologischen Reichsanstalt. In: Jahrbuch der k.k. geologischen Reichsanstalt 1 (1850), S. 7.

11 Die Aufbewahrung von tausenden Manuskriptkarten erfolgt jedoch nach politischen Ländergruppen, so wird Kärnten, Krain, Steiermark, Slowenien und Istrien als Einheit in einem Codex verwaltet. Vgl. GBA, Bibliothek und Archiv, Inv.-Nr. A01299 / 16.

12 Vgl. Dennis Woods, The Power of Maps (London 1992); Anthony Giddens, Konsequenzen der Moderne (Frankfurt am Main 1996); Henri Lefebvre, The Production of Space (Oxford 1992) und Jens Lachmund, Kartennaturen. In: David Gugerli und Barbara Orland (Eds.), Ganz normale Bilder (Interferenzen 2, 2002), S. 85–104.

13 Diesem Motto wurden zahlreiche bildliche und lyrische Darstellungen gewidmet. Der Grundgedanke ist bereits im bekannten Huldigungsgedicht Grillparzers an Radetzky erhalten. »Treue und Eintracht der österreichischen Völker, Viribus unitis«, so betitelt es eine Lithographie von Franz Kollarz 1849 (nach einer Zeichnung von Josef A. Hellich). Es ist eine allegorische Darstellung der 18 in der Monarchie lebenden Völker. Männer in Volkstrachten sind um Kaiser Franz Joseph geschart; darüber im Ornamentband sind die sieben Ministerien und unten die Wappen aller Länder symbolisiert. Vgl. Siegfried Nasko (Eds.), Österreich unter Kaiser Franz Joseph I. (Historische Sondersaustellung im Schloß Pottenbrunn, Wien 1979), bes. S. 102.

14 Vgl. Wolfgang Häusler, Kaiserstaat oder Völkerverein? Zum österreichischen Staats- und Reichsproblem zwischen 1804 und 1848/9. In: Richard G. Plaschka, Gerald Stourzh und Jan P: Niederkorn (Eds.), Was heißt Österreich? Inhalt und Umfang des Österreichbegriffs vom 10. Jahrhundert bis heute (= Archiv für österreichische Geschichte 136, Wien 1995), S. 221–254.

tungen. Dass die Wissenschaften in der Folge vorübergehend zur Aufrechterhaltung der multinationalen Habsburgermonarchie beitrugen und das Projekt einer »nationalen« Harmonisierung als »Kulturnation«[15] fundierten, belegen in besonderer Weise die innerhalb des statistischen Büros vorgenommenen Arbeiten eines Karl Freiherr von Czoernig, der mit seiner »Ethnographische[n] Karte der Monarchie« (1857) visuell eindringlich deutlich machte, dass die einzelnen Kronländer keine ethnisch-national homogenen Territorien bildeten. Die Aussage, dass Habsburgs Bevölkerung ethnisch und national gemischt sei und keine Sprachnation ein Gebiet alleine beanspruchen könne, korrespondierte mit einem höheren staatlichen Interesse. Die entscheidenden Begriffe, mit denen Czoernig operierte,[16] waren jener der »Mischung« und jener auf Einheit basierenden Größe, die sich alle Differenzen überbrückend für die Politik eignete, die aber auch der Wissenschaft Zugkraft verlieh.

Auch die von den kritischen Bildungsbürgern getragenen auf Selbstaktivität basierenden nach 1848 in der Metropole neu gegründeten naturwissenschaftlichen Gesellschaften, in denen Franz Hauer und Karl Haidinger eine zentrale Rolle spielten, bezogen sich dezidiert auf den zuvor schon genannten Leitspruch »Viribus unitis«, wie es der Präsident der »Zoologisch-Botanischen Gesellschaft« Eduard Fenzl angesichts der Jahresrückschau auf die erfolgreiche Gründung formulierte:

> Meine Herren, unverbrüchlich an dem Einem festhalten: dem Interesse für das Kleinste, was Jeder von uns liefert, [...]. Unsere Gesammtsitzungen müssen der lebende Kitt dieser wechselseitigen Interessensverschmelzung bleiben. [...] Der mächtige Erfolg eines solch' verkörperten leitenden Grundsatzes lässt nicht lange auf sich warten. Zeigen Sie der Welt, dass Oesterreich's Männer der Wissenschaft trotz aller Nationalitäts- und Sprach-, Rang- und Standesverschiedenheit rascher im Erfassen höherer Zielpuncte, besonnener in der Wahl ihrer Mittel, einiger in der Verfolgung und zäher im Festhalten der ersteren sind als Andere, die sich eines Stammes zu sein mit Recht rühmen dürfen, einig geworden und geblieben zu sein, aber nie sich rühmen konnten.[17]

Das Imposante der Aussagen gründete sich in identitätsstiftenden Beschwörungen eines imperialen Gemeinschaftsdenkens. Nicht nur die Politik, sondern ebenso auch die Naturwissenschaft kanonisierte dieses auf eine mythisierte Einheit rekurrierende staatliche Bewusstsein. Sie wirkte als kulturelle Transferinstanz von der gedachten zur

---

15 Johannes Feichtinger, ›Staatsnation‹, ›Kulturnation‹, ›Nationalstaat‹: The Role of National Politics in the Advancement of Sciences and Scholarship in Austria from 1848 to 1938. In: Mitchel Ash und Jan Surman (Eds.), The Nationalization of Scientific Knowledge in the Habsburg Empire, 1848–1918 (Palgrave Macmillan 2012), S. 57–82.

16 Brigitte Fuchs, »Rasse«, »Volk«, »Geschlecht«. Anthropologische Diskurse in Österreich 1850–1960 (Frankfurt/New York 2003), bes. S. 154.

17 Verhandlungen der Zoologisch-Botanischen Gesellschaft 2 / 1853, S. 4 f.

national-politisch geeinten Realität, einer »Kulturnation«,[18] die nicht auf Gegensätzen, sondern auf einer ausgewogenen Subordination aller Nationen unter die deutsche Hegemonie basierte. Die Abgestimmtheit als eine imaginäre Größe erfülle sich eben in einem »höheren Zielpuncte«, einem alle Differenzen übergeordneten Sinne, wie es Fenzl in seiner zündenden, im obigen Zitat belegten Legitimation artikulierte.

Naturforscher, Geologen und Historiker sprachen in der Zeit des Neoabsolutismus vielfach wie aus einem Munde, als wären sie auf eine Haltung eingeschworen. So mahnte Joseph Alexander Freiherr von Helfert (1820–1910), Unterstaatssekretär im Unterrichtsministerium und Repräsentant eines habsburgtreuen Konservativismus, 1853 ausdrücklich die »Nationalgeschichte« als Gesamtgeschichte des österreichischen Kaiserstaates ein. Er verstand sie als »Geschichte einer territorial und politisch zusammengehörenden, von dem Bande der gleichen Autorität umschlungenen, unter dem Schutze des gleichen Gesetzes verbundenen Bevölkerung. Österreichische Nationalgeschichte ist uns die Geschichte des österreichischen Gesamtstaates und Gesamtvolkes, als dessen organisch in einander verschlungener Glieder all die nach Abstammung, Bildung und Gesittung verschiedenen Stämme erscheinen, die auf dem weiten Gebiete des Reiches sich bewegen.«[19]

Die Art und Weise, wie (natur-)wissenschaftliche Aktivitäten nun von den Zeitgenossen und Wissenschaftlern neu in dieser Homogenisierungspolitik und in einer darüber hinaus höheren Sinngebung verankert wurden, wirkten sich zudem nicht nur auf das Innere des Staates, sondern auch nach außen demonstrierend unter den Auspizien eines verschärften Wettkampfes der europäischen Mächte aus. So betonte Franz Hauer in einem Brief an Warington W. Smyth, Geologen des Geologischen Dienstes von Großbritannien (und Irland), den er auf seiner Besichtigungstour ausländischer geologischer Landesdienste persönlich kennengelernt hatte, erfreut über die Gründung der Reichsanstalt die Tatsache, dass sich nun die Monarchie in einen Wettbewerb begeben könne:

> Heute hängt der Himmel voll Geigen, um nach Ihrer Erlaubniß mit einem ächten Wiener Sprichwort den Anfang zu machen. Aus dem beiliegendem Blatt unserer W[iener] Zeitung werden Sie ersehen, dass unser Geological Survey (Geologisches Reichs Institut) glücklich geboren ist. Und ein recht kräftiger Bursche ist es geworden, der sich bald breit machen wird, um mit seinen älteren Vettern in anderen Ländern den Wett Kampf aufnehmen zu können.[20]

---

18 Feichtinger, ›Staatsnation‹, ›Kulturnation‹, ›Nationalstaat‹, a. a. O.

19 Joseph Alexander Freiherr von Helfert, Über Nationalgeschichte und den gegenwärtigen Stand ihrer Pflege in Oesterreich (Prag 1853), S. 1 f. Vgl. dazu auch: Ernst Bruckmüller, Die österreichische Revolution von 1848 und der Habsburgermythos des 19. Jahrhunderts. In: Lengauer Hubert und Kucher Primus Heinz (Eds.), Bewegung im Reich der Immobilität. Revolutionen in der Habsburgermonarchie 1848–1849. Literarisch-publizistische Auseinandersetzungen (Wien 2001), S. 1–33, bes. 18.

20 GBA, Bibliothek und Archiv, Inv. -Nr. A 00209 B-139, Brief Franz Hauers an Warington W. Smyth, 21.11.1849.

Die Absicht war, mithilfe eines Spitzenproduktes, der Geologie, für das »Vaterland«, das »Reich« den ersten Platz in der Welt zu beanspruchen. Die politische »Lage« bedingte die Forschung und diese wirkte gleichzeitig überzeugend auf das politische Gebilde zurück. In dem Maße, wie die geologische Landesaufnahme als zivilisatorisches Werk[21] galt, da sie ein Kollektiverzeugnis des Wissens sei und den äußerst schwierigen, einzigartigen und nützlichen Einblick in die Tiefe »des fruchtbaren Bodens mit allen seinen Varietäten, mit allen seinen Bestandtheilen« (wie es Minister Thinnfeld in seinem an den Kaiser gerichteten Vortrag formulierte)[22] verschaffe, könnte die Habsburgermonarchie an die Spitze der Zivilisationen rücken.

Wissen, ein vielfältig aufgeladener Begriff, wird in dieser Studie nicht im Sinne von gesicherten Beständen verhandelt, sondern als ein Element charakterisiert, das sich erst im Diskurs formiert, um hier Michel Foucaults Ansätzen zu folgen. Dabei handelt es sich bei diesem Wissensbegriff nicht darum, zu beschreiben, »was allgemein verbreitete Annahme war,«[23] sondern um einen Zustand zu einem Zeitpunkt, in dem das Subjekt, eine Gruppe oder eine Gesellschaft relevant ist, in irgendeiner Frage bezüglich eines komplexen Problems ein guter Informant zu sein. Negiert wird eine Vorstellung einer direkten Repräsentation objektiven Wissens, sondern fokussiert werden mit diesem Konzept von Wissen Elemente, die in einer diskursiven Praxis eingeführt, in ihr geordnet und »gebildet« werden. Dieses Wissen generiert im Diskurs nicht das, was eigentlich konkret ist, sondern das, was sein soll oder sein könnte. Die Tatsache einer Priorität und nicht eines Gefälles gegenüber den westeuropäischen Staaten, das Nachholbedarf beinhaltete, bildete den Humus, aus dem sich die Diskurse speisten.

»Viribus unitis«, nach Eduard Fenzl der »Wahlspruch, den Österreich an seiner Stirn trägt«,[24] diese Körpermetapher, die den Staat zum Helden und die Wissenschaft zu seinem Gewand machte, betonte der Liberale Wilhelm Haidinger, Direktor der Reichsanstalt, zwar von diesem heldenhaften Gleichnis befreit, aber nicht weniger dem Einheitsgedanken verpflichtet, wie es seine Einleitung zur ersten Publikation der »k.k. Geologische[n] Reichsanstalt« dokumentiert:

> Möge des Kaisers hoher Wahlspruch, das Wort des grossen Oesterreich, die wahre Grundbedingung des Bestehens der menschlichen Gesellschaft, auch in den einzelnen Arbeiten für das gegenwärtige Jahrbuch unwandelbar die Freunde der Wissenschaft ihrer Anwendung zur Förderung der Kenntnisse unseres schönen Vaterlandes vereinigen.[25]

---

21 In seinem Vortrag an den Kaiser betont Thinnfeld die Tatsache »der Fundgrube jeder industriellen Production, welche den zahllosen Bedürfnissen der höheren Civilisation genügen [...]«. In: Jahrbuch der k.k. geologischen Reichsanstalt 1 (1850), S. 1.

22 Allerunterthänigster Vortrag des treugehorsamsten Ministers für Landescultur und Bergwesen, Ferdinand Edlen von Thinnfeld. Abgedruckt in: Jahrbuch der k.k. geologischen Reichsanstalt 1 (1850), S. 2–5, hier 2.

23 Michel Foucault, Archäologie des Wissens (8. Aufl. Frankfurt am Main 1997), S. 258 ff.

24 Verhandlungen der Zoologisch-Botanischen Gesellschaft 12 (1862), S. VIII.

25 Wilhelm Haidinger: Vorwort. In: Jahrbuch der k.k. geologischen Reichsanstalt 1 (1850), S. 2.

Das Titelblatt des Jahrbuchs der Reichsanstalt trug von Anfang an das Emblem des Doppeladlers mit der Umschrift »Viribus unitis«. Im Jahr 1856 blickte Haidinger in einem Brief an Hauer sehr persönlich auf die zehn Jahre Tätigkeit der schon seit 1845 zunächst informell bestehenden »Freunde der Naturwissenschaften« zurück und bezog sich erneut, mitten in der erfolgreichen Arbeit der geologischen Landesaufnahme, auf die Kraft der gemeinschaftlichen Arbeit als Garant des Erfolgs:

> Aber je mehr ich die Verhältnisse erwäge, um so kleiner ist in meinen Augen mein Anspruch, umso größer zugleich und wichtiger für die Zukunft in ihrer Entwicklung die Thatsache der Vereinigung. Ich wäre undankbar gegen die Vorsehung, wollte ich in den Schatten zu stellen suchen, was mir in der Zeit meiner Studien neu als wissenswerth zu bezeichnen vergönnt war, namentlich die Benutzung der Möglichkeit, welche mir eine viele Jahre andauernde ungewöhnliche Stellung, mit öffentlicher Geltung, voll reicher Hilfsmittel, umgeben von wissenschaftlich hochgebildeten, jugendlich-kräftig wirkenden Männern eröffnete, den Fortschritt der Wissenschaften zu fördern. Die Lage, die Umgebung gab Anlaß zu gemeinschaftlichen Entschlüssen, deren Folgen immer wieder von einem Schritte zum anderen führten. Gleichzeitig mit dem was uns umgab sahen wir aber, eben auch in unserer Zeit, anderwärts in unserem Vaterlande den Antheil an wissenschaftlichen Fortschritt sich erweitern, wir sahen die Erfüllung einer hohen Pflicht für ein mächtiges Reich. Das ist das Große, das uns mit Freude, mit beruhigendem Bewußtseyn der Zukunft entgegenführt.[26]

Während von kritischen Zeitgenossen die staatliche Politik im Vergleich gegenüber der Zeit vor 1848 eher pessimistisch beurteilt wurde, blickten die Wissenschaftler optimistisch nach vorn. Die Geologie war in unserem Beispiel – und die bisher zitierten Äußerungen zeigten es zuhauf – explizit in den Staatsbildungs- und Legitimierungsprozess der Habsburgermonarchie als Gesamtstaat nach 1848 involviert. Die Protagonisten waren sich selbst der Verflechtungen zwischen den beiden Feldern als einer einzigen Kultur bewusst und richteten ihre Tätigkeit nach den Orientierungsbedürfnissen des Staates als imperiale Macht ein. Gleichzeitig setzten sie bei der Erstellung eines Gesamtbildes epistemisch auf die Kultur eines Konsenses, der die Grundlage für die erfolgreiche Arbeit im praktischen wie im epistemischen Rahmen, bei der Übertragung der Beobachtungen in die Karte, tatsächlich ebenfalls bestimmte, was hier noch zu zeigen sein wird.

Dieses Kapitel fügt sich in eine historiographische Tendenz ein, die in der Forschung unter dem Dach »Wissenschaft und Imperien« diskutiert wird. Jürgen Osterhammel definiert ein Imperium als hierarchisch geordnete föderale Einheit mit polyethischem

26 GBA, Bibliothek und Archiv, Inv.-Nr. A 004-BM; Nachlass Hauer, Brief Haidingers an Hauer, 3. Mai 1856. Abgedruckt bei: Karl Kadletz, Die Geologische Reichsanstalt im Schicksalsjahr 1860, a.a.O., S. 126f. Brief 17.

und multireligiösem Charakter, beruhend auf einer Überhöhung des Imperiumsgedankens, das sich in Administration und Symbolik manifestiert.[27] Während die Interdependenzen zwischen Wissenschaft und Empire in den westeuropäischen Staaten seit den 1980er Jahren beforscht wurden,[28] steht eine solche für die Habsburgermonarchie, von wenigen Ausnahmen abgesehen,[29] noch aus. Relevante Werke dieser Provenienz aus der westeuropäischen Sicht hatten bezeichnenderweise die Einbeziehung der Imperien Spanien und Portugal gefordert,[30] im selben Moment aber auf die Habsburgermonarchie völlig vergessen. Eine Tagung, die bereits in Budapest an der Central University stattfand, war zwar weiterführend, aber wurde bisher leider nicht publiziert.[31] Jüngste Publikationen fordern, die Beziehung als »asymmetrical overlapping social and cultural system«[32] zu analysieren und dabei zu fragen, wie die Wissenschaft das Imperium formte und wissenschaftliche Praktiken durch das Imperium gegeben waren. Diese reziproke ungleiche Beziehungsstruktur zeigte sich in der Tätigkeit der Reichsanstalt insofern, als sie einerseits dem Imperium die Vorstellung eines naturalisierten Gesamtgebietes geologisch lieferte, gleichzeitig ihre Praxis epistemisch auf die Kultur der Übereinstimmung begründen konnte.

6.2 Nutzung der Infrastruktur des Staates

Die enge Kooperation mit anderen staatlichen Stellen war der Reichsanstalt als staatliche Einrichtung förderlich. Sie war besonders durch die machtbedingten Verschränkungen zwischen Staat und Wissenschaft bedingt. Macht beschreibt Michel Foucault als ein strategisches Beziehungsgeflecht. Macht ist demnach kein Gegenstand des Tausches, vielmehr wird sie »ausgeübt« und existiert »im Vollzug (en acte)« als

27 Jürgen Osterhammel, Europamodelle und imperiale Kontexte, Journal of Modern European History 2, no. 2 (2004), S. 157–182, hier S. 172.

28 Mark Harrison, Science and the British Empire. In: Isis 96, no.1 (2005), S. 56–63; Michael A. Osborne, Science and the French Empire. In: Isis 96,1 (2005), S. 80–7; Rebekka Habermas and Alexandra Przyrembel, (Eds.), Von Käfern, Märkten und Menschen: Kolonialismus und Wissen in der Moderne (Göttingen 2013).

29 László Kontler, Antonella Romano, Silvia Sebastiani und Borbála Zsuzsanna Török, Negotiating Knowledge in Early Modren Empires. A Decentered View (New York 2014).

30 Roy Macleod, Introduction: Nature and Empire. Science and the Colonial Enterprise, In: Nature and Empire: Science and the Colonial Enterprise, ed. Roy Macleod, 1–13 (Chicago 2000), bes. S. 6.

31 Zu dieser Tagung am Institute for Advanced Study, Central European University Budapest war ich auch eingeladen. Sie hatte den Titel: »Intertwined Enlightenments? Studies of Science and Empire in the Habsburg, Ottoman and Russian Realms during the Eighteenth Century«, https://ias.ceu.edu/intertwined-enlightenments (Zugriff Jänner 2019).

32 Jan Arend, Introduction. In: Science and Empire in Eastern Europe. Imperial Russia and Habsburg Monarchy in the 19th Century (Göttingen 2020), im Druck.

»Kräfteverhältnis.«[33] In den ersten Arbeitssitzungen der »k.k. Geologische[n] Reichsanstalt« waren die Geologen nicht unter sich, hier nahmen auch Repräsentanten der Politik automatisch teil. Sowohl im offiziellen Staatsorgan, der »Wiener Zeitung«, wie auch in den Berichten der Reichsanstalt wurde dieses Faktum entsprechend ausführlich mediatisiert. So ist beispielsweise bezüglich der Sitzung im März 1850 nachzulesen:

> Herr Direktor Haidinger zeigte an, dass die Schilderung des gegenwärtigen Zustandes unserer Kenntnis des für den Sommer 1850 in Angriff zu nehmenden Durchforschungsgebietes der östlichen Alpen einen der Gegenstände der nächsten Sitzung bilden würde und schloss die Sitzung mit dem Ausdrucke des Dankes an den Herrn Minister für Landescultur und Bergwesen, Edlen Herrn v. Thinnfeld, und die Versammlung, welche viele einflussreiche Mitglieder des Ministeriums beiwohnten, wodurch die Mitglieder der geologischen Reichsanstalt ihre Bestrebungen und Arbeiten so kräftig gefördert sehen.[34]

Der Konnex zu den Ministerien wurde intensiv betrieben, jedoch evozierten die Ressort-Umschichtungen in der Folge erste Irritationen und die Entwicklung nach 1859 führte das bestehende ungleiche Kräftefeld zwischen dem Ministerium und der Reichsanstalt die Letztere nun als Befehlsempfängerin vor. Der gute Draht des Direktors zu den jeweilig im Amt stehenden Ministern wurde von Seiten der Reichsanstalt durchaus bewusst sehr sorgsam unterhalten, was besonders auch das Tagebuch Hauers belegt. So wurden etwa im Februar 1860 Finanzminister Bruck[35] und im Mai des Jahres 1860 Finanzminister Plener als »Correspondenten« ausgewiesen,[36] eine Ehre, die ansonsten Protagonisten zukam, die einen wie immer gestalteten konkreten wissenschaftlichen Beitrag für die Reichsanstalt leisteten.

Die Vorteile der Reichsanstalt als staatliche Anstalt bestanden darin, dass auf die durch den Staat aufgebaute Infrastruktur und Verwaltung des Wissens stets rekurriert werden konnte. So stellte die wichtigste Arbeitsgrundlage, nämlich die topographischen Manuskriptkarten der Aufnahmen des k.k. General-Quartiermeisterstabes, das Kriegsministerium bereit. Die zweite oder sogenannte Franziszeische Landesaufnahme war auf Vorschlag Erzherzog Karls in der Zeit Kaiser Franz' I. initiiert worden. Sie lag im engeren Aufgabenbereich der Topographisch-Lithographischen Anstalt des österreichischen Generalquartiermeisterstabes, die 1839 in das Militärgeographische Institut umbenannt wurde. Dieses wurde 1851 durch die Errichtung eines eigenen Ingenieur-Geographen-Corps mit mehr Personalstand ausgestattet, um das große

33 Michel Foucault, In Verteidigung der Gesellschaft. Vorlesungen am Collège de France. Übersetzt von Michele Ott (Frankfurt am Main 1999), S. 15.

34 Sitzungen der k.k. geologischen Reichsanstalt. In: Jahrbuch der k.k. geologischen Reichsanstalt 1 (1850), S. 174.

35 GBA, Bibliothek und Archiv. Amtsarchiv, 1860, Nr. 139.

36 GBA, Bibliothek und Archiv, Amtsarchiv, 1860, Nr. 381, Dankesschreiben Pleners an die Reichsanstalt vom 21. Mai 1860.

Projekt der Kartierung zu Ende bringen zu können. Nach mehr als 60 Jahren sich hinziehender Arbeiten wurde sie schließlich doch 1869 unvollendet abgebrochen.[37]

Auf Betreiben des Direktors der Reichsanstalt Wilhelm Haidinger[38] wurde sofort erreicht, dass diese Landesaufnahme des »k.k. Militärgeographischen Institutes« die noch offen gebliebenen nicht kartierten Länder wie Böhmen und Dalmatien ebenfalls in ihr Programm aufnahm. Nur Teile von Ungarn und Galizien blieben unbearbeitet. Die Verfügbarkeit der topographischen Karten stellte sogleich am Anfang des geologischen Projektes der geologischen Begehungen die erste große zu bewältigende Hürde dar, so der veröffentlichte Bericht:

> Wir haben nur für die Lombardei und Venedig den annähernden schönen Masstab von 1200 Klaftern[39] auf den Zoll [= 1:86.400], für die Karten der übrigen Kronländer, welche zuerst in Angriff genommen werden, haben wir den Masstab von 2000 Klaftern auf den Zoll. Wo sich eine einigermassen abwechselnde geologische Zusammensetzung erwarten lässt, muss nothwendig eine mehr detaillirte Karte zum Eintragen der Beobachtungen vorliegen. Vorräthig ist keine als die schöne mit Bergzeichnung versehene in dem k.k. Militär-Archive. Es sind dies die Originalblätter der Aufnahme durch den k.k. General-Quartiermeisterstab in dem Masstabe von 400 Klaftern [= 1:28.800] auf ein Zoll leider nur in Einem Exemplare vorhanden. Für die geologischen Aufnahmen muss von den wichtigsten Sectionen eine Copie genommen werden, wenn auch ohne Bergzeichnung, denn dies würde zu viele Kosten verursachen. Man wird das Flussnetz, die Strassen, die Bauobjecte und die Gebirgskämme bezeichnen. Aus den Katastral-Aufnahmen zu 40 Klaftern auf den Zoll [= sogenannter Franziszeischer Kataster, meist 1:28800] hat man Zusammenstellungen für die Culturarten und Gemeindegrenzen in dem Masstabe von 500 Klaftern auf den Zoll, aber auch dies nicht für alle Kronländer, und ebenfalls nur Ein Exemplar, von dem die einzelnen Blätter nach Bedürfniss aus dem Katastralarchive weggeliehen werden, und bei der vielfältigen Benützung der Schätzungen u.sw. selten vorhanden sind. Die Anfertigung der nothwendigen Copien der 400 Klafter-Karten, [...] bilden wichtige Vorarbeiten für den Winter.[40]

---

37 Johannes Dörflinger, Österreichische Kartographie. In: Lexikon zur Geschichte der Kartographie. Bd. 2. (Wien 1986), S. 563–569, bes. 567.

38 In einem Brief Johann Cžjžeks [in den Quellen oft nur Czjzeks geschrieben] wird die Anbahnung des Kontaktes zwischen Haidinger und dem Militärgeographischen Institut bereits mit dem Jahr 1846 dokumentiert: »Schließlich fragte der H. General um das Befinden des H. Bergrathes v. Haidinger, und ob er Zeit hätte mit ihm zu sprechen. H. Schede erklärte mir, dass der Herr Bergrath sehnlichst vom General in der Mil. Geogr. Anstalt erwartet werde, um über die geognostisch. Karten des Kaiserstaates seine Wohlmeinung auszusprechen.« Cžjžeks Brief an Hauer, 30. Nov. 1846, GBA, Bibliothek und Archiv, Inv.-Nr. A 00209- B27.

39 1 Wiener Klafter (1,896484 m) = 6 Wiener Fuß = 72 Wiener Zoll = 864 Wiener Linien. Vgl. Ulrich Freitag, Das metrische Maßsystem in seinen Beziehungen zu anderen Maßsystemen. In: Kartographische Nachrichten 18 (1968), S. 93–96.

40 Wilhelm Haidinger, Die Aufgabe des Sommers 1850 für die k.k. geologische Reichsanstalt in der geo-

Die zeitgerechte Erstellung jener Kopien, die von der Generalstabskarte abgenommen werden mussten, nötigte der Leitung der Reichsanstalt ein übermenschliches Maß an Logistik ab, damit alle im Feld arbeitenden Geologen mit dem Grundmaterial ausgestattet waren.

Man muss sich dies in folgender Größenordnung vorstellen: Die (bis 1869) laufende Arbeit der Franziszeischen Landesaufnahme belief sich auf insgesamt 370 Blatt, die nacheinander als Spezialkarten der Kronländer auch sukzessive erschienen. Die Generalkarten (ab 1812 im Maßstab von 1:144000) produzierten 57 Blatt. Dazu kam noch der Franziszeische Kataster (insgesamt aus 170.000 Blatt bestehend), der allerdings nur fallweise hinzugezogen werden musste. Chefgeologe Franz Foetterle (1823–1876)[41] musste einem nicht der Reichsanstalt zugehörenden lokalen Interessenten in Ungarn, der Kopien von der Generalstabskarte verlangt hatte, gegenüber eingestehen: »daß die Karte der Umgebung von Schemnitz aus dem milit[ärischen] topograf[ischen] Institute zu erhalten, vorläufig kaum Aussicht ist, u[nd] dass du genöthigt sein wirst, dich mit der schlechtern zu begnügen. Wir sind nicht im Stande die Copirung der zu unseren Arbeiten erforderlichen Blätter zu rechter Zeit zu vollenden, u[nd] so gerne wir daher auch geholfen hätten, sind wir es nicht im Stande.«[42]

Dass die Frage der Verfügung über die topographischen Unterlagen den Feldgeologen besonders zu Beginn der Landesaufnahme immer wieder aufs neue Probleme bereitete, zeigt die Korrespondenz der Geologen zur Genüge. So urgierte Franz Hauer, der gerade nach Steyr abgereist war, recht eindringlich im Juni 1850 persönlich bei Foetterle, der in Wien während des Sommers und während der Feldarbeiten seiner Kollegen die zentrale Koordination aufrechterhielt:

> Liebster Freund, wenn Du einen Funken Freundschaft für mich und eine Spur von Interesse für den günstigen Erfolg unserer Unternehmung besitzest, so betreibe die Copirung der Karten überhaupt, und jene des Blattes oder der Blätter, welche den Pechgraben, Lohenstein, Gossau, u.s.w. enthalten, insbesondere. Mit den Generalstabskarten allein ist unsere Arbeit beinahe nicht ausführbar. Auf den Durchschnitten kann man sich mit ihnen unmöglich orientieren. Dann möchte ich, sobald ich von München zurückkomme, mich in den Pechgraben begeben, und denselben ganz im Detail aufnehmen, habe ich die Karte nicht, so kann ich dies nicht thun, also bitte ! ! ![43]

Foetterle, der zweite Geologe der Reichsanstalt, vermittelt das umsichtige Management bezüglich der Karten recht anschaulich. Obwohl zwei Zeichner angestellt waren, musste die Arbeit von ihm überwacht und gelenkt werden:

---

logischen Durchforschung des Landes. Sitzungen der k.k. geologischen Reichsanstalt. In: Jahrbuch der k.k. geologischen Reichsanstalt 1 (1850), S. 14.

41 Franz Foetterle (1823–1876) war 1849–1876 Chefgeologe, 1873–1876 Vizedirektor.

42 Brief Foetterles an Pettko, Wien 25. Februar 1851, GBA, Bibliothek und Archiv, Inv.-Nr. A 00209 – B 115,

43 Brief Franz Hauers an Foetterle, Steyr 27. Juni 1850, GBA, Bibliothek und Archiv, Inv.-Nr. A 00209 – B 37.

> Die kleinen kolorirten Karten von Nieder Oesterreich südlich der Donau, die also jetzt fertig sind, sehen recht gut aus, und man erhält daraus, einen wirklich ganz anderen Uiberblick der alpinen Lagerungs Verhältnisse. Jetzt kommt aber erst die unangenehme Arbeit des Kopirens. Cžjžek hat die Originalarbeit auf seinen eigenen Blätten ausgeführt. Die zwei Zeichner haben voll auf zu thun, und ich kann keinen Dritten erhalten. Bei einer jeden Section fehlen beinahe mehr Detailblätter, so Lipold zwei, die in Arbeit sind, Kudernatsch 4, Peters 1, Stur 1, Cžjžek keine, und eine Legion; Heute kann ich Dir keine steirischen Blätter schicken, da ich niemanden hier habe, um sie vom Buchbinder abholen zulassen, hingegen schicke ich morgen oder übermorgen den ganzen Streifen Semmering bis Bruck östlich.[44]

Aus einem Brief Johann Cžjžeks an Franz Hauer erfahren wir beispielsweise, wie flexibel alle an der Arbeit Beteiligten agieren mussten:

> Die Karten meiner Aufnahmen vom vorigen Jahre wollte ich Dir, wie es mit E. Suess verabredet war, nachsenden, aber Haidinger und Fötterle[!] wollen von den Generalstabskarten früher eine Copie nehmen und Letzterer meinte auch, daß, da Du am 15t Juni wieder nach Wien kommen wirst, Du die benöthigten Karten selbst auswählst.[45]

Die Verteilung der Kopien an die Geländegeologen kostete die Reichsanstalt eine große Anstrengung der vorausplanenden Koordination[46] und erforderte eine hohe Bereitschaft an Kooperation zwischen den Feldgeologen. Oft baten auch Mitarbeiter ehemaliger Begehungen um die Kopie von Generalkarten des jeweiligen Gebietes, was sich die Reichsanstalt allerdings refundieren ließ.[47] All diese Arbeiten der Vorbereitungen waren auf die Wintermonate konzentriert. So brauchten die Geologen ausreichend Platz für die Herstellung der Unterlagen als Vorbereitung für die Begehung, aber auch die koordinierte Aufarbeitung der Feldbefunde und das Kopieren der Ergebnisse, wofür vorübergehend sogar Raum in den »ehemaligen Reichstagslokalitäten, den 2. Stock der Stallburg«[48] zur Verfügung gestellt wurde, da in dem 1851 bezogenen

44 Brief Foetterles an Hauer, o. Datum, GBA, Bibliothek und Archiv, Inv.-Nr. A 00209-B 37,

45 Brief Johann Cžjžek [in den Quellen oft nur Czjzeks geschrieben] an Hauer, 22. Mai 1853. GBA, Bibliothek und Archiv, Inv.-Nr. A00209-B 27.

46 Belege für die Kooperation zwischen dem k.k. Militärgeographischem Institut und der RA finden sich vor allem: GBA, Bibliothek und Archiv, Amtsarchiv, 1860, Nr. 413, 4./8. Juni 1860.

47 Das Museum Francisco Carolinum forderte Generalstabskarten für Oberösterreich an, für die es 97 fl bezahlen musste. GBA, Bibliothek und Archiv, Amtsarchiv, 1860, 7. Okt., Nr. 678.

48 Dies geht aus einem Brief von Foetterle an Hauer (Wien, 22. September 1850) hervor: »Zu den Arbeiten der Geologen im Winter ist es Haid[inger] gelungen, die ehemaligen Reichstagslokalitäten des 2t Stocks der Stallburg für den heurigen Winter zur Benützung zu erhalten. Es sollten eine Menge Zimmer dort sein, wo sich nun jeder mit seinen Kisten nach Belieben ausbreiten wird können.« GBA, Bibliothek und Archiv, Inv.-Nr. A 00209-B 37, Briefe Foetterles an Hauer.

Palais Rasumofsky nicht alle Räumlichkeiten von der Reichsanstalt benützt werden konnten.

Die Ergebnisse schließlich, die geologischen Karten, wurden oft auch von anderen Stellen des Behördenapparates der Habsburgermonarchie angefordert, wie etwa von Pauli Eduard, Reviermeister des Forstwesens, in Galizien usw.[49] Nicht nur innerhalb der Monarchie wurden diese geologischen Karten freigiebig kopiert, wenn sie angefordert wurden, sondern auch für das Ausland. Die Versendung der Karten an das Geologische Survey Office in London wurde sogar über das Unterrichtsministerium abgewickelt.[50] Kein Geringerer als der Schweizer Geologe Arnold Escher von der Linth, den Hauer gemeinsam mit Eduard Suess im Jahre 1854 in Bern besucht hatte, forderte ebenfalls eine Karte an, zumal er ja in den angrenzenden Gebieten der Monarchie kartierte, in diesem Fall musste sich die Reichsanstalt die Arbeit auch refundieren lassen.[51]

Ein weiterer Vorteil, den die GRA genoss, war die Kooperation mit der Staatsdruckerei. Sie bot jene Publikationsmöglichkeit an, die in der Folge entsprechend ausgiebig genützt wurde, wobei die Auflagenhöhe der Publikationen großzügig bemessen war. Sich auf den ursprünglichen Auftrag beziehend, der die Vermittlung der Erkenntnisse beinhaltete, wurden diese Veröffentlichungen der Reichsanstalt gratis an sämtliche Ministerien, Erzherzöge, Kreisregierungen, Statthaltereien, Landesgerichte und Oberlandesgerichte, Gymnasien, Lyzeen, Universitäten, bischöflichen Seminare (sogar dem Mechitaristenkloster), Akademien, wissenschaftliche Vereine, Berglehensbehörden, Salinenverwaltungen, Verweser-Ämter, Waldämter, Handelskammern und Kollegien aller Länder der Monarchie, selbst auch an Klöster verteilt.[52] Das Verschenken dieser umfangreichen geologischen Spezialpublikationen erschöpfte sich nicht nur in der Vermittlung des komplexen Inhaltes, der im Unterricht der Gymnasien etwa kaum eine Rolle spielen konnte, was bei der hohen Spezialisierung auch nicht verwunderlich war. Vielmehr ging es darum, dass alle staatlichen Stellen – selbst auch beispielsweise die Landesgerichte – von der wichtigen Maßnahme der geologischen Landesaufnahme konkret in Kenntnis gesetzt werden. Die opulenten Bände hatten stets einen Umfang von mehr als 500 Seiten und auch ein ansehnliches Format. Eine Liste der Empfäger am Anfang des ersten Bandes der Jahrbücher der Reichsanstalt bekundet diese auf den staatlichen Raum fokussierte Öffentlichkeitsarbeit, die Evidenz für die Wichtigkeit eines auf dreißig Jahre projektierten Unternehmens erzeugte.[53] Es gab aber auch den Begehungsgeologen ihren Bekanntheitsgrad, der bei der tatsäch-

49 GBA, Bibliothek und Archiv, Amtsarchiv, 1860, Nr. 486.

50 GBA, Bibliothek und Archiv, Amtsarchiv, 1860, Nr. 529

51 GBA, Bibliothek und Archiv, Amtsarchiv, 1860, Nr. 495.

52 Eine seitenlange ausführliche Liste mit der Angabe aller Orte der Monarchie wird im Jahrbuch abgedruckt.

53 Verzeichnis der zu vertheilenden Exemplare des Jahrbuches der k.k. geologischen Reichsanstalt. In: Jahrbuch der k.k. geologischen Reichs-Anstalt 1 (1850), S. VII–XVI.

lichen Arbeit im Gelände nützlich war. Denn die Repräsentanten und Amtsinhaber der Behördenstruktur der Länder, Bezirke und Kreise wurden stets auch in die Arbeit im Gelände einbezogen. Eine erste Kontaktnahme führte auch nicht selten zu einer gemeinsamen Begehung während der Geländeaufnahme.

Die Verteilung der Publikationen der Reichsanstalt an staatliche Behörden verfolgte auch das Anliegen, dem Projekt allgemeine Publizität zu verleihen und einer allfälligen Skepsis lokaler Behörden vorzugreifen. Dass die Informationspolitik dennoch oft ihr Ziel verfehlte, besonders in der Zeit der zunehmenden Präsenz der Gendarmerie im absolutistischen Staatsgefüge, beweisen einige Tagebuchnotizen über Zwischenfälle, die sich in Böhmen ereigneten. Johann Cžjžek (1806–1855), der von 1850 bis 1855 als 2. Chefgeologe und Paläontologe wirkte, notierte im Sommer 1854, dass Ferdinand Hochstetter während seiner Exkursionen in große Bedrängnis geraten war:

> 6.6. Montag: Geschrieben und gezeichnet. Mittags bei Lanna gegessen und mit Forstmeister Wachtel von Neuhaus, der mehrere Daten über die Umgebung von Neuhaus mitteilte und behilflich zu sein versprach, ferner der Mitgewerke Lannas H. Klawka und noch 2 Herren. Hier erfuhr ich, dass Dr. Hochstetter[54] von Gendarmen eingeführt wurde, obwohl er seinen Paß vorwies, weil sich die Krumauer nicht denken können, dass das Ministerium jemanden nach Böhmen schicken könne, der in jeder Witterung quer durch die Felder läuft, nur zu Fuß geht, die schlechtesten Steine aufschlägt und nicht einmal böhmisch spricht. [...] 7.6. Dienstag: Morgens kam Herr v. Lidl[55] unvermutet zu mir mit der Klage daß er bei Beneschau nächst Kaplitz von einem Gendarmen eingezogen wurde, weil in seinem Paßscheine der Zweck der Reise nicht angeführt sei. Er musste von Beneschau bis Kaplitz zur Bezirkshauptmannschaft gestellt werden. Zum Glücke war hier ein Beamter des Lanna aus der Gabrielahütte, der ihn zu Wagen nach Kaplitz brachte. In Kaplitz wurde er inquiriert und seine Spezialkarten als sehr verdächtig befunden, nur aus besonderer Gnade wurde ihm erlaubt nach Budweis zu gehen, bei der Kreisregierung zu rechtfertigen und meinen Schutz zu verlangen. Ich stellte ihm sogleich ein Dekret aus, dass er ein Glied der k.k. geol. Reichsanstalt sei. Mit diesem ging er zum Kreispräsidenten Baron Schrenk. Dieser wies ihn jedoch an die hießige Bezirkshauptmannschaft, da er sich mit dem Paßwesen nicht befasste. Dort wurde der Passierschein des H. V. Lidl nach Kaplitz auf 3 Tage vidiert. Aller dieser Unsinn führt auf die Idee, man müsse im Kreise erst die Erlaubnis bekommen, um hier geognosieren zu dürfen, von welcher Beschäftigung die Leute hier keine blasse Idee haben. Ich musste daher eine Eingabe an den Budweiser Kreispräsidenten und an das Gendarmeriekommando machen mit der Beschwerde und dem Verlangen, diesen Eingriffen für die Zukunft Einhalt zu tun. Zugleich richtetet ich eine Zuschrift an den Kreispräsidenten des Pilsner Kreises, dessen südlicher Teil ebenfalls

54 Ferdinand Hochstetter (1829–1884) wirkte von 1852–1860 als Feldgeologe, danach als berühmter Erforscher der Geologie Neuseelands.

55 Lidl von Lidlsheim (1829–1915) wirkte von 1851–1855 als zeitweiliger Mitarbeiter der Landesaufnahme.

im laufenden Jahre zur Aufnahme kommt, um ihn hievon in Kenntnis zu setzen und die untergeordneten Behörden zu Hilfe bei den geologischen Aufnahmen aufzufordern.[56]

Das Leitungsteam der Reichsanstalt zeigte durchaus diplomatisches Geschick dabei, den unterschiedlichen lokalen Gepflogenheiten sowohl der Amtspersonen als auch der in das Projekt einbezogenen Naturforscher in den bereisten Gebieten Rechnung zu tragen.[57] Von Anfang an unterstützte das Ministerium die »k.k. Geologische Reichsanstalt« in diesem Zusammenhang, denn kurz nach der Gründung der Anstalt erging bereits am 4. Jänner 1850 von Minister Thinnfeld ein persönliches Ersuchen an das Ministerium für Kultus und Unterricht, in dem er um Verbreitung einer informierenden Broschüre bat:

> Indem ich mir die Ehre gebe, dem löblichen k.k. Ministerium des Cultus und des Unterrichtes im Anschlusse einige Exemplare meiner Bekanntmachung über den Zweck und Umfang, sowie über die staats[-] und volkswirthschaftliche Richtung der neu gegründeten geologischen Reichsanstalt mitzutheilen, knüpfe ich hieran das diensthöfliche Ersuchen, diesem Institute im Wege der unterstehenden Organe die förderlichste Unterstützung angedeihen zu lassen, eine entsprechende Wechselwirkung zwischen derselben und der Direction dieses Institutes anzubahnen und in geeigneter Weise dahin mitzuwirken, daß der letzteren, einerseits durch Mittheilung naturwissenschaftlicher Wahrnehmungen und durch thunlichste Beförderung ihrer dienstlichen Wünsche, andererseits durch Aufforderungen und Anfragen jede Gelegenheit zur umfassendsten Lösung der, an sie gestellten Aufgabe gebothen werde. Insbesondere sehe ich mich zu dem Ersuchen veranlaßt[,] die Universitäten[,] k.k. Naturalien-Kabinette und technischen Institute mit der Direction der geologischen Reichsanstalt in eine nähere Verbindung bringen zu wollen, weil sich aus einer solchen für beide Theile Erweiterung der wissenschaftlichen Forschungen und Erfahrungsresultate, mit den wichtigsten praktischen Folgerungen erwarten lassen.[58]

Diese Information wurde an alle Kronländer »expediert«, sie erging an den Statthalter von Niederösterreich, Ob der Enns, Salzburg, Böhmen usw. Auch bestanden Abkommen, dass die Geologen für die Benutzung der Bahn Freikarten erhielten.

Dass die Verteilung der umfangreichen Publikationen in der gesamten Habsburgermonarchie von Nutzen war, zeigt sich an einem Faktum besonders, nämlich der »Correspondenz«, die Möglichkeit der Kontaktaufnahme, in deren publizierten Listen

56 GBA, Bibliothek und Archiv, Inv.-Nr. A 00071-TB, Tagebuch Johann Cžjžeks 1854.

57 Siehe zu diesem Punkt der Kooperation mit lokalen Wissensträgern: Marianne Klemun, Fieldwork of the Austrian Geological Survey. In: Helena Ekerholm, Karl Grandin, Christer Nordlund and Patience A. Schell (Eds.), Understanding Field Science Institutions. Science History Publications (Watson Publishing International 2017), S. 133–156.

58 AVA, Unterrichtsministerium 1848–1940, Fasz. 2983, Z 1395, Thinnfeld an das Ministerium für Kultus und Unterricht, 4. Jänner 1850.

sich mehr Laien befanden als Wissenschaftler. Personen unterschiedlichster sozialer Herkunft schickten Neufunde ein, baten um Auskunft, beschenkten die Anstalt mit Objekten. Oft entstand die Korrespondenz, nachdem vor Ort ein erster Kontakt der Geländegeologen mit der Bevölkerung angebahnt worden war. Oft begleiteten Einheimische als Führer die Begehungsgeologen im Gelände und wurden in den publizierten Correspondenten-Listen ausgewiesen. So mancher Laie fühlte sich bemüßigt, zu betonen, dass er nur Laie sei und ihn deshalb die öffentliche Ehre geradezu beschäme.[59] Das bezeugt, wie das Ansehen der »k.k. Geologische[n] Reichsanstalt« in unterschiedlichsten Kreisen sozusagen durch diese Korrespondenz und noch mehr durch die Sichtbarkeit in den publizierten Listen des Jahrbuchs eigentlich erst kreiert wurde.

Die gedruckten Listen spornten an und bewogen so manchen Bürger zur Aktivität, ja selbst der evangelische Pfarrer Sloboda wurde aus dem Ehrenkodex der »Correspondenten«-Listen nicht ausgenommen.[60] Zudem wandten sich Schulen und besonders Gymnasien an die Reichsanstalt, wie beispielsweise Johann Sobala, Gymnasialdirektor am k.k. Gymnasium in Pest, der eine Petrefaktensammlung für den Unterricht erhalten hatte.[61] Oft wurden aber auch umgekehrt Mineraliensammlungen von Schulen der Reichsanstalt angeboten, Geschenke, die trotz der Beflissenheit bei ihr nicht immer auf großes Gefallen stießen.[62]

Dass die Reichsanstalt eine erste Adresse darstellte für chemische Analysen der Wassergüte von Quellen,[63] von Güteüberprüfungen von in Aussicht genommenen Braunkohlen für die Rübenzuckerindustrie[64], ja beispielsweise sogar für die Testung der Heizkraft der Holzkohle für das »Irrenhaus« in Wien,[65] gehörte ebenso zu ihrem Tagesgeschäft, wie die Untersuchung von Erzen, die neu auftauchten oder soeben in den Handel geraten waren.[66]

6.3 Personalrekrutierung und Kontinuitäten

Die berechtigte Frage, wie sich eine neue Einrichtung sofort personell und inhaltlich breit so schnell professionell aufstellen konnte, drängt sich förmlich auf. Woher be-

59 GBA, Bibliothek und Archiv, Amtsarchiv, 1860, Nr. 646.

60 GBA, Bibliothek und Archiv, Amtsarchiv, 1860, Nr. 475.

61 GBA, Bibliothek und Archiv, Amtsarchiv, 1860, Nr. 86, 28./30. Jänner 1860.

62 GBA, Bibliothek und Archiv, Amtsarchiv, 1860, Nr. 484; das Angebot kam von der Gymnasialdirektion in Eger, P. A. Fried war der Sender.

63 GBA, Bibliothek und Archiv, Amtsarchiv, 1860, Nr. 384. So ging es am 25. Mai um die Analyse der Wasser vom Rosalienbrunnen in Rohitsch oder der Thermen in Großwardein, die auf Anfrage des Bischofs Franz v. Szaniszlo erfolgte. GBA, Bibliothek und Archiv, Amtsarchiv, Nr. 360, 13./15. Mai.

64 GBA, Bibliothek und Archiv, Amtsarchiv, 1860, Nr. 512, 16. Juli 1860.

65 GBA, Bibliothek und Archiv, Amtsarchiv, 1860, Nr. 588.

66 GBA, Bibliothek und Archiv. Amtsarchiv, 1860, Nr. 419. Ansuchen des Andreas Theyer, Wien Landstr.

zog die Reichsanstalt ihre Kräfte, zumal noch kein diesbezügliches Studium an der Universität existierte? Woher nahmen diese Begehungsgeologen ihr Spezialwissen, das für eine geologische Kartierung von größter Bedeutung war? Bereits in dem ersten Kapitel unserer Studie wurde auf den Pool an potentiellen Mitarbeitern, die an der Kaderschmiede für das höhere Bergpersonal, der Bergakademie in Schemnitz (Banská Štiavnica, heute Slowakei) und besonders am »Montanistische[n] Museum« geprägt wurden, verwiesen. Somit konnte die Reichsanstalt sowohl personell als auch inhaltlich auf ein Potential zurückgreifen, das sich Haidinger ab 1840 bereits im »Montanistische[n] Museum« oder im Zusammenwirken der »Freunde der Naturwissenschaften« durch seine Förderung des Nachwuchses als Pool geformt hatte.

Franz Hauer (1822–1899),[67] von 1849 an Erster Bergrat der neu gegründeten staatlichen Anstalt, zog in einem Brief an Johann Kudernatsch (1819–1856),[68] inzwischen Bergverwalteradjunkt in Steierdorf[69] (rumän. Anina) bei Orawitz im Banat (heute Rumänien), Bilanz über diese Tag für Tag Überraschungen bringende erste Aufbauphase. Hauer kannte Kudernatsch aus der gemeinsamen Studienzeit am »Montanistische[n] Museum« (1843–1844) und war mit ihm auch in den Jahren 1841/1842 im Gelände unterwegs gewesen.

Wie sehr Hauer die Stellung der Geologie mit den politischen Entwicklungen verwoben sah, belegt dieses Dokument, weshalb es hier in voller Länge wiedergegeben sei. Es zeigt aber auch den Elan und die Zukunftsvision, mit der die Grundlagen aufgebaut wurden und wie optimistisch man sich das Personal aussuchte. »Die besten Kräfte der Monarchie sollen im nächsten Sommer bey den Arbeiten beschäftigt werden«, meinte Hauer, und versorgte den ehemaligen Studienfreund mit den neuesten Nachrichten:

> Beynahe komisch klingen mir die verschiedenen Fragen, die beweisen, dass du von den ungeheuren Veränderungen welche neben den politische Umwälzungen auf die Stellung der Wissenschaften in Österreich, und Jener welche sich ihr ergeben haben, durchmachte, beynahe gar nicht ahnest. Also um bey unserem Fache der Geologie zu bleiben, will ich Dir kurz aufzählen, was in den letzten Jahren bey uns geschehen ist. Unsre Akademie der Wissenschaften (Du weißt doch dass wir eine haben)[70] beschloß vor zwey Jahren eine geologische Karte der Monarchie anfertigen zu lassen. Als Vorbereitung und um die fremden

67 Franz Hauer folgte Haidinger im Amt des Direktors von 1866 bis 1885. Zur Biographie: ÖBL 2. S. 211.

68 Vgl. ADB 17, S. 292.

69 Das Steierdorf hatte seinen Namen von den Neusiedlern aus der Steiermark, die als Köhler hier angesiedelt wurden. An 1858 wurde daselbst eine Eisenhütte erbaut.

70 Die Gründung der Akademie der Wissenschaften 1847 war kein Kind der Revolution, sondern noch ein Ergebnis unterschiedlichster, auch der Metternich'schen und Erzherzog Johanns Bemühungen. Vgl. dazu: Hedwig Kadletz, »Der Tarpäische Fels ist die wahre Wohnstätte der Geister«. Der Briefwechsel zwischen Erzherzog Johann und Metternich als Quelle für die Gründungsgeschichte der Akademie der Wissenschaften in Wien. In: Günther Hamann (Ed.), Aufsätze zur Geschichte der Naturwissenschaften und Geographie (Österreichische Akademie der Wissenschaften, phil.-hist. Kl. Sitzungsberichte

Arbeiten besser kennen zu lernen, wurden zu dem Ende ich und [Moriz] Hörnes[71] ins Ausland geschickt. Im verhängnisvollen Sommer von 1848 durchstreiften wir Deutschland, Belgien, England, Frankreich und die Schweiz, und kehrten eben zur rechten Zeit zurück[72], um das große Drama vom Oktober in Wien mitzumachen. Der darauffolgende Winter wurde mit verschiedenartigen Arbeiten zugebracht, und den vergangene Sommer unternahmen abermahl ich und Hörnes eine Rundreise durch die pazifizierten Theile der Monarchie, um vorerst eine allgemeine Übersicht der Verhältnisse zu gewinnen. Wir dehnten unsre Reise so weit aus als es möglich war. Der östliche Teil von Galizien, Böhmen, Mähren, Schlesien, Tyrol, das Venetianische, Steyermark, u.s.w. wurde durchgenommen, Hinter der Armee, welche in Ungarn, von der Nordseite einbrachen, folgten die Geognosten bis hart an die Ungarische Grenze nach Jablunka u.s.w. Kaum waren wir zurückgekommen, als die Regierung die geologischen Untersuchungen der Akademie ab[brach], und in ihre eigene Hände nahm. Durch einen Erlaß des Ministeriums für Landeskultur und Bergwesen wurde die Einrichtung einer geologischen Reichsanstalt beschlossen, und derselben ein Fond von jährlich 31.000 fl zugewiesen. [Wilhelm] Haid[inger][73] Direktor mit dem Titel eines Sektionsrathes derselben vorgesetzt, ich als erster und Czjzek[74] als 2ter Bergrath bey derselben ernannt. Die besten Kräfte der Monarchie sollen im nächsten Sommer bey den Arbeiten beschäftigt werden, so werden Reuss[75], Lipold[76], Simony[77], Ehrlich[78]

Bd. 475 = Veröffentlichungen der Kommission für Geschichte der Mathematik, Naturwissenschaften und Medizin 44, Wien 1986), S. 119–135.

71 Moritz [Moriz] Hörnes (1815–1868) war Kustos am Hofmineralienkabinett.

72 Dieser Bericht ist abgedruckt in: Walther E. Petrascheck und Günther Hamann (Eds.), Franz von Hauer: Reiseberichte über eine mit Moriz Hörnes im Sommer 1848 unternommene Reise nach Deutschland, Frankreich, England und der Schweiz mit einer Subvention der Akademie der Wissenschaften zwecks Studien über geologische Landesaufnahmen. (=Veröffentlichungen der Kommission für Geschichte der Mathematik, Naturwissenschaften und Medizin 53, Wien 1985).

73 Zu Wilhelm Haidinger siehe Karl Kadletz, Wilhelm Haidinger (1795–1871). In: G. Heindl (Ed.) Wissenschaft und Forschung in Österreich. Exemplarische Leistungen österreichischer Naturforscher, Techniker und Mediziner (Frankfurt am Main, 2000), S. 9–30; und Tillfried Cernajsek, Wilhelm Ritter von Haidinger – der erste geowissenschaftliche Manager Österreichs. In: Abhandlungen der geologischen Bundesanstalt 53 (1996), S. 5–13.

74 Cžjžek Johann (1806–1855) hatte an der Bergakademie in Schemnitz studiert und war von 1850 bis 1855 zweiter Chefgeologe und Paläontologe an der GRA.

75 August E. Reuss (1811–1873) hatte Medizin in Prag studiert und danach auch die Bergakademie in Schemnitz absolviert, wurde in Prag 1849 ordentlicher Professor der Mineralogie, 1863–1873 wirkte er als Professor der Mineralogie in Wien.

76 Marcus Vinzenz Lipold (1816–1863), hatte an der Bergakademie in Schemnitz studiert und war von 1848 bis 1867 2. Chefgeologe, danach Bergdirektor in Idria (Idrija, heute Slowenien).

77 Friedrich Simony (1813–1896) war als Pharmazeut ausgebildet worden und war Aufnahmegeologe von 1850 bis 1852, zuvor ab 1849 Kustos am Klagenfurter Museum und ab 1850 Professor der Geographie in Wien.

78 Franz Karl Ehrlich (1808–1886) war von 1841 bis 1879 als Kustos am Museum in Linz tätig und an der Aufnahme beteiligt.

> aus Linz etc. Zigno[79] in Padua mitwirken, und Deine Einberufung hierher wirst Du wohl wenige Tage nach Empfang dieses Schreibens erhalten. Man wird mit der Untersuchung der Alpen östlich von Wien einen Anfang machen. Aber schon im Jahr 1851 hoffen wir das wichtige Banat in Angriff nehmen zu können, und da wird Dir ein weiterer Wirkungskreises erblühen, die Arbeiten zu überwachen und einzuleiten. [Über die Universität ist zu erzählen, dass] die alten Professoren größtententheils zum Teufel gejagt, mit einem Worte man hat einen tüchtigen Anlauf genommen, dass, so Gott will, die österreichische Wissenschaft nicht länger mehr als Aschenbrödel in Europa dastehn wird.[80]

Neben Karl Haidinger, Franz Hauer und Johann Cžjžek suchte man sich zu den fix angestellten Geologenkollegen, die man bereits aus der gemeinsamen Zeit des »Montanistische[n] Museums« oder der »Freunde der Naturwissenschaften« kannte, wie etwa im Falle Friedrich Simonys, der die Kustodenstelle des neugegründeten »naturhistorischen Landesmuseums in Klagenfurt« kurz zuvor übernommen hatte.[81] Wie Kustos Ehrlich in Linz wurde auch Friedrich Simony vom Museum in Klagenfurt für die sommerliche Geländearbeit freigestellt. Marcus Lipold, Franz Foetterle und Dionýs Štúr, die alle drei die Bergakademie in Schemnitz absolviert hatten, wurden für die Mitarbeit bei den Begehungen vergütet und wurden sonach später auch angestellt. Es gab viele Interessierte wie Friedrich Simony, Karl Peters oder Ferdinand Hochstetter, für die die geologische Mitarbeit zu Sprungbrettern für ihre Karriere an der Universität bzw. im Falle Hochstetters am Polytechnikum gereichte. Dann gab es viele Bergpraktikanten, die am Haupt- und Landmünzprobieramt ihre erste Anstellung erhielten und Haidinger und Hauer auffielen. Adolph Patera (1819–1894) war eine der vielen Personen, die aus diesem Milieu heraus ihre Karriere gestalteten, indem er alsbald an der Bergakademie in Příbram zum Professor der Hüttenkunde und Probierkunst aufstieg. Seine prägende Zeit mit den »Freunden der Naturwissenschaften« führte zu einer engen Freundschaft und Kooperation, was im Tagebuch Hauers dokumentiert ist. Auf ihn ging die fabrikmäßige Herstellung reiner Uranverbindung aus Pechblende zurück, die zur Fabrikgründung in St. Joachimsthal führte.

Jedenfalls gelang der Leitung eine sehr erfolgreiche Politik der Mitarbeiterakquirierung. Nachdem bereits 1848 Hauer und Hörnes von der neugegründeten Akademie finanziert worden waren, um geologische Dienste in anderen europäischen Staaten zu besuchen, verlangte das erste Jahr der Aufnahme zunächst die Vorbereitung der

79 Achille De Zigno (1813–1892), Privatier aus wohlhabendem Haus, von 1846–1856 Bürgermeister von Padua, 1860–1866 Vertreter der Provinz Venetien im Verstärkten Reichsrat in Wien, war paläontologisch tätig.

80 Brief Franz Hauers an Johann Kudernatsch, Wien, 1. Jänner 1850, GBA, Bibliothek und Archiv, Inv.-Nr. A 00209-B 77.

81 Siehe mehr zu Simony: Marianne Klemun, Friedrich Simony (1813–1896) – 1. Kustos des Naturhistorischen Museums in Klagenfurt (1848–1850). Ein Beitrag zur Gründungsgeschichte des Museums. In: Carinthia II, 182/102 (1992), S. 375–391.

Reiserouten und die Verbindung aller Geologen untereinander, wofür sich Direktor Haidinger persönlich engagierte, was ein Brief an Hauer belegt:

> Gestern unterschrieb ich in der Stadt die Reiseroute, Den 1^{t} Zusammenkunft mit Czjzek [Cžjžek Johann (1806–1855)] in Wiener Neustadt, den 6^{t} mit Kudernatsch in Lilienfeld, den 11. hoffe ich Sie und Ehrlich in Waidhofen an der Ips zu sehen. Zusammenkunft wohl am besten bei unserem alten ›Freunde der Naturwissenschaft‹ Bezirkscommissär I. Neumann. Bis dahin haben Sie soviel Übersicht gewonnen, daß wir unsere nach Umständen modificirte, oder noch zu besprechende Reiseroute entweder gemeinschaftlich oder theilweise getrennt ausführen können. Am 22. möchte ich mit Simony in Gmunden zusammenkommen, um am 28. mit Lipold in Salzburg, den 2. September Rückkehr nach Salzburg, den 6^{t} Aufenthalt in Linz, den 7^{t} zur Rückkehr auf dem Dampfboot nach Wien. – der Bericht vom 1. Juli ist vortrefflich! Wäre es nur möglich die Berichte, wie sie nach Wien an die G.R.A. mitgeteilt werden auch allen Geologen zu schicken! Welche Anregung durch Erfolge sich überall zeigen! Aber es ist ein Fortschreiten, ähnlich dem Bergsteigen, man muß immer fort und fort Bergauf. Einiges Wenige wird von Zeit zu Zeit mitgetheilt, aber das Meiste bleibt für den Winter.[82]

Von Wien aus schwärmten ab Mai jährlich die beauftragten Geologen zu ihrer Arbeit im Gelände aus. Franz Foetterle (1823–1876) schildert dem ebenfalls im Gelände weilenden Hauer sehr dynamisch, wie betriebsam die Aufnahme in Angriff genommen wurde:

> Kud[ernatsch][83] verließ heute Wien und begab sich direkt nach Linz. Peters,[84] der vor vier Tagen ankam, erhielt daher den nördlichen Theil, und geht morgen früh ab. Desgleichen auch Cžjžek,[85] der bis jetzt mit seiner Malerei die Zeit zubrachte. Lipold[86] ging Dienstag weg. Stur[87] ebenfalls Dienstag. Ich bin froh, dass alle gehen, die schönste Zeit wird vielleicht bald vorbei sein.[88]

82 Brief Haidingers an Hauer, 7. Juli 1850, GBA, Bibliothek und Archiv, Inv.-Nr. A 004-BM; Franz-Hauer-Nachlass, Abgedruckt bei: Karl Kadletz, Die Geologische Reichsanstalt im Schicksalsjahr 1860, a. a. O., Brief 11, S. 118 f.

83 Gemeint ist Johann Kudernatsch (1819–1856).

84 Carl Ferdinand Peters (1825–1881) wirkte von 1852–1855 als Feldgeologe.

85 Johann Cžjžek (1806–1855) war von 1850 bis 1855 2. Chefgeologe und Paläontologe.

86 Marcus Vinzenz (Vincenc) Lipold (1816–1883) wurde als Slowene in Prassberg (Mozirje) geboren, studierte an der Bergakademie Schemnitz, arbeitete als Schachtmeister in Hall und war von 1850–1867 Sektionsleiter der geologischen Landesaufnahme. Vgl. Österreichisches Biographisches Lexikon, 1972, V. Bd., S. 232.

87 Dionýs Štúr (1827–1893) wirkte von 1850–1890 als Chefgeologe, 1877–1885 war er Vizedirektor und 1893–1896 Direktor der GRA.

88 Brief Foetterles an Hauer, o. Datum, GBA, Bibliothek und Archiv, Inv.-Nr. A 00209-B 37.

In personeller Hinsicht existierten Kontinuitäten zwischen der Zeit des »Montanistische[n] Museum[s]« und der »Freunde der Naturwissenschaften« sowie der Reichsanstalt. Von dieser kulturellen als auch personellen Genealogie war schon vielfach die Rede. Die oft nur vorübergehend entstandenen Kontakte hielten über die Zeit der gemeinsamen Begehungen oder Versammlungen hinaus, sie formten eine geteilte Kultur ihrer Arbeitswelt.

Diese engen Beziehungen spielten auch in der Zeit der Krise ab 1860 eine entscheidende Rolle, denn die Protagonisten hielten zusammen und unterstützten einander. Um nur bei einem Beispiel zu bleiben: Bei Adolph Patera führten sie zu einer engen Kooperation und zum regen Austausch bei der Bestimmung von Mineralien, zu einem Ressourcenausgleich von Wissen. So wurde die »k.k. Geologische Reichsanstalt« zu einer Anlaufstelle für Gleichgesinnte, zu einem Zentrum für alle in den Erdwissenschaften Tätigen, ob Mineralogen, Geologen und Paläontologen der Geographie, den Montanbereichen wie auch der Chemie. Es waren Bereiche, welche stets auch die Anschlussfähigkeit untereinander untermauerten. Für den Chemiker Patera war auch die Tatsache attraktiv, dass die Reichsanstalt mit einem eigenen Labor hervorragend ausgestattet war und über einen eigenen Chemiker, Hauers Bruder Karl, verfügte. Auch das systematisch ausgebaute Museum und die Bibliothek standen den Freunden zur Verfügung. So mancher Forscher erhielt eine nachhaltige Anregung, die die Forschungsrichtung bestimmen sollte. Constantin von Ettingshausen (1826–1896) wäre hier ganz besonders zu nennen. Eigentlich hatte er Medizin studiert und hatte vorübergehend bei dem Botaniker Endlicher an der Universität Wien eine Assistentenstelle inne, wurde jedoch von Haidinger angespornt,[89] sich auf die Paläobotanik zu konzentrieren. Er erhielt von ihm den Auftrag, die wichtigsten Fundorte von Tertiärpflanzen in der Monarchie aufzusuchen. Daraus ergab sich ein einzigartiges international anerkanntes Forschungsfeld, das er in den Jahren 1850–1854 als Geländeforscher der Reichsanstalt für sich etablierte, bis er zum Professor am Josephinum in Wien ernannt wurde. Sein außerordentlich gutes Verhältnis zur Führung der Reichsanstalt blieb erhalten, auch er ließ sich in den Kampf für den Erhalt der Eigenständigkeit außerhalb der Akademie einbeziehen.[90] Fassen wir diese Aspekte zusammen, dann könnte der Reichsanstalt attestiert werden, dass ihre Stärke in ihrer auf früheren Kontakten basierenden personellen Kontinuität und gediegenen Personalauswahl lag.

89 So lobte Ettingshausen Haidingers »liberale und zweckmässige Unterstützung«: Siehe Constantin von Ettingshausen, Berichte über die Untersuchung von Fundorten tertiärer Pflanzen aus dem Kaiserthum Österreich. In: Jahrbuch der k.k. geologischen Reichsanstalt 1 (1850), S. 679.

90 Siehe dazu die Einträge im Tagebuch Hauer 1860, siehe Edition.

Abb. 6: »Bilder aus den geologischen Sommer-Reisen« Ausschnitt aus einer Karikatur, »Neuer Freier Figaro« 1, Nr. 4, 1865, Scherzhandschrift.

6.4 »Denkkollektiv« »k. k. Geologische Reichsanstalt«? – »Kollektiv im Feld« und Gruppenidentität

Die Basis der Wirksamkeit der Reichsanstalt in den ersten Jahren bis 1867 lag in der geologischen Kartierung aller Kronländer der Monarchie. Diese Ausrichtung lässt behaupten, dass die Feldarbeit zu einem wichtigen Ausgangspunkt der Zusammenarbeit gereichte. Hier sei die These ausgesprochen, dass diese spezifische Praxis das »Denkkollektiv«[91] der GRA entscheidend formte. Wie war nun diese Arbeit organisiert und wie arbeiteten die Geologen zusammen? Vorauszuschicken ist, dass uns hier die Praxis generell interessiert und nicht nur das Aufschreibesystem[92] einzelner Protagonisten. Die Praxis, wie Feldgeologen die Daten gewannen, wie sie etwa die Durchschnitte entwarfen, gestaltete sich als ein Gemeinschaftsprojekt. Es wurde zwar von Haidinger in Instruktionen und ausführlichen Darstellungen festgelegt, gleichzeitig wurde es von mehreren Personen in gemeinsamen Exkursionen entwickelt, lange schon vor der Gründung der Reichsanstalt. Zu beachten ist auch das institutionelle Verfahren, in dem die ersten subjektiv gewonnenen (unsicheren) Befunde des einzelnen Feldgeologen letztendlich nach vielen Arbeitsschritten in den Status einer von allen Protagonisten der Reichsanstalt getragenen akzeptierten Erkenntnis führten. Erst dann wurden sie zu Fakten, die sich durch die Eintragung in der Karte manifestierten. Erst dann wurde jener Erkenntnisstand erreicht, auf den sich alle Selbstdarstellungen der Geologenarbeit bezogen. Die Karte war schlussendlich das Produkt, auf das die stufenweise Erkenntnissicherung abzielte. Es geht um jenen Prozess der institutionellen Gebarung, der durch institutionelle Erkenntnisstabilisierung gegeben war.

Wie liefen die einzelnen Schritte dieses Verfahrens konkret ab?[93] Zunächst soll überblickartig die Arbeitsweise in ihrer Struktur und in einem zeitlichen Nacheinander beschrieben werden. Wegen der Überschaubarkeit teilte man die jährlich zu kartierenden Gebiete der Monarchie in mehrere Sektionen auf. Begonnen wurde die Aufnahme in einer Kreisbewegung von Osten nach Westen das Zentrum des Reiches umschließend, und auch im Süden gleichzeitig an verschiedenen Stellen nebeneinander:

> Uebereinstimmend mit dem im Vorhergehenden erwähnten allgemeinen Untersuchungsplane wird die geologische Durchforschungs-Aufgabe des ersten Sommers darin bestehen, diejenige Abtheilung der westwärts in der nächsten Nachbarschaft von Wien liegenden

---

91 Ludwik Fleck, Entstehung und Entwicklung einer wissenschaftlichen Tatsache. Einführung in die Lehre des Denkstils und des Denkkollektivs (= suhrkamp taschenbuch wissenschaft 312) (Frankfurt am Main 1980 [Basel 1935].

92 Vgl. Friedrich Kittler, Discourse Networks: 1800 / 1900, übersetzt von Michael Metterer mit Chris Cullens. (Stanford 1999).

93 Diese Analyse baut auf der Einsicht in viele Briefe und Berichte der Geologen auf, was hier der Kürze wegen nicht weiter ausgeführt werden kann.

> Alpenländer vorzunehmen, welche die sämmtlichen secundären, tertiären, Diluvial- und Alluvial-Schichten und Erscheinungen, überhaupt all die jünger sind als Grauwacke und Thonschiefer, in sich begreifen.[94]

Alle Aufnahmegeologen, die in solchen Sektionen zusammengefasst und in verschiedenen Gebieten parallel eingesetzt wurden, arbeiteten in mehreren aus jeweils drei Feldgeologen bestehenden Teams stets nebeneinander, und in diesem Rahmen verband jeweils ein leitender die Ergebnisse zweier innerhalb eines größeren Terrains arbeitender Hilfsgeologen. Während eines Aufnahmezyklus wurden Tagebücher verfasst, Durchschnitte entworfen, Belegexemplare (Gesteine, Mineralien, Fossilien) gesammelt und die stratigraphischen provisorischen Befunde mittels standardisierter Farbgebung in die kopierten Karten des Generalstabs eingetragen. Nach Beendigung eines Arbeitsschrittes wurden diese Materialien, die schriftlichen Befunde und die Belegstücke vom Feld nach Wien geschickt. Der erste Geologe der Reichsanstalt Franz Hauer stand in engem Briefkontakt mit den Feldarbeitern, kontrollierte die Tagebücher und Karten und fragte bei eventuell sensationellen Befunden oder Lücken sowie bei einander widersprechenden Ergebnissen durch briefliches Urgieren nach. Im Winter wurden diese Befunde dann in Wien erneut geordnet und im Plenum diskutiert. Gleichzeitig wurden auch die Belegstücke der einzelnen Sammelstücke in die Diskussion einbezogen. Fragliche Ergebnisse wurden in einem zweiten Durchgang nochmals durch die Feldarbeit im nächsten Jahr überprüft und wenn nötig korrigiert.

Fachliche Kontroversen wurden zunächst allenfalls zwischen den zwei kooperierenden Feldgeologen besprochen und Ergebnisse etwa auch ausgeglichen, sonach wurde vom Sektionsleiter die Anbindung zu den angrenzenden Territorien und zudem an die Auffassungen der anderen Geologen hergestellt, und diese Ergebnisse wurden schließlich in den Arbeitssitzungen im Winter in Wien erneut diskutiert und koordiniert. Sensationelle Erkenntnisse wurden in den Berichten über die Sitzungen publiziert, die einzelnen Geologen veröffentlichen des Weiteren ihre Ergebnisse in Form von autonomen Beiträgen.

Die Modulierung der Befunde, man könnte auch von einem Prozedere des Kollationierens sprechen, erfolgte mehrfach und auf unterschiedlichen Ebenen. Sie geschah bereits während der Arbeit im Sommer unter den Feldgeologen, in Verbindung mit dem Sektionsleiter und dann mit dem ersten Geologen Franz Hauer, schließlich bei der koordinierten Eintragung in die Karte im Winter und schließlich allenfalls in einem erneuten Überprüfungsgang. Dieses Kollationierungsvorgehen garantierte die institutionell getragene Qualitätssicherung und machte in Summe jenes Kriterium aus, das von den Protagonisten selbst als Kultur der »Uibereinstimmung« oder Kultur

94 Wilhelm Haidinger, Die Aufgabe des Sommers 1850 für die k.k. geologische Reichsanstalt in der geologischen Durchforschung des Landes. Sitzungen der k.k. geologischen Reichsanstalt. In: Jahrbuch der k.k. geologischen Reichsanstalt 1 (1850), S. 9.

des Einklangs immer wieder stilisiert wurde. Dieser Bezug auf »Einklang« oder »Uibereinstimmung« scheint wahrlich demnach keine hohle Metapher, die in Analogie zu jener des »Viribus unitis« zu stellen ist. Sie charakterisierte zudem die Substanz der Arbeitsgänge, den roten Faden der Disziplinierungsstruktur. Denn jede Standardisierung musste für alle Beteiligten verbindlich sein. Wenn sich einer der Aufnahmegeologen nicht an das Übereinkommen hielt – aus welchem Grund auch immer, entweder aus Unkenntnis, Ignoranz oder Selbstbestimmtheit –, war die Arbeit unbrauchbar. So berichtete beispielsweise Franz Foetterle, der an der Piave unterwegs war, dass er die vor ihm bereits durchgeführte Aufnahme des Dionýs Štúr nochmals überprüfend im Vergleich zu den Vorgaben nicht optimal finde:

> […] und am 27. war ich bereits bis zur Wasserscheide der Płave fertig; ich machte hintan einige Exkursionen in die Carnia, in das Gebiet von Stur [Štúr] vom vorigen Jahre. Denke Dir mein Entsetzen, Raibler Schichten, Hallstätter Kalk und Guttensteiner K. alles Guttensteiner Kalk, ferner Werfener Sch[ichten] und die Sandsteine von Raibler vermischt, so dass die ganze Aufnahme beinahe nicht zu brauchen ist.[95]

Da neue Befunde allerdings neue Differenzierungen nach sich ziehen konnten, die auf die bereits mühsam erarbeiteten Festlegungen zurückwirkten bzw. diese aufhoben, war der Prozess der Revision auch einer Dynamik unterworfen. Er wurde nur dann wirksam, wenn er von der Führung geteilt und sanktioniert wurde, nachdem die Argumente sehr gründlich nach den zuvor beschriebenen Schritten ausgetauscht und überprüft worden waren. Deshalb wurden von der Leitung besonders allenfalls divergierende Ansätze wachsam im Auge behalten. Die einander widersprechenden Aufnahmeergebnisse wurden diskutiert und verglichen, um expressis verbis »alle gegenseitigen Beobachtungen in Einklang zu bringen«[96]. Diese Ausrichtung war die wichtigste Doktrin, sie begegnet uns immer wieder in den Quellen.[97] Es liegt also nahe, tatsächlich von einem »Denkkollektiv« im Sinne Flecks zu sprechen. Fleck meint mit dem Denkstil eine Gemeinschaft, die im Gedankenaustausch steht, bei der ein »stilgemäßer Denkzwang« herrscht.[98] Hinzuzufügen ist, dass die Kommunikation als Kitt aller Entscheidungen fungierte. Jedenfalls existierte eine gemeinsame Praxiskultur, die sich darin äußerte, bei der Beobachtung dem Bemühen, die Befunde aufeinander zu beziehen, diese in »Einklang« zu bringen. Diese Aushandlungsprozesse erfolgen in den Wintermonaten, fern dem Gelände.

95 Brief Foetterles an Hauer, 7. Juli 1856, GBA, Bibliothek und Archiv, Inv.-Nr. A 00209-B 37.
96 Brief Johann Cžjžeks an Hauer, 10. Februar 1854, GBA, Bibliothek und Archiv, Inv.-Nr. A 00209-B 37.
97 Es kann hier wohl nicht auf alle Belege eingegangen werden.
98 Ludwik Fleck, Entstehung und Entwicklung einer wissenschaftlichen Tatsache. Einführung in die Lehre des Denkstils und des Denkkollektivs (= suhrkamp taschenbuch wissenschaft 312) (Frankfurt am Main 1980 [Basel 1935]

Im Winter wurde eine solche Revision vorgenommen, wie es beispielsweise aus einem Brief Johann Cžjžeks an Franz Hauer entnommen werden kann, der schreibt: »Weiter nördlich zwischen Sieggraben und Forchtenau habe ich die gegenseitigen Beobachtungen in Einklang gebracht. Die übrigen Correcturen bei Bernstein haben wir schon früher besprochen und sind nun in der übersendeten Generalstabskarte enthalten.«[99]

Gleichzeitig wird die vorgesehene ideale Logistik der institutionellen Absicherung von den Persönlichkeiten der Aufnahme sehr verschieden ausgefüllt, zumal sie je nach Status und Selbstsicherheit die Reihenfolge der Begehung im Detail oft eigenmächtig veränderten. Während der Feldarbeit zum Beispiel sah sich so mancher Hilfsgeologe vor unlösbare Fragen gestellt, die er nicht nur mit dem Sektionsleiter, sondern sogleich mit dem ersten Geologen Franz Hauer klären wollte. Damit wurden Fehlläufe von vornherein ausgeschlossen, man könnte im Sinne Flecks argumentieren, dass der Zwang seine Wirkung zeitigte. Kommunikation zwischen den Geologen war das zentrale Gütesiegel der Aktion.

Es war die Zeit, als die Schichtabfolge permanent modifiziert wurde. Die Frage des Alpenkalks ließ sich infolge der intensiven geologischen Aufnahme laufend differenzieren, die aus Analogien der Zuordnung sich stellte und die von der Leitung entschieden werden musste. Dabei war die paläontologische Kenntnis der Fossilien entscheidend, die Franz Hauer gewährleistete. So schreibt beispielsweise Dionýs Štúr am 20. Juni 1854 direkt und devot an Franz Hauer, weil er sich der eigentlichen Arbeit sehr unsicher war:

> Sie sehen Hochverehrter Herr Bergrath die vielen Zweifel die mich hier plagen. Diese aufzuhellen und zuverscheichen [!] liegt in Ihrer Hand. Die erste von mir anlangende Kiste enthält außer Versteinerungen nur sehr weniges. Ich erlaube mir daher die Bitte, Hochverehrter Herr Bergrath mochten diesselbe durchsehen und mir dann, aber sobald als möglich das Resultat der Arbeit gütigst mitzuheilen. Dies wird meinen Untersuchungen eine höhere Richtung geben.[100]

Die Sendungen der Sammlungen aus dem Gelände an die Reichsanstalt erreichten erstaunliche Umfänge. So umfassten diese im Jahre 1850 alleine die Menge von 200 Kisten in 180 Zentnern, die als Beleg- und Beweismaterial an die Reichsanstalt überführt worden waren. Mit höherer Richtung adressierte Štúr die institutionelle vom Kopf der Einrichtung getragene Absicherung, die als Kultur der Übereinstimmung[101]

99 Brief Johann Cžjžeks an Hauer, 10. Februar 1854, GBA, Bibliothek und Archiv, Inv.-Nr. A 00209-B 37.

100 Brief Štúrs an Hauer, 24. Juni 1854, GBA, Bibliothek und Archiv, Inv.-Nr. A 00209-B 141.

101 Diese Bezeichnung findet sich sehr oft bei Peters, siehe dazu später genauer, Vgl. Brief von Carl Peters an Franz Hauer, Klagenfurt, 10. Juli 1854, GBA, Bibliothek und Archiv, Inv.-Nr. A00209-B 112.

das ganze »Denkkollektiv« prägte. Man kann dieser Tendenz heute bei der Lektüre der unzähligen Briefe und Berichte der Protagonisten direkt begegnen. Selbstbewusstere Geologen wie etwa Lipold oder Peters gingen jedoch einen individuelleren Weg, indem sie als eigenständige Forscher zunächst auf ihren selbst konstituierten Ansichten, die sie gegenüber den anderen verteidigen wollten, beharrten, um sich auch innerhalb dieser lokalen *Community* zu profilieren. Um ein konkretes Beispiel anzuführen: Marko Vincenc Lipold fiel als Forscher der Führung sofort als offensiver Geologe auf. Franz Foetterle, der vorübergehend anstelle Hauers in Wien die Koordination leitete, während alle Geologen außer Haus im Gelände verweilten, informierte Hauer, der ebenfalls die Sommertage im Gelände nützte, sogleich über Abweichungen der Befunde, nachdem er davon erfahren hatte:

> Lipold, der wegen Haemeroidalleiden [!] seit einer Woche hier ist, hat nicht nur die Zwischenlagerung der Gervillen und der Hierlachschichten, sondern auch die Gleichstellung der Adnether und der Hallstätter Schichten entdeckt. Als die beste Lokalität hierüber gibt er Aussee und den Schwarzenbach an. Seine Gründe für das Letztere sind besonders schon in seiner Mittheilung nicht stichhaltig. Um jedoch die Sache von Grund auf auszugleichen, will Haidinger, dass Du die Rückreise über Aussee antrittst, um an Ort und Stelle die Sache zu besehen und besprechen.[102]

Hauer sollte nochmals im Feld selbst die Befunde examinieren, deren Ergebnisse im Winter sodann nochmals einer Diskussion in der Reichsanstalt unterworfen wurden.

Wie aber sah es tatsächlich mit einer Corporate Identity der Reichsgeologen aus? Vielleicht ist es sinnvoll, eine Stimme zu Wort kommen zu lassen, die zwar nicht an der Reichsanstalt angestellt war, sondern im höfischen Museum, aber sehr intensiv mit der RA kooperierte und sich der Feldarbeit zuweilen anschloss. Die folgende Briefstelle führt zu dieser Frage.

> Ihr treffliches Buch über Vorarlberg bietet eine große Menge neuer, höchst interessanter Beobachtungen. Aber, erlauben Sie mir es gerade heraus zu sagen, Ihre Resultate weichen denn doch ziemlich bedeutend von den **unsrigen** [Hervorhebung der Verfasserin] ab[103].

Auffallend selbstsicher eröffnet der in untergeordneter Stellung am k.k. Mineralien-Kabinett[104] und als Begehungsgeologe in Wien wirkende 24-jährige Eduard Carl Adolph Suess (1831–1914), der im engen Kontakt mit den Geologen der Reichsanstalt steht, seinen Brief, den er im Jahre 1854 an den arrivierten und um vieles erfahreneren

102 Brief Foetterles an Hauer, 8. August 1852, GBA, Bibliothek und Archiv, Inv.-Nr. A 00209-B 37.
103 ETH Zürich, Bibliothek und Archiv, Nachlass Escher, Brief Eduard Suess' an Arnold Escher von der Linth, Wien, 12. Februar 1854.
104 Daraus ist das heutige Naturhistorische Museum in Wien hervorgegangen.

Schweizer Alpengeologen Arnold Escher von der Linth (1807–1872)[105] richtet. Er spricht wohl selbstbewusst, weil er sich in einer gesicherten wissenschaftlichen Gemeinschaft wähnt. Wer hinter dem Personalpronomen »unsrige« steht, braucht Suess wohl auch deshalb nicht expressis verbis zu erläutern, da er den guten Ruf der erst seit 1849 bestehenden »k.k. Geologische[n] Reichsanstalt« bei seinem Korrespondenzpartner einfach voraussetzen kann. Dass die geologische Landesaufnahme alle geologisch arbeitenden Kräfte der Provinzen in Wien bündelt, um die kurz zuvor begonnene geologische Kartierung aller habsburgischer Länder voranzutreiben,[106] ist in Fachkreisen außerhalb der Habsburgermonarchie bekannt, beweisen doch bereits die ersten umfangreichen Publikationen[107] über Detailergebnisse den Elan des Unternehmens. Und für Escher sind die Ergebnisse von zentralem Interesse.

Der verkürzende Bezug von den »unsrigen Beobachtungen« verweist zunächst auf die Kooperation zwischen der Reichsanstalt und dem Wiener kaiserlichen Museum, darüber hinaus auch auf die lokale Gemeinschaft jener Erdwissenschaftler, die von der Metropole Wien ausgehend geologische Begehungen der Kronländer unternahmen. Zudem adressiert Suess damit vermutlich einen weiteren Gemeinschaftsbezug, der ein staatlich-politisches Zusammengehörigkeitsgefühl meint. Die »imagined community«[108] der Nation und das lokale wissenschaftliche Kollektiv verschmelzen in dieser Deutungszuschreibung ineinander. Daraus ergeben sich Potentiale, die nicht nur das Bewusstsein einzelner Mitarbeiter stärken, vielmehr auch die geologische Arbeit in der imperialen Politik emotional verankern.

Scheinen sich die Sphären in dieser Kombination aber nicht wild zu vermischen? Keineswegs ist von zwei klar unterscheidbaren Entitäten – Wissenschaft hier und Politik bzw. Staat da – auszugehen. Vielmehr sind es die gegenseitigen realen und kognitiven Verflechtungen, die sich im politischen Milieu des Neoabsolutismus abspielen. Das »Wie« allerdings wird hier in dieser Analyse auf unterschiedlichen Deutungsebenen – der politischen Rhetorik in den wissenschaftlichen Texten, der Selbstdarstellung der geologischen Landesaufnahme, der Zusammenarbeit zwischen verschiedenen staatlichen Einrichtungen und der Verbindung von Administration und logistischer Ausführung – behandelt. In diesem Schritt des Argumentationsweges wird diese auf die Tätigkeit der Geologen selbst, nämlich auf die Praxis der geologischen Landes-

105 Arnold Escher schuf eine Vielzahl geologischer Detailkarten der Schweizer Alpen und gilt mit Bernhard Studer als »Urvater« der Schweizer Alpengeologie. Vgl. Wilhelm Gümbel, Arnold Escher von der Linth. Biographie in der ADB 6, S. 362–365.

106 Vgl. zur Geschichte der Institution einführend: Christina Bachl-Hofmann et al. (Ed.), Die Geologische Bundesanstalt in Wien. 150 Jahre Geologie im Dienste Österreichs (1849–1999) (Wien 1999), bes. S. 93 f.

107 Bereits das erste Jahrbuch der Geologischen Reichsanstalt (Wien 1850) umfasste 756 Seiten und stellte ein durchaus umfangreiches Arbeitsergebnis der Institution dar.

108 Vgl. Benedict Anderson, Imagined Communities. Reflections on the Origin and Spread of Nationalism (London 1991).

aufnahme bezogen. Dabei steht zur Diskussion, wie sich die Tätigkeit infolge einer gemeinsamen Kultur als Spezifikum dieser Einrichtung manifestierte und auch als »Denkkollektiv« zu verstehen ist.

Vielleicht geht diese politische Deutung im Fall von Eduard Suess auch etwas zu weit, denn man könnte das simple Argument einbringen, dass Suess sich ausschließlich auf seine Arbeitssituation in Wien bezog. Oder doch auf ein Denkkollektiv, in das er auch durch seine gemeinsame Geländearbeit mit Franz Hauer und der Profilierung als Paläontologe eng eingebunden war. In der Tat darf diese Sozialisierung nicht unterschätzt oder gar aus den Augen verloren werden, die als zentrale Konnektivität eines Ausbaus von örtlicher Identität der Geologenprofession wirkte. Die Feldarbeit war für die Selbstformung der Geologen als Geologen konstitutiv und der Geologenhammer wurde auch deshalb nicht zufällig zu ihrem Markenzeichen.[109]

Gemeinsame geologische Begehungsreisen bedingten die Kultur der Geologie, aber auch ihre Etablierung. Man reiste nie allein, sondern suchte sich Begleiter, mit denen man nicht nur die Logistik der Reise besser arrangieren, sondern auch die Beobachtungen teilen konnte. Blättert man in den 39 erhaltenen Tagebüchern (1839–1885) Hauers, so findet man reichhaltig Belege für dieses Argument. Keine seiner hunderten von Exkursionen wurde alleine unternommen, da finden sich Namen wie Simony (1840), Kudernatsch (1841, 1842), Redtenbacher (1843) Hocheder (1844), Haidinger (1845, 1846) Morlot (1846), Czjžek (1847), Hörnes (1848) Unger (1849), Reuss (1849), Freyer (1850), Hingenau (1852), Peters (1854, 1855), Suess (1854), um nur die ersten Jahre von Hauers Ausformung als Geländeforscher zu nennen. Während dieser oft mehrere Wochen dauernden Unternehmungen wurden Beziehungen geknüpft und Freundschaften geschlossen, die auch alle Krisen überdauerten. Die meisten der Namen finden sich in Hauers Tagebuch von 1860–1868 wieder.

Im Gelände unterwegs zu sein, bedeutete mitunter, unter freiem Himmel zu nächtigen oder einfache Unterkünfte gemeinsam zu teilen, wie etwa einen Heuboden.[110] Da konnte man sich auch einmal im Wald verirren, musste sich aufeinander verlassen können und lernte die Eigenheiten des Mitreisenden kennen, kurz, die gemeinsamen Erlebnisse außerhalb der Stadt banden die Naturforscher aneinander und schrieben sich in das Bewusstsein eines Kollektivs ein. Diese Erfahrungen untereinander schmiedeten die Mitarbeiter und Freunde der Reichsanstalt zusammen, gaben ihr Identität.

Die Identität der GRA findet ganz besonders in einer Quelle ihren Ausdruck, nämlich einer Scherzschrift, der satirischen Hausschrift »Neuer Freier Figaro«. Sie erschien insgesamt in 18 Heften in der Zeit von 1865 und 1866 und orientierte sich an

---

109 Marianne Klemun, The Geologist's Hammer – fossil tool, equipment, instrument and/or badge? In: Seeing and Measuring, Constructing and Judging: Instruments in the History of the Earth Sciences, ed. by Ana Carneiro and Marianne Klemun (= Centaurus, An International Journal of the History of Science and its Cultural Aspects, Vol. 53, Issue 2, 2011), S. 86–101.

110 Siehe dazu: GBA, Bibliothek und Archiv, Tagebuch Hauer, 18. August 1840.

den satirischen Wochenschriften der Zeit. Als handschriftliche Ausgabe ist sie Unikat, wurde von den Geologen Guido Stache und Carl Maria Paul entworfen und von Otto Bernhard Hingenau redigiert. Die Satire nimmt Sonderheiten der Persönlichkeiten und prägender Ereignisse der Anstalt mächtig aufs Korn. Sie karikiert in einem Leitartikel spezifische Konzepte bzw. Fachgebiete der Mitarbeiter und Freunde, widmet ihnen Elegien und dem schon dazumal aus der Gruppe herausragenden Individuum Eduard Suess gleich drei Entwürfe für ein ihm zu errichtendes Denkmal. Nicht auf einem hohen Ross sollte es seinen Ruhm verewigen, sondern auf einem Elefanten reitend. Bilderrätsel (Rebus) wie auch graphische Umsetzungen lockern die zeitungsähnliche Collage auf. Tagtägliche Probleme, die Einbettung in die Politik, die Spezifität erdwissenschaftlicher Arbeit, gereichen zur Parodie. Die Verspottung oder auch Verzerrung der Wirklichkeit funktioniert aber nur, wenn die Grundlage dafür bekannt ist, erst dann stellt sich die Erheiterung ein. Das Parodierte muss gut wiedererkannt werden können. Die Gruppenidentität muss so stark ausgebildet sein, dass sie diesen Spott über sich und einzelne Individuen auch erträgt. Als Abgrenzung fungieren negative Beispiele der Akademie, wie etwa: »In der Akademie der Wissenschaften finden sich Mitglieder zahlreich als Zuhörer von Vorträgen von Nichtmitgliedern ein.«[111] Und auch der große Feind der Reichsanstalt wird aufs Korn genommen: »Haidinger und Hörnes legen für ein Agenor-Denkmal (Gołuchowski ist gemeint!) einen Subscriptionsbogen an, den sie in Lemberg verbreiten.«[112]

Visuell wird die Geländearbeit mehrmals zum Thema gemacht, ein »Geologischer Feldgesang« ist nicht zufällig ebenfalls dieser Tätigkeit gewidmet: »Frisch auf Geologen ins Feld ins Feld / Ins Feld in die Aufnahme gezogen / Im Felde da ist der Geolog erst ein Held / Da wird sein Rath erst gewogen /Da tritt kein Anderer für ihn ein /Auf sich selber steht er da ganz allein.//Aus der Welt ist die Forschung geschwunden / man sieht nur Zöpf und Pedanten / die Bücher herrschen, das todte Papier / in Diary und Folianten / Nur wer der Natur in's Antlitz schaut / Gewinnt die Weisheit, die herrliche Braut. // des Schreibpults Zweifel er wirft hinweg / hat nicht mehr zu grübeln, zu fragen / Forscht in den Steinen die Wahrheit keck / Trifft er nicht heute, trifft es doch morgen. / Und trifft er's morgen, so läßt er sich heut / Nicht rauben durch Zweifel die köstliche Zeit. // Mit dem Hammer bricht er sein Wissen los / brauchts nicht aus Büchern zu schöpfen / der ›Büffler'sucht in Folianten bloß / Da meint er die Weisheit zu schöpfen / Er liest und schreibt das Gelesene ab / bis er einst schreibend sinkt in sein Grab! // der Chefgeolog und seine Lumpen / sie sind willkommene Gäste / Es flimmern die Lampen im Moraven / Auf der Tafel steht das Beste / Er ist nicht blöde / er ziehrt sich nicht lang / Und Ehre macht er dem guten Empfang. // Wärme weilet er nicht und eilt weiter von hier / Von Neutra dahin zu fahren / Er kommt ja wieder ins – Hauptquartier / des weiß er sich schon zu bewahren / Die Sommercampagne sie

111 GBA, Bibliothek und Archiv, G1087 III, 1. Jg., Nr. 1.
112 GBA, Bibliothek und Archiv, G1087 III, 1. Jg., Nr. 2.

treibt ihn fort / Doch wiederzukehren gibt er sein Wort.// Drum frisch Kameraden den Hammer zur Hand / Den Fuß in Bundschuh geschnürt / Der Frühling ziehet, der Sommer ins Land / Frischauf eh' der Winter sich rührt / denn ziehet ihr nicht im Frühjahr aus / Nie kommt ihr mit Resultaten nach Haus.«[113]

Während in diesem Gedicht einerseits die naiv zugeschrieben Vorstellung von Feldarbeit als einer von Theorie abgekoppelten Tätigkeit ironisch hochgejubelt wird und das Festmahl sich einstellt, zeigen Karikaturen etwa die Gefahren, »Was dem Geologen anno 1866 in Ungarn passiren [!] kann«: »Es reiset um des Maies Mitte / Der Geolog in die Trachyte«, »sein erster Fund ist ein unsinnig grosser Hund«, er flüchtet sich vor dem ins »Kukurutz feld«[sic], von einem Bauern wird er erfasst und bricht schließlich seine Exkursion ab: »Der Geolog spricht unverhohlen / Trachyte mag der Teufel holen.«[114]

Während die Mitglieder der Reichsanstalt eine gemeinsame Kultur ihrer im Feld ausgeübten Praktiken entwickelten, wuchs ihre Identität umso stärker zusammen und wurde auch von nichtangestellten Freunden mit ihnen geteilt.

113 GBA, Bibliothek und Archiv, G1087 III. 2. Jg., Nr. 11.
114 GBA, Bibliothek und Archiv, G1087 III, 1. Jg., Nr. 2.

Abb. 7: Gruppenbild der Mitarbeiter der »k.k. Geologischen Reichsanstalt im Jahre 1865.

7. Wissenschaftsmodelle im Konflikt: Akademie der Wissenschaften versus Geologische Reichsanstalt

Das behördliche Ansinnen der Eingliederung der »k.k. Geologische[n] Reichsanstalt« in die »k.k. Akademie der Wissenschaften« in Wien lässt sich zweifellos ganz einfach als Ergebnis der Auflösung eines Ministeriums, der damit verbundenen Ressortumschichtung und der Einsparungsnotwendigkeit infolge notorischer Finanznot des Staates und der Budgetüberschreitung durch die Reichsanstalt erklären. Bei genauerer Quellenanalyse und Kenntnis der Wissenschaftslandschaft zeigen sich dabei jedoch weitaus komplexer gelagerte Fronten. Diese kreuzten unterschiedliche Ebenen untereinander. Differente Formen der Wissenschaftsorganisation, der Vorstellungen von Hegemonie der Akademie gegenüber allen anderen Einrichtungen, der Binnengliederung der Wiener Wissenslandschaft wie auch ihrer Größenordnungen traten in Konkurrenz zueinander. Auch charakteristische Aspekte von Gegensätzen disziplinärer Natur lassen sich dabei ausmachen, wie sie in den ersten Jahren des Bestehens beider Einrichtungen aufbrachen.

Krisen tragen das Moment des Veränderungspotentials in sich. Sie können bei Konkurrenz zweier Pole zu Ungunsten oder Gunsten einer der beiden erfolgen. Die Rolle der Zweckdienlichkeit ist damit zentral.[1] Die Frage, wem von den beiden eine Unterordnung der Reichsanstalt unter die Akademie mehr nützen hätte sollen, verweist eindeutig auf den großen finanziellen und konzeptionell-inhaltlichen Gewinn, den die Akademie daraus gezogen hätte. Sie hätte eine äußerst aktive und produktive Einheit in ihr System inkorporieren können, deren Budget ursprünglich zudem jenes der ganzen Akademie bei weitem übertraf. Es handelte sich um die sehr hohe Summe von 31.000 Gulden, die der Reichsanstalt von Anfang an bewilligt worden war. Da deren Führung ohnehin auch als aktive Mitglieder der Akademie tätig war, hätte eine Eingliederung eindeutig eine Reduzierung ihres Aktivitätsradius bedeutet.

Abgesehen vom finanziellen Vorteil standen einander zwei ganz unterschiedliche Modelle der Wissenschaftsorganisation gegenüber. Auf der einen Seite war da die Akademie als elitäre Gelehrtengesellschaft, die ihre Mitglieder selektierte, indem sie diese als außerordentliche Wissenschaftsindividuen identifizierte und deren umfangreiche Publikationstätigkeit damit würdigte. Auf der anderen Seite existierte die Reichsanstalt als eine staatliche Institution, die bei ihren fix angestellten Mitarbeitern zwar ebenfalls auf Exzellenz setzte, dabei aber bezüglich der saisonal bedingten

1 Siehe dazu: Karl Kadletz, Die Geologische Reichsanstalt im Schicksalsjahr 1860, a. a. O, S. 63 f und Karl Kadletz, »Krisenjahre« zwischen 1849 und 1861. In: Christina Bachl-Hofmann et al (Eds.), Die Geologische Bundesanstalt in Wien. 150 Jahre Geologie im Dienst Österreichs (1849–1999) (Wien 1999), S. 78–92.

Feldarbeit stets den Nachwuchs im Blick hatte. Während die Akademie sich auf alle Gebiete des Wissens und ihre Repräsentanten bezog, rückte die Reichsanstalt das gemeinsame, einheitliche Forschungsprojekt bezogen auf die Monarchie in den Mittelpunkt, wofür bereits seit der Gründung eine klare Vorgabe bestand. Sie tat allerdings darüber hinaus mehr, denn sie fungierte stärker als die Akademie und die erst seit 1848 Konturen annehmenden Naturwissenshaften an den Universitäten als Zentrum der Naturwissenschaften. Als wissenschaftliche Hochburg führte die Reichsanstalt einerseits die Erdwissenschaften in ihrer forcierten Publikationstätigkeit zusammen und andererseits reichte sie durch ihre über die Institution hinausgehende Kommunikation in alle bestehenden Sozietäten, Institutionen sowie Bereiche der Naturwissenschaften hinein, so in die Botanik, Zoologie, Physik und Chemie, Montanistik wie auch Geographie. Da Haidinger und Hauer ohnedies auch an der Akademie als Mitglieder angeschlossen waren, stellte der Verlust eines Standbeins von beiden tatsächlich auch einen evidenten Nachteil dar. Die Protagonisten der Reichsanstalt hatten ihre eigenen äußerst erfolgreichen und international beachteten Organe der Publikationen etabliert, deren Exzellenzen, Haidinger und Hauer, ferner auch zu den Publikationen der Akademie beitrugen.

Als Wilhelm Haidinger, Direktor der Reichsanstalt, bezüglich des ministeriellen Vorschlages einer Vereinigung mit der Akademie vom Ministerium um eine Stellungnahme gebeten wurde, argumentierte er zunächst mit der unterschiedlichen »Verfassung« der beiden Entitäten bei seiner entrüsteten Absage einer allfälligen »Einverleibung«:

> Die Kaiserliche Akademie der Wissenschaften stellt in ihrer Gliederung ein Wahlreich, und da die Verbindung der ihr anvertrauten Baarsummen auf wissenschaftliche Arbeiten, aus allen Gebieten des menschlichen Wissens, eine Reichsversammlung vor, bei welcher die jedesmaligen Beschlüsse durch Stimmenmehrheit geschehen. Anträge werden eingebracht von Einzelnen, – beurtheilt von Sachverständigen der Klasse, die weil alle Wissenschaftszweige repräsentirt sind, stets nur eine Minorität machen, – durch Abstimmung bewilligt oder verworfen von der Majorität.[2]

Die Gelehrtengesellschaft der Akademie als »Wahlreich«, so Haidinger, unterscheide sich von einem staatlichen Gebilde, das inhaltlich »nach Einer Richtung hin« wirkte, einem Institut, das sich seiner »speciellen Aufgaben bewußt ist«[3]. In seinem Rückblick auf die »gesellschaftlichen Formen der Naturwissenschaft«[4] brachte er die Verfassung der Akademie auf den Punkt: »Die kaiserliche Akademie der Wissenschaften ist keine

2 AVA, Karton 73 b, Haidinger an Bach, 22. Mai 1853, Nr. 3443/MI 252 1853, fol. 64–73.
3 AVA, Karton 73 b, Haidinger an Bach, 22. Mai 1853, Nr. 3443/MI 252 1853, fol. 64–73.
4 Wilhelm Haidinger, Der 8. November 1845. Jubel-Erinnerungstage. Rückblick auf die Jahre 1845 bis 1870. In: Die Realschule (1870), S. 3.

freigebildete Gesellschaft, die aus ihrem freiwilligen Entschlusse jedes Einzelnen hervorgegangen wäre. Ihr Charakter ist der einer mehr ausschliesslichen, durch Stiftung gebildeten Körperschaft.«[5] Freiwilligkeit und Mitbestimmung, das war das Motto der »Freunde der Naturwissenschaft« gewesen und ihr Elan sollte, so auch Hauers Bestreben, in die Akademie einfließen: Darin sahen beide, Haidinger und Hauer, die Zukunft der Akademie, wie Hauer an den Mittelschulprofessor Benedikt Kopetzky bereits im März 1848 schrieb:

> Schon jetzt hat Haid[ingers] Stimme großes Gewicht und je mehr Anhänger der kleinen Akademie [=Freunde der Naturwissenschaften] in die große [Akademie der Wissenschaften] kommen um so besser ist es. [...] Die Geldkräfte der letzteren so gut wie möglich auszubeuten soll unser eifrigstes Bestreben sein, wozu bereits ein schöner Anfang gemacht ist. Geologische Detailkarte, Reise nach England etc.[6]

Lag darin einer der großen Zwiste zwischen dem Präsidenten der Akademie und dem zu diesem Zeitpunkt noch Direktor des »Montanistische[n] Museum[s]« und dem Hauptinitiator der »Freunde der Naturwissenschaften«, dass alle die Aktivitäten, die Haidinger setzte, als Konkurrenz zur Akademie gedeutet wurden? Dieser Aspekt trug sicherlich dazu bei. Die Akademie schien Haidinger später als »mehr zufällig« funktionierende, und durch »nicht vorbereitete Fälle der mannigfaltigsten Art« beruhende Forschung zu evozieren, weil sie nur Arbeiten publizierte, die »von Einzelnen« eingebracht würden, und die kaum auf Gemeinschaftsprojekten basierten. Das Individuum und nicht das Kollektiv befand sich in der Akademie im Mittelpunkt der Aufmerksamkeit. Das grenzte sie komplett von dem Kollektiv der Reichsanstalt ab, deren Mitarbeiter durch eine intensive Kooperation im Feld wie auch am Konferenztisch eine ebenfalls herausragende gemeinsame Leistung erbrachten. Individuen mit Einzelinteressen im Innern der Akademie mit einer einheitlichen Ausstrahlung nach Außen standen der kollektiv erarbeiteten diskursiven Kommunikationsform in der Reichsanstalt gegenüber. Das »Viribus unitis« war den Geologen nicht nur ein Wahlspruch, sondern manifestierte sich in der Praxis der Arbeit.[7] Infolge ihrer Zugkraft auf die Naturwissenschaften in Wien und infolge ihrer Vorgeschichte (»Freunde der Naturwissenschaften« und »Montanistische[s] Museum«), infolge der ebenfalls von den Mitarbeitern dominierten Vereine und besonders infolge der publizistischen Präsenz in den Printmedien (»Wiener Zeitung«, »Augsburger Allgemeine« und »Das Vaterland«) wurde die »k. k. Geologische Reichsanstalt« in der Öffentlichkeit eindeutig als Exzellenzzentrum der Naturwissenschaften dargestellt.

---

5 Wilhelm Haidinger, Der 8. November 1845. Jubel-Erinnerungstage. Rückblick auf die Jahre 1845 bis 1870. In: Die Realschule (1870), S. 3.

6 Brief Hauers an Benedikt Kopetzky, 10. März 1848, GBA, Bibliothek und Archiv, Briefe Hauers.

7 Siehe Kap. 6.4.

Der Direktor der Reichsanstalt verfüge über eine »Autorität«, so Haidinger, die ausschließlich der Verantwortung des Ministeriums unterstehe. Entscheidungsprozesse, wie sie in der Akademie laut Haidingers Meinung zu sehr vom Präsidenten der Akademie beeinflusst seien und zudem eben von Wahlberechtigten, die fachlich gesehen eher eine Minorität bildeten und dennoch über fachliche Güte entscheiden würden, unterschieden sich von jenen an der Reichsanstalt:

> Der letztere Einfluß [des Präsidenten] ist so groß, daß man ihn bei Weitem den überwiegenden nennen darf, denn die Akademie ist so gestellt, daß gewiß jedes Mal die Wahl zum Präsidenten auf dasjenige Mitglied der Akademie fallen wird, welches den größten Einfluß nach aussen besitzt, oder dem man einen solchen zutraut. Die Haltung der Akademie wird stets ein Spiegel des Geistes und Einflußes ihres jedesmaligen Präsidenten darstellen.[8]

Während die Akademie stärker von politischen Gegebenheiten abhänge, würden Entscheidungsprozesse der Reichsanstalt völlig fern eines Einflusses im Binnenraum ausgetragen und gemeinsam gefällt, abhängig von einer sich international formierenden *Wissenschaftlichen Community* der Erdwissenschaften. Die Entscheidungen würden dann von der »Autorität« eines Direktors dem Ministerium vorgelegt. Nicht zufällig bezog sich Haidinger in einer späteren Darstellung auf den Aspekt der »freiwilligen Arbeit« und der »unabhängigen freiwilligen Anerkennung«[9] der von ihm evozierten Sozietätsaktivitäten, die er als Grundlage der Reichsanstalt identifizierte: »Wenn auch in den strengen Formen eines Instituts, einer Anstalt gegründet für umschriebene Arbeiten, blieb doch der Geist der letztern so viel es möglich war, in dem Rahmen des Grundsatzes der ›freiwilligen Arbeit‹ und ›freiwilligen Anerkennung.‹«[10]

Kommen wir zurück zu Haidingers Stellungnahme des Jahres 1853. Er kritisierte an der Akademie das verzögernde Publikationsverhalten, das tatsächlich im krassen Gegensatz zu der erfolgreichen Publikationstätigkeit seiner eigenen Institution stand. Die Schwerfälligkeit der Akademie hatten auch andere Akademiker in der Tat als Behinderung der Arbeit beklagt.[11] Das »Abwarten« bei Anträgen bezüglich der Druck-

8 AVA, Karton 73 b, Haidinger an Bach, 22. Mai 1853, Nr. 3443/MI 252 1853, fol. 64–73.

9 Wilhelm Haidinger, Der 8. November 1845. Jubel-Erinnerungstage. Rückblick auf die Jahre 1845 bis 1870. In: Die Realschule (1870), S. 3.

10 Wilhelm Haidinger, Der 8. November 1845. Jubel-Erinnerungstage. Rückblick auf die Jahre 1845 bis 1870. In: Die Realschule (1870), S. 4.

11 So beklagte sich Franz Unger gegenüber seinem Fachkollegen Martius, dass seine Werke in der Akademie Jahre auf eine Publikation warten mussten und der Druck der Visualisierung der Erdzeitalter immer wieder verschoben wurde. Siehe dazu: »Die Kais. Academie hat mir meine ›Landschaftlichen Darstellungen Vorweltl. Perioden‹ zurückgestellt, ohne hierüber noch zu einem Entschlusse gekommen zu seyn. Ich will nun aber nicht länger mehr säumen, und sie in München lithographiren lassen. Um mir den rechten Künstler dazu auszusuchen, der jetzt vielleicht eher als zu einer anderen Zeit, zu haben seyn

legungen und die mangelnde Unterstützung bei gemeinsamen Projekten zeigten, so Haidinger, eine bedauerliche Entwicklung auf:

> Man sieht also deutlich, daß in der Kaiserlichen Akademie der Wissenschaften für Verwendung von zur Disposition stehenden Geldmitteln lediglich ein Abwarten von vorkommenden Anträgen Statt[!] findet, welche mehr oder weniger gänzlich, in ihrer ersten Vorlage und in ihrer Behandlung vom Zufalle abhängen. Kein Beschluß aber kann für ein künftiges Jahr gefaßt werden. Selbst von denjenigen Werken, welchen bloß noch die Publikation fehlt, verlangt die Akademie in der Regel, daß man sie ganz druckfertig vorlege. Die Honorare für Sitzungsberichte erscheinen in dem letzten Rechnungsausweise für 1851/2 in der naturwissenschaftlichen Klasse mit 3.671 fl, für Druckschriften mit 4.038 fl 40 kr, die Auslagen für Herausgabe einzelner Werke mit 6.096 fl 1 kr. Für Unterstützung wissenschaftlicher Arbeiten (und zwar mit Inbegriff der Anschaffung von Instrumenten) wurden für alle Zweige der Naturwissenschaften nur 1460 fl 28 kr verausgabt. An Einleitungen von eigentlichen zusammenhängenden Arbeiten ist also nach den Einrichtungen der Akademie nicht zu denken.[12]

Die harsche Kritik Haidingers an der schleppenden Publikationstätigkeit der Akademie rief bei deren Präsidenten Baumgartner, der diese Stellungnahme vom Minister erhalten hatte, eine Replik hervor, die kaum überraschend negativ für die »k.k. Geologische Reichsanstalt« ausfiel. Aus der Sicht Baumgartners waren die Ziele der Akademie und der Reichsanstalt ident und eine Trennung sei nur durch »persönliche« und nicht wissenschaftliche »Rücksichten hervorgerufen«[13] worden.

Baumgartner berief sich idealisierend als der Kopf der Gelehrten auf die Einheit der Wissenschaften, die nicht durch künstliche Grenzen getrennt werden könne: »Die verschiedenen Aeste, in die sicher der Baum der menschlichen Erkenntniße spaltet[,] bestehen eben nur im menschlichen Geiste, nicht aber in der Natur u[nd] es enthält die Letztere nicht eine Physik u[nd] Chemie, von einer Naturgeschichte und Geologie sondern es hat nur die Beschränktheit des Geistes zu diesem Phänomen geführt.«[14]

Das bedeutete eine klare Absage an Spezialisierung, wobei sich hier Baumgartner interessanterweise recht altmodisch auf die alte Naturgeschichte bezog und nicht auf die Naturwissenschaften. Er prägte eine Unterscheidung zwischen der Fächergruppe Che-

dürfte, muß ich selbst nach München kommen. Vieles wird sich durch mündliche Instructionen besser deutlich machen lassen, als durch die ausführliche briefliche Anweisung.« Brief Ungers an Martius, 25. Juli 1848, Martiusiana II, Staatsbibliothek München, Handschriftensammlung. Zu dieser Kritik gibt es auch viele Einträge im Tagebuch von anderen Akademiemitgliedern.

12 AVA, Karton 73 b, Haidinger an Bach, 22. Mai 1853, Nr. 3443/MI 252 1853, fol. 64–73.

13 AVA, 1 GRA, K 73 b, Gutachten Baumgartners an Bach, Abschrift aus dem I. M. im K.1 der GBA-Briefe, unter Baumgartner, 24. April 1854.

14 AVA, 1 GRA, K 73 b, Gutachten Baumgartners an Bach, Abschrift aus dem I. M. im K.1 der GBA-Briefe, unter Baumgartner, 24. April 1854.

mie sowie Physik einerseits und Naturgeschichte sowie Geologie andererseits. In der Tat hatten die Geologen sehr erfolgreich in erster Linie besonders Chemiker angezogen, aber auch mit Botanikern, Zoologen und Physikern sehr eng in den unterschiedlichen Vereinen kooperiert. Sie ignorierten Baumgartners Fächergruppenordnung. Und so mancher Chemiker wechselte die Seite zu der Gruppe »Naturgeschichte und Geologie«, wie etwa der Chemiker und Professor der Universität Wien, Joseph Redtenbacher (1810–1870), über den Hauer am 14. März in sein Tagebuch notierte, dass Redtenbacher bezüglich anstehender Wahlen in der Akademie gemeint habe: »Nur durch starres Zusammenhalten und namentlich auch durch Bildung einer Clique in der anderen Klasse sei es möglich geworden, gegen die vereinigten Physico-Mathematiker durchzudringen.«[15]

Der math.-naturw. Klasse mangelte es oft an Einigkeit, die Haidinger mit Hauer herstellen wollte und auch durch ihre intensiven Kommunikationsstrategien nach den Sitzungen durch ihre Gespräche mit anderen Akademiemitgliedern (wie etwa dem Astronomen Littrow, dem Physiologen Brücke etc.) evozierte. Dennoch bildeten die Erdwissenschaftler den aktivsten Block, da ihre Publikationen sämtliche erdwissenschaftliche Themen (Mineralogie, Paläontologie und Geologie) vereinten, das belegen auch die Protokolle der Gesamtsitzungen.[16] Zudem waren sie bei praxisbezogenen Problemen bezüglich Montanwissenschaften, Industrie und Bauwesen immer gefragt.

Baumgartner verwies in seinem Gegengutachten auf die Tatsache, dass die Akademie über sieben »kenntnisreiche Geologen« verfüge, die in die Arbeit der Reichsanstalt einbezogen werden könnten. In der Tat war die Gruppe der Erdwissenschaftler innerhalb der Akademie eine sehr starke. Ami Boué, ebenfalls Akademiemitglied, Privatgelehrter und Geologe, zählte zudem ohnehin eindeutig zum weiteren Kreis der Reichsanstalt. Franz Unger, Professor der Universität, ebenfalls Akademiemitglied der ersten Stunde, stand zwar als Paläobotaniker in Kontakt zu Hauer, war allerdings eher ein Einzelgänger. Der Rest der Akademiemitglieder setzte sich ausschließlich mit Mineralogie auseinander. So zeigte sich Professor Zippe als einziger Vertreter der Universität Wien als Mineraloge der Geologie sehr ablehnend gegenüber, indem er die Mohs'sche Tradition in ihrer Konzentration auf äußerliche Merkmale der Mineralien aufrechthielt. Demgegenüber hatte sich Haidinger als international anerkannter Mineraloge, der sich auf die chemische Analyse bezog, einen außerordentlichen Namen gemacht. Auch wenn Haidinger sein Einvernehmen mit Zippe aufrechterhielt, zeigten sich die Brüche, da Zippe im Hintergrund immer gegen die Geologie wirkte. Auch Leydolt als Professor der Naturgeschichte und Mineralogie am Polytechnikum und Reuss als Professor der Mineralogie an der Universität Prag lehrten nicht Geologie, was die spezifische Arbeit der Reichsanstalt bei der Begehung kaum unterstützt hätte, allerdings standen sie ohnehin in regem Kontakt zur Reichsanstalt.

---

15 Siehe die Stelle in der Edition.

16 Diesen Eindruck unterstreichen die Protokolle der Gesamtsitzungen. Siehe dazu AÖAW, Protokoll der Gesamtsitzung, AÖAW, Protokolle der Gesamtsitzung 1847–1860.

Baumgartner betonte auch die Tatsache, dass die Akademie ohnehin ebenfalls Arbeiten der Geologen publiziere. In der Tat hatte die Gruppe um Haidinger, wie schon erwähnt, sehr wohl die Publikationsmöglichkeit der Akademie für sich aktiv in Anspruch genommen und darüber hinaus in ihren Geologischen-Reichsanstalts-Publikationen Arbeiten vieler Kollegen aus der ganzen Monarchie in diese integriert. Baumgartner konstatierte: »[...] es schweifen oft die Mitglieder der geologischen Reichsanstalt über die Gränzen hinaus.«[17] Sah er diese Grenzen disziplinär oder akademisch-populär gegeben? Was als große Leistung öffentlich sichtbar war, nämlich die Anwendungsorientiertheit, Integration der Teilbereiche der Erdwissenschaften und Konnektivität geologischen Wissens mit anderen Wissensbereichen, versuchte Baumgartner offenbar als Negativum auszuweisen.

Auch die Tatsache, dass die geologischen Aufnahmen von »unerfahrenen jungen Leuten, Bergwerkspraktikanten, sogar Dienern anvertraut« würden, bekrittelte Baumgartner. Das war tatsächlich der Fall, aber die Hilfsgeologen waren eben jene Gruppe, die im Feld angelernt wurde. Unter diesen jungen Kräften befanden sich allerdings Persönlichkeiten, die fast durchwegs danach ihre steile Karriere antreten sollten, etwa Carl Ferdinand Peters, der kurz Professor in Wien und danach in Graz wurde, Ferdinand Hochstetter, der bedeutende geologische Erschließer Neuseelands und spätere Direktor des Naturhistorischen Hofmuseums, oder etwa Ferdinand von Richthofen, der bekannte Reisende in China. Gerade in diesem dynamisierenden Element lag das Erfolgsrezept der Reichsanstalt. Und sie hatte eine glückliche Hand bei ihrer Personalauswahl. Sie zog Nachwuchswissenschaftler an, die ihre bedeutenden empirischen Erfahrungen machen konnten, um sonach gut vorbereitet eine Karriere in der Universitäts- und Forschungslandschaft professionell zu durchlaufen. Aus Dankbarkeit für die ihnen gebotenen Möglichkeiten blieben sie der »k.k. Geologischen Reichsanstalt« weiterhin verbunden, was an den Einträgen Hauers in sein Tagebuch nachweisbar ist. Somit floss Wissen und Information dynamisch zurück und stärkte die Reichsanstalt. Die Expedition der »Novara« belegt dies sehr anschaulich, denn in diesem Fall wurden durch Scherzer und Hochstetter direkte Kontakte in der Welt geknüpft, die nicht nur den Sammlungen, sondern auch dem Netzwerk der Reichsanstalt zugutekamen.[18]

Ein spezieller Fall ist in diesem Zusammenhang noch zu erwähnen. Mit Baumgartners Andeutung könnte der ehemalige Leopoldstädter Schustergeselle Heinrich Wolf (1825–1882) gemeint sein,[19] der 1850 zunächst als Träger für die Geländearbeiten aufgenommen worden war und es im Jahre 1877 bis zum Chefgeologen gebracht hatte.

---

17 AVA, 1 GRA, K 73 b, Gutachten Baumgartners an Bach, Abschrift aus dem I. M. im K.1 der GBA-Briefe, unter Baumgartner, 24. April 1854.

18 GBA, Bibliothek und Archiv, Amtsarchiv, Nr. 375, 1860, 21.45. 1860. Es war eine Sendung von Mineralien erfolgt. Auch eine Sendung aus Chile zählte dazu. Vgl. GBA, Bibliothek und Archiv, Amtsarchiv, 1860, Nr. 19, 14. Jänner, Sendung von Wüllerstorf-Urbair aus Chile.

19 Franz Hauer, Todes-Anzeige. In: Verhandlungen der k.k. geologischen Reichanstalt 14 (1882), S. 253–255.

Bei seinen Hilfsdiensten roch er Lunte, besuchte neben seiner Tätigkeit als Diener an der Reichsanstalt auch den Vorbereitungskurs am Polytechnikum und absolvierte fünf Jahrgänge des Polytechnikums (heutige Technische Universität). 1862 wurde er (lange nach Baumgartners Gutachten) als zeitlicher Geologe angestellt. Er wurde auch zu einem glühenden Verehrer Darwins und war in dem von Ernst Haeckel Darwin gewidmeten prominenten Foto-Album des Jahres 1877 vertreten.[20] Dieses Beispiel belegt die glückliche Hand der Leitung bei der Auswahl des zeitlichen Personals der Reichsanstalt. Nicht Standesdünkel, sondern Begeisterung und Leistung bestimmte die Aufstiegsmöglichkeit von jungen Kräften.

In den Augen Baumgartners war die Reichsanstalt eindeutig aus der Akademie hervorgegangen, indem die Akademie die geologische Durchforschung der österreichischen Monarchie eingeleitet habe. Am 2. Dezember 1847 war bereits eine Kommission ernannt, »um die Mittel zu berathen, wie eine geognostische Karte der Monarchie zu Stande gebracht werden könne.«[21] Ferner verwies Baumgartner auf die Unterstützung der beiden Geologen Hauer und Hörnes, die 1848 zum Zwecke der Begutachtung der staatlichen geologischen Dienste in Frankreich und England von der Akademie finanziert ausgeschickt worden waren. Seine Argumentation ignorierte sowohl die eigentliche Vorgeschichte der »k.k. Geologische[n] Reichsanstalt« und der Akademie als auch die wesentliche Einflussnahme Haidingers als Mitglied der Akademie auf alle die Geologie fördernden Entscheidungen.

Dieser Aspekt hatte seine Wurzeln in den 1840er Jahren. Haidinger hatte sich intensiv für einen wissenschaftlichen Treffpunkt eingesetzt und 1840 Baumgartner und Schrötter für seinen Plan einer naturwissenschaftlichen Vereinigung gewinnen wollen. Baumgartner als Direktor des Tabakwesens in Österreich hatte damals Haidinger auf eine spätere Zeit verwiesen. Haidinger verfolgte jedoch gemeinsam mit Schrötter und Ettingshausen den Plan weiter und so wurde eine erste Sitzung mit ausgearbeiteten Statuten am 1. Dezember 1845 einberufen. Das hatte den schon lange an einer Gesamtakademie interessierten Botaniker und Sinologen Stephan Ladislaus Endlicher alarmiert und aktiviert, sich auf die Aktivitäten des Jahres beziehend, eine eigene Eingabe gemeinsam mit Arneth und Baumgartner am 9. Jänner 1846 für die Akademiegründung zu formulieren, die von Fürst Metternich abgefangen wurde. Über deren weitere Entwicklungen waren Eingeweihte wie Endlicher zu Verschwiegenheit verpflichtet, was Haidinger irritierte und im Rückblick in Analogie zu seinen Bemühungen folgend eingeschätzt hatte: »Die Akademie hing immer als Gewitterwolke am Horizont.«[22]

---

20 Darwin Correspondence Project, online, Photograph Album, of German and Austrian Scientists. EH 88202652.

21 VA, 1 GRA, K 73 b, Gutachten Baumgartners an Bach, Abschrift aus dem I. M. im K. 1 der GBA-Briefe, unter Baumgartner, 24. April 1854.

22 Wilhelm Haidingers Lebenserinnerungen, UB Wien, Manuscripta 512, neue Sign. I 165.760, fol 42v und 43r.

Haidingers Verein, die »Freunde der Naturwissenschaften«, wurden jedoch von ihm zeitgleich etabliert und als »kleine Akademie« von Freunden bezeichnet, so seine Einschätzung. »Spötter oder Übelwollende« nannten sie »die Winkelakademie.«[23] Jedenfalls handelte es sich im Falle von Haidingers Verein um eine nicht von allen sozietätsbewegten Gelehrten begrüßte Parallelaktion, an der Baumgartner auch nicht teilgenommen hatte. Dieses Konkurrenzverhältnis zwischen den so erfolgreichen »Freunden der Naturwissenschaften« und der danach gegründeten Akademie der Wissenschaften übertrug sich auf die nur kurz später ins Leben gerufene Reichsanstalt. In den Rückblicken auf die Gründung der Akademie wurden sie verschwiegen, was Haidinger zur späteren emotionalen Darstellung seiner Version veranlasste.[24] Offensichtlich hatte die alte Geschichte bei beiden, Baumgartner und Haidinger, ihre Ressentiments hinterlassen, wiewohl zuvor zwischen ihnen ein sehr gutes Einvernehmen bestanden hatte.

Baumgartners negative Einschätzung der Reichsanstalt des Jahres 1854 fand neben der Tatsache, dass er die finanzielle Gebarung und die Ausgaben für »unnütze Arbeiten« und die Führung durch eine Person als nicht sinnvoll erachtete, ihren Höhepunkt in der Kritik an der praktischen Durchführung der geologischen Erforschung der Monarchie:

> Man hat die Erforschung der geologischen Verhältnisse des Reiches von dessen Mittelpunkt d. h. von dem ohnehin gut erforschten Theile aus begonnen, und wird erst nach vielen Jahren dahin gelangen, wo noch alles unbekannt ist; man beschäftigt sich mit Dingen, die dem eigentlichen Zweck völlig fremd sind. Es werden nur Thatsachen für hypothetische Theorien gesucht, nicht aber Anhaltspunkte um aus den Vorkommnissen auf die Oberfläche der Erde in ihren obersten Schichten, auf das schließen zu können, was weiter im Inneren mit Erfolg gesucht werden kann, oder was man sicher nicht finden werde. Man wird, wenn der Bestand dieser Anstalt noch einige Jahrzehnte dauert, wissen, welche Vegetation in Österreich vor mehreren Jahrtausenden bestanden habe, nicht aber welchem Wachsthum der Boden jetzt zusage.[25]

Diese Beurteilung der Vorgangsweise stand Baumgartner eigentlich nicht zu und sie schöpfte aus einer allgemeinen Skepsis gegenüber geologischen Theorien, die sich oft auch in der beschwichtigenden Bezeichnung »Geognosie« manifestierte. Geognosie, der Terminus bezog sich auf die Stratigraphie, die Voraussetzung der Geologie. Später, in einer Promemoria des Jahres 1857, ging Foetterle auf Baumgartners Vorwurf ein und brachte das Verhältnis von reiner Wissenschaft und praktischer Anwendung auf den Punkt:

---

23 Wilhelm Haidingers Lebenserinnerungen, UB Wien, Manuscripta 512, neue Sign. I 165.760, fol 42v und 43r.

24 Wilhelm Haidingers Lebenserinnerungen, UB Wien, Manuscripta 512, neue Signatur I 165.760,

25 AVA, 1 GRA, K 73 b, Gutachten Baumgartners an Bach, Abschrift aus dem I. M. im K.1 der GBA-Briefe, unter Baumgartner, 24. April 1854.

> Die Pflege der reinen Wissenschaft, wie dieß die Aufgabe der Akademie bildet, ist von der praktischen Anwendung und Ausführung noch sehr verschieden; und hierin liegt auch der größte Unterschied zwischen der Aufgabe der Kais. Akademie und der Geologischen Reichsanstalt, in welchen beiden die Geologie vertretten[!] ist. In der Kaiserl. Akademie bildet die Geologie einen Zweig der Naturwissenschaften ohne Rücksicht auf die Verwendbarkeit für den Staat, dem die Akademie angehört; daher kennt auch die hier vertrettene Wissenschaft, wie ganz richtig der Präsident bemerkt keinen Gränzen; in der Geologischen Reichsanstalt ist jedoch die in der Akademie vertrettene Geologie als Wissenschaft, nur das schon bekannte Prinzip, das jedem bekannt sein muss, der bei der geologischen Landesaufnahme verwendet wird. Hier liegt auch der Grund, daß die Mitglieder der Anstalt Aufsätze, welche die Geologische Wissenschaft behandeln, in den Akademieschriften veröffentlichen; und daß diese Letzteren in dieser Richtung mit den Publikationen der Anstalt harmoniren. So gut wie der Geometer, der Geograph nach den Prinzipien der Geometrie seine Vermessung ausführt, so führt der Geolog seine Aufnahme nach den Prinzipien der Geologie aus.[26]

Die Betonung, dass die Geologen der Reichsanstalt bei ihren Begehungen auf dem neuesten Stand des theoretischen Grundlagenwissens operierten und dieses Wissen auch selbst erzeugten, war ein wichtiges Argument, warum die Arbeit der Reichsanstalt nicht als praktische Routinearbeit abqualifiziert werden könne. Später, im Jahre 1860 allerdings, wurde die praktische Bedeutung der Arbeit erneut für die Öffentlichkeit in den Vordergrund gerückt.[27]

---

26 AVA, Präs. Akten, K 73 b., Promemoria von Foetterle, 22. Nov. 1857.

27 [Anonymus] Augsburger Zeitung, Wien, 29 Jun. 1860, Beilage zu Nr. 181, Nr. 29, S. 3021. »Bei der gänzlichen Verschiedenheit der Stellung und Leitung dieser beiden Institute mußte die Nachricht von der bevorstehenden Vereinigung der geologischen Reichsanstalt mit der kaiserl. Akademie der Wissenschaften jeden unparteiischen Patrioten mit Befremden und Verwunderung, ja mit tiefem Bedauern erfüllen. Ohne erhebliche Ersparnisse dadurch zu erzielen, übt man eine Art Strafgericht über ein Institut dessen Leistungen und Ergebnisse seit dem Decennium ihres Bestehens nicht nur vom Inland, sondern auch vom Ausland hoch erhoben und gerühmt wurden, welche Alexander v. HUMBOLDT wiederholt ein ›schwer zu erreichendes Muster‹ nannte. Es heißt den Zweck der Anstalt und die bei ihrer Gründung vorgeschwebten Ansichten geradezu mißkennen, wenn man die Tendenz und die Strebungen dieser beiden Institute für identisch hält. Die Akademie ist eine Vereinigung von Gelehrten mit ausschließlich wissenschaftlicher Richtung, während die geologische Reichsanstalt für die Zwecke des Bergwesens in seiner weitesten Fassung, zur geologischen Kenntniß des Landes mit unmittelbarer Anwendung auf die Bedürfnisse des Bergmanns wie der Landeskunde überhaupt, gegründet wurde. Obschon auf der vollen Höhe der heutigen Wissenschaft stehend, ist dennoch die geologische Reichsanstalt ihrem innersten Wesen nach ein praktisches, administratives Institut, welches nach einem zusammenhängenden Plan fortschreitet, von dem ein Teil nach dem andern systematisch durchgeführt wird. Die schwierigen geologischen Verhältnisse der Alpen und Karpathen würden ohne die großen mit Liebe durchgeführten Arbeiten unermüdlicher Forscher heute noch auf demselben Flecke liegen wie am Beginn der Vorbereitungen im montanistischen Museum, deren Grundlage die dermalige geologische Reichsanstalt ist, wenn nicht das Ministerium für Landescultur und Bergwesen im Jahr 1848 die Frage ernstlich vorgenommen,

Schließlich führte Baumgartner in seinem Gutachten des Jahres 1854 Haidingers schlechten Gesundheitszustand ins Treffen. Haidingers stadtbekannte Migräneanfälle hinderten ihn zwar manchmal, öffentliche Sitzungen zu besuchen, jedoch arbeitete er dennoch sehr intensiv. Hauer meinte einmal in einem privaten Brief an Hingenau: »Haidinger hat 3 Tage die Woche Migräne und arbeitet die 4 übrigen mehr als alle übrigen Naturforscher der großen Residenz zusammen.«[28]

Auch die Großzügigkeit der Reichsanstalt bei der Verteilung der Publikationen wurde von Baumgartner ins Lächerliche gezogen: Man »verschenkt die Schriften nach allen Seiten hin ohne Zweck und Nutzen, und wenn sich die Schulden bei der Staatsdruckerei gar zu übermäßig angehäuft haben, wird um Abschreibung derselben angesucht. Wird diesem Unwesen nicht durch eine Reform der Anstalt abgeholfen, so dürfte sich wohl die Natur selbst Abhilfe schaffen, wie sie dieses nach dem Gesetze der Schwere bei einem baufälligen Gebäude bewerkstelliget, wenn der Eigenthümer zu rechter Zeit Hand anzulegen unterläßt.«[29] In der Tat hatte die Verteilung von 770 Exemplaren an alle behördlichen Stellen und Unterrichtseinrichtungen jährlich stattgefunden. Sie trug zur Bekanntheit der Reichsanstalt bei und dokumentierte ihre Wichtigkeit. Beachtet muss auch das Netzwerk werden, das durch Haidingers Erfahrungen in England und durch die Bereisung der Surveys in anderen Staaten durch Hauer und Hörnes ausgebaut worden war. So bestanden enge Beziehungen zu dem ältesten Survey in Großbritannien und dem Präsidenten der Geologischen Society in London, Roderick Murchison, was der Briefwechsel Haidingers mit ihm belegt.[30] Die Verteilung der Publikationen entwickelte sich bei vielen ausländischen Einrichtungen zu einer Tauschbeziehung, wodurch die Reichsanstalt auch ihre Bibliothek ausbauen und aktuell halten konnte. Beziehungen zu 200 Institutionen wurden gepflogen, darunter internationale wie jene in Kalkutta, Bombay, New York, New Haven, St. Louis, Rio de Janeiro, Valparaíso und Lima.

Baumgartners Urteil über Haidingers schriftliche Eingabe machte auch nicht davor Halt, ihn persönlich zu diffamieren, indem er dessen schriftliche Darstellung »als Ausgeburt einer kranken Reizbarkeit«[31] abtat.

Vergleicht man die zwei Stellungnahmen miteinander, so fällt doch der abwertend-abschätzige Ton Baumgartners auf. Während Haidinger in seiner Begründung, von

---

und die Ausführung dieser schwierigen Aufgabe nicht in die Hände eines Mannes von solcher Thatkraft, Eifer und Hingebung wie Hofrath HAIDINGER gelegt hätte.«

28 Franz von Hauer an Hingenau, 22. Jan. 1849 (K1 neu).

29 AVA 1 GRA, K 73 b, Gutachten Baumgartners an Bach, Abschrift aus dem I. M. im K.1 der GBA-Briefe, unter Baumgartner, 24. April 1854.

30 In der Geological Society in London werden Briefe von Haidinger an Murchison aufbewahrt. Sie stammen aus der Zeit zwischen 1847 und 1871. Geological Society London, GSL/L/R/11/218, 223, 338, GSL/L/R/12/62. Haidinger berichtete regelmäßig über die Erfolge der Reichsanstalt.

31 AVA 1 GRA, K 73 b, Gutachten Baumgartners an Bach, Abschrift aus dem I. M. im K.1 der GBA-Briefe, unter Baumgartner, 24. April 1854.

einer Ausnahme abgesehen, die sich auf die Ineffektivität der Akademie bezüglich der Publikationen bezog, doch sachliche Argumente einbrachte, bediente sich Baumgartner eindeutig der Diffamierungsschiene. Es war ein Angriff auf die Seriosität der Reichsanstalt, der kein gutes Haar an ihrem äußerst erfolgreichen inhaltlichen, organisatorischen noch an ihrem finanziellen Gebaren ließ. Der potente Konkurrent sollte getroffen werden.

Haidinger hatte wohl nicht damit gerechnet, dass sein Elaborat von Minister Bach sonach Baumgartner als Finanzminister vorgelegt werde, und hatte wohl aus dem Bewusstsein des großen Erfolges der Reichsanstalt heraus sich mit seiner Kritik der Akademie zu weit hinausgelehnt. Schließlich konnte die Reichsanstalt tatsächlich auf eine äußerst erfolgreiche Arbeit zurückblicken. Im Jahre 1857 hatte sie bereits sieben Bände der Sitzungsberichte publiziert, wobei jeder Band mehr als 600 Seiten umfasste. Er bestand aus 213 Aufsätzen geologischen Inhalts, 33 Aufsätzen über die außereuropäische Geologie und 190 Aufsätzen, die auf Analysen des chemischen Laboratoriums beruhten. Von den insgesamt 246 Aufsätzen sind 131 von Angehörigen der Reichsanstalt verfasst worden, 131 von Außenstehenden.

Gegen die Einverleibung der Reichsanstalt unter die Akademie sprach, dass kein ausländisches Vorbild einer Akademie existierte, die eine staatliche Einrichtung eines geologischen Dienstes inkorporiert hätte, weder in St. Petersburg, Berlin, München, Paris noch London. Die staatlichen geologischen Dienste waren nach und nach ab den 1830er Jahren gegründet worden. In Großbritannien bestand seit 1835 ein Survey Office, das für England, Schottland und Irland über je einen »Director General« verfügte, mit einer wechselnden Anzahl von Geologen, einem Botaniker für fossile Pflanzenbestimmungen, einem »Keeper of Mining Records« und einem Paläontologen.[32] In Frankreich wurde ab 1840 für jedes Department ein Ingenieur als Geologe für die Durchführung der Arbeiten vom Handelsministerium angestellt. In Preußen lag die Leitung der geologischen Landesaufnahme bei der Obersten Bergbehörde. In Belgien wurde von Seiten der Regierung im Jahre 1836 die Arbeit von Staatsgeologen bei der Durchforschung des Landes belohnt und auch in den USA hatte jeder einzelne Staat einen eigenen Experten.[33] Von Russland war bekannt, dass man sich anschickte, die »k.k. Geologische Reichsanstalt« als Modell für den Aufbau des geologischen Staatsdienstes heranzuziehen. Interessant ist auch das Schreiben von Nathaniel Holmes, Se-

32 James Secord, The Geological Survey of Great Britain as a research school, 1839–1855. In: History of Science 24 (1986), S. 233–275; Simon Knell, The Culture of English Geology, 1815–51. A Science Revealed through its Collecting (Aldershot 2000) und Martin J. S. Rudwick, Worlds before Adam. The Reconstruction of Geohistory in the Age of Reform (Chicago/London).

33 Siehe allgemein auch: David Oldroyd, Thinking about the Earth, a History of Ideas in Geology (London 1996) und Martin Rudwick, The foundation of the Geological Society of London. Its scheme for co-operative research and its struggle for independence. In: British Journal for the History of Science 4 (1963), S. 325–355.

kretär der Academy of Sciences zu Saint Louis in Missouri, der sich wohlwollend über die Arbeiten der Reichsanstalt äußerte:

> Von allen unseren Tausch-Vorgängen hat nichts so sehr auf mich einen überraschenden Eindruck gemacht und mich durch die Grösse und Ausdehnung derselben erfreut, als die geologischen Aufnahmen im österreichischen Staate, und der bewundernswerte Fortschritt der Wissenschaften in dieser Richtung; und gewiss wollen wir hoffen, dass weder Kriege, noch kriegerische Gerüchte, Macht haben werden, diese friedlichen Eroberungen für den Vortheil und den Wohlstand der Staaten und Völker zu unterbrechen.[34]

Angesichts der erfolgreichen und auch international beachteten Leistung und Institutionalisierung der Reichsanstalt liest sich Baumgartners Gutachten als Abwehr gegenüber einem potenten Konkurrenten, der die Akademie an Aktivitäten längst überflügelt hatte. Die Lektüre der Selbstdarstellungen Haidingers vermitteln ebenfalls die Ablehnung der Gegenseite, die nach dem Grundsatze »tout pour le peuple, rien par le peuple«[35] fungiere, Autorität und Monopolismus pflege. Nicht die Inhalte, sondern die »Formen« des Umgangs waren ihm, der sich stets auch für Reformen der Entscheidungswege an der Akademie, für eine dynamische Mitbestimmung eingesetzt hatte, zuwider.

Rückblickend stellte Haidinger das Verhältnis der Akademie zur Reichsanstalt in einem sehr anschaulichen Bild dar, das seiner Enttäuschung über die mangelnde Wertschätzung der großen Leistung Ausdruck verlieh:

> Die Beziehungen stellten ungefähr die Lage eines Garten Unternehmers vor, dessen sorgsame Gärtner wohl in langen Arbeitsperioden vorbereitete reiche Früchte zur Reife bringen, eine Auswahl derselben aber alsdann als Zierden einer bevorzugten Tafel abzugeben, sich in der Lage sehen, von welcher aus dann behauptet wird, daß die entsprechende produktive Thätigkeit des Gartens beinahe nur durch jene bevorzugte Tafel besteht.[36]

34 Sitzungsbericht, 20. November 1860, Jb. XI (1860), S. 136–141, hier 141.
35 Wilhelm Haidingers Lebenserinnerungen, UB Wien, Manuscripta 512, neue Signatur I 165.760.
36 Wilhelm Haidinger, Aus der Geschichte der Akademie Reform. Anträge des Jahres 1868. Beilage zu einem Brief Haidingers an Hauer, 2. Dec. 1869, GRA.

Abb. 8: »Kahlenberger und Grinzinger« (Ausschnitt). Holzschnitt aus: Figaro. Humoristisches Wochenblatt, 4. Jg. (1860), 6. Oktober, Nr. 41, S. 3.

8. Beziehungen – Begegnungen – Besprechungen

8.1 Interaktionen

Interaktionen beruhen auf wie auch immer gestalteten Beziehungen zwischen Menschen oder stellen diese eigentlich erst her. Mitunter entwickelt sich daraus auch eine Freundschaft. In dem Tagebuch Franz Hauers stolpert man als Leser/in über so manches Beziehungsgeflecht, das uns als Freundschaft entgegentritt. Dabei stellt sich die Frage, was Freundschaft in dieser Zeit bedeutete. Denn als Historiker/innen müssen wir mit diesbezüglichen Diagnosen recht vorsichtig umgehen. Jedenfalls ist Vertrauen die Essenz der Freundschaft, die durch gegenseitige persönliche Kenntnis begründet wird. Sie konstituierte zumindest in der Moderne im Wesentlichen die vielfältigen Vertrauensbeziehungen.

Die traditionelle Tugendlehre der christlichen Moralphilosophie baute auf einen wichtigen Satz, der den Vertrauensdiskurs der Neuzeit normativ prägen sollte: »Vertraue auf Gott, nicht auf den Menschen, und wenn du ihnen doch vertrauen musst, tu es nicht blind!«[1] Darin steckte neben der Dominanz der göttlichen Heilslehre auch ein grundlegendes Problem sozialer Interaktion, die Frage, unter welchen Bedingungen Vertrauen gebildet wurde. Freundschaft basierte auf Vertrauen, wie aber wurde dieses konzeptualisiert? Die Tugendlehre der frühen Neuzeit bot hier ihre sicherheitsspendende, vielfach rezipierte Antwort, die folgende Maßstäbe implizierte: Wahrhaftigkeit und Worthalten, wobei es nicht um Realität, sondern um normstiftende Paradigmen ging.

Bei aller Überzeugung, dass sich die Orientierungsmuster wandelten oder auch überholten, ist es dennoch nicht obsolet, in einem Exkurs zu fragen, wie heute eine Welt ohne Vertrauen und Freundschaft aussehen würde, unabhängig davon, wie wir diese Paradigmen präzise sozial, soziologisch, kulturell oder auch psychologisch fassen würden. Das Ereignis eines Vertrauensverlustes gestaltet der portugiesische Nobelpreisträger José Saramago eindrucksvoll in seinem Roman »Ensaio sobre a Cegueira« (1995 erschienen, »Stadt der Blinden«, 1997 ins Deutsche übersetzt).[2] Blindheit greift in dieser Stadt wie eine ansteckende Krankheit scheinbar ausweglos für alle Bewohner um sich. Die Erblindeten werden in einer leerstehenden psychiatrischen Anstalt untergebracht und sich selbst überlassen. Gewalt und Misstrauen nimmt Besitz von den Blinden untereinander und beides wirkt sich auch außerhalb der Isolation dest-

1 Vgl. dazu: Franz Mauelshagen, Netzwerke des Vertrauens. In: Ute Frevert (Ed.), Vertrauen, Historische Annäherungen (Göttingen 2003), S. 119–151, hier S. 120.

2 José Saramago, Ensaio sobre a Cegueira (Lissabon 1995). Deutsche Übersetzung: José Saramago, Stadt der Blinden (Reinbek 1997).

ruktiv aus, sobald deutlich wird, dass der die ganze Bevölkerung erfassende Prozess der Erblindung nicht gestoppt werden kann. Nur eine einzige Frau bleibt von der Entwicklung verschont, sie behält ihr Augenlicht. Ihr obliegt es, einer kleinen Gruppe von Blinden Vertrauen zu vermitteln. Die ›Blindheitsepidemie‹ verschwindet von der Bildfläche ebenso mysteriös, wie sie gekommen ist. Ihr Ende ist an den Beginn der Vertrauenszunahme gebunden.

Hier wird ein Aspekt ganz besonders deutlich, den der Soziologe Anthony Giddens als »Gesichtsabhängigkeit«[3], als eine bestimmte Variante des Vertrauens, des persönlichen Bezugs, definiert. Dieses Verhältnis weist auf etwas hin, das Georg Simmel nahezu klassisch als »Hypothese künftigen Vertrauens, die sicher genug ist, um praktisches Handeln darauf zu gründen«[4] beschrieb. Es beruht auf dem Zustand des Aushandelns zwischen Wissen und Nichtwissen des Menschen. Das erste Wissen verdanken wir aber dem Blick, mit dem wir auf einen anderen Menschen zugehen, mit dem wir ihn aufgrund des Gesichtsausdrucks oder der Bewegungen taxieren und einer Kultur oder Schicht zuordnen können. Deshalb hat die Blindheit eine solch verheerende Wirkung für die Menschen in Saramagos Roman, weil sie das Vermögen des gegenseitigen Bezugnehmens und Einschätzens als Voraussetzung jedweden Handelns vorübergehend verloren haben.

Die Erschütterung ob der Fragwürdigkeit des Vertrauens in der Postmoderne mag viele Ursachen haben. Die Frage besteht, ob solche Krisen nicht auch schon in historischen Zeiten bestanden und in welcher Form sich diese unterschiedlich in einzelnen Kontexten artikulierten. Niklas Luhmann thematisierte bereits im Jahre 1968 in der entgegengesetzten Blickrichtung, nämlich aus der Gegenwart die Zukunft prognostizierend,[5] dass der Bedarf an Vertrauen der modernen technisierten Welt sich in wissensbasierten Gesellschaftsformen nicht erübrigen werde, im Gegenteil, er sah diese als grundlegende Notwendigkeit, die zukunftsgerichtetes Handeln in komplexen technisierten Gesellschaftssystemen, wie sie die Erste Welt darstelle, bedingen würde.

Als wahrhaftiger Freund Hauers, dem er quasi »blind« vertraute, tritt uns als Leser/innen von Hauers Tagebuch Otto Bernhard von Hingenau (1818–1872),[6] Professor des Bergrechts, entgegen.[7] Als Absolvent der Schemnitzer Bergakademie war er vorübergehend 1846 der Hofkammer zugeteilt gewesen und hatte aus Interesse sogar an den frühen geologischen Begehungen der Reichsanstalt 1858[8] teilgenommen. Hingenau, der in einer kürzlich erschienenen Publikation wegen seines einflussreichen

3 Anthony Giddens, Konsequenzen der Moderne (Frankfurt am Main 1995), S. 102 f.

4 Georg Simmel, Soziologie (Frankfurt am Main 1992), S. 393.

5 Niklas Luhmann, Vertrauen (Stuttgart 1989), S. 8–11, 20–21.

6 Gerhardt Boldt, Aus dem Leben und Wirken von Otto Freiherrn von Hingenau (1818–1872). In: Veröffentlichungen des Österreichischen Museums für Volkskunde 16 (Wien 1975), S. 36–42.

7 Er wird in dem Tagebuch 1860–1868 sehr häufig, nämlich genau 246 Mal genannt!

8 Otto von Hingenau, Von Haus zu Haus (Wien 1860), S. 121: Hier erinnert sich Hingenau an seine Begehungen und kritisiert das mangelhafte Verständnis des Bildungsbürgertums für die Geologie.

»Handbuchs für Bergrecht« (Wien 1855) als »Papst des österreichischen Bergrechts«[9] bezeichnet wird, beriet Hauer häufig, traf ihn regelmäßig und redigierte dessen Artikel für die Presse.[10] Als Herausgeber der Zeitschrift »Berggeist« (ab 1853) teilte er mit Hauer die Hochschätzung von Vermittlung geologisch-montanistischer Themen in eine breitere Öffentlichkeit.

Hingenau war in alle Schachzüge des Kampfes für das Bestehen der »k.k. Geologischen Reichsanstalt« direkt involviert und wirkte im Sinne Hauers, wenn es um die Weitergabe von positiven Informationen über die Situation der Reichsanstalt an Dritte, so an die Reichsräte Salm und an die Minister Thun,[11] Thierry, Schmerling und Plener ging. Er entlastete Hauer in den Sitzungen (beispielsweise der Geographischen Gesellschaft), um in dessen Sinne Vorschläge zu unterbreiten oder auch Dritte, wie etwa den Generalsekretär der Akademie der Wissenschaften Andreas von Ettingshausen (1796–1878), für die positive Sicht auf die Reichsanstalt zu gewinnen. So mancher Spaziergang wurde mit Hauer diskutierend in der Stadt unternommen und ein Glas am Stammtisch entweder im »Restaurant Streitberger« oder in »Drehers Bierlokal« gemeinsam mit den Anhängern der Reichsanstalt geleert.

Hingenau verfügte über eine kreative Schreibader, er verfasste Romane, redigierte die anonym entstandenen Artikel Hauers und stellte für Hauer die Verbindung zur Zeitung »Das Vaterland« her, in der die meisten anonym erschienenen Beiträge Hauers gedruckt wurden. Auch die Satire beherrschte Hingenau in einfallsreicher Weise, was ihm die Rolle als »Chefredakteur« der handgeschriebenen satirischen Hauszeitung »Neuer Freier Figaro« der Reichsanstalt einbrachte.

Auch das Verhältnis Hauers zu seinem Mentor und Chef Haidinger war ein sehr enges, jedoch musste Hauer auf Haidinger insofern Rücksicht nehmen, als Haidinger

---

9 Jacob Vogel, Moderner Traditionalismus. Mythen und Bilder des Bergwerkseigentums im preuß.-deutschen Bergrecht des 19. Jahrhunderts. In: Eigentum im internationalen Vergleich 18. bis 20. Jahrhundert, ed. von Hannes Siegrist und David Sugarman (Göttingen 1999), S. 185–208, hier S. 192.

10 Das zeigt sich in Hingenaus Absage an eine Mitarbeit an dem vom Ministerialrat einberufenen Gespräch für eine Änderung des Lehrprogramms der technischen Lehranstalten, die auf den Begriff Geologie verzichten und nur die Geognosie und Paläontologie zulassen wollten.

11 Der Brief Hingenaus an Minister Leo Thun-Hohenstein vom 20. Juni 1860, in dem er das Gutachten Franz Foetterles über die Wichtigkeit des Fortbestandes überschickte, ist erhalten: »Euere Exzellenz! Wie beiliegende Abschrift zeigt, macht die Annectierung der geologischen Reichanstalt bereits Eindruck in Deutschland, leider, wie die angeröthete Stelle vermuthen läßt wird sie Ihnen oder der Geistlichkeit zugemuthet, da sie doch ganz von anderer Seite ausgegangen ist. Ich halte es für meine Pflicht, ihnen diesen Brief so wie jenes kleine Mémoire zu übersenden, welches Bergrath Fötterle, [...] auf Ersuchen der Reichsräthe Baron Reyer und Mayer denselben zur Orientierung für die Budgetfrage mitgetheilt hat. Ich habe Prof. Schrötter sondirt, der als Generalsecretär der Academie der Wissenschaften nicht ohne Einfluß ist. [...] Ein trauriges Zeugnis für unsere Academie ist es aber, dass der bloße Gedanke mit ihr vereinigt zu werden, als identisch mit Vernichtung angesehen werden kann! Und sie ist im Grunde doch besser als ihr Ruf! Verzeihen Euer Exzellenz, daß ich Sie mit derleit belästige, aber es könnte doch sein, daß Sie sich Notiz davon machen wollten.« Korrespondenz Leo Thun Hohensteins, online, A3 XXI D593. In der Tat machte sich Graf Thun Notizen. Siehe die Online-Edition.

die Verleumdungen emotional sehr belasteten. Jeder der 155 erhaltenen Briefe Haidingers an Hauer, den Zeitraum 1846 bis 1870 abdeckend, wurde mit der Ansprache »Liebster Freund« bzw. »Hochverehrtester Freund« eröffnet, was in Zeiten klarer Amtshierarchien doch wenigstens in formaler Hinsicht das Nahverhältnis dokumentierte. Inhaltlich jedenfalls nahm sich Haidinger gegenüber seinem Freund Hauer in all seinen Briefen kein Blatt vor den Mund.

Als Dritter im Bunde wirkte Franz Foetterle (1823–1976), der als Chefgeologe ein großes Organisationstalent zeigte und bereits 1857 eine neue Struktur der Reichsanstalt entworfen hatte. Seine 1857 formulierte Denkschrift, die der Öffentlichkeit die Praxis der geologischen Landesaufnahme für jeden nachvollziehbar erklärte, wurde abermals überarbeitet[12] und gedruckt sowie 1860 Ministern und Reichsräten zur Verfügung gestellt. Sie trug wesentlich zum Umschwung der Politiker gegen eine Fusionierung der Reichsanstalt mit der Akademie bei.[13] Ihm oblagen als diplomatisch Versiertem auch die 1868 infolge des österreichisch-ungarischen Ausgleichs notwendigen Verhandlungen mit den Ungarn, die in der Folge 1869 eine eigene Anstalt etablierten. Franz Hauers enger Freund Maximilian Hantken (1821–1893), der in Schemnitz (Banská Štiavnica) (und in Wien zudem Chemie) studiert und als Paläontologe am Ungarischen Nationalmuseum gewirkt hatte, wurde zum Direktor bestellt. Somit war die weitere enge Verbindung mit der Muttereinrichtung in Wien nicht abgebrochen, wofür sich Foetterle persönlich eingesetzt hatte.

Als Sekretär der 1856 gegründeten »k.k. Geographische[n] Gesellschaft« stand Foetterle Haidinger als Initiator und erstem Präsidenten bei und betreute von 1857 bis 1867 als Redakteur die vereinseigene Zeitschrift. Im Rahmen des Kreises an der Reichsanstalt fiel die Entscheidung für Graf Leo Thun-Hohenstein als Wunschkandidaten für den Nachfolger Haidingers als nächsten Präsidenten, der als ehemaliger Unterrichtsminister gerne diesem Ansinnen folgte. Auch Foetterle verfügte über eigene Netzwerke, die er in der Krise der Reichsanstalt öffnete.

Neben dem engsten Kreis um Hauer, dem Hingenau, Hauers Bruder Karl als Chemiker der Reichsanstalt und Foetterle angehörten, gab es Persönlichkeiten, wie Ferdinand Hochstetter, Moriz Hörnes, Friedrich Simony, Eduard Suess und den Physiker Edmund Reitlinger, die sich oft in der Reichsanstalt einfanden, um an den Sitzungen und am Dialog über Forschungsprobleme diskursiv teilzunehmen. Von der anonymen Autorschaft Hauers bei seiner Artikelkampagne wussten sie nichts, nur Spitzfindige wie Eduard Suess vermuteten es. Sie alle wurden von Hauer, Foetterle und Hingenau beeinflusst, auf Dritte »einzuwirken«, wie es Hauer gerne in seinem Tagebuch verzeichnete. Er ließ beispielweise gleich mehrere Kollegen bei den Ministern oder auch Baumgartner für die Anstalt vorsprechen, da die Meinungsbildung so besser gelenkt

12 GBA, Bibliothek und Archiv, Amtsarchiv, 1860, Nr. 681, 14. Oktober 1860.

13 AVA, Praes.-Akten; K.73 b; Promemoire Foetterle, 22. Nov. 1857 und erhalten auch im: GBA, Bibliothek und Archiv, Amtsarchiv, 1850, Nr. 681, 14. Oktober 1860.

und von verschiedenen Seiten angeregt werden konnte. Auch wurden die von Hingenau und Hauer verfassten anonymen Artikel an Kollegen der Akademie, an Minister und Professoren persönlich verschickt. Somit lag nicht nur die Veröffentlichung in der Presse über das öffentliche Wissenschaftsgeschehen in Sitzungen in ihren Händen, sondern sogar die gezielte Verteilung an Persönlichkeiten der Öffentlichkeit. Dieses Multiplikatoren-Konzept wirkte nach dem Schneeballprinzip. Seinen Anstoß erhielt es in der Kommandozentrale der Reichsanstalt, in der die Dreiergruppe Hauer, Hingenau und Foetterle herrschte. Vermittler und Verbreiter aus dem weiteren Kreis um Hauer, Hingenau und Foetterle, machten die in den Medien enthaltenen Informationen bekannt und setzten weitere Vermittler für die Verbreitung der Information ein. Die Wirkung ließ sich letztlich messen, wenn im Gasthaus die Nachrichten zum Impulsgeber zurückliefen und er beobachten konnte, dass darüber diskutiert wurde.[14]

Dieses Prinzip unterschied sich deutlich von jenem des Einvernehmens innerhalb einer Gruppe von einander nahestehenden Personen, bei dem Austausch und Symmetrie die Verständigungsform charakterisiert. Bei der über Dritte verlaufenden Kommunikationsform könnte man im Sinne der Medientheorie von »Übertragung« sprechen.[15] Während im ersten Fall als personales Prinzip eine reziproke Interaktion das Ziel bestimmt, ist bei der Übertragung die Kommunikationsbeziehung asymmetrisch und ausdehnend, also Distanzen überbrückend. Die Medientheoretikerin Sybille Krämer hat die zwei Modellierungen unterschieden und als »personal-erotisches« und als »postalisches« bezeichnet, wobei sie für beide Differenz als Voraussetzung der Kommunikation bestimmte. Während im ersten Fall die Differenz in der wechselseitigen Unzulänglichkeit der Innenwelten der Kommunikationsträger besteht, die im Idealfall überwunden werden, stabilisiert das Postalische jedoch die Distanz.

Die Ausführungen Krämers bezüglich des Phänomens des Boten sollen hier nur kurz für die Interpretation der im Tagebuch annotierten Kommunikationsvorgänge aufgegriffen werden. Krämer betont: »Was der Bote zu Gesicht und Gehör bringt, ist nicht einfach ›er selbst‹, vielmehr die Botschaft, die er zu übermitteln hat.«[16] Mit der Boteninstanz sei, so Krämer, ein gewisses Unsichtbarwerden des Überträgers verbunden, der sich hinter den zu übertragenden Gehalt zurücknimmt. So sind es im Falle des Milieus um Hauer viele Akteure, die für die Reichsanstalt die Rolle eines Boten übernahmen. Nur das Tagebuch Hauers machte es infolge seiner akribischen Notizen für uns sichtbar.

---

14 Das belegen die Tagebucheinträge unzählige Male.

15 Diesen Unterschied formulierte John Durham Peters als Unterscheidung zwischen »Dialog« und »Dissemination.« Vgl. John Durham Peters, Beyond Reciprocity: Public Communication as a Moral Ideal. In: Communication, Culture, and Community. Liber Amicorum James Stappers, ed. von Ed Hollander, Coen van der Linden und Paul Rutten (Houton 1995), S. 41–50.

16 Sybille Krämer, Medium, Bote, Übertragung. Kleine Metaphysik der Medialität (Frankfurt am Main 2008), bes. S. 15 f.

8.2 Verdichtungen: Arbeitswege außer Haus in der Metropole

Hauers Berufsalltag ist an keinem Tag gleich. Kein Tag läuft in gleicher zeitlicher Ordnung wie der andere ab, wie es von einem Beamten etwa zu erwarten wäre. Sein Schreibtisch in der Reichsanstalt im Rasumofsky-Palais ist keineswegs der einzige Ort seiner Amtshandlungen. Da sind die Wege innerhalb des Hauses der Reichsanstalt zu dem chemischen Labor, dem Museum oder den Versammlungsräumen. Dann begibt er sich oft zu Orten außerhalb der Anstalt, sogar zu den Wohnungen von Ministern und Reichsräten. Er trifft Zeitungsmacher, die Verantwortlichen der Staatsdruckerei, Kollegen in den Sitzungen der Akademie und bei den Zusammenkünften der Vereine. Er bespricht sich mit Fachkollegen in den kaiserlichen Hofsammlungen außer Haus, den Kollegen am Polytechnikum und dem Stammtisch beim Streitberger um die Ecke der Akademie oder in den Dreyer'schen Bierhallen nahe der Reichsanstalt. Spaziergänge[17] auf dem Glacis oder in einem Park mit seiner Frau oder mitunter einem Vertreter der Verwandtschaft lockern die Amtsgeschäfte auf. Auch die Besichtigung der beginnenden Veränderungen in der Stadt wie eben bei den niedergerissenen »Stadtmauer-Theilen« beim »Fischerthor«[18] werden in den Arbeitsalltag integriert.

Man mag sich vielleicht fragen, wann Hauer als Paläontologe seine unzähligen international angesehenen Studien, seine wissenschaftlichen Texte und Zeitungsartikel verfasste, war er doch bei seinen Amtshandlungen kaum an sein Büro gebunden. In der Reichsanstalt gab es da die Zusammenkünfte mit seinem Bruder Karl, der das Labor betrieb, ihm wohl die engste Vertrauensperson war und ihm auch wissenschaftlich an die Hand ging. Da waren besonders auch die Kollegen, mit denen alltäglich Besprechungen stattfanden, aber auch die vielen Bekannten und fremden Besucher, auch jene aus dem Ausland, die der Reichsanstalt ihre Visite abstatteten, um sich fachlich auszutauschen. In den regelmäßig angesetzten Aussprachen aller an der Reichsanstalt Beschäftigten waren diese willkommen,[19] denn die Besprechungen waren öffentlich. Wilhelm Haidinger, sein Chef und großes Vorbild, war bereits gealtert und musste emotional geschont werden, da ihn die durch die Akademie verursachten Entwicklungen um die Reichsanstalt sehr belasteten. Wegen seiner Migräneanfälle suchte ihn Hauer oft zuhause in der Wohnung in der Ungargasse auf.

Die Lektüre der Tagebücher vermittelt den Eindruck eines sehr umtriebigen Wissenschaftsvermittlers, der stets unterwegs war und kaum an seinem Schreibtisch verharrte. Begegnungen fanden sowohl geplant, aber auch ungeplant statt. Es gab spontan auch das überraschende Moment des Zusammentreffens mit unterschiedlichen

17 Siehe dazu die vielen Tagebucheinträge! So etwa durch »die Brühl nach Mödling«, am 5. Oktober 1860.

18 GBA [Geologische Bundesanstalt], Bibliothek und Archiv, A 00077-TB Hauer, 1860–1868, 7. Oktober 1860.

19 So verzeichnete Hauer auch diese Besprechungen und ob Besucher anwesend waren, in seinem Tagebuch.

Protagonisten auf der Straße. Auch im Stammlokal war es nach den Akademie- oder Vereinssitzungen nicht immer ganz vorherzusehen, wer von den ihm bekannten Persönlichkeiten am Abend mit am Tisch oder Nebentisch anwesend sein und in eine Konversation einbezogen würde. Stets wurden die ihm wichtigen Persönlichkeiten in seinem Tagebuch akribisch memoriert, etwa bei wem sich ein Gespräch ergeben hatte oder wer die Rolle des Zaungastes spielte.

Private Besuche bei politisch bedeutenden Persönlichkeiten wurden nicht angemeldet, sondern einfach angesetzt und abgestattet. Da konnte es schon einmal passieren, dass der zu Besuchende gar nicht zuhause oder in seinem Büro war. Wir sehen, dass die Sphären des Amtlichen durchaus in die Vor- oder Wohnzimmer der Amtsträger hinein reichten. All das notiert Hauer knapp in sein Tagebuch, flüchtige oder auch ausgiebige, geplante wie auch zufällige Begegnungen, die sich zwischen seinem Wohn- und Arbeitsort, in den Privaträumen der Eliten, den Versammlungsräumen der Reichsanstalt, der Akademie oder im Botanischen Garten mit seinen Sitzungen der Zoologisch-Botanischen Gesellschaft sowie den nahegelegenen Wirtshäusern als auch der Straße ereigneten.

Die kommunikative Praxis konstituiert Wissenschaft gesellschaftlich im Raum der Stadt, der keineswegs nur einen Container-Raum[20] darstellt. Die Vereine und Einrichtungen fungierten nicht nur einfach als Rahmen oder Bühne, in dem oder auf der Wissenschaft passierte, sondern kreierten sie. Die Stadt, vielmehr einzelne Areale, wurden von den potentiellen Protagonisten der Forschung kommunikativ geprägt, indem beide Phänomene aufeinander bezogen sich auch gegenseitig bedingten. Das Entstehen von spezifischen Räumen durch die Interaktion von Gruppen bezeichnet Giddens als »spacing«.[21] Martina Löw hob die soziale Konkurrenz und die Hierarchisierung der Raumnutzungen als zentralen Aspekt der Raumforschung hervor.[22]

Es stellt sich bezüglich Wien die Frage, welche Zonen der Stadt sich die Geologen kommunikativ aneigneten und wie dabei Inklusion oder Exklusion symbolische Ränge bestimmten. Die Geologen waren konzentriert in dem Areal zuhause, das wir heute dem 3. Bezirk zuordnen. Die geselligen Zusammenkünfte konzentrierten sich jedoch um das Akademiegebäude (Jesuitenplatz) in der Innenstadt. So fanden nämlich die Sitzungen der Vereine stets an Orten statt, die ohnehin bereits von den Wissenschaftlern als ihre eigenen verstanden wurden: Im Botanischen Garten am Rennweg tagte die »Zoologisch-Botanische Gesellschaft« und die »Geographische Gesellschaft« an

20 Zu den unterschiedlichen Konzepten des »spatial turn« siehe einführend: Susanne Rau, Räume. Konzepte, Wahrnehmungen, Nutzungen (Frankfurt/New York 2013).

21 Anthony Giddens, Die Konstitution der Gesellschaft. Grundzüge einer Theorie der Strukturierung (Frankfurt am Main/New York 1997).

22 Martina Löw, Raumsoziologie (Frankfurt am Main 2001). Löw baute ihre Studien auf Simmel auf. Siehe dazu: Georg Simmel, Soziologie des Raumes. In: Georg Simmel, Gesamtausgabe, Bd. 7.1: Aufsätze und Abhandlungen 1901–1908, ed. von Otthein Rammstedt (Frankfurt am Main 1903–1905), S. 132–183.

der »k.k. Geologische[n] Reichsanstalt«. Doch übersiedelte die »Geographische Gesellschaft« in der Folge an die »k.k. Akademie der Wissenschaften« am Jesuitenplatz. Unweit dieser drei Stützpunkte lagen auch die am häufigsten frequentierten Lokale, die Gaststätte »Streitberger« in der Bäckerstraße nahe der Akademie, »Drehers Bierhalle« in geringer Entfernung von der »k.k. Geologische[n] Reichsanstalt«. Auch der von Eduard Suess 1860 gegründete »Verein zur Verbreitung wissenschaftlicher Erkenntnisse« wechselte alsbald sein Versammlungslokal von der Reichsanstalt an die Akademie, die als erste wissenschaftliche Einrichtung der Stadt prestigeträchtig alle Aktivitäten anzog. Die Wissenschaften und ihre Versammlungsorte rückten sowohl topographisch als auch gesellschaftlich zusammen. Innerhalb dieser geselligen Zusammenballungen im Wirtshaus unterschied Hauer jedoch eindeutig hierarchisch bottom down verlaufend die engsten Freunde, dann die »Reichsstädler« (Reichsanstaltsmitarbeiter), Akademiemitglieder, Vertreter der politischen und kulturellen Führungsschicht bzw. wissenschaftlich aktive Zeitgenossen. Im Aufschreibesystem seines Tagebuchs wird diese Aushandlung von Nähe und Distanz zu den Erwähnten manifest.

Die historische Analyse von Institutionen und wissenschaftlich-bürgerlichen Eliten war bisher von stabiler Existenz und Abgrenzung dieser untereinander prädisponiert.[23] Meine Betrachtung zeigt hingegen eine wandelnde Verschränkung unterschiedlich definierter institutioneller Handlungsräume, einerseits die eindeutige Zentrumsbildung im Herzen der Metropole Wien, um die Akademie der Wissenschaften am Jesuitenplatz, andererseits die Überlappungen der Funktionsträger und ihrer Aktivitäten in den unterschiedlichen ebenfalls in der Akademie tagenden Vereinen.

»Verdichtung«[24] kann generell als wesentliches Merkmal der Metropole verstanden werden, das belegen in unserem Zusammenhang die Interaktionen zwischen Menschen, Konzepten und Einrichtungen als dessen Substrat. Nähe und Distanz, Privatheit und Öffentlichkeit, elitärer Habitus und populäre Ziele, wissenschaftliche und gesellschaftliche Interessen mischten sich als Aktanten dieser Begegnungen. Sie schrieben sich in den physisch-symbolischen Raum, besonders in das Gasthaus nahe der Akademie, ein und wirkten bei der Aushandlung von Wahrnehmung wissenschaftlicher Relevanz gesellschaftlich mit.

Um nur zwei Beispiele aus dem Tagebuch anzuführen: Hauer schreibt: »[...] zurück in die Stadt und dann zu Streitberger. Dort finden wir Reg[ierungs]-Rath Ettingshausen,[25] der unbefangen über uns und die Anstalt und ihr Verhältniß zur Aka-

---

23 Dorothee Brantz, Sasha Disko, and Georg Wagner-Kyora, Thick Space: Approaches to Metropolitanism In: Dorothee Brantz, Sasha Disko, and Georg Wagner-Kyora (Eds.), Thick Space: Approaches to Metropolitanism (Bielefeld 2012), S. 9–30.

24 David Harvey, The Condition of Postmodernity. An Enquiry into the Origins of Cultural Change (Oxford 1989); Nikolai Roskamm, Dichte. Eine transdisziplinäre Dekonstruktion. Diskurse zu Stadt und Raum (Bielefeld 2011).

25 Es handelte sich wohl um Andreas Freiherr von Ettingshausen (1796–1878), Direktor des Physikalischen Instituts der Universität und Generalsekretär der math.-naturwissenschaftlichen Klasse.

demie spricht und ganz unseren Ideen und Anschauungen beizustimmen scheint. Später kömmt noch Hingenau.«[26] Was freilich vertraulich hätte sein können, wurde im Gasthaus, einem semi-öffentlichen Ort, ausgetragen, wurde allenfalls für Lauscher zugänglich und gab jedenfalls den Beteiligten Resonanz.

An anderer Stelle heißt es in Hauers Tagebuch: »Gasth[of] bei Streitberger. Frauenfeld frägt wieder einmahl, wer denn der Verfasser der Vaterland-Artikel sei; er ist entzükt über dieselben und meint, der Mann müsse ein tüchtiger Entomologe sein. Auch Hochstetter, Lipold, Marschall, Schmidt u.s.w. kommen, auch Zollikofer,[27] der für nächsten Sommer nach Genf geht, um dort statt Vogt vorzutragen.«[28] Das Lob für den unbekannten Autor des Artikels über das wissenschaftliche Leben in Wien verbreitete am Stammtisch einen positiven Nachklang, motivierte auch jene, die nicht auf dem Laufenden waren und in das Geheimnis der Autorschaft Hauers eben auch nicht eingeweiht waren, diesen Sachverhalt zu kennen bzw. sogar den Artikel nachzulesen. Oft wurden die neuesten Zeitungsartikel in das Lokal mitgenommen oder auch über Dritte an wichtige Personen ausgeschickt, darunter an den Bürgermeister, Akademiemitglieder, Professoren, Politiker, Interessierte.

Das hätte in jeder Stadt der Monarchie passieren können, allerdings nicht in dieser Kumulation von einander in diesen Schnittpunkten begegnenden wissenschaftlichen Institutionen, Vereinigungen, Naturforschern und Interessierten. Deshalb sprechen wir von einer Metropole, weil hier struktureller Reichtum und kulturelle Ressourcen, die Konzentration unterschiedlicher Kräfte und schließlich ein besonderer Handlungsspielraum für unterschiedliche Gruppen sich manifestierte. Indem Städte als »zentrale Marktplätze des Wissens und der Information«[29] fungierten, spielten sich die Begegnungen ein. Haidinger hatte »seine« Vereinigungen konstituiert, die Akteure um ihn, besonders Hauer mit seinen engsten Freunden, lebten es, setzten die Ideale fort und um. Während die von der Gruppe um Hauer verbreiteten Informationen in verschiedenen Medien wie in konzentrischen Kreisen kursierten, flossen sie auch wieder zusammen und komprimierten sich. Wenn man den von Brantz et al. vorgeschlagenen Begriff der Metropole als »Thick Space«[30] aufgreifen wollte, wäre das zuvor erwähnte

26 Tagebuch von Hauer, Eintrag am »11ten [Oktober 1860]«. Siehe Edition.

27 Theobald Zollikofer (1828–1862), einem angesehenen schweizerischen Geschlecht entstammend, hatte sich unter dem Einfluss Adolphe von Morlots (1820–1867) der Geologie zugewandt und folgte seinem Vorbild auch in der Funktion als Begehungskommissär des Geognostisch-Montanistischen Vereins der Untersteiermark. Als Protestant war eine Karriere in Wien aussichtslos, weshalb er dem Ruf nach Genf folgte, jedoch nach seiner Rückkehr nach Graz alsbald noch sehr jung verstarb.

28 Tagebuch von Hauer, Eintrag am »14. Donnerstag. [März 1861]«. Siehe Edition.

29 Heinz Reif, Metropolises. History, Concepts, Methodologies. In: Dorothee Brantz, Sasha Disko, and Georg Wagner-Kyora (Eds.), Thick Space: Approaches to Metropolitanism (Bielefeld 2012), S. 31–47, bes. 32 ff.

30 Siehe dazu: Die Geologische Bundesanstalt in Wien 150 Jahre Geologie im Dienste Österreichs (1849–1999). ed. von der Geologischen Bundesanstalt (Wien 1999), bes. S. 93 f.

Konzept der »Verdichtung« zu ersetzen mit der an Clifford Geertz orientierten *dichten Beschreibung*. In wichtigen Beispielen sind wir mit Hilfe eines close reading bereits den Konflikten der Akteure und den Wegen in der Stadt gefolgt: Doch erscheint mir das Tagebuch selbst, in dem diese Wege, Gespräche, Begegnungen und Beziehungen manifestiert sind, auch als »Thick Space«, als dichtes Dokument von Wissenschaft als Kommunikation in der Wiener Metropole.

Abb. 9: »ABC«, Ausschnitt aus »Neuer Freier Figaro« 1, Nr. 2, 1865, Scherzhandschrift.

9. Debatten über Darwin in Wien

Im Jahre 1859 erschien ein epochemachendes Werk, Darwins »On the Origin of Species«,[1] das sogleich großes Aufsehen in der Öffentlichkeit hervorrief. Es traf sofort auf begeisterte Befürworter, aber auch Skeptiker und totale Verweigerer. Wie wurde es in Wien rezipiert und wie gestaltete sich die Reaktion von Hauers Kollegen? Hier bietet das Tagebuch interessante Einblicke in die Diskussion über Darwins Konzepte.

Es ist hier auch die Debatte einzubeziehen, die nach dem Erscheinen von Darwins »Origin« in der Öffentlichkeit im Zeitungswesen greifbar ist, zumal Hauer sich auch anonym als Berichterstatter aktiv zeigte. In der Geschichtsschreibung der letzten Jahrzehnte wurde die großstädtische Presse als entscheidende Quelle für Prozesse der Wissensverbreitung angesehen.[2] Sie gibt auch Hinweise über unterschiedliche, fern der engeren *Wissenschaftlichen Communitys* bestehende Leserschichten, die auch die Adressaten von wissenschaftlichen Veranstaltungen in Städten wie Wien bildeten. Zudem hatte Hauer selbst als anonym schreibender Kolumnist seine Finger im Spiel.

Abends schmökerte Franz Hauer gerne gemeinsam mit seiner Gemahlin Louise in einem erbaulichen Buch.[3] Unter der Lektüre befand sich im November 1860[4] besonders aktuell Darwins Werk in der brandneu erschienenen ersten deutschen Übersetzung.[5] Hauer las es in Abwechslung zu Goethes »Wilhelm Meister« und zum Bericht über die erste globusumspannende österreichische Novara-Expedition (1857–1859). Bildungsroman, Reiseliteratur und ein umfassender Entwurf über die Entwicklung des Lebens faszinierten ihn und seine Frau. Goetheverehrung, der Stolz auf die erste gelungene wissenschaftliche österreichische Weltumsegelung, ferner der hohe Bekanntheitsgrad des Reisenden Charles Darwin[6] infolge von dessen Teilnahme an den Fahrten

---

1 Charles Darwin, On the Origin of Species by Means of Natural Selection, or the Preservation of Favoured Races in the Struggle for Life (London 1860).

2 Vgl. dazu u.a. Andreas Daum, Wissenschaftspopularisierung im 19. Jahrhundert: Bürgerliche Kultur, naturwissenschaftliche Bildung und die deutsche Öffentlichkeit, 1848–1914 (München 1998); Bernard Lightman (Ed.), Victorian Popularisers of Science: Designing Nature for New Audiences (Chicago/London 2007); James A. Secord, Victorian Sensation: The Extraordinary Publication, Reception and Secret Authorship of Vestiges of the Natural History of Creation (Chicago/London 2000); ders., Visions of Science: Books and Readers at the Dawn of the Victorian Age (Oxford 2014).

3 Siehe dazu: Bibliothek der GBA, Bibliothek und Archiv, A 00077-TB, Hauer.

4 Erstmals findet sich ein Eintrag am 26. November 1860 (Hauer, TB): »In der Stadt mit Louise Einkäufe gemacht. Nachmittag u. Abend viel in Darwin ›über die Entstehung der Spezies‹ gelesen.

5 Charles Darwin, Die Entstehung der Arten im Thier- und Pflanzen-Reich durch natürliche Züchtung, oder, Erhaltung der vollkommneten Rassen im Kampfe um's Daseyn, übersetzt von H. G. Bronn (Stuttgart 1860). Diese Übersetzung folgte der zweiten Auflage des englischen Werkes.

6 Hier ist nicht Platz, auf diese umfangreiche Reiseliteratur aus der Feder Darwins einzugehen. Einer

der »HMS Beagle«[7] in den Jahren 1831–1837, all das induzierte eine uneingeschränkt positive Erwartungshaltung sowie einen ganzheitlichen Genuss der besonderen Art.[8] Darwin hatte sich ja auch bereits als Geologe einen besonderen Namen gemacht.

Eine Aufregung, eine Empörung, das vermissen wir zunächst im Tagebuch. Das ist verwunderlich, denn bekanntlich hinterließ Darwins »On the Origin of Species« bei vielen Zeitgenossen international keineswegs nur einen positiv-erhabenen Eindruck.[9] Das Buch tangierte neben unterschiedlichen Wissensfeldern besonders auch »Weltanschauungsfragen«.[10] Es regte auf und regte zum Widerspruch an, denn es wurde im deutschsprachigen Raum und in der österreichischen Presse auch als »Schöpfungstheorie«[11] kolportiert. Jedenfalls wurde Darwins Werk gelesen. In der hauseigenen, 1865 entstandenen Satirezeitschrift »Neuer Freier Figaro« wurde der Bezug auf Darwin ebenso der Satire unterzogen wie die Sonderheiten der Mitarbeiter der GRA. Parodie und Satire funktionieren nur, wenn die Kenntnis des Ausgangsphänomens besteht. Das war offensichtlich der Fall, wenn im »ABC für Geologen-Kinder und solche, die es werden sollen«, unter »d« zu lesen ist: »Darwin hat mehr als uns die Affen noch beglückt.«[12]

Stellte Hauers Aufgeschlossenheit, die sich aufgrund seiner Tagebuchaufzeichnungen belegen lässt, im Wien der 1860er und 1870er Jahre eine Ausnahme dar? Wenn nicht, wie einheitlich fielen die Positionen innerhalb des Hauer'schen Umfeldes bei seinen Fachkollegen aus, wie etwa auch bei Franz Unger und Eduard Suess? An welchen Punkten schieden sich allenfalls die Geister?

Jedenfalls kann von einem katholischen Österreich als einem Darwins Theorie ablehnenden geschlossenen Block, wie oft schon beschrieben, keineswegs die Rede sein. Für dieses Negativbild der Habsburgermonarchie hielt Charles Dickens kolpor-

---

der Berichte wurde auch ins Deutsche übersetzt. Siehe: Charles Darwin, Naturwissenschaftliche Reise, übersetzt von Ernst Dieffenbach (Braunschweig 1844).

7 Diesen Eindruck kann man sehr schön anhand der Einträge in der Zeitschriftenliteratur nachvollziehen. Siehe »Anno Zeitschriften Online«, für den Zeitraum von 1839 bis 1859, also vor Erscheinen der Evolutionstheorie 1859: mehr als 200 Einträge bezüglich Darwins Reisewerk.

8 Nicht alle Bücher, die Hauer las, wurden in seinem Tagebuch genannt, aber einige wenige wie eben »On the Origin« besonders hervorgehoben!

9 Zur Rezeption des Werkes siehe besonders verdienstvoll: Eve-Marie Engels und Thomas F. Glick (Eds.), The Reception of Charles Darwin in Europe (London 2008) und Eve-Marie Engels (Ed.), Die Rezeption von Evolutionstheorien im 19. Jahrhundert (Frankfurt am Main 1995).

10 Unger verwendet diesen von Kant eingeführten Begriff, der bei Romantikern bald ein Modewort wurde und nach Grimm ein Terminus war, »unter dem der Begriff der subjektiven Weltansicht ins Bewusstsein gehoben wurde« (Siehe: Jacob und Wilhelm Grimm, Deutsches Wörterbuch (Leipzig 1853 ff.), hier Band 28, Sp. 1530–1541); siehe auch: Franz Unger, Die Steiermark zur Zeit der Braunkohlenbildung. In: Franz Unger und [Eduard] Oscar Schmidt (Eds.), Das Alter der Menschheit und das Paradies. Zwei Vorträge (Wien 1866), S. 42.

11 Unter dem Schlagwort »Schöpfungstheorie« wurde Darwins Buch in der Presse thematisiert. Siehe dazu etwa: Die Presse, 12. Dezember 1860.

12 GBA, Bibliothek und Archiv, G1087 III, Jg. 1, Nr. 2, 14. Nov. 1866.

tierte Aussage als einer der ersten Rezensenten von »On the Origin of Species« lange her. Er hatte nämlich Darwin dafür beglückwünscht, in einer toleranteren Zeit als im 16. Jahrhundert zu leben und nicht in »Austria, Naples, or Rome.«[13] Stattdessen ist eine anfänglich fast durchwegs wohlwollende Beschäftigung mit Darwins Theorien in Wien der 1860er Jahre zu konstatieren. Aus wissenschaftshistorischer Sicht ist sie auch erwartbar. Denn die Lektüre von Darwins »On the Origin« war für Hauers Wiener Kollegen aus mehrerlei Gründen ein wissenschaftliches Muss. Besonders für die fortschrittsaffinen liberalen Naturforscher,[14] die als ehemalige 48er[15] und vielmehr noch als Paläontologen ein beachtliches Kollektiv bildeten, waren doch neue Konzepte eine willkommene Angelegenheit, denen sie sich aus ihrem Fortschritt deklarierenden Selbstverständnis zuwandten. Das entsprach ihren epistemischen Tugenden.

Mit der Vorstellung einer durchgängig fortschreitenden Entwicklung infolge von Autogenese der Arten waren sie bereits durch die Fachliteratur eines Leopold von Buch, Heinrich Georg Bronn wie auch Franz Unger konfrontiert worden. Fragen nach den Ursachen organischer Variabilität standen schon eine Weile zur Lösung an. Charles Lyells bereits 1831 publizierte Überlegung, dass eine Art, falls sie sich auf Kosten einer anderen profilieren könne, diese auch verdränge,[16] trieben Erdwissenschaftler um, zumal sie nach einer Erklärung des plötzlichen historischen Aussterbens ganzer Tiergruppen suchten und dabei George Cuviers Katastrophismus schließlich beiseiteschoben. Die Paläontologie, in der auch Franz Hauer und Eduard Suess zu diesem Zeitpunkt hauptsächlich tätig waren, förderte täglich neue Funde hervor, die als Leitfossilien für die stratigraphische Ordnung herangezogen wurden und es erlaubten, neue geologische Einheiten zu definieren. In der Zeit zwischen 1845 und 1850 war bereits beispielsweise die Kenntnis fossiler Pflanzen von 1648 auf 2421 Arten gestiegen, von denen allein Franz Unger 700 neu bestimmt hatte.[17] Nach Ungers Publikation im Jahre 1845 explodierte die Artenkenntnis weiter, die nach einer Einordnung nach Abstammungen verlangte und nach einer Erklärung für diesen Wandel schrie.

Was nun das Leseverständnis von Darwins Werk bei seinen Rezipienten anbelangt, muss berücksichtigt werden, dass in »The Origin« bereits Vorgedachtes, Bekanntes und

---

13 George Levine, Darwin and the Novelists: Pattern of Science in Victorian Fiction (Chicago and London 1988), S. 128.

14 Die Aktivitäten, die Franz von Hauer setzte, lassen sich als liberal einschätzen. Siehe dazu Kap. II.1.2.

15 Aufschlussreich dazu sind die Briefe, die Hauer während seiner Reise im Jahr 1848 verfasste. Siehe dazu: Walther E. Petrascheck und Günther Hamann, Franz von Hauer. Reiseberichte über eine mit Moriz Hörnes im Sommer 1848 unternommene Reise nach Deutschland, Frankreich, England und der Schweiz mit einer Subvention d. Akad. d. Wissenschaften zwecks Studien über geologische Landesaufnahmen (= Veröffentlichung der Kommission für Geschichte der Mathematik, Naturwissenschaften und Medizin, Heft 43, Verlag der Österreichischen Akademie der Wissenschaften: Wien 1985).

16 Charles Lyell, Principles of Geology, Being an attempt to explain the former changes of the earth's surface by references to the causes now in operation (London 1830–1833) Vol 1–3.

17 Franz Unger, Synopsis Plantarum Fossilium (Leipzig 1845).

besonders auch neu Gefasstes entweder wieder- oder neu aufgefunden, identifiziert, missverstanden und interpretiert werden konnte. Als Lesefrucht wurden in der Folge oft nur Partikel dessen selektiert und in den eigenen Horizont integriert, verdaut bzw. adaptiert. Kampf ums Dasein, Artkonzepte, Mannigfaltigkeit und Variabilität, geographische Verbreitung der Organismen, natürliche Auswahl und Selektion (»Wahl der Lebensweise«[18]), Reproduktion und Zuchtwahl, Stammbäume und Zufall, Entwicklung und Anpassung – das sind Entitäten, mit denen sich die Zeitgenossen herumschlugen. Divergente Anschlussstellen taten sich je nach Vorwissen und Schwerpunkten bei der Lektüre auf. Allenfalls wirkten die fachlich bedingten »Verwurzelungen«[19] bzw. die »Denkkollektive« mit ihren »Denkstilen«.[20]

Die hauptsächlichen erdwissenschaftlichen Akteure der Auseinandersetzung mit Darwin waren zwei äußerst produktive Wissenschaftspersönlichkeiten, Franz Unger (1800–1870)[21] und Eduard Suess (1830–1914).[22] Wiewohl zwei unterschiedlichen Generationen angehörig, sind ihnen dieselben Charakteristika eigen: Es gelang beiden der ersehnte Sprung von einem Museumsjob zu einer prominenten Professur an der Universität Wien, die jeweils am Anfang einer Fachetablierung stand. Im Falle Ungers waren es Physiologie und Anatomie der Pflanzen (1849), bei Suess zunächst das Extraordinariat für Paläontologie (1857) und danach das Ordinariat der Geologie (1862). Für beide Forscherpersönlichkeiten bildete die Paläontologie ein wichtiges Standbein ihrer »Selbstformung«[23] als Erdwissenschaftler. Beide hatten die vorübergehende Erfahrung einer politisch begründeten Inhaftierung in ihrem Lebenslauf zu verbuchen, die sich bei Unger im Metternich'schen Regime und bei Suess im Zuge der 48er Bewegung ereignete. Beide pflegten auch einen eigenwilligen, aber gewandten Stil bei der sprachlichen Gestaltung ihrer wissenschaftlichen Texte. Ihre Forschungsansätze waren äußerst vielseitig und sie dominierten alsbald wegen ihrer innovativen Ansätze die Wissenschaftslandschaft der Stadt.

Unger und Suess waren somit Männer des Katheders, der Feder und auch der öffentlichen Foren und Medien. Dabei walteten sie nicht nur wissenschaftsintern do-

18 »Wahl der Lebensweise« war der Begriff für »natural selection« in der deutschen Übersetzung Darwins.

19 Darunter verstehe ich die Wissenschaftlichen Communitys einerseits, andererseits die geographisch-lokal bedingte Wissenskultur. Siehe dazu: David N. Livingstone, Putting Science in Its Place. Geographies of Scientific Knowledge (Chicago/London 2003) und David N. Livingstone, The Geography of Darwinism, in: Interdisciplinary Science Review 31, Issue 1 (2006), S. 32–41.

20 Siehe Ludwik Fleck, Entstehung und Entwicklung einer wissenschaftlichen Tatsache. Einführung in Lehre vom Denkstil und Denkkollektiv (Frankfurt am Main [1935] 1980.)

21 Zu Franz Unger: Marianne Klemun (Ed.), Einheit und Vielfalt. Franz Ungers (1800–1870) Konzepte der Naturforschung im internationalen Kontext (Göttingen 2016).

22 Zu Eduard Suess vgl. Johannes Seidl (Ed.), Eduard Suess und die Entwicklung der Erdwissenschaften zwischen Biedermeier und Sezession (Göttingen 2009). Das Thema der Darwin-Rezeption bei Eduard Suess wird in diesem von Seidl herausgegebenen Band allerdings nicht thematisiert.

23 Ich folge hier den durch Biagioli geprägten Begriff. Siehe Mario Biagioli, Galileo Courtier: The Practice of Science in the Culture of Absolutism (Chicago/London 1993), S. 14.

minant, sondern wirkten stets auch ganz gezielt als liberal-fortschrittsgläubig in eine breitere Öffentlichkeit. Unger realisierte dies bereits 50-jährig mit seiner kurzweiligen, leicht lesbaren und in der Presse publizierten Einführung in die »Geschichte der Pflanzenwelt«[24] (1852), Suess als Dreißigjähriger mit seinem Engagement als einflussreicher Mitbegründer des »Vereines für die Ausbreitung wissenschaftlicher Erkenntnisse« (1860)[25] und seiner Zuwendung zu Fragen der angewandten Geologie der Stadt Wien. Beide zählten auch zum Kreis um Hauer und Haidinger, wobei Suess diesem enger verpflichtet war, infolge seiner engen Kooperation mit Hauer in den 1850er Jahren. Suess verdankte Haidinger auch dessen positive Intervention bei der Polizei, als er als 48er gefangen gehalten worden war.[26] Die Kommunikation zwischen Hauer, Haidinger und Suess erwies sich als sehr rege, wobei Suess auch noch nach seiner Berufung als Extraordinarius den Austausch mit den Vertretern der Reichsanstalt aufrechterhielt. Bei Bestimmungen von Fossilien half man sich gegenseitig aus, je nachdem, wer sich bei der Art besser auskannte.

Unmittelbar nach dem Erscheinen von Darwins »Origin« (1860, in deutscher Übersetzung) fand im Rahmen der k.k. Zoologisch-Botanischen Vereinszusammenkunft am 5. Dezember 1860 in Wien die erste Debatte über die neue Publikation Darwins statt. Vereine, die Geselligkeit mit dem Prinzip der Öffentlichkeit verknüpften, waren zentrale Arenen, in denen neues Wissen produziert, ausgetauscht, diskutiert, konsumiert und vor allem verbreitet wurde. Geographen, Paläontologen, Botaniker, Zoologen und Erdwissenschaftler trafen einander in diesem Forum, in dem eine disziplinäre Aufteilung in Subsysteme der Naturwissenschaften noch keine Rolle spielte, zumindest keinesfalls für Hauer und Haidinger. Hauer hatte in diesen Zusammenkünften als ihr Geburtshelfer fungiert und sich auch stets als Funktionär aktiv eingebracht.

Dass es ausgerechnet der offene Artbegriff Darwins war, der – durch den Kustoden des Hofmuseums August Pelzel von Pelzeln (1825–1891) initiiert – an den Pranger kam, scheint kein Zufall in einer Stadt, wo in den höfischen Sammlungen mit ihrem feststehenden klassischen Artbegriff an dieser taxonomischen Aneignung von Natur aus pragmatischen Gründen festgehalten wurde. So hatte sich auch der Professor für Zoologie Rudolf Kner (1810–1869) in seiner Arbeit über die geographische Verbreitung der Fische ebenfalls an der Artkonstanz festgeklammert.[27] Der kreative Botaniker Anton Kerner (1831–1898) sollte nur wenige Jahre später, gerade als Pro-

24 Franz Unger, Versuch einer Geschichte der Pflanzenwelt (Wien 1852) und Franz Unger, Botanische Briefe (Wien 1852). Die Letzteren erschienen auch vorab als Fortsetzungsgeschichten in der Presse. Siehe z.B. [Franz Unger], Botanische Briefe VIII. Gestaltung der Pflanze. Grundorgane. In: Beilage zum Morgenblatte der Wiener Zeitung Nr. 57, 19. Juli 1851, 12 f.

25 Hier werden nur diese zwei aus vielen möglichen Aktivitäten genannt, da sie einen Bezug zur Deszendenztheorie und zu Darwin gewähren.

26 Siehe dazu die Autobiographie von Suess: Eduard Sueß [sic], Erinnerungen (Leipzig 1916).

27 Rudolf Kner, Über die geographische Verbreitung der Süßwasserfische Österreichs. In: Oesterreichische Revue 2 (1863), S. 254–259. Siehe dazu auch: L. Salvini-Plawen und M. Svojtka, Fische, Petrefakten

fessor der Botanik an die Innsbrucker Universität berufen, dies bereits mit Humor als problematische Differenz zwischen »guten« und »schlechten« Arten paraphrasieren.[28] Unter schlechten Arten würden nach Kerner Varietäten fungieren, die sich nicht an die von den Botanikern fixierten strengen Grenzen hielten, die sich infolge des »Anschmiegens«[29] an Umweltbedingungen veränderten. Das alte Dogma der Artbeständigkeit wurde, ähnlich der Position Darwins, aufgegeben und die Grenzen wurden als fließend betrachtet. Pelzel von Pelzeln, aus dem geadelten bürgerlichen Beamten-Milieu Wiens stammend, Enkel von Caroline Pichler, der berühmten Salonière, ließ sich auch von einem »religiösen Standpunkt«[30] leiten, wie die Presse es zu konstatieren wusste. Gustav Jäger, Privatdozent für Zoologie und Betreiber des privat geführten Zoologischen Gartens im Prater, opponierte bereits spontan während der Sitzung entschieden gegen Pelzels Kritik an Darwins Werk.

Der Verriss Darwins durch den Ornithologen August Pelzel von Pelzeln konnte – so Franz Hauers mit seinen Kollegen geteiltes Anliegen – nicht unkommentiert im öffentlichen Raum stehen bleiben. Hauer verstand seine Rolle als Multifunktionär vieler Vereine und Einrichtungen sowie als Agitator, der sich für die Verständigung unter den Naturforschern und für ihren brillanten Ruf in der Öffentlichkeit einsetzte, was sein Tagebuch nachdrücklich belegt. Der engere Kreis um ihn war umfangreich: Zu ihm zählten die beiden paläontologisch arbeitenden Kustoden am Hof-Mineralienkabinett Moriz Hörnes (1815–1868) und Eduard Suess, die Kollegen an der »k.k. Geologische[n] Reichsanstalt«, Direktor Wilhelm Haidinger (1795–1871) und Karl Foetterle (1823–1876), ferner der Professor für Geologie und Mineralogie am Polytechnikum Ferdinand Hochstetter (1829–1884)[31] und Professor Carl Ferdinand Peters (1825–1881) sowie sowohl der Privatier und Geologe Ami Boué (1794–1881) als auch der Professor für Bergrecht Otto von Hingenau (1818–1872). Sie alle diskutierten untereinander und setzten sich in unterschiedlicher Intensität und professionell mit den neuesten Ansätzen der Geologie und Paläontologie auseinander.

Da er sich ohnehin regelmäßig des Feuilletons bediente, ging Hauer in seiner fast allwöchentlich, allerdings anonym erscheinenden Kolumne »Wissenschaftliches Le-

und Gedichte: Rudolf Kner (1810–1869) – ein Streifzug durch sein Leben und Werk (= Denisia 24, 2008), S. 64.

28 Siehe: Anton Kerner, Gute und schlechte Arten (Innsbruck 1866). Dieses Buch wurde als Statement für Darwin gelesen, wobei Kerner nicht direkt auf Darwin eingeht. Kerners »Schutzmittel der Blüthen gegen unberufene Gäste«, 1876 erschienen, wurde bereits 1878 von William Ogle ins Englische übersetzt und von Darwin geschätzt. Siehe dazu Darwin an William Ogle, 27.11.1878, Darwin Correspondence Project (online), DCP-LETT-11768F. Kerner entwickelte sich später noch zu einem Darwin-Anhänger und Darwin bezog einige von Kerners Schriften. Siehe dazu: Vier Briefe Darwins an Anton Kerner (1869–1876), Archiv der Universität Wien UAW, Autographensammlung 151.273, 131.33.

29 Anton Kerner, Gute und schlechte Arten (Innsbruck 1866).

30 [Anonymus], Wiener Nachrichten 6. Dez., in: Die Presse, Freitag 7. Dezember 1860, 3.

31 Hochstetter war nach der Novara-Expedition 1860 zum Professor für Geologie und Mineralogie am Polytechnikum in Wien ernannt worden.

ben in Wien«[32] berichtend auch auf diese erste öffentlich stattgefundene Diskussion über Darwins Ansichten ein. Dass Hauer diese anonymen Artikel verfasste und nicht ein Redakteur als Urheber zu identifizieren wäre, geht aus seinem Tagebuch eindeutig hervor. Hauer hatte seine regelmäßig an die Presse geheim übermittelten Berichte in dieser privat gebliebenen Aufzeichnung akribisch memoriert. Es war ihm ein großes Anliegen, die »k.k. Geologische Reichsanstalt« gemeinsam mit Aktivitäten anderer naturwissenschaftlicher Einrichtungen ins positivste öffentliche Licht zu stellen.

Als Sprachrohr seines Kreises würdigte er in seiner anonym erschienenen Kolumne Darwins »Origin of Species« als »epochemachende Arbeit eines Meisters seines Faches«, eines »langbewährten Forschers«. Er lehnte jegliche Kritik durch einen dem Autor Darwin nicht ebenbürtigen Neueinsteiger – wie es Pelzel darstellte, der noch keine Publikation vorzuweisen hatte – prinzipiell ab. Es galt nicht, den Inhalt von Darwins Einsichten zu kolportieren, Darwin im Detail zu lernen bzw. zu lehren, sondern den Status der »exacten Naturwissenschaft« und deren Unterschied zum »positiven Glauben«[33] öffentlich zu untermauern. Derer beiden Grenzen zu überschreiten, schien den gemeinsamen Überzeugungen über deren »epistemische Tugenden«[34] nicht mehr opportun. Hauers strikte Unterscheidung zwischen den seriösen Playern und Außenseitern im Rahmen einer doch stratifizierten Wiener *Wissenschaftlichen Community* diente der eigenen Statusaufwertung inmitten der bunten akademischen Welt von Interessierten in Wien. Nicht zwischen innen und außen, den Wissenschaftlern und Dilettanten, wurde differenziert, zumal Letztere mit offenen Armen in den Vereinen ihre Aufnahme gefunden hatten, sondern im Binnenraum der Experten, zwischen den epistemischen Tugenden besser verpflichteten Naturforschern und jenen, die diesem Tugendkatalog nicht folgten. Sich dem Fortschrittsglauben generell zu unterwerfen und exakte Gesetze zu entwickeln, galt ebenfalls als Kern dieser Tugenden. Ferner plädierte Hauer für einen berechtigten Skeptizismus. Deshalb schränkte er auch ein, dass nicht alle »Ansichten Darwins« bereits bewiesen seien, eine Position, die viele – auch Franz Unger[35] und Eduard Suess – mit ihm teilten.

Während für Franz Unger diese Grenzen zwischen exaktem Wissen und Religionsanschauung infolge seines romantischen Denkstils nicht existiert hatten, sein Glaube zudem integraler Teil nicht nur seiner wissenschaftlichen Konzepte, vielmehr auch seiner metaphysischen Rhetorik war, wurde diese Demarkationslinie für die nächste Generation, repräsentiert durch Franz Hauer und Eduard Suess wie auch deren Kol-

32 [Anonymus, Hauer], Wissenschaftliches Leben in Wien, in: Das Vaterland, 1. Jg., Nr. 85, 8. Dezember 1860, 1. Der Artikel berichtet über Sitzungen der »k.k. Geographischen Gesellschaft« und der »k.k. Zoologisch-botanischen Gesellschaft«. In Letzterer äußerte sich August Pelzel von Pelzeln negativ über Darwins Werk, eine Kritik an Darwin, die Hauer in seiner anonymen Besprechung gänzlich ablehnte.

33 Ebda.

34 Zum Begriff siehe: Lorraine Daston und Peter Galison, Objektivität (Frankfurt am Main 2007).

35 Siehe dazu mehr in: Marianne Klemun (Ed.), Einheit und Vielfalt. Franz Ungers (1800–1870) Konzepte der Naturforschung im internationalen Kontext (Göttingen 2016).

legen, eine Selbstverständlichkeit, für die sie keine Worte mehr in ihren Arbeiten zu verlieren hatten. Bei Unger hatte die Auseinandersetzung um sein Evolutionskonzept noch die katholische Presse auf die Bühne gerufen. Für die Debatte um Darwin galt es nun wenige Jahre nach Ungers Streit, allerdings öffentlich, für diese Freiheit der Wissenschaft generell zu kämpfen, wofür dessen Buch eine glänzende Gelegenheit bot. Darin waren sich Eduard Suess und Franz Hauer einig, ihre Wege jedoch waren verschieden.

Darwins Theorie den Status der Hypothese zuzusprechen, dieser Gestus beruhte auf einer epistemischen Tugend, welche auch für die Gruppe um Franz Hauer und Eduard Suess verbindlich war. Sie implizierte die grundsätzliche Aufgeschlossenheit für offene Fragen, deren Herausforderung man annehmen sollte und wollte. Unger war noch vom konservativen Redakteur Brunner angeprangert worden. Letztlich jedoch diente diese Kontroverse der Wissenschaft weitaus stärker, als sie ihr schadete. Eduard Suess, der 1862 England besucht hatte, erinnerte sich in seiner Autobiographie an ein Gespräch mit Thomas Henry Huxley (1825–1895), jenem Mann, der für Darwin in den Ring der öffentlichen Diskussion mit Bischof Samuel Wilberforce getreten war und deshalb auch den Spitznamen »Darwins Bulldog« trug:

> ›Sehen Sie‹, sagte mir damals Huxley, ›Darwins neue Lehre wäre langsam und in kleinen Schritten durch die gelehrten Kreise mit den Jahren in das Publikum gelangt. Die Opposition des Bischofs von Oxford hat ihr die Aufmerksamkeit zugewendet und sofort den glänzenden Triumphzug bereitet.[36]

Eduard Suess, zum Zeitpunkt des Erscheinens von Darwins Hauptwerk gerade einmal dreißig Jahre alt und seit 1857 als Extraordinarius der Paläontologie sowie gleichzeitig als Kustos der kaiserlichen Sammlung (dem Vorläufer des heutigen Naturhistorischen Museums) tätig, ließ sich von Darwins Theorie sofort begeistern. An Eigenwilligkeiten hatte es in diesem Forscherleben bezüglich dessen Karriere nicht gefehlt: Ohne ein Studium abgeschlossen zu haben, wurde Suess nach fünf Jahren Tätigkeit am Hof-Mineralien-Kabinett auf seinen Wunsch hin 1857 habilitiert. Bereits im Jahre 1854 hatte ihn die gemeinsame Feldforschung mit Franz Hauer in die Schweiz und zur Schweizer Naturforscherversammlung geführt.[37] Dem Basler Professor Peter Merian wird er später zu versichern wissen,[38] dass die Erfahrung einer Parallelisierung der geo-

36 Eduard Sueß [sic], Erinnerungen (Leipzig 1916), S. 141.

37 Mehr zu dieser Verbindung, die auch den Brückenschlag von der Paläontologie zur Geologie herstellte: Siehe Marianne Klemun, »Da bekommen wir auf einmal wieder zwei Etagen mehr! Wohin soll das noch führen!« Geologische Wissenskommunikation zwischen Wien und Zürich: Arnold Escher von der Linths Einfluss auf Eduard Suess' alpines Deckenkonzept, diskutiert anhand seiner Ego-Dokumente (1854–1856) und seiner Autobiografie, in: Eduard Suess, ed. von Johannes Seidl (Wien 2009), S. 295–318.

38 Abschrift eines Briefes an Peter Merian im Besitz von Prof. Kühn, der an Prof. Hamann überging. Siehe:

logischen Schichten zwischen den Ostalpen und den Westalpen zu einem der frühen Wendepunkte seines Lebens zählte, der ihn von der Paläontologie zur Geologie führte. Bis zum Jahre 1860 hatte der junge Paläontologe bereits 25 kleinere Arbeiten verfasst, die sein Expertentum bezüglich der Brachiopodenforschung bewiesen.[39] Dabei arbeitete er zunächst eher klassifikatorisch, sodann auch ökologisch. Seine Leitfossilien zog er alsbald zur Definition neuer Schichten heran (wie der Kössener, Schramberger und Gosauer). Als Spezialist für Armfüßer, die auf Grund ihrer Merkmalskombinationen eine ausgezeichnete Gruppe zur Identifizierung von Leitfossilien bildeten, ließen sich hervorragende Einblicke in die Stratigraphie gewinnen. In diesem Bereich war es unerlässlich, über den lokalen Horizont hinauszuschauen, was üblich war und was die Kontakte zu den Schweizer Geologen Escher von der Linth und Peter Merian auch verbürgten. Die Unterstützung dieser Forschungsarbeit verdankte Suess auch dem Kreis um Hauer, in dem eben auch in der Zeit ab 1853 die Aushandlung von Wissen erfolgte.

Wie Unger blieb auch Eduard Suess nicht lebenslang nur an ein Spezialgebiet gebunden. Er sollte sich alsbald auch mit der Landfauna und der Geologie Wiens auseinandersetzen,[40] bis er schließlich die Alpen als Ganzes bearbeitete.[41] In seinem mehrfach aufgelegten und in unterschiedliche Sprachen übersetzten Alterswerk sollte er schließlich den Globus selbst tektonisch in den Blick nehmen.[42] Suess' sukzessive Ausweitung des Horizonts machte ihn im letzten Drittel seines Lebens zu einem international herausragenden Repräsentanten seines Faches. Von ihm eingeführten Begriffe, wie Tethys und Gondwanaland,[43] sind noch heute Teil des Fachjargons.

Das Verhältnis zwischen Suess, Haidinger und Hauer war recht eng. Jedenfalls verdankte Suess der Reichsanstalt in seinen jungen Jahren Förderung und Kooperation, Wissensaustausch und Publikationsmöglichkeiten. In all den Jahren bestand eine sehr intensive Zusammenarbeit zwischen ihm und Hauer. Und Suess verdankte ihm auch die Möglichkeit, seine neue Gesellschaft in den Räumen der Reichsanstalt

Wienbibliothek im Rathaus, Handschriften und Nachlässe, Nachlass Günther Hamann, Archivbox 17, 4.112.13.

39 Die Auflistung der Arbeiten findet sich bei: Helmuth Zapfe, Eduard Suess zum 50. Todestag. In: Annalen des Naturhistorischen Museums Wien. Geologie und Paläontologie 67 (1964), S. 169–173, hier S. 170–173.

40 Eduard Suess, Der Boden der Stadt Wien nach seiner Bildungsweise, Beschaffenheit und seinen Beziehungen zum bürgerlichen Leben (Wien 1862).

41 Eduard Suess, Die Entstehung der Alpen (Wien 1875).

42 Eduard Suess, Das Antlitz der Erde, 1. Bd. (Prag/Wien/Leipzig 1888). Siehe auch: Marianne Klemun, Spaces and places: an historical overview of the development of geology in Austria (Habsburg Monarchy) in the eighteenth and nineteenth centuries. In: Wolf Mayer, Rene M. Clary et al (Eds.), History of Geoscience: Celebrating 50 Years of INHIGEO, Geological Society, Special Publications, 442 (Geological Society London: London 2017), S. 263–270.

43 Thomas Hofmann, Günter Blöschl, Lois Lammerhuber, Werner E. Piller und A. M. Celâl Şengör (Eds.), The Face of The Earth. The Legacy of Eduard Suess (Wien 2014), S. 66f.

zu versammeln. Er war es, der dem Darwin-Anhänger Gustav E. Jäger (1832–1917) sofort nach der in der »k.k. Zoologisch-Botanischen Gesellschaft« stattgefundenen Diskussion bereits am 10. und 15. Dezember 1860 eine Plattform für dessen ausführlichen Vortrag innerhalb des von ihm präsidierten »Vereines zur Verbreitung naturwissenschaftlicher Kenntnisse« bot. Denn der harschen Kritik eines Pelzeln sollte sofort eine positive Resonanz entgegengehalten werden. Die Vorträge wurden danach auch sogleich in der vereinseigenen Zeitschrift publiziert.[44] Der Protestant Gustav Jäger, der sein Doktorat in Tübingen erworben hatte, hatte sich kurz zuvor am 27. Mai 1859 für Vergleichende Anatomie der Tiere an der Universität Wien habilitiert. Später war er Mitbegründer und Leiter des 1863 eröffneten »Thiergartens am Schüttel« im Wiener Pratergelände und erhielt sodann 1869 eine Professur für Zoologie in Stuttgart.[45] In der Reichsanstalt wurde besonders Jägers Engagement in der hauseigenen Scherzschrift »Neuer Freier Figaro« später dem Spott unterworfen, wenn es hieß: »Dr. Jäger hält einen Vortrag über die Futterwechsel und dessen Einfluß auf Zähne, gezähmte und wilde erst zu zähmende Thiere.«[46] Jedenfalls war es Jäger, der die Diskussion in Wien evozierte, und vielleicht hatte so mancher Wiener Protagonist Darwin gar nicht gelesen, sondern nur den zündenden Vortrag Jägers gehört.

Diese Einführung Jägers stieß nämlich mit etwa 300 Personen auf ein außerordentlich großes Auditorium. Der »Verein zur Verbreitung naturwissenschaftlicher Kenntnisse« hatte seine offizielle Existenz mit Statuten erst im März des gleichen Jahres erhalten. Informell hatte er bereits Jahre zuvor existiert. Als loses Diskussionsforum junger Akademiker, initiiert vom Kustoden und Junghabilitierten Josef Grailich (1829–1859), wirkte er als Magnet auf die jüngere Generation von Naturforschern, aber auch besonders auf Mittelschullehrer.[47] Man könnte meinen, der Verein zog die »Freunde der Naturwissenschaften« insofern als Vorbild heran, als er ebenfalls auf Jugend setzte.

Für die Vorträge hatte die »k.k. Geologische Reichsanstalt« ihre Räume im Palais Rasumofsky zur Verfügung gestellt, bis schließlich ab 1857 sogar der große Festsaal der Akademie der Wissenschaften in Wien seine Tore wegen des großen Ansturms dafür öffnete. Der Kreis um Hauer war somit auch eingebunden gewesen, wiewohl Direktor Haidinger zwar als Schlüsselfigur der Sozietätsgründung der 1840er Jahre

44 Gustav Jäger, Die Darwin'sche Theorie über die Entstehung der Arten. Zwei Vorträge gehalten am 10. u. 15. Decbr. 1860. In: Schriften des Vereines zur Verbreitung naturwissenschaftlicher Kenntnisse 1 (1862), S. 81–110.

45 Siehe dazu: Salvini-Plawen & M. Svojtka, Fische, Petrefakten, 91.

46 GBA, Bibliothek und Archiv, G1087 III, Jg. 1, Nr. 5, 5. Dez. 1866.

47 Eine gesellschaftliche Gliederung der 319 Mitglieder findet sich in Band 1: Karl Hornstein, Vorläufiger Rechenschafts-Bericht. In: Schriften des Vereines zur Verbreitung naturwissenschaftlicher Kenntnisse 1 (1862), S. 15 Eduard Sueß [sic], Erinnerungen (Leipzig 1916)20, hier 18: Der Verein umfasste »3 Geistliche, 117 Beamte, 64 Professoren und Lehrer, 6 Militär, 8 Künstler, 35 Studierende, 41 Fabrikanten, Kaufleute etc., 40 Private«.

leidenschaftlich für das Sozietätswesen eingetreten war, aber der Initiative Suess' doch skeptisch gegenüberstand. Auch griffen Hauer und Haidinger bei der Entwicklung der Statuten dieser Gesellschaft ein. Sie setzten ein Komitee zur Änderung der Statuten durch, allerdings mussten sie erkennen, dass sie etwas »Gefährliches« evoziert hatten, als sich ihre Gegner in diese Gruppe hineinwählen ließen.[48]

Kommen wir nochmals zu Jäger und seinem Vortrag im Rahmen dieser Gesellschaft zurück. Was selektierte er nun in seiner Lesefrucht von Darwins Theorie? Er griff die zuvor in informellen Diskussionen aufgetauchten Einwände gegen Darwin auf und wirkte ihnen entgegen. Bezweifelt wurde das Problem des »Zurückschlagen[s] der Kunstpflanze in die natürliche Speciesform«,[49] also die natürliche Zuchtwahl (Selektion) und die Frage von deren Grenzen. Einen besonderen Wert sah Jäger in der Darwin'schen Theorie für die Paläontologie und Geologie wie auch für die Morphologie gegeben. Inhaltlich war das Argument angesichts der starken Wiener Gruppe an Erdwissenschaftlern nicht ungeschickt positioniert. Jäger verglich den Stand der Naturgeschichte vor Darwin mit jenem vor dem Auftreten Galileis, da bis dahin noch immer willkürlich verbundene Tatsachen und keine Gesetze existiert hätten. Darwins Entwicklungsgesetze, die auf die fortwährende Abänderung der Nachkommenschaft zielte, beurteilte Jäger als nicht neu, aber durch Darwin jedenfalls ausführlich begründet:

> Diese Sätze sind nicht Darwins' ausschliessliches Eigenthum, sie sind im Gegentheil viel älter als er. Sein Verdienst um die Wissenschaft besteht nicht darin, sie aufgestellt, sondern darin, sie ausgeführt zu haben.[50]

Jägers überschwänglich positive Diskussion von Darwins Buch mündete in der Aussage, die an die Kritiker Darwins gerichtet war: Darwins Ansichten seien noch intensiver zu studieren, da »der Indifferentismus der Haupthemmschuh des Fortschrittes«[51] sei. Gustav Jäger hatte somit die Aufgabe übernommen, Darwins Buch in der Wiener Öffentlichkeit im Detail und wohlwollend vorzustellen.

Doch war diese Aktivität bei der Obrigkeit schon im Vorfeld nicht willkommen gewesen. Joseph Alexander Helfert (1820–1910), seit 1840 als Unterstaatssekretär im k.k. Unterrichtsministerium tätig, zitierte Eduard Suess, den erst kürzlich habilitierten Paläontologen und Präsidenten des neuen Vereines zu sich, um sein Unbehagen bezüglich der angekündigten Vortragsreihe zu äußern. Suess empörte sich ob dieser In-

48 Siehe dazu die Einträge im Mai 1861 in Hauers Tagebuch.

49 Gustav Jäger, Die Darwin'sche Theorie über die Entstehung der Arten. Zwei Vorträge gehalten am 10. u. 15. Decbr. 1860. In: Schriften des Vereines zur Verbreitung naturwissenschaftlicher Kenntnisse 1 (1862), S. 81–110, hier 91.

50 Jäger, 87.

51 Jäger, 110.

tervention, und Hauer, der stets nur geheime Gespräche für sein Gedächtnis protokollierte, notierte diese für ihn offensichtlich nicht unwichtige Episode in sein Tagebuch:

> Früh in das Hof Min[eralien] Cab[inet][52] [Zu Hörnes]. Der alte Dr Jäger; es wird viel über des jungen Jäger's Vortrag gesprochen. Helfert hatte Suess und ihn zu sich beschieden u. ihnen gerathen, die Montags-Vorlesungen[53] mehr auf practische Dinge zu beschränken. Suess erwiederte, man könne nicht gerade die Dinge ausschließen, welche das größte Interesse erregen; ~~und erhi~~ er meint nun mir gegenüber, man dürfe Jäger nicht fallen lassen, und erhitzt sich sehr über den Gegenstand. Ich tadle entschieden, daß man den Gegenstand durch die Ankündigung, es werde über Darwin's Schöpfungstheorie[54] vorgetragen werden, in ein falsches Licht gebracht habe. Man müße Conflikte zu vermeiden, nicht heraufzubeschwören suchen.[55]

Eduard Suess zog die Fäden im Hintergrund, das geht aus den Tagebüchern Hauers hervor. Er hatte sich nicht nur für die Aufnahme einer Auseinandersetzung mit Darwin in die Tagesordnung des von ihm maßgeblich bestimmten Vereines stark gemacht, sondern wollte auch Jäger und damit auch Darwin in Wien den Rücken stärken. Suess' Engagement für eine innovative Naturforschung ging keine Kompromisse ein. Gegen die Bezeichnung »Schöpfungstheorie« hatte er persönlich nichts einzuwenden, weil sie als Zugpferd in der Öffentlichkeit ihre Wirkung zeigte. Der mögliche Bezug zur Bibel, was Hauer als »falsches Licht« adressiert hatte, konnte somit, so Suess, lediglich als Lockvogel dienen, Interesse zu wecken. Diese Episode ist in der Autobiographie von Eduard Suess nicht unähnlich wiedergegeben, doch enthält sie eine interessante Nuance, die deshalb hier auch ausführlich zitiert wird:

> Im Herbst 1860, als der Verein ganz jung war, begann eben Darwins Lehre sich auszubreiten. Gustav Jäger (später als der Wolljäger bekannt) beschäftigte sich mit der Errichtung eines Tiergartens im Prater und kündigte im Vereine einen Vortrag über Darwin an. Ich wurde in das Unterrichtsministerium zu Baron Helfert, dem damaligen Unterstaatssekretär beschieden. Es wurde mir vorgehalten, der Verein möge sich doch die Frage stellen, ob es nicht zweckmäßiger wäre, das Publikum über nützliche Dinge zu unterrichten, z.B.

52 Das war die Arbeitsstelle von Eduard Suess, der auch trotz der ao. Professur am Hofmuseum arbeitete.

53 Gemeint sind die Vorträge des Vereines. Der 1860 erfolgten Gründung des »Vereines zur Verbreitung naturwissenschaftlicher Kenntnisse« sind seit 1855 genau 90 Vorträge vorangegangen, die besonders auf Josef Grailichs Initiative organisiert worden waren. Die konstituierende Sitzung des Vereines fand am 15. Jänner 1860 statt, am 4. März war die Genehmigung durch den Kaiser erfolgt, am 15. April wurden die eingereichten Statuten akzeptiert. Ab 1862 erschien ein vereinseigenes Periodikum, in dem die Vorträge publiziert wurden. Der erste Präsident des nun offiziell angemeldeten Vereines, dessen Vorträge stets am Montag stattfanden, war Eduard Suess.

54 So lautete der Titel von Jägers Vortrag.

55 GBA, Bibliothek und Archiv, A 00077-TB, Hauer, 12. Dezember 1860.

über Spiegel- und Stahlfabrikation. Ich erwiderte, daß Vermutungen und Hypothesen nur als solche geboten werden sollen, daß jedoch für die Auffassung der lebenden Natur maßgebende Tatsachen auf die Dauer nicht verschwiegen werden könnten. Die Tatsachen würden ja doch aufrecht bleiben.

Damit war die Sache erledigt und der Vortrag wurde gehalten.[56]

Vermutung und Hypothese auseinanderzuhalten, das gehörte, so Suess (und vielleicht auch der späteren Erfahrung geschuldet, zumal die Aussage ja Teil der Autobiographie darstellt), zum essentiellen Teil seines Selbstverständnisses als Wissenschaftler. Darwins Ansichten rückte er in diesem Zusammenhang ganz einfach auf die Ebene von Tatsachen. Er legte im wissenspolitischen Konnex keine Zweifel an Darwins Theorie an den Tag. Das stand allerdings im eklatanten Unterschied zu seinen wissenschaftlichen Arbeiten, in denen er die Hypothesen Darwins erst einer weiteren Prüfung unterzogen wissen wollte. Suess spielte zwei verschiedene Rollen, eine im Konnex der öffentlichen Wissen(schaft)spolitik und jene in der *academia*. Zum einen schien er sich für Darwins Werk als Gesamtentwurf positiv einzusetzen, zum anderen in der wissenschaftlichen Debatte dennoch an Einzelheiten seine Kritik zu üben. Die zwei *settings* erforderten zwei verschiedene Umgangsweisen mit Darwins Theorie.

Wir sehen daraus, dass eine simple Unterscheidung zwischen einer Gegnerschaft oder Befürwortung in diesem Fall nicht weiterführt. Suess' Kritik an Darwins Theorie in seinen wissenschaftlichen Arbeiten konzentrierte sich im Jahre 1860 auf die Frage der Züchtung, die für die Variabilität Pate gestanden hatte, die Suess als wissenschaftlichen Beweis nicht anerkennen wollte.

Es wäre wohl zu viel gesagt, wenn man behaupten wollte, dass dieses merkwürdige[57] Buch die Frage, welche es von neuem aufgeworfen, auch zugleich endgültig entschieden habe, und dass alle die Erfahrungen der neueren Naturforschung bereits hinlänglich bewogen seien, um uns zu einer rückhaltlosen Annahme der Darwin'schen Anschauung zu veranlassen. Es lässt sich im Gegentheile behaupten, dass der directe Beweis durch Züchtung, den Hr. Darwin für seine Ansicht zu geben versucht hat, sehr mangelhaft sei. Aber es lässt sich auch nicht läugnen, dass eine grosse Anzahl von Thatsachen, welche sich z.B. auf den Character der Inselbevölkerungen, auf das Vorkommen rudimentärer Organe, und besonders auf die Vergangenheit des Thierreiches beziehen, vom Cuvier'schen Standpunkte aus ganz unerklärlich bleibt, während sie hier eine ziemlich einfache Deutung findet. Manche dieser Punkte werden hier zur Sprache kommen. Mag nun die eine oder andere Anschauungsweise der Wahrheit näher kommen, so steht doch fest, dass die Fülle der neuerdings für die Variabilität der Species beigebrachten Erfahrungen, um einen neuen geistigen Kampf heraufzurufen, aus dem ohne Zweifel neue Wahrheiten hervor-

56 Eduard Sueß [sic], Erinnerungen (Leipzig 1916), S. 124.

57 Unter »merkwürdig« wurde im damaligen Sprachverständnis »beachtenswert« gemeint.

> gehen werden, bedeutend genug, um die edle Begeisterung begreiflich zu machen, mit der sich ein immer grösserer Kreis von Naturforschern diesen neuen Ansichten hingibt, – bedeutend genug endlich, um nicht übergangen zu werden dürfen, in diesem Kreise von Vorträgen, dessen Aufgabe es ist, die wichtigsten unter den neuen Fortschritten der Naturwissenschaften zu besprechen.[58]

In Summe fand der Vortrag Jägers großes positives Aufsehen, selbst die Zeitung »Die Presse« bezog sich darauf: »Gestern Abends hielt im Akademiegebäude Dr. Gustav Jäger eine Vorlesung ›Ueber Darwin's Schöpfungstheorie‹, eine der bedeutendsten Doctrinen im Gebiete der Naturwissenschaften.«[59] Darwin wurde in der Öffentlichkeit sogar an der Güte einer Doktrin im Sinne eines gültigen Gesetzes gemessen, an jenem Anspruch, den die Biologen und Geologen mehr und mehr auch für ihre Arbeit geltend machen wollten.

Hauer hingegen zog sich auf die Position zurück, dass die Bezugnahme auf die Schöpfungstheorie den einzigen problematischen Punkt in der öffentlichen Debatte mit Helfert ausmache. Ihm ging es immer wieder darum, die wissenschaftliche Expertise von jener einer nichtwissenschaftlichen, aus der Politik kommenden zu trennen. In der Tat war die Veranstaltung in allen Zeitungen als Vortrag über die »Schöpfungstheorie«[60] beworben worden, während Jäger selbst im Vortrag den Bezug vermied. Die Vermutung ist naheliegend, dass Ungers nur wenige Jahre zurückliegender Konflikt mit dem fundamentalistisch gesinnten Priester Brunner zur Vorsicht mahnte. Die Abgrenzung zwischen Theologie und Wissenschaft sollte unangetastet bleiben. So notierte Hauer, einige Tage nach Jägers Vortrag, in sein Tagebuch:

> Hingenau erzählt, daß Helfert ganz wohl weiß, daß er sich nicht werde behaupten können; er hat denselben wegen der Suess-Jägerschen Geschichte (Darwin, Schöpfungstheorie) interpellirt, Helfert meint, es sei ihm nicht eingefallen, die Sache zu verbieten, er habe nur im Interesse der Vorlesungen selbst gerathen, Conflicte zu vermei//den –.[61]

Die Quelle belegt sehr eindringlich, dass der Kreis um Hauer in die Debatte um den öffentlichen Umgang mit Darwin involviert war und durch seine Stärke Druck auf die Öffentlichkeit für Darwin ausüben konnte. Persönlich hatte sich Hauer aber für die Theorie nicht eingesetzt. Die Obrigkeit pochte nur zaghaft auf Sensibilität gegenüber den katholischen Kräften. Nun war es ebenfalls eine den Erdwissenschaftlern nahestehende Persönlichkeit, Otto von Hingenau (1818–1872), Jurist und ausgebildeter Mon-

58 Eduard Suess, Hofrath Bronn's Ansichten von der Entwicklung des Thierreiches. In: Schriften des Vereines zur Verbreitung naturwissenschaftlicher Kenntnisse 1 (1861), S. 113–148, hier 119 f.

59 Vgl. [Anonymus], Wiener Nachrichten. In: Die Presse, 12. Dezember 1860, 13. Jg., Nr. 319, 4.

60 Die Presse, 11. November 1860, S. 4.

61 GBA, Bibliothek und Archiv, A 00077-TB, Hauer; Tagebuch, 20. Dezember 1860.

tanist, der als Professor für Bergrecht an der Universität Wien wirkte. Er wurde im Ministerium darauf angesprochen. Die Thematik von Jägers Vortrag tauchte immer wieder mit dem Bezug zur Schöpfungstheorie auf. Diese konnte in unterschiedlicher Weise interpretiert werden, im Sinne der Bibel oder auch nur im Bedeutungsgehalt von Entstehung oder Erschaffen. Die Deutung war aber dem jeweiligen Auditorium überlassen.

Hauers Aufzeichnungen zufolge bildete während der ersten Phase der Auseinandersetzung mit Darwins Theorien der religiöse Zusammenhang das Zünglein an der Waage:

> Gespräch mit Suess über Helfert u. Miklosich und die alte Jäger'sche Schöpfungs-Vortrag-Geschichte. Er findet das Benehmen Helferts dabei schändlich, ich vertheidige letzteren u. sage, Letzterer habe eben so Ursache gehabt, sich zu beklagen, daß man die ›Lüge‹ Helfert habe die Abhaltung der Vorlesung verboten, in die Zeitungen gegeben habe, u.s.w.[62]

Die Presse stand jedoch deshalb auf der Seite der Naturforschung, weil sie von den Beteiligten (wie Hauer und Suess) selbst informiert worden war. Die Beifallsbezeugung für Darwins Konzept in diesen ersten Jahren hatte sich durchgesetzt, jedoch schien im Detail auch für Eduard Suess ein Aspekt dieses Ansatzes nicht zufriedenstellend gelöst zu sein. Er betraf die fossilen Serien, die Darwin wegen der fehlenden Belege bewusst auf Befundlücken bei der bestehenden Kenntnis zurückgeführt hatte. Zwischenformen seien, so Darwin, bisher noch nicht aufgefunden worden. Dieses Lückenargument konnte Suess nicht akzeptieren. In seiner 1863 erschienenen Studie »Über die Verschiedenheit und die Aufeinanderfolge der tertiären Landfaunen in der Niederung von Wien«[63] nahm er es zum Anlass, Umweltgründe zwar wichtig zu nehmen, aber zu betonen, dass weder für sie noch für die natürliche Selektion gesicherte »Anhaltspunkte« gefunden worden seien.

Suess artikulierte seine Zweifel, ungeachtet dessen, dass sein Kollege am Museum und enger Freund Hauers, Moriz Hörnes (1815–1868), bereits Jahre zuvor im Rahmen seiner Molluskenforschung, das Wiener Becken betreffend, die morphologische Veränderung der Muschel *Cancellaria cancellata* über mehrere geologische Epochen hinweg nachweisen hatte können.[64] Eduard Suess' Einwand, dass die Perioden, in denen neue Arten sich entwickeln, zu kurz gedacht werden, interessierten Darwin,[65] der

62 GBA, Bibliothek und Archiv, A 00077-TB, Hauer; Tagebuch, 9. Februar 1861.

63 Eduard Suess, Über die Verschiedenheit und die Aufeinanderfolge der tertiären Landfaunen in der Niederung von Wien. In: Sitzungsberichte der Akademie der Wissenschaften Wien, math.-naturw. Kl. 47 (1863), S. 306–331.

64 Moriz Hörnes, Die fossilen Mollusken des Tertiär-Beckens von Wien. In: Jahrbuch der k.k. geologischen Reichsanstalt 7 (1856), S. 188–192.

65 Charles Darwin an Hugh Falconer, 25./26.8.1863, Darwin Correspondence Project (online), DCP-LETT-4277.

auf diese Studie durch den ehemaligen Direktor des Botanischen Gartens zu Saharanpur (Indien) Hugh Falconer (1808–1865) aufmerksam gemacht worden war.[66]

Wir sehen, dass Suess beide Enden des Spektrums der eingangs schon erwähnten Strategie und der positiven Auseinandersetzung mit Darwins Werk bediente: Er schätze Darwins Werk als einzigartigen Entwurf im Ganzen, setze sich jedoch auch mit einem Detail dessen kritisch auseinander: Denn für einen exakten Beweis ließen sich die fossilen Befunde nicht heranziehen. Laut Suess seien in seinem Untersuchungsfeld nicht einzelne Arten durch andere ersetzt worden, sondern ganze Gesellschaften verschwunden.[67] In dieser Arbeit über die Säugetierfaunen lenkte er abschließend doch im Sinne Darwins ein.[68]

Neben Unger, der in seiner Vorlesung »Geschichte der Pflanzenwelt« die Deszendenztheorie lehrte, war es besonders Jaeger, der erstmals im Sommersemester 1860 Darwins Ideen auch in den Hörsälen Wiens verbreitete, als er »Vergleichende Entwicklungsgeschichte« an der Universität lehrte. Rudolf Kners Vorlesung »Über Darwinismus und dessen Konsequenzen« wurde im Sommersemester 1868 angeboten.[69] Wie Suess setzte sich auch Kner mit Darwins »Origin« kritisch auseinander, musste aber in Bezug auf die Fischgruppe der Ganoiden anmerken, dass ein Wandel mit Verdrängung der Vorläufer nicht nachweisbar war.[70] Erneut war es die Selektion, die auf den Prüfstand kam. Es waren Fragen der räumlichen Größenordnung und der translokalen universellen Gültigkeit, die bei Suess' Skepsis ihre eigene Regie führten.[71] Melchior Neumayr (1845–1890), Suess' Schwiegersohn und ab 1872 als Leiter des Instituts für Paläontologie an der Universität Wien amtierender Forscher, lieferte Belege in seinem von Darwin sehr gelobten Molluskenwerk. Die beiden, Neumayr und Darwin, standen ab 1877 in brieflichem Austausch,[72] denn Neumayr hatte den Umwelteinfluss schließlich bei den Mollusken nachgewiesen, was Darwin sehr zu schätzen wusste.

Fassen wir unseren Ausflug in Wiens frühe Diskussion von Darwins Konzepten zusammen, die im Tagebuch Hauers ihren Niederschlag fand: Lange vor Darwins »Origin« hatte Franz Unger seinen jüngeren Kollegen 1852 nicht nur inhaltlich dic Deszendenztheorie nahegelegt, sondern durch den Konflikt mit dem Prediger Brunner

66 Siehe dazu Hugh Falconer an Charles Darwin, 24.8.1863 und 29.8.1863, Darwin Correspondence Project (online), DCP-LETT-473 A und DCP-LETT-4284.

67 Suess, Über die Verschiedenheit (1863), S. 326.

68 Suess, Über die Verschiedenheit (1863), S. 327.

69 Siehe dazu: Salvini-Plawen & M. Svojtka, Fische, Petrefakten, S.90.

70 Rudolf Kner, Betrachtungen über die Ganoiden, als natürliche Ordnung. In: Sitzungsberichte der kaiserlichen Akademie der Wissenschaften Wien 54 (1866), 1. Abt., S. 519–536.

71 [Eduard Suess, nach Stenogr. von Beck], Abschieds-Vorlesung des Professor Eduard Suess bei seinem Rücktritte von dem Lehramte am 13. Juli 1901. In: Beiträge zur Geologie und Paläontologie Österreich-Ungarns und des Orients (1902), S. 1–2, hier 1 f.

72 Zu diesem Briefwechsel mehr: Matthias Svojtka, Johannes Seidl und Michael Coster-Heller, Frühe Evolutionsgedanken in der Paläontologie. Materialien zur Korrespondenz zwischen Charles Robert Darwin und Melchior Neumayr. In: Jahrbuch der Geologischen Bundesanstalt 149 (2009), S. 357–374.

diese in den Jahren 1856 auch medial ausgetragen. Im Unterschied dazu wurde die Distanz zur Theologie in der Folge im Falle Darwins ab 1860 sensibel gewahrt und die Bezeichnung »Schöpfungstheorie« nur vorübergehend in den Zeitungen ventiliert, sodann jedoch gemieden.

Die Auseinandersetzung mit Darwin im Wien der 1860er Jahre ließ sich in dem Spannungsbogen von Befürwortung und vorsichtiger Skepsis positionieren, sie basierte gleichzeitig auf generellem Zuspruch für die Theorie als Ganzes und auf Kritik in unterschiedlichsten Detailfragen. Dabei war es vor allem der Aspekt der »natürlichen Züchtung« (Selektion), für den sichere Belege gesucht wurden und der die Skepsis befruchtete. Darwin bedeutete für die in Wien wirkenden Naturforscher eine große Herausforderung, der sie sich neugierig stellten. Verbunden hatte alle genannten Personen als Denkkollektiv der Bezug auf die Vision einer »exacten Naturwissenschaft«, die sich im Festmachen an Details artikulierte. Jägers Warnung, dass der »Indifferentismus [ist] der Haupthemmschuh des Fortschrittes« sei, hing wie ein Damoklesschwert über allen Arbeiten. Franz Hauer beobachtete die Diskussion vorsichtig und mischte sich nicht persönlich ein, wohl aber wirkte er anonym in die Öffentlichkeit, indem er für eine positive Publizistik sorgte.

Es ist interessant, dass im sehr aufwendig gestalteten Fotoalbum von Darwins Bewunderern anlässlich dessen 70. Geburtstags im Februar 1877 die Porträts von Hauer und Suess fehlten. Das Album wurde mit einem Frontispiz eröffnet, das sich mit Portraitvignetten auf Goethe und Kant berief, die Größen der »deutschen« Kultur. Es beinhaltete insgesamt 165 Portraits, die Ernst Haeckel zusammengestellt hatte. Geordnet war es nach Orten, beginnend mit Jena, dann Wien und Berlin. Es folgten die Städte Tilsit, Hoexter, Mainz, Stuttgart und Münster. Es waren durchaus viele Mittelschullehrer und Professoren der Universität Wien unter ihnen, ein Gruppenbild von Zoologen der Universität Wien stand am Anfang aller Wien zugeordneten Einzelportraits. Von der Generation der Geologen um Hauer, die 1860 sich für Darwin eingesetzt hatten, waren es nur Bergrat Heinrich Wolf, Ferdinand Hochstetter und Melchior Neumayr, die sich unter der Mehrzahl der Zoologen, wohl auch Haeckels Netzwerk, befanden.[73] Suess hatte sich ja bereits sehr früh für die Aufnahme als Ehrenmitglied der Wiener Akademie eingesetzt, was in der Welt der Wissenschaft weitaus mehr bedeutete, als ein persönlich überreichtes Geschenk an Darwin, den man in diesem als »Reformator der Naturgeschichte« betitelt hatte.

73 Siehe dazu: Darwin Correspondence Project (online).

Abb. 10: Karl von Hauer, Bruder Franz Hauers und Chemiker der »k.k. Geologische[n] Reichsanstalt«, Karikatur aus: »Neuer Freier Figaro«, 2, Nr. 11, 1866. Die Karikatur stellt Karl Hauer als »leichtfüßigen chemischen Tanzkünstler« dar. Scherzhandschrift.

10. Vulkanausbruch auf Santorin im Jahre 1866 und der Wettlauf um Expertise

Bereits im Jahre 196 v. Christus hatte Thyra (Thera), die ägäische Kykladeninsel, den Schauplatz einer furchtbaren Katastrophe abgegeben, wobei der Mittelteil der Insel völlig eingebrochen und nur ein kleiner Ring übriggeblieben war. Jahrhunderte vergingen, in denen es immer wieder (46 n. Chr., 452 n. Chr., 1457, 1650, 1707) zu Eruptionen kam, bis im Jahre 1866 erneut ein großer Ausbruch stattfand.

Noch im Jahre 1981 hatte der Mittelalterhistoriker Arno Borst in einem aufsehenerregenden Aufsatz[1] über das Erdbeben 1348 festgestellt, dass Katastrophen völlig aus dem Gedächtnis der Gesellschaft verschwunden seien, heute ist das wohl anders. Jedenfalls traf Borsts Feststellung für Geologen keineswegs zu, schon gar nicht für die Zeit ab dem 18. Jahrhundert, als es immer wichtiger schien, einen Ausbruch in seiner Genese zu verfolgen.[2]

Als es im Jahre 1866 erneut zu einer Eruption auf Santorin gekommen war, einem Ereignis, das die Geologen und Chemiker sehr interessierte, brachen gleich mehrere Forschungsteams aus Mitteleuropa auf, um das Phänomen und die Folgen direkt zu besichtigen. Der griechische Staat setzte eine Kommission unter Julius Schmidt, dem Leiter der Astronomischen Sternwarte in Athen, ein, die Französische Akademie betraute Ferdinand André Fouqué mit einer Expedition, die österreichische Marine schickte das Kanonenboot »Reka« dorthin, aus Göttingen reiste der Geologe Karl von Seebach an. Und in Wien waren sowohl Anton Schrötter Ritter von Kristelli, Direktor des Hauptmünzamtes in Wien und Generalsekretär der Akademie der Wissenschaften in Wien als auch Franz Hauer mit der Analyse der Eruptivgesteine beschäftigt, die sie über ihre Netzwerke erhalten hatten.

Die von der griechischen Kommission aufgesammelten Lavamaterialien wurden an die Akademie geschickt, worauf Chemiker Schrötter eine Analyse vornehmen ließ. Er publizierte darüber in der Akademie der Wissenschaften und musste sich in seinem Artikel eingestehen, dass ihm Hauer zuvorgekommen war, sie beide allerdings gleiche Analyseergebnisse erbrachten. Allerdings war Schrötter auf die Analyse des Praktikanten am Laboratorium des Polytechnikums angewiesen gewesen.[3] Hauer wurde

1 Vgl. Arno Borst, Das Erdbeben von 1348. Ein historischer Beitrag zur Katastrophenforschung. In: Historische Zeitschrift 233/1 (1981), S. 529–569,

2 Zur frühen Vulkanismusforschung: Kenneth L. Taylor, Before volcanoes became ordinary. In: Wolf Mayer, Rene M. Clary et al (Eds.), History of Geoscience: Celebrating 50 Years of INHIGEO, Geological Society, Special Publications, 442 (London 2017), S. 117–126.

3 Anton von Schrötter, Anhang zur vorstehenden Mittheilung, betreffend die chemische Zusammensetzung zweier Arten von Eruptivgesteinen der neuen Erhebung. In: Sitzungsberichte der math.-naturw. Klasse der kaiserl. Akademie der Wissenschaften Bd. LIII, II: Abt. (1866), S. 449–453.

von seinem Bruder unterstützt, der im besonders gut ausgestatteten Laboratorium der Reichsanstalt die Proben untersucht hatte.

Die Materialien waren vom österreichischen Konsul von Hahn aus »Syra« an die Akademie geliefert worden. Die »k.k. Geologische Reichsanstalt« jedoch war sofort im direkten Kontakt zum Leiter der Sternwarte in Athen, Julius Schmidt, wie auch zum Legationsrat Joseph Ritter von Pusswald in Athen gestanden und hatte direkte Informationen über Augenzeugenberichte erhalten. Sofort publizierte man diese umfangreichen Beobachtungen, Landschaftsdarstellungen und Zeichnungen wie auch wissenschaftliche Einschätzungen. Insgesamt thematisierte Hauer in den Sitzungen der Reichsanstalt ab 20. Februar 1866 laufend (insgesamt in 46 Einträgen) die neuesten Erkenntnisse und verfügte auch bald über Sammlungsmaterial, für dessen ausführliche Analyse er bereits in der Sitzung am 15. Mai seine Expertise einbrachte.[4]

Der Unterschied in den Vorgangsweisen zwischen Schrötter und Hauer ist eklatant. Hatte Schrötter ein Ergebnis in der Akademie publiziert, das kaum das Papier wert schien, so hatte die Reichsanstalt wertvolle Detailberichte angefordert und die Beobachtungen umfangreich systematisch präsentiert und das Material ebenfalls chemisch analysiert. Die mineralogischen Einschlüsse erklärte Hauer als Folge der Abwechslung von sauren und basischen Lavaströmen und zudem stellte er auch eine eigene Theorie auf.

Das Konkurrenzverhältnis ist deshalb interessant, weil Anton von Schrötter in den Tagebuchaufzeichnungen Hauers (vor allem des Jahres 1860) eindeutig als treibende Kraft der Einverleibung der »k.k. Geologische[n] Reichsanstalt« identifiziert worden war. Schrötter war Schüler von Mohs gewesen und kooperierte mit Zippe, die beide von der Geologie nichts hielten. Im Jahre 1860 hatte Schrötter zu den Proponenten der in der Akademie gebildeten Kommission gezählt, die eine Auflösung des chemischen Labors der Reichsanstalt vorgeschlagen hatten. Deshalb ist der Zusammenhang hier auch recht spannend, denn Schrötter wurde sein Image als Gegner bei Hauer und seinen Freunden[5] nicht mehr los.[6] Hauer war bereits 1860 auf Angriff übergegangen: So schreibt er in sein Tagebuch: »Karl [Bruder Franz Hauers] hat gefunden, daß

4 Siehe: Jahrbuch der geologischen Reichsanstalt, XVI. Bd. (1866), S. 20, 23, 35, 38–57, 62–64, 67, 70, 78–79. (Chemische Analyse) etc.

5 Tagebuch Hauers, 16ten [September 1860]: »Früh in die Stadt zu Karl und mit ihm zu ~~S~~ Fürst Salm, den wir nicht zu Hause treffen. Im Laboratorium der G.R.A. finden wir Hornig, der allerlei Geschichten von Schrötter erzählt, die dessen Perfidie und Schmutzerei beweisen«; Tagebuch Hauers, 1. Oktober 1860: »Boué zeige ich die Artikel im Berggeist; er bestättigt, daß ~~Bou~~ Schrötter und Zippe unsere Sitzungen auf//heben wollten.«

6 Tagebuch Hauers, 28. September 1860: »Karl hatte Besuch von Fürst Salm. Letzterer erzählte, einen Brief von Schrötter erhalten zu haben, in welchem dieser eine Erklärung wegen der das Laboratorium des polytechnischen Institutes betreffenden Stelle in seiner Rede fordert und um eine Reparation dieserwegen bittet. // Schrötter schreibt, die Leute zeigen mit Fingern auf ihn.«–

Schrötter[7] Schönbeins Versuche über den Flusspath von Wesersdorf[8] übersah.[9] Sein Artikel über den Ozongehalt des Letzteren soll sogleich angegriffen werden.«[10]

Der wissenschaftliche Wettlauf um Expertise zwischen Schrötter und Hauer, oder eine Ebene höher argumentiert, zwischen Akademie und Reichsanstalt, war in diesem Fall zugunsten der Reichsanstalt ausgefallen. Hurtig, die guten internationalen Kontakte ausnützend, waren Informationen von Augenzeugenberichten und Untersuchungsmaterial beschafft und in dem hauseigenen Labor exzessiv analysiert worden. Die Ergebnisse beruhten auf der Kooperation innerhalb der Reichsanstalt, in der ganz unterschiedliche Experten auf einem Platz wirkten. Sie zeigte aber auch, wie gut die Protagonisten außerhalb der Habsburgermonarchie vernetzt waren.

7 Anton von Schrötter, Ueber das Vorkommen des Ozons im Mineralreiche. In: Annalen der Physik und Chemie, 4. Reihe, Jg. 111, 21. Bd. (1860), S. 561–572.

8 Christian Friedrich Schönbein (1799–1868) schrieb über »Weserdorf«, später auch Wölsendorf, dass sich erst in der Zeit danach ab 1900 als ergiebigstes Flussspatvorkommen der Welt herausstellte. Die Korrespondenz zwischen Justus von Liebig und dem Basler Chemiker und Entdecker des Ozons Christian Friedrich Schönbein nimmt besonders in der Zeit nach 1853 öfter Bezug auf diesen Flussspat. Siehe dazu: Georg W. A. Kahlbaum und Eduard Thon, Justus von Liebig und Christian Friedrich Schönbeins Briefwechsel 1833–1868 (Leipzig 1900), bes. S. 16–65.

9 Christian Friedrich Schönbein, Über die Verbindung metabolischer Superoxyde mit Säuren. In: Münchner Abhandlungen, Bd. 8 (1858), S. 159 ff; Christian Friederich[!] Schönbein, Über die Erzeugung des Ozons auf chemischem Wege (Basel 1844).

10 GBA, Bibliothek und Archiv, A 00077-TB Hauer. 18. Okt. 1860.

11. Meteorite zwischen lokal und global: Zirkulation von Wissensobjekten und ihre Transformation in Wissenschaftsobjekte

Die Wissenschaftsgeschichte beschäftigt sich derzeit intensiv mit den räumlichen Bedingungen der Produktion des Wissens. Dabei werden Modelle bevorzugt, die unterschiedliche Größenordnungen (»scales«) hinsichtlich des Raumes, wie etwa regional, lokal, transregional, national-staatlich, imperial, global und international berücksichtigen.[1] Gleichzeitig werden relationale Beziehungen untereinander impliziert. Das Zirkulationsmodell von Kapil Raj[2] zählt derzeit zu den Favoriten dieser Forschungsrichtung, zumal es einen Ausgleich zwischen bisher nicht ins Kalkül gezogenen peripheren Räumen schafft und diesen einen gerechten Stellenwert zuschreibt.

Ludwik Flecks Überlegungen beziehen sich auf Aushandlungsprozesse, welche die Etablierung einer Tatsache erst ermöglichen, heute als »knowledge in the making« bezeichnet. In selbem Maße, wie Fakten geschaffen werden, durchlaufen auch Wissensobjekte einen Prozess: Sie tauchen auf, werden begrifflich gefasst, werden mit anderen Wissenselementen kombiniert und erst langsam als wissenschaftliche Objekte wahrgenommen und stabilisiert. Im Sinne Dastons können wir auch von einer »Biographie der wissenschaftlichen Objekte«[3] sprechen, geltend für einen Zeitraum, in dem Wissensobjekte in wissenschaftliche Objekte transformiert werden. Phänomene, Konzepte oder auch Begriffe gelten als solche wie etwa »Phlogiston«, dem ein langes turbulentes Leben beschieden war, bevor es aus der Sphäre der Forschung wieder völlig verschwand.

Wenn wir fragen, wie das in Wien produzierte Wissen sich in ein internationales oder globales einspielte, daran teilhatte und es bestimmte und wie dieses, jedenfalls transformiert wieder in Wien landete, ist es ratsam, sich auf die Mikroebene zu begeben und gleichzeitig die Wege der Objektwerdung von Wissensbeständen zu verfolgen. Gerade in der Naturforschung sind Erkenntnisprozesse oft auch an Specimen gebunden, an Naturobjekte, die infolge von Netzwerken kursieren und mit Bedeutung aufgeladen werden. In welcher Weise spielten sich solche Wissenselemente in Zirkulationsprozesse zwischen Forschern, Institutionen und Forschungsphänomenen ein und wie kam es zur Etablierung von Wissensbeständen, die als wissenschaftliche Objekte letztlich ihren Status erwarben?

---

1 Siehe Lynn K. Nyhart, Historiography of the History of Science. In: Bernard Lightman (Ed.), A Companion to the History of Science (Chichester 2016), S. 7–22.

2 Siehe dazu: Kapil Raj, Go-Betweens, Travelers, and Cultural Translators. In: Bernard Lightman (Ed.), A Companion to the History of Science (Chichester 2016), S. 39–57; Relocating Modern Science: Circulation and the Construction of Scientific Knowledge in South Asia and Europe, 1650–1900 (Basingstoke 2007).

3 Lorraine Daston, The Coming into Being of Scientific Objects. In: Lorraine Daston (Ed.), Biographies of Scientific Objects (Chicago 1999).

Am 30. November 1822 fielen merkwürdige Objekte vom Himmel auf die Erde, an einem sehr weit von Wien entfernten Ort, in Futtehpore bei Allahabad im heutigen nordindischen Bundesstaat Uttar Pradesh.[4] Der Name Allahabad war der Stadt während der islamischen Herrschaftsperiode (1583–1801) auferlegt worden. Am Zusammenfluss von Ganges und Yamuna gelegen, bildete es ein altes hinduistisches Heiligtum. 1801 hatte sich die Britische Ostindien-Kompagnie hier festgesetzt, und die bereits bestehende Stadt Futtehpore wurde ab 1845 als zentrale Missionsstation bestimmt, um die weitere koloniale Expansion zu ermöglichen.[5] Weitere Meteoriteneinfälle in Assam 1846, im Jahre 1848 auf den Kurrukpore-Hügeln bei Monghir (Monghyr, Munger im Bundesstaat Bihar) am Ganges (durch Kapitän Sherwill beobachtet), am 30. November 1850 und am 6. März 1853 bei Shalka in Bancoorah (heute Bankura, Westbengal in Indien) wurden in Kalkutta dokumentiert. Letztere Funde wurden bald entsprechend ihres Auffindungsortes als Shalka Meteoriten bekannt. Henry Piddington (1797–1858) britischer Kapitän und Naturforscher, der sich in Kalkutta niedergelassen hatte und zum Kurator des 1844 errichteten »Museum of Economic Geology« und zu einem Sturm-Experten avancierte, war auf die Stücke in einer Sammlung in Kalkutta aufmerksam geworden und veröffentlichte eine Beschreibung darüber. Major Hannyngton und S. W. Frontier, Letzterer Agent des General-Gouverneurs, waren die Zuträger gewesen. Sonach bestimmte Piddington den Beamten F. W. Maetier, »Officiating Joint Magistrate of Zillah Bancoorah«, die Zeugen eingehend zu befragen. Ausgewählt wurden »Bambira, Sohn des Rajputen Bolai, 35 Jahre alt, und Bhuban Bágdi, Sohn des Kugan von der Bagdi-Kaste, 60 Jahre alt.«[6] In dem Bericht erfahren wir im Unterschied zu den britischen Beteiligten über die Aktivität der Einheimischen kurioserweise auch das Alter. Es ist zu vermuten, dass damit die sorgsame Auswahl der Augenzeugen legitimiert wurde.

Somit hatten bei der ersten Konstituierung der Meteoritenfrage am indischen Subkontinent ganz unterschiedliche *Go-Betweens* ihren Anteil: britische Militärangehörige und Vertreter der kolonialen Elite, aber auch Einheimische, die von den Kolonialherren sorgsam als Zeugen ausgewählt wurden. Material aus Futtehpore kam in den Besitz von Thomas MacPherson Grant in Edinburgh, es wurde von dem amerikanischen Meteoritenexperten Shepard 1849 dort besichtigt und 1850 in der der Sitzung der American Association for the Advancement of Science in New Haven im August 1850 diskutiert und publik gemacht. Wie aber gelangte diese Kenntnis und das seltene Material selbst samt seiner Geschichte nach Wien?

4 Patrick Fraser Tytler, In: The Edinburgh Journal of Science, Vol. 8 (1828), S. 171–173.

5 J[ohn] Wilson, Futtehpore as a Mission Station. India Missions. Extracts from several Letters. In: The Foreign Missionary Chronicle vol. XIII, Oktober 1845, Nr. 10, S. 289–290.

6 Wilhelm von Haidinger, Der Meteorit von Shalka und Bancoorah und der Piddingtonit. In: Sitzungsberichte der kais. Akademie der Wissenschaften, math.-naturw. Kl. 41 (1860), S. 251–260, hier 255, und Wilhelm von Haidinger, Die Meteoritenfälle von Quenggonk bei Bassein in Pegua und Dhurmsale im Punjab. In: Sitzungsberichte der kais. Akademie der Wissenschaften in Wien, mathem.-naturw. Kl. Bd. 42 (1861), S. 293, 301–306.

Die 1784 von Mitgliedern der britischen Elite gegründete »Asiatic Society« in Kalkutta, die alsbald auch ein Museum betrieb, bildete die Transferinstanz sowohl innerhalb des britischen kolonialen Systems als auch nach Europa, wodurch auch erste wertvolle Belege in Wien eintrafen. Mit der Gesellschaft stand die Reichsanstalt in Schriftentausch.[7] Am 27. Dezember 1857 kam es zu einem weiteren Meteoriteneinschlag in Quenggonk, NNO von Bassein, den Thomas Oldham, Superintendent des Geologischen Survey in Indien, beobachtet hatte.

Wilhelm Haidinger in Wien hatte sich nachweislich seit 1844 mit einzelnen Meteoritenfällen in Europa auseinandergesetzt.[8] Erste Analysen folgten, etwa über das in Braunau aufgefundene Meteoreisen.[9] 1858 wandte er sich infolge des gefallenen Steines von Kakova in Ungarn intensiver diesem Feld zu,[10] das in Wien schon auf eine längere Tradition zurückblicken konnte.[11] Haidinger hatte darin seine Vorstellungen der Entstehung von Meteoriten formuliert und im selben Jahre 1859 der Akademie ein chronologisch geordnetes Verzeichnis der Hofsammlung vorgelegt, das die Vorarbeiten des ehemaligen Kustoden Partsch vollendet hatte.[12] Er hatte sich damit einen Überblick über die best-bestückte Sammlung der Welt verschaffen können. Denn bereits im Jahre 1751 war durch einen spektakulären Einschlag in Hraschina bei Agram (Zagreb) und dessen Fundmaterial die Meteoritensammlung innerhalb der Wiener höfischen Naturaliensammlung begründet worden. Eine Kommission wurde von dem Agramer [Zagreb] Bischof Klobuschitzky (auch Klobuschiczky) und Generalvikar Wolfgang Kukuljevich eingesetzt, welche die Augenzeugenberichte des außerordentlichen Ereignisses dokumentierte.[13] In der höfischen Sammlung wurden sie tatsächlich mit dem Etikett »Unter den vom Himmel gefallenen Steinen«[14] versehen.

---

7 Die Calcutta Asiatic Society bedankte sich am 13. Februar 1860 für die »Correspondenten-Notifikation«. Siehe dazu GBA, Bibliothek und Archiv, Amtsarchiv, 1860, Nr. 253.

8 Nachricht über das im Arvaer Komitat aufgefundene Meteoreisen: Wilhelm Haidinger, Neuer Fund von Meteoreisen in Ungarn. In: Wiener Zeitung vom 17. April 1844, S. 843.

9 Wilhelm Haidinger, Meteoreisen von Braunau. Berichte über die Meteoreisen in Braunau. In: Mitteilungen von Freunden der Naturwissenschaften in Wien, Bd. 3 (1847), S. 302–304 und 378–379.

10 Wilhelm Haidinger, Der Meteorit von Kakova bei Oravitza. In: Sitzungsberichte der kaiserl. Akademie der Wissenschaften, math.-naturw. Kl. Bd. 34 (1859), S. 11–21.

11 Wilhelm Haidinger, Der Meteoreisenfall von Hraschina bei Agram am 26. Mai 1751. In: Sitzungsberichte der kaiserl. Akademie der Wissenschaften, math.-naturw Kl. Bd. 35 (1859), S. 361–388.

12 Wilhelm Haidinger, Die Meteoriten des k.k. Hof-Mineralien-Cabinetes am 7. Jänner 1859 chronologisch geordnet. In: Sitzungsberichte der kaiserl. Akademie der Wissenschaften, math.-naturw. Kl. 34 (1859), S. 21–26.

13 Friedrich Martin Berwerth, Die Meteoritensammlung des naturhistorischen Hofmuseums als Born der Meteoritenkunde. In: Sitzungsberichte der kais. Akademie der Wissenschaften, math.-naturw. Kl. Bd. 127 (1918), S. 715-795. Haidinger hatte Nachforschungen betrieben und so wurde noch eine weitere Handschrift aufgefunden, die er edierte.

14 Franz Güssmann, Lithophylacium Mitisianum (Wien 1785), S. 127–131.

In der Zeit des Direktorats von Karl von Schreibers (1806–1848) war am Hofmuseum eine exzessive Erwerbungspolitik durch Tausch betrieben worden, sodass beispielsweise 1843 Exponate von 94 Lokalitäten in 258 Specimen existierten. Bis zum Jahre 1859 umfasste diese Sammlung 137 Fall- und Fundstätten dokumentierende Exemplare; sie war die reichste der Welt und belegt heute noch den 3. Platz im internationalen Ranking. Der älteste durch ein Exemplar bezeugte Fund ging auf das Jahr 1492 zurück und Objekte stammten aus allen Regionen der Welt. So existierte bereits ein Fund, der aus dem indischen Subkontinent stammte: Nr. 15 aus dem Jahre 1798 wurde in Bengalen im Dorf (Krakhut) aufgefunden.

Haidinger, der sich infolge des Schriftentauschs mit der Asiatic Society von den neuesten Funden in Indien im II. Heft des Journal of the Asiatic Society of Bengal infolge der Zusammenstellung von Piddingtons Publikation aus dem Jahre 1852 informiert hatte,[15] wandte sich 1859 sofort an Atkinson, den Sekretär der Society. Auch Thomas Oldham, der Direktor des Geologischen Surveys, wurde mit der Bitte um Belegmaterial konfrontiert. Bruchstücke erreichten alsbald am 19. Juli 1859 Wien. Sie wurden sogleich am 3. November 1860 der Akademie der Wissenschaften vorgelegt, nachdem Wilhelm von Haidinger eine erste mineralogische Untersuchung vorgenommen hatte.[16] Zu diesem Zeitpunkt galten die Belegstücke der rezenten Meteoritenfälle aus Indien in Wien als die einzigen in ganz Europa. Besonders der Meteoriteneinfall am 30. November 1850 faszinierte Haidinger. Die chemische Analyse übernahm Carl Hauer, Chemiker der Reichsanstalt. Er bestimmte als Gehalt Chromerz, was bereits Piddington vermutet hatte. Wilhelm Haidinger revanchierte sich bei den Kollegen in Indien und nannte das den Meteoriten zusammensetzende Silikat »Piddingtonit« zu dessen Ehren. Henry Piddington, Präsident des »Marine Courts« in Kalkutta, war auch in die Korrespondentenliste der Reichsanstalt aufgenommen worden.[17] Die Dedikation hatte er nicht mehr miterlebt.

Haidinger, der die Meteoritenforschung wie kaum ein anderer in Wien forcierte, hatte seine Kontakte zum indischen Survey und zu Thomas Oldham, dessen Direktor, genutzt, um auch über den Fall selbst noch mehr zu erfahren und weiteres Belegmaterial zu erlangen. Er erhielt sogar eine Skizze und genaue Angaben über die Fallorte.[18] Nun konnte er seine Darstellungen um Daten und weitere Fallereignisse wie jenem aus Pegu des Jahres 1852 erweitern, für dessen Kenntnis Haidinger großen Stolz zeigte, als Erster eine Analyse vorgenommen zu haben. Auch bezüglich

15 Henry Piddington, Examination and Analysis of the Shalka Meteorite (Zillah West Burdwan). In: Journal of the Asiatic Society of Bengal for 1851, Vol. XX (1852), S. 299–314.

16 Wilhelm Haidinger, der Meteorit von Shalka in Bancoorah und der Piddingtonit. In: Sitzungsberichte der kaiserl. Akademie der Wissenschaften, math.-naturw. Kl. Bd. 41 (1860), S. 251–260; und Ders., Die Calcutta-Meteoriten, von Shalka, Futtehpore, Pegu, Assam und Segowlee im k.k. Hof-Mineralien-Cabinete. In: Sitzungsberichte der kaiserl. Akademie der Wissenschaften, math-naturw. Kl. 41 (1860), S. 745–758.

17 Siehe Jahrbuch der kaiserl. Geologischen Reichsanstalt 11 (1860).

18 Wilhelm Haidinger, Der Meteorit von Shalka in Bancoorah und der Piddingtonit. In: Sitzungsberichte der kaiserl. Akademie der Wissenschaften math.-naturw. Kl. (1860), S. 251–260.

des Meteoritenschauer von Segowlee am 6. März 1853 konnte Haidinger in Wien selbstzufrieden von sich berichten, dass kein Experte zuvor, weder Greg noch Shepard noch Buchner[19] über Stücke verfügten,[20] die er in Händen halten konnte. Wer waren denn Haidingers internationale Konkurrenten bzw. Kollaborateure? Robert P. Greg (1826–1906) entstammte einer reichen Wirtschaftsfamilie aus Manchester, der sich nach seinem Studium in Edinburgh dann in Hertfordshire niederließ. Dessen Vater hatte 1835 die Mineraliensammlung des Thomas Allen erworben, die kurioserweise von Wilhelm Haidinger persönlich nach Mohs' System während seiner Anwesenheit in Edinburgh arrangiert worden war. Die englische Übersetzung hatte kein Geringerer als der junge Mineraloge Wilhelm Haidinger 1823 persönlich vorgenommen. Die Sammlung galt als reichste in England. Nachdem Greg seine Sammlung an das Britische Museum verkauft hatte, wandte er sich ab 1850 der Sammlung von Meteoriten zu. Er schrieb viele Artikel,[21] auch solche, die Haidingers Arbeit übersetzten. Erst im Jahre 1860 legte Greg eine Arbeit vor, welche die Stunden des Aufpralls verzeichnete, deren Häufigkeit in der Nachtzeit er astronomisch zu erklären suchte. Auch Haidinger wandte sich diesen Fragen zu, allerdings thematisierte er auch die Probleme der präzisen Zeitangaben, die extrapoliert, auf Greenwich bezogen werden sollten.

Wenn man in den Staaten eine Mineraliensammlung als außergewöhnlich bezeichnen wollte, dann kam dieses Prädikat jener von Charles Upham Shepard (1804–1886) zu. Er war in Newport, Rhode Island geboren, studierte in Amherst und Harvard, unterrichtete Naturgeschichte und Chemie in Yale sowie Amherst und nahm eine Stelle an dem »Medical College« von Charleston, South Carolina an. Seit 1840 erwarb und tauschte er Meteoriten-Fundstücke, auch mit der Wiener Hofsammlung und dem Britischen Museum.[22] Im September 1860 besuchte er (was wir dem Tagebuch Hauers entnehmen können) persönlich Haidinger, der sich innerhalb kürzester Zeit zu einem weltweit anerkannten Experten entwickelt hatte. Haidinger hatte Zugang zu den Schätzen des Hofmuseums wie auch zu jenen Stücken, die an die Reichsanstalt eingesendet worden waren. Die Kreisämter waren ebenfalls aufgefordert worden, allfällige Beobachtungen zu melden, was tatsächlich erfolgte.[23]

19 Christoph Ludwig Otto Buchner (1828–1897) war Gymnasiallehrer in Gießen und begann ab 1862 Meteoriteneinfälle als auch Sammlungen zu beschreiben. Siehe: Christoph Ludwig Otto Buchner, Die Feuermeteore, insbesondere die Meteoriten, historisch-naturwissenschaftlich betrachtet (Gießen 1859).

20 Wilhelm von Haidinger, Die Meteoritenfälle von Quenggonk bei Bassein in Pegu und Dhurmsala im Punjab. In: Sitzungsberichte der kaiserl. Akademie der Wissenschaften in Wien, math.-naturw. Kl. Bd. 42 (1861), S. 301–306.

21 Robert P. Greg, Observations on meteorites or aerolites, considered geographically, statistically, and cosmically; accompanied by a complete catalog. In: Philosophical Magazine and Journal of Science 8 (1854), S. 329–342, 449–463.

22 Siehe dazu auch: John G. Burke, Cosmic Debris: Meteorites in History (Berkeley/Los Angeles/London 1986), S. 187.

23 Siehe dazu: GBA, Amtsarchiv, 1860, Nr. 443, und 299, 1860.

Interessanterweise waren sensationelle Funde wie jener in Kakova nicht an die höfische Mineraliensammlung geschickt worden, sondern an die Reichsanstalt. Der k.k. Gouverneur und kommandierende General der serbischen Wojwodschaft und des Temescher Banats, Graf Johann von Coronini-Cronberg, machte es sich zur Ehre, diesen Schatz an die Reichsanstalt zu übersenden, samt der Dokumentation durch die Kreisbehörde. Zuvor war der Meteorit bereits durch viele Hände gegangen: Schafhirten hatten den Meteorstein aufgesammelt und der Gemeinde-Vorstehung übergeben, die sie dem Bezirksamt abgeliefert hatte. »Jeder Meteorsteinfall hat noch immer [...] etwas Räthselhaftes, jeder ist ein wahres Ereigniss in der Geschichte unserer Erde«[24], meinte Haidinger euphorisch. Nachdem Haidinger den Fund analysiert und darüber publiziert hatte, schenkte er sie dem k.k. Hof-Mineralien-Kabinett mit dem salbungsvollen Worten, dass sie »aber gewiss die Erste im Range auf dieser Erde«[25] darstelle:

> Die Sammlung der Meteoriten, sowohl Stein- als Eisenmassen, in dem k.k. Hof-Mineralien-Cabinete ist ein wahrer Schmuck, ein Wahrzeichen des Eifers, der Kenntnis und Beharrlichkeit unseres Wien, unseres Vaterlandes Österreich.[26]

Während sich Haidinger auf Alexander Humboldts berief, negierte er die Auffassungen Reichenbachs, der sich auf abwegige Theorien eingelassen hatte. Haidinger war Reichenbach auch bös, weil dieser seine eigene Sammlung nicht nach Wien, sondern an die Universität Tübingen übergeben hatte. Denn diese Sammlung war in der Zeit entstanden, als Reichenbach in Wien lebte, nachdem er den Dienst für Salm infolge des Bankrotts quittiert hatte. Reichenbach hatte der Sammlung, als sie unter Partsch' Kustodiat stand, vorgeworfen, er habe nur wenige Minuten die Meteoriten betrachten können, wogegen sich Haidinger in den »Annalen der Physik« verwehrte. Doch standen sich auch die Konzepte der beiden diametral gegenüber, wie es der Wissenschaftshistoriker Burke auf den Punkt bringt: »Reichenbachs and Haidingers theories represent the prototypes of late nineteenth-century hypotheses of the origin of meteorites. In one view, meteorites were fragments or ejecta from a preexistent parent body – a plane or asteroid – and had experienced a formative process there for a long period of time prior to their entry into space. In the other view, the constituent particles of meteorites had crystallized or precipitated at high temperatures from a gaseous or fluid medium, after which they experienced repeated collisions, consolidations, fractures, high temperatures, and reconsolidations until they finally survived their fiery journey to earth.«[27]

---

24 Wilhelm Haidinger, Der Meteorit von Kakova bei Oravitza. In: Sitzungsberichte der kaiserl. Akademie der Wissenschaften in Wien, math-naturw. Kl. Bd. 34 (1859), S. 11–21, hier 12.

25 Wilhelm Haidinger, Der Meteorit von Kakova bei Oravitza. In: Sitzungsberichte der kaiserl. Akademie der Wissenschaften in Wien, math-naturw. Kl. Bd. 34 (1859), S. 11–21, hier 13.

26 Ebda., Haidinger, Kakova, S. 16.

27 Burke, 152.

Aber zurück zum indischen Subkontinent. Durch die Reise der Fregatte »Novara« um die Welt stellten die österreichischen Gelehrten auch Kontakte zu Persönlichkeiten in Madras her, wo ein »Government Central Museum« errichtet worden war. Darin wurde der in Yatoor bei Nellore im Jänner 1852 gefallene Stein aufbewahrt. Scherzer, der Berichterstatter der Novara, wusste zu vermitteln, dass dieses Museum in einem der Monate 36.522 Besucher anzog, in Madras wurde bekräftigt, wie sehr man in Wien über weitere Sendungen erfreut wäre. Der Arzt der britischen Armee Edward Green Balfour übermittelte Haidinger sogleich seine Hinweise, die auf Augenzeugenbefragung basierten.[28] Im Mai 1861 wurde sodann die Reichsanstalt mit einer Kiste (57 Pfund) Meteoriten durch die Vermittlung von Atkinson in Calcutta beehrt. Doch die Verbindungen brachen nicht ab, im Jahre 1862 wurde Freiherr von Richthofen von Oldham persönlich eingeladen, bei ihm im Hause abzusteigen. Er berichtete sofort begeistert von den Arbeiten des Geologischen Survey, in dem 13 Geologen tätig waren, und meinte: »Begünstigungen von oben fördert ihre Entwicklung fortwährend.« Als Unterschied zum Wiener Institut konstatierte er, dass in Indien keine Versammlungen stattfanden, sondern nur persönliche Treffen. Eine weite Reise nach Wien hatte William T. Blanford auf sich genommen, als er persönlich am 30. Juni 1860 der Reichsanstalt seinen Besuch abstattete.[29]

In mehr als 20 Jahren entwickelte sich Haidinger zu einem der wichtigsten Meteoritenforschern der Welt, mehr als 20 Beiträge widmete er unterschiedlichen Funden und Analysen. Diese wären nicht möglich gewesen ohne die zirkulierenden Informationen, die er von unterschiedlichsten Einrichtungen in Indien, ferner der Universität in Göttingen, von Nevil Story Maskelyne im Britischen Museum, von Dr. Versfeld in Stellenbosch erhalten hatte. Die Informationen zirkulierten und die Tatsache, dass man in Indien wusste, dass diese Funde in Wien äusserst begehrt waren, führten zu weiteren Übersendungen, die sogar vom Vicekönig und Generalgouverneur in Indien, »Right Honorable Charles John Viscount Canning« persönlich als Geschenk übermittelt wurden.[30] Unterschiedliche Gruppen waren an der Wissenskonstitution beteiligt, einheimische Hirten in Indien und akademische Experten, Institutionen und Privatpersonen nahmen an dem Prozess teil, der von kuriosen Dingen zu wissenschaftlichen Objekten führte.

Die Bezeichnung, die Haidinger dem indischen Fund gegeben hatte, blieb in Indien länger im Gedächtnis erhalten als in Wien. Seine Arbeiten wurden akribisch in der »Bibliography of Indian Geology«[31] memoriert.

28 Wilhelm Haidinger, Der Meteorit von Yatoor bei Nellore in Hindostan. In: Sitzungsberichte der kaiserl. Akademie der Wissenschaften, math.-naturw. Kl. 44 (1861), S. 73–74.

29 Jahrbuch 12 (1861/62), Bericht, Verhandlungen, S. 244–245.

30 Wilhelm Haidinger, Der Meteorit von Dhurmsala im k.k. Hof-Mineraliencabinet, ein Geschenk von dem kön. grossbritannischen Vicekönig und Generalgouverneur von Indien, Lord Viscount Canning. In: Sitzungsberichte der kaiserl. Akademie der Wissenschaften, mathem-naturw. Kl. 44/2 (1861), S. 285–288.

31 R. D. Oldham, A Bibliography of Indian Geology being a list of books and papers, related to the Geology of British India (Calcutta 1888).

12. Resümee

Wenn es gilt, ein übergeordnetes Phänomen zu nennen, mit dem unterschiedlichste Prozesse der Wissenschaftsproduktion, der Wissenschaftsvermittlung und Verbreitung allgemein zu fassen sind, dann ist es Kommunikation. Wissenschaft war und ist angewiesen auf Kommunikation, die das Publikationswesen in Monographien und Fachzeitschriften, in ihrer Vermittlung und Verbreitung, in der Presse und in mündlichen Foren ebenso inkludiert wie jene unterschiedlichen Formen der formalisierten Geselligkeit, die Wissen zugleich ermöglichen und hierarchisieren. Das wusste bereits Direktor Wilhelm Haidinger, als er das erste Jahrbuch seiner Anstalt, der »k.k. Geologische[n] Reichsanstalt«, im Jahre 1850 eröffnete:

»Neue Kenntnis, von Einzelnen erworben, wird nur dann Gemeingut, wenn sie als abgeschlossen und zur Mitteilung vorbereitet niedergelegt worden ist.«[1] So banal die Aussage klingen mag, so komplex zeigten sich in der hier vorgelegten Studie die auf unterschiedlichen Ebenen miteinander verflochtenen Zusammenhänge der wissenschaftlichen Interaktionsprozesse in der Metropole Wien zwischen 1830 und 1870. Was in der Reichsanstalt umgesetzt wurde, hatte seine Vorläufer.

In der Zeit zwischen 1830 und 1870 entfaltete sich die Infrastruktur der Zivilgesellschaft signifikant. Miteinander in Kontakt stehende bürgerliche Akteure bildeten mit wenigen Vertretern des Adels und bürgerlichen Aufsteigern informelle Gruppen, die sich besonders ab 1840 in der Metropole Wien auch multifunktionelle Räume des naturkundlichen Wissensaustauschs und der Wissensproduktion schufen. Als Konzentrat dieser Sozietätsbewegung kristallisierte sich aus der Sammlung am Münz- und Bergwesen 1840 ein »Montanistische[s] Museum« einerseits heraus, das eine höhere Ausbildung, Sammlungswesen und Forschung miteinander verband. Andererseits formierte sich mit den 1845 entstandenen »Freunden der Naturwissenschaft« eine erste speziell der Naturwissenschaft gewidmete kollegiale Vereinigung von Gleichgesinnten, die der Nachwuchswissenschaft und dem freiwilligen Austausch eine kaum zu unterschätzende Plattform gab. Beide bildeten die Voraussetzungen für das Funktionieren eines ersten staatlichen geologischen Dienstes, der – wiewohl als staatliche Anstalt geprägt – das kommunikative Element als zentrale Form eines gemeinschaftlichen Forschungsprojektes positionierte und selbst die freiwillige Beteiligung von Interessierten in den Alltag der Reichsanstalt integrierte. Von Spezialisten geführte Sitzungen standen für die öffentlichkeitswirksame Überwindung von Barrieren gesellschaftlicher und wissenschaftlicher Enge und verdichteten das Interesse zu öffentlich wirksamen Aufgabenbereichen, die mit Sphären der Chemie, der Physik wie auch dem Bergwesen

1 Wilhelm von Haidinger, Programm. In: Jahrbuch der geologischen Reichsanstalt 1 (1850), S. V.

und Bauwesen kommunizierten. Sie verwandelten auch durch Kommunikation ihre Versammlungen zu öffentlich wahrnehmbaren Kristallisationspunkten.

Die Metropole Wien war spätestens ab den ausgehenden 1840er Jahren ein in der Forschung bisher nicht entsprechend gewürdigtes außerordentliches Sammelbecken der Naturforschung, aber ganz besonders der Erdwissenschaften geworden. Nicht nur die plötzliche hohe Dichte an neugegründeten aktiven Vereinen (die »Freunde der Naturwissenschaften«, die »k.k. Zoologisch-Botanische Gesellschaft«, der »Verein zur Verbreitung naturwissenschaftlicher Kenntnisse« und die »k.k. Geographische Gesellschaft« der 1850er Jahre etc., auch die seit vor der Mitte des Jahrhunderts neben dem Hofmuseum neu etablierten Einrichtungen – wie das »Montanistische Museum« und die aus ihm hervorgegangene »k.k. Geologische Reichsanstalt« und die »k.k. Akademie der Wissenschaften« – bündelten die besten aktiven Kräfte der Kommunikation. In keiner anderen Stadt auf der Welt zeigten die Erdwissenschaften eine vergleichbar hohe und international vernetzte Konzentration an Protagonisten, deren Aktivitäten sich zunächst von den »Freunden der Naturwissenschaften« und schließlich ab 1849 von der »k.k. Geologische[n] Reichsanstalt« anziehen ließen.

Wissensbasierte Nachrichten flottierten, die institutionellen und disziplinären Mauern überspringend, zwischen Naturforschern, Professoren, Kustoden, Besuchern und Interessierten, Politikern, Mitgliedern des Verstärkten Reichsrates, Ministern, Präsidenten der Institutionen, Zeitungsherausgebern, Mäzenen, Architekten, Bürokraten und Vertretern des Behördenapparates. Gesellschaftlich heterogen, schrieben sich Interessenskonflikte und Synergien zwischen Wissenschaft und Staat, zwischen unterschiedlichen organisatorischen und epistemisch begründeten Auffassungen in die Kommunikationszusammenhänge ein.

Das Geheimnis des Erfolgs der Reichsanstalt lag in der zeitgenössischen Erkenntnis, dass Kommunikation und Freiwilligkeit das einzig probate Mittel für eine ersehnte Profilierung der Naturwissenschaften bedeutete. Nicht Institutionalisierung allein, die zweifellos eine von vielen Voraussetzungen bildete, sondern die Einbettung in die Transformationsprozesse der staatlichen Ausformung und schrittweisen Demokratisierungsprozesse formten den entscheidenden Rahmen, der meiner Studie zufolge greifbar wurde. Das Phänomen der Sichtbarmachung von Forschung hatte seit den 1840er Jahren Kontinuität.

Wilhelm Haidinger hatte sich bereits bei den Aktivitäten der »Freunde der Naturwissenschaften« aller Register des Kommunizierens bedient, die von den mündlichen Vorträgen über die Sitzungsberichte in der Presse und in gedruckter Weise im Zeitschriftenformat bis hin zum streng wissenschaftlich ausgerichteten Fachjournal reichten. Diese vierfache Schiene wurde verschiedenen Auditorien gerecht und signalisierte zudem wissenschaftliche Differenzierung, die sich der Vermittlungsverantwortung für die Gesellschaft bewusst war. Waren in den Sitzungen die Beteiligten selbst ihr wichtigstes Publikum, so erweiterten sich in der »Wiener Zeitung« die Publikumskreise auf eine größere Öffentlichkeit und die »Abhandlungen« erreichten sogar eine internationale *Community*. Dieses Prinzip wurde in den Publikationen der Reichsanstalt beibehalten, auch die Akademie der Wissenschaften trennte die öffentliche Darstellung ihrer Arbeitsprozesse zwischen den Sitzungsberichten und den Abhandlungen. Auch die Kultur des Gesprächs spielte an dieser Institution eine integrale Rolle.

Schließlich wurde in der Studie einer Frage Rechnung getragen, die sich aus der Intention des Schreibers ergab. Hauer setzte mit der Tagebuchführung in der Winterzeit in dem Jahr 1860 ein, als sich die »k.k. Geologische Reichsanstalt« einem plötzlichen Todesurteil ausgeliefert sah: Sie sollte der »k.k. Akademie der Wissenschaften« unterstellt werden. Dem Entschluss des Kaisers stellten sich die Protagonisten der »k.k. Geologische[n] Reichsanstalt« und ihre große Schar an Unterstützern entschieden entgegen. Sie nutzten in propagandistischer Weise die Öffentlichkeit, um mittels Kampagne die Entscheidung aufzuheben. Sie mobilisierten erstaunlich intensiv die Medien, für welche der öffentliche Raum der gesellschaftlichen Kommunikation infolge einer wachsenden Faszination für die Naturforschung offen war. Neben dem neuen Selbstverständnis des Bürgertums und seinem Bezug zur Zeitungswelt macht dieser Fall ganz unterschiedliche Gräben sichtbar, der uns nicht nur in die Dynamiken von Handlungskonstellationen führt, sondern lokale Zusammenhänge des Wissenschaftsbetriebes in Wien verstehen lässt, aus dem sich das Exzellenzbewusstsein der Protagonisten rekrutierte.

Mehrere Transformationsprozesse überlagerten sich. Da war der Staat, der einerseits den Wissenschaften gegenüber ein neues Verhältnis aufbaute, der aber infolge der Krise nach 1859 andererseits die Finanzenknappheit regulieren musste und seine Opfer bestimmte. Da waren Institutionen, die um Dominanz kämpften oder zumindest miteinander konkurrierten. Da waren die Regulierer (die alten »Josephiner«), die den Wissenschaftsbetrieb nach einheitlichen Gesichtspunkten funktionierend geordnet wissen wollten, und jene (Geologische Reichsanstalt), die offene Kollektive schafften und es verstanden, diese Schritt für Schritt zu erweitern.

Wissenschaftlich gesehen, erzeugten Gegensätze zwischen eher mathematisch-physikalischen Paradigmen der Abstraktion und der auf Empirie beruhenden Konzeptionen[2] eine Bruchlinie zwischen den einzelnen Feldern innerhalb der Naturwissenschaft. Und innerhalb der Erdwissenschaften zeigten sich Ablösebewegungen von der alten, ausschließlich auf Beschreibung konzentrierten Naturforschung auf eine historisierende. Einzelne Beweggründe fanden sich in unterschiedlichen Koalitionen, die besonders in Krisen jenen Humus bildeten, aus dem die Schwarzweißargumente sprossen. Bei genauerer Analyse erscheinen sie allerdings vielfältiger, als man es vermeint. Dass diese Konflikte nicht erst plötzlich aufbrachen, sondern eine Vor-

2 Siehe auch zu dieser Problematik: Lorraine Daston and Elizabeth Lunbeck, Introduction. Observation Observed. In: Histories of Scientific Observation, edited by Lorraine Daston and Elizabeth Lunbeck (Chicago 2011), S. 1–11.

geschichte im Vormärz hatten, zeigen die Analysen, deren Ausgangpunkt zu einem Gutteil der Lektüre des Tagebuchs zu verdanken ist.

II. DAS TAGEBUCH FRANZ VON HAUERS 1860–1868

Marianne Klemun und Karl Kadletz

Abb. 11: Franz von Hauer, Portrait, Lithographie von Adolf Dauthage 1859

Einführung in die Edition

Marianne Klemun

1. Franz von Hauer (1822–1899): Kaleidoskop einer Karriere im Wien der »Gründerzeit«

1.1 Wirksame Fundamente über zwei Generationen hinaus

Zu dem Zeitpunkt, als Franz Hauer im September 1860 ein weiteres Notizbuch[1] begann und von nun an auch seine Amtshandlungen dokumentierte – anstatt ausschließlich wie bisher seine geologische Reisetätigkeit –, war er 38 Jahre alt. Er wirkte bereits lange verantwortungsvoll als rechte Hand seines Vorgesetzten, des nun doch schon etwas gealterten ersten Direktors der »k.k. Geologischen Reichsanstalt«, Wilhelm Karl Haidinger (1785–1871).[2] Das Jahr 1860 brachte jedoch die größte Herausforderung, ging es doch um den harten Überlebenskampf der Reichsanstalt, den Hauer maßgeblich zu einem positiven Ausgang führte. Diese Arbeitsstätte wurde 42 Jahre lang Lebensinhalt für ihn, in wissenschaftlicher und organisatorischer Hinsicht sowie auch auf Augenhöhe mit Haidinger. Letzterem und seinem Vater hatte er den beruflichen Werdegang im Montanwesen, seinen ersten Posten und seine Karriere zu verdanken.

Blicken wir zunächst auf einen von der Familientradition geprägten Verlauf des Hauer'schen Berufsweges, weil sie die dauerhaften Strukturen bei der Etablierung der Reichsanstalt als ihr unsichtbares stabilisierendes Fundament zwischen Montanwesen und Wissenschaft erklärt. Wie viele aus dem Bildungsbürgertum aufgestiegenen Repräsentanten des Verdienstadels war er als dritter Sohn des Joseph Ritter von Hauer, des Geheimen Rates und Vizepräsidenten der k.k. Allgemeinen Hofkammer, direkt in die Fußstapfen seines Vaters getreten. Man nennt dieses Phänomen beim Lehrpersonal eine Familienprofessur.[3] Bei Hauer war es nicht die universitäre Laufbahn, jedoch die familiär geprägte bürokratische. Nach dem privat erteilten Unterricht zuhause,[4] im Schottengymnasium und einem Intermezzo des Philosophischen Propädeutikums an der Universität Wien hatte Hauer ab 1839 die Kaderschmiede für das höhere Bergpersonal, die Bergakademie in Schemnitz (Banská Štiavnica, heute Slowakei), absolviert.

---

1 GBA, Bibliothek und Archiv, A 00077-TB Hauer, insgesamt 32 Bände.

2 Allg.: Karl Kadletz, Wilhelm Haidinger (1795–1871). In: Gerhard Heindl (Ed.) Wissenschaft und Forschung in Österreich. Exemplarische Leistungen österreichischer Naturforscher, Techniker und Mediziner. (Frankfurt am Main 2000), S. 9–30 und Tillfried Cernajsek› Wilhelm Ritter von Haidinger – der erste geowissenschaftliche Manager Österreichs. In: Abhandlungen der geologischen Bundesanstalt 53 (1996), S. 5–13.

3 Siehe Friedrich Strieder, Schriftsteller-Geschichte, 17. Bd., ed. von Wilhelm Justi (Marburg 1819), bes. S. 159.

4 Das erwähnt jedenfalls Emil Tietze in der wohl umfangreichsten biographischen Skizze zu Franz Hauer. Siehe: Emil Tietze, Franz von Hauer, sein Lebensweg und seine wissenschaftliche Tätigkeit. In: Jahrbuch der k.k. geologischen Reichsanstalt, Bd. 49 (1900), S. 679–825, hier 684.

Nachdem er im Mai 1843 in Eisenerz bei der Bergverwaltung eine erste Arbeit übernommen hatte, ereilte ihn alsbald am 29. September des gleichen Jahres Haidingers »Einberufung« an die Anstalt des »Montanistische[n] Museum[s]«.[5] Letzteres war aus den Sammlungen der k.k. Hofkammer für das Münz- und Bergwesen neu hervorgegangen und bildete die Vorgängerinstitution der Reichsanstalt. Wie alle anderen Absolventen der Schemnitzer Akademie war Hauer als Zuhörer[6] nun zum ersten von Haidinger organisierten weiterbildenden Ausbildungskurs eingeteilt worden.[7]

Von Schemnitz aus hatte Hauer in diesen praktischen Ausbildungsjahren in den Ferien von 1839–1843 immer wieder wochenlange Fußreisen unternommen, so etwa nach Neusohl zur Glashütte, auf den Hochschwab, nach Hallstatt und Königsberg. Hatte er sich 1839 noch stärker der Botanik hingezogen gefühlt,[8] zeigte sich seiner Sozialisierung zufolge durch den Vater alsbald sein ausgeprägtes Interesse für das Montanwesen. Bevor er dem Ruf Haidingers nach Wien folgte, hatte er sich noch schnell im August 1843 einen Abstecher nach Fohnsdorf, Judenburg, Wolfsberg, Lippitzbach und Prävali erlaubt.[9] Die Orte verrieten seine der Ausbildung adäquate Beflissenheit, handelte es sich doch um die bekanntesten innovativen Stahl- und Hüttenwerke der Monarchie.

Wie sein Vater, der als Paläontologe zum Tertiärbecken Wiens fossile Foraminiferen »entdeckt« hatte,[10] konzentrierte sich Franz sogleich auch auf diesen bis dato

---

5 Seit dem Jahre 1843 wurde die Sammlung in der Hofkammer im Münz- und Bergwesen von Haidinger als »k.k. Montanistische[s] Museum« bezeichnet und so bürgerte sich der Begriff ein. Siehe dazu: Wilhelm Ritter von Haidinger, Der 8. November 1845. Jubel-Erinnerungstage. Rückblick auf die Jahre 1845 bis 1870. In: Die Realschule. Zeitschrift für Realschulen, Bürgerschulen und verwandte Anstalten 1,2 (1870), S. 65–74, hier S. 66. Siehe auch GBA, Bibliothek und Archiv, A 00077-TB Hauer. 1843. Siehe auch: Die Geologische Bundesanstalt in Wien. 150 Jahre Geologie im Dienste Österreichs (1849-1999). Hg. von der Geologischen Bundesanstalt (Wien 1999), bes. S. 93 f.

6 Siehe auch Wilhelm Haidingers Lebenserinnerungen. Universitätsbibliothek Wien, Manuscripta 512 [neue Signatur 165.760) fol. 1–75, hier fol. 10v. Erstmals abgedruckt in Karl Kadletz, Die Geologische Reichsanstalt im Schicksalsjahr 1860, a. a. O., S. 245–270. Kadletz bezeichnete dieses Manuskript als »Lebenserinnerungen«, Haidinger selbst verwendet diesen Begriff nicht. Die Ausführungen beziehen sich laut Haidingers Überschrift ausschließlich auf die Zeit von 1840 bis 1850: »Die Entwicklung der gesellschaftlichen Bestrebungen der Naturwissenschaften in Wien in den Jahren 1840–1850, geschrieben im Sommer 1851.«

7 GBA, Bibliothek und Archiv, A 00077-TB Hauer. Das erste Konvolut, die Jahre 1839–1847 betreffend, besteht aus 9 Einzelheften. Im Jahre 1843 findet sich die Eintragung: »... am 29. September 1843 zu Haidingers Vorlesungen einberufen«, wonach er im Oktober die »Absolution von der Bergacademie von Schemnitz« erhielt.

8 »Botanische Excursion nach Gießhübel mit Ass. Schwarz« und am 2ten Dezember »Excursion in den Botanischen Garten,« GBA, Bibliothek und Archiv, A 00077-TB Hauer. 1837.

9 So der Eintrag im Notizbuch. Siehe den Eintrag im Tagebuch: GBA, Bibliothek und Archiv, A 00077-TB Hauer. Hefte aus den Jahren 1839–1847. GBA, Bibliothek und Archiv, A 00077-TB Hauer. 1843.

10 Alcide d'Orbigny, Foraminifères fossiles du Bassin tertiaire de Vienne (Autriche) découverts par son excellence le chevalier Joseph de Hauer (Paris 1846).

eher vernachlässigten Bereich der Erdwissenschaften. Ihn wusste der Mineraloge Haidinger am Ende des Jahres 1843/1844 als Praktikanten in seinen Sammlungen am »Montanistische[n] Museum« bald entsprechend einzusetzen, zählte Haidinger doch seinen Selbstdarstellungen zufolge zu jenen Persönlichkeiten, die sich als Impulsgeber junger Kräfte verstanden.[11] Alsbald ab 1844/45 wirkte Hauer selbst als Vortragender der Paläontologie, womit er die von Haidinger neuartig etablierten Kurse am »Montanistische[n] Museum« um diese Ausrichtung bereicherte. Mit dieser fachlichen Spezialität zeigte diese im Berg- und Münzwesen verankerte Einrichtung einen neuen innovativen Weg, der nicht allein dem Bergwesen dienen sollte, sondern in Richtung Grundlagenwissen der Erdwissenschaften verwies. Mineralogie, Chemie und Paläontologie standen auf dem Programm. Am 30. Juli 1846 wurde Hauer mit der »Ernennung zum Assistenten am Montanistische[n] Museum«[12] für die Dauer von drei Jahren angestellt, so Hauers Eintrag in sein Reisetagebuch,

Bereits nach kurzer Zeit vertraute Haidinger dem 24-jährigen und damit um 37 Jahre jüngeren Kollegen vorbehaltlos und rechnete mit seiner organisatorischen Unterstützung bei der Prüfungsabwicklung der ersten Abgänger des neueingerichteten Lehrganges, was aus einem Brief Haidingers an Hauer vom 20. Juni 1846[13] hervorgeht. Trotz des großen Altersunterschieds bestanden Parallelen und Gemeinsamkeiten zwischen den aus bildungsbürgerlich-bürokratischem Milieu stammenden zwei Persönlichkeiten. Auch Haidingers Vater Carl war als Bergrat in der »k.k. Hofkammer in Münz- und Bergwesen« an derselben Behörde wie Hauers Familienoberhaupt und zudem ebenfalls als Naturforscher tätig gewesen. Er hatte zu Zeiten der aufklärerisch motivierten sprichwörtlichen Klassifikationswut in der Naturgeschichte die kaiserliche Sammlung geordnet[14] und ein Klassifikationsprinzip entworfen,[15] das von der Petersburger Akademie mit einem Preis ausgezeichnet worden war. Die Kontinuität der fachlichen Orientierung erstreckte sich über zwei Generationen. Als Haidinger 1846 eine neue Spezies eines Minerals dem 24-Jährigen als »Hauerit« widmete, wurde

11 In seinen Erläuterungen die Jahre 1840–1850 betreffend, betonte Haidinger: »Die Alten sind ein mächtiger Sporn zur Nacheiferung für die welche nach ihnen kommen. Ich habe in meinen frühesten Arbeitsjahren in Gratz und Freiberg eines gleichen Antriebes entbehrt. Der Geist meines unvergeßlichen Lehrers MOHS ging nur in einer Richtung rastlos vorwärts, ohne sich viel um das, was nebenseitig geschah zu bekümmern«. Wilhelm Haidingers Lebenserinnerungen. Universitätsbibliothek Wien, Manuscripta 512 [neue Signatur 165.760) fol. 1–75, hier fol. 4v. Erstmals abgedruckt in Karl Kadletz, Die Geologische Reichsanstalt im Schicksalsjahr 1860, a. a. O., S. 246.

12 Siehe den Eintrag im Tagebuch: GBA, Bibliothek und Archiv, A 00077-TB Hauer. Hefte aus den Jahren 1839–1847. GBA, Bibliothek und Archiv, A 00077-TB Hauer. 1846. Siehe den Eintrag im Tagebuch: GBA, Bibliothek und Archiv, A 00077-TB Hauer. Hefte aus den Jahren 1839–1847. GBA, Bibliothek und Archiv, A 00077-TB Hauer. 1846.

13 Brief Haidingers an Hauer, 20. Juni 1846, GBA, Bibliothek und Archiv, Inv.-Nr. A 004BM, Franz-Hauer-Nachlass. Abgedruckt bei Kadletz, Die Geologische RA, S. 108.

14 Carl Haidinger, Eintheilung der k.k. Naturaliensammlung in Wien (Wien 1782).

15 Carl Haidinger, Systematische Eintheilung der Gebirgsarten (Wien 1787).

in der Presse betont,[16] dass die Namensgebung sowohl Vater wie Sohn Hauer ehren sollte. Jedenfalls war diese Vorgangsweise merkwürdig, wenn man in Rechnung stellt, dass solche Widmungen meist mit einem Dank an den Lehrer verbunden waren,[17] hier aber der Mäzen seinen Klienten oder, anders formuliert, der Lehrer seinen Schüler würdigte und nicht umgekehrt.

Auch zogen die beiden Protagonisten Haidinger und Hauer in ihren Aktivitäten meist am gleichen Strang. Aus dem Zuhörerpool am »Museo« der Hofkammer im Münz- und Bergwesen (»Montanistische[s] Museum«) und den durch Franz Hauer alsbald aktivierten Freundeskreis, der sich zunächst im »Bierhaus zum Rothen Säbel« auf der Hohen Brücke zu »wissenschaftlichen Besprechungen«[18] zusammengefunden hatte, ging ein dauerhaft strukturiertes Forum hervor. Dieses nutzte den Museumssaal im »Montanistische[n] Museum« als ihr Zuhause, gleichwohl es an einer legalen Bewilligung noch fehlte. Dennoch gaben sich am 8. November 1845[19] elf engagierte Teilnehmer auf Hauers Initiative als erste »Versammlung der Freunde der Naturwissenschaften« einen informellen, doch öffentlichen Status, den sie jedenfalls öffentlich verkündeten. Hauer wirkte als treibende Kraft, Haidinger als bereits anerkannte Figur des Wiener Wissenschaftsbetriebes, die sich immer wieder in der Presse mit Artikeln einbrachte,[20] setzte sich für die staatliche Anerkennung noch weitere zwei Jahre erfolglos ein. Die Zusammenkünfte wurden ungeachtet einer nicht erteilten staatlichen Bewilligung weiterhin gepflegt, ein Publikationsorgan wurde dennoch schnell durch Subskription etabliert, das mit ersten Beiträgen aus der Feder Hauers bereichert wurde. Handeln, statt sich von der Zensur einschränken lassen –, die beiden hatten gezeigt, dass dieser Weg im Vormärz möglich war. Auch die Teilnahme Hauers an der Naturforscherversammlung in Venedig im Jahre 1847[21] bedeutete einen weiteren Schritt auf seinem schnellen Weg eines wissenschaftliche Neugier demonstrierenden jungen Mannes.

---

16 [Franz Hauer], Wissenschaftliche Nachrichten. Versammlung der Naturwissenschaften in Wien. Mineralogie, Geologie, Chemie, Botanik. In: Die Wiener Zeitung, 27. November 1846, S. 2653.

17 Siehe dazu: Marianne Klemun, Helga Hühnel, Nikolaus Jacquin (1727–1817) – ein Naturforscher (er) findet sich (Göttingen 2017).

18 Eine erste Annonce fand sich in den Sonntagsblättern: [Anonymus], »Naturwissenschaftliche Gesellschaft. Auf Anregung des Professors Ettingshausen und des Bergrathes Haidinger soll sich hier ein Verein bilden mit Tendenz zur Pflege der verschiedenen naturwissenschaftlichen Fächer«. In: Beilage zu den Sonntagsblättern Nr. 50, 14. Dezember 1845, S. 21 (=1167). Siehe auch: Wilhelm Haidingers Lebenserinnerungen. Universitätsbibliothek Wien, Manuscripta 512 [neue Signatur 165.760) fol. 1–75, hier fol. 15r. Erstmals abgedruckt in Karl Kadletz, Die Geologische Reichsanstalt im Schicksalsjahr 1860, a. a. O., S. 252.

19 Siehe den Eintrag im Tagebuch: GBA, Bibliothek und Archiv, A 00077-TB Hauer. Hefte aus den Jahren 1839–1847. GBA, Bibliothek und Archiv, A 00077-TB Hauer. 1845.

20 Wilhelm Haidinger, Salzburg. Erdbeben. In: Wiener Zeitung, Nr. 201, 23. Juli 1845, S. 3.

21 Siehe den Eintrag im Tagebuch: GBA, Bibliothek und Archiv, A 00077-TB Hauer. Hefte aus den Jahren 1839–1847. A 00077-TB Hauer. 1847.

1.2 Rahmungen zwischen Politik und Wissenschaft

Im Laufe der Revolution 1848/49 änderte der Staat seinen Umgang mit Wissenschaft grundlegend, indem er im Zuge von Reformen die Ausbildung zur Staatsangelegenheit erklärte.[22] Durch Reorganisation und Expansion sollten nationalistische Partikularismen[23] durch die Aufwertung zivilisatorisch-universalistischer Ideale außer Kraft gesetzt werden. Grundsätzlich profitierten die Naturwissenschaften wie etwa die Geowissenschaften und Meteorologie in besonderem Maße, waren doch hier hinsichtlich der Nutzung von Bodenschätzen und anderen natürlichen Ressourcen maßgebliche Impulse für die Ökonomie zu erwarten. Außerdem wurden Initiativen, die auf den Vormärz zurückgingen, nun im neoabsolutistischen Regime in die Neugestaltung von Bürokratie und Wissenschaft integriert. Ferner schien der Wettbewerb mit anderen Mächten nun auch auf der Ebene der Wissenschaft dazu angetan zu sein, ihn aufzugreifen.

Nachdem die Akademie der Wissenschaften in Wien nach einer problemreichen Vorgeschichte 1847 etabliert worden war und Haidinger auch zu den ersten zehn Gründungsmitgliedern des Jahres zählte, konnte dieser für den gerade am 16. Jänner 1848 zum korrespondierenden Mitglied ernannten 26-jährigen Franz Hauer mit dessen Begleiter Moriz Hoernes die Subvention einer Reise erwirken. Zum Zwecke der Studien der bereits existierenden geologischen Landesaufnahmen in anderen Ländern oder Imperien sollte diese nach Deutschland, Frankreich, England und in die Schweiz führen. Haidinger, der selbst in den Jahren 1823–1827 als Begleiter des Grafen August von Breuner England und Schottland besucht und den Wissenschaftsbetrieb sowie die einschlägigen wissenschaftlichen Gesellschaften der aufstrebenden Industriemacht persönlich kennengelernt hatte, schwor auf seine wichtige Auslanderfahrung, die er einerseits der jüngeren Generation vergönnte, von deren Beobachtungen über den neuesten Stand der Innovationen er andererseits auch profitieren wollte. Zu diesem Zeitpunkt ließen sich die Repräsentanten der Akademie die Notwendigkeit der Intensivierung einer solchen Begehungsarbeit noch einreden.

Wenden wir uns nun der Verschränkung von Politik und Wissenschaft in den Jahren 1848 und 1849 zu. Von Mai bis Oktober waren somit Moriz Hoernes und Franz Hauer im stürmischen Revolutionsjahr 1848 auf Tour.[24] Sie kamen in Breslau, Berlin,

22 Zum gesamtpolitischen Kontext: Brigitte Mazohl, Universitätsreform und Universitätspolitik. Die Ära des Ministers Thun-Hohenstein. In: Klaus Müller-Salget und Sigurd Paul Scheichl (Eds.), Nachklänge der Aufklärung im 19. und 20. Jahrhundert. Für Werner Baier zum 65. Geburtstag (= Innsbrucker Beiträge zur Kulturwissenschaft. 49, Germanistische Reihe 73, Innsbruck 2008), S. 129–149.

23 Johannes Feichtinger, Die verletzte Autonomie. Wissenschaft und ihre Struktur in Wien 1848 bis 1938. In: Katharina Kniefacz et al. (Eds.), Universität – Forschung – Lehre. Themen und Perspektiven im langen 20. Jahrhundert. 650 Jahre Universität Wien – Aufbruch ins neue Jahrhundert (Wien 2015), S. 261—292, S. 261.

24 Über diese Reise liegt in der Geologischen Bundesanstalt kein Notizbuch vor. Vielleicht wurde es von den Nachkommen zurückgehalten.

Paris und London nicht nur mit führenden Vertretern der Erdwissenschaften und deren Sammlungen sogar auf gemeinsamen Exkursionen in direkten Kontakt, sondern auch mit den Aufständischen. Aus den Briefen Hauers an seine Familie spricht ein äußerst reger politisch interessierter Geist der Wahrnehmung gesellschaftlicher Phänomene. Er sinnierte darüber, dass er »aus einem Radicalen ein gemässigt Conservativer geworden«[25] sei. Es stärke seine Überzeugung, dass seinesgleichen wie »die Zahl der Convertiten, die zur liberalen Fahne schwören, [sich] erheblich vermehren wird.«[26] Hauer fühlte sich alsbald zu jenen Intellektuellen zugehörig, die als Parteigänger der Revolution schnell zu den Duldern der Reaktion geworden waren. Er konnte sich mit den neuen alten Gegebenheiten gut arrangieren. Freilich hatte er sich auch schon zuvor die Unterstützung eines Metternichs sichergestellt, dem er ein von ihm neu beschriebenes Fossil gewidmet hatte. Politisch im engeren Sinne, wie sein Freund Eduard Suess, hatte er sich nie betätigt. Später, fast hochbetagt, 1895 wurde er in den »Österreichischen Reichsrath« im Herrenhaus gewählt und fand in der Verfassungspartei ideologisch seine Zugehörigkeit.[27]

Kommen wir nochmals ins Jahr 1848 zurück. Während der Lehrbetrieb an der Universität in Wien infolge der März- und Oktoberrevolution des Sturmjahres 1848 gestört war, blieb das inzwischen bestens etablierte »Montanistische Museum« als einzige im In- und Ausland beachtete höhere naturwissenschaftliche Wiener Bildungseinrichtung davon unberührt. Haidinger, der Hauers Laufbahn auch weiterhin positiv bestimmen wollte, hatte bereits zuvor beantragt, dass die Assistentenstelle nach deren Ablauf sogar

25 Hauers Brief aus Paris, 27. Mai 1848. Abgedruckt in: Walther E. Petraschek und Günther Hamann, Franz von Hauer. Reiseberichte über eine mit Moriz Hörnes im Sommer 1848 unternommene Reise nach Deutschland, Frankreich, England und der Schweiz mit einer Subvention d. Akad. d. Wissenschaften zwecks Studien über geologische Landesaufnahmen (=Veröffentlichungen der Kommission für Geschichte der Mathematik, Naturwissenschaften und Medizin, Heft 43, Österreichische Akademie der Wissenschaften, philosophisch-historische Klasse, Sitzungsberichte, 461. Bd., Wien 1985), S. 28 und 29. Interessanterweise bezeichnen die Herausgeber, Petraschek und Hamann, die Briefe aus dieser Zeit als Reisebeschreibungen. Eigentlich stellten sie formal Reisebeschreibungen in Briefform dar. Der volle Wortlaut lautet: »Da ich schon einmahl seit unserer Revolution aus einem Radicalen ein gemässigt Conservativer geworden bin, eine Umänderung, die vielleicht weniger durch die geänderte Stellung der Regierungsgewalt hervorgerufen wurde, da ich ferner eine der vorzüglichsten sogenannten Errungenschaften, das Einkammersystem, welches erst kürzlich wieder durch die Abstimmung in der radicalen Schweiz zurückgewiesen wurde, als keinen wirkliche Fortschritt betrachte, so würde unsere zweite Revolution mir vielleicht wenig Vergnügen verursacht haben, sähe ich nicht durch dieselbe die Bundesstaats- und Sonderbundfrage, die wichtigste wie ich glaube, die im gegenwährtigen Momente den deutsch-österreichischen Provinzen zur Entscheidung vorliegt, in eine bessere Richtung gebracht und eben darum bin ich auch mit der zu erwarteten Abtretung Pillersdorfs, der offenbar mit dem Panslavismus liebäugelte, einverstanden. Auch ist es jedenfalls ein grosser Vortheil, dass die übereinstimmende Haltung der Studenten, Nationalgarden und des Militärs der Reaktionsparthei wohl jede Hoffnung definitiv benommen haben wird, und sicherlich die Zahl der Convertiten, die zur liberalen Fahne schwören, erheblich vermehren wird.«

26 Ebda. Haidingers Lebenserinnerungen, S. 28.

27 Siehe dazu: Tietze, Franz von Hauer, S. 714.

in eine Professur für Paläontologie für diesen ad personam umgewandelt werden sollte.[28] Bei Erfolg hätte mit der Initiative das »Montanistische Museum« eine bahnbrechende Rolle in der Wissenschaftslandschaft übernommen. Das hätte eine Aufwertung zu einer höheren Lehranstalt bedeutet, die zugleich über den weltweit ersten Lehrstuhl für Paläontologie verfügt hätte. Durch die gleichzeitige Reform der Universität des Ministers Thun-Hohenstein jedoch wurde dieses Ansinnen obsolet. In der Historiographie, die eine klare Trennung der Lehre zwischen Universität und außeruniversitären Einrichtungen und die Vorreiterrolle der Universität als gegeben erachtet, wurde dieser Aspekt kaum beachtet.[29] Sie zeigt jedenfalls, dass diese Richtung der Anbindung der höheren naturkundlichen Lehre an Sammlungen (wie sie in Frankreich Bestand hatte) 1848 noch nicht völlig außer Frage stand, aber erst mit der Thun'schen Hochschulreform die Universität die funktionierenden außeruniversitären Lehrbemühungen am Joanneum, am kaiserlichen Hofmuseum in Wien und am »Montanistische[n] Museum« marginalisierten bzw. obsolet machten. Für den Vormärz jedenfalls bildeten diese den wichtigsten Wissensraum, in dem sich die auf eine reine äußere Beschreibung konzentrierende Mineralogie über die Stratigraphie (Geognosie)[30] zur Geologie transformierte, wie es kürzlich ausführlich argumentiert und belegt wurde.[31]

Haidingers für die projektierte Professur entworfener Organisationsplan einer »Reichsanstalt«, eines »Institut[es] für Geologische Landeskunde«, wie er es in einem vertraulichen Brief vom 28. August 1849 an Hauer bezeichnete,[32] erweckte jedoch Zustimmung bei seinem Vorgesetzten Ferdinand von Thinnfeld (1793–1868), Minister des neu errichteten Amtsorgans »Landescultur und Bergwesen«. Auf ihn konnte Haidinger zählen, war er ihm doch als Schwager familiär verbunden. Zu-

28 Siehe dazu: Wilhelm Haidinger, Zur Erinnerung an Ferdinand Freiherr von Thinnfeld. In: Jahrbuch der k.k. geologischen Reichsanstalt Bd. 18 (1868), S. 321–336, hier 331.

29 In keiner der hier genannten Arbeiten ist dieser Aspekt reflektiert. Siehe: Elmar Schübl, Mineralogie, Petrographie, Geologie und Paläontologie. Zur Institutionalisierung der Erdwissenschaften an österreichischen Universitäten, vornehmlich an jener in Wien, 1848–1938. (Scripta geo-historica 3, Graz 2010). Auch Seidl konzentriert sich ausschließlich auf die Trennung dieser Einrichtungen und besonders auf die Universität, siehe dazu: Johannes Seidl, Einige Inedita zur Frühgeschichte der Paläontologie an der Universität Wien. Die Bewerbung von Eduard Suess um die Venia Legendi für Paläontologie. In: Berichte der Geologischen Bundesanstalt 53 (Wien 2001), S. 61–67 und Fritz Steininger, Daniela Angetter und Johanes Seidl, Zur Entwicklung der Paläontologie in Wien bis 1945. Abhandlungen der Geologischen Bundesanstalt 72 (Wien 2018).

30 Siehe dazu: Marianne Klemun, Geognosie versus Geologie: Nationale Denkstile und kulturelle Praktiken bezüglich Raum und Zeit im Widerstreit. In: Berichte zur Wissenschaftsgeschichte. Organ der Gesellschaft für Wissenschaftsgeschichte 38/3 (2015), S. 227–242.

31 Marianne Klemun, Different functions of learning and knowledge – Geology takes form: Museums in the Habsburg Empire, 1815–1848. In: Gary D. Rosenberg and Renee M. Clary (Eds.), Museums at the Forefront of the History and Philosophy of Geology: History Made, History in the Making: Geological Society of America Special Paper 535, 2018, p. 163–175, https://doi.org/10.1130/2018.2535(10).

32 Brief Haidingers an Hauer, 28. August 1849, GBA, Bibliothek und Archiv, Inv.-Nr. A 004BM, Franz-Hauer-Nachlass. Abgedruckt bei Kadletz, Die Geologische RA, S. 115.

dem war die engere Bekanntschaft während des Studiums am Joanneum bei den von Friedrich Mohs erstmalig angebotenen Kursen zur Mineralogie begründet worden. Gemeinsame Alpenreisen erhielten sie aufrecht. Thinnfeld, den Montanbereich aus dem Studium und seinem Besitztum kennend, zog für seinen Vortrag beim Kaiser am 22. Oktober 1849 Haidingers Plan heran,[33] womit die Richtung der Umwandlung des »Montanistische[n] Museum[s]« zu einer vollwertigen staatlichen Einrichtung vorgegeben wurde, welche die geologische Erforschung alle Länder der Habsburgischen Krone in systematischer Weise zum Ziel hatte.

Noch am 22. September 1849 hatte Haidinger zweifelnd in einem an Hauer gerichteten Brief gemeint: »Ich hoffe, es wird gut gehen, Die Aufgabe ist doch eine hübsch große. Mohs sagte immer mit Wieland[,] wer sich vorgenommen hat den Teufel zu verschlucken muß ihn nicht lange begucken – wir hören bald das Nähere.«[34]

Als Wermutstropfen war die Lehre zwar geopfert worden, aber das »Reichsinstitut«, wie es Haidinger nannte, sollte zum Mittelpunkt der geologischen Kartierung aller Länder der Monarchie und zum Forschungsinstitut aufgebaut werden, was Theorie und Praxis miteinander verknüpfen sollte. Am 15. November wurde die Reichsanstalt in ihrer Existenz vom Kaiser bestätigt. Nicht überraschend auch von Thinnfeld am 19. November zum Direktor vorgeschlagen, trat Haidinger am 1. Dezember seinen Dienst an. Und Hauer wurde ebenfalls am 15. Dezember 1849 an die Geschicke der »k.k. Geologische[n] Reichsanstalt« wie an jene Haidingers gebunden: »Meine Ernennung zum 1. Berg Geologen und Bergrath an der GRA«,[35] notierte er in sein Geländebuch.

Bis zum Ausscheiden seines Chefs stand Hauer als zweiter Mann an dessen Seite und folgte ihm am 1. Dezember 1866 in dessen Führungsfunktion: »Zum Director der GRA mit Titel und Character eines Sect. Rathes ernannt«,[36] lautet der knappe Eintrag im Notizbuch, war es doch auch für ihn keine Überraschung. Ab 1860, dem Jahr des uns vorliegenden Tagebuchs, hatte er den Kampf für die Selbständigkeit der »k.k. Geologischen Reichsanstalt« und gegen die Akademie aufgenommen. Die Tagebücher dokumentieren diese äußerst rege aktive Verteidigung, die letztlich der Eingliederung der Reichsanstalt in die Akademie eine Absage erteilte. Die Anstalt konnte ihren unabhängigen Status behaupten. Aus der von außen auferlegten Krise ging ein gestärkter Wissenschaftsbetrieb hervor, der sich auch während der Phase der Unsicherheit die intensive fachliche Betriebsamkeit nicht nehmen ließ. Als Hauer 1885 zum Intendanten des Naturhistorischen Hofmuseums berufen wurde, konnte er auf 19 Jahre als Direktor, 36 als Reichsgeologe und, rechnet man die Vorphase hinzu, 41 Jahre Dienst im Verwaltungsbereich des aus dem Berg- und Montanwesen sich entwickelnden Gebildes zurückblicken.

---

33 Thinnfeld, Allerunterthänigster Vortrag des treugehorsamsten Ministers für Landescultur und Bergwesen, Ferdinand Edlen von Thinnfeld. In: Jahrbuch der k.k. geologischen Reichsanstalt 1, 1850, S. 2–5, hier 2.

34 Brief Haidingers an Hauer, 22. September 1849, GBA, Bibliothek und Archiv, Inv.-Nr. A 004BM, Franz-Hauer-Nachlass. Abgedruckt bei Kadletz, Die Geologische RA, S. 116.

35 Siehe den Eintrag im Tagebuch: GBA, Bibliothek und Archiv, A 00077-TB Hauer. 1849.

36 Siehe den Eintrag im Tagebuch: GBA, Bibliothek und Archiv, A 00077-TB Hauer. 1866.

Gehen wir nochmals auf die entscheidende Phase der Etablierung der Reichsanstalt zurück, für die wir den Begriff der »Gründerzeit« nutzen möchten, auch wenn er sehr viele Bedeutungsassoziationen erweckt.

Die 1848 durchgeführte Universitätsreform mit der neuen Lehr- und Lernfreiheit blieb auch im Neoabsolutismus aufrecht. Der Preis, den kritische Wissenschaftler für das staatliche Entgegenkommen zur Wissenschaftsbelebung dennoch zahlten, bestand in dem Faktum, dass sich diese in Folge dem politischen Druck des Neoabsolutismus nicht nur beugten, sondern ihn inhaltlich rechtfertigen mussten. Viele Repräsentanten aus dem Bildungs- und Wirtschaftsbürgertum änderten ihre kritische Einstellung zur Staatsgewalt, wobei sie sich von ihrer Agitationsbereitschaft im Laufe der Revolution schnell distanzierten und meist eine deutschnationale Position einnahmen. So bekannte beispielsweise Franz Hauer bereits Anfang 1849 in einem Brief an seinen Freund Otto Bernhard Hingenau[37] ganz offenherzig, er sei froh, dass sich von der Gesellschaft »Freunde der Naturwissenschaften« einige Akteure in die Politik verabschiedet hätten: »Unsere Gesellschaft würde kräftig blühen, gingen ihr nicht 3 Dinge ab, Geld, viel Geld, dann sehr viel Geld. Die schlimme Zeit hat uns viel mehr Abonnenten entzogen als zugeführt. In wissenschaftlicher Beziehung hat sie uns nicht geschadet, ja in mancher Hinsicht sogar geholfen, da sie uns von manchen Individuen, die ihre Geistesthätigkeit vom Felde der Wissenschaft, wo sie nur mehr Unverdauliches zu Tage förderten, auf das Feld der Politik übersiedelten, befreyt hat.«[38] Bei allen Vorbehalten gegenüber dem Regime blieb der Elan groß, an dem Projekt einer Erneuerung der deutschen »Kulturnation«[39] mittels der Wissenschaften zu wirken.

Was nun in der Zeit von 1849 bis 1867 in der Reichsanstalt geleistet wurde, war die systematische Organisation der geologischen Bereisung eines Länderkomplexes, der an Umfang alle bisherigen geologischen Aufnahmen in Europa übertraf. Heute sind es 15 europäische Länder, die als Folgestaaten diesen Raum ausmachen. Als Grundlage existierten die bereits von Haidinger zusammengefügte erste Landesaufnahme, die »Geognostische Übersichtskarte der österreichischen Monarchie« (1845), und den in den 1840er Jahren von unterschiedlichen Landesvereinen (etwa dem Geognostisch-Montanistischen Verein für Innerösterreich und das Land ob der Enns«) auf den frühen Begehungen Innerösterreichs beruhenden und erstellten ersten Karten.[40]

37 Hingenau Otto Gottlieb Bernhard Freiherr von (1818–1872) hatte zunächst Jus in Wien studiert, danach absolvierte er die Bergakademie in Schemnitz [Banská Štiavnica], wirkte als Bergrat in Leoben und ab 1860 als Professor des Bergrechts in Wien. Vgl. ÖBL, 2. Bd., S. 321.

38 GBA, Bibliothek und Archiv, Inv.-Nr. A 00209-B59; Brief Franz Hauers an Hingenau, Wien, 22. Jänner 1849.

39 Johannes Feichtinger, ›Staatsnation‹, ›Kulturnation‹, ›Nationalstaat‹: The Role of National Politics in the Advancement of Sciences and Scholarship in Austria from 1848 to 1938. In: Mitchel Ash und Jan Surman (Eds.), The Nationalization of Scientific Knowledge in the Habsburg Empire, 1848–1918 (Palgrave Macmillan 2012), S. 57–82.

40 Bernhard Hubmann und Tillfried Cernajsek, Die Steiermark im geologischen Kartenbild (Graz 2004).

Auf dieser Basis wurde zunächst von Hauer ein Profil quer durch die Alpen verlaufend erstellt, das zur Grundlage der Arbeit für die aus jeweils drei Geologen bestehenden Teams wurde. Der Masterplan der Begehungen setzte in unterschiedlichen Richtungen der Monarchie an und zeitigte stetige Erfolge, die in den Jahrbüchern ausführlich dokumentiert und der Öffentlichkeit in Zeitungsbeiträgen der staatlich gelenkten »Wiener Zeitung« regelmäßig vermittelt wurden. Während Haidinger sich als Schreibtischtäter und nicht auch zuletzt wegen seiner Migräneanfälle kaum mehr von Wien wegbewegte, außer in seine Sommerfrische nach Hietzing oder Dornbach, lag diese Koordination der im Sommer tätigen Begehungsgeologen in den Händen Franz Hauers. In der Geländearbeit war er bereits ein empirisch erfahrener Geologe, der auf jährlichen Reisen in die unterschiedlichsten Regionen der Monarchie seit dem Jahre 1839 bauen konnte. Im Laufe der Jahrzehnte war es wohl er, der infolge seiner »Praxis« der geologischen Begehungen den besten Überblick über alle Territorien des Reiches gewonnen hatte.

Dezidiert galt als die ureigenste Aufgabe der »k.k. Geologischen Reichsanstalt« in Wien die flächendeckende geologische Kartierung aller Länder der Habsburgermonarchie.[41] Dieses Ziel hatte die ersten zwei Jahrzehnte oberste Priorität. Die Bewältigung dieses von geologischer Vielfalt bestimmten riesigen Raumes,[42] der 12.000 Quadratmeilen[43] (= 300.000 km^2) umfasste, war zwar für dreißig Jahre geplant, erfolgte jedoch schon innerhalb von 17 Jahren. Die Arbeit erwies sich von Beginn an als besonders erfolgreich, weil sie nicht länderweise, sondern zugleich in mehreren Gebieten nebeneinander erfolgte. Die Aufnahme mündete in ein nach einheitlichen Prinzipien gestaltetes Gesamtbild,[44] einem Kartenwerk, das wie die neue Verwaltung des Neoabsolutismus einheitlich den Raum von der Lombardei bis zur Bukowina, von Dalmatien bis zum Elbedurchbruch im Maßstab 1 : 144.000 umfasste (1863). Sie beruhte auf der Topographie der Generalquartiersmeisterstabskarte. Sie bestand zunächst aus Manuskriptkarten, für deren Basis die Generalstabskarten in Karten von 1 Wiener Zoll zu 400 Klafter (entspricht 1 : 28.000) verwendet wurden. Tausende solcher Karten mussten händisch kopiert werden, damit sie für die geologische Eintragung herangezogen werden konnten, und die geologischen Einfärbungen wiederum mussten auch handschriftlich vervielfältigt werden.[45] 1867 erschien auf dieser Basis, allerdings in

---

41 Vgl. dazu: Die Geologische Bundesanstalt in Wien. 150 Jahre Geologie im Dienste Österreichs (1849–1999). Hg. von der Geologischen Bundesanstalt (Wien 1999), bes. S. 93 f.

42 Haidinger berechnete den Umfang des Raumes mit 12.000 Quadratmeilen. Vgl. Wilhelm Haidinger: Die Aufgabe des Sommers 1850 für die k.k. geologische Reichsanstalt in der geologischen Durchforschung des Landes. In: Jahrbuch der Geologischen Reichsanstalt 1 (1850), S. 6–16, hier S. 7.

43 Ebda, 7.

44 Franz Hauer, Geologische Übersichtskarte der Österreichisch-Ungarischen Monarchie nach den Aufnahmen der k.k. geologischen Reichsanstalt 1 : 576.000 (Wien 1867–74).

45 Diese Karten werden heute in Manuskriptform als bedeutender Schatz der Institution in der Geologischen Bundesanstalt verwahrt.

einem größeren Maßstab (1 : 576.000), die von Franz Hauer in zwölf Blatt herausgegebene »Geologische Übersichtskarte der Österreich-Ungarischen Monarchie«, die in kleinerem Maßstabe (1 : 2.016.000) noch weitere Auflagen erlebte.[46] In all den Jahren war Hauer nicht nur der Kopf der Synthese, sondern der Lenker der Arbeit im Feld, der neben Haidinger für die Zusammenführung der Arbeit vieler Beteiligter sorgte. Sowohl die Beobachtungspraxis als auch die Dokumentation wurde auf Papier verwaltet, bevor sie in die Publikationen der Reichsanstalt und schließlich in die Karte übersetzt wurde.[47]

1.3 Kommunikation und Wissenschaft

Nehmen wir einen weiteren Perspektivenwechsel vor: Wie Haidinger verfolgte Hauer die Ausweitung und Intensivierung der Kommunikation jeder Art, nicht nur mit Hilfe wissenschaftlicher Publikationen und Fachartikel, sondern auch über den engeren akademischen Rahmen hinaus mit Zeitungsbeiträgen in einer auf zunehmende Partizipation an den Naturwissenschaften ausgerichteten Öffentlichkeit.

Akademisch orientiert und das europäische Netzwerk an Naturforschern verdichtend, erwiesen sich die Vortragstätigkeiten an Naturforscherversammlungen. Über die Sinngebung des Austausches hinaus banden die Rituale dieser Treffen die Wissenschaft an die jeweilige Festkultur der Orte und ihre bürgerlich-politischen Rahmungen. Ihre Symbolik weitete sich in den gesellschaftlichen Raum aus und integrierte Wissenschaft in das bürgerliche Leben und war somit höchst gesellschaftlich relevant.

So reiste Hauer im September 1852[48] nach Wiesbaden, zu den in Brünn am 28. März 1853 stattfindenden Sitzungen des Wernervereines und der Sitzung des Geognostisch Montanistischen Vereines in Graz 1853,[49] zu der »Schweizerische[n] Naturforscherversammlung« in St. Gallen im Juli 1854,[50] jener in Dresden im September 1868,[51] jener in Innsbruck im September 1869,[52] der Geologenversammlung

46 Die vierte Auflage erschien am 24. Juni 1884. Siehe dazu den Eintrag im Tagebuch: GBA, Bibliothek und Archiv, A 00077-TB Hauer. 1884.

47 Siehe Marianne Klemun, Administering science: the paper form of scientific practice and geological fieldwork. In: Earth Sciences History 33, Nr. 2 (2014), S. 279–293.

48 Siehe den Eintrag im Tagebuch: GBA, Bibliothek und Archiv, A 00077-TB Hauer. 1852.

49 Siehe den Eintrag im Tagebuch: GBA, Bibliothek und Archiv, A 00077-TB Hauer. 1853.

50 Siehe den Eintrag im Tagebuch: GBA, Bibliothek und Archiv, A 00077-TB Hauer. 1854. Diese Reise unternahm er mit Eduard Suess: Siehe dazu: Marianne Klemun, »Da bekommen wir auf einmal wieder zwei Etagen mehr! Wohin soll das noch führen!« Geologische Wissenskommunikation zwischen Wien und Zürich: Arnold Escher von der Linths Einfluss auf Eduard Suess' alpines Deckenkonzept, diskutiert anhand seiner Ego-Dokumente (1854–1856) und seiner Autobiografie. In: Eduard Suess (Wien 2009), S. 295–318.

51 Siehe den Eintrag im Tagebuch: GBA, Bibliothek und Archiv, A 00077-TB Hauer. 1868.

52 Siehe den Eintrag im Tagebuch: GBA, Bibliothek und Archiv, A 00077-TB Hauer. 1869.

in Berlin 1880 und Naturforschenden Versammlung in Salzburg am 19. September 1881[53] sowie der Schweizer Naturforscherversammlung in Zürich im August 1883.[54]

In das bürgerlich-wirtschaftliche Leben griff Hauer aber auch in Wien selbst ein bzw. in bestimmten Örtlichkeiten der Monarchie, wenn er sich für Anfragen, wie etwa, um ein Beispiel zu nennen, in Bezug auf die »Esterhazy'schen Schürfungen im Oedenburger Comitat«[55] im Oktober 1857 oder zur »Grubenkatastrophe in Ostrau«, einem Grubenbrand im Juli 1884,[56] als Experte heranziehen ließ. Die Mitarbeit an Problemlösungen der Kommune Wien zählte zu den Selbstverständlichkeiten, wie etwa bei der »Wasserversorgungskommission für Wien« 1858.[57] Die Präsenz bei den Versammlungen der Berg- und Hüttenmänner in Wien am 21. September 1861[58] und im September in Ostrau 1863[59] war entsprechend der Tradition der Reichsanstalt nicht nur Freude, sondern auch ein Muss für den als Bergrat im Schema der Amtsbürokratie aufgestiegenen Bergbeamten. Die Nähe zum Montanwesen pflegte die Reichsanstalt in besonderer Weise.

Die Beratungen über die Statuten-Änderungen des Militärgeographischen Instituts, einer ebenfalls staatlichen Behörde, am 24. Februar und am 3. März 1868[60] waren Hauer ebenso wichtig wie das Wiener Vereinsleben, in dem er förmlich aufging. Er war kein Mitläufer, sondern immer tonangebend vorne voran. Seit den 1850er Jahren brachte er sich jeweils meist zumindest als Mitbegründer, wenn nicht Initiator der »Zoologisch-Botanischen Gesellschaft«, der »Geographischen Gesellschaft«, des Vereines zur Verbreitung naturwissenschaftlicher Kenntnisse (ab 1861), des Alpenvereines (ab 1862) und des Vereines für Höhlenkunde (ab 1879) ein. Bei der Gründung der Anthropologischen Gesellschaft in Wien 1870 zeigte[61] er sein besonderes Engagement, sonach wurde er nicht zufällig am 27. Februar 1870 zum »Obmann der Section für Urgeschichte« gewählt.[62]

Eine besondere Sichtbarkeit von Wissenschaft und ihrer Repräsentanten in der Öffentlichkeit stellten Festbankette außerordentlicher Ereignisse und Besucher aus dem Ausland dar. Für sie interessierte sich die Presse und die Gesellschaft in besonderem

53 Siehe den Eintrag im Tagebuch: GBA, Bibliothek und Archiv, A 00077-TB Hauer. 1881.

54 Siehe den Eintrag im Tagebuch: GBA, Bibliothek und Archiv, A 00077-TB Hauer. 1883.

55 Siehe den Eintrag im Tagebuch: GBA, Bibliothek und Archiv, A 00077-TB Hauer. 1857.

56 Siehe den Eintrag im Tagebuch: GBA, Bibliothek und Archiv, A 00077-TB Hauer. 1884.

57 Hauer wurde am 10. November als Mitglied ernannt: Siehe dazu: Siehe den Eintrag im Tagebuch: GBA, Bibliothek und Archiv, A 00077-TB Hauer. 1857.

58 Siehe den Eintrag im Tagebuch: GBA, Bibliothek und Archiv, A 00077-TB Hauer. 1861.

59 Siehe den Eintrag im Tagebuch: GBA, Bibliothek und Archiv, A 00077-TB Hauer. 1863.

60 Siehe den Eintrag im Tagebuch: GBA, Bibliothek und Archiv, A 00077-TB Hauer. 1868.

61 Erste Besprechungen notiert Hauer am 26. November. (Siehe den Eintrag im Tagebuch: GBA, Bibliothek und Archiv, A 00077-TB Hauer. 1869.) und am 3. Jänner 1870 die Vereinigung mit der Deutschen Anthropologischen Versammlung, die abgelehnt wird. (Siehe den Eintrag im Tagebuch: GBA, Bibliothek und Archiv, A 00077-TB Hauer. 1870).

62 Siehe den Eintrag im Tagebuch: GBA, Bibliothek und Archiv, A 00077-TB Hauer. 1870.

Maße. Nicht alle Hauer angetragenen Highlights, die ihn ins Rampenlicht stellten, nahm er gleichermaßen begeistert an. So lehnte er etwa die Einladung zum Festbankett für die von der erfolgreichen Expedition zurückgekehrten Forschungsreisenden Payer-Weyprecht im Jahr 1871 entschieden ab.[63] Nicht verzichten wollte er als Darwin-Befürworter jedoch auf das spektakuläre »Hae[c]kel-Souper« im März 1873, an dem er sogar bei »großer Gesellschaft [...] nebst Haekel« saß, was er in sein Tagebuch am 3. März 1873 notierte.[64] Feierlichkeiten zu den Jubiläen der von ihm begründeten Gesellschaften stellten sich ein, auch zur Verleihung der international angesehene »Wollaston Medaille« am 17. Februar wurde ein »Fest Bankett im Wissenschaftlichen Club am 7. März 1882«[65] begangen. Schon früh war Hauer als Festredner herangezogen worden, auch zu Feiern seiner besten Freunde und Weggefährten, wie etwa im Falle von Otto Bernhard Hingenau (1818–1872), langjähriger Unterstützer der Reichsanstalt als Herausgeber der Zeitschrift »Berggeist«, seit 1840 Kämmerer, danach Bergrat und Professor des Bergrechts an der Universität Wien. Als er zum Leiter des Montanwesens ernannt wurde, sprach Hauer beim Bankett »einen Toast auf ihn.«[66] Solche Feste bekräftigten das engere Netzwerk der Reichsanstalt nach innen und machten es nach außen für die Gäste sichtbar.

Das Jahr 1873 bescherte ihm die Ernennung zum »Hofrath« eine Ehre, für die er mit der Audienz beim Kaiser am 27. März dankte: »Früh Audienz bei Kaiser, ich danke sowohl für meine Ernennung, wie auch für den Kauf des Palais.«[67] Der Kauf des Liechtensteinpalais als Standort für die Reichsanstalt war zuvor »abgeschlossen worden.«[68] Am Anfang war die Reichsanstalt im Hauptmünzamtsgebäude (Am Heumarkt 1, heute Heimstätte der Münze Austria AG) untergebracht gewesen, 1851 erfolgte die Übersiedlung ins Palais Rasumofsky, wobei das dauerhafte Verbleiben erst 1873 gesichert wurde. Auch wenn diese Frage dem Leitungsteam jahrelang Sorgen bereitet hatte, war die Entscheidung von 1873 umso nachhaltiger, denn sie hatte bis zum Jahre 2005 Bestand. Auch bei Erzherzog Ludwig ergab sich eine Audienz, dem er am 17. Dezember 1873 als Interessierten die Geologische Übersichtskarte überbrachte.[69]

Die Zeit der Wiener Weltausstellung erforderte großes Engagement, schon Jahre zuvor wurden Pläne geschmiedet. Hauers letzter persönlicher Kontakt und Besuch bei Haidinger in dessen Wohnung am 5. März 1871 war der Frage der Geldbewilligung für dieses Event gewidmet.[70] 14 Tage später verstarb Haidinger, dessen Witwe Hauer

63 »Wir beschließen nicht zum Souper Payer-Weyprecht zu gehen«. Siehe: Siehe den Eintrag im Tagebuch: GBA, Bibliothek und Archiv, A 00077-TB Hauer. 1871, am 18. November 1871.
64 Siehe den Eintrag im Tagebuch: GBA, Bibliothek und Archiv, A 00077-TB Hauer. 1873.
65 Siehe den Eintrag im Tagebuch: GBA, Bibliothek und Archiv, A 00077-TB Hauer. 1882.
66 Siehe den Eintrag im Tagebuch: GBA, Bibliothek und Archiv, A 00077-TB Hauer. 1866.
67 Siehe den Eintrag im Tagebuch: GBA, Bibliothek und Archiv, A 00077-TB Hauer. 1873.
68 Siehe den Eintrag im Tagebuch: GBA, Bibliothek und Archiv, A 00077-TB Hauer. 1873.
69 Siehe den Eintrag im Tagebuch: GBA, Bibliothek und Archiv, A 00077-TB Hauer. 1873.
70 Siehe den Eintrag im Tagebuch: GBA, Bibliothek und Archiv, A 00077-TB Hauer. 1871.

am nächsten Tag aufsuchte und ihr kondolierte.[71] Unter eine einzigartig harmonische Zusammenarbeit war nun endgültig ein Schlussstrich gezogen, auch wenn sich Haidinger schon Jahre zuvor wegen seiner Krankheit zurückgenommen hatte.

Die Weltausstellungsaktivität erbrachte als Nebenerscheinung die Berührung mit einer für Hauer neuen Sphäre der Öffentlichkeit, der Diplomatie. Eine Soiree am 6. März 1873 mit dem persischen Gesandten Malcolm Chan[72] diente der Projektplanung, wie etwa bezüglich der Versendung von Wiener Geologen in den »Orient«.

In den 1870er Jahren rückten Fragen des Verkehrs generell ins engere öffentliche Interesse und auch des Arbeitsbereiches der Reichsanstalt. Zu Verhandlungen über die Predilbahn im Mai 1872, über die Eröffnung des Mont-Cenis-Tunnels im September 1871[73] und den Bau des Arlbergtunnels im Juli 1872[74] wurde Hauer als Experte herangezogen. Oft besuchte er mehrere Male die Örtlichkeiten, so auch anlässlich der feierlichen Eröffnung des Arlbergtunnels in der Zeit von 19. bis 23. September 1884.[75] Auch Hauers Wunsch, die Lehre wieder aufzunehmen, fand seine Erfüllung. Im Jahre 1874 wurde er zum »Docenten an der Hochschule für Bodencultur« berufen, 1875 zum »Prüfungscommissär bei den Lehrbefähigungsprüfungen« ernannt. Im Jahre 1884 wurde Hauer die Intendanzstelle des Naturhistorischen Hofmuseums angeboten, die er nach harter Verhandlung am 19. Februar 1885 annahm.[76] In diesem Jahr hielt er auch die letzte Vorlesung am 12. März an der Hochschule für Bodenkultur.[77]

1885, beim Ausscheiden aus der »k.k. Geologischen Reichsanstalt«, konnte Hauer auf 19 Jahre Direktorat, 36 Dienstjahre, und – rechnet man die Zeit davor –, nach 42 Jahren der ununterbrochenen Tätigkeit in der staatlichen Einrichtung auf eine Zeit zurückblicken, in der er die Reichsanstalt maßgeblich sowohl organisatorisch als auch wissenschaftlich geformt hatte. Er hatte Haidingers Vermächtnis Kontinuität gegeben. Ein besonderes Augenmerk legte er auf die verstärkte Kommunikation. So etablierte er ein eigenes Periodikum, die »Verhandlungen der geologischen Reichsanstalt«, welche die bisher im Jahrbuch publizierten Sitzungsberichte besser und beschleunigter nach außen kommunizierten. Aktivitäten, die aus dem Umfeld der Erdwissenschaften im Laufe der Profilierung einzelner Kollegen vorangetrieben wurden, wie die Gründung der Zeitschrift »Mineralogische Mitteilungen«, unterstützte er gleichermaßen, auch wenn die Idee nicht von ihm stammte.[78]

Die neue Aufgabe, die Leitung des k.k. Naturhistorischen Hofmuseums als Generaldirektor, umfasste zunächst die Verwirklichung der Pläne und Absichten seines

71 Siehe den Eintrag im Tagebuch: GBA, Bibliothek und Archiv, A 00077-TB Hauer. 1871.
72 Siehe den Eintrag im Tagebuch: GBA, Bibliothek und Archiv, A 00077-TB Hauer. 1873.
73 Siehe den Eintrag im Tagebuch: GBA, Bibliothek und Archiv, A 00077-TB Hauer. 1871.
74 Siehe den Eintrag im Tagebuch: GBA, Bibliothek und Archiv, A 00077-TB Hauer. 1872.
75 Siehe den Eintrag im Tagebuch: GBA, Bibliothek und Archiv, A 00077-TB Hauer. 1884.
76 Siehe den Eintrag im Tagebuch: GBA, Bibliothek und Archiv, A 00077-TB Hauer. 1885.
77 Siehe den Eintrag im Tagebuch: GBA, Bibliothek und Archiv, A 00077-TB Hauer. 1885.
78 Siehe dazu Tietze, S. 708.

Vorgängers und Freundes Ferdinand von Hochstetter, der den Monumentalbau am Ring zwar vorbereitet, aber nicht mehr erlebt hatte. Neben den Übersiedlungen aus der Burg und der Neuaufstellung, die mit der Eröffnung 1889 ihre erste Vollendung erfuhr, hatte Hauer erneut seiner Überzeugung Ausdruck verliehen, dass Kommunikation von Wissen von zentraler Bedeutung war. Er gründete 1886 ein museumseigenes Organ, die »Annalen des k.k. Naturhistorischen Museums«, die auch heute noch als angesehenes Periodikum existieren. In den elf Jahren seiner Führung des vielseitigen Museums kam dem Allrounder Hauer zugute, dass er nicht nur ein international ausgewiesener Paläontologe und Geologe war, sondern durch seine vielseitige Partizipation an den unterschiedlichsten Sozietäten den Reichtum aller Sammlungsbestände in ihrer wechselseitigen Bedeutung zu schätzen wusste. Sein »Allgemeiner Führer durch das k.k. Naturhistorische Hofmuseum«, 1889 erschienen, ist ein Beleg dafür.

Das Alterswerk Hauers war geprägt von Synthese und Monumentalität, die auch in seiner Mitarbeit am sogenannten »Kronprinzenwerk« ihren Ausdruck fand. Als Fachreferent für die naturhistorischen Fächer lieferte er seine Beiträge zu einem 24 Bände umfassenden Projekt von Erzherzog Rudolph, »Die Österreichisch-Ungarische Monarchie in Wort und Bild« (Wien 1887–1901). Eine Audienz bei Kronprinz Rudolph am 1. Februar 1884 bildete den Auftakt für diese Kooperation,[79] die Wissen und Medialität in einer dokumentarischen Weise verband und die Monarchie als Ganzes einheitlich zu repräsentieren suchte, wie es auch die geologische Landesaufnahme mit ihrem Kartenwerk Jahrzehnte zuvor intendiert hatte.

Die Ehrungen aus dem Ausland stellten sich alsbald in gehäufter Weise ein, sie alle zu erwähnen, würde einige Seiten füllen.[80] Hauer hatte sich bereits in jungen Jahren in das wissenschaftliche Gedächtnis eingeschrieben: mit der Erstbeschreibung von Fossilien, besonders Ammoniten, von denen er eine Spezies politisch flexibel noch im Jahre 1845 Fürst Metternich als potentiellem Mäzen gewidmet hatte. Die Universität Wien ernannte ihn während ihres 500-jährigen Jubiläums 1865 zu ihrem Ehrendoktor. Der Name Hauer taucht nicht nur im Mineral »Hauerit« auf, auch in Landschaftsbezeichnungen und Höhlen. Die Hauer-Medaille der Geographischen Gesellschaft verdoppelt den Ruhm auf der Ebene der symbolischen Belohnung für Kandidaten der Folgezeit bis heute.

Die Stadt Wien errichtete Franz Hauer ein Ehrengrab,[81] womit er neben Künstlern, Musikern und ausgewählten Figuren der Wissenschaft einen Platz im kulturellen Gedächtnis der Stadt zuerkannt bekam.

79 Siehe den Eintrag im Tagebuch: GBA, Bibliothek und Archiv, A 00077-TB Hauer. 1884.

80 Siehe dazu Tietze, S. 708 ff.

81 Die Abstimmung erfolgt am 6. Oktober 1899, sechs Tage nach Hauers Tod. Siehe Tietze, S. 680.

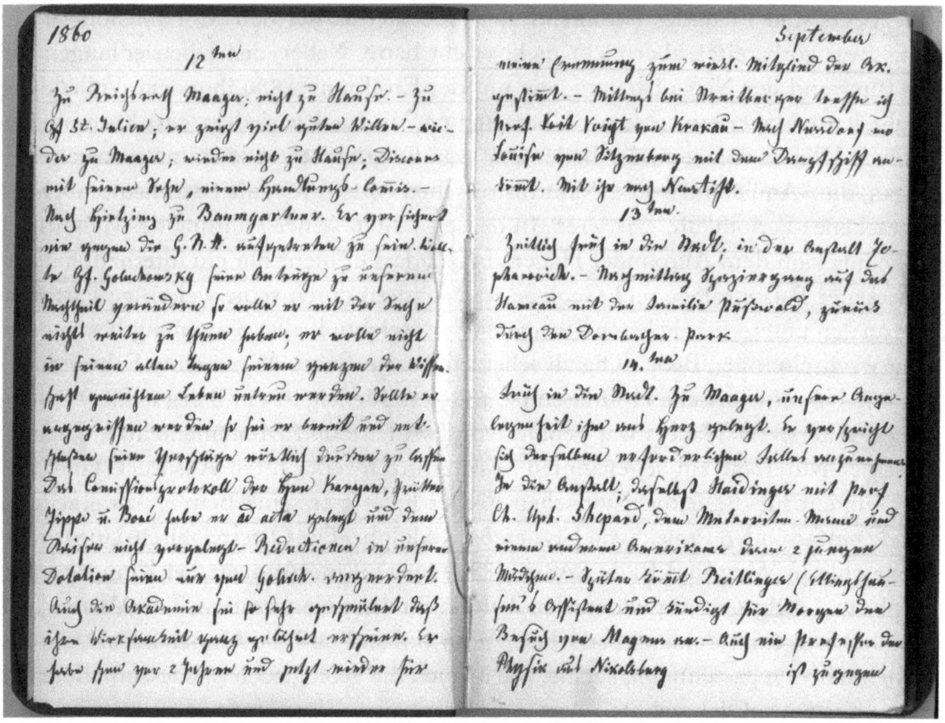

Abb. 12: Ausschnitt aus Hauers Tagebuch, 1860.

2. Die »Tagebücher« Franz Hauers: Form und Funktion der Aufschreibetechnik

2.1 Variationen der »Tagebücher«: 1839–1885

32 Bändchen mit mehreren hundert Seiten, die derzeit an der Geologischen Bundesanstalt aufbewahrt werden, stammen aus Hauers Hand und geben uns heute Einblick in seine Reisen und Tagesgeschäfte. Er hat sie im Zeitraum 1839–1885 be- und geschrieben, in der Zeit der Tätigkeit an der Reichsanstalt bzw. ihrer Vorgängerinstitution. Die Diarien sind von wenigen Ausnahmen abgesehen bisher kaum in der Forschung beachtet,[1] ja nicht einmal eingesehen und schon gar nicht analysiert worden, weshalb der Edition eine eminente Bedeutung zukommt.

Die Bezeichnung »Tagebuch« für die chronologisch geführten Selbstzeugnisse wurde vermutlich vom Archivar den Dokumenten auferlegt und stammt nicht von Hauer. Hauer selbst gab den Aufzeichnungen zeitliche Zuordnungen. So ist auf jenem Band, den wir hier einer Edition zuführen, am Frontispiz auf einem aufgeklebten Etikett in seiner Handschrift zu lesen: »1860 Sept. bis 1861 Nov / 1864. 30 Jänn. bis 6 Febr / 1868 9 Jänn bis 4. July«. Es umfasst somit die Zeit von 1860 bis 1868, allerdings mit großen Lücken, die zwei Jahre und die jeweilige Sommerzeit betreffen, was einer Erklärung bedarf.

Das Buch hat einen leinenartigen dunkelblauen Einband. Als Schreibzeug verwendete Hauer Tinte. Die Schrift ist recht gut zu lesen, der Schnelligkeit wegen arbeitet Hauer mit vielen Abkürzungen.

Ich bleibe in meiner Analyse bei der bereits eingeführten Bezeichnung »Tagebücher«, wiewohl sie nicht immer ideal auf alle Aufzeichnungen passt. Hauers Aufzeichnungstechnik entspricht sehr wohl dem wichtigsten Charakteristikum eines Tagebuchs, eines Genres mit einem breiten Panorama von unterschiedlichen Formen, dem Regelmäßigkeit und zeitliches Nacheinander immanent ist. So ist auch die Aufschreibetechnik Hauers im Zeitraum von 1839 bis 1885 einem Wandel unterworfen und reicht von einer eher als Gelände- bzw. Feldtagebuch einzuordnenden Praxis zu Notizbüchern hin zu den Tagebüchern des Arbeitsalltags im Büro. Letztere sind in der Minderheit. Auch die materielle Ausführung und Formate der Bücher zeigen Varianten auf. Im ganzen Bestand befinden sich dünnere Heftchen, umfangreichere No-

1 Tietze hat vermutlich die Tagebücher genutzt, da er auch öfter genaue Datierungen anführt. Hofmann hat in einem dreiseitigen Artikel auf die Tatsache hingewiesen, dass diese Tagebücher nun transkribiert werden. Siehe dazu: Thomas Kristen und Thomas Hofmann, Die Tagebücher Franz von Hauers von 1860 bis 1873: Hintergründe, Privates und Unbekanntes aus der Pionierphase der k.k. Geologischen Reichsanstalt. In: Berichte der Geologischen Bundesanstalt 96 (2012), S. 28—30.

tizbücher, aber auch mit dem Fortschreiten der Zeit häufiger vorgedruckte Kalender, in die sehr knapp Informationen eingetragen wurden. Das ganze Konvolut trägt die archivalische Marke »A 00077-TB HAUER«, ohne dass die Bücher durchnummeriert oder paginiert wären.

Der Großteil der Aufzeichnungen sollte besser als klassische Arbeitsbücher, Notizbücher bzw. Feldtagebücher betitelt werden, da sie die Reisen und Arbeit im Gelände betreffen. Die Aufzeichnungstechnik hängt aufs engste mit Hauers Sozialisierung als Geländegeologe zusammen, weshalb sie an anderer Stelle eingehend thematisiert werden.[2]

Berücksichtigt man die Tatsache, dass die Geländearbeit eher im Sommer erfolgte, die Arbeit an den Schreibtischen im Winter in Wien, dann lässt sich eine grobe Unterscheidung zwischen zwei Typen vornehmen. Es geht also um den Unterschied zwischen den Winteraufzeichnungen und den Sommeraufzeichnungen, die auch eine differente räumliche Perspektive aufweisen. Im Winter wird am Schreibtisch notiert, im Sommer unterwegs, den Reise- und Arbeitsverläufen entsprechend. Unter Berücksichtigung dieser Tatsache haben wir den ersten Band aller vorhandenen Bücher, die den Winter und damit die Arbeit in Wien betreffen, also am Schreibtisch und in der Stadt, ausgewählt und legen diesen als Edition vor. Um es nochmals zu betonen: Bis zum Jahr 1860 beinhalten die Bücher hauptsächlich Reisen und die Geländearbeit. Freilich gibt es manchmal auch einen biographischen Eintrag in den Feldtagebüchern (den »Sommerbüchern«), die zentrale Ereignisse von Hauers Erleben kurz erwähnen. Ich habe diese Hinweise nach sorgfältiger Lektüre aller Tagebücher ganz bewusst auch in meine Darstellung von Hauers Karriere aufgenommen.

Eigentlich gibt es zwischen den zwei Typen (Winterzeit und Sommerzeit) kaum Überlappungen. Der Band, den wir einer Edition zuführen (1860–1868), ist eben der erste, der sich ausführlich der Arbeit während des Herbstes und Winters widmet. Für die Reisen und die Geländearbeit in diesen Jahren führte Hauer – wie schon zuvor praktiziert – separate Bücher. Eines enthält die geologische Aufnahme in West-Siebenbürgen (heute Rumänien), die vom 6. Juni bis 11. August 1860 dauerte, eines die Arbeit in Südwest-Ungarn, die vom 18. Juni bis 31. August 1861 anberaumt war. Weitere Bücher sind der Aufnahme in Dalmatien vom 22. Mai bis 23. Juli 1862 und nach Hauers Masernerkrankung auf der Reise vom 21. Juli bis 17. Oktober nach Nordwest-Ungarn gewidmet.

2.2 Die »Tagebücher« 1860–1868 und ihre Ausrichtungen

Nun zu dem von uns edierten Band. Wer ein spannendes Dokument einer Persönlichkeit erwartet, die sich ihrer verborgenen Gefühle und Regungen entledigt, sich

2 Siehe dazu Kap. I. 2.1.

die Probleme von der Seele schreibt oder gar eine anspruchsvolle Tagesprosa bzw. ein stilistisches Kunstwerk formt, könnte enttäuscht sein. Wer sich hingegen für den Arbeitsalltag eines umtriebigen Organisators und Wissenschaftskommunikators im Wien der 1860er Jahre interessiert, wer die Mikroperspektive der Praktiken ins Auge fassen möchte, kommt auf seine Rechnung. Inhalte privater Natur sind eher spärlich (mit Ausnahme familiärer Besuche), Belege über die Gespräche mit Fachkollegen, Politikern und Dritten häufig. Dabei kommen eher selten ausführliche Berichte aufs Papier, sondern lediglich der Vermerk, wem er begegnete, dass er ein Gespräch überhaupt geführt hatte. Was dem Tagebuch anhaftet, ist die Faktizität. Ihre Grammatik ist die der Prägnanz, das wer, wo und was. Das vorherrschende Prinzip des Verzeichnens von Kontakten deutet darauf hin, dass Hauer viele zu verbuchende Kontakte pflegte und das Tagebuch für seinen persönlichen Gebrauch führte, aber nicht für sich und seine Seele, sondern als eine wissenschaftliche Persona.[3] Sie sind Ausdruck seiner von ihm definierten Rolle als Wissenschaftler und Organisator. Sie waren integraler Bestandteil seines Selbstverständnisses als Leiter, Wissenschaftler und Wissensvermittler. Sie ordneten seine Verfügungsgewalt über seine Zeit.

Wenn man ein Phänomen als charakteristisch für diese regelmäßig geführten Aufzeichnungen nennen wollte, dann ist es Kommunikation. Diese spielt sich auf allen erdenklichen Ebenen ab, in der engeren »Werkstätte«, der Reichsanstalt selbst, an den Abenden in den unterschiedlichsten Vereinen, an der Akademie, auf der Straße und in den Gasthäusern, aber auch in den Vorzimmern der Reichsräte und Minister sowie deren semi-privaten Wohnungen. Zudem betreffen sie die ureigenste Kommunikation des Wissenschaftsbetriebes, die Publikationen und auch die Vermittlung in den Medien. Da die meisten Zeitungsartikel von Hauer und seinen Wegbegleitern anonym veröffentlicht wurden, bilden die Tagebücher für uns die Scharniere, um diese Artikel den Schreibern (meist Hauer) zuordnen zu können. Deshalb sind sie so spannend für uns.

Die Aufzeichnungen stellen eine prozessbegleitende Dokumentation der Tätigkeiten und Handlungen während seiner Arbeit als Geologe und zweiter Mann der Anstalt dar. Sie werden regelmäßig geführt, allerdings fragmentiert, abgekürzt, quasi im Telegrammstil gehalten. Ihre Funktion reduziert sich zwar nicht nur auf die Gedächtnisstütze, allerdings spielt diese wohl die wichtigste Rolle. Selbstvergewisserung, Kontrolle des eigenen Tuns und der verwalteten Zeit sowie die nachträgliche Ermöglichungsbedingung von Reflexion dessen, was zuvor passiert ist, sind sicherlich auch weitere wichtige Motivationen.

Dennoch bleibt die Tatsache zu erklären, warum Hauer als geübter Aufzeichner während seiner Reisen seit 1839 mit mehr als zwanzig Büchern bis 1860 erst im Jahre

3 Dazu Lorraine Daston, Die wissenschaftliche Persona. Arbeit und Berufung. In: Theresa Wobbe (Hg.), Zwischen Vorderbühne und Hinterbühne. Beiträge zum Wandel der Geschlechterbeziehungen in den Wissenschaften vom 17. Jahrhundert zur Gegenwart (Bielefeld 2003), S. 109–136.

1860 auch im Winter zu einem Notizbuch greift, um seinen Arbeitsalltag in Wien zu verzeichnen, sie für spätere Zeit festzuhalten. Diese neuartige Gewohnheit fällt nicht zufällig mit dem Tatbestand zusammen, dass im Juni 1860 die Reichsanstalt vor eine vollendete Tatsache gestellt worden war, ihre Auflösung, bzw. die Unterordnung unter die Akademie. Das Überleben der Reichsanstalt stand auf der Kippe, für ihre weiter unabhängige Existenz mussten unterschiedlichste Mittel der Kommunikation und Lobbying eingesetzt werden. Das Feld der Akteure bestand aus engen Vertrauten, eingeweihten Mitstreitern, Uninformierten, Neutralen und Feinden. Da Hauer und seine Mitstreiter die Medien anonym mit Material bedienten, hatte das Tagebuch auch die zusätzliche Funktion, diese Schritte zu dokumentieren. Hauer führte auch die Aufzeichnungen darüber, um einen Überblick zu bewahren, wem er welche Informationen anvertraut oder nicht anvertraut hatte. Gleichwohl stammte seine Schreibtechnik aus der Praxis der Geländearbeit.

3. Vorbemerkung: allgemeine Editionsrichtlinien

Als Basis des editionstechnischen Vorgehens dienen die »Empfehlungen zur Edition frühneuzeitlicher Texte« der »Arbeitsgemeinschaft außeruniversitärer historischer Forschungseinrichtungen«.[1] Grundsätzlich wird das Prinzip einer maximal texttreuen Übertragung verfolgt. Der Buchstabenbestand der Textvorlage wird unverändert wiedergegeben. Die Schriften sind nicht immer gut entzifferbar, unsichere Lesarten kommen aber dennoch kaum vor und werden nur in Einzelfällen in der Fußnote vermerkt.

Die zeitübliche inkonsequente Getrennt- und Zusammenschreibung und die gleichfalls auch uneinheitlich gestaltete Groß- und Kleinschreibung werden bewusst nicht berichtigt oder vereinheitlicht. Die Inkonsequenz wird aber in Einzelfällen mit einem Ausrufungszeichen in einer eckigen Klammer [!] signalisiert. Die Unbeständigkeit der Schreibweise innerhalb eines Textes ist auch besonders notwendig nachzuvollziehen, wenn sie ein und denselben Begriff oder auch denselben Namen betrifft.[2] Auch in diesem Fall wird nicht eingegriffen, die widersprüchlichen Schreibweisen werden in der Edition beibehalten und die richtigen jedenfalls in eine eckige Klammer gesetzt. Der Bestand der Vokale und Konsonanten wird bewahrt, auch wenn er den heutigen orthographischen Usancen nicht entspricht.

Nur in zwei Gesichtspunkten wird tatsächlich in die eigenwillige Gestaltung des Textes normalisierend eingegriffen, nämlich in die Interpunktion. Die Korrektur der Beistrichsetzung findet nur in jenem Fall statt, wenn es um Aufzählungen geht oder lange Perioden zum besseren Verständnis heutiger Lektüre in selbständige Sätze zu teilen sind. Sonst wäre ein flüssiges Lesen der Beschreibung nicht möglich. Ferner wird auch die direkte Rede dem heutigen Gebrauch angepasst und als solche ausgewiesen. Seitenumbrüche sind mit dem // Zeichen markiert, editorische Ergänzungen werden mit der eckigen Klammer [...] gekennzeichnet.

Auf eine sonst in Editionen üblichen Trennung zwischen einem textkritischen Apparat und den Sacherläuterungen wird verzichtet, weil der Text einen solchen zwar verlangen würde, aber die Varianten inhaltlich nicht so weit auseinandergehen. Die wenigen Streichungen im Original beziehen sich auf Schreibfehler oder Ergänzungen, die auch nur ausnahmsweise vorkommen. Die Ergänzungen werden allerdings alle in den Text aufgenommen, da ein Verlust an Information vermieden werden soll. Die

---

1 Die Empfehlungen zur Edition frühneuzeitlicher Texte des Arbeitskreises »Editionsprobleme der frühen Neuzeit« sind publiziert in: Archiv für Reformationsgeschichte 72 (1981), S. 299–315; ferner sind auch zu berücksichtigen: Johannes Schultze, Grundzüge für die äußere Textgestaltung bei der Herausgabe von Quellen zur neueren Geschichte. In: Blätter für deutsche Landesgeschichte 102 (1966), S. 1–10.

2 So variiert beispielsweise die Schreibweise des Namens Gołuchowsky/Gołuchowski, wobei die richtige Schreibweise in eckige Klammer gesetzt wird.

vorhandenen Korrekturen des Autors in der Vorlage werden in die Edition integriert (ausgewiesen als nachträgliche Ergänzungen), da sie dem sprachlichen Empfinden des Verfassers und seinem Redigierungsstandpunkt entsprechen. Ebenso sind Einfügungen über den Zeilen oder eigens ausgewiesene Ergänzungen Teil des in der Edition wiedergegebenen Textes, die in eckige Klammern gesetzt werden. Alle Abkürzungen werden in eckigen Klammern aufgelöst. Nur bei »und« sowie Artikeln bleiben die im Manuskript vorgenommenen Abkürzungen stehen.

Der Sachkommentar wird so angelegt, dass die Edition auch ohne die vorausgehenden Ausführungen lesbar ist. Er wendet sich nicht nur an ein Fachpublikum, sondern auch an eine breiter interessierte Leserschaft. Im Editionsapparat kann es zu Überschneidungen mit der Analyse kommen, die aber wegen der besseren Lesbarkeit in Kauf genommen werden. Für die vielen erwähnten Namen hilft ein Namensverzeichnis weiter, allerdings konnten nicht alle oft aufgrund der fehlenden Vornamen bzw. Nachnamen identifiziert werden; sie werden dennoch ausgewiesen.

4. »Edition«: Legitimierung

In den letzten Jahren wurden wir öfter mit der Meinung konfrontiert, dass bei einer Edition von Handschriften die Arbeit sich darin erschöpfe, diese Quelle einfach abzuschreiben. Diese Buchstabierübung stelle einen mechanischen Prozess dar und gehe deshalb auch ganz schnell vonstatten. Man könne einen solchen Text auch gleich ganz unbeschwert in das Internet stellen. Die Editionswissenschaften, wie sie von Seiten unterschiedlicher Philologien und besonders in der Germanistik entwickelt wurden,[1] erscheinen solchen Kritikern als entbehrlich. Editionen, vor allem historisch-kritische Gesamtausgaben, werden oft als Gräber verstanden, und wegen ihrer umständlichen Apparate, die sich auf Lesarten und Kontexte beziehen, seien solche Editionsprodukte dem/der Leser/in kaum zumutbar. Viele Editionen, die früher erschienen, verzichteten auf diese Metaebene der Edition und der Darlegung ihrer Vorgangsweise.

Anders steht es heute mit Brief-Ausgaben, die in digitalen Foren häufig in unterschiedlichen Bearbeitungsstadien erscheinen: von der bildlichen Präsenz bis zur Transkription mit Apparat. Sie erweitern die Möglichkeit, Briefkorpora von tausenden Stücken der weiteren Forschung verfügbar zu machen.

Im Feld der Editionspraktiken lassen sich Unterschiede zwischen den anglo-amerikanischen und deutschen Traditionen ausmachen. Die deutschsprachigen Editor/inn/-en agieren als Historiker/innen des Textes, während sich die anglo-amerikanischen Bearbeiter/innen eher als Exekutor/inn/en des edierten Autors/der edierten Autorin verstehen, indem sie dessen/deren ursprünglichen Intentionen identifizieren möchten. Ferner lässt sich ein breites Spektrum an Formen zwischen historisch-kritischen Ausgaben und Studienausgaben feststellen. In unserem Fall entschieden wir uns für eine historisch-kritische Ausgabe, die so nahe wie möglich am Manuskript die Eigenheiten des Autors wiedergibt. Auf Emendationen verzichteten wir gänzlich. Da es kaum Korrekturschichten des Textes gibt, bezieht sich unser Apparat eher auf die inhaltliche Ebene, er greift Begriffe und Hinweise auf und erläutert sie. Der Kommentar besteht aus Wort- und Sacherklärungen, Erläuterungen zu Personen, Zitat- und Quellennachweisen und ganz besonders aus den zu verifizierenden Zeitungsartikeln.

Seit ein paar Jahren ist im Gegensatz zum öffentlichen Diskurs populärer Texte so etwas wie eine Renaissance von Editionsarbeit festzustellen, die sich auf unbekannte Manuskripte bezieht und schwer erreichbares Material zugänglich macht. Solche Arbeiten haben integrative Bedeutung, besonders geben sie Einblicke in die Wissensproduktion. Im Feld der Geschichte der Erdwissenschaften fehlen solche Projekte noch

---

1 Zur Einführung noch immer sehr brauchbar: Bodo Plachta, Editionswissenschaft. Eine Einführung in Methode und Praxis der Edition neuerer Texte. Reclams Universal-Bibliothek Nr. 17603 (Stuttgart [3]2013).

weitgehend. Gerade die edierten Texte könnten auch Verbindungen zur allgemeinen Geschichte wie auch zu anderen Feldern möglich machen, was für die Geologie als Forschungsfeld förderlich wäre. Entscheidend ist dabei tatsächlich der Apparat, der die Lesbarkeit außerhalb enger Wissenschaftsgeschichten erlaubt. So fiel uns beispielsweise die Edition von Charles Lyells Briefen[2] in die Hände, die – wiewohl diese im Zeitalter des editionsfreudigen Historismus entstand, ohne erklärenden Apparat auskommt. Damit aber ist diese Quelle für nicht eingeweihte Wissenschaftshistoriker/-innen nur erschwert zu benützen.

Noch auf einen Punkt möchten wir hinweisen, der uns bei der Edition des Hauer'schen Tagebuchs wichtig war und editorischer Praxis entspricht. Wir wollten keineswegs nur eine Auswahl herausgreifen, sondern einen in sich geschlossenen Korpus, wie er in dem Buche Hauers (1860–1868) vorliegt.

Ausgehend von der Herausforderung, dass jede Edition den Brückenschlag zwischen Text und Leser/in herzustellen hat, womit einerseits Lesbarkeit vor Quellennähe steht, aber andererseits die genaue Wiedergabe der spezifischen Sprache auch eine historische Information hat, mussten bezüglich der Satzzeichen Mittelwege gefunden werden, die beiden Ansprüchen genügen.

Noch aufwendiger ist wohl der inhaltliche Kommentar, der auf der Identifikation aller genannten Personen, Fachbegriffe, Orte und Zitate beruht. Er soll einerseits knapp, aber dennoch so informativ gestaltet sein, dass die Lektüre damit erleichtert wird.

2 Katharina M. Lyell, Life, Letters, and Journals of Sir Charles Lyell (London 1881).

Edition: Franz Hauers Tagebuch 1860–1868

Marianne Klemun und Karl Kadletz

1860 September

10ten [September 1860]

Fahrt von Sitzenberg[1] n. Wien. Abfahrt ½F 4 Uhr Ankunft 9 Uhr. – in die G.R.A.[2] Foetterle angekommen. Mit ihm und Karl einen letzten Sturm auf die Reichsräthe[3] verabredet. – Briefe von Stache und Bielz. – In das Mineralien-Cabinet[4]. Mit Hörnes wegen Bielz's Versetzung nach Hatzek[5] gesprochen; er verspricht deßhalb zu Plener[6] zu gehen. Suess ist abwesend zur Bereisung der Gränzen des Wiener-Beckens. – Mittag bei den Ältern[7]; anwesend die Familie Bell[8]. – Stache geantwortet.

11ten [September 1860]

In die Anstalt. Haidinger anwesend – Im Reichsraths-Bureau[9] die Adressen von Maager und G[ra]f St. Julien erfragt. – Ins Bureau zu Pußwald[10] – Mittag bei den

1 Herrschaft und Dorf Sitzenberg liegen nahe Tulln.

2 Geologische Reichsanstalt; siehe in der Folge GRA (normalisiert).

3 Da vorgesehen war, die Reichsanstalt in die Wiener Akademie der Wissenschaften zu inkorporieren, war Hauer bemüht, die Reichsräte gegen dieses Ansinnen ein- bzw. umzustimmen. Der Einverleibungsgedanke war bereits im Mai 1853 aufgekommen, weil das Ministerium für Landeskultur und das Forstwesen an das Ministerium des Innern und das Bergwesen an das Finanzministerium übergeben hätte werden sollen. Innenminister Bach rettete 1855 vorübergehend die Eigenständigkeit der GRA, jedoch kam in den Jahren 1858 und 1859 erneut die Frage ihrer Geldgebarung auf. Infolge der Krise des Gesamtstaates, der Niederlage im Krieg 1859 und des Versuchs der Neuordnung der Staatsfinanzen griff der neue Innenminister Gołuchowski auf die alte Debatte zurück (siehe dazu: Karl Kadletz, »Krisenjahre« zwischen 1849 und 1861. In: Christina Bachl-Hofmann et al. (Eds.), Die Geologische Bundesanstalt in Wien. 150 Jahre Geologie im Dienste Österreichs (1849–1999). Wien 1999, 78–92). Er beeinflusste Kaiser Franz Joseph dahingehend, dass dieser mit kaiserlichem Handschreiben vom 4. Juni 1860 (7. Juni 1860 als Verordnung publiziert) beschied, dass die GRA ab 1. November mit der Akademie der Wissenschaften vereinigt werde (abgedruckt im Almanach der Akademie der Wissenschaften, 1860, S. 12). Das bedeutete den Verlust der Eigenständigkeit der GRA. Deren Mitglieder betrieben eine intensive öffentliche Darstellung ihrer Interessen, wobei Hauer den Motor dieser Aktivitäten bildete.

4 Gemeint ist das k.k. Hofmineralien-Kabinett (Vorläufer des heutigen Naturhistorischen Museums).

5 Hatzek, auch Hakzog, Hatzog, Marktflecken in der Hunyader Gespanschaft in Siebenbürgen (heute Rumänien).

6 Ignaz von Plener (1800–1908) war zu diesem Zeitpunkt Finanzminister.

7 Gemeint sind die Eltern.

8 Die Schwester von Hauer, Therese, war mit Bell verheiratet.

9 Der Reichsrat war vor 1883 in einem Holzbau vor dem Schottentor untergebracht.

10 Im Text auch Pusswald.

Ältern. Nachmittag kurzer Plausch mit Karl und Bernhard über die Csakovaer[11] Verhältniße. – Besuch bei Conrad; mit ihm über Bielz gesprochen. //

12ten [September 1860]

Zu Reichsrath Maager; nicht zu Hause. – Zu Gf [Graf] St. Julien; er zeigt viel guten Willen. – wieder zu Maager; wieder nicht zu Hause; Discours mit seinem Sohn, einem Handlungs-Commis. Nach Hietzing zu Baumgartner[12]. Er versichert nie gegen die G.R.A. aufgetreten zu sein.[13] Wollte Gf. Goluchowsky [Gołuchowski] seine Anträge zu unserem Nachtheil verändern, so wolle er mit der Sache nichts weiter zu thuen haben; er wolle nicht in seinen alten Tagen seinem der ganzen Wissenschaft geweihtem Leben untreu werden. Sollte er angegriffen werden, so sei er bereit und entschloßen, seine Vorschläge wörtlich drucken zu lassen. Das Comissionsprotokoll[14] der H[er]rn Karajan, Schrötter, Zippe u. Boué habe er ad acta gelegt und dem Kaiser nicht vorgelegt. – Reductionen in unserer Dotation[15] seien nur von Goluch. [Gołuchowski] angeordnet. Auch die Akademie sei so sehr geschmälert, daß ihre Wirksamkeit ganz gelähmt erscheine. Er habe schon vor 2 Jahren und jetzt wieder für // meine Ernennung zum wirkl. Mitglied der A[kademie][16] gestimmt. – Mittags bei Streitberger[17]

---

11 Csakovar (Csakovár), Dorf an der Temesch, Temes Megye, Ungarn.

12 Andreas von Baumgartner (1793–1865), Professor der Physik und angewandten Mathematik an der Universität Wien, war seit 1851 Präsident der k.k. Akademie der Wissenschaften in Wien.

13 Das widerspricht dem Vortrag von Minister Gołuchowski beim Kaiser (20. Mai 1860), der sich auf das eindeutig gegen die Reichsanstalt gerichtete Gutachten Baumgartners vom 24. April 1854 bezieht. Siehe Konzept des Vortrages, Präsidialakten des Innenministeriums, Zl 1560; Abschrift aus dem AVA, K 73b, I.M. Praesent. Nr. 3976/M.I. 1072 de 854 in der Geologischen Bundesanstalt, unter GBA, Bibliothek und Archiv, Briefe, »Baumgartner«.

14 Gemeint ist das »Commissionsprotokoll« der Sitzung der »commisionellen Berathungen« zur Umsetzung der Unterordnung der Reichsanstalt in die Akademie, die von dem Generalsekretär der mathem-naturw. Klasse Schrötter geleitet wurde und bei der Ami Boué, Franz Xaver Zippe und der Aktuar der Akademie, Franz Scharler, als Protokollführer zusammenkamen. Siehe dazu: Akademie der Wissenschaften, ÖAWA, Aktenarchiv der GRA 1860, Akt Nr. 19, Protokoll, 27. Juni 1860. Was diese Kommission erarbeitet hatte, war nicht nur eine völlige Degradierung des Direktors in seiner Leitungsbefugnis, sondern auch eine klare Reduzierung des Personals und der Sammlungen zum Nutzen der Akademie.

15 Bei der Veranlagung über den Staatsvoranschlag für das Verwaltungsjahr 1861 waren Einsparungen in allen Bereichen vorgesehen und sowohl in der Ministerkonferenz als auch im Reichsrat diskutiert worden. Dafür hatte das Finanzministerium im Mai eine Vorlage vorbereitet und zur Drucklegung die Einwilligung des Kaisers eingeholt. Siehe dazu: HHStA, Mappe 5/I, Akt 1. Von der »Centralleitung« der GRA war der Antrag um eine »größere Erforderniß […] um 1500« eingegangen, der damit begründet wurde dass, »das Ministerium des Innern den von der Budget-Commission bei den Auslagen ›für wissenschaftliche Zwecke‹ beantragten Abstrich von 8.548 fl auf 7000 fl nicht vorgenommen hat.« Siehe: HHStA, Mappe 5/I, Akt 4, fol. 4v.

16 Hauer war zu diesem Zeitpunkt noch kein wirkliches, sondern nur korrespondierendes Mitglied der Akademie.

17 »Streitberger's Restauration«, obere Bäckerstrasse 766 (»hier kann man auch Table d'hôt zu 60 Nkr und 1 fl. speisen«, so bewertet es ein 1862 erschienener Führer durch Wien), zählte zu den besten Adressen

treffe ich Prof. ~~Voit~~ Voigt von Krakau – Nach Nussdorf, wo Louise von Sitzenberg mit dem Dampfschiff ankömmt. Mit ihr nach Neustift.

13ten [September 1860]
Zeitlich früh in die Stadt; in der Anstalt Zepharovich. – Nachmittag Spaziergang auf das Hameau[18] mit der Familie Pußwald[19], zurück durch den Dornbacher-Park[20].

14ten [September 1860]
Früh in die Stadt. Zu Maager, unsere Angelegenheit ihm ans Herz gelegt. Er verspricht sich derselben erforderlichen Falles anzunehmen. In die Anstalt; daselbst Haidinger mit Prof[essor] Ch. Uph. Shepard, dem Meteoriten-Mann[21] und einem anderen Amerikaner,

dann 2 jungen Mädchen. – Später kömmt Reitlinger (Ettinghausen's [Ettingshausens] Assistent)[22] und kündigt für Morgen den Besuch von Magnus an. – Auch ein Professor der Physik aus Nikolsburg[23] ist zugegen. // – Zu Zepharovich mit Karl; wir besehen des Ersteren sehr schönes Gonyometer[24] das im polytechnischen Institut[25] von Starke gearbeitet ist. Auch seine Frau lernen wir kennen. – Brief v. Conrad. – Zurück nach Neustift – Nachmittag Besuch von Karl u. Clementine.

---

der »Speisehäuser«. Siehe: [Anonymus], Acht Tage in Wien. Ein Führer zu den Sehenswürdigkeiten der österreichischen Reichshauptstadt und Residenzstadt Wien (Wien 1862), S. 53.

18 Mit Hameau wird eine Anhöhe in Neuwaldegg (464 m) bezeichnet, die seit dem 18. Jahrhundert zu den Ausflugszielen der Wiener und Wienerinnen zählte. Franz Moritz Graf Mercy hatte dort einen englischen Garten angelegt und Hütten erbaut, die als »Holländerdörfl« bezeichnet wurden.

19 Im Text auch Pusswald.

20 In Dornbach (17, zwischen Heu- und Schafberg gelegen) entstanden im 18. und 19. Jahrhundert zahlreiche Villen, die im Sommer vermietet wurden. Ab 1825 sorgten Zeiselwagen und Stellwagen für ein schnelles Erreichen von Wien aus. Die Schwarzenberg'sche Meierei mit ihrem Pächter Franz Lechner und ihren aus Tirol eingeführten Kühen bildeten einen besonderen Anziehungspunkt für die Wiener und Wienerinnen.

21 Charles Upham Shepard zählt zu den aktivsten Sammlern von Meteoriten, denen er auch unzählige Analysen widmete. Seine Sammlung am Amherst College in New Haven (Massachusetts) betraf 1861 bereits 142 verschiedene Fundorte; in Wien am Hofmuseum war die Sammlung durch Partsch 1843 bereichert worden (94 Fundstücke), Haidinger erweiterte sie 1859 auf 137. Siehe dazu: [Anonymus], Aus der Natur. 18. Bd. (Leipzig 1861) und Ernest Anton Wülfing, Die Meteoriten in Sammlungen und ihre Literatur (Tübingen 1897).

22 Edmund Reitlinger (1830–1882) war Assistent bei Andreas Freiherr von Ettingshausen (1796–1878), Professor der Physik, angewandten Mathematik und Mechanik der Universität Wien, der auch die Funktion des ersten Generalsekretärs an der Akademie von 1847–1850 innegehabt hatte.

23 Es folgt im Manuskript eine freigelassene Stelle zur späteren Ergänzung.

24 Das Goniometer ist ein Winkelmessgerät.

25 Die 1815 in Wien als k.k. Polytechnisches Institut gegründete Einrichtung wurde 1872 zur Technischen Hochschule umgewandelt (seit 1975 trägt sie die Bezeichnung »Technische Universität Wien«).

15ten [September 1860]

Morgens in die Stadt. Der Bericht über die Reichsraths-Sitzung, in der unsere Angelegenheiten verhandelt wurden, in allen Zeitungen[26]. – Zu Karl und mit ihm zu Foetterle, überall großer Jubel – Reitlinger kömmt und kündigt an, daß ihn Magnus nicht, wie verabredet worden war, abgeholt habe. Auch er gratulirt, schimpft über Schrötter, der zur Rettung der Akademie nichts gethan habe, und über unsere Männer der Wissenschaft, die sich wechselweise zu wenig achten und darum auch bei dem Publikum kein Ansehen genießen – Reichsrath Mayer hat Foetterle erzählt, er habe gestern nach der Sitzung Goluchowsky [Gołuchowski] gesprochen und ihn halb // und halb zu unseren Gunsten umgestimmt. – Wir gehen alle zusammen in das Cabinet zu Hörnes und finden dort Frauenfeld. Derselbe will nach Paris und London reisen. Wir sehen amerikanische Meteorsteine, die das Cabinet im Tausch von Shepard[27] erhielt. – Mit Carl nach Neustift. Er, Clementine, Resi und Toni speisen bei uns. Nachmittag kommen Bell und Reinhold, wir gehen mit ihnen auf die Aussicht zwischen Neustift und Sievering.

16ten [September 1860]

Früh in die Stadt zu Karl und mit ihm zu ~~S~~ Fürst Salm, den wir nicht zu Hause treffen. Im Laboratorium der G.R.A. finden wir Hornig, der allerlei Geschichten von Schrötter erzählt, die dessen Perfidie und Schmutzerei beweisen – Ich fahre zu G[ra]f Andrassy [Andrássy],[28] finde ihn aber ebenfalls nicht zu Hause. – In meiner Wohnung schreibe ich den Artikel für die allgemeine Zeitung über ~~das~~ die Verhandlung im Reichsrath[29] und einen Begleit-Brief an Dr. Orges // und gebe Beides auf die Post –

26 In der zehnten Plenarsitzung des Verstärkten Reichsrates vom 14. September 1860 wurden Einsparungen des Innenministeriums debattiert, welche die wesentlichen Kriterien für die Einverleibung der GRA in die Akademie darstellten. Laut Zeitungsbericht wurde von Graf Clam jener Bericht des Komitees verlesen, der sich gegen den Vorschlag des Ministeriums und die Einverleibung der GRA in die Akademie wandte. Durch die Auflösung der GRA wäre eine Ersparnis von lediglich 18.000 Gulden erwartet worden. Für die Selbständigkeit der GRA sprachen sich in der Debatte gleich mehrere Mitglieder des Reichsrates aus, wobei einerseits Graf Andrássy den praktischen Nutzen hervorhob, Fürst Salm die Einrichtung als Ehre für Österreich charakterisierte, Baron Zigno ihr nach dem englischen Institut den ersten Platz ihrer Art in Europa zuwies. Minister Graf Gołuchowski, der der Anstalt eine »ungebührliche und starke Überschreitung des Etats« vorwarf, konnte sich nicht durchsetzen. Der Antrag der Aufrechterhaltung der Anstalt wurde angenommen und beschlossen, dass die Bitte dem Kaiser vorgetragen werden sollte. Siehe dazu: [Anonymus], Der Verstärkte Reichsrath. In: Die Presse, Nr. 232, Samstag, 15. September, 1860, Titelseite; [Anonymus], Verhandlungen des Verstärkten Reichsrathes. Sitzung vom 14. September 1860. In: Wiener Zeitung, Nr. 220, Mittwoch, 19. September 1860, Titelseite, S. 3689–3693.

27 Das bedeutete für das Mineralienkabinett eine Erweiterung des Bestandes bezüglich der in den USA gefallenen Meteoriten.

28 Es handelte sich wohl um Graf Georg Andrássy.

29 Dieser Bericht fiel weitaus ausführlicher aus als jener in der Wiener Presse. Es wurden mehr Argumente und auch explizit mehr Befürworter namentlich genannt. Vgl. [Anonymus, Hauer], Reichsrathssitzung vom 14. September. Fortsetzung der Berathung des Etats des Ministeriums des Innern. In: Allgemeine Zeitung, Dienstag, 18. September 1860, Nr. 262, S. 4343.

Zu den Ältern, großes Familien-Diner – Nachmittag Plausch mit Bernhard, dann mit Louise zurück nach Neustift.

17ten [September 1860]

Brief an Bielz und an W. Smyth. Um 11 Uhr mit Louise in die Stadt. Am Hof kömmt uns Hingenau entgegen. Er wollte nach Neustift hinaus, hatte uns aber im Stellwagen[30] gesehen und war gleich umgekehrt. Er begleitet mich in die Wohnung. Er liest mir einen Artikel für den Berggeist[31] über die Reichsraths-Sitzung vor. Er hat auf der Reise Thierry gesehen und für uns gewonnen. Drei Minister, Plener, Thun und Thierry, sind also für den Reichsraths-Antrag bearbeitet. Hingenau war bei dem schlesischen Verein von Bergleuten in Ostrau[32] als Abgeordneter des Finanz-Ministeriums aufgetreten. – Ein Preis von 300 Dukaten soll zur nächsten ~~V~~ allgemeinen Versammlung von Berg- und Hüttenmännern[33] vom Ministerium bewilligt sein. Darauf hin soll die Erlaubniß zu dieser Versammlung // leichter erwirkt werden. – Hingenau geht nach Brünn und Olmütz, letzteres um seinen Berg-Kalender[34] zum Abschluß

30 Stellwägen, seit dem Jahre 1730 eingeführt, hatten ähnlich wie Postkutschen fixe Routen über Land, verbanden auch die Vororte mit der Innenstadt Wiens. Sie stellten eine Vorform der Taxis dar, wurden von Privatpersonen betrieben, eine Tätigkeit, für die Lizenzen ausgegeben wurden. Über die Routen in der Innenstadt informiert ein Plan aus dem Jahre 1865 (siehe WStLa, Kartographische Sammlung, Sammelbestand, 91: 249.104).

31 Dieser Artikel war der ausführlichste bezüglich der Reichsratsdebatte und erschien in mehreren Folgen ab 25. September: Siehe: [Anonymus], Die geologische Reichs-Anstalt und der Verstärkte Reichsrath in Wien. In: Der Berggeist: Zeitung für Berg-, Hüttenwesen und Industrie, Nr. 77 (1860), 25. September, S. 627–628; Nr. 78 (1860), 2. Oktober, S. 638–639.

32 Der offiziell am 19. Juni 1861 konstituierte Verein hatte bereits einen Vorläufer, dessen Anfänge nicht sicher belegt sind. Er hatte zum Ziel, mittels einer Bibliothek und der Herausgabe einer Zeitschrift sowohl die »Bergindustrie« als auch Bergverwaltung zu fördern sowie zur Erweiterung des Wissens beizutragen. Siehe dazu: Georg Gothein, Der Oberschlesische Berg- und Hüttenmännische Verein. Ein Rückblick auf 25-jährige Thätigkeit als Interessensvertretung der oberschlesischen Montanindustrie (Kattowitz 1885).

33 Die erste Versammlung der Berg- und Hüttenmänner hatte in Wien 1858 stattgefunden und hatte 268 Teilnehmer. Siehe dazu: [Anonymus], Bericht über die erste allgemeine Versammlung der Berg- und Hüttenmänner in Wien, 10.–15. Mai 1858 (Wien 1859). Es wurde ein Comité gebildet, dem Graf Georg Andrássy als Präsident, Graf Ludwig Breda und Heinrich Drasche als Vizepräsidenten, Franz Foetterle, F. M. Friese, Franz von Hauer, Freiherr von Hingenau, Dr. Korn, Peter Rittinger, Edler von Rosthorn, Dr. Ferdinand Stamm, Carl Weiss und Anton Wiser angehörten. Ein Bericht darüber findet sich: [Anonymus] Wien. Zweite Versammlung des Berg- und Hüttenmännischen Vereins. In: Zeitung für den Berg-, Hüttenwesen und Industrie, 5. Jg. Nr. 58 (1860), S. 475, 20. Juli. Es wurde über die Planung des Comités für die zweite Versammlung berichtet. Die zweite Veranstaltung fand 1861 statt, mit 240 Teilnehmern. Siehe dazu: Franz Kirnbauer, Zur Geschichte der Bergmannstage in Österreich. In: Der Anschnitt 14 (1962), Heft 4, 3–10.

34 Der »Allgemeine österreichische Berg- und Hüttenkalender« auf das Jahr 1861 erschien in Olmütz und wurde von Otto von Hingenau herausgegeben. Er enthielt Hinweise auf die Sonnen- und Mondfinster-

zu bringen – für das »Vaterland«[35] will er ein wissenschaftliches Feuilleton schreiben, das etwa einmahl wöchentlich erscheinen soll und besonders die Arbeiten jüngerer Forscher protegiren soll. – Zu Karl Unkhrechtsberg, der von Wildhans gekommen war und mit ihm zum Erzh. Karl[36] zum Speisen. Dort Schwarz von Mohrenstern, der im Salzkammergut war und dort viele Petrefacten[37] gesammelt hat; ferner K. Härdtel. – Später kommen G[ra]f Apponyi und Gf. Andrassy [Andrássy]. Letzterem danke ich für seinen Verwendung im Reichsrath – Zurück nach Neustift und Abends Discours mit Karl, Pusswald und Bar[on] Friedenthal.

18ten [September 1860]

Früh in die Stadt. Zu Karl und mit ihm in die Anstalt. Dort Haidinger; Er hat bereits Manuskripte in die Staatsdruckerei geschickt für das 2te Heft Jahrbuch.[38] Ob man sie drucken wird? Fer// [Ferner] hat er an Baumgartner geschrieben einen versöhnenden Brief. – Eine Zuschrift von Fischer in Hermannstadt[39], der mehre[re] Exemplare von dessen neuer Karte beiliegen, zeigt an, daß F. bereit ist, meine geologische Karte von Siebenbürgen herauszugeben. – Marschall soll die Reichsraths-Verhandlungen üb. die G.R.A. ins Englische übersetzen und ein Ex[emplar] an die Times, ein 2tes an Maskelyne und Murchison gesendet werden. – Brief von Rudolph – Zurück nach Neustift und nach Mittag Spaziergang mit Louise über Sallmannsdorf [Salmannsdorf] nach Weidling am Bach und über Sievering zurück.

19 [September 1860]

In die Stadt. Der stenographirte Bericht üb[er] die Reichsraths-Sitzung vom 14 Sept. i. der Wiener Zeitung[40]. – Zu Hingenau, wohin auch Karl und später Friese kommen. Hing[enau] hat einen Artikel für den Berggeist gefertigt, Karl einen für das Vaterland, doch wird Letzterer als nicht geeignet befunden. Hingenau räth, die Rede von Gf. Goluchowsky [Gołuchowski] sogleich zu beant//worten – Die 300 Dukaten Staats-preis (17 Sept) wurden vom Kaiser abgeschlagen. – In die Anstalt; ich suche auf Senoner's

nisse, Geburtstagstermine der kaiserlichen Familie, Formeln für das »praktische Leben« des Bergmannes und den Lehrplan der höheren Montanlehranstalten.

35 »Das Vaterland. Zeitung für die österreichische Monarchie« war erstmals am 1. September 1860 erschienen. Trotz geringer Auflage entwickelte sie sich mit ihrer katholisch-aristokratischen Ausrichtung zu einer wichtigen politischen Stimme innerhalb der Zeitungslandschaft der Monarchie. Fast wöchentlich sollten unter der Rubrik »Wissenschaftliches Leben in Wien« anonym gehaltene Artikel aus der Feder der Gebrüder Hauer und Hingenaus erscheinen.

36 Gasthaus in der Kärntner Straße 31.

37 Es handelt sich um den veralteten Begriff für Fossilien, Versteinerungen.

38 Siehe: Jahrbuch der k.k. geologischen Reichs-Anstalt, 1. Jg (1850). Die Befürchtungen waren realistisch, denn in den Jahren 1861/1862 konnte nur ein Band erscheinen.

39 Heute Sibiu, Rumänien.

40 Siehe [Anonymus], Verhandlungen des verstärkten Reichsrathes. Sitzung vom 14. September 1860. In: Wiener Zeitung, Nr. 220, Mittwoch, 19. September 1860, Titelseite, S. 3689–3696.

Bitte ein paar große Ammoniten für das Museum in Athen zusammen. – Senoner soll eine Zusammenstellung unserer Ausgaben der letzten Jahre machen. Zurück nach Neustift. Nachmittag Spaziergang auf den Michaeli-Berg[41] und zum Gerolds-Bänkchen[42]. – Brief an Rudolph angefangen.

20ten [September 1860]

Früh in die Stadt. In die Anstalt. Foetterle zurückgekommen. Wir lesen zusammen die Reichsraths-Verhandlungen und besprechen eine Entgegnung[43] auf die Rede von Goluchowsky [Gołuchowski] – Stur [Štúr] ist heimgekehrt[44]; er bringt seine Karte von Süd-Siebenbürgen – Friedau kömmt Abschied nehmen; er sagt er habe bei seinen beabsichtigten Montan-Unternehmungen seine Zeit verloren und wolle nach England zurückkehren. Foetterle erzählt, Haidinger sei erst über Goluchowsky's [Gołuchowskis] Rede[45] sehr gekränkt gewesen und habe darüber das Vortheilhafte der // Entscheidung ganz übersehen; erst als er hörte, wir faßten das Ganze im günstigsten Lichte auf, erschien es ihm ebenfalls so. – In das Laboratorium; Zepharovich und Schrauf sind dort. Karl hat auch keine Nachricht von Kammel,[46] der zugesagt hatte, die Anträge des Akademischen Winkel-Comitées uns mitzutheilen. – Zurück nach Neustift. Nachmittag Spaziergang auf den Hermannskogel[47] und über den Himmel[48] zurück.

41 Der Michaeli-Berg (heute 18. Bezirk Währing) bildet heute ein Naturschutzgebiet.

42 Das Gerolds-Bänkchen wurde wohl benannt nach der Druckerei und Verlagsbuchhandlung »Gerold & Sohn«, die ab 1856 zum »Buchhändler der kais. Akademie der Wissenschaften« ernannt wurde und viele österreichische Fachzeitschriften verlegte. Vgl. Felix Czeike, Historisches Lexikon Wien, Bd. 2 (Wien 2004), S. 511 f.

43 Diese Besprechung mündete letztlich in einer »Promemoria«, die am 19. Oktober Erzherzog Rainer übergeben wurde. Vgl. dazu: HHStA, Kabinettsarchiv, Verstärkter Reichsrat 11-3, Vortrag Erzherzog Rainer und Beilagen zum allerunterthänigsten Vortrag des treugehorsamen Reichsraths-Präsidiums vom 2. Oktober 1860. Ein Exemplar der gedruckten Promemoria findet sich in: GBA, Bibliothek und Archiv, Amtsarchiv, 1860, Nr. 681, 14. Okt. 1860.

44 Während des Sommers fanden die Feldbegehungen zur geologischen Aufnahme statt.

45 Das Konzept des Vortrages von Gołuchowski vom 20. Mai 1860 findet sich in den Präs. Akten des I. M. Zl. 1560.

46 Rudolf Kammel (ab 1847 von Kampfthal) war von 1850 an Offizial bzw. Kanzleiangestellter der Akademie der Wissenschaften in Wien. Er war 1854 zum »Zweiten Kanzlisten« aufgewertet worden und kündigte per 1. Oktober 1864 seine Stelle. Für den Hinweis bedanken wir uns bei Stefan Sienell. Siehe dazu: Stefan Sienell, Das Verwaltungs- und Dienstpersonal der Akademie der Wissenschaften 1847 bis 1960. Eine Sozialgeschichte (Archiv für österreichische Geschichte 143, Wien 2019), S. 249 f. Es handelte sich offensichtlich um eine Kontaktperson in der Kanzlei der Akademie der Wissenschaften, die Franz Hauers Bruder Karl mit internen Informationen bediente.

47 Der Hermannskogel (heute 19. Bezirk, Obersievering) stellt mit 542 m den höchsten Berg des Wiener Stadtgebietes dar. Er ist ein bewaldeter Hauptgipfel des Kahlengebirges bei Sievering an der heutigen Grenze zu Niederösterreich und galt bereits im frühen Mittelalter als Götterberg. Siehe dazu: Felix Czeike, Historisches Lexikon Wien, 6 Bde., Band 3 (Wien 2004), 150.

48 Die Bezeichnung »Am Himmel« (19. Bezirk, Obersievering) ist seit etwa 1780 nachgewiesen. Ein möglicher Zusammenhang wird oft mit dem Hofkriegsrat Leopold von Kriegl, der hier 1779 ein Haus er-

21ten [September 1860]

Früh in die Stadt. – Anstalt. Foetterle und Karl gesprochen. Ersterer erzählt von der steyerischen Stahlwerks-Gesellschaft, die gegenwärtig in eine Actien-Gesellschaft umgewandelt werden soll und bei der Sperl als Local-Director fungirt. Das Ganze soll auf reine Schwindelei hinauslaufen. – Im Puchgraben[49] hat Wickof 3 Kohlenflötze im Abbau die bei 2 Millionen Ztn. [Zentner] halten sollen. – Besprechungen wegen der Antwort auf Goluchowski's [Gołuchowski] Rede. – Kner kömmt uns besuchen. – Meine Siebenbürgische Karte dem Zeichner übergeben zur Reduction auf die Fischer'sche // Karte – Zurück nach Neustift. – Spaziergang nach Gersthof – Die Einleitung zur Antwort an Goluch. [Gołuchowski] geschrieben – Besuch von Pusswald's, die von Sitzenberg zurückgekommen waren.

22ten [September 1860]

Früh in die Stadt. In der Anstalt Foetterle, der glücklich noch nichts an unserem Memoire geschrieben hat. Hochstetter gestern zurückgekommen und Stur [Štúr] erscheinen. Ersterer sah in Augsburg Orges und brachte die erste Nachricht von dem Druck meines Artikels. Ich glaubte ihn in das Geheimniß meiner Autorschaft eingeweiht und bekannte mich zu derselben; erst da sah ich, daß er nichts davon gewußt habe. – In das Laboratorium, Hornig und Prof[essor] Arenstein. Letzterer war in England und erzählt von der Bell- und Lankaster'schen Unterrichtsmethode[50].
Reinhold bringt den Artikel der [Augsburger] allg. Zeit[un]g[51], den Karl vorliest und der allgemeinen Beifall findet. – Nach Neustift. ~~Spaz~~ Julie, Conrad mit ihren Kindern und Toni zu Mittag. Nachmittag Spaziergang mit ihnen, // dann den Pußwald's und Friedenthal auf den Marien-Hügel[52].

23ten [September 1860]

In Neustift. Mittags Pusswald's bei uns. Nachmittag Spaziergang zum Gerold-Bänkchen.

---

worben hatte und der auch in der Stadt beim Stoß im Himmel wohnte, hergestellt, weshalb vermutlich die Bezeichnung »Am Himmel« auf den ganzen Pfaffenberg (415 m hoher Wienerwaldberg) überging.

49 Puchgraben im Herrschaftsgebiet Steyr.

50 Die Bell-Lancaster'sche Unterrichtsmethode basierte auf dem Konzept des Lernens durch Lehren. Andrew Bell hatte Ende des 18. Jahrhunderts vorgeschlagen, dass geschicktere Schüler unter Aufsicht des Lehrers ihre Schulkollegen unterrichten. Voraussetzung war die Organisation von homogenen Klassen, die nicht in Jahrgängen zusammengefasst wurden. Joseph Lancaster setze die Methode um, die bald in der Schweiz und anderen Ländern rezipiert, allerdings 1824 von Papst Leo XII. für die katholischen Schulen verboten wurde.

51 [Anonymus, wohl Hauer], Reichsrathssitzung vom 14. September. Fortsetzung der Berathung des Etats des Ministeriums des Innern. In: Allgemeine Zeitung, Dienstag, 18. September, 1860, Nr. 262, S. 4343.

52 Die Bezeichnung Marien-Hügel ist nicht eindeutig bestimmbar. Vermutlich handelte es sich um den heutigen Marienpark (13. Bezirk, Mauer, ein Großteil der ehemaligen Ortsgemeinde liegt heute im 23. Bezirk), der auf dem Reiterberg (historische Weingartenflur Reiterberg) gelegen war.

24ten [September 1860]

In die Stadt. Foetterle mit der Arbeit noch immer nicht fertig, aber wenigstens begonnen. Zepharovich. – Er erzählt, daß Hörnes ein Gonyometer gleich seinem eigenen bestellte. Es kostet 280 fl [Gulden]; – Zurück nach Neustift.

25ten [September 1860]

Früh in die Stadt. – Karl's Artikel i. d. Ost-Deutschen Post[53] – Foetterle hat Zahnschmerzen, er soll unsere Denkschrift[54] allein zu Haidinger bringen. – Karl soll zu Kammel[55] gehen. – Wirthschaftsrath Hoffmann kömmt mit einem Hauptmann die Anstalt besehen.
Brief von Rudolph.
[Brief] an Resi. //

26. [September 1860]

Früh in die Stadt – Zeitungen gelesen, dann zurück und eingepakt zur Übersiedlung nach Wien.

27. [September 1860]

Übersiedlung in die Stadt.[56] Vormittag in die Anstalt. Foetterle gibt mir unsere Denkschrift;[57] ich soll daran feilen und einen Schluß dazu schreiben. Karl war bei Kammel; derselbe versichert, das gewünschte Actenstück schon an Haidinger gegeben zu haben. – Diner bei Bell's – Nachmittag kömmt Marie Hankenberg – Abends arbeite ich an unserer Denkschrift.

53 Die »Ostdeutsche Post« war ein auf hohem Niveau seit 1848 in Österreich erscheinendes Informationsblatt (1848–1866). Siehe: [Karl Hauer], Die geologische Reichsanstalt. In: Ost-Deutsche Post, Nr. 266 (1866). Dienstag, 25. September 1860, S. 3. Karl Hauer erwähnte die Parteinahme vieler Vertreter ganz verschiedener Provenienz für den Fortbestand der Reichsanstalt im Reichsrat. Er habe sich einen solchen kosmopolitischen Zug auch bei den Männern einer gelehrten Gesellschaft erhofft, womit wohl die Vertreter der Akademie gemeint waren.

54 Gemeint ist die Promemoria, die im Entstehen begriffen war, erhalten in: GBA, Bibliothek und Archiv, Amtsarchiv, 1850, Nr. 681, 14. Oktober 1860.

55 Kammel war Kanzlist an der Akademie der Wissenschaften und stellte Aktenstücke über die Causa der Pläne der Akademie für die GRA unerlaubter Weise zur Verfügung.

56 Die Winterwohnung befand sich in der Langegasse 774.

57 Wiewohl der Reichsrat für den eigenständigen Fortbestand der GRA votierte, arbeiteten Hauer und Foetterle an einem Memoire, das sie dem Reichsratspräsidenten Erzherzog Rainer vorlegen wollten, um einige der in den Debatten aufgeworfenen Behauptungen zu berichtigen. Gemeint ist die Promemoria, die im Entstehen begriffen war, erhalten in: GBA, Bibliothek und Archiv, Amtsarchiv, 1850, Nr. 681, 14. Oktober 1860.

28ten [September 1860]

Früh in die Anstalt. Mit Foetterle an unserer Denkschrift[58] gefeilt. – Karl hatte Besuch von Fürst Salm. Letzterer erzählte einen Brief von Schrötter erhalten zu haben, in welchem dieser eine Erklärung wegen der das Laboratorium des polytechnischen Institutes[59] betreffenden Stelle in seiner Rede fordert und um eine Reparation dieserwegen bittet. // Schrötter schreibt, die Leute zeigen mit Fingern auf ihn. – Nachmittag Visite bei Pusswalds und den Abend bei den Ältern.

29ten [September 1860]

Früh in die Anstalt. – dann in das Mineralien-Cabinet. Hörnes schimpft über die Akademie; Arbeiten von Stolitzka, Peters und Kner liegen schon seit Monathen dort und werden nicht gedruckt. – Nach Hause, Hingenau kömmt. Er ist Donnerstag angekommen und hat bereits mit Dr Keipp, dem Redacteur des Vaterlandes, über das wissenschaftliche Feuilleton gesprochen[60]. Derselbe ist damit sehr einverstanden. – Mittags Hankenbergs u. Pusswalds zu einem Abschieds-Diner für Mathilde. – Nachmittag kömmt Hingenau noch einmahl und bringt den Berggeist mit den Artikeln[61] über die geologische Reichsanstalt. Abends packe ich die auf meiner Reise in Siebenbürgen[62] gesammelten Conchylien[63] aus, und beginne die Zusammenstellung einer Sammlung für den Zoologisch Botanischen Verein.[64] – Im Cabi//net sah ich auch Frauenfeld. Er gibt seine Reise nach London auf; – Er will eine Conchylien-Fauna der Oesterreichischen Monarchie bearbeiten.

30ter [September 1860]

Morgens die Sammlung Siebenbürgischer Conchylien für die zoologisch-botanische Gesellschaft zusammenzustellen begonnen. – Boué kömmt mich besuchen; er kündigt H[er]rn Gaudry an, der das Museum besehen will. Bald kömmt er auf die famose Akademie-Comission zu sprechen. Er entschuldigt sich selbst und nimmt namentlich auch Schrötter in Schutz. Zippe sei viel feindseliger gewesen[65] als dieser. Letzterer

58 Gemeint ist die Promemoria, die im Entstehen begriffen war, erhalten in: GBA, Bibliothek und Archiv, Amtsarchiv, 1850, Nr. 681, 14. Oktober 1860.

59 Das Polytechnische Institut war 1811 gegründet worden und war der Vorläufer der heutigen Technischen Universität Wien.

60 Gemeint ist die Kolumne »Wissenschaftliches Leben in Wien«.

61 [Anonymus], Die geologische Reichs-Anstalt und der verstärkte Reichsrath in Wien. In: Der Berggeist: Zeitung für Berg-, Hüttenwesen und Industrie, Nr. 77 (1860), 25. September, S. 627–628.

62 Franz Hauer hatte sich vom 1. Juni bis Ende August 1859 zur geologischen Aufnahme in Ostsiebenbürgen aufgehalten und vom 6. Juni bis zum 11. August 1860 in Westsiebenbürgen (Siehe dazu GBA, Bibliothek und Archiv, A 00077-TB).

63 Conchylien (von lat. Conchylia = essbare Schalentiere) ist eine Bezeichnung für (Kalk-)Schalen von Tieren, speziell Schnecken und Muscheln.

64 Die Zoologisch-Botanische Gesellschaft mit dem Ziel der Erforschung der einheimischen Flora und Fauna wurde 1851 gegründet.

65 Franz Xaver Zippe (1791–1863) war seit Anbeginn Mitglied der Akademie und ab 1850 Professor der

habe die Streichung des Namens der G.R.A. beantragt. Übrigens stimmen seine Erzählungen nicht mit unseren sonstigen Nachrichten über die Anträge der Comission [überein], doch gibt er zu, daß die Auflösung des Laboratoriums[66] beantragt war. – Schrötter, so erzählt Boué, hat im Akademie-Gebäude zwei Zimmer occupirt und seinem Sohne gegeben. Dieß dürfe man nicht dulden – In die Anstalt. Unsere Denk//-schrift unterschrieben. Foetterle soll sie an Plener bringen. Den Berggeist gebe ich Foetterle; er soll ihn zu Löwenthal tragen, damit er in die Oesterr. Zeitg.[67] den Artikel von Hingenau aufnehme. – Mittags Familien-Diner bei den Ältern. – Noch einmahl in die Anstalt. Foetterle hat Plener nicht getroffen. – Abends die Sammlung für den Zool. bot. Verein fertig gemacht.

October

1ter

In die Anstalt. Lipold, er bringt und zeigt uns seine böhmischen Karten,[68] aus denen seiner Ansicht zu Folge hervorgeht, daß Barrande's Colonien auf Täuschung beruhen.[69] Weiter kömmt Boué mit Hrn Gaudry, der einige Monathe in Pikermi[70] zugebracht hat, um dort nach fossilen Knochen zu graben. Er ist Assistent am Jardin des plantes[71]. Ich führe sie durch die Sammlungen. Boué zeige ich die Artikel im Berggeist[72]; er bestättigt, daß ~~Bou~~ Schrötter und Zippe unsere Sitzungen auf//heben wollten. – Unsere Denkschrift[73] hat Foetterle durch Suttner an Plener gesendet. – Haidinger

---

Mineralogie an der Universität Wien. Er stand der Geologie als Fach sehr skeptisch gegenüber.

66 Von der Gründung an betrieb die Reichsanstalt auch ein eigenes Laboratorium.

67 Gemeint ist die Zeitung »Das Vaterland. Zeitung für die österreichische Monarchie«.

68 Lipolds Karten der Silurformation wurde seinem Artikel beigelegt. Vgl.: Markus V. Lipold, Ueber Herrn J. Barrande's »Colonien« in der Silur-Formation Böhmens. In: Jahrbuch der geologischen Reichsanstalt 12 (1860), S. 1–69.

69 Der Auftrag, die »Natur der sogenannten Colonien« im Gelände zu untersuchen, erging an Lipold. Wilhelm Haidinger erteilte ihm den Auftrag am 28. Mai 1860. Siehe dazu: GBA, Bibliothek und Archiv, Amtsarchiv, 1860, Nr. 391. Barrandes Bezeichnung »Colonien« für Anomalien der Fauna bzw. isolierte Schichten innerhalb der böhmischen silurischen Grauwackenformation erzeugte großes Aufsehen und fand international Resonanz bei Geologen wie Bronn, Murchison und Lyell. Barrande erklärte die isolierte Fauna als Folge von Migration aus einem außerhalb des Beckens gelegenen Meer. Die geologische Aufnahme durch die Reichsanstalt brachte jedoch dem Konzept widersprechende Befunde, die Direktor Haidinger durch Lipold als zuständig für diese Aufnahme geklärt wissen wollte. Lipold wies nach, dass Vorannahmen von Barrande falsch waren, ohne dass er den Begriff »Colonie« in Frage stellte. So konnte eine Kontroverse harmonisch gelöst werden.

70 Pikermi, Stadt auf Attika (Griechenland).

71 Der botanische Garten »Jardin des plantes« war Teil des 1793 gegründeten Muséum national d'histoire naturelle in Paris.

72 [Anonymus], Die geologische Reichs-Anstalt und der verstärkte Reichsrath in Wien. In: Der Berggeist: Zeitung für Berg-, Hüttenwesen und Industrie, Nr. 77, (1860), 25. September, S. 627–628.

73 Gemeint ist die Promemoria, erhalten in: GBA, Bibliothek und Archiv, Amtsarchiv, 1860, Nr. 681, 14. Okt. 1860.

kömmt auch in die Anstalt; Wir besehen die von Jokely eingesendeten gigantischen Baumstämme. – Hochstetter, der sich auch einfindet, erzählt daß die riesigen Moa-Knochen aus Neu-Seeland längst angekommen sind und daß Dr Jäger fleißig an ihrer Aufstellung[74] arbeitet. – Zu Hause hatte ich Morgens die Schneckensammlung für den Zool[ogisch] bot[anischen] Verein fertig gemacht und abgesendet. – Nachmittag Ausschußsitzung im Verein[75], Frauenfeld abwesend wegen der [des?] Begräbniß seines Bruders, der vorgestern gestorben war. – Ich spreche hauptsächlich mit Beer und Schrökinger – sonst nicht viel Bemerkenswerthes. – Fenzl erzählt, G[ra]f Thun habe ihn aufgefordert, um die gewöhnliche Subvention von 300 fl. [Gulden] für den Verein einzukommen; Man hatte besorgt, diese Summe wegen der allgemeinen Sparerei zu verlieren. Brief und Sendung meiner, zur Bestimmung ihm // im Sommer nach Hermannstadt überbrachten Conchylien von Bielz.
Brief an Frauenfeld mit den Siebenbürgischen Conchylien.

2ten [Oktober 1860]

Morgens in die Anstalt. Ich begegne Karl, der am Wege zu mir ~~m~~ war, um mir die neuesten von Kammel mitgetheilten Nachrichten zu erzählen. Goluchowski [Gołuchowski] hat ohne Rücksicht auf Reichsraths-Beschlüße ~~am~~ mit 26. September Baumgartners Vorschläge[76] an diesen zurückgeleitet,[77] mit der Bemerkung, an denselben seien noch weitere 3000 fl [Gulden] zu ersparen und zwar durch Entlassung des Diurnisten[78], Streichung eines zeitlichen Geologen, Herabminderung der Dotation ~~f~~ des Laboratoriums von 600 auf 100 fl [Gulden] u.s.w. Baumgartner erwiedert in einer 6 Bogen langen Schrift, in der die einzelnen Punkte eingehend erörtert werden, daß er darauf nicht eingehe. Diese Antwort geht heute (2 ter) an Goluch. [Gołuchowski] ab. – Wir gehen zu Foetterle, Karl zu Fürst Salm, wir zu Haidinger. Karl // ~~er~~ trifft zwar Salm, findet aber Leute dort und kann nicht wie beabsichtigt, die Sache erzählen. Er kömmt nach zu Haidinger. Letzterem erzählen wir vorläufig Nichts, lesen ihm aber unsere Denkschrift[79] vor. Er ist damit einverstanden und meint, sie sei in Form eines an ihn gerichteten Promemoria zu veröffentlichen. Zepharovich kömmt ebenfalls. – Wir gehen zu Hingenau, finden ihn aber nicht. – Foetterle zu Plener, findet ihn auch nicht. – Hingenau kömmt zu mir; Er hat von Salm erfahren, daß dieser Schrötters Brief sehr kühl und kurz beantwortet hat; – Hing[enau] liest unsere Denkschrift, ist

74 Die Aufstellung war für den von Jäger organisierten Zoo im Prater vorgesehen.
75 Gemeint ist die Zoologisch-Botanische Gesellschaft.
76 AÖAW, Aktenarchiv der GRA, 1860, Akt Nr. 3, Baumgartner an Gołuchowski, 8. August 1860 (Abschrift).
77 AÖAW, Aktenarchiv der GRA, Akt Nr. 22, Gołuchowski an Baumgartner, 26. September 1860 (Abschrift).
78 Als Diurnist wird ein auf Tagegeld beschäftigter Amtsschreiber bezeichnet.
79 Gemeint ist die Promemoria, die im Entstehen begriffen war, erhalten in: GBA, Bibliothek und Archiv, Amtsarchiv, 1850, Nr. 681, 14. Okt. 1860.

damit auch einverstanden. – Nachmittag kommen Foetterle und Karl, später auch Stache – Vormittag besuchte mich auch Hankenberg. – Foetterle nimmt die Denkschrift wieder mit. Sie soll noch heute in die Druckerei. – Abends rangire ich die von Bielz gesendeten Conchylien in meine Sammlung ein.

3 ter [Oktober 1860]

Morgens beende ich das Einrangiren der Conchylien // dann kömmt Hingenau, um zu sagen, daß er mit Leop[old] Neumann gesprochen hat und dieser versprach, den jüngsten Bruder des Kaisers,[80] dem er Unterricht in der Statistik gibt, in die Anstalt zu führen. – Hingenau hat Salm die neuesten Verhandlungen erzählt, eben so ~~B~~ Fr. v. Mayer, der sehr entrüstet über Goluch. [Gołuchowski] Doppelzüngigkeit ist. – In die Anstalt, ich begegne Haidinger, der mit mir zurükkehrt, aber doch bald wieder geht. – Foetterle war morgens bei Plener. Dieser hatte inzwischen Antwort von Goluch. [Gołuchowski] erhalten auf die von Hingenau verfaßte Eingabe. Goluch. [Gołuchowski] lehnt Plener's Vorschläge ab und sagt, sich an das erfloßene Handschreiben halten zu wollen. Plener ist nun entschloßen, auf diese Antwort gestützt, die Sache selbst an einem der nächsten Tage in den Ministerrath zu bringen und will dabei zur Argumentation unsere Denkschrift benützen. Er hofft zuversichtlich damit durchzudringen. – Ich gehe in die Stadt, um meiner Heiserkeit wegen Frauenfeld zu sagen, daß ich Abends im ~~V~~ Zool[ogisch] bot[anischen] Verein nicht präsidiren könne. //

Ich begegne Frauenfeld am Josephsplatze. – In das Cabinet zu Hörnes, auch dieser kann Abends nicht abkommen; wir senden Strohmaier zu Rogenhofer und dieser verspricht einen anderen Vicepräsidenten zum Vorsitz aufzutreiben. – Zu Hingenau; er verspricht zu Thierry und Schmerling zu gehen und will Letzterem eine Abschrift unserer Denkschrift bringen, wenn ich ihm bis morgen früh eine solche besorge. – Er hat die letzte Nummer des Berggeistes durch Manz in einem Buchhändler-Paquet an Baumgartner gesendet. – Da Prof. Dworzak zu Hingenau kömmt, gehe ich bald fort und nach Hause. – Nachmittag kömmt Karl und bringt den Rest der Kammel'schen Auszüge von Baumgartner's Antwort an Goluchowski.[81] – Spaziergang mit Louise zum Erzh. Karl Monument[82] und durch die Stadt nach Hause – Abends lese ich Marcou's Lettres sur le Jura[83].
Brief von Rudolph
[Brief] an Foetterle wegen der nöthigen Abschrift. //

80 Ludwig Viktor (1842–1919), Bruder Franz Josephs.

81 AÖAW, Aktenarchiv der GRA, Akt. Nr. 3, Baumgartner an Gołuchowski, 8. August 1860 (Abschrift). Diese Einsicht in die Dokumente war geheim und eigentlich nicht erlaubt.

82 Gemeint ist das 1853–1859 errichtete Erzherzog-Carl-Denkmal (1. Bezirk, Heldenplatz). Aus Bronze bestehend, bezog es sich auf den Sieg über Napoleon in der Schlacht von Aspern (1809). Die Enthüllungsfeier am Äußeren Burgplatz fand 1860 statt.

83 Jules Marcou, Lettres sur les roches du Jura et leur distribution géographique dans les deux hémisphères (Paris 1860).

4 ter [Oktober 1860]

In die Anstalt. Daselbst Verhandlung mit Stache über die Siebenbürgische Karte; dann kömmt Haidinger, mit dem wir hinüber zu Stur [Štúr] gehen, bei dem Haynald sich befindet. Er begrüßt uns mit gewöhnlicher Freundlichkeit und zeigt viel Theilnahme an den Schiksalen unserer Anstalt und scheint viele der Zeitungs-Artikel darüber gelesen zu haben. – Es kömmt die Correctur unserer Denkschrift, die wir ihm auch gleich zeigen. – Alexander Bauer, er will den Winter in Seclowitz zubringen, da er nicht bei Schrötter arbeiten will, um nicht von diesem zu sehr ausgebeutet zu werden, und doch ohne Bruch mit ihm in Wien in kein anderes Laboratorium gehen könnte. – Haidinger hat durch Ettingshausen erfahren, daß Baumgartner letzter Tage mit Goluchowski [Gołuchowski] eine Conferenz hatte und daß Letzterer nicht nachgibt. – Nach Hause. Correctur der Denkschrift besorgt, zu der noch ein kleiner Zusatz gemacht wird, um die von Goluchowski [Gołuchowski] gemachte Bemerkung zu wiederlegen [sic], an den Reise-Pauschalien könne gespart werden, weil die Geologen schon heuer weniger erhielten. Diese Bemerkung war aus dem // uns mitgetheilten ~~Schr~~ ~~A~~ntwortschreiben Baumgartners zu entnehmen. – Nachmittag kömmt Hingenau; er hat die Abschrift unserer Denkschrift mit einem langen Briefe an Thierry gesendet, und war bei ~~Obj~~ ~~Schm~~ Gen. Schmidburg von dem er erfuhr, daß Schmerling auf Urlaub sei. Schmidburg versprach aber seinen Stellvertreter (Hing[enau] weiß nicht, wer es ist) zu bearbeiten, im Ministerrathe für uns zu sprechen. – Karl kömmt mit ihm in die Akademie; dort finden wir Hörnes der einige Worte mit Schrötter spricht. Letzterer sagt, er sei noch nicht erschlagen, es gehe ihm sehr gut. – Nach der Sitzung mit Haidinger nach Hause. Baumgartner hat diesem eröffnet, daß Löhr beauftragt werden solle, unsere Anstalt in Augenschein zu nehmen, um zu beurtheilen, ob Sammlungen u.s.w. im Barbara-Stift[84] untergebracht werden können. –
Brief von Patera. Abends Feuilleton über die Sitzung.

5ten [Oktober 1860]

Morgens zu Karl; ihm den Artikel über die Sitzung[85] gezeigt. Auch er hat einen geschrieben. Einiges daraus wird meinem Artikel zugefügt. – In die Anstalt // dort

84 Das Barbara-Stift (1. Bezirk, Postgasse 8) war 1849–1852 nach Plänen von Paul Sprenger umgearbeitet und mit dem ehemaligen Hauptmautgebäude verbunden worden. Der Name geht eigentlich auf die Kapelle der hl. Barbara zurück, die sich auf der Rückseite des Jesuitenkollegiums befand. Nach Aufhebung des Jesuitenordens im Jahre 1773 wurde das dem Kameralärar gehörende Gebäude von unterschiedlichen Einrichtungen als Unterrichtsort genutzt.

85 [Anonymus, Hauer], Wissenschaftliches Leben in Wien. In: Das Vaterland. Zeitung für die österreichische Monarchie, Nr. 32, Sonntag, 7. Oktober 1860, S. 6. »Es freut uns aufrichtig, den ersteren [Haidinger], den man durch die schwebenden Verhandlungen über die k.k. geologische Reichsanstalt in eine gespannte Stellung gegen die Akademie gebracht glauben konnte, schon in der ersten Sitzung im freundlichen Verkehr mit allen übrigen Akademikern zu erblicken«. Der Artikel wurde genutzt, um Haidinger, den Direktor der Reichsanstalt, nicht als emotionalen Kämpfer zu beschreiben, wie er von

finden wir Haidinger – Dann nach Hause und mit Louise nach Brunn,[86] Diner am Liechtenstein[87] und Spaziergang durch die Brühl nach Mödling.
Brief an Hingenau mit dem Artikel
[Brief an] Rudolph.

6ten [Oktober 1860]

In die Anstalt. – Rossiwall, er erzählt, daß im Barbarastift schöne Räumlichkeiten vorhanden sind; in einem Stock über 20 Zimmer. – Foetterle hat gestern mit Löhr gesprochen, der aber noch nicht seine Instructionen von Baumgartner eingeholt hatte; Stache theilt mit, daß heute Andrian ankommen solle; er hat mit einem G[ra]f Colloredo, einem Neffen von Goluchowski, gesprochen, der sagt, G. sei nur umzustimmen, entweder, indem man ihm die Umkehr möglichst erleichtere und seinen Zorn auf Jemand Anderen ableite, oder wenn man Rechberg für uns gewinne. – Molin erscheint; er beklagt sich, daß er schon seit 1857 Arbeiten bei der Akademie liegen hat, die nicht zum Druck kom//men. Haidinger besieht einen Theil meiner Siebenbürgischen Gesteine[88] – In die Stadt; einige Comissionen besorgt. – Nachmittag Hingenau; Er hat Becker begegnet und ihn zur Theilnahme am Vaterland gewonnen für Nachrichten aus dem Schulfache. Mein Feuilleton über die Akademie bereits abgegeben. G[ra]f Thun hat ihn auf morgen früh beschieden. Er hofft, Neues daselbst zu hören. – Besuch von Karl Pusswald.
Brief an Ad. Patera.

7ten [Oktober 1860]

Mein Feuilleton über die Akademie-Sitzung im Vaterland[89]. Damit in die G.R.A. – Senoner zeigt mir einige Lias-Ammoniten aus dem Brescianischen, die er von Herrn Spinelli erhalten hat. – Andrian u. Stache kommen. Ersterer will zu Ransonnet gehen u. mit ihm über die Anstalt sprechen. Mit Rechberg ist er nicht persönlich bekannt, sondern nur mit seinem Sohne, der abwesend ist. Er soll aber doch hingehen u. sich für seine vorjährige Verwendung für Andrian bedanken, und dabei Gelegenheit suchen,

vielen gesehen wurde. Vielmehr zeigte er ihn als ausgleichend, so habe er etwa ein Stück eines seltenen Meteors für das Hofmineralienkabinett akquirieren können.

86 Brunn am Gebirge im Bezirk Mödling.

87 Am Liechtenstein nicht eindeutig verifizierbar.

88 Franz von Hauer hatte im Rahmen seiner Geländearbeit in Siebenbürgen (heute Rumänien) in den Sommermonaten 1859 und 1860 viele Belegexemplare von Gesteinen, Mineralien und Fossilien gesammelt.

89 [Anonymus, Hauer], Wissenschaftliches Leben in Wien. In: Das Vaterland. Zeitung für die österreichische Monarchie, 1. Jg., Nr. 32, Beilage, Sonntag, 7. Oktober, 1860, S. 6. In diesem Beitrag wurden die Vorträge der Sitzung der Akademie der Wissenschaften kurz vorgestellt, wobei jener von Haidinger über Meteorsteine hervorgehoben wurde. Der Artikel endet mit dem Bedauern, dass die Vorträge nicht öffentlich zugänglich waren, was sie sein sollten.

für unsere Anstalt zu sprechen // doch erwarten wir davon wenig; Andrian ist nicht der Mann, so etwas energisch durchzuführen. – In die Stadt; ich begegne Hingenau und spaziere mit ihm eine Stunde am Glacis[90]. Er war morgens bei Thun und hat denselben über alle neueren Details unserer Angelegenheit vollständig informirt. Er will ihm die Baumgartner'sche Antwort auf die neueste Goluchowski'sche Note in Abschrift mittheilen. Über Schrötter hat er weidlich losgezogen – der Bergkalender[91] ist fertig – Wieder in die Anstalt, wo ich Riegel bei Foetterle finde. Die gewünschte Schrift wird sogleich an Hingenau expedirt. – Familien-Diner bei den Ältern; – Besprechungen mit Carl über weitere Feuilleton-Artikel.

8ten [Oktober 1860]

Früh in die Anstalt. Hofrath Lichtenfels. – Andrian hat noch Niemanden gesehen. Stur [Štúr] zeigt mir seine neue Karte des Wiener-Beckens, die Artaria[92] herausgibt. – Haidinger ist sehr erfreut über den Artikel im Vaterland;[93] ich gestehe ihm, daß ich dabei auch die Hand im Spiele habe. Lichtenfels bestättigt, // was ich schon gestern durch Hingenau gehört hatte, daß die Montan-Section[94] wieder selbstständig gestellt und von Scheuchenstuel übernommen wurde. – Nach Hause; ich bestimme einige von Woldrich an Haidinger gesendete Fossilien aus der Gegend von Eperies,[95] subrezente Land- und Süßwasser-Schneken. Nachmittag Hingenau – Spaziergang mit Louise ~~zum~~ zu den niedergerissenen Stadtmauer-Theilen beim Neuthor[96] und Fischerthor.[97] – Abends an den Siebenbürgischen Höhen gerechnet;[98] Besuch von Pusswald.

90 Das Wiener Glacis bildete 1529–1858 eine Freifläche zwischen den Wiener Stadtmauern und den Vorstädten und lud zu Spaziergängen ein.

91 Der »Allgemeine Österreichische Berg- und Hüttenkalender auf das Jahr 1861« erschien in Olmütz und wurde von Otto Hingenau herausgegeben.

92 Nach dem Wiener Kongress errang der 1768 in Wien entstandene, zunächst auf Kunstreproduktion konzentrierte Verlag Artaria eine führende Stellung unter den Kartenverlagen der Monarchie. Vgl. Johannes Dörflinger, Die österreichische Kartographie im 18. und zu Beginn des 19. Jahrhunderts unter Berücksichtigung der Privatkartographie zw. 1780 und 1820, 2 Bde. (Wien 1984–1989).

93 Siehe [Anonymus, Hauer], Wissenschaftliches Leben in Wien. In: Das Vaterland. Zeitung für die österreichische Monarchie, Nr. 32, Sonntag, 7. Oktober 1860, S. 6.

94 Die Montan-Section war zunächst im Ministerium für Landeskultur und Bergwesen untergebracht und ab 1853 unter der Leitung von Karl von Scheuchenstuel (1792–1867) im Finanzministerium.

95 Prešov (deutsch Eperies, um 1939–1945 auch Preschau), Eperjes (ungar.), Preszów (poln.) ist heute die zweitgrößte Stadt der Ostslowakei und ist im Scharoscher Bergland sowie Kaschauer Talbecken gelegen.

96 Das 1558 anstelle des alten Werdertores erbaute Stadttor erhielt ab 1664 die Bezeichnung Neues Tor und ab 1683 Neutor. Von ihm führte eine Brücke über den Kanal des Arsenals. Wiewohl es 1860 abgebrochen wurde, hielt sich die Bezeichnung weiter.

97 Das erstmalig 1559 errichtete Salztor wurde 1646 neu erbaut und 1821 erweitert. Es hatte ein Fahr- und ein Gehtor und wurde wie das Neutor 1859 demoliert.

98 Für die Höhenbestimmung wurden sowohl trigonometrische Verfahren mit Theodoliten genutzt als auch Barometerablesungen, wobei für beide mit Formeln abgeglichen wurde.

9ten [Oktober 1860]

In die Anstalt. Haidinger bringt eine Zuschrift, die er von Halbhuber erhalten hat, um Auskunft über Foetterle; Hietzinger hat für diesen um eine Auszeichnung wegen seiner Mühewaltung als Sekretär der geographischen Gesellschaft[99] eingeschritten. Haidinger's Antwort empfiehlt natürlich sehr warm die Gewährung der Bitte. – H[er] r v. Zinken, Sohn des bekannten Zinken aus Hannover, kömmt. Er war in Italien und Ungarn und will Suiten aus unseren // Braunkohlen-Localitäten[100] sehen. – Im Laboratorium Dr Schmiedel, ein Israelite aus der Gegend von Znaim, der Assistent der Chemie bei Prof. Anderson in Edinburgh ist. Er hat Empfehlungen von diesem u. von Naumann an Haiding. [Haidinger]. Er war nach Wien gekommen, um eine jüdische Realschule zu gründen, hat aber das Projekt als unausführbar aufgegeben u. kehrt zurück nach Edinburgh. – Die erste Lieferung von Foetterle's Atlas der bei Perthes gedruckt wird,[101] ist erschienen 4 Karten. – Andrian war bei Ranzonnet [Ransonnet], hat aber nicht viel ausgerichtet. – Abends mit Karl zu Hingenau, wo wir mit Keipp bekannt gemacht werden sollten. Dieser hatte aber abgesagt. – Hingenau war heute wieder bei Thun und hatte diesem die Baumgartner'sche Schrift gebracht.

10 ter [Oktober 1860]

In die Anstalt. Andrian war beim jungen Rechberg; der sagte; sein Vater sei gar nicht gut auf Goluchowski [Gołuchowski] zu sprechen; er will mit seinem Vater // über die Anstalt sprechen und was er erfährt, Andrian brieflich mittheilen, da er nach Verona abreist. – Mit Karl zu der von Markus und Simon construirten electromagnetischen Maschine,[102] sie ist sehr nett und soll 4 Pferdekräfte geben. Zurück in die Anstalt, Haidinger, – Foetterle war bei Löhr und Lasser. Ersterer erklärt die Räume im Barbarastift als ungeeignet für die Anstalt. Letzterer lehnt es ab, über unsere Angelegenheiten mit Goluchowski [Gołuchowsky] zu sprechen; er sagt sein ganzer Einfluß beruhe darauf, sich nicht in Dinge gemengt zu haben, die ihn nicht direkt angehen. – Zu Hause lese ich Stoppani's neueste Publikation über Esino,[103] dann kleinere Schriften von Barrande, namentlich sein Exposé über die Colonien.

99 Die »k.k. Geographische Gesellschaft« in Wien war 1856 nach dem Vorbild der 1821 in Paris, 1828 in Berlin und 1830 in London gegründeten Gesellschaft auf Betreiben Wilhelm Haidingers, des Direktors der Reichsanstalt, gegründet worden.

100 Als Braunkohlenlokalitäten in Österreich wären zu nennen: Köflach-Voitsberg (Steiermark), Hausruck und Salzach (Oberösterreich) und Riegersburg (Niederösterreich).

101 Franz Foetterle, Geologischer Atlas des österreichischen Kaiserstaates (Gotha 1860).

102 Siegfried Marcus (1831–1898) war ab 1853 als Mechaniker im Physikalischen Institut der Universität Wien tätig und betrieb eine eigene Mechanikerwerkstätte im Haus 6, Mariahilferstraße, wo er die ersten Verbrennungsmotoren konstruierte, die Vorläufer von Automobilen.

103 Antonio Stoppanis Werk »Les Pétrifications d'Esino« (Mailand 1850–1860) regte eine Debatte über die Stellung der Triaskalke an, die auch Hauer persönlich noch viele Jahre bezüglich seiner Auseinandersetzung mit den Raibler Schichten beschäftigen wird. Jahre später berichtete er am 18. April 1865 in der Sitzung in der GRA über die Stellung der Esinokalke in der Lombardei und diskutierte

11ten [Oktober 1860]

Früh in die Anstalt, Haidinger will unsere Denkschrift[104] begleitet von eigenhändigen Briefen an sämmtliche Minister senden – Ein Sohn von Neugeboren Namens Albert stellt sich mir vor; er will in Wien Studien machen // Mit Stur [Štúr] und Stache besehen wir die von Letzterem gesammelten Gesteine aus Siebenbürgen – zu Hause schreibe ich einten Artikel über unsere Denkschrift für die [Augsburger] allgemeine Zeitung. – Nachmittag Hingenau; er hat einen Artikel für das Vaterland über die Heuglin-Expedition geschrieben[105] und liest mir ihn vor. – Mit Karl in die Akademie. Ich gebe daselbst unsere Denkschrift an Prof. B. Kopetzky – Wir begleiten Haidinger bis zu seiner Wohnung und gehen dann mit Juliette Willot, welche uns begegnet, zurück in die Stadt und dann zu Streitberger. Dort finden wir Reg[ierungs]-Rath Ettingshausen, der unbefangen über uns und die Anstalt und ihr Verhältniß zur Akademie spricht und ganz unseren Ideen und Anschauungen beizustimmen scheint. Später kömmt noch Hingenau.
Brief von Rudolph
do [von] Neugeboren.

12ten [Oktober 1860]

Morgens erhalte ich von Hingenau gesendet den Anfang seines Artikels für das Vaterland; ich been//de denselben, expedire ihn und den Artikel für die allgemeine Zeitung – In die Anstalt; Nichts Neues. Große politische Debatten mit Andrian, Karl, Stache und Stur [Štúr] – Nachmittag Spaziergang mit Louise zum Praterstern; Abends Pußwald beim Thee.

13ter [Oktober 1860]

Morgens Besuch von Hingenau; er kömmt mir mitzutheilen, daß er es für besser halte, die elektromagnetische Maschine aus dem Feuilleton wegzulassen, weil sonst Ettingshausen, mit dem wir im Gasthause von dieser Maschine gesprochen hatten, unsere Autorschaft erraten müßte. Gestern war Keipp und später Landgraf Fürstenberg bei ihm. Letzterem sprach er von der Nothwendigkeit eines Salon's für unsere Bestrebungen u. Fürst. [Fürstenberg] scheint nicht abgeneigt, selbst einen solchen zu eröffnen. –

Stoppanis Auffassung, der er persönlich nicht folgen konnte, da er zwei Kalkhorizonte annahm und nicht wie Stoppani nur einen. Vgl.: Verhandlungen, 13. Bd. (1865), S. 109–112.

104 Gemeint ist die Promemoria, die am 14. Oktober an die vorgesetzte Behörde, übermittelt wurde; erhalten in: GBA, Bibliothek und Archiv, Amtsarchiv, 1850, Nr. 681, 14. Oktober 1860.

105 [Anonymus / Hingenau], Wissenschaftliches Leben in Wien. In: Das Vaterland, Nr. 38, Beilage, 14. Oktober 1860, S. 4–5. Ausgehend von dem Subskriptionsansuchen für die Theodor von Heuglin'sche Suchexpedition, die für Vogel in Afrika ausgesendet werden sollte, thematisierte auch dieser Artikel die Akademiesitzung und Haidingers würdevolles Auftreten. Die Dankbarkeit, dass die Reichsratssitzung sich für den Fortbestand der GRA aussprach, wurde mit dem identen Datum des Geburtstages Alexander von Humboldts in Verbindung gebracht.

Am Wege in die Anstalt begegne ich Salm, der sich entschuldigt, mir noch keinen Gegenbesuch gemacht zu haben und günstige Hoffnungen für unsere Sache zu hegen versichert. Was Goluch. [Gołuchowski] in der // Reichsraths-Sitzung vorbrachte, sagte er, nennt man im gemeinen Leben »gelogen« – In der Anstalt erst mit Stache an der Siebenbürger Karte gearbeitet, dann Conferenz mit Andr. [Andrian], Foett. [Foetterle], Karl, Stur [Štúr], Stache. Haidinger hat Migräne; unsere Denkschrift ist daher leider noch nicht an die Minister expedirt.[106] – Hauptmann Cybulez kömmt; er war in Paris und London und erzählt von seinem dortigen Aufenthalte; er speiste bei Murchison, brachte seine Relief's beim Meeting in Oxford[107] u.s.w. zur Vorlage und fand großen Beifall damit. – Zu Hause Mineralien für Herm. Bell zusammengestellt. – Nachmittag Pusswald, dann Andrian und Stache.

14t. Sonntag [Oktober 1860]

In die Anstalt. Im Vaterland unser Feulleton [sic][108] in der Ostdeutschen Post,[109] die ich am Wege kaufe, der Artikel von Karl, in der Wiener-Zeitung Karls Edelstein-Artikel[110] – Bei Karl finde ich Schrauf, dann hinauf zu Foetterle, wohin bald Hingenau kömmt. Er liest uns einen Brief vor, den er an Helfert // gerichtet, um gegen einen Ausdruck in dem lithographirten Programm zur Berathung über die Reorganisation der technischen Lehr-Anstalten, der auch er beiwohnen sollte, zu protestiren. Es heißt nämlich darin, es solle Geognosie[111] und Paläontologie von streng wissenschaftlichem Standpunkte mit möglichstem Ausschluß der Geologie vorgetragen werden. Hinge-

106 Das erfolgte am 14. Oktober: siehe: GBA, Bibliothek und Archiv, Amtsarchiv, 1850, Nr. 681, 14. Okt. 1860

107 Vermutlich handelte es sich um das jährliche Meeting der British Association for Advancement of Learning, das am 30. Juni 1860 in Oxford stattgefunden hatte und mit der Eröffnung des University Museums for Natural History einherging.

108 [Hauer], Wissenschaftliches Leben in Wien. In: Das Vaterland, Beilage zu Nr. 38, 14. Oktober 1860, S. 5. In diesem Artikel wurde der Subskriptionsbogen angesprochen, mit dem die durch Theodor Heuglin durchgeführte Suchaktion des Afrikareisenden Vogel finanziert werden sollte. Der Verlag Perthes stand damit in Beziehung und wurde dafür gelobt, dass durch ihn bereits viele österreichische Projekte und Karten publiziert wurden, sich jedoch die GBA ihre Karten nicht in dergleichen Qualität drucken konnte.

109 Die »Ostdeutsche Post« erschien lange als eine der wenigen Zeitungen, die nicht von der Regierung abhängig waren, und unterstützte die Kritik am Neoabsolutismus und die Politik Schmerlings. Siehe: [Anonymus], Feuilleton. Ein Besuch in der Akademie der Wissenschaften. In: Ost-Deutsche Post, Nr. 286, 12. Jg., 14. Oktober 1860, S. 1. In diesem Artikel wird die Akademiesitzung als wenig besucht und öffentlich beachtet dargestellt.

110 Karl von Hauer, Erinnerungen aus dem Gebiete der Chemie. XV; Die Edelsteine. In: Wiener Zeitung, Nr. 243, Sonntag, 14. Oktober 1860, S. 4140–4141. Franz Hauers Bruder, Karl Hauer, diskutierte in diesem Artikel die neuaufgekommenen Methoden der künstlichen Herstellung von Edelsteinen.

111 Der Freiberger Professor Abraham Gottlob Werner führte die Bezeichnung Geognosie ein, um sich gegen die Geologie als spekulative Wissenschaft abzugrenzen. Vgl. dazu: Marianne Klemun, Geognosie versus Geologie: Nationale Denkstile und kulturelle Praktiken bezüglich Raum und Zeit im

nau erklärt, an den Berathungen nicht theilnehmen zu können, so lange jener Passus im Programm steht; der ganze Brief ist eine wahre Philippika[112] gegen den engherzigen und blinden Nachtreter von Mohs – Hauptmann Cybulez. Er liest seine geologische Einleitung zu seiner Lehre von der Terrain-Darstellung vor; ich gehe inzwischen in das Laboratorium. Foetterle erzählt, die Sache sei nicht ohne, aber unreif. Im Laboratorium kömmt Freyer, dann Pusswald, wir besehen die wahrhaft prachtvollen künstlichen Krystalle von Karl – Oben machen wir dann Adressen auf die den Reichsräthen zuzusendenden Exemplare unserer Denkschrift. An die Minister, // an den Reichsrath-Präsidenten, dann an Baumgartner hatte sie Haidinger, wie wir erst jetzt erfuhren, schon Freitag expedirt.
Zu den Ältern. Auch Erggelet daselbst; ich übergebe ihm und den Schwägern die Denkschrift – Brief an Rudolph.

15ten Montag [Oktober 1860]

In die Anstalt, an der Expedition der Denkschrift gearbeitet. – Pöschl, er erzählt mancherlei über Schemnitz,[113] schimpft über Schmidt u dessen Mechanik-Kurs in Przibram [Pribram, Příbram (tschech.)][114] u.s.w. In die Stadt, Verschiedenes gekauft. Ich begegne Pilarski, der wie er sagt, ohne Beschäftigung ist und uns nächstens besuchen will.

16. Dienstag [Oktober 1860]

Am Wege in die Anstalt begegne ich Salm, der eben bei Karl war, um ihn aufzufordern, ein in Dingler's Journal[115] beschriebenes Experiment nachzumachen. Es besteht darin, einen galvanischen Strom durch einen dünnen Queksilberfaden zu leiten, der dann ein ganz absonderlich prächtiges Licht // geben soll. – Foetterle hat die Vertheilung unserer Sammlungen in die disponiblen Räume des Barbarastiftes auf dem Plane durchgeführt. Die Bibliothek und etwa die Hälfte der Sammlungen finden keinen Platz – In der Presse eine Notiz[116] über unsere Denkschrift. Flach und schlecht wie alles in diesem

---

Widerstreit. In: Berichte zur Wissenschaftsgeschichte. Organ der Gesellschaft für Wissenschaftsgeschichte 38/3 (2015), S. 227–242.

112 Kampfreden des Demosthenes gegen Phillipp von Makedonien.

113 Bergakademie in Schemnitz in Niederungarn (heute Banská Štiavnica, Slowakei) war die wichtigste Ausbildungsstätte des Bergpersonals in der Monarchie.

114 Przibram, Pribram, deutsch auch Freiberg in Böhmen, tschechisch Příbram, liegt 60 km südwestlich von Prag.

115 Vermutlich ist das »Polytechnische Journal« gemeint, das 1820 vom Augsburger Fabrikanten und Chemiker Johann Gottfried Dingler begründet worden war. Es stellt ein Fachjournal dar, das eine sehr lange Lebensdauer hatte.

116 [Anonymus], Wiener Nachrichten, 16. Oktober. In: Die Presse, 13. Jg., Nr. 263, Dienstag, 16. Oktober, 1860, S. 4: »Die Herren Foetterle und Hauer veröffentlichen einen detailirten Bericht ›Gebahrung der geologischen Reichsanstalt‹, in dem die Behauptung des Ministers Grafen Goluchowski, welche dieser am 14. September im Reichsrathe gemacht hat, und nach der die geologische Reichsanstalt ihr Budget weit überschritten haben soll, gründlich widerlegt wird. Aus dem Berichte erfährt man übrigens auch

Blatte. Am Wege in die Stadt begegne ich Haidinger und Hörnes. – Ins polytechnische Institut zu Hochstetter, daselbst Dr Bauer aus Württemberg, der die hiesigen Sammlungen und Einiges in der Umgegend von Wien sehen will. Hochstetter zeigt uns seine gesammelten Conchylien, dann Knochen des Moa, einen sehr schönen Apteryx[117] u. Einiges von Gesteinen aus Neu-Seeland. – Spaziergang mit Louise zum Kär[n]tner-Thor und den dortigen Demolirungs-Arbeiten. Nachmittag Hingenau. Er hat einen Artikel im Vaterland[118] geschrieben politischen Inhalts über das Staats-Schuldenwesen, aber doch mit einem Hiebe am Schluße auf Littrow. – Er hat heute Plener begegnet und erfahren, daß unsere Sache noch nicht // im Ministerrath war, daß aber der Kaiser befohlen hat, alle Einzelanträge des Reichsrathes daselbst in Erwägung zu ziehen. Gegenwärtig finden daselbst Besprechungen unter Zuziehung ein[ig]er Reichsrathsmitglieder aus Ungarn statt. Nachmittag an meinen Höhen gearbeitet.
Brief v. Rudolph.

17. Mittwoch [Oktober 1860]

Früh kömmt Karl; er hatte nach einem Gespräche mit Schweitzer[119] geglaubt, es würden heute die Landes-Statute[120] in der Zeitung stehen, dem war aber nicht so. – In die Anstalt, Niemand da – in die Stadt – wieder in die Anstalt. – Foetterle hat mit Hofr[at] Vestenegg gesprochen, ich ersuche ihn, letzterem, mit dem er nochmahls zusammenkommen soll, Bielz anzuempfehlen. – F. [Foetterle] hat die Austheilung unserer Sammlungen für das Barbarastift beendet und eine Schrift verfaßt, der zu Folge wir noch 160 Quad. Klaft[er] Raum mehr benöthigen – Nachmittag Pöschl und Karl. – Abends meine Briefe geordnet. //

18 Donnerstag [Oktober 1860]

Morgens Hingenau. Er hat einen neuen Leit-Artikel für das Vaterland geschrieben – Im Laboratorium; wir versuchen den Salm'schen Versuch, er geht so ziemlich. – Fötterle hat mit Löhr verabredet, zu Baumgartner zu gehen, trifft aber Letzteren nicht

noch andere ergötzliche Dinge, so z.B., daß seit 1856 bis auf den heutigen Tag ein noch nicht entschiedener Streit zwischen der Anstalt und der Forstdirection in der Schwebe, ob erstere des von letzterer gelieferte Brennholz zur Beheizung der Anstalt zu bezahlen habe oder nicht.«

117 Kiwis aus der Gattung Apteryx sind flugunfähige nachtaktive Vögel Neuseelands.

118 [Hingenau], Zur Staatsschuldenfrage. Wien, 16. Okt. In: Das Vaterland. Zeitung für die österreichische Monarchie. 1. Jg., Nr. 40, S. 1, 16. Oktober 1860. Die Anspielung auf Littrow lautete: »der Astronom, der am schwersten zu beobachten und berechnen vermag, dem stets der ›Stephansturm‹ den weiteren Horizont verdeckt.«

119 Leopold Schweitzer war verantwortlicher Redakteur der Wiener Zeitung.

120 Das hier angesprochene Landesstatut erschien erst einige Tage später. Kaiser Franz Joseph bestimmte im Allerhöchsten Handschreiben vom 20. Oktober 1860 und dem Oktober-Diplom bezüglich der Umgestaltung des Reichsrates die erhöhte Einbindung der aus den Landtagen zu entsendenden Reichsräte auf die Zahl von hundert.

an – Haidinger – Visite bei Ferstl und Braulik. – Karl hat gefunden, daß Schrötter[121] Schönbeins Versuche über den Flusspath von Wesersdorf[122] übersah.[123] Sein Artikel über den Ozongehalt des Letzteren soll~~en~~ ~~s~~ogleich angegriffen werden. – Nachmittag holt mich Karl in die Akademie ab. Nachher Gasthaus bei Streitberger, wo sich Ettingshausen, Hingenau, Hochstetter, Reitlinger u.s.w. einfinden. – Milly hatte vormittags die Nachricht gebracht, daß die Anträge der Majorität angenommen seien und daß G[ra]f Sécsen ungar. Hofkanzler geworden ist.

19. Freitag [Oktober 1860]

Früh den Artikel für das Vaterland geschrieben; // damit zu Karl, dann zu Hingenau. – Nachmittag Karl, Pusswald, Hingenau und ~~Cz~~ Tschermak. Große Aufregung wegen der politischen Maaßregeln,[124] die für morgen erwartet werden. – Karl bringt die Zeitung für Bergrecht,[125] welche ihm Schweitzer gegeben hatte, um eine Recension darüber zu schreiben. Ich übernehme es, dieselbe zu machen.

20 ten Samstag [Oktober 1860]

Morgens große Enttäuschung. Nichts in der Zeitung. Hingenau kömmt und theilt mit, daß das Vaterland confiszirt sei[126] – Ebenso sind auch andere Journale confiszirt. – In die Anstalt; Haid. [Haidinger] unwohl. – Foetterle war gestern bei Baumgartner, der wie es scheint, in Folge unserer Denkschrift[127] sehr unwirsch war, sich aber doch nach

121 Anton von Schrötter, Ueber das Vorkommen des Ozons im Mineralreiche. In: Annalen der Physik, Jg. 187. Nr. 12 (1860), S. 561–572.

122 Christian Friedrich Schönbein (1799–1868) schrieb über »Wesersdorf«, später auch Wölsendorf, das sich erst in der Zeit danach ab 1900 als ergiebigstes Flussspatvorkommen der Welt herausstellte. Die Korrespondenz zwischen Justus von Liebig und dem Basler Chemiker und Entdecker des Ozon Christian Friedrich Schönbein nimmt besonders in der Zeit nach 1853 öfter Bezug auf diesen Flussspat. Siehe dazu: Georg W. A. Kahlbaum und Eduard Thon, Justus von Liebig und Christian Friedrich Schönbeins Briefwechsel 1833–1868 (Leipzig 1900), bes. S. 16–65.

123 Christian Friedrich Schönbein, Über die Verbindung metabolischer Superoxyde mit Säuren. In: Münchner Abhandlungen, Bd. 8 (1858), S. 159 ff; Christian Friederich[!] Schönbein, Über die Erzeugung des Ozons auf chemischem Wege (Basel 1844).

124 Politische Maßregeln: Gemeint ist wohl das Oktoberdiplom.

125 Im Umfeld des Oberbergamtes Bonn wurde im Jahre 1860 von Hermann Brassert und Heinrich von Aschenbach die Zeitschrift für Bergrecht gegründet. Sie sollte sich zur bedeutendsten Fachzeitschrift im Feld des Bergrechtes entwickeln.

126 Seit 1851 existierte jenes Kolportageverbot für die Medien, das zu Konfiskationen führen konnte. Trotz Konfiskation der ursprünglich zu erscheinenden Ausgabe wurde das Blatt dennoch gedruckt, aber mit einem anderen Text. Am Anfang ist zu lesen: »Abend-Ausgabe Nr. 44 unserer Zeitung ist diese Nacht mit Beschlag belegt worden. Die Leser erhalten dafür nachstehendes Blatt und bitten wir dieselben wegen der uns nicht zur Last fallenden Verzögerung um Entschuldigung.« In: Das Vaterland. Zeitung für die österreichische Monarchie, 1. Jg. Samstag, 20. Oktober 1860, S. 1.

127 Gemeint ist die Darstellung der Geschichte der Reichsanstalt in: Jahrbuch der k.k. geologischen Reichsanstalt 10 (1860), S. 115–136.

und nach besänftigte. Er so wie Löhr scheinen einzusehen, daß das Barbarastift für die Anstalt nicht paßt. – Zu Hankenbergs, die heute von Alland kamen und nach Sitzenberg fahren – Zurück nach Hause, an der Recension gearbeitet; die // betreffenden Schriften hatte Schweizer von Thierry erhalten. – Nachmittag Hingenau; er hat ~~Hingenau~~ Salm gesprochen und dieser den Wunsch ausgesprochen, sein Name möge in unserem Feuilleton nicht erscheinen. Er wird also wegbleiben. Pusswald kömmt. – Wir gehen zu den Ältern wegen erhaltener Nachricht von der Krankheit von Melaniens Kleiner. Abends Pusswald beim Thee.

21 Sonntag [Oktober 1860]

Früh die Manifeste i.d. Zeit[un]g. In die Anstalt, dort großer Congreß[128]; wie unsere Aussichten stehen, ist zweifelhaft; das Verbleiben im Amt von Goluchowski ist jedenfalls unangenehm, an Thun und Thierry haben wir zwei sichere Stützen verloren[129]. Zurück nach Hause; ich setze meine Recension fort und mache sie Abends fertig – Zu den Ältern; Melaniens Reserl ist gestorben. – Nachmittag kommen Pusswald u. Hingenau. Letzterer weniger desperat über Thun's Demission als ich erwartet hatte; er will durch Belcredi Museny für uns zu gewinnen suchen; ich soll nach Sitzenberg, um durch // Wirkner auf Szecsen [Szécsen] und eventuell Vach zu wirken – Brief von u. an Hörnes.

22 bis 27ten [Oktober 1860]

Excursion nach Sitzenberg zu den Herbstjagden. Ich treffe dort mit Hofrath Wirkner, seinem Bruder Karl und Feldmarschallieutenant Rousseau zusammen. Letzterer erzählt viel von Oncle Toni unter dem er gedient hat. – Wirkner verspricht mir am 28ten zu Gf. Szecsén [Szécsen] zu gehen um ihn für die G.R.A. zu stimmen.

(28 Sonntag.) [Oktober 1860]

Mein Artikel über die Montan-Zeitschriften war Donnerstag in der Wiener Zeitung.[130] Man hat aber den auf die G.R.A. bezüglichen Passus sowie den Schluß weggelassen. Demungeachtet dürfte er zu rechter Zeit gekommen sein. Auch mein Artikel in der allgemeinen Zeitung[131] war inzwischen doch erschienen; ich hatte schon ge-

128 Für dieses Datum findet sich kein Hinweis auf eine Veranstaltung der Geologischen Reichsanstalt in ihren gedruckten Sitzungsberichten. Vermutlich handelte es sich um ein informelles Treffen der Geologen, im Sinne des Begriffes einer Zusammenkunft.

129 In der Presse wurde die Demission von Minister Thun noch am 19. Oktober 1860 dementiert, am 21. Oktober dann bestätigt. Siehe dazu: [Anonymus], Das neue Aktenstück über die Verfassung. In: Allgemeine Zeitung, Nr. 295, 21. Oktober 1860, S. 4897.

130 [Franz von Hauer], Neuere montanistische Literatur. Zeitschrift für Bergrecht, redigirt und herausgegeben von H. Brassert und Dr. H. Aschenbach (1860); und: Der Berggeist. Zeitung für Berg-, Hüttenwesen und Industrie, 5. Jg. 1860. In: Wiener Zeitung, Nr. 252 (1860), 25. Oktober, S. 4292.

131 [Hauer], Wien, im Oktober. In: Allgemeine Zeitung, Beilage zu Nr. 297, 23. Oktober 1860, S. 4926.

glaubt, er werde ausbleiben[132] – Morgens Hingenau zu mir. Er war zu Thun gerufen worden, der ihm sagte, er besorge sehr, daß unter Goluch. [Gołuchowskis] Leitung[133] alle wissenschaftlichen // Fortschritte seiner Verwaltungszeit wieder zu Grunde gerichtet werden würden. Er rathe allen Professoren u.s.w., auf ihrem Posten auszuharren und ihn zu vertheidigen. Er wolle selbst zum Kaiser gehen, um Vorstellungen gegen die wissenschaftlichen Rückschritte zu machen; eben so will er mit Rechberg sprechen und diesen auf die üble Stimmung aufmerksam machen, welche die wissenschaftsfeindliche Richtung im Ausland hervorrufe; endlich soll Hingenau durch Ettingshausen auf Baumgartner wirken, damit auch dieser zum Kaiser gehe und im gleichen Sinne wirke. (Alles das bezieht sich wohl nicht auf unsere Angelegenheit, kann aber eine günstige Rückwirkung auf dieselbe kaum verfehlen). Hingenau hat dann wirklich mit Ettingshausen gesprochen und dieser sich bereit erklärt, zu Baumgartner zu gehen. – In das Laboratorium. Karl hat Tschermak gesehen und dieser erzählt, welchen Eindruck unsere Artikel auf Schrötter machen; derselbe soll überzeugt sein, daß sie von uns herrühren und nennt es die größte Undankbarkeit, daß wir gegen ihn auftreten, er habe // Vieles für uns gesprochen u.s.w. Namentlich schreibt er sich zu, alles was Baumgartner that. Karl sagt zu Tschermak, er habe wohl die Daten zu dem bewegten Artikel geliefert, aber geschrieben werden dieselben von einer ganzen Clique, deren Zahl und Mitglieder er nicht einmahl kenne. – Zu Foetterle; derselbe war bei Plener und hat ihm seinen Atlas[134] gebracht; Plener ist noch völlig überzeugt, daß ihm die Rettung unserer Anstalt gelingen und dieselbe dem Finanz-Ministerium zufallen werde. Er sagt Goluch. [Gołuchowski] sei ein merkwürdiges Beispiel eines Mannes, der in kurzer Zeit Alle Personen und alle Parteien sich zu Feind zu machen wußte. – Auch auf Szecsen [Szécsen] hat Foetterle durch Fonsboom einzuwirken versucht. – Diner bei den Ältern; ich spreche mit Conrad wegen einer Privadt-Angelegenheit der Baron. Bokberg geb. Almasy e.c., die mir Hingenau mitgetheilt hatte. C. [Conrad] sagt, es sei wenig Aussicht zu ihren Gunsten. – Noch erfuhr ich, daß Stur [Štúr] während meiner Abwesenheit bei Goluchowski [Gołuchowski] war und ihm seine Karte von Wien brachte.[135] // Derselbe war artig, erwähnte aber weiter nichts über die G.R.A. (Brief von Guembel).

In diesem Artikel wurde die gedruckte »Promemoria« der Reichsanstalt als Gegendarstellung zu Gołuchowskis im Reichsrat am 14. September diskutierten Vorwurf im Detail angeführt und sogar die Sparsamkeit der Reichsanstalt nachgewiesen.

132 Die politischen Entwicklungen (Oktoberdiplom) standen im Vordergrund der Berichterstattung der Allgemeinen Zeitung, weshalb der Artikel über die Reichsanstalt erst später erschienen war.

133 In der Tat sollte Agenor Romuald Graf Gołuchowski ab 22. August 1859 als Nachfolger von Alexander Bach als Innenminister nur 14 Monate im Amt sein; er wurde von Anton von Schmerling abgelöst.

134 Franz Foetterle, Geologischer Atlas des österreichischen Kaiserstaates (Gotha 1860).

135 Johann Cžjžek, Dionysius Stur [Štúr] und F. Orlitschek (Künstler), Geologische Karte der Umgebungen Wiens's (Artaria, Wien 1860).

(29 Montag.) [Oktober 1860]

Morgens i. d. Anstalt und von dort mit Foetterle zu Haidinger. Derselbe liest uns einen Theil seiner Ansprache vor; wir reden ihm aus, die Sitzung als Schlußsitzung zu bezeichnen – In das Cabinet. Hörnes und Suess sehen die Dinge als sehr bedenklich an. Letzterer erzählt, Baumgartner sei gegen mich sehr aufgebracht wegen der Denkschrift, die den Verdiensten der Akademie und Gründung der G.R.A. nicht gerecht werde. – Bezüglich der Akademie gehe alles sehr schlecht; Massen von Manuskripten, die nicht zum Druck kommen, liegen aufgehäuft. – Nachmittag Hingenau; er bringt einen kurzen Artikel im Berggeist[136] zu Gunsten Baumgartners, den ich diesem auf irgend eine Weise in die Hände spielen soll. – Von Toni erhalte ich die allgemeine Zeit[un]g mit einem Artikel über die Akademie[137]. – Abends Pusswald zum Thee. //

(30 t. Dienstag) [Oktober 1860]

Vormittag i. d. Anstalt. Gerüchte über den Austritt von Goluchowski [Gołuchowski] – Nachmittag Sitzung der G.R.A. Hingenau, Hörnes, Suess; Letzterem gebe ich die letzte Nummer des Berggeistes mit einer anerkennenden Notiz[138] über Baumgartner, damit er sie diesem zeige. Abends mache ich einen Auszug der Haidinger'schen Ansprache für das Vaterland.[139]
Brief von Rudolph

(31. Mittwoch) [Oktober 1860]

Morgens Hingenau; er nimmt meinen Auszug mit. Auch er hat von Gerüchten über Goluch. [Gołuchowski] Austritt gehört. – Hartung – In die Anstalt; dort richte ich Haidinger's Ansprache zum Druck zusammen und sende sie in die Auer'sche Drucke-

136 [Anonymus], Die geologische Reichsanstalt Wien 1. In: Der Berggeist. Zeitung für Berg-, Hüttenwesen und Industrie, V. Jg., Nr. 84, 19. Oktober (1860), S. 684–685.

137 [Franz Hauer], Wien 24. Oktober. In: Allgemeine Zeitung, Nr. 301, 27. Oktober 1860, S. 4984. Die Befürchtung wurde geäußert, dass das autonome Leben der wissenschaftlichen Einrichtungen in Wien durch die Auflösung des Ministeriums und allfällige Wiedererrichtung einer Hofstudienkommission gefährdet sei. Außerdem wurde darauf verwiesen, dass die Stelle des Kurators der Akademie unbesetzt sei und diese einen Mann erfordere, der »Einsicht und Kraft des Geistes genug besitzt, um sie und die Interessen der Wissenschaft nicht bloß zu repräsentieren, sondern auch zu vertreten […]. Die Akademie braucht an der Spitze nicht einen gelehrten Staatshämorrhoiarius, nicht bloß einen Figuranten, sondern einen Mann, welcher gelegentlich Initiativen ergreifen und Interessen der Akademie wahren kann.«

138 [Hingenau], Die geologische Reichsanstalt Wien 1. In: Der Berggeist. Zeitung für Berg-, Hüttenwesen und Industrie, V. Jg., Nr. 84, 19. Oktober (1860), S. 684–685.

139 [Franz Hauer], Wissenschaftliches Leben in Wien. In: Das Vaterland, Beilage zur Nr. 57, 4. November 1860.

rei[140] – Senoner hat den Russischen Stanislaus-Orden[141] erhalten – In die Stadt, wo ich den neuen Börse-Saal[142] besehe. – Nachmittag wieder Hingenau, der den Artikel über die gestrige Sitzung fertig gemacht hat[143] – In der Anstalt erzählte mir Karl [Hauer], daß Plener, der Vater, gestern bei den Ältern war. – Versendung meiner letzten Druckschriften.
Brief an Rudolph. //

1860 November

1. Donnerstag

In der Anstalt mit Karl gesprochen – Nachmittag Hingenau; er hat mit Steingaß verabredet, daß unsere Wissenschafts-Artikel immer Samstag erscheinen sollen. – Abends bei Streitberger. Daselbst Karl [Hauer], Hingenau, Stur [Štúr], Stache, Andrian.

2 Freitag. [November 1860]

Vormittag in der Stadt Geldgeschäfte. Fleißig an den Höhenrechnungen gearbeitet. – Nachmittag Pußwald.
Brief an Bielz, und Versendung meiner neueren Separat-Abdrücke.

3 Samstag [November 1860]

Morgens Senoner; er bringt mir einen [sic] Verzeichniß seiner Conchylien-Sammlung, aus der ich einiges kaufen soll; – In die Anstalt; Verabredungen mit Stache wegen der Siebenbürger Karte. Nachmittag Hingenau – Abends Akademie-Sitzung.

4 Sonntag [November 1860]

Artikel für d. Vaterland geschrieben – Besuch von Andrian – In die Anstalt dort langen Plausch // mit Karl und Schrauf. – Mittag bei den Ältern; Tante Marie und Max Ergy. [?], der nächstens nach Paris geht – Nachmittag Hingenau.

140 Die 1804 von Kaiser Franz I. begründete Staatsdruckerei wurde unter dem Direktorat von Alois Auer-Welsbach in der Zeit zwischen 1841 und 1866 ausgebaut und verkürzt als Auer'sche Druckerei bezeichnet. Offensichtlich ist diese Arbeit dann doch erst später gedruckt worden. Wilhelm Haidinger, Das Kaiserlich-Königliche Montanistische Museum und die Freunde der Naturwissenschaften in Wien in den Jahren 1840–1850 (Wien 1869).

141 Der Orden des heiligen Stanislaus, 1765 begründet und nach König Stanislaus II. August benannt, war ursprünglich ein polnischer Verdienstorden. 1815 wurde er vom russischen Zar Alexander I. erneuert und bestand ab dieser Zeit aus fünf Klassen.

142 Die als k.k. privilegierte Nationalbank gegründete Einrichtung erhielt 1860 das von Heinrich Ferstel geplante neue errichtete Bankgebäude (heute fälschlich Ferstelpalais genannt), das im italienischen Renaissancestil gestaltet war. In diesen neuen Bau wurde der Börsesaal mit seinen Nebengebäuden untergebracht, da die Börse bis zu diesem Zeitpunkt auf mehrere Orte verteilt war.

143 [Hingenau], Die geologische Reichsanstalt Wien 1. In: Der Berggeist. Zeitung für Berg-, Hüttenwesen und Industrie, V. Jg., Nr. 84, 19. Oktober (1860), S. 684–685; Nr. 85, 22. Oktober, S. 691-692.

5 en Montag [November 1860]

Morgens etwas Kopfschmerz, nicht viel zur Arbeit aufgelegt. – In die Anstalt, Foetterle angekommen. Wieder Nichts Neues, Kotschy kömmt, um einen nach Schemnitz gehenden Buchhalt[un]gs-Practikanten anzuempfehlen. – Wir besprechen die Präsidenten Wahl für die Geogr[aphische] Ges[ellschaft] und beschließen, erst Thun zu fragen, der aber nicht Mitglied der Gesellschaft ist und dieß erst werden müßte; Geht dieß nicht, so soll die Präsidentschaft Fligely angetragen werden, lehnt auch er ab, so wählen wir entweder Mislin, der eben seine Pilgerreise nach Jerusalem herausgegeben hat[144] oder Kotschy. – Nachmittag Hingenau, Foetterle war bei ihm gewesen und hatte ihn nicht getroffen; Ich erzähle ihm wegen Thun; dieser soll heute abreisen, doch will Hingenau versuchen, ihn noch Abends zu sehen. – Hingenau bringt die von Haidinger schon vor mehren // Jahren verfaßte und nur den nächsten Freunden mitgetheilte Geschichte der Freunde d. Naturw[issenschaften] und der Akademie, die ihm Haidinger wohl in Folge des Artikels in dem Vaterland[145] zum Lesen gesendet hatte. Hingenau meint, wir sollen davon bloß für uns, ohne sie irgend Jemanden mitzutheilen, eine Abschrift nehmen, um das hochwichtige Document vor jeder Gefahr des Verlustes zu bewahren. Er übernimmt die Hälfte und läßt mir die andere Hälfte zurück – Noch bringt Hingenau meinen Artikel über die Samstag-Sitz[un]g umgearbeitet zurück. – Karl [Hauer]; er theilt mir mit, daß Schweitzer von mir eine Besprechung des dieser Tage erscheinenden Buches[146] der von Baumgartner präsidirten Wasser-Comission wünsche. Ich erkläre mich bereit, sie zu machen und gehe zu Schweitzer, um das Nähere zu verabreden, treffe ihn aber nicht. – Ausschuß-Sitzung des Zoolog[isch] bot[anischen] Vereines. Man bietet mir die Doubletten der Torf-Sammlung für die G.R.A. an. Abends Abschreiben der Haidingerschen Schrift. // Noch vergaß ich zu erwähnen, daß Foetterle von Erzh[erzog] Stephan einen Brief erhielt als Antwort auf seinen ihm gesendeten Atlas[147] und unser Promemoria. Er billigt das Letztere vollkommen und schreibt, er möchte wissen, ob es Goluchowski [Gołuchowski] nicht den Tag, an dem er es erhielt, den Appetit verdorben habe.

144 Jacques Mislin, Die heiligen Orte. Pilgerreise nach Jerusalem von Wien nach Marseille, Slavonien, die Donaufürstenthümer, Constantinopel, den Archipelagus, den Libanon, Syrien, Alexandrien, Malta und Sicilien. 3 Bde. (Wien 1860).

145 [Franz Hauer], Wissenschaftliches Leben in Wien. In: Das Vaterland, Beilage zur Nr. 57, 4. November 1860, S. 5.

146 Commission des hohen Ministeriums des Inneren (Hg.), Das Wasser in und um Wien rücksichtlich seiner Eignung zum Trinken und zu anderen häuslichen Zwecken. Nach dem Bericht der von dem hohen Ministerium des Inneren zum Behufe der Untersuchung eingesetzten Commission (Wien 1860).

147 Franz Foetterle, Geologischer Atlas des österreichischen Kaiserstaates (Gotha 1860).

6. M~~ont~~ Dienstag. [November 1860]

Morgens zu Schweitzer, der verspricht, das Buch über die Wasser-Comission zu senden, so bald es erscheint. – Den übrigen Tag fleißig gearbeitet, theils an Höhenrechnungen, theils an der Abschrift des Haidinger'schen Memoire's.

7 Mittwoch [November 1860]

In die Anstalt. Haidinger bringt einen Erlaß vom Min. d. Inn[eren][148], der an Widersinnigkeit alles übertrifft, was wir noch erhalten haben. Nachdem für November ein Verlag von nur 100 fl. [Gulden] bewilligt wurde, sendet man uns die wie gewöhnlich im letzten Vierteljahr zur Auszahlung eingereichten Conten im Betrag von ungefähr 230 fl zurück, mit dem Auftrage, sie aus den Verlägen // zu bezahlen, wobei aber diese durchaus nicht überschritten werden dürfen. Haidinger, anfangs gewillt, nun wirklich die Anstalt zu sperren, entschließt sich doch lieber eine Antwort mit Hinweisung auf das Sinnlose der Verordnung zu geben. – Von der Akademie erhalte ich das Honorar für meine letzte Abhandlung[149] – Zu Hause erfahre ich, daß inzwischen Hingenau da war. Er hatte eine Nummer des ~~Presse~~ Fremdenblattes[150] mitgebracht, in dem gerüchtweise die von der Akademie beschlossenen Reductionen angegeben sind: Aufhören des Honorares für die Nichtmitglieder, Beschränkung des Almanaches, ordinäreres Papier zu den Druckschriften. Nach den Nachrichten, die Karl hatte, kömmt dazu noch Herabsetzung des Honorares für die Denkschriften auf fl. 22 per Bogen, und strengste Prüfung aller zum Druck eingereichten Abhandlungen. – Karl hatte mir in der Anstalt einen Artikel über die Kohlencomission gezeigt, den er für die ostdeutsche Post[151] geschrieben hat, in dem wieder Schrötter heftig angegriffen wird – Besuch von Septina. – Nachmittag // Sitzung des Zool[ogisch] bot[anischen] Vereines. Ich treffe mit Hingenau zusammen. Er will über die Notiz im Fremdenblatt einen abgesonderten Artikel schreiben. Belcredi ist angekommen; Hi[ingenau] will noch heute Abend ihn bearbeiten mit Mecsery zu sprechen. Auch Scheuchenstuel hat Hing[enau] gesprochen und gehört, daß dieser noch immer wegen der früheren Patera'schen Angelegenheiten gegen ~~Hingen~~ Haidinger verstimmt ist; doch sagt er, mit den übrigen

148 Welcher Erlass gemeint war, ist nicht identifizierbar.

149 Franz von Hauer, Nachträge zur Kenntnis der Cephalopoden-Fauna der Hallstätter Schichten. In: Sitzungsberichte der Akademie der Wissenschaften, math-naturw. Kl. 41 (1860), S.113–150.

150 [Anonymus], Tags-Neuigkeiten. Wien. In: Fremden-Blatt, XIV: Jg., Nr. 309, 7. November 1860, S. 2: »Dem Vernehmen nach soll die Akademie der Wissenschaften veranlaßt worden sein, von ihrer jährlichen Dotation eine Summe von 15.000 fl. zu ersparen. Um diese bewerkstelligen zu können, soll der Beschluß gefaßt worden sein, Nichtmitgliedern für ihre Abhandlungen kein Honorar mehr, sondern blos 50 Stück Separat-Abdrücke zu verabfolgen! Das Honorar belief sich bisher auf 35 fl. per Druckbogen! Minder eines Papiers soll bei den Druckschriften in Gebrauch kommen, und der Almanach auf die Hälfte zusammenschmelzen! Für kolorirte Gegenstände soll eine eigene Bewilligung der Akademie erforderlich sein.«

151 Dieser Artikel ist vermutlich nicht erschienen, er konnte nicht aufgefunden werden.

Mitgliedern der Anstalt, mir, Foetterle e.c., sei gut auszukommen. – Ich gehe mit Hörnes und Fenzl aus der Sitzung fort. Letzterem erzähle ich Manches über Schrötter und Baumgartner; er stimmt bei, daß mit einiger Thätigkeit die Reduction der Mittel der Akademie hätte vermieden werden können. – Ich sage ihm, durch die beabsichtigten Schritte werde die Akademie den letzten Rest von Popularität verlieren, man solle die Honorare ganz abschaffen, oder umekehrt nur die Nichtmitglieder honoriren. Auch hier stimmt er bei, versichert aber, dazu werde man sich in keinem // Falle herbeilassen.
Brief von Rudolph.

8 Donnerstag [November 1860]

Arges Schnee-Gestöber, daher ich vormittag zu Hause bleibe und erst einen Bericht über die gestrige Sitz[un]g für das Vaterland schreibe und dann Höhen rechne. Nachmittag Hingenau; er bringt einen Brief an Haidinger, worin er diesen auffordert, auch über die Zeit 1850–60 eine~~n ä~~hnliche~~n~~ Geschichte zu schreiben wie über 1840–50. – Abends Akademie-Sitzung. Suess, der mir von dem Zustandekommen eines Vereines für die Montagsvorlesungen erzählt. – Der Statthalter Halbhuber[152] soll die Sache sehr goutiren und überhaupt besonders viel wissenschaftlichen Sinn haben. – Boué dankt sehr warm für die Siebenbürgischen Höhenmessungen; die ich ihm übersandte – Unter den Vorträgen Schrötter nochmals über den Flußspath von Wölsendorf [153]– Zu Streitberger mit Kopetzki [Kopetzky] mein Min[derheits-] Votum an Arneth; – später kömmt Reitlinger, sonst aber Niemand mehr. Letzterer theilt mir seine Wünsche zur Wahl als correspond[ierendes] Mitglied mit, und sagt, daß er // dabei besonders von Schrötter Opposition fürchte. – Noch schreibe ich einige Zeilen üb[er] d. Sitzung.
Brief von Streffleur
[Brief] an Reissenberger.

<u>9. Freitag</u> [November 1860]

Vormittag eine Abhandlung über das Aneroid für Streffleur's Zeitschrift[154] begonnen – In die Anstalt; mit Foetterle die Candidatur Thun's für die Stelle eines Präsidenten der geograph[ischen] Gesellschaft besprochen. Fligely, an den sich Foett[erle] gewendet hatte, lehnte die Präsidentschaft bestimmt ab. Thun, der noch nicht Mitglied ist, müßte sogleich als solches eintreten. – Nachmittag Fortsetzung der Arbeit für Streffleur; Abends Pusswald zum Thee.

152 Die Chefs der Niederösterreichischen Landesregierung wurden Statthalter genannt, Anton Halbhuber von Festwill (1809–1886), seit 1854 Freiherr, bekleidete das Amt von 1860 bis 1862.

153 Zuvor im Text auch Wesersdorf, Wölsendorf jedoch richtig.

154 Die Oesterreichische Militärische Zeitschrift wurde von Valentin Streffleur (»k.k. General-Kriegs-Commissär«) herausgegeben.

10 Samstag. [November 1860]

Zeitlich früh Hingenau; er hat noch gestern Abend mit Thun gesprochen und diesen bereit gefunden, die Präsidentschaft[155] anzunehmen; ja er soll über den Antrag sehr erfreut gewesen sein. – In die Anstalt; Haidinger kömmt; wir denken darüber, ob es nicht angemessen sei, künftige Erläße von Goluchows//ki [Gołuchowski], der als Staatsminister eigentlich nicht mehr unser Chef sein kann, zurückzuweisen. – Wir suchen in den Zeitschriften von Hammerschmid und Schmidl[156] vergeblich nach Anhaltspunkten, um die Priorität der Entdeckung des rothen Phosphors, die Goldmark und nicht Schrötter gemacht hat, nachzuweisen.[157] In der »Presse« eine ganz verkehrte Mittheilung[158] über Schrötters letzten Vortrag über den Ozonhaltigen Flußspath; ich schike diesen Artikel sogleich an Hingenau, damit darüber noch ein paar Worte im Vaterland unserem letzten Berichte, der morgen erscheinen soll, angehängt werden können. Hingenau kömmt in Folge dessen sogleich heraus und hat wirklich etwas über die Sache geschrieben, ist aber zweifelhaft, ob er noch Zeit finden wird, es in die Zeitung zu bringen; er erzählt, daß morgens Haidinger bei ihm war, um ihn zu besuchen. – Nachmittag Ausschußsitzung der geogr[aphischen] Ges[ellschaft]. Der Antrag, Thun zum Präsidenten zu wählen, geht unanimiter durch. Ruttner meint, man müße, da Thun erst zum Mitglied zu machen sei, den Vorgang vorsichtig einlei//ten, da sich jetzt die Öffentlichkeit mehr solcher Angelegenheiten bemächtige als früher und namentlich im Vaterland gut geschriebene, aber sehr spitze Artikel über die Akademie und Gesellschaftssitzungen erscheinen. Ein Beweis, daß diese Artikel Aufsehen machen. Ruttner ahnt nichts, daß wir von diesen Artikeln nichts zu besorgen[159] haben. Abend Oncle Unktrechtsberg aus Olmütz zum Besuch. Ich vollende dann noch den Artikel für Streffleur.

Brief an Streffleur

[Brief] von Fritsch mit Reissenbergers Höhenmessungen.

11 Sonntag [November 1860]

Morgens an den Siebenbürgischen Höhen gearbeitet. – Im Vaterland unser Artikel[160] – Hingenau kömmt, um wegen der gestrigen Ausschuß-Sitzung nachzufragen.

---

155 Präsidentschaft der »k.k. Geographischen Gesellschaft« in Wien.

156 Karl Eduard Hammerschmidt war Redakteur der Zeitschrift »Allgemeine Oesterreichische Zeitschrift für den Landwirth, Forstmann und Gärtner« (1829–1849). Adolph Schmidl war Redakteur der »Oesterreichische[n] Blätter für Literatur, Kunst, Geschichte, Geographie, Statistik und Naturkunde (1844–1848)«.

157 Heute wird die Priorität Schönbein zugeschrieben.

158 [Anonymus], Wiener Nachrichten. In: Die Presse, 13.Jg., Nr. 288, 10. November 1860, S. 4: »Professor Schrötter sprach über die bereits früher von ihm erwähnte Gegenwart des Ozons im Flußspath, und bemerkte, daß Schönbein und Schafheitl diesselben Resultate gefunden wie er.«

159 Besorgen im Sinne von befürchten.

160 [Anonymus], Wissenschaftliches Leben in Wien. In: Das Vaterland. Beilage zu Nr. 63, 11. November

Er erzählt, daß Pachl hier ist und er ihm gerathen hat, jetzt, wo er sich in Disponibilität befindet, seinen Aufenthalt in Wien zu nehmen und sich bei den wissenschaftlichen Gesellschaften zu betheiligen. – In die Anstalt. Nichts Neues; ich beginne // meine in Siebenbürgen gesammelten Gesteine zu ordnen. – Diner bei den Ältern; – Nachmittag wieder Hingenau.

12 Montag [November 1860]

Früh Höhenrechnungen – Besuch von Hartung. – In die Anstalt – Herr v. Kowriguinn, russischer Bergcapitän, der von Stadler und Stokher in Eisenerz an mich adressirt ist, kömmt die Anstalt besehen. Er ist aus dem Altai-District in Sibirien und geht nach Schmöl[l]nitz[161] und nach Schemnitz.[162] – Arbeit an der Ordnung meiner Siebenbürgischen Gesteine. – Nachmittag Höhenrechnungen.
Brief von Fischer in Hermannstadt.

13. Dienstag [November 1860]

Höhenrechnungen – In die Stadt zu Emilie Unkhrechts. u. Hankenberg. – Nachmittag Hingenau – Abends Sitzung der Geograph[ischen] Gesellsch[aft]. Hietzingers Jahresbericht[163] flüßig, aber zum Vorlesen hören langweilig – Viel Complimente von allen Seiten – Wahl Thun's geht mit Ak[k]lamation, ohne daß es einer Motivirung von Seite Hingenaus, wie sie beabsichtigt war, bedurft hätte. // Noch ein Vortrag von Becker,[164] der mir etwas unreif scheint. Viele Leute zugegen, darunter Salm, Haidinger, Bergmann. – Lächelndes Gemurmel als Foetterle den Austritt Schrötter's anzeigt. – Im Kladderadatsch[165] soll die Geschichte vom an die Tasche klopfen Goluchowski's [Gołuchowskis] mitgetheilt sein. Ich erzähle dieß Haidinger und Salm. Letzterer meint, diese Geschichte werde Goluch. [Gołuchowski] noch oft zu hören bekommen. – Karl hat einen Brief von Patera. Das Vanadin-Rohmaterial[166] soll auf Bestel-

1860, S. 5–6. Dieser Artikel diskutiert ausführlich und kritisiert durchaus mehrdeutig Schrötters Prioritätsanspruch bezüglich der Ozonfrage des Phosphors.

161 Heute Smolník (Slowakei).

162 Heute Banská Štiavnica (Slowakei).

163 Karl Hietzinger, Ansprache bei der Jahresversammlung am 13. November. Bericht über die Versammlungen der kaiserl. königl. Geographischen Gesellschaft. In: Mittheilungen der Geographischen Gesellschaft Wien 5 (1861), S. 1–21.

164 Moriz Becker, Ueber die geographischen Bedingungen der Civilisation. Bericht über die Versammlungen der kaiserl. königl. Geographischen Gesellschaft. In: Mittheilungen der Geographischen Gesellschaft Wien 5 (1861), S. 29.

165 Es handelt sich dabei um die Berliner Satirezeitung, die ab 1848 erschien.

166 Vanadin (heute Vanadium) war im Jahre 1811 vom spanischen Mineralogen Andrés Manuel del Rio im mexikanischen Bleierz als neues Element beschrieben und als Panchronium benannt worden. Der schwedische Chemiker Niels Gabriel Sefström benannte das von ihm erneut entdeckte Element bei der Untersuchung von Eisen als Vanadin. Vanadinproben wurden im Labor der Reichsanstalt untersucht. Siehe GBA, Bibliothek und Archiv, Amtsarchiv, 1860, Nr. 751.

lung nach Amerika verkauft werden, Ich rathe Karl, zu Scheuchenstuel zu gehen und ihn um ein paar Pfunde zu bitten. – Patera schreibt, er lese allerlei über Krokodillthränen [sic] und Ozongeruch, also dringen unsere Artikel schon bis Joachimsthal – Am Nachhausewege sagt mir Haidinger, er sei mit dem Angriffe auf Littrow nicht einverstanden, Anfänger sollten ihre Arbeiten wirklich nicht selbst[167] in die Akademie bringen; übrigens sei freilich die ganze Form der Akademie eine veraltete. Eine Reorganisation // derselben von innen heraus halte er für unmöglich. –

14 Mittwoch [November 1860]

Morgens Höhenrechnungen – In die Anstalt. Meine Mineralien fertig geordnet. – Foetterle hat mit Thun gesprochen, der die Präsidentschaft der Geogr[aphischen] Gesellsch[aft] sehr bereitwillig übernimmt. – Nachmittag Brief an Fischer geschrieben wegen Herausgabe der geologischen Karte von Siebenbürgen – Besuch von Feldmarschall-Lieutenant Schlechta, der wegen Kohlen bei Dynow in Galizien[168] nachfragt. – Abends wieder gerechnet.
Brief an Fischer in Hermannstadt[169].
[Brief] von Suess mit Einlage von Fischer in München, der klagt, daß seine Petrefacten unbestimmt zurückgesendet wurden.

15. Donnerstag. [November 1860]

Morgens Hingenau mit einem Artikel über die geographische Jahres-Sitzung[170]. – In die Anstalt. Von Wolf die geologische Karte u. Notizen über Dynow geholt. Nachmittag die Höhenrechnungen beendet und sie abzuschreiben begonnen.
Brief von Rudolph. //

16. Freitag. [November 1860]

Vormittag zu Hause. Fleißig am Zusammenschreiben der Höhen gearbeitet. – Nachmittag Hingenau. Er findet, daß Alle Verhältniße schlecht stehen. – Plener soll austreten und Kalchberg an seine Stelle kommen? – In die Akademie; Burg erkundigt sich lebhaft nach der G.R.A. und spricht mir gegenüber sehr für unsere Ansichten und Interessen, – Kner hat von Schrötter gehört, daß die Bestättigungen der Akademie-Wahlen demnächst herabkommen sollen – Gaal (Ref[erent] d. Presse) verwickelt mich in ein Gespräch und versichert Schrötter gebe an, er habe in der Comission für d~~as~~ie Erhaltung des Laboratorium u.s.w. gesprochen. Ich erwiedere, daß mir scheint, Schrötter wolle immer alles Gehäßige, was er unternimmt, Baumgartner in die Schuhe

167 Das Wort ist eingefügt.

168 Dynow (Dynów), kleine Stadt in Ostgalizien (heute Polen).

169 Heute Sibiu, Rumänien.

170 Karl Hietzinger, Ansprache bei der Jahresversammlung am 13. November. Bericht über die Versammlungen der kaiserl. königl. Geographischen Gesellschaft. In: Mittheilungen der Geographischen Gesellschaft Wien 5 (1861), S. 1–21.

schieben. – Littrow nähert sich mir sehr freundschaftlich. – Nach Hause und hinüber zu Schlechta, dessen Bruder ich rathe, seine Kohlenschürfungen bei Dynow aufzugeben. Sectionschef Schlechta frägt ~~eben~~ wieder nach der Anstalt und meint, er hoffe das Finanz-Minist[erium] werde uns unter // seine Flügel nehmen? – Hankenbergs und Pusswald zum Ganter,[171] Abends noch gearbeitet bis 12 Uhr.

17. Samstag [November 1860]

Vormittag i. d. Anstalt, Haidinger unzufrieden mit der Tagesordnung für Dienstag, – Foetterle hat eine Eingabe an das Ministerium, ziemlich scharf, wegen der verweigerten Zahlung der Viertel-Jahres-Conten geschrieben.[172] – Sendung von Büchern aus Amerika erhalten. – Nachmittag Visite bei Pichler, sonst fleißig an den Höhenrechnungen gearbeitet.

18 Sonntag [November 1860]

Morgens Höhen-Arbeit, Um 1 Uhr in die Anstalt, wo ich meinen Vortrag für Dienstag überdenke und einige Aufschreibungen über dieselben vorbereite. – Mittags bei den Ältern – Abends Höhen-Arbeit.

19 Montag. [November 1860]

In die Anstalt; von da mit Foett[erle] zu Haidinger. Die von Foetterle concipirte Eingabe (17$^{t.}$)[173] hat Haidinger vielfach umgearbeit[et], wie er meint, abgemildert, doch // scheint sie mir wo möglich noch schärfer geworden. – Haidinger's Ansprache gedruckt.[174] – In das [Hof]-Min[eralien]-Cabin[et], wo ich mit Hörnes' Hülfe die älteren geologischen Karten von Siebenbürgen zusammensuche für meinen Dienstag-Vortrag. – Hörnes scheint heute besser über unsere Zukunft zu denken als neulich. – Er will im Minister[rat] nachfragen wegen der Bestättigung der Akademie-Wahlen. – Nachmittag Hingenau; er bringt seine Aneroid-Ablesungen, welche mir aber noch ungeeignet zu einem wissenschaftlichen Gebrauch scheinen. – Abends Ausschuß-Sitzung des Zool[ogisch] bot[anischen] Vereines; sehr zahlreich besucht. Das Praeliminare für 1861 wird entworfen; Fenzl spricht wieder viel von Sparen, dem ich entgegentrete. Schrökinger will einen Betrag zum Ankauf von Büchern angesetzt haben; auch dem wiedersetze ich mich und sein Antrag fällt durch; eben so auf Hörnes Einsprache der Antrag von Frauenfeld, die Druckschriften der Gesellschaft in Serien zu sondern und mit 1861 eine zweite Ser[ie] zu beginnen.

---

171 Ganselschmaus, Ganter ist eine Bezeichnung für die männliche Gans, auch oft Ganser, Ganterich oder Ganserich.

172 GBA, Bibliothek und Archiv, Amtsarchiv, 1860, Nr. 764.

173 AVA Präs. Akten; K 73 b; Promemoire Foetterle, 22. Nov. 1857.

174 Siehe [Wilhelm Haidinger], Sitzungsberichte. In: Jahrbuch der k.k. geologischen Reichsanstalt, 11. Bd. (1860), S. 115–134.

(Nachtrag zum 17ten) Hochstetter hat von Baum//gartner gehört, daß dieser Goluchowski [Gołuchowski] gerathen habe, nun, da alle Anträge des Reichsrathes angenommen worden seien, den Kaiser zu bitten, er möge das Handbillet[175] wegen der Vereinigung der G.R.A. mit der Akademie zurücknehmen; auch habe er dafür gesprochen die Anstalt in ihrem jetzigen Locale zu belassen.

20. Dienstag [November 1860]

Vormittag fleißig gearbeitet – Nachmittag Sitzung unserer Anstalt. Wenig Fremde, (Hingenau, Gaal, Stloliczka [Stoliczka]), Haidinger präsidirt. – Foetterle hat einen Brief von Becker, worin dieser wahrhaft entzückt schreibt über den Artikel des Vaterlandes üb. d. geograph[ische] Gesellschaft[176]. – Karl [Hauer] erzählt, daß Burg den Schrötter gefragt habe, wie es eigentlich mit der Vereinigung unserer Anstalt mit der Akademie stehe, ob sie zu Stande kommen werde. Schrötter versicherte mit größter Bestimmtheit, darüber könne kein Zweifel sein, »wie könne man glauben, daß der Kaiser sein Handbillet zurücknehmen werde.« – Am Wege nach Hause theilt mir Haidinger, // der mit der Sitzung sehr zufrieden schien, die Nachricht mit, daß Stoliczka bei ihm war, um sich zur Dienstleistung bei der Anstalt zu melden.

21 Mittwoch [November 1860]

Die Bestättigung meiner Akademie-Wahl in der Zeitung;[177] ich gehe gleich zu Baumgartner, der mich anfangs sehr kühl empfängt, den ich aber zu einer 1 St[un]d[e] dauernden Erörterung bringe. Auf meine directe Frage, warum er gegen mich aufgebracht sei, klagt er vor Allem, daß seine[n] Bemühungen um unsere Anstalt doch stets nur mit Mißtrauen begegnet werde. Ich kann nur einzelne Momente der Diskussion, die mir wichtiger scheinen ~~eh,~~ ohne den ganzen Zusammenhang wiedergeben. Man habe, sagte Baumgartner, ~~vo~~ in den Blättern von links schielenden Mitgliedern der Akademie gelesen und diese angefeindet und verdächtigt und doch müße man sich gegenwärtig halten, daß diese nicht anders handeln konnten. Er selbst (B.) sei, als der Erlaß kam, in Karlsbad gewesen; auf das Andrängen besonders von Karajan (dieser Ausdruck entschlüpft ihm) habe er, // da er nicht ~~her~~ nach Wien zurück konnte, Schrötter geschrieben, eine Comission zusammenzusetzen. Als Schrötter zum ersten Mahle zu Goł[uchowski] kam, habe dieser erklärt, 10000 fl [Gulden] seien das zu bewilligende Maximum; erst auf die Einreden Schrötters habe er sich zu 20000 bestimmen lassen; Die Comission habe sich innerhalb dieser Gränzen bewegen müssen und nun freilich

175 Kaiser Franz Joseph beschied mit kaiserlichem Handschreiben vom 4. Juni 1860 (7. Juni 1860 als Verordnung publiziert), dass die GRA mit der Akademie der Wissenschaften ab 1. November vereinigt werde.

176 [Anonymus], Wissenschaftliches Leben in Wien. In: Das Vaterland. Beilage zu Nr. 68, 18. November 1860, S. 6f.

177 Wiener Zeitung, Nr. 273, 21. November 1860, S. 1.

Restrictionen, darunter die Auflösung des Laboratorium[s] vorgeschlagen. Die Herren konnten nicht anders handeln. –
Ich erwiederte, die Rede Goluchowski's [Gołuchowski] im Reichsrathe müsse demselben soufflirt worden sein, er selbst habe dieselbe nicht erfunden, daß Baumgartner nicht derjenige gewesen sei, der sie ihm eingegeben, sei uns wohl bekannt. – Da müßte einer oder der Andere der Herren für sich bei Goł [Gołuchowski] gewesen sein, meinte B. – ich antwortete, dieß sei allerdings der Fall, und ~~v~~ diese und ähnliche Vorgänge werden vom Publicum ihm, B., der daran unschuldig sei, zur Last gelegt. – Das erste Mißverständniß mit Haid[inger] sagt B. weiter, sei die Behauptung, die letzterer in einer bei der Akademie deponirten // Abhandlung machte.[178] B. habe, als ihn~~m~~ Haidinger zur Theilnahme an den Arbeiten der Freunde der Naturw[issenschaften] aufforderte, geantwortet, er könne dieß nicht thuen, man sehe derlei eben nicht gerne. Diese Äußerung habe er allerdings gemacht, aber in Folge einer directen Aufforderung v. Fürst Metternich, der ihn damals rufen ließ, ihm sagte, die Angelegenheit der Gründung einer Akademie gehe einer glücklichen Lösung entgegen, man möge sie durch unsere Versammlungen nicht stören und trachten, daß diese aufhören. – Diese Thatsache, sagte ich, sei mir höchst merkwürdig, da Metternich fortwährend namentlich durch Hügel uns jede Aufmunterung zukommen ließ – Darauf erzählte mir B. die Anecdote von Hammer, der bei ähnlicher Gelegenheit ~~sagte~~ dem Erzh. Ludwig sagte, entweder Er od. Fürst Metternich lüge ihn an, worauf Erzh. L. gutmüthig antworte[te], ich gewiß nicht, lieber Hammer. – Auch die Schrift Baumgartners[179] über unsere Anstalt vom Jahre 1857[180] kam zur Sprache; ich theilte B. mit, daß Haidinger dieselbe nie gesehen // habe, daß aber ich eine Abschrift davon besitze; sie war, sagte B., hervorgerufen durch Haidingers Äußerung über die von Kübek [Kübeck] beabsichtigte Unterordnung unserer Anstalt unter die Akademie, in welcher Äußerung die Gebarung der Akademie auf das Heftigste angegriffen habe. – Weiter erklärt B., er wolle, wenn die Geschichte doch mit der Vereinigung enden sollte, sogleich seine Stellung als Präsid[ent] der Akademie niederlegen, er wolle sich nicht ~~s~~ nachsagen lassen, das Ganze sei gemacht worden, damit er einen Einfluß auf die Anstalt gewinne. – Ich sagte B., ich könne auch nicht für jedes Wort einstehen, das Haid[inger] gebrauche, es würde aber die größte Undankbarkeit sein, wollte ich nicht bei jeder Gelegenheit seine Partei ergreifen; Baumg[artners] Austritt von der Präsidentschaft würde ich tief beklagen, ich hoffe, die Bedingung dazu werde nicht eintreten; Auch er glaube nicht an diese Eventualität, versicherte er.

---

178 Dieses Wort eingefügt.

179 Eine Abschrift eines Gutachtens von Baumgartner, an Bach gerichtet, aus dem Jahre 1853 allerdings, liegt in der Geologischen Bundesanstalt vor. Siehe dazu auch: AVA, K 73 b, Präsent. N. 3976/M.I. 1072 de 854.

180 Hier irrte sich Hauer, die Schrift entstand 1854.

~~Nachmi~~ Von Baumgartner zu Haidinger, den ich nicht finde, dann in die Anstalt – Nachmittag Hingenau sehr glorios, er war Vormittag im Cabinet, um Hörnes und Suess zu // gratuliren, bringt auch einen Bericht für das Vaterland über unsere letzte Sitzung und über die Akademie-Wahlen. – Visite von Braulick's-Boston-Partie. Brief von Stabile.

22 Donnerstag. [November 1860]

Früh zu Haidinger. – Ich erzähle ihm meine Unterredung mit Baumg[artner] und höre nun, daß Haidinger nie eine Schrift bei der Akademie deponirt hat (Sollte Schrötter gegen sein gegebenes Wort Haidinger's ~~Ab~~ geschichtliche Abhandlung an Baumgartner mitgetheilt haben?) Haid[inger] zeigt mir das schöne Meteoreisen mit eingebackenen Stücken Meteorstein von Nebraska[-Eisen], »Oncle« welches er von Holmes in St. Louis erhalten hatte. – In die Anstalt – dann zu Zippe u. Ettingshausen; beide nicht zu Hause. – zu Littrow der sich ziemlich klar gegen Bau[m]g[artner] überwuchernden Einfluß in der Akademie ausspricht. Er selbst, L., habe es aufgegeben, dort etwas durchzusetzen. – In den Akademieschriften meint er, sei viel Schüler-Arbeit, Mitglieder und Nichtmitglieder hätten des Honorares wegen ihre Abhandlungen zu sehr ausgesponnen. Die projektirten Maaßregeln (Honorirung nur der // Arbeiten der Akademiker, Herabsetzung des Honorares für die Druckschriften u.s.w.) seien bereits Beschluß. Er habe die Bestimmung, die beabsichtigt war verhindert, daß Abhandlungen von Nicht-Österreichern gar nicht aufzunehmen seien. – Die größte Ersparniß sei durch Aufgeben der Staatsdruckerei zu erzielen. – Er spricht sich energisch gegen Vereinigung unserer Anstalt mit der Akademie aus – Zu Schrötter; kurze kühle Visite; er hält es nicht für nöthig, daß ich zu Goł[uchowski] gehe. – Zu Koller, nicht zu Hause. – Reitlinger war in der Anstalt mir gratuliren.
Abends bei Streitberger, mit Hochstetter, Hingenau, Stache, Stur [Štúr], Foetterle, Karl [Hauer], Reitlinger u.s.w.
Brief an Rudolph.

23. Freitag. [November 1860]

Morgens Staches Höhen zu berechnen begonnen. Julius kömmt, der gestern von Schemnitz angekommen war; er habe so sagt er nicht viele Aussicht von seinem Posten weiter zu kommen. – Zu Plößl[181] einen Operngucker für Louise zu kaufen. – Zu Kreil; eine Visite wegen meiner Akademie-Wahl[182]. Er meint, unser Wiederstand [sic] ge//gen Goł[uchowski] sei sehr heilsam für die übrigen wissenschaftlichen Institute, die man jetzt mehr Bedenken tragen werde anzugreifen. – Ich verlange von Kreil

181 Simon Plößl (1794–1868) hatte 1823 in Wien eine Optikerwerkstätte gegründet, die sich in der Folge zum bedeutendsten Betrieb bezüglich der Mikroskop- und Instrumentenherstellung der Monarchie entwickelte.

182 Die Wahl zum wirklichen Mitglied war eine Woche davor erfolgt.

meteorolog[ische] Beobacht[ungen] von Hermannstadt u. Wallendorf[183]. – Zu Redtenbacher im Theresianum.[184] Er erzählt, die nun stets so langsame Erledigung der akademischen Wahlen rühre von Polizeimaaßregeln her, indem man stets erst Nachforschungen über die auswärtigen Mitglieder anstelle. Dieß geschehe namentlich seit einmahl auf seinen und Littrow's Antrag Melloni aus Neapel gewählt worden war, der in Folge politischer Angelegenheiten aller seiner Ämter entsetzt war. Ein scharfer Verweis an die Akademie war Folge dieser Wahl. – Zu Roschmann's. – Nachmittag in die Ausstellung mittelalterlicher Kunstgegenstände[185] mit Hankenbergs. Dort ~~se~~ treffen wir Löwe, Koller, Helffert u.s.w. – Thee bei Hankenbergs – Abends Höhen gerechnet. Die Zustellung meiner Ernennung v. Seite der Akademie erfolgt. //

24 Samstag. [November 1860]

Früh in die Anstalt. Bei Foetterle Fabianek mit einer Karte der franz. Gesellsch[aft] a. d. Banat.[186] – Goł[uchowski] hat für Richter eine Remuneration von 30 fl. »auf Rechnung der Dotation pro 861« bewilligt. – In den bot. Garten,[187] Fenzl nicht da, Unger nimmt mich sehr freundlich auf u. erzählt allerlei von seiner Reise nach Griechenland,[188] er hat viel mit Jul. Schmidt verkehrt[189], er verspricht von den Doubletten der gesammelten Fossilien auch uns zu geben. – In die Stadt zu Fitzinger (nicht anwesend), – Diesing auch dieser sehr artig – In das Mineraliencabinet. Hörnes versichert, Schrötter glaube nun auch nicht mehr an die Vereinigung. – Es soll ein Klassenbeschluß der Akademie vorliegen, daß keine geolog. paläontolog. u.s.w. Arbeiten gedruckt werden, bis die Frage der Vereinigung entschieden sei. Schrötter hat nun versprochen, den Antrag zu stellen, daß dieser Beschluß jetzt wieder zurückgenommen werde, und zu diesem Zweck will Suess in der nächsten Sitzung eine kurze Mitthei-

183 Hermannstadt (Sibiu), Wallendorf (Unirea).

184 Seit der Revolution 1848 stand das Universitätsgebäude nicht mehr gänzlich für universitäre Lehrgänge zur Verfügung. Der chemische universitäre Unterricht wurde im Theresianum erteilt.

185 Die »Ausstellung von Kunstgegenständen aus dem Mittelalter und der Renaissance« wurde von dem Wiener Altertumsverein organisiert. Mit über 500 Exponaten war es die erste Aktivität, die der Verein für eine größere Öffentlichkeit bestimmt hatte. Die Ausstellung wurde am 16. November im 2. Stock der neugegründeten k.k. Nationalbank (heute Ferstelpalais) eröffnet.

186 Es handelt sich wohl um die 1830 gegründete Société géologique de France.

187 Der Botanische Garten der Universität Wien wurde 1754 gegründet. Geleitet wurde er von Eduard Fenzl.

188 Die Publikation über die 1858 und 1860 unternommenen Reisen erschien zwei Jahre später. Siehe: Franz Unger, Wissenschaftliche Ergebnisse einer Reise in Griechenland und in den jonischen Inseln (Wien 1862). Vgl. dazu auch: Marianne Klemun, Franz Unger (1800–1870): multiperspektivische wissenschaftshistorische Annäherungen. In: Einheit und Vielfalt. Franz Ungers (1800–1870) Konzepte der Naturforschung im internationalen Kontext, hg. von Marianne Klemun (Göttingen 2016), S. 15–92.

189 Unger war teilweise mit Dr. Julius Schmidt, Leiter der Sternwarte in Athen, unterwegs.

lung über portugiesische Brachiopoden[190] halten, der Veranlassung zu diesem Antrag // geben soll. – Nachmittag sehr fleißig an den Höhen gerechnet.

25 Sonntag. [November 1860]

Morgens zu Petzval, nicht zu Hause; – zu Stampfer, er empfängt mich sehr freundlich und zeigt mir verschiedene seiner physikalischen und astronomischen Instrumente, welche zeigen, daß er noch immer sehr thätig ist. Ein Gefäßbarometer, das nach Humboldts Angaben in Salzburg gemacht ist und mit dem Stampfer auf dem Großglockner war,[191] eine astronomische Uhr, deren Fehler meist nur 0,01 – 0,05 Sekunden per Tag beträgt u.s.w. – Zu Boué; er ist etwas unwohl und frägt mich direct, ob ich nicht weiß, von wem die Artikel im Vaterland herrühren. Ich sage, ich habe auch einige Daten dazu geliefert, mehr wisse ich nicht. – Zu Rokitanski [Rokitansky], nicht zu Hause – zu Skoda, er scheint ziemlich erstaunt über meinen Besuch; ist artig, will aber nicht zugeben, daß die Akademie Schmälerung durch entsprechende Maaßregeln hätte vermieden werden können – Zu Brücke. Er spricht viel über unser Locale und hört, was ich ihm über die Verhält//niße desselben erzähle, mit Staunen an. – Zu Hyrtl nicht zu Hause. – Zu Ludwig. Längerer Discours, schimpft über Goł[uchowski] versichert die Mehrzahl aller Akademiker sei von vorne herein gegen die Vereinigung gewesen, und hätte sich in diesem Sinne ausgesprochen. In Wien fänden die wissenschaftlichen Anstalten am Publicum keine Stütze, das sie verachte. Die Theilnahme des Reichsrathes für uns sei nur erklärlich, weil die großen Grundbesitzer die praktische Wichtigkeit unserer Arbeiten zu würdigen verständen u.s.w.
Diner bei den Ältern – Nachmittag Hingenau und später Hankenberg's.

26. Montag. [November 1860]

Morgens in die Anstalt. Die Messung an den Krystallen unseres dioritischen Gesteines[192] aus Siebenbürgen gemacht und dieselben als Hornblende bestimmt. Zu Haidinger, der unwohl und im Bette ist. – Zu Kner, der eben im Begriffe ist, zu Baumgartner zu gehen und mir verspricht, diesen zu fragen, ob es üblich ist, daß neu ernannte

---

190 Dieser Vortrag wurde publiziert: Eduard Suess, Einige Bemerkungen über die secundaren Brachiopoden Portugals. In: Sitzungsberichte der k.k. Akademie der Wissenschaften 42 (1860), S. 589–594.

191 Der Benediktiner Ulrich Schiegg, der die Lehrkanzel für Mathematik, Physik, Astronomie und Naturlehre in Salzburg innehatte, bildete die Brücke zwischen Humboldt und der Erstbesteigung des Glockners im Jahre 1800. Schiegg war es, der während dieser Erstexpedition mit neuen Instrumenten die Höhe des Glockner bestimmte und berechnete. Alexander von Humboldt besuchte Schiegg eigens, um sich vor seiner Amerikareise Anregungen bezüglich der Instrumente zu holen. Siehe dazu: Marianne Klemun, ... mit Madame Sonne konferieren. Die Großglockner-Expeditionen 1799 und 1800 (= Das Kärntner Landesarchiv 25, Klagenfurt 2000), bes. S. 189–191.

192 Die Diskussion des dioritischen Gesteins als Massengestein Siebenbürgens ist in dem zwei Jahre später erschienenen Buch nachzuvollziehen: Franz von Hauer und Guido Stache, Geologie Siebenbürgens (Wien 1863), bes. S. 201–2013.

Akademiker zum Kaiser gehen[193] //– In der Stadt mit Louise Einkäufe gemacht. Nachmittag u. Abend viel in Darwin »über die Entstehung der Spezies«[194] gelesen, dann Bibliothek geordnet.
Brief von Pavai in Nagy Enyed[195]
dto H. v. Meyer in Frankfurt.

27. Dienstag [November 1860]

Nachmittag zu Hause Höhenrechnungen. – Brücke kömmt, geht aber, als er hört, daß wir beim Essen sind, wieder fort. – Nachmittag Karl, Julius, Clementine u. Septine. – Sitz[un]g d. G.R.A. gut besucht; Hörnes, Suess, Hingenau, Ender, Hptm. Wolf, u.s.w. Nach der Sitzung meint Suess, wir sollten auch debattiren u. Fragen an die Vortragenden stellen. – Es wird dann das Wünschenswerthe eines natur~~hiw~~issenschaftlichen Klubbs besprochen und einen solchen zu gründen beschloßen. Es unterzeichnen mit 10 fl p[ro] Jahr Hörnes, ich, Hingenau, Foetterle, Lipold, Suess, Stache. Abends Höhenrechnungen gemacht.

28 Mittwoch [November 1860]

Nachmittag d. Bericht üb[er] unsere Sitzung mit Foetterle zusammengestellt – Zu Haidinger. – Nachmittag Hin[genau?] – // Abends Spiel bei Hankenberg.

29. Donnerstag. [November 1860]

Vormittag Besuch der Rudolphischen aus Csakova. Julius bringt seinen Bericht über die Hornstein'sche Vorlesung.[196] – In die Anstalt, – Visiten von Hankenberg und Hürtl's [Hyrtl?] – Nachmittag Akademie-Sitzung. Alles begrüßt mich mit Herzlichkeit. – Mit Ettingshausen in das Gasthaus. Baumgartner, der mit uns weggeht, sagt, er würde uns gerne auch begleiten, aber er hat Donnerstag Abend immer ein Quartett. – Im Gasthause Hörnes, Suess, Reitlinger, Stache, Lipold, Hingenau, meine drei Brüder. Alles sehr heiter. Karl's Artikel im Wanderer über die Kohlencomission der Tags zuvor erschienen war, wird vorgelesen, ~~Hörnes~~ als Ettingsh[ausen] u. Reitlinger schon fort

193 Hauer ließ keine Möglichkeit aus, sich für die Unabhängigkeit der »k.k. Geologischen Reichsanstalt« einzusetzen. Er hätte vermutlich auch eine Audienz beim Kaiser anlässlich seiner Ernennung zum wirklichen Mitglied der Akademie dafür genützt.

194 Charles Darwin, On the Origin of Species by Means of Natural Selection, or the Preservation of Favoured Races in the Struggle of Life (London 1860). Charles Darwin, Die Entstehung der Arten im Thier- und Pflanzen-Reich durch natürliche Züchtung, oder, Erhaltung der vollkommneten Rassen im Kampfe um's Daseyn, übersetzt von H. G. Bronn (Schweizerbart: Stuttgart 1860). Diese Übersetzung folgte der zweiten Auflage des englischen Werkes.

195 Nagy Enyed (deutsch Straßburg, auch Aegidstadt), Stadt in Siebenbürgen mit Magistrat und Sitz des ungarischen Komitats Unterweißenburg.

196 Siehe: Carl (auch Karl) von Hornstein, Elemente und Oppositions-Ephemeride (1861) der Calliope. In: Sitzungsberichte der Akademie der Wissenschaften, math.-naturw. Kl. 42 (1861), S. 519–522.

waren. Hörnes ahnt nicht, von wem er verfaßt ist. – Die Gemeinderaths-Wahlen[197] werden besprochen, wir wollen daran lebhaft theilnehmen und auch eine Candidaten-Liste aufstellen. Ich schlage Ettingshausen als Candidaten vor.
Brief und Karte von Siebenbürgen an Fischer. //

30 Freitag. [November 1860]

Morgens schreibe ich Bericht über die Akademie-Sitzung; Karl und Hingenau kommen, mit ihnen wird der Bericht gar fertig gemacht. – Zu Haidinger, dem ich das Tula-Meteor-Eisen[198] zurückbringe, das ich für ihn in der gestrigen Sitzung vorgelegt hatte. – Dann Höhen Arbeit, Abends Hankenbergs.

1 Decemb. Samstag

Morgens Rudolph. Berichte und Rechnungen über Csakova. – Höhenrechnungen. – Nachmittag Hingenau, Besuch bei Pichler, wieder Arbeit.

2 Sonntag. [Dezember 1860]

Höhenrechnungen. Mittags bei den Ältern. Nachmittag Hingenau. Er bringt 12 Ex[emplare] Vaterland, die er von der Redaction erhalten hatte[199] und die wir versenden an Baumgartner, Hörnes, Littrow, Hornstein, Reslhuber, Peters, Berggeist, Starke. Brief v. Reissenberger. //

3 Montag. [Dezember 1860]

Kiste von Csakova angekommen – In die Anstalt und zu Haidinger, der ziemlich unwohl ist. Rudolphs u. Julius zum Diner. Nachmittag Visite v. Hofrath Pichler. – Ausschußsitzung d. zool. bot. Gesellschaft. Ich dringe darauf daß, da die Verhandlungen des Vereines an Brockhaus in Comission gegeben werden sollen, dieses auf dem Umschlag nicht gedruckt werde; und setze diesen Beschluß auch durch. – Mit Hörnes nach Hause, der viel von den Vaterland-Artikeln spricht und halb u. halb zu ahnen scheint, woher sie kommen.

---

197 Das Silvesterpatent vom 31. Dezember 1851 hatte die zehnjährige erfolgreiche Gültigkeit der Gemeindeordnung außer Kraft gesetzt. Erst durch das Oktoberdiplom vom 12. Oktober 1860 erhielt die Gemeindeordnung wieder ihre volle Gültigkeit und den Kommunalwahlen des Jahres 1861 wurde von Seiten des Bürgertums nun große Bedeutung zugeschrieben.

198 Haidinger publizierte dies in der Folge. Siehe: Wilhelm von Haidinger, Über das von Herrn Dr. J. Auerbach in Moskau entdeckte Meteoreisen von Tula. In: Sitzungsberichte der Akademie der Wissenschaften, math.-naturw. Kl. 42 (1861), S. 507–519.

199 Dieser Artikel stellte ausführlich nutzbare Erkenntnisse vor, die in der Sitzung der »k.k. Geographischen Gesellschaft« zur Sprache kamen. Er endete mit einem Plädoyer für die Erhaltung der wissenschaftlichen Institutionen. Auch die Forschungen von Prof. Baumgartner wurden positiv hervorgehoben. Siehe: [Anonymus, wohl Hingenau], Wissenschaftliches Leben in Wien. In: Beilage zur Nr. 53. Das Vaterland, 30. Oktober 1860, S. 5.

4 Dienstag. [Dezember 1860]

Morgens Höhenrechnungen. Dann in die Ausstellung der Aquarien.[200] Dort Burg u. Fenzl.[201] Hörnes, Suess, auch Thun, mit dem ich aber nicht spreche. – Nachmittag Hingenau dann Littrow. – Abends geographische Gesellschaft. Thun präsidirt. Ich werde ihm vorgestellt und spreche viel mit ihm und Salm – Ich trage meine Höhen vor. – Mit Hingenau nach Hause. Er hat über die Gemeinderath//wahlen mit Stubenrauch gesprochen u. diesem Ettingshausen genannt – Er hat von Legationsrath Hoffmann erfahren, daß in neuester Zeit wieder Unterhandlungen mit Schmerling angeknüpft sind wegen Übernahme des Staats-Ministerium[s].

5 Mittwoch. [Dezember 1860]

Vormittag Anstalt. Andrian zurückgekommen. – Zu Haidinger. Der Artikel über Hingenau's Bergkalender i. d. W[iener] Zeit[un]g[202] mit dem Ausfall auf Schrötter wird besprochen. Eine Eingabe wegen Wieder-Aufnahme unserer Druckschriften soll gemacht werden. Tags vorher war Pichler von St. Pölten dagewesen, um mich zu einer gerichtlichen Comission nach Krumbach[203] einzuladen, was ich aber ablehne. Briefe geschrieben. – Nachmittag Sitz[un]g d. zool[ogisch] bot[anischen] Gesellsch[aft]. Hyrtl und Hingenau, Padestá, Tommasini. Abends schreibe ich einen Artikel über die Sitzung.

6 Donnerstag. [Dezember 1860]

Früh Hingenau; der Artikel für das Vaterland wird fertig gemacht. Er hat den Theil über die geographische Sitzung geschrieben. – Briefe geschrieben an //
~~Hof~~Director Schmid in Jena
H. v. Meyer – Frankfurt
L. Reissenberger – Hermannstadt
Al. v. Pavai – Nagy Enyed[204]
Guembel – München
Bericht über Tschermak an die Akademie.
Ich beginne eine Zusammenstellung von Landschneken für Stabile – Nachmittag Akademie-Sitzung. Vorher kömmt Toni mit der Nachricht Goluchowski [Gołuchowski] sei definitiv beseitigt, Schmerling an seine Stelle gekommen. Abends bei Streitberger, Hochstetter, Foetterle, Stache, Stur [Štúr]; Foetterle erzählt viel von seiner Reise in

200 Dieses Aquarium wurde am Michaelerplatz neben der Burg vorgeführt. Eine Lobeshymne darauf mit Hinweis auf den Ort findet sich in der Zeitung: Hans Jörgl von Gumpoldskirchen, 39. Jg., 52. H., 25. Dezember 1860, S. 10.

201 Könnte auch als Familie transkribiert werden.

202 Wiener Zeitung, Nr. 285, 5. Dezember 1860, S. 4825–4826.

203 Es handelt sich vermutlich um den Ort in Niederösterreich, in der Buckligen Welt.

204 Nagy Enyed (deutsch Straßburg, auch Aegidstadt), Stadt in Siebenbürgen mit Magistrat und Sitz des ungarischen Komitats Unterweißenburg.

der Türkei.[205] Abends schreibe ich noch einen Bericht über die Akademie-Sitzung für das Vaterland.

7 Freitag. [Dezember 1860]

Früh in der Zeitung nichts über Gołuchowski – Zu Hingenau, dessen Bruder angekommen, in die Redaction des Vaterlandes, wo ich Steingaß kennen lerne, und ihm meinen gestrigen Bericht zum Anhängen an den wissenschaftlichen Artikel über// gebe. Den Rest des Tages zu Hause an meiner Zeddel-Literatur[206] gearbeitet. Nachmittag Besuch von Rudolph der versichert Schmerling habe heute schon den Eid abgelegt.

8 Samstag. [Dezember 1860]

Im Vaterland der wissensch. Bericht[207]. – In die Anstalt, Foetterle, Lipold u. Stache. Man zweifelt nicht an Goł[uchowskis] Rücktritt, wenn auch darüber wieder nichts in der Zeit[un]g steht. – Vormittag Pusswald, der mittheilt, daß es Mathilden schlecht gehe und Abends nach Gräfenberg[208] abreisen will. – Auch die Mutter unwohl, daher morgen kein Familien-Diner. – Nachmittag Hingenau u. Czermak [Tschermak?]. Letzterer will sich um den angeblich erledigten Posten Hoffer's am physik[alischen] Cabinet des Kaisers bewerben. Abends Arbeit über Siebenbürgen begonnen.

9 Sonntag [Dezember 1860]

Vormittag Arbeit. Mittags die Rudolphischen, dann Hofr[at] Pichler. Abends Hankenbergs.

~~10 Sonntag.~~ 10 Montag. [Dezember 1860]

Zu Haidinger – Abends in die Jäger'sche Vorlesung // über Darwin.[209] Dieselbe beginnt beinahe mit den Worten, die ich über Pelzeln im Vaterland gebraucht hatte.[210]

205 Foetterle hatte im Sommer 1860 die geologische Aufnahme der Militärgrenze im Banat und Serbien beendet und war wohl im Zuge dieser Arbeiten auch in die Türkei gekommen.

206 Vermutlich handelt es sich um die umfangreiche Bibliographie für Hauers Geologie Siebenbürgens.

207 [Anonymus, Hauer], Wissenschaftliches Leben in Wien. In: Das Vaterland, 1. Jg., Nr. 85, 8. Dezember 1860, S. 1–2. Der Artikel berichtet über Sitzungen der Geographischen Gesellschaft und der Zoologisch-Botanischen Gesellschaft. In letzterer äußerte sich August von Pelzeln negativ über Darwins Werk, eine Kritik an Darwin, die Hauer in seiner anonymen Besprechung gänzlich ablehnte.

208 Gräfenberg (Lázně Jeseník, nahe Freiwaldau), südlich von Breslau, war eine berühmte Wasserheilanstalt.

209 Die Gustav Jäger'sche Vorlesung über die Schöpfungstheorie fand in der Akademie statt. Die Presse kündigte diesen Vortrag auf der Titelseite an: »Darwins Schöpfungs-Theorie. Herr Dr. Gustav Jäger wird morgen (Montag) Abends um 17 Uhr, im Gebäude der Akademie der Wissenschaften einen populären Vortrag über Darwins Schöpfungs-Theorie halten«.

210 [Anonymus, Hauer], Wissenschaftliches Leben in Wien. In: Das Vaterland, 1. Jg., Nr. 85, 8. Dezember 1860, S. 1.

Reischek frägt mich um den Verfasser der Vaterland-Artikel. – Meine nächsten Umstehenden, darunter Const[antin] Ettingshausen sprechen über d. G.R.A.; einer meint, unsere Sitz[un]g[en] werden nächstes Jahr, wenn wir ein Local in der inneren Stadt haben werden, besser besucht sein; ich erwiedere, zu solch einer Veränderung scheine mir sehr wenig Aussicht.

11 Dienstag. [Dezember 1860]

Vormittag zu Hause Arbeit. Abends in die Sitz[un]g d. G.R.A. Großer Jubel; die Genehmigung unserer vollen Dotation für 1861 ist gekommen; dieselbe war schon durch allerhöchst. Entschließ[un]g vom 29ten Oct. erfolgt, Goł[uchowski] hatte sie aber offenbar zurückgehalten. Hingenau, Hörnes, Hochstetter als ausgezeichnete Gäste. Lipolds Vortrag gegen Barrande's Colonien[211] zeichnet sich durch Gründlichkeit und Eifer des Vortragenden aus. Sie wird Lipold einen wissenschaftlichen Namen begründen // Vormittag hatte ich Hingenau in der Stadt begegnet; der sehr viel über die Gemeinde Rath-Wahlen spricht.

12 Mittwoch. [Dezember 1860]

Früh in das Hof Min[eralien] Cab[inet]. Der alte Dr Jäger; es wird viel über des jungen Jäger's Vortrag gesprochen. Helfert hatte Suess und ihn zu sich beschieden u. ihnen gerathen, die Montags-Vorlesungen[212] mehr auf practische Dinge zu beschränken.[213] Suess erwiederte, man könne nicht gerade die Dinge ausschließen, welche das größte Interesse erregen; ~~und erhi~~ er meint nun mir gegenüber, man dürfe Jäger nicht fallen lassen, und erhitzt sich sehr über den Gegenstand. Ich tadle entschieden, daß man den

211 Lipold war vom Direktor der GRA Haidinger beauftragt worden, für die zwei unterschiedlichen Erklärungen Barrandes und Krejcis hinsichtlich des Vorhandenseins von »Colonien« bezüglich der stratigraphischen Gliederung und einer Einschaltung einer vom Charakter unterschiedlichen Gruppe eine zufriedenstellende Lösung zu finden. Lipold plädierte für das von Krejci vorgeschlagene tektonische Konzept einer Dislokation, was sich in der Folge auch durchzusetzen vermochte.

212 Der 1860 erfolgten Gründung des »Vereines zur Verbreitung naturwissenschaftlicher Kenntnisse« sind seit 1855 genau 90 Vorträge vorangegangen, die besonders auf Josef Grailichs Initiative organisiert worden waren. Die konstituierende Sitzung des Vereines fand am 15. Jänner 1860 statt, am 4. März war die Genehmigung durch den Kaiser erfolgt, am 15. April wurden die eingereichten Statuten akzeptiert. Ab 1862 erschien ein vereinseigenes Periodikum, in dem die Vorträge publiziert wurden. Der erste Präsident des nun offiziell angemeldeten Vereines, dessen Vorträge stets am Montag stattfanden, war Eduard Suess.

213 Die Aussprache zwischen dem Unterstaatssekretär im Ministerium für Kultus und Unterricht Alexander Freiherr von Helfert und Eduard Suess bezog sich auf den Vortrag Gustav Jägers, dem der »Verein zur Verbreitung naturwissenschaftlicher Kenntnisse« eine Plattform für seine positive Darstellung von Darwins Theorien ermöglicht hatte. Der Vortrag fand großes Aufsehen, selbst die Presse bezog sich darauf: »Gestern Abends hielt im Akademiegebäude Dr. Gustav Jaeger eine Vorlesung ›Ueber Darwin's Schöpfungstheorie‹, eine der bedeutendsten Doctrinen im Gebiete der Naturwissenschaften«. Vgl. [Anonymus], Wiener Nachrichten. In: Die Presse, 12. Dezember 1860, 13. Jg., Nr. 319, S. 4.

Gegenstand durch die Ankündigung, es werde über Darwin's Schöpfungstheorie[214] vorgetragen werden, in ein falsches Licht gebracht habe. Man müße Conflikte zu vermeiden, nicht heraufzubeschwören suchen. – Hörnes lobt die Artikel des Vaterlandes, Suess scheint über dieselben verbittert, ~~sie~~ er habe daran nichts auszusetzen,// als daß sie im Vaterland erscheinen. Er meint es sei komisch, daß wir glauben, man wisse nicht, wer sie schreibe. Ich ziehe mich aus der Affaire so gut es geht.
Nachmittag Hingenau; er hat einen Artikel an den Berggeist gesendet – Abends Spiel bei Hankenberg; im Abendblatt der Presse,[215] welches ich am Wege kaufe, findet sich schon die Notiz über unsere Anstalt, die Gaal dießmahl glücklicher Weise ziemlich richtig gegeben hat.

13. Donnerstag. [Dezember 1860]

Morgens zu Haidinger, der mir den letzten Bericht unserer Sitzung gibt, um sie sogleich zu Auer zu bringen. Der Letztere ist mit Vergnügen bereit, den Druck beginnen zu lassen. Er zeigt sich sehr erfreut über die Rehabilitirung der Anstalt. Ich gebe das Manuskript sogleich an Knoblich. Nach Hause; Hingenau bringt seinen Bericht über die Geol. Reichsanstalts-Sitzung. – Nachmittag Akademie-Sitzung. Littrow u. Redtenbacher gratuliren ebenfalls zur Rehabilitirung der Anstalt. Ersterer ruft Schrötter herbei und höhnt ihn wegen seiner Freundschaft für // ~~Schrötter~~ Gołuchowski. In Beziehung auf die verspätete Mittheilung der Bewilligung unserer Dotation meint Schrötter, werde man doch nicht auch von Intriguen sprechen können. Ich antworte, allerdings nicht, aber wissen möchte ich doch, wer dem Goł[uchowski] seine ganzen Ansichten über unsere Anstalt beigebracht habe. Das weiß ich nicht, sagte Schrötter und ging. – Auch Fenzl gratulirt mir und sagt, es habe ihn außerordentlich gefreut, daß die Intriguen durch uns durchkreuzt wurden. – Zu Streitberger; außer den Stammgästen noch Marschall und Schmidt. Hingenau hat gehört, daß Bach plötzlich angekommen sei, um noch im letzten Augenblick den Kaiser von den dem Schmerling zu machenden Zugeständnissen abzubringen. Auch Stache ist hier. Ferner hat Hingenau Nachrichten über die Ministerrath-Sitzung im October, in der unsere Angelegenheit mit den Reichsrathsvorlagen zur Sprache kam. Der Vertreter des Kriegsminist[eriums] (General Frank) äußerte, er verstehe nichts von der Sache, höre aber von den Generalstabs-Offizieren, daß sie eine Beschränkung der Anstalt sehr bedauern würden u.

214 So lautete der Titel von Jägers Vortrag.

215 [Chronik], (Geologische Reichsanstalt). In: Die Presse, Abendblatt, 13. Jg., Nr. 319, 12. Dezember 1860, S. 9–10: »Hofrath Haidinger brachte in der gestrigen Sitzung der geologischen Reichsanstalt die erfreuliche Mittheilung zur Kenntniß, daß Se Majestät der Kaiser mit Entschließung vom 19. October d. J. ›auf den Wunsch des Reichsrathes beschlossen habe, die bisherige jährliche Dotation der geologischen Reichsanstalt im Betrage von 37.88 fl. unverändert zu belassen‹, was wol so viel gesagt haben will, daß die am 5. Juni d. J. der Akademie der Wissenschaften untergeordnete Anstalt als selbständige ›geologische Reichsanstalt‹ fortzubestehen habe. Diese Entscheidung wurde der geologischen Reichsanstalt erst gestern zugefertigt.«

stimme // daher für den Reichsraths-Antrag. Goł[uchowski] sprach von Unwirthschaft, der ein Ende gemacht werden müsse. Die übrigen stimmten einfach für uns. Foett[erle] erzählt von einer merkwürdig milden Goł[uchowski] Note; die ich morgen lesen will.

14. Freitag. [Dezember 1860]

Morgens den Artikel für ~~H~~ Vaterland fertig gemacht, an Hingenau geschikt. In die Anstalt, der Erlaß von Goł[uchowski] ist wirklich ein im Vergleich mit früheren Erläßen seltsames Actenstück – Zu Haidinger – Abends Hankenbergs und Pusswald bei uns.
Brief von Bielz
[Brief von] Neugeboren.

15. Samstag. [Dezember 1860]

Morgens zu Haidinger; er hat eine Einladung zu einer Berathung des Dombau-Comitees[216] wegen Wahl des Bausteines für den Stephansthurm~~es~~ und wünscht, daß ich gehe. Auch Foetterle hat eine Einladung erhalten. Um 12 Uhr kommen wir beim Steinmetzmeister Pranter zusammen. Am Wege rede ich mit Kraft jun. wegen des Aneroides.[217] Draußen finden // wir Prof[essor] Schmidt und Baumeist[er] Ernst, Mag[i]str[ats] Rath Kronig und einige unbekannte Leute. Bald erscheint der Bürgermeister Seiller. Die vorliegenden Steine, durchaus Leithakalk,[218] werden geprüft, der beste Stein ist Wöllersdorf[219] und Zeinler-Kaiserstein,[220] wo es nöthig sollen diese verwendet werden, sonst Margarethener Stein.[221] Durch Feinheit des Kornes zeichnet

216 Aus dem Komitee zur Durchführung der Bau- und Renovierungsarbeiten des Stephansdomes ging später, 1888, der Dombauverein hervor. Ab 1861 begann die umfassende Wiederherstellung des Stephansdomes, besonders des Neubaus der Turmhelme.

217 Vermutlich handelt es sich um das Elliott'sche neue Gehäuse für Aneroid-Barometer, das im Oktober 1860 in England patentiert wurde. Siehe dazu: F. H. Elliott, Verbesserte Gehäuse für Aneroid-Barometer, aus London Journal of Arts, August 1861, S. 74. In: Polytechnisches Journal, Bd. 162, Nr. XXXVIII (1861), S. 117.

218 Der Begriff Leithakalk wird geologisch gesehen unspezifisch verwendet und bezieht sich auf Riffkalke, Algenkalke und Kalksandsteine. Benannt nach dem Leithagebirge, besteht er aus Kalkstein, tertiären marinen Sedimenten des Paratethys-Meeres und ist jünger als die triasischen Kalke. Wegen seiner marmorhaften Charakteristik war er bereits in der Renaissance und im Barock für Bauten genutzt worden (Grazer Landhaus, Stephansdom etc.) und wird in der Ringstraßenarchitektur erneut eingesetzt. Vgl. dazu: Alois Kieslinger, Die Steine von St. Stephan (Wien 1949); Alois Kieslinger, Die Wiener Ringstraße (Wiesbaden 1977).

219 Der Wöllersdorfer Stein aus dem Wiener Becken gilt deshalb als bester Baustein, weil er wegen seiner Härte bevorzugt für Sockel, Stützen und Brunnen gebraucht wird.

220 Die Zeindler-Brüche beim Kaisersteinbruch (ungar. Császárkőbánya) gehören heute zur Großgemeinde Bruckneudorf, sie liefern die dichtesten und widerständigsten Kalke, die als Baumaterialien ab 1579 mit der Bezeichnung Kaiserstein belegt wurden und vielfach im Bauwesen eingesetzt wurden.

221 Der Margarethener Kalksandstein stellt seit dem 15. Jahrhundert einen vielfach eingesetzten Natur-

sich Breitenbrunner Stein[222] aus, er ist aber zu weich. Der Cubick Fuß dieser Steine wiegt zwischen 90 u. 150 Z[en]t[ner], Wöllersdorfer nahe das Letztere, Margarethner etwa 114. Foetterle und ich führen so ziemlich das große Wort. Seiller dankt uns sehr und beim Fortgehen sagt uns Schmidt, die ganze Angelegenheit errege in technischen Kreisen die höchste Sensation, er sei sehr froh, daß unser Urtheil mit dem der Bauverständigen übereinstimme. Öffentliche Angriffe auf das Comité seien bereits erfolgt oder zu erwarten. Ernst erzählt, der Bau sei auf 300000 fl veranschlagt[223] und werde im Frühjahre energisch in Angriff genommen werden. – Nachmittag Besuch // von Julius, er hat Urlaubs-Verlängerung von 4 Wochen. – Abends Spiel bei Karl Unkh[rechtsberg]

16. Sonntag. [Dezember 1860]

Morgens Arbeit. Um 1 Uhr mit Foetterle zu Plener, der aber nicht kömmt, so daß wir ohne ihn gesehen zu haben, wieder gehen. Diner bei den Ältern. Nachmittag Hingenau, später Hankenberg, der mir Carneri's Brochure[224] bringt.
Brief an Bielz
[Brief an] Neugeboren
[Brief an] Hingenau mit der Brochure.

17. Montag. [Dezember 1860]

Früh auf das Gemeindehaus, um mich zur Wahl für den Gemeinderath auf die Liste setzen zu lassen, dann in die Stadt, Geldgeschäfte. – Mit Erggelet und W. Henikstein, die ich in der Herrengasse begegne, auf die Börse – Rudolph u. Jul[ius] zu Mittag bei uns – Nachmittag Hingenau; er hat eine Recension über Carneri's Brochure geschrieben für die Wien[er] Zeit[un]g, dann an diesen einen Brief, den er mir zur Weiterbeförderung übergibt. – Abends bei Bells, wo // [ich] mit Karl spreche wegen der Recension des Buches über die Wasser-Comission, das mir heute aus der Buchhandlung zugesendet wurde.
Brief an Hankenberg.

werkstein dar. Überregionale Bedeutung erfuhr er als Baumaterial für die Prachtbauten des Barock und für die Ringstraßenneubauten. Innerhalb des Steinbruches wurde eine Wand, die sogenannte Stephanswand, seit 1841 der Restaurierung des Stephansdomes vorbehalten.

222 Sandsteinkalke aus dem Breitenbrunner Steinbruch sind als Naturwerksteine bereits seit dem 15. Jahrhundert als Baumaterialien verwendet worden, jedenfalls belegen das Fuhrwerkrechnungen aus dem Jahre 1435.

223 Gemeint ist die Renovierung der Domkirche St. Stephan.

224 Bartholomäus von Carneri (1821–1909), Dichter, Philosoph und Politiker, aktiv in der 48er-Revolution, verfasste unzählige Broschüren, die eine großen Einfluss auf die politische Orientierung des verfassungstreuen Lagers hatten. Vgl.: Bartholomäus von Carneri, Das moderne Faustrecht. Ein Aufruf (Wien 1860). Vgl. dazu: Ernst Bruckmüller, Untersteirische Eliten. In: Georg Kastner, Ursula Mindler-Steiner und Helmut Wohnout. Auf der Suche nach der Identität (Wien 2015), S. 351–377, hier bes. S. 354.

18 Dienstag. [Dezember 1860]

Vormittag zu Haidinger mit Foetterle. Derselbe war beim Kaiser, bei Schmerling, Halbhuber und Salm gewesen. Der Kaiser schien von der Bewilligung unserer Dotation nichts zu wissen. Schmerling war sehr freundlich und meinte, bei Dingen die uns am Herzen lägen, solle Haidinger künftig nur früher zu ihm kommen, um die Sache mündlich zu besprechen; Er sagt es sei ein Skandal gewesen, daß man die Angelegenheit der geologischen Reichsanstalt so weit habe kommen lassen – Stache gibt mir einen Aufsatz über Schrötters Vortrag im Polytechnicum. – ich gebe ihn zur ersten Umarbeitung an Karl – Nachmittag kömmt Karl und bringt die Nachricht, daß Schweitzer eine Recension über das Wasserbuch von mir erwarte. – Sitzung der Geograph[ischen] Gesellschaft. Der Ausschuß zahlreich besucht, Thun, Salm Czörnig u.s.w. // auch Helfert anwesend. – Abends beginne ich die Recension und schreibe ~~si~~ das Nr I derselben am

19 (Mittwoch) [Dezember 1860]

fertig und bringe sie in die Redaction, wo ich aber Schweitzer nicht treffe. – Nach Hause und einen Artikel über die G.R.A. und die Akad[ademie] geschrieben und an Orges abgesendet – Karl kömmt um das Wasserbuch. Abends Spiel mit den Schwägern.

20 Donnerstag. [Dezember 1860]

Morgens Hingenau; er erklärt den Stache'schen Aufsatz nicht annehmen zu können, da er zu Pasquillartig[225] sei, um 1 Uhr kömmt er wieder und bringt ihn gänzlich umgearbeitet mit; ich hatte inzwischen eine Notiz über die Haidingersche Erdbeben-Geschichte in der Geograph[ischen] Ges[ellschaft] geschrieben[226]. Hingenau erzählt, daß Helfert ganz wohl weiß, daß er sich nicht werde behaupten können; er hat denselben wegen der Suess-Jägerschen Geschichte (Darwin, Schöpfungstheorie) interpellirt, Helfert meint, es sei ihm nicht eingefallen, die Sache zu verbieten, er habe nur im Interesse der Vorlesungen selbst gerathen, Conflicte zu vermei//den – Weiter an Nr II der Wasser-Recension gearbeitet, nachdem mir Karl einige darauf bezügliche Daten gebracht hatte. Nachmittag wieder Hingenau, der hoffte, Julius bei mir zu treffen. Gesammt-Sitzung der Akademie. Baumgartner eröffnet, daß er an Schmerling geschrieben habe, um ihn zu bitten, er möge die Curators-Stelle der Akademie übernehmen. – Abends Gasthaus, Hingenau, Lipold, Stache, Stur [Štúr] und Steindl erscheinen, es wird meist politisirt, Reminiszenzen aus dem Jahre 1848.

---

225 Pasquill ist eine (anonyme) Spott- oder Schmähschrift.

226 Diese von Hauer zusammengestellte Notiz wurde unter dem Namen Haidingers publiziert. Siehe: Wilhelm Haidinger, Die Erdbeben und Schallerscheinungen der Umgebung von Litschau. Berichte von Herrn Franz Rauscher in Josephsthal. In: Mittheilungen der kais.-königl. Geographischen Gesellschaft, V. Jg. (1861), S. 34–40.

21. Freitag [Dezember 1860]

Früh ~~d~~ Nr II der Wasser-Recension fertig gemacht – In die Anstalt, dann in die Stadt, dieselbe zu Schweitzer gebracht. – Abends bei Hankenberg, früher fleißig gearbeitet.

22 Samstag. [Dezember 1860]

Die Wassergeschichte fertig gemacht, mit Karl durchgelesen, in das Redactionsbureau des Vaterlandes, den Artikel corrigirt. Den Rest des Tages fleißig gearbeitet an der Siebenbürgischen Lite//ratur.

23 Sonntag [Dezember 1860]

Diese Literatur fertig gemacht. Zu Schweitzer[227] den Rest der Wasser-Recension getragen. – In die Anstalt, Karls Salze besehen. – Diner bei den Ältern.

24. Montag. [Dezember 1860]

In der Früh zu Haidinger, der im Bette liegt und mir den Auftrag gibt, an seiner statt zu Schmerling zu gehen. Ich gehe um 12 hin und komme nach etwa ½ St[un]de vor. – Schmerling sehr freundlich, gibt sich durchaus nicht die Airs[228] des Minister[s]. Über unsere Angelegenheiten scheint er schon gut unterrichtet, er weiß z.B. daß sich auf das Liechtensteinsche Palais noch kein Miether gefunden hat. Er verspricht, sein Bestes sowohl in Bezug unserer Druckschriften, sie wieder in Gang zu bringen, als bezüglich der Frage der Miethe. Über beides waren Eingaben von Haid[inger] am selben Tage an das Minist[erium] gegangen. In letzterer Beziehung theilt mir Schmerling mit, er habe am selben Tage an das Finanzministerium schreiben lassen, um zu hören, ob wirklich // ein Fabriksgebäude auf der Landstraße disponibel sei, das für uns verwendet werden könne. Wäre dieß der Fall, so würde er Haidinger ersuchen, dieses Locale zu besichtigen und in Erwägung zu ziehen, ob es besser sei, unsere erhöhte Miethe noch durch ein paar Jahre fort zu bezahlen, oder die Übersiedlungskosten in das neue Locale zu tragen. Ich erwiedere, daß wenn überhaupt Aussicht vorhanden sei, daß uns ein neues Locale innerhalb einiger Jahre gebaut werde, es wohl besser sei, bis dahin dort zu bleiben, wo wir jetzt sind. – Schließlich übergebe ich Schmerling die auf unsere letzten Kämpfe bezüglichen Druckschriften, darunter unser Promemoria gegen Goł[uchowski];[229] bezüglich des Letzteren meint er, wir hätten Recht gethan, es zu publiziren. Hätten wir ähnliche Beschwerden auch gegen ihn, so mögen wir sie getrost ebenfalls drucken lassen. Er glaube immer, in seinem Leben ein offenes Wort vertragen zu haben und hoffe, ~~es~~ dieß auch jetzt nicht zu verlernen. Dafür würden übrigens

227 Leopold Schweitzer war verantwortlicher Redakteur der Wiener Zeitung.

228 (frz. air) Auftreten, Art.

229 Im Vorwort zum 11. Bd. des Jahrbuchs thematisierte Haidinger diesen Kampf für die weitere Existenz der »k.k. geologische[n] Reichsanstalt«. Siehe: Haidinger, Vorwort. In: Jahrbuch der k.k. geologischen Reichsanstalt 11 (1860), S. III-VI, datiert vom 10. Juli 1860.

schon auch die Zeitungen sorgen. ~~Ich meine~~ Noch versichert er, er wolle sein Bestes // für die Wissenschaft thuen, die er immer hoch gehalten habe, auch wenn er nicht selbst Mann der Wissenschaft, sondern nur Dr Juris sei. Als ich erwiedere, wir hätten jetzt wieder[230] ~~unsere~~ Hoffnung nach ~~Wiederaufrichtung~~ einem Aufleben nach der letzten Zeit der Verwalt[un]g seines Vorgängers, ~~sei jetzt wirklich meint~~ denn da sei es sehr schlecht gegangen, meint er, darüber sei ja gar nicht zu reden.
Rudolph u. Emilie bei uns beim Speisen – Abends Christbaum bei den Ältern.

25. Dienstag. [Dezember 1860]

Morgens zu Haidinger, dem ich das Ergebniß meines Besuchs bei Schmerling erzähle. – Zu Hause Rudolph, der mir von dem Artikel in der allg[emeinen] Zeit[un]g[231] spricht, den er eben gelesen hat (siehe 19 Decemb[er]) – Abends Christbaum bei uns.

26. Mittwoch [Dezember 1860]

In die Anstalt, mit Stache gesprochen wegen des Madeira-Vortrages von Hochstetter[232]; er verspricht denselben morgen zu bringen – Arbeit an der Orographie von Siebenbürgen. //

27. Donnerstag. [Dezember 1860]

Morgens sendet Karl eine Notiz über Dr Liharȝik [Lihařzik]; ich beende einen Artikel über die Stellung und Aussichten der Akademie (als quasi Entgegnung auf meinen Artikel der allg. Zeit[un]g).[233] Dabei erinnere ich mich, am 24ten Ettingshausen sen. begegnet und länger gesprochen zu haben. Er sagt unt[er] And[erem], er finde es höchst überflüßig, daß Präsid[ent] u. Vicepräs[ident] d. Akad[ademie] einen Gehalt beziehen; derselbe sei von Pillersdorf als Functionszulage gegeben, um den Herren die Eröffnung von Salon's zu ermöglichen. Dieß hätten sie nicht gethan, folglich möge man diesen Gehalt abschaffen.

Hingenau, ist von Brünn angekommen, erzählt viel über Belcredi, der über »Vaterland« u. die Interessen der conservativen Partei nicht entmuthigt scheint – Später kömmt Stache, er frägt, ob es ~~zei~~ jetzt an der Zeit wäre, um seine Vorrückung in die Stelle Hochstetters ~~zu get~~ einzukommen. Ich verspreche darüber Haidinger zu befragen. – Rudolph, er fährt auf einige Tage nach Wieselburg. – Nachmittag Arbeit an Siebenbür//gen, dann an meinen Jahresrechnungen.

---

230 Der Satzteil »wir hätten jetzt wieder« wurde von Hauer nachträglich eingefügt.

231 In der Allgemeinen Zeitung am 19. Dezember 1860, S. 5863–5864, erschien ein Beitrag über die Wiedergeburt Österreichs und über Schmerlings Zukunft.

232 Ferdinand Hochstetter, Madeira. Ein Vortrag am k.k. Polytechnischen Institute, den 22. December 1860 (Wien 1861).

233 [Franz Hauer], Neuste Posten Wien. In: Allgemeine Zeitung, 25. Dezember 1860, Nr. 361, S. 5969.

28. Freitag. [Dezember 1860]

In die Anstalt. Geognost[ische] Stücke aus Siebenbürgen und Tirol für Kyerulf in Christiania zusammengestellt, um die Hörnes an Haidinger geschrieben hatte. – Brief von Reissenberger mit meteorologischen Beobachtungen. – Nachmittag Hingenau, der bei Schmerling u. bei Plener war – Arbeit an den Höhenrechn[ungen]. Abends Pusswald u. Hankenberg's.

29. Samstag [Dezember 1860]

Vormittag zu Haidinger – Den Rest des Tages zu Hause.

30 Sonntag [Dezember 1860]

Vormittag in die Anstalt. Karl zeigt mir seine nun vollständig aufgestellte Krystall-Sammlung, dann das aus Joachimsthal eingesendete Rohsalz 3 Z[en]t[ner] sehr reich an Vanadin, – Diner bei den Ältern, Nachmittag Hingenau, dann Schmidt – Abends Discussion über mechanisches Aequivalent der Wärme.

31 Montag. [Dezember 1860]

Früh in die Anstalt. Meine [sic] Reisejournal für die letzten // Tage meiner Sommerreise zusammengestellt. Burgs samt Albert machen uns Besuch. Er spricht von dem Zeitungsartikel der allgemeinen Zeitung;[234] dagegen zeige ich ihm einige von Hingenau erhaltene Druckschriften: den Prospect über Volksgeld und den des Kovasznaer-Eisenwerks-Unternehmens. Noch sind zu erwähnen aus den letzten Tagen:

Ein Artikel im »Fortschritt«, in dem sehr unverhüllt Baumgartner als Minister-Candidat für das Unterrichtswesen hingestellt wird.

Briefe von ~~Mer~~ Reissenberger mit den meteorologischen Beobachtungen von Hermannstadt[235] nach denen ich Stur's [Štúr] und Stache's letzte Höhen berechne.

von Pichler

von Emmrich mit einer Abhandl[un]g über Molasse.

Ich bringe die letzten Tage des Jahres meine Rechnungen u. meinen Bibliothek-Catalog in Ordnung und fertige einen Catalog meiner Karten an. //

1861. Jänner

1. Dienstag. [Jänner 1861]

Den ganzen Tag über zu Hause, den Catalog meiner Karten beendet.

Vormittag Besuch von Rudolph, der in Wieselburg war und viel von der dortigen Comitats-Restauration erzählt.

---

234 [Anonymus], Zur Lage des deutschen Kaiserstaates und zu den Finanzvorschlägen. In: Allgemeine Zeitung, Br. 364, 30. Dezember 1860, S. 1.

235 Heute Sibiu, Rumänien.

Nachmittag Hingenau.

2. Mittwoch. [Jänner 1861]

Morgens in die Anstalt, zu Karl, – mit Foetterle zu Haidinger. Ich nehme die Abhandlung von Emmrich mit, um zu besprechen, wo sie abzudrucken sei. Es zeigt sich, daß bei Haidinger sehr viele Abhandlungen liegen, die etwa 3 Hefte Jahrbuch füllen. Es wird beschlossen, Emmrich's Abhandlung in die Akademie zu geben, zugleich aber auch ~~eb~~ zu überlegen, ob nicht[236] ~~ein in~~ für das Jahrbuch künftig nur mehr die »Verhandlungen« zu drucken wären. Alle Abhandlungen aber in eine separate Octav-Publikation zu vereinigen und für diese eine ausgiebige Subskription zu eröffnen. – Mir scheint die Sache ziemlich // hoffnungsreich, sie würde uns in Stand setzen, auch Abbildungen von Petrefacten zu publiziren. Noch soll eine Eingabe gemacht werden wegen einer Vorrückung von Stache und Aufnahme von Stoliczka –
Nachmittag Rudolph – ich unwohl, arbeitsunfähig.

3. Donnerstag. [Jänner 1861]

Vormittag die Emmrich'sche Abhandlung[237] für die Akademie vorbereitet – In die Anstalt und zu den Ältern. – Nachmittag Pusswald, dann Akademie-Sitz[un]g. Schrötter ersucht mich, meine Notiz für das nächste Mahl zu lassen, da für die heutige Sitzung ohnedem viel vorbereitet ist. Nach der öffentlichen Sitzung ~~gerathe~~ gelange[238] ich bei Gelegenheit der Heller'schen Abhandlung über Crustaceen des rothen Meeres ~~mi~~ auf meinen beabsichtigten Antrag, die Akademie möge die Mittel in Erwägung ziehen, ihr früheres Privilegium der unbeschränkten Benützung der Staatsdruckerei wieder zu erlangen.[239] Die Heller'sche Abhandlung war von Fitzinger begutachtet worden und derselbe hatte gesagt, sie enthalte theils ganz neue Arten, theils // die vollständige Beschreibung solcher, die bisher nur ungenügend diagnosirt waren, sie werde etwa 4 Bogen Text und 2 Tafeln umfassen. Da meinte nun Baumg[artner], dieß fülle demnach schon ein ganzes Heft; man möge die schon bekannten Arten weglassen. Ich erhob mich nun und stellte vor, daß man so nicht vorgehen könne und lieber das obige Auskunftsmittel zur Verbesserung der Zustände der Akademie in Anwendung bringen möge. – Baumgartner erklärt sich in langer Rede dagegen, man könne nicht von Gleichheit der Verhältn[isse] d. Akad[emie] u. jener der geol[ogischen] Reichsanst[alt] sprechen, das ursprüngliche Privilegium der ersteren sei unbestimmt

236 »ob nicht« wurde nachträglich eingefügt.

237 Friedrich Hermann Emmrich (1815–1879) hatte in München und Berlin studiert und beschäftigte sich auch als Realschullehrer in Meiningen intensiv mit der Paläontologie. Seine Triasprofile der Südtiroler Alpen fanden in Publikationen ihren Niederschlag. Auf welches Werk Hauer sich hier bezieht, geht nicht eindeutig aus dem Tagebuch hervor.

238 »gelange« wurde nachträglich eingefügt.

239 Dieses Anliegen diskutierte Hauer auch anonym in der Presse: [Franz Hauer], Wissenschaftliches Leben in Wien, 1. Jg., Nr. 101, 30. Dezember 1860, S. 1.

u.s.w. – Nach wiederholtem Hin- und Herreden, an welchem sich weiter kein Mitglied betheiligt, kündige ich an, in der nächsten allgemeinen Sitzung einen formellen Antrag über die Sache stellen zu wollen. Die Drucklegung von Peters, Stolitzka's u. Pokorny's Arbeiten in den Sitzungsberichten wird dann ~~auch ge~~ offenbar auch gegen Baumgartners Wunsch genehmigt. //
Abends im Gasthaus Poche, der mich sehr freundlich begrüßt. Ich erzähle die wichtigsten Daten aus der Sitzung.

4. Freitag. [Jänner 1861]

Morgens nach den gestern von Stur [Štúr] erhaltenen Erzählungen den Bericht über die letzte Sitzung des Zoolog[isch] bot[anischen] Ver[eins] für das Vaterland bearbeitet,[240] dann einen über die gestrige Akademie-Sitzung geschrieben. – In die Anstalt – Foetterle aufgefordert, in den Wanderer und in die Presse ~~Ar~~ Notizen über die gestrige Affaire zu schmuggeln. Zu Hingenau u. ihm die Berichte gebracht – ~~zu~~ in das Mineral[ien] Cab[inett], dort die gestrigen Geschichten erzählt u. Hörnes und Suess aufgefordert, für meinen Antrag Propaganda zu machen – Stoliczka erzählt, daß die Eingabe wegen seiner Aufnahme zur Anstalt dieser Tage abgehen werde, was ihn sehr erfreut. – Abends Hankenberg's.

5. Samstag. [Jänner 1861]

Vormittag zu Fenzl, mit ihm über die Akademie gesprochen. Er findet auch den Zustand schlecht, meint aber, // es sei nichts zu erreichen, man müße abwarten, trachten, daß viele Arbeiten bei der Akademie eingereicht werden u. so es sich von selbst ergebe, daß sie mit ihrem Geld nicht auskommen könne u.s.w.; ich rede ihm zu, er möge Baumgartner zu bewegen suchen, selbst Schritte für die Akademie in der von mir gewünschten Richtung zu thuen.
Nachmittag Hingenau. Er spekulirt viel über sein allgemeines deutsches Bergrecht.
Den Tag über fleißig gearbeitet an Siebenbürgen.

6. Sonntag. [Jänner 1861]

Vormittag Rudolph, mit ihm Rechnungen über Silad[?] gemacht. Kornhuber. Er erzählt, er habe gehört, ich solle Sekretär der Akademie werden – In das Laboratorium – Diner bei den Ältern, Nachmittag Schmidt und Seph.[241]

7. Montag. [Jänner 1861]

Morgens gearbeitet an Siebenbürgen. In die Anstalt, Simony und Kotschy. – Mit Stur [Štúr] und Stache allerlei bezüglich der Siebenbürgischen Arbeit besprochen; zu Haidinger. Ihm die Geschichte aus der Akademie er//zählt. Ettingshausen war dieser Tage

240 [Franz Hauer], Wissenschaftliches Leben in Wien. In: Das Vaterland, II. Jg., Nr. 6, 6. Jänner 1861, S. 1.
241 Gemeint ist Joseph von Ferstel.

bei ihm, Haidinger fing selbstständig an, mit ihm zu sprechen, man möge suchen, die Akademie wieder in ihre früheren Bezüge einzusetzen. Ettingsh[ausen] meinte, das werde wohl sicher ohnedem geschehen. Er sagte dieß mit solcher Bestimmtheit, daß Haid[inger] der Meinung war, es sei wirklich im Zuge, Schritte dafür einzuleiten.
Zu Hause finde ich Hingenau. Derselbe erzählt von dem montanistischen »Vereine«, den Friese stiften will. Nach mancherlei Verhandlungen ist man dahin gekommen, den Ingenieur-Verein zu vermögen, sein Locale zu Versammlungen herzugeben. Die Montan-Section dieses Vereines (bestehend aus ~~Hingena~~ Rittinger und Friese) soll zu diesem Behufe Einladungen erlassen und kommenden Mittwoch soll die erste Zusammenkunft sein. Es sollen dabei nicht bloß neue Dinge, sondern besonders auch Lesefrüchte vorgetragen und Debatten gehalten werden.
Noch erzählt Hingenau, er habe mit Rittinger wegen Julius gesprochen. Beide sind der Meinung, Jul[ius] solle sich zum Eisenhüttenwesen wenden. Mittags Rudolph's u. Jul[ius] bei uns zum Essen. Abends Boston[242]-Partie bei Karl Unkh[rechtsberg].

8t. Dienstag. [Jänner 1861]

Morgens Besuch von Dr Ferstl. Später bis gegen Mittag an Siebenbürgen gearbeitet. Nachmittag Geogr[aphische] Ges[ellschaft]. Im Ausschuß finde ich Hochstetter, mit dem ich die Akademie-Angelegenheiten bespreche und ihn auffordere, auch auf Baumgartner zu wirken, wenn er zu ihm komme. – Stache übergibt mir einen von Richthofen eingelaufenen Brief, der aber nur für den engsten Kreis der Freunde bestimmt ist.[243] Schmidt aus Pesth –, – Abends Soirée bei Pichler, G[ra]f Cserningham [Jerningham], Pichler, ich u. Pusswald spielen Whist.

9. Mittwoch [Jänner 1861]

Vormittag zu Haidinger. Er liest uns eine Adresse vor, die er aufgesetzt hat, damit sie am 15ten ~~ält~~ Zippe übergeben werde, der an diesem Tage sein ~~50~~ 70jähriges Geburtsfest feiert; Foetterle soll im Ministerium nachfragen, wer das Referat unserer Anstalt führt. Haid[inger] zeigt uns eine Büste Rodens, die er nach dessen Tode hat anfertigen lassen // und die er nun der geograph[ischen] Gesellschaft schenken will. – Hingenau kömmt zu mir. – Er war, weil er Geschäfte mit Belcredi u. Poche hatte, nicht in die geograph. Sitzung gekommen, und ich muß nun etwas über dieselbe schreiben. – Nachmittag Arbeit an Siebenbürgen. Abends Ball bei Wirkner, Rohantzy, Hofr[at] Zredenyi, Feldmarschalll[ieutenant] Rousseau und Dreihann u.s.w.

242 Boston, ein Kartenspiel, das in Boston (USA) während des Freiheitskampfes am Ende des 18. Jahrhunderts entstand, wurde mit Whistkarten gespielt. In Österreich erschien im Jahre 1847 eine Anleitung, was auf die Beliebtheit in der zweiten Hälfte im 19. Jahrhundert schließen lässt. Siehe dazu: [Anonymus], Ausführliche Darstellung des Kartenspiels Boston, zum Selbstunterricht (Wien 1847).

243 Briefe wurden oft in die Jahrbücher aufgenommen und publiziert, diesmal sollte es der Briefschreiber offensichtlich nicht gewünscht haben.

10. Donnerstag. [Jänner 1861]

Morgens Oncle Eduard Unktrechtsberg, Später in die Anstalt die Siebenbürgischen Petrefacten durchgesehen – Bei Karl Tschermak getroffen, der über schlechte Aussichten klagt. – Nachmittag Hingenau, sehr zufrieden über meine kurze Notiz betreffs der geographischen Gesellschaft.[244] – Akademie-Sitzung; ich lege Emmrichs Abhandlung vor, – Petzwal [Petzval] frägt wegen meines beabsichtigten Antrages und sagt seine Unterstützung zu – Baumg[artner] eröffnet, daß Schmerling nicht nur geneigt sei, die Curator-Stelle anzunehmen, sondern ~~auch~~ es für besser erachte, einen beständigen Curator in der Person eines Erzherzogs, // dieses Mahl des Erzh. Ferd[inand] Max, zu haben, unter dem dann der jeweilige Staatsminister die Geschäfte zu besorgen hätte. Verhandlungen darüber sind im Zuge. – Baumg[artner] fordert auf, bis zur nächsten Sitzung Erklärung abzugeben, wer die Festrede in der feierlichen Akademie-Sitzung übernimmt; erklärt sich Niemand bereit, so fällt die Sache nach der Geschäftsordnung dem jüngsten Mitgliede, also mir, obliegen. – Gasthaus bei Streitberger. Hochstetter, dann Friedenfels anwesend. Ich erzähle einiges von der Chronique scandaleuse von Japan, aus Richthofen's Brief. Es wird viel über die Vaterland-Artikel gesprochen.[245] Reitlinger sendet die letzte Nummer mit dem Artikel über das Physikalische Institut[246] an Ettingshausen in Frankfurt.

11. Freitag. [Jänner 1861]

Vormittag ~~in d. Anstalt~~ Hingenau; wir machen den Artikel f. d. Vaterland fertig, Mittags Oncle Ed. Unkh[rechtsberg] z. Speisen, Nachmittag Arbeit, Abends bei Hank[enberg].

12 ~~D~~ Samstag. [Jänner 1861]

Vormittag Mineralien-Cabinet; ich besehe die Sieben//bürgischen Sachen, die in 6 Kisten verpakt sind. Hörnes wird mir den Catalog derselben aufschreiben lassen. – Nachmittag Hingenau, Abends Arbeit an Siebenbürgen (Fogarascher-Gebirge).

---

244 Gemeint ist: [Franz Hauer], Wissenschaftliches Leben in Wien. In: Das Vaterland, II. Jg., Nr. 6, 6. Jänner 1861, S. 1.

245 Hauer äußerte sich in diesem Artikel anonym nicht nur über die Bedeutung der Forschungen der Reichsanstalt für die Kommune, sondern über die Probleme der Akademie, wenn die Finanzierung der Publikationsmöglichkeiten nicht mehr gegeben wäre. Siehe: [Franz Hauer], Wissenschaftliches Leben in Wien. In: Das Vaterland, 2. Jg., Nr. 11, 13. Jänner 1861, S. 1.

246 Das Physikalische Institut war 1850 begründet worden. Die Leitung hatte zunächst Christian Doppler inne, der sie schon nach zwei Jahren wegen seiner Krankheit an Andreas von Ettingshausen abgeben musste. Das Institut, in der Landstraße 104 untergebracht, hatte einen Assistenten, einen Laboranten und einen Mechaniker angestellt.

13 Sonntag. [Jänner 1861]

Morgens Visiten von Seph,[247] Rudolph u. Julius; um 12 Uhr Sitzung wegen der dieses Jahr abzuhaltenden Versammlung von Berg u. Hüttenmännern. Gr[a]f Breda, Wibner, Rittinger, Weiß e.c. anwesend. Es wird beschloßen, sie im Monath September zu halten. Mit Foetterle nach Hause; derselbe hat im Min[isterium] d. Inneren gehört, daß gegenwärtig Artus Präsidial-Sekretär ist und unsere Angelegenheiten bearbeitet. Wegen dem Locale scheint noch nichts weiter gegangen zu sein – Diner bei den Ältern. Nachmittag Boston mit Brüdern u. Schwägern.

14 Montag. [Jänner 1861]

In die Anstalt dann zu Haidinger. Er will die Adresse an Zippe selbst überbringen und zwar allein. – Nachmittag Ausschußsitzung im zool[ogisch] bot[anischen] Verein. Auflage und Papier für die Schriften der // Gesellschaft sind zu bestimmen. – Abends Boston bei Karl Unkh[rechtsberg].

15. Dienstag. [Jänner 1861]

Die Vorträge für die Abend-Sitzung ausgearbeitet. Gestern schon war ich beim Steinmetzmeister Pranter gewesen und hatte, ~~ihm u~~ da er nicht zu Hause war, gebeten man möge mir das Verzeichniß der Mustersteine für den Stephansthurmbau senden. Es kamen nun zwar einige Muster, nicht aber das Verzeichniß. In die Anstalt, noch einige Steine für Kyerulf zusammen gestellt. Abends Sitzung geol[ogischen] Reichsanst[alt]. Te[u?]rczmanovicz [?] anwesend, lebhafte schöne Sitzung. – Abends die Geschwister, die mit Louise Schrötter's Vorlesung beigewohnt hatten, ~~anwesend~~ zum Sauter.[248]

16. Mittwoch [Jänner 1861]

Früh eine kurze Notiz üb[er] Schrötter's Vorlesung geschrieben,[249] in die Anstalt zu Karl u. Foetterle, Stache gebeten, er möge die Siebenb[ürgischen] Steine auspaken lassen. – Abends Boston bei Hankenbergs. //

17. Donnerstag [Jänner 1861]

Vormittag Hingenau mit d. Vaterland Artikel. Abends Akademie-Sitzung. Ich unterhandle mit verschiedenen Akademikern wegen meines Antrages, erhalte durchgehends sehr halbe Antworten; Ich erkläre mich bereit zur Übernahme des Vortrages in der feierlichen Sitzung mit dem Beisatze, ich wolle mich dazu nicht erst durch

247 Gemeint ist Joseph von Ferstel, vielleicht auch Hauers Schwester Josephine (Sephine).

248 Ganslessen.

249 Dieser Artikel erschien erst Tage später. Siehe: [Franz Hauer], Wissenschaftliches Leben in Wien. In: Das Vaterland, Beilage, 2. Jg., Nr. 18, 22. Jänner 1861, S. 5. Der Artikel bezieht sich ironisch auf Schrötters Vorlesung.

die Geschäfts-Ordnung zwingen lassen, was viele Heiterkeit erregt. Abends Gasthaus, Poche u. Frauenfeld anwesend.

18 Freitag [Jänner 1861]

Vormittag in der Anstalt Siebenbürgische Steine geordnet, Haidinger kömmt. Sonst viel gearbeitet, Louise unwohl.

19 Samstag. [Jänner 1861]

Wieder den ganzen Tag über fleißig gearbeitet. Vormittag in der Anstalt meine Siebenbürgischen Gesteine fertig geordnet, Nachmittag Besuch von Hankenberg.

20 Samstag [Jänner 1861]

Der Brief an Schrötter mit meinem formulirten Antrag betreffes der Akademie geschrieben, // kein Vaterlands-Artikel erschienen, – ~~An Sieben-~~ Briefe geschrieben, dann für Wolf halb fossile Schneken bestimmt. – Ich allein bei den Ältern zu Tisch, Louise muß zu Hause bleiben. – Nachmittag Hingenau – Abends die Höhen Abhandlung über Siebenbürgen vollends fertig gemacht, dann aus Rudolph's Rechnungen über Silad Auszüge gemacht.

21. Montag. [Jänner 1861]

Früh etwas Arbeit, – in die Anstalt, mit Stache die Petrefacten v. Buczecs[250] durchgesehen, mit Foetterle zu Haidinger. Foetterle hat mit Löhr gesprochen, dieser räth eine Eingabe an das Ministerium zu machen, um einen Bauplatz für eine geol[ogische] Reichsanstalt. – Von Auer war eine Zuschrift gekommen, ~~weg~~ um anzufragen, ob unsere Eingabe wegen Wiederbeginn des Druckes des Jahrbuches noch nicht erledigt sei; Foetterle war daher bei Artus, die Sache betreiben und erfuhr dort, das Staatsminist[erium] habe die Sache an das Min[isterium] d. Finanzen gegeben. – Bei Haidinger treffen wir einen H[er]rn Holl, einen älteren ziem//lich confus aussehenden Mann, der sich als der Unternehmer der Wiener Waaren Hallen zu erkennen gibt. – Er will das Liechtenstein'sche Palais um 1 Million gekauft haben; später kömmt heraus, daß er in Unterhandlung stehe, es zu kaufen. – Inzwischen aber, und uns Zeit zum Ausziehen zu lassen, will er die Aula für jährlich 4000 fl [Gulden] miethen. Baumgartner sei damit einverstanden, er müße nur noch die Zustimmung der anderen Akademiker einholen. Donnerstag soll die Sache zur Verhandlung kommen; das Ganze sieht einem großartigen Schwindel gleich, wie ein Ei dem anderen. – Abends bei Karl Bostonpartie.

22. Dienstag. [Jänner 1861]

Zeitlich früh kömmt H[er]r Holl zu mir; er versichert mit vielen Akademikern bereits gesprochen zu haben, und alle für seine Angelegenheit gewonnen zu haben. – Später

250 Berg in Siebenbürgen.

mit Rudolph in die Stadt in ein Caffehhaus. – Vor Mittag kömmt Hingenau und bringt ~~12 Separat At~~ Ex[emplare] d. Vaterlandes mit unserem Artikel.[251] – Er meint ich solle wegen der Holl'schen // Angelegenheit, von der er nichts gehört hatte und die auch ihm ein Schwindel zu sein scheint, zu Artus und wo möglich zu ~~P~~ Schmerling gehen – Nachmittag Arbeit an Siebenbürgen und den Anfang einer Rede zur Begründung meines ~~Ak~~ Antrages i. d. Akademie niedergeschrieben. – Das Vaterland adressirt an Zippe, Streffleur, Seiller, Brücke, Oppolzer, Frauenfeld.[252]

23. Mittwoch. [Jänner 1861]

Morgens in die Anstalt. Foetterle hat nichts Neues über Holl gehört; in die Stadt, viele vergebliche Versuche um den Liechtenstein'schen Hofrath Zipfl und H[er]rn v. Artus zu sprechen. Endlich finde ich den Letzteren. Er u. seiner Versicherung nach auch Schmerling wissen Nichts von Holl. Er meint, wir sollen dem Minist[erium oder er] über die Sache eine Anzeige machen; ich möge auch zu Ministerialrath Reich gehen, vielleicht wisse dieser davon. ~~D~~ Ich treffe ihn nicht. – Mittags kömmt die bestellte Sammlung adriatischer Conchylien. Sie wird Nachmittag ausgepakt. Abends Montanisten-Versammlung. – Ich betheilige mich nur wenig an den Debatten. – Abends meine Rede // für den Antrag in der Akademie ausgearbeitet.

24. Donnerstag. [Jänner 1861]

Vormittag in die Anstalt. Suess, – er bestimmt die von Stur [Štúr] am Buczecs gesammelten Terebrateln. – Zollikofer zeigt uns seine Generalkarte von Steiermark, Andrian hat bei Elkan gehört, daß H[er]r Holl wirklich das Liechtenstein'sche Palais zu kaufen beabsichtigt. – Abends Akad[emie] Gesammt-Sitzung. Burg sagt mir vor der Sitzung, mein Antrag werde auf Schwierigkeiten und Widerspruch stoßen. – In der Sitzung bringt ihn Schrötter in Verbindung mit dem Praeliminare, welches vom Finanz-Minist[er oder -erium] verlangt wird. Für beides solle eine Comission eingesetzt werden. Baumgartner sagt gegen meinen Antrag sei nichts einzuwenden, er habe geglaubt durch Verbindung desselben mit der Praeliminar-Angelegenheit, welche er selbst schon früher habe ergreifen wollen, um die Beschränkungen in der Akademie zu bekämpfen, auch meinen Wünschen zu entsprechen. Ich erkläre mich vollkommen einverstanden, und die Präsidenten ernennen die Comission, mich, Littrow, Schrötter, Münch, Miklosich, Wolf. // – Weiter kömmt die Holl'sche Angelegenheit zur Sprache. Baumgartner erklärt, er habe ihm mit großer Energie gesagt, der Akademische Saal sei seiner Ansicht nach nicht zu einem Tandelmarkt geeignet; ich rufe Bravo, auf was die Versammlung einstimmt. Es stellt sich heraus, daß Holl jedermann in anderer Weise

---

251 [Franz Hauer], Wissenschaftliches Leben in Wien. In: Das Vaterland, Beilage, 2. Jg., Nr. 18, 22. Jänner 1861, S. 5. Der Artikel bezieht sich ironisch auf Schrötters Vorlesung.

252 Hauer verschickte offenbar den Artikel aus dem »Vaterland« vom 22. Jänner 1861 an Akademiemitglieder.

zu captiviren suchte, meist sagte er, Haidinger u. wir hätten ihn gebeten, zur Schonung der Geol[ogischen] Reichsanstalt den Antrag zu stellen u.s.w.; Sein Verlangen wird abgewiesen. – Eine längere Debatte entspinnt sich über die Bitte einiger Studenten den Universitäts-Saal zu Berathungen zu erhalten.

25 Freitag. [Jänner 1861]

Vormittag i. d. Anstalt, bei Karl, wo ich Haidinger treffe; die Angelegenheit der noch rückständigen Conten wird besprochen u. erledigt, – Nachmittag an Siebenbürgen gearbeitet. Abends Soiree bei Schmerling, ich fahre mit Hingenau hin. Wir machen ihm erst ein Compliment; später stelle ich ihm Lipold, Stur [Štúr] u. Stache, erst später Foetterle vor. Ihm sowohl als Plener erzähle ich die Holl'sche Geschichte. – Beide sa//gen, derselbe müsse ein Schwindler sein, die Sache sei ungefä[h]rlich. Plener sagt mir, er habe erklärt, ~~di~~ seine Meinung sei, wir sollten das Liechtenstein'sche Palais behalten; Die Tabakfabrik sei weniger geeignet, auch könne er sie nicht gut entbehren. – Hingenau stellt mich dem G[ra]f Wickenburg vor, der mir sagt, er sei Präsident der Stadtverschönerungs-Comission geworden und nehme den lebhaftesten Antheil an der Wasserfrage. Ich erzähle einiges darüber. Ich spreche Karl Lederer an; außerdem conversire ich mit Burg, Kreil, Arneth, Pasetti, Steingaß. Foetterle macht mich bekannt mit Boschan und Löwenthal, u.s.w.; Pasetti sagt, Schrötter wolle gegen die im Wanderer erschienene Kritik des Wasser Comissions-Berichtes antworten.

26. Samstag. [Jänner 1861]

Vormittag in die Anstalt. Haidinger, wir müssen ihm von gestern erzählen; er war durch Kopfschmerz verhindert gewesen zu erscheinen. – Karl erzählt von dem Brand in Hornig's Laboratorium[253] – //

27. Sonntag. [Jänner 1861]

Den gestrigen Vaterland-Artikel[254] versendet an Dr ~~S~~ Perkmann, Reitlinger, Klun, Steinhauser. – Diner bei den Ältern. Von K. Hauser eine Wahlliste der conservativen Landstraßer für das Comitée erhalten.

28. Montag. [Jänner 1861]

Früh etwas Arbeit. Dann in die Anstalt, Haidinger die Tagesordnung für Dienstag. – Mit Foetterle zu der Donau, wo morgens der Eisstoß gegangen war. Mittags Pusswald u. die Rudolphischen. Nachmittag Hingenau – Abends Spiel bei Karl.

253 Emil Hornig, Professor der Chemie am Oberrealgymnasium Wien III, sollte sich 1866 für Chemie habilitieren. Ob es sich bei dem Brand um ein Schullaboratorium oder ein privates Laboratorium handelte, geht aus dem Tagebuch nicht hervor.

254 [Franz Hauer], Wissenschaftliches Leben in Wien. In: Das Vaterland, Nr. 22, 26. Jänner 1861, S. 1. In diesem Artikel fordert Hauer mehr öffentliche Berichterstattung über die Gesamtsitzungen der Akademie. Er gibt einen Bericht über die unterschiedlichen Vorträge der Vereine.

29. Dienstag [Jänner 1861]

Vormittag Arbeit, – Greissing's Buch über Zaizon[255] in den Buchhandlungen vergeblich gesucht – Nachmittag Sitz[un]g der geol[ogischen] Reichsanstalt. Haidinger zugegen, ziemlich viele Fremde, es geht frisch und lebendig her. Hörnes theilt mir mit, daß Schwabenau hier ist und seine Sammlungen in Oedenburg demnächst wird zusammenpaken mu, ich soll hinab sie eher einpaken ansehen. Hörnes begleitet mich bis zum Hause. //

30 Mittwoch. [Jänner 1861]

Früh bringt Richter eine Einladung für die Soiréen bei Plener. – Um 11 in das Cabinet, wo ich Schwabenau finde und mit ihm verabrede, am 11 ten Fasching Montag Abend nach Oedenburg zu kommen. An meiner Conchylien-Sammlung geordnet. – Abends Spiel bei mir.

31. Donnerstag. [Jänner 1861]

Vormittag in die Anstalt. Haidinger hat englische Briefe über Meteorsteine, die er verliest. Er will Heuglin in die Plener-Soiree mitbringen, ich rathe ihm zu diesem Zwecke früher dem Präsidial-Sekretär Reusslin zu schreiben. – Abends Akademie. Nach derselben längeres Gespräch mit Littrow. Er tadelt diejenigen, welche auf die Akademie schimpfen, alle wissenschaftlichen Dinge sollten heilig sein. e. c. – Der Angriff, der jüngst in der Triester Zeit[un]g wegen einer Abhandlung von Prokesch war über Münzen (Haidinger hatte mir diesen Artikel gezeigt, der wahrscheinlich Scherzer zum Verfasser hat), treffe eigentlich Wolf, der die Correctur besorgte. Man müsse, sagt Littr[ow], Gesandte eben nicht zu Mitgliedern der Akademie machen. Sind sie aber ein//mahl Mitglieder, so müsse man durch Dick und Dünn mit ihnen gehen. – Gasthaus Streitberger, zahlreich besucht, Frauenfeld, Scherze Hochstetter, Seybel, Wagemann u.s.w.; Wolf bringt den 3ten Wanderer Artikel über die Wasser-Comission. Seybel meint, ob derselbe nicht mit gewissen »Vaterland« Artikeln in Verbindung stehe?; Wir fangen an zu glauben, die Wasser-Artikel möchten am Ende von Pohl herrühren.

Februar

1 Freitag.

Morgens Artikel für das Vaterland, den ich noch gestern Abend begonnen hatte, fertig gemacht, – Hingenau, das ganze zusammengerichtet. – Monathsrechnungen – Mit Louise zur Donau. – Nachmittag Arbeit; Karl kömmt mitzutheilen, daß Haidinger Vormittag bei Reusslin war, um anzufragen, ob er nicht auch die übrigen Geologen zu

255 Joseph von Greissing, Joseph Miller und Peter Schnell, Analyse der Ferdinands-Quelle in Zaizon. Vorgenommen im Jahre 1845 (Kronstadt o. J.); Carl von Greissing, Die Mineralquellen zu Zaizon in Siebenbürgen (Wien 1855).

Plener bringen könne; derselbe antwortete, er glaube, der Minister werde nichts dagegen haben, und Haid[inger] ließ nun alle, auch Karl, auffordern hinzugehen. Letzterer hat dazu gar keine Lust; er entschließt sich endlich, Haidinger zu schreiben, er könne wegen // Unwohlseins seiner Frau nicht abkommen. Ich gehe um 9 Uhr hin, finde Haidinger, aber unsere Geologen nicht; Heuglin; Gespräch mit Andrassy [Andrássy], den ich frage, ob er bei unserer Montanistischen Versamml[un]g wieder in Wien sein werde. Er meint, wenn möglich, wolle er theilnehmen, wer könne aber jetzt sagen, was im Herbst sein werde. – Roschmann, – Heufler, – um ¾ 10 gehe ich wieder, ohne Plener gesprochen zu haben.

2 Samstag. [Februar 1861]

Morgens in die Anstalt. Haidinger hat Kopfweh, auch die anderen Geologen waren gestern nicht bei Plener gewesen. Foetterle nicht da. Ich kehre bald nach Hause zurück. Nachmittag Hingenau; er bringt Lobsprüche von Salm über unsere Vaterland-Artikel – Mit unserer Wahlliste für das Comitee zu[256] den Gemeindewahlen sind wir selber durchgefallen, Zang u. seine Partei hat gesiegt. Pusswald. – Abends Arbeit an Siebenbürgen. Einen Artikel über Kovaszna für Hingenau's Zeit[un]g geschrieben.

3. Sonntag [Februar 1861]

Morgens langer Brief an Smyth, dem ich eine Liste // meiner Siebenbürgischen Conchylien-Doubletten sende. Den gestrigen Vaterland-Artikel[257] versendet an G[ra]f Edm[und] Zichy, Zepharovich, Brücke, Littrow, Kner, M. Fuss.
In die Anstalt, Dachsteinbivalven[258] für Gümbel zusammengesucht[259]; nicht viel Gutes gefunden. – den Rudisten von Zaizon[260] aus dem Gesteine gearbeitet. – Mittags

256 Der Autor hat das »m« von »zum« gestrichen.

257 [Franz Hauer], Wissenschaftliches Leben in Wien. In: Das Vaterland, Jg. II, Nr. 28, Samstag, 2. Februar 1861, S. 1–2. Besprochen wird die Sitzung der Geologischen Reichsanstalt und bezüglich der letzten Akademiesitzung werden die Vorträge von Brücke und Littrow ausführlich dargelegt.

258 Durch Hauers Forschungen avancierten die bereits von Franz Xaver Wulfen beschriebenen Muschelmarmorerscheinungen zu Leitfossilien des Dachsteinkalkes. Siehe dazu: Franz Hauer, Beiträge zur Kenntnis der Cephalopoden-Fauna der Hallstaetter Schichten. In: Denkschriften der Akademie der Wissenschaften, nat.-math. Kl., 9/1 (1855), S. 141–166. Zu Franz Xaver Wulfen: Marianne Klemun, Arbeitsbedingungen eines Naturforschers im Kärnten des 18. Jahrhunderts am Beispiel Franz Xaver Wulfens. In: Carinthia I, 174 (1984), S. 357–374.

259 Offensichtlich gab es einen intensiven Austausch zwischen Hauer und dem Münchner Bergmeister und Staatsgeologen Gümbel. In der Akademie-Sitzung vom 17. Dez. 1861 legte Hauer dann die Arbeit Gümbels über die Bivalven (Megalodon triqueter sp. Wulfen und andere) der Akademie vor und sie wurde sodann publiziert. Siehe: C. W. Gümbel, Die Dachsteinbivalve (Megalodon triqueter) und ihre alpinen Verwandten. In: Sitzungsberichte der Akademie der Wissenschaften, math.-nat. Kl., Abt. I/ 45 (1862), S. 325–377.

260 Rudisten stellen eine ausgestorbene Ordnung der Muscheln (Bivalven) dar. Sie erscheinen erstmals im Oberen Jura und sterben an der Grenze zwischen Kreide und Tertiär aus.

Diner bei den Ältern. Nachmittag Rosas u. Pusswald. – Abends Brief an Gümbel. – Nachrichten über amerikanische Publicationen für meine Festrede zusammengestellt.

4. Montag. [Februar 1861]

Früh in die Hofbibliothek zu Bar[on] Münch, Comissions-Sitzung der Akademischen Budget-Comission. Schrötter verliest den Entwurf einer Eingabe, die, was das Endresultat betrifft (Verlangen der Akademie die Erhaltung des Gebäudes nicht aufzubürden, und Bitte ihre Bewilligung für Drucksachen auf 30000 fl zu erhöhen) gebilligt, in der Stylisirung und Motivirung aber vielfach amendirt wird. Münch sowohl als Littrow bringen gute Bemerkungen, am schwierigsten mir gegenüber benimmt sich Miklosich, der die Summen, welche die Akademie verausgabte »ungeheuere« // findet, nicht begreifen will, daß das der Staatsdruckerei ausgezahlte Geld für den Staat doch großentheils nur eine fingirte Ausgabe ist u.s.w.
Nach Hause u. mit Louise zu Jul[iette] Haftner[261] uns photographiren lassen. Mittags Rudolphs, Pusswald. Nachmittag kommen noch Hofrath Pichler, Hingenau, Karl – Ausschußsitzung des Zool. bot. Vereines, Abends Spiel bei Karl.
Hörnes sendet mir 2 Pakete mit Manuskripten über Siebenbürgen, die er im Nachlaß v. Partsch gefunden hatte.

5 Dienstag. [Februar 1861]

Morgens Arbeit (Siebenb[ürgen]). Um 12 Uhr Zollikofer, der meinen Zettel-Catalog benützt, später Hingenau, der in höchstem Grade entrüstet ist über die neuen Minister Ernennungen.[262] Wickenburg soll ein gänzlich unfähiger Mensch sein e.c. – Nachmittag ~~An~~ Geogr[aphische] Ges[ellschaft]. Auch Foetterle unzufrieden mit den Ministern. Er hat Lasser[263] gestern auf dem Techniker Ball gesprochen, da schien dieser von der Verleihung des Minister-Präsidiums an Erzh[erzog] Rainer[264] nichts zu wissen, er erzählte // bereits alle anderen Veränderungen, diese letzte aber nicht. – Salm, Hietzinger e.c. i. d. Sitz[un]g. Nachher zu Burg, auch dort große Unzufriedenheit, –.

---

261 Juliette Haftners Photographien waren sehr beliebt.

262 Johann Bernhard Graf Rechberg, von 1859–1961 Ministerpräsident, verblieb in der Funktion als Außenminister, Adolf Freiherr von Pratobevera von Wiesborn wurde Justizminister, Graf Matthias Constantin Wickenburg kam an die Spitze des wiedereingerichteten Ministeriums für Handel und Volkswirtschaft, Graf Anton von Schmerling war auch für die Abwicklung des früheren Ministeriums für Kultus und Unterricht zuständig.

263 Ritter Josef von Lasser war am 20. Oktober 1860 zum Minister ohne Portefeuille ernannt worden, war vom 20. Oktober bis 4. Februar 1861 Justizminister und wechselte als Staatsminister in das Kabinett Schmerling.

264 Erzherzog Rainer übernahm die Geschäfte des Ministerrates und dessen Präsidium.

6. Mittwoch. [Februar 1861]

Morgens Arbeit zu Hause. Gegen Mittag in die Anstalt, Amerikanische Schriften durchgesehen, mit Foetterle u. Karl geplaudert. – Nachmittag Hingenau, Rudolph. Er bringt eine gegen uns gerichtete Klageschrift von Oswald in Csakova. – Abends Zoologisch-Botanischer Verein. Ich muß Fitzinger erzählen, was in der akademischen Budget-Comission beschlossen wurde. Dann Spiel bei Hankenberg.

7. Donnerstag [Februar 1861]

Vormittag Bericht für das Vaterland geschrieben. Rudolph, er hat mit Beihülfe Bayerl's, den uns Hingenau empfohlen hatte, ein Gesucht [sic] wegen Termins-Erstreckung nach Csakova gesendet – In die Anstalt. Foetterle ist nach Pesth gefahren. – Ich meißle an der Caprotina aus Zaizon,[265] – Zwei Herren verlangen Auskunft über einen Bleibergbau zu // Csavoi nächst Priwitz[266] in Ungarn. Wir können sie nicht befriedigen. – Nachmittag Kopfweh.

Abends Akademie-Sitzung, Kein Vortrag, Schrötter bettelt solche bei Haidinger u. Hyrtl zusammen. Nachher Gasthaus bei Streitberger. Wenig Besuch, Hingenau, die geol. Reichsanst[altler], später Marschall.

8 Freitag. [Februar 1861]

Morgens Vaterland-Artikel fertig gemacht, dann ~~in~~ mit Hingenau, der kam, durchgelesen. In die Anstalt, Haidinger, er hält mich lange auf, ohne eigentliches Geschäft. – Nachmittag Hankenberg mit Carneri, der eine Abhandlung bringt, deren Aufnahme in das Vaterland ich vermitteln soll. Später etwas Arbeit an meiner akademischen Rede. – Sauter mit Hank[enberg] u. Pusswald. – Um 10 Uhr zu Schmerling, furchtbar voll, so daß es schwer ist, Jemanden zu sprechen. Steingaß nicht da, ich gebe daher Hingenau Carneri's Artikel. – Roschmann, den ich zur Übersetzung in den Minister-rath gratulire, meint er bedauere den Erzherz[og][267], derselbe habe eine völlig unlösbare Aufgabe. //

~~9. Samstag~~

Nachher in das Winter-Bierhaus mit Helfert, Parmentier, Pichler, Hörnes und A. Helfert; sehr heiter, er meint in der geogr[aphischen] Ges[ellschaft] sollte das Statut üb[er] d. Präsidenten[268] geändert werden, ich opponire. – Parmentier erzählt einige

265 Der Capotrinakalk wurde von Hauer schließlich der Kreide zugeordnet. Schöne Stücke der Korallen lagen im Museum von Kronstadt (Brașov), Zajzon (ungar.), Zizin (rumän.), Zaisendorf (deutsch), ein Dorf mit etwa 700 Einwohnern im Kreis Kronstadt, war wegen seiner Mineralquellen berühmt. (Zur Geologie: C. M. Paul und E. Tietze, Neue Studien in der Sandsteinzone der Karpathen. In: Jahrbuch der k.k. geologischen Reichsanstalt 28 (1879), S. 189–304, hier 191.

266 Priwitz (ungar. Privigye) liegt heute in der Westslowakei.

267 Gemeint ist Erzherzog Rainer.

268 Vermutlich ging es um einen bestimmten Passus: Laut Statuten der Gesellschaft wurde nämlich der

Histörchen über Goluchowski, einmahl sei er mit einer Angelegenheit wegen einer Gedächtnißfeier für Thaer[269] zu ihm gekommen; da fragte Goł[uchowski] wer ist das?, wird er selbst auch dabei sein. – Zu meinem Schreken erklärt Helfert, auch er wisse nicht, wer das sei.

9. Samstag. [Februar 1861]

Vormittag in das Cabinet. Hörnes will mich nicht nach Oedenburg begleiten. Gespräch mit Suess über Helfert u. Miklosich und die alte Jäger'sche Schöpfungs-Vortrag-Geschichte.[270] Er findet das Benehmen Helferts dabei schändlich, ich vertheidige letzteren u. sage, Letzterer habe eben so Ursache gehabt, sich zu beklagen, daß man die »Lüge«, Helfert habe die Abhaltung der Vorlesung verboten, in die Zeitungen gegeben habe, u.s.w. – Nachmittag Hingenau, er bringt // 10 Num[mern] d. Vaterlandes,[271] die versendet werden an Vincke, Porkmann, Unger, Hoelzl, Hyrtl, Flygely. Er bringt die Bücher von Söchting u. Otto, die ich in seiner Zeit[un]g recensiren soll – Abends Arbeit an meiner akademischen Rede.

10 Sonntag. [Februar 1861]

Morgens Arbeit an meiner akad[emischen] Rede. – Conchyliensammlung geordnet, Visite bei Carneri, Mittag Diner bei den Ältern, Nachmittag Boston. Abends schreibe ich eine Recension über Otto.

Präsident von 34 Vertrauenspersonen nur für ein Jahr gewählt und war danach auch nicht sofort wiederwählbar. (Siehe: Statuten der kaiserlichen königlichen Geographischen Gesellschaft. In: Mittheilungen der kaiserl.-königl. Geographischen Gesellschaft IV (1860), S. VI–VII, hier VI.)

269 Für Albrecht Daniel Thaer (1752–1828), dem bedeutenden in Berlin wirkenden Agronomen, wurde 1859 ein Denkmal in Leipzig, 1860 in Berlin errichtet. In der zweiten Hälfte des 19. Jahrhunderts fanden viele Thaer-Gedächtnisfeiern statt.

270 Kurz nachdem die erste deutsche Übersetzung von Darwins Werk erschienen war, hatte die erste öffentliche Auseinandersetzung mit Darwins Werk in der »Zoologisch-Botanischen Gesellschaft« am 5. Dezember 1860 in Wien stattgefunden. Der Verriss durch den Ornithologen August von Pelzeln in Bezug auf den offenen Artbegriff Darwins sollte, so Hauers Agenda, in der Öffentlichkeit unkommentiert stehen bleiben. Hauer distanzierte sich von dieser Kritik. Kurze Zeit darauf hielt Gustav Jäger seinen Vortrag im Rahmen der von Eduard Suess präsidierten Gesellschaft zur Verbreitung wissenschaftlicher Kenntnisse. Auf diesen Vortrag bezog sich die Debatte. [Anonymus, Hauer], Wissenschaftliches Leben in Wien. In: Das Vaterland, 1. Jg., Nr. 85, 8. Dezember 1860, S. 1. Der Artikel berichtet über Sitzungen der »k.k. Geographischen Gesellschaft« und der »k.k. Zoologisch-Botanischen Gesellschaft«. In letzterer äußerte sich August von Pelzeln negativ über Darwins Werk, eine Kritik an Darwin, die Hauer in seiner anonymen Besprechung gänzlich ablehnte.

271 [Anonymus, Hauer], Wissenschaftliches Leben in Wien. In: Das Vaterland, 2. Jg., Nr. 33, Samstag, 9. Februar 1861, S. 1. Der Artikel gibt einen Überblick über die in verschiedenen Institutionen gehaltenen Vorträge.

11. Montag. [Februar 1861]

Comissions-Sitz[un]g in d. Akademie. Münch krank; Schrötter hat ein sehr weitschweifiges liberalphraseologisches Schriftstück mit Schimpf auf die nicht deutschen Nationalitäten vorbereitet, welches durchaus abzuändern beschlossen wird. Der neu zu fertigende Entwurf soll circuliren u. dann eine Schlußsitz[un]g gehalten werden. – Zu Tisch Rudolphs bei uns, Nachmittag nach Oedenburg, wo ich den

12 Dienstag [Februar 1861]

bleibe u. die Sammlungen von Schwabenau[272] besehe. // Am Rückwege treffe ich im Waggon Myrbach und den Gensdarmerie-Obersten Esch? –

13 Mittwoch. [Februar 1861]

Morgens in die Anstalt. Haidinger, der schlecht aufgelegt ist und die Berichte über unsere letzten Sitzungen an den Berggeist schiken will mit der Bemerkung, sie könnten hier nicht gedruckt werden. Er schimpft über Schweitzer u. alles Mögliche. – Eine ~~Einga~~ Zuschrift vom Kriegs-Ministerium verlangt eine Äußerung, ob eine von Pohl vorgeschlagene Comission zur Untersuchung von Kohlensorten betreffs ihrer Brennkraft u.s.w. von Seite der Militärverwaltung wirklich angezeigt sei. Das ganze läuft auf eine Diätenschneiderei für H[er]rn Pohl hinaus und wird verneinend beantwortet werden. – Nachmittag Hingenau, Artikel f[ür] d. Vaterland (Olmützer Handelskammer). Abends Arbeit an Siebenbürgen.

14 Donnerstag. [Februar 1861]

Früh etwas Arbeit an Siebenbürgen – In die Anstalt, dort die vulcanischen Gesteine von Rakos[273] untersucht. Zurückgekehrt nach Hause erhalte ich den Schrötter'schen // Entwurf der Eingabe wegen der Akad[emie] – Er ist recht schlecht; ich schreibe ihn nachmittag ab. – Abends Gasthaus Streitberger. Frauenfeld, Hochstetter, Bauer und Kunstmeist[er] Schmid, sonst bloß Reichsanstältler. Hochst[etter] sagt, das Scherzer'sche Buch[274] werde sehr wenig werthvoll, 600 Ex[emplare] davon sind zum Vertheilen bestimmt. – Frauenfeld spricht von dem Angriff auf Pokorny im Vaterland;[275] er scheint damit sehr einverstanden.

---

272 Anton von Schwabenau (1800–1891) war Beamter, k.k. Vicepräsident der Oberösterreichischen Statthalterei und Präsident des Museums Francisco Carolinum in Linz. Er interessierte sich auch für die Hallstädter Kalkschichten; seine Sammlung wurde 1874 vom Geologischen Institut der Universität gekauft. Siehe auch: Anton von Schwabenau, Das Vorkommen einer neuen Art fossiler Korallen in den Hallstätterkalken. In: Jahresbericht des Museum Francisco Carolinum 25 (1865), S. 89–92.

273 Rákos, heute Teil von Budapest (14. Bezirk).

274 Karl von Scherzer, Bernhard Wüllerstorf-Urbair und Bernhard Grunow (Ed.), Reise der Oesterreichischen Fregatte Novara um die Erde: in den Jahren 1857, 1858, 1859, Beschreibender Theil, 3 Bde. (Wien 1861).

275 Pokorny wurde in dem Artikel im Vaterland wegen seiner Praxis, Vorträge zu wiederholen, kritisiert.

15. Freitag. [Februar 1861]

Vormittag Arbeit zu Hause. – In die Stadt ins Caffehhaus. – Nachmittag wieder Arbeit – Soirée mit Carneri's bei Karl; schlechte Nachrichten aus Ungarn, man erwartet Aussprechung des Belagerungszustandes. – Um 10 zu Plener, Alles schon im Fortgehen begriffen; ich bleibe nur wenige Minuten. Dann in das Bierhaus, wo ich Helfert, Pichler, Seligmann, Bischof, Görgey, Buschmann u.s.w. finde.

16. Samstag. [Februar 1861]

Morgens Arbeit an Siebenbürgen. Dann schreibe ich ~~eine neue Eingabe~~ einen neuen Entwurf einer Eingabe an das Min[isterium] wegen Druckereibefugniß der Ak[ademie], da mir die Schrötters durchaus nicht entsprechend scheint. Abends die Einrangirung der adriatischen Conchylien in meine Hauptsammlung beendigt.

17. Sonntag. [Februar 1861]

Zu Littrow mit meinem Entwurf, den ich ihm vorlese. Er findet ihn vortrefflich, mein[t] man sehe, daß ihn ein gebildeter Mensch geschrieben habe, und rükt mit dem Geständniß heraus, daß auch er den Schrötters unter aller Kritik finde. Er meint, es werde nur eine sehr delicate Sache, Schrötter die Blamage anzuthuen, seinen Entwurf ganz zu beseitigen. Ich entgegne, mir stehe die Sache höher als die Person, auch kenne ich derartige Bedenklichkeiten nicht; übrigens wolle ich die Sache so glimpflich als möglich abmachen. – Zu Miklosich, auch er findet meinen Entwurf viel besser als den Schrötters, meint, ich solle ihn ohne Weiters vorbringen, er wolle dafür stimmen. – In die Anstalt, an meinem Rudisten[276] aus Zaizon gemeißelt.

Diner bei den Ältern. Nachmittag Boston mit den Brüdern u. Schmidt. Abends meine Eingabe nochmahls abgeschrieben. //

18. Montag. [Februar 1861]

Morgens Arbeit an meiner akad[emischen] Rede. Um 12 zu Bar[on] Münch, dem ich die Eingabe wegen Ak[ademie] Dot[ation] vorlese, auch er ist damit einverstanden, findet sie einfacher und wärmer als den ersten Entwurf, räth mir aber, damit zu Schrötter und ihn zu bereden, sie selbst zu adaptiren. – Nachdem ich noch Miklosich gesprochen habe, gehe ich wirklich zu Schrötter, der bereit ist, meinen Entwurf anzunehmen, dann erst (wie mir scheint mit einigem Befremden) hört, daß die anderen Comissionsmitglieder bis auf Wolf sie schon kennen. – Mittag Rudolphs bei uns. Nachmittag Karl, Pichler, Carneri; Letzterer erzählt, er habe nach langer Conferenz mit Thun seinen Artikel mit diesem ganz zu Ende gebracht und derselbe werde nun im Vaterland erscheinen.

Siehe: [Anonymus, Hauer], Wissenschaftliches Leben in Wien. In: Das Vaterland, 2. Jg., Nr. 33, Samstag, 9. Februar 1861, S. 1.

276 Rudisten (Hippuritoida) sind eine ausgestorbene Ordnung der Muscheln (Bivalven).

Abends Spiel bei Karl.

19. Dienstag. [Februar 1861]

Früh um 10 Uhr Comissions-Sitzung i. d. Hofbibliothek, Schrötter erklärt, meinen ~~Bearb.~~ Eingabe Entwurf selbst als den besseren anerkennen zu müssen. // Das ganze wird nochmahls gelesen u. mit sehr wenig Änderungen definitiv angenommen. Den Rest des Vormittags Arbeit an Siebenbürgen; eben so Nachmittag u. Abend. Nachmittag Hingenau – Abend geogr[aphische] Ges[ellschaft]. Keine Ausschußsitzung. Thun u. Salm zugegen. Letzterer spricht viel über die Wahlen. Dr Steudner, der die Heuglin'sche Expedition mitmacht. – Die Geschwister, die in Unger's Vorlesung[277] waren, gantiren bei uns.

20 Mittwoch. [Februar 1861]

Morgens Arbeit an Siebenbürgen, – i. d. Anstalt mit Hantken die Ammoniten von Dotis[278] gesucht aber nicht gefunden – Nachmittag Visite bei Wirkner – Montanistiker-Versammlung[279] im Ingenieur-Verein[280]; dabei zeigt Lill Mineralien aus Przibram vor – Gouté bei Hoffmann. – Brief von Littrow, der mich auffordert, ihn ~~heute~~ morgen[281] vor der Sitzung zu besuchen.

21. Donnerstag. [Februar 1861]

Vormittag i. d. Anstalt. Haidinger. – Nachmittag Hingenau. – dann zu Littrow. Derselbe sagt mir, in den Haidinger'schen Meteoriten-Abhandlungen[282] komme viel // astronomischer Nonsens vor; ich möge Haidinger darauf aufmerksam machen. Ich entgegne, das sei sehr schwierig, wenn sich Gelegenheit ergebe, so wolle ich es übrigens thuen. Dann erzählt L. von einer Brochure, die zu Gunsten der Akademie erscheinen soll; er ist damit nicht sehr einverstanden; es soll ein Resumée der akademischen Arbeiten sein.

---

277 Franz Ungers Vorlesung zur Geschichte der Pflanzenwelt fand am Abend im »Ständischen Saale« für ein »gewähltes Damenpublikum« statt und erzeugte großes Publikum. Der Vortrag wurde auch in der Presse erwähnt. Siehe dazu: [Hauer], Wissenschaftliches Leben in Wien, Das Vaterland, Beilage, 2. Jg., Nr. 45, 23. Februar 1861, S. 5.

278 Ammoniten von Dotis (nahe Neusohl, Karpaten) entstammten jenen Liaskalken, die als Natursteine im Bauwesen sowohl in Buda und Ofen sehr beliebt waren.

279 Die dem Bergwesen zugehörigen Beamten bildeten als Montanistikerversammlung eine eigene Sektion im Ingenieursverein.

280 Der »Österreichische Ingenieurs-Verein« wurde 1848 gegründet, wurde 1864 auf Architekten erweitert und existiert bis heute.

281 »morgen« nachträglich eingefügt.

282 Wilhelm von Haidinger, Eine Leitform der Meteoriten. In: Sitzungsberichte der Akademie der Wissenschaften, Bd. 40 (1860), S. 530–533. Haidinger stellte darin eine frühe Theorie der Flugphysik vor, die heute in der Geschichte der Meteoritenkunde als hervorragende Erkenntnis Erwähnung findet.

In der Sitzung viele Vorträge; ich selbst habe eine kurze sehr nichtssagende Notiz für Haidinger. Gespräch mit Ettingshausen, den ich ein Stück begleite. Er sagt, in Frankfurt sehe man sehr schwarz über unsere Zustände. – Gasthaus Streitberger, Hingenau, Poche, ein G[ra]f Belcredi, sonst nur unsere Leute u. Kunstmeister Schmidt.

22 Freitag. [Februar 1861]

Vormittag Arbeit an meiner akademischen Rede, zu der ich aus dem Min[eralien] Cab[inet] einige Bücher hole. Daselbst Suess, der mir eine von ihm verfaßte Geschichte der Paläontologie gibt. – Nachmittag wieder Arbeit. Abends Hankenbergs u. Pusswald. – dann Schmerling Soiree. Ich spreche namentlich viel mit O[ber]rath // Rohanczy, W. Badenfeld, Suess, Kolbe, Roschmann, Heider u.s.w. – Dann Winter-Bierhaus mit Helfert, Parmentier, Görgey, ~~Srt~~ Bischof u.s.w.; Cajetan Mayer erzählt viele Reichstagsgeschichten von 1848.[283]

23 Samstag. [Februar 1861]

Gearbeitet a. d. acad[emischen] Rede. – Nachmittag Hingenau. Vaterland[284] versendet an Hochstetter, Jäger, Unger, Ettingshausen, Steinhauser, Klun. – Abends wieder Arbeit.

24 Sonntag. [Februar 1861]

Vormitt. a. d. acad[emischen] Rede gearbeitet. – Diner bei den Ältern. – Abend Whist mit Hofr[at] Pichler.

25. Montag. [Februar 1861]

Vormittag Anstalt. – Rudolphs, die Mittwoch abreisen zum letzten Mahle bei uns, auch Pusswald. Nachmittag Pichler. Abends Spiel bei Karl.

26. Dienstag. [Februar 1861]

Vormittag i[ns] Cabinet. Alte Bücher für meine Rede durchgesehen. – Nachmittag für einen Moment Hingenau, dann wir zu den Ältern, um von Rudolph's Abschied zu nehmen – In die Sitz[un]g d. geol[ogischen] Reichsanstalt. // Karl theilt mir am Wege [mit], daß Haid[inger] vormittag in d. Anstalt u. sehr schlecht aufgelegt war. Karl meinte, es wäre doch gut, Auszüge aus unseren Verhandlungen an Schwei[t]zer zu

283 Cajetan Mayer Ritter von Mayrau war Abgeordneter des österreichischen Reichstages in den Jahren 1848/1849, von 1853–1860 Ministerialrat im Ministerium für Inneres.

284 [Franz Hauer], Wissenschaftliches Leben in Wien, Das Vaterland, Beilage, 2. Jg., Nr. 45, Samstag, 23. Februar 1861, S. 5. In diesem Artikel wurde Hochstetters Montagsvorlesung über den in Neuseeland ausgestorbenen Riesenvogel besprochen sowie Franz Ungers öffentliche Vorlesung über Atlantis und das Verhältnis der Flora Neuhollands zu jener in Österreich aufgefunden fossilen Flora der Eozänperiode. Ferner wurden auch die Themen der Sitzung der Geographischen Gesellschaft resümiert.

senden, Haidinger stimmt anfangs bei, sagt aber, er könne nicht Alles machen u.s.w.; wir verabreden, die Sache nun selbst in die Hand zu nehmen.

27. Mittwoch [Februar 1861]

Morgens die lang erwarteten Erläße in der Zeitung.[285] Später in die Anstalt, – Bericht über unsere Sitz[un]g für das Vaterland geschrieben – Nachmittag Hingenau, später Karl. Letzterer hat mit Schwei[t]zer gesprochen u. von ihm das Manuskript über unsere letzte Sitzung erhalten, um daraus einen Auszug zu machen. Abends Spiel bei uns.

28. Donnerstag. [Februar 1861]

Vormittag etwas Kopfschmerz u. daher nicht viel Arbeit – Nachmittag Allg[emeine] Sitz[un]g i. d. Akad[emie]. Der Antrag der Comission wegen Druckereibefugniß geht ohne Widerrede durch. Baumgartner macht noch ein paar // nicht unzweckmäßige Zusätze zur Eingabe: – Bitten des Photographen-Vereines, des Stenographen-Vereines und der Singakademie wegen Überlassung des ~~M~~ einen Akademie-Saales werden den ersten Beiden bewilligt, dem letzten abgeschlagen – Baumgar[tner] theilt mit, daß ein Kais[erlicher] Prinz das Curatorium der Akademie definitiv übernehmen werde.

März [März 1861]

Freitag 1ten.

Vormittag Anstalt. Haidinger sehr schlecht aufgelegt, überhäuft uns mit Vorwürfen, daß unsere Geschäfte nicht weiter gehen; er übergibt mir den Akt wegen der geol[ogischen] Untersuchung v. Hall zur Beantwortung. Nachmittag schreibe ich das Concept. Abends zu Plener. Rudolph. Haidinger den ich mit vielen Personen bekannt mache, Gespräche mit Salm, Schlechta, Helfert, Van der Nüll, Vivenot Vater u. Sohn, Pfeiffer, Camesina u.s.w. dann Bierhaus mit Parmentier, Helfert, Bischof, Görgey an einem Tische nebenan eine musikalische Gesellschaft mit Hansli[c]k. //

2t. Samstag. [März 1861]

Früh in die Anstalt. Ingenieur Quaglio, der über den Lasurstein von Ditro[286] spricht, er glaubte nicht recht an die Sicherheit der Bestimmung,[287] weil sich das Mineral in der Hitze entfärbt; es soll jetzt in sehr schönen und großen Partien vorkommen u. Quaglio will den Grund dort ankaufen u. die Sache ausbeuten. Er frägt weiter nach

285 Wiener Zeitung, Nr. 48, Mittwoch, 27. Februar 1861, S. 705–707.

286 Der Lasurstein von Ditró wurde in der Gebirgsgruppe des Piritske und Ujhavasberges nördlich von Gyeryó gefunden. Siehe: Jahrbuch der geologischen Reichsanstalt (1860), S. 86.

287 Eine Analyse wurde von Karl Hauer vorgenommen. Siehe dazu: Jahrbuch der k.k. geologischen Reichsanstalt, XI. Jg. (1860), S. 86. Vgl. dazu auch: [Anonymus], Vereinsnachrichten. In: Verhandlungen und Mittheilungen des siebenbürgischen Vereines für Naturwissenschaften zu Hermannstadt, Jg. XI, Nr. 10 (1860), S. 206.

Schwerspath-Vorkommen und wir zeigen ihm noch Stücke von dem steyerischen Magnesit, um ihn zu einer Unternehmung darauf anzuspornen.
Haidinger, dem es offenbar wieder leid that, uns gestern Vorwürfe gemacht zu haben, sandte mir ein Dankschreiben für mein Concept. – Seiller[288] schikt das 2te Heft der Statistik der Stadt Wien[289] – Nachmittag Hingenau. Abends Arbeit an meiner Rede. Vaterland versendet an Hyrtl, Unger, Hochstetter, Fichtner, Meschendörfer, Ambros. – Nach Gratz [Graz] sandte ich vormittag das Geld der hiesigen Mitglieder.

3. Sonntag. [März 1861]

Früh Arbeit an meiner Rede bis Mittag. Im Laufe // des Vormittags kommen Fürst Salm wegen der Wahlen für den Gemeinderath; ich soll ihm die Candidaten bezeichnen; dann Ingenieur F. M. Stapff aus Fahlun [Falun][290], der unsere Anstalt sehen will. Nachmittag Boston bei den Ältern, Abends wieder Arbeit an meiner Rede.

4 Montag. [März 1861]

Früh i. d. Anstalt, daselbst Stapff, mit dem wir dessen Reisepläne besprechen; Haidinger, er ist wieder besser gelaunt. Eine neue Eingabe an das Staatsminist[erium] wegen der Druckerei-Angelegenheit wird besprochen u. abgesendet. – Mit Stapff in d. Mineral[ien] Cabinet. Suess erzählt von den Wahlen, Hörnes fordert mich auf, mit ihm gemeinschaftlich Schritte bei Schmerling zu thuen, um Haidinger den Adelstand[291] zu verschaffen. Er hatte mir schon neulich davon gesprochen – Nachmittag Ausschuß-Sitz[un]g d. Zool[ogisch] bot[anischen] Vereines. Jeitteles bittet um einen Vorschuß von 50–60 fl. [Gulden], ich erkläre mich dagegen, es wird abgelehnt. – Abends Boston bei Karl.

5 Dienstag. [März 1861]

Arbeit an meiner Rede. Abends zu Hause. //

6. Mittwoch. [März 1861]

Vormittag Arbeit. Nachmittag Hingenau mit dem Bericht üb[er] d. gestrige geogr[aphische] Sitz[un]g. – Monathvers[ammlung] des Zool[ogisch] bot[anischen] Vereines. – Pokorny[292] spricht mich wegen seiner uns übergebenen Torf-Abhandlung an, ich sage, es sei keine Aussicht, sie zu drucken und ich wolle sie ihm zurücksenden.

---

288 Johann Kaspar von Seiller (1802–1888) war 1848–1851 Präsident des Gemeinderats der Stadt Wien, 1851 bis 1861 der erste frei gewählte Bürgermeister der Stadt.

289 Statistische Uebersicht des Erzherzogthums Öesterreich unter der Enns (Wien 1861).

290 Friedrich Moritz Stapff (1836–1895), deutscher Geologe, war zu diesem Zeitpunkt noch Bergingenieur im schwedischen Kupferbergwerk zu Falun.

291 Die Erhebung in den Ritterstand sollte 1865 erfolgen.

292 Alois Pokorny (1826–1886) war Schulmann und Botaniker. Während er sich an der Wiener Universität habilitierte, fungierte er als Berichterstatter der in den Jahren 1858–1860 gebildeten Kommission

7. Donnerstag. [März 1861]

Morgens Bericht f. d. Vaterland geschrieben, – Anstalt, ~~das~~ Nachmittag Akademie-Sitz[un]g. Geheime Sitz[un]g. Aula wird dem Statthalter für die Landtagswahlen zur Verfügung gestellt, die von Gottlieb eingesendete Abhandlung der Hrrn Maly u. ~~Gottl~~ Aichhorn[293] als nicht Druckwürdig zurückgewiesen, der Schriftentausch mit der Königsberger Gesellschaft, welche Schrötter der geringen Menge des von dort gesendeten Gedruckten wegen beanständet hatte, auf meinen Antrag angenommen, ein Bauchredner abgewiesen. – Beisel, nur Hingenau, Stur [Štúr], Stache, Frauenfeld.

8 Freitag. [März 1861]

Den ganzen Tag Arbeit an meiner Rede. Abends // keine Soiree bei Schmerling, wegen Erkrankung seiner Tochter.

9. Samstag. [März 1861]

Vormittag Hingenau, der Nachrichten über Arany-Idka[294] sucht; wir finden nichts. übrigens Arbeit.

10 Sonntag. [März 1861]

Vormittag macht mir Boué eine lange Visite; er erzählt daß in d'Archiac's neuestem Buche[295] mein Alpendurchschnitt sehr gelobt sei; schimpft über Baumgartner, ich frage ihn allerlei aus um frühere Wiener-Zustände – Er selbst siedelte sich 1840 hier an, er meint nicht die Regierung allein, mehr noch die Gelehrten der früheren Periode seien Schuld gewesen, daß nichts vorwärts ging. Sie hätten gar nicht verstanden, mit den Staatsmännern umzugehen. – Mittags ich allein zu den Ältern, Nachmittag Hingenau, der Separat Blätter des Vaterlandes[296] bringt. Karl erzählt, daß Haidinger mit den Aufsätzen i. d. Wiener-Zeitung über die Geol[ogische] Reichsanstalt zufrieden war[297] –

---

zur Erforschung der Torfmoore in Österreich. Die Arbeiten erschienen hauptsächlich in der von der Zoologisch-Botanischen Gesellschaft herausgegebenen Fachzeitschrift.

293 Franz de Paula Maly (1823–1891) und Sigmund Aichhorn (1814–1892) zählten nicht zu der Elite der Wissenschaftler Wiens. Maly war Hofgärtner des Belvederes und betreute den österreichischen Alpengarten, Aichhorn war Kustos am Joanneum in Graz.

294 Bergwerk in Ungarn.

295 Adolphe d'Archiac, Histoire des progrès de la géologie de 1834 à 1859 (Paris 1847–1860), 8 Bände.

296 [Hauer], Naturwissenschaftliches Leben in Wien. In: Das Vaterland, Beilage, Jg. II., Nr. 58, 10. März 1861, S. 5–6. Der Artikel enthält Kurzberichte über Vorträge an der Akademie, der »k.k. Geographischen Gesellschaft« und Zoologisch-Botanischen Gesellschaft. Alle Vortragenden werden als äußerst interessant gewürdigt, nur im Falle von Schrötter wird bemerkt, dass die Vorführung eines Apparates, der Eis erzeugt, auf »langbekannten Gesetzen beruht« und in der Sitzung eines »Gewerbevereines gezeigt zu werden verdiene«. Damit wurde Schrötter Wissenschaftlichkeit mehr oder weniger abgesprochen.

297 Die ausführlichen Berichte über die Sitzungen der »k.k. Geologischen Reichsanstalt« (15. und 29. Jänner) erschienen fast zwei Monate später, waren aber sehr detailliert, denn sie basierten auf den in

Boston. Vaterl[and] versendet an Czörnig, Ficker, Kerner, Reichardt, Frauenfeld, Unger, Schrökinger, Sonnklar [Sonklar].

11. Montag. [März 1861]

Früh i. d. Anstalt. Haidinger, er bringt ein~~en~~ Zuschrift von dem Oberösterr[eichischen] Landes-Collegium mit 100 fl. für die Untersuchung in Hall. – Briefe von Reichenbach, worin dieser wieder über Hörnes schimpft. Ich erzähle ihm das Thema meiner akademischen Rede, womit er ganz einverstanden ist. – Briefe geschrieben. Mittags Pußwald – Abends Spiel bei Karl.

12. Dienstag. [März 1861]

Vormittag i. d. Miner[alien] Cabinet, wo ich Haidinger finde. Unerquicklicher Disput zwischen [ihm] und Suess über die Paris[er] Akademie. Suess sagt mir dann, wir sollten beim Staatsminister einschreiten[298], daß dem Peters, ~~eine~~ dessen Berufung an die Universität nach Wien heute in der Zeitung steht,[299] ~~die~~ eine[300] Professur über Geologie verliehen werde; Ich kann darauf doch nicht recht eingehen wegen Haidinger, den Zippe für die Ansicht gewonnen hat, es wäre dieß eine Zurüksetzung für Letzteren[301]. Ich nehme d'Archiac's Buch Progrés [sic] e.c. VIII Band, in dem unsere

den Verhandlungen der Reichsanstalt gedruckten Berichten. Siehe: [Anonymus], Aus den Sitzungen der k.k. geologischen Reichsanstalt vom 15. und 29. Jänner, Wiener Zeitung, Nr. 55, 7. März 1861, S. 829–830 und Nr. 56, 8. März 1861, S. 841–842.

298 Suess war offenbar gut informiert, dass Staatsminister Anton von Schmerling in der Sache aktiv geworden war bzw. die Drehscheibe bezüglich der Entscheidung für die von Carl (Karl) Ferdinand Peters (1825–1881) erwünschte Versetzung von Pest nach Wien bildete. Infolge des »Oktober-Diploms« und einer Intensivierung des Magyarisierungsprozesses hatte Carl Peters an das Ministerium ein Gesuch gerichtet, auf die Professur für Mineralogie und Geognosie an die Universität Wien wechseln zu dürfen. Schmerling befürwortete dieses Ansuchen am 7. Februar mit dem Argument, dass dem 70-jährigen Ordinarius Zippe eine Unterstützung beigegeben werden möge, was Kaiser Franz Joseph am 17. Februar dem damals 35-jährigen Geologen genehmigte. Siehe dazu: Elmar Schübl, Mineralogie, Petrographie, Geologie und Paläontologie. Zur Institutionalisierung der Erdwissenschaften an österreichischen Universitäten, vornehmlich an jener in Wien, 1848–1938. Scripta geo-historica, Bd. 3 (Graz 2010), S, 122.

299 »Se k.k. Apostolische Majestät hatten mit der Allerhöchsten Entschließung vom 17. Februar d. J. die Zuweisung des Pesther Universitäts-Professors der Mineralogie Dr. Karl Peters Ernennung der Wiener Hochschule allergnädigst zu genehmigen geruht«. In: Wiener Zeitung, Nr. 59, 12. März 1861, S. 889. Peters hatte diese Professur nur vier Jahre inne, er wurde 1864 als Professor der Mineralogie und Geologie an die Universität Graz berufen. Siehe dazu: Bernhard Hubmann, Ferdinand Carl Peters (1825–1881). Beitrag zu seiner Biographie. In: Berichte der Geologischen Bundesanstalt 53 (2001), S. 31–47.

300 »seine« eingefügt.

301 Die »Beihilfe« für Professor Zippe, wie es Schmerling in seinem »Allerunterthänigsten Vortrag« bezeichnet hatte (siehe Anton von Schmerling, Allerunterthänigster Vortrag, Wien, 7.2.1961. ÖStA – AVA – UW Peters Mineralogie – Zl. 1759/89 ex 1861), konnte auch als Abwertung eines älteren

und namentlich meine geologischen Arbeiten sehr ~~gewü~~ anerkannt sind[302] mit nach Hause. // Abends G.R.A. Sitz[un]g. Hörnes u. Haidinger, dann Hingenau zugegen. Karl hat einen scharfen Artikel gegen die Wasser-Comission (Baumgartner)[303] geschrieben. Haidinger referirt über den Tod Dauber's[304] und bringt eine Nummer des Berggeistes mit Bericht üb[er] unsere Sitz[un]g.[305]

13 ~~16M~~Mittwoch. [März 1861]

Morgens Arbeit, Nachmittag Karl u. Hingenau zur Besprechung über Hingenau's Bergbau-Kalender. Abends Spiel bei Hoffmann.

14. Donnerstag. [März 1861]

Vormittag zu Haidinger, der mir seine Abhandlung über Meteoriten zum Vortragen i. d. Akademie gibt[306]. Daselbst nach der Sitz[un]g spricht mich Schrötter an, ob ich nicht Haid[inger] bereden wollte, den Auszug dieser Abhandlung für die Wien[er] Zeit[un]g abzukürzen. Ich lehne es natürlich ab. In der geh[eimen] Sitz[un]g wird beschlossen, das nächste Mahl die Wahlgeschichte für die neuen Mitglieder (1 Wirkl[iches], 2 Corresp[ondierende]) in Angriff zu nehmen. Beim Herausgehen meint Redtenbacher, man müsse sich vereinigen, ob nach Fächern gewählt werden solle // ich sage, das sei unbedingt vorzuziehen, wir kommen dadurch in ein Gespräch, bei dem er sehr über Baumgartner loszieht, derselbe habe früher schon jede abweichende Ansicht beinahe als persönliche Beleidigung betrachtet. Nur durch starres Zusammenhalten und namentlich auch durch Bildung einer Clique in der anderen Klasse sei es möglich geworden, gegen die vereinigten Physico-Mathematiker durchzudringen – Gasth[of] bei Streitberger. Frauenfeld frägt wieder einmahl, wer denn der Verfasser der Vaterland-Artikel sei; er ist entzükt über dieselben und meint, der Mann müsse ein tüchtiger Entomologe sein. Auch Hochstetter, Lipold, Marschall, Schmidt u.s.w.

Forschers verstanden werden, mit deren Ablehnung sich Haidinger als nur 5 Jahre jünger als Zippe solidarisieren konnte.

302 Adolphe d'Archiac, Histoire des progrès de la géologie de 1834 à 1859 (Paris 1847–1860), 8. Bd., S. 273, 278–300, 330–336, 348–354, 365–397, 563f, 676f.

303 Commission vom hohen Ministerium des Innern (Hg.), Das Wasser in und um Wien rücksichtlich seiner Eignung zum Trinken und zu anderen häuslichen Zwecken (Wien 1860).

304 Hermann Dauber, Triasgeologe.

305 Dem Bericht über die Sitzung der Geologischen Reichsanstalt vom 15. und 29. Jänner ist ein kritischer Satz vorangestellt, der die Verzögerung der medialen Berichterstattung erklären sollte: »Wie wir in Erfahrung gebracht, bleibt dem Directorium der Anstalt nichts übrig, als den geologischen Freunden auf dieselbe Weise, wie sie vor Erfindung der Buchdruckerkunst üblich war, von unseren wissenschaftlichen Bestrebungen Mittheilung zu machen, nämlich durchs geschriebene Wort«. In: Der Berggeist. Zeitung für Berg- und Hüttenwesen und Industrie, VI. Jg., Nr. 20 (1861), 8. März, S. 168–169.

306 Siehe dazu: [Anonymus], VIII. Sitzung vom 14. März 1861. In: Sitzungsberichte der Akademie der Wissenschaften, math.-naturw. Klasse 43 (1861), S. 247–250, hier 248. In diese Sitzung wurde die Abhandlung Haidingers von Hauer eingereicht.

kommen, auch Zollikofer[307], der für nächsten Sommer nach Genf geht, um dort statt Vogt vorzutragen.

15. Freitag. [März 1861]

Früh Hingenau, mit dem wir den Vaterland-Artikel fertig machen. Dann zu Haidinger, dem ich seine Manuskripte zurück bringe und von der gestrigen Sitzung erzähle. – Abends Wahlversammlung bei // Dreher,[308] wo ich Heufler u. a. Bekannte sehe. Mit Prof. Unger[309] Bekanntschaft erneuert.

16. Samstag. [März 1861]

Vormittag i. d. Stadt ins Cabinet, mit Hörnes über die akademischen Wahlen gesprochen; er meint, Redtenbacher werde sicherlich als wirkliches Mitglied gewählt werden; er will mir das von Partsch angelegte Verzeichniß der Vertheilung der Akademiker auf einzelne Fächer ~~ein~~senden. – Nachmittag Arbeit a. meiner Rede.

17. Sonntag [März 1861]

Vormittag zu Hause Arbeit. Mittag Diner b. d. Ältern. Nachmittag Hingenau u. Schmidt. – In der Zeit[un]g[310] die Nachricht über die neue naturwiss[enschaftliche] Gesellschaft von Suess et. Hornstein.

18 Montag [März 1861]

Morgens beginne ich die Abschrift meiner Rede. Dann in die Anstalt, Karl, Haidinger letzterer war in der Stadt bei Artus u. hat erfahren, daß der Fürst Liechtenstein wegen unseres Locales noch keine Antwort ertheilt hat, dagegen soll die Angelegenheit //

---

307 Theobald Zollikofer (1828–1862), einem angesehenen schweizerischen Geschlecht entstammend, hatte sich unter dem Einfluss Adolphe von Morlots (1820–1867) der Geologie zugewandt und folgte seinem Vorbild auch in der Funktion als Begehungskommissär des Geognostisch-Montanistischen Vereines der Untersteiermark. Als Protestant war das Anstreben einer Karriere in Wien aussichtslos, weshalb er dem Ruf nach Genf folgte. Nach seiner Rückkehr nach Graz verstarb er alsbald noch sehr jung.

308 Es gab zwei Lokale (Bierhallen), die den Namen trugen: Landstraßer, Hauptstraße 97 und in der Operngasse 6.

309 Franz Unger, Professor der Botanik an der Universität Wien, bedeutender Paläobotaniker, war Mitglied der Akademie seit Beginn der Gründung, verbrachte jedoch seine freie Zeit meist in Graz, wo er die Sommer verlebte.

310 [Anonymus], Der Verein zur Verbreitung naturwissenschaftlicher Kenntnisse. In: Wiener Zeitung, Nr. 64, 17. März 1861, S. 970. Der Artikel enthält eine Beschreibung der Entstehung des Vereines, der aus einem informellen Kreis herauswuchs und zunächst seine Sitzungen in den Jahren 1855 und 1856 in der Geologischen Reichsanstalt organisierte. Im Jahre 1857 stand erstmals auch der grüne Saal der Akademie der Wissenschaften zur Verfügung. Die Mitglieder kamen aus der jüngeren Generation von Naturforschern und Naturwissenschaftlern, viele Privatdozenten und kaum Funktionsträger der Institutionen.

wegen der Druckerei, da das Finanz Ministerium bereits geantwortet hat demnächst erfolgen. Haidinger hat an Suess einen ironischen Brief wegen der Gesellschaft[311] geschrieben. – Nachmittag Hingenau u. Karl. Letzterer hat von Schwei[t]zer den Bericht über unsere letzte Sitz[un]g gebracht. Er soll auch einen Aufsatz über die geographischen Sitzungen liefern. – Demnächst sollen die Berichte aller Gesellschaften e.c. in ein wöchentlich erscheinendes Blatt vereinigt werden, wir müssen sehen die Redaction davon in die Hand zu bekommen.[312]

19 Dienstag [März 1861]

Morgens Frühstück b. d. Ältern wegen des Vaters Namenstag – Nachher Anstalt. Foetterle erzählt, daß er im Kriegsministerium war, wo ~~seine~~ die Eingabe wegen der Kohlen-Untersuchungen[313] Furore machte und alles nach den Anträgen derselben erledigt wurde. – Foetterle gibt die vorbereiteten Gegenstände der Geogr[aphischen] Gesellsch[aft] an Karl zur Abfassung der Sitzg[ung]sberichte. – Später gehe ich zu Hankenberg, um ihm einen Brief von Oncle mit Geld zu überbringen. – Abends geograph[ische] Sitz[un]g. Erst sind nur 5 Personen zugegen Salm, Hingenau, Foetterle, // Zenker u. Hammerschmidt, später kommen noch ein paar Andere, so daß die Sitz[un]g doch stattfindet.

20 Mittwoch [März 1861]

Landtagswahl. Auf der Landstraße scheint die Wa[a]ge lang zwischen Zang u. Dr Schmidt zu schwanken, sich aber endlich doch für den Ersteren zu entscheiden. Nachmittag etwas Arbeit an meiner Rede. Abends Boston bei uns.

21. Donnerstag. [März 1861]

Morgens Arbeit. Dann i. d. Min[eralien] Kabinet, wo ich Peters treffe; er wird Geologie vortragen, Zippe hat ihm erzählt, ihm habe er seine Berufung nach Wien zu danken (dieß stimmt schlecht mit der Unzufriedenheit, die Zippe ~~mit~~ über diese Berufung äußerte) – Suess hat Haidinger geantwortet, versöhnend, – Nachmittag Hingenau u. Karl. – Abends Akademie, Handschreiben von Erzh[erzog] Rainer, wenig Wissenschaftliches. – Zepharovich ist da, er geht aber wieder nach Krakau zurük. – Abends Streitberger. Peters u. Prof[essor] Harum aus Pesth.

22 Freitag. [März 1861

Des Morgens Hingenau, mit dem wir den Vaterland- // Artikel fertig machen. Später Arbeit. – Abends Hankenbergs u. Pusswald bei uns, dann Schmerling-Soiree. Dr Mas-

311 Gemeint ist der »Verein zur Verbreitung naturwissenschaftlicher Kenntnisse«, zu dessen Präsident Eduard Suess gewählt wurde.

312 Damit sollten die Berichte auch in der »Wiener Zeitung« abgedruckt werden.

313 Siehe dazu: Verhandlungen der geologischen Reichsanstalt, Bd. 1861 und 1862, Wien, S. 214.

talier spricht mich daselbst an. Hingenau hat wenig Aussicht für Leoben, ~~Di~~ gewählt zu werden. Die Handelskammer möchte ihn wählen, aber die Stadt scheint nicht geneigt, ihn zum Ehrenbürger zu ernennen; Plener sagt Foetterle bei Organisirung der Ministerien werde er sehen, die G.R.A. in sein Ressort[314] zu bekommen.

23 Samstag. [März 1861]

Morgens i. d. Anstalt. Haidinger, dem ich von der letzten Akademie-Sitz[un]g erzähle. Er ist gut gelaunt, erzählt daß er bei Erzh[erzog] Rainer u. Erzh[erzog] Ludwig war. Beide fand er gut unterrichtet über alle unsere Angelegenheiten und setzte Sie [sic] von den verschiedensten Dingen in Kenntniß.
Dem Ersteren dankte er dafür, daß er die Curator-Stelle angenommen habe; beiden sagte er, daß ich die Rede in der feierlichen Sitz[un]g halten werde. Erzh[erzog] Ludwig fragte, wie sich denn eigentlich die H[er]rn Franz u. Carl Hauer[315] zu einander verhielten u.s.w. – Nachmittag Hingenau u. Karl. Abends // Arbeit an meiner Rede.

24. Sonntag [März 1861]

Reinhold bringt zu den Ältern einen Artikel d. Allg[emeinen] Zeit[un]g[316] über Suess u. Hornsteins Verein, worin die Hochtories u. die Geld-Aristokratie heftig angegriffen werden, als hätten sie stets viel weniger als die Mittelklassen für die Wissenschaft gethan. – Meine akademische Rede fertig gebracht u. an Haidinger gesendet.

25. Montag. [März 1861]

Pusswald u. die Kinder der Hankenbergs bei uns zu Tisch. ~~Nach~~ Abends Zettel-Arbeiten.

26 Dienstag [März 1861]

In die Anstalt. Haidinger gibt mir eine Reihe Bemerkungen über meine Rede. Jokely hat eine Eingabe gemacht, in der er auf seine Practikanten-stelle resignirt, d. h. seines Eides entbunden werden will. Mit Karl verabrede ich eine Entgegnung auf den Artikel der allg[emeinen] Zeit[un]g in d. Wiener-Zeit[un]g. Er soll mit Schwei[t]zer reden wegen der Annahme. – Nachmittag Karl, Hinge-//nau, Stache. – Schwei[t]zer will von einem derartigen Artikel nichts hören, er sagt er unterschreibe jede Zeile des Artikels der allg[emeinen] Zeit[un]g und hat darüber mit Karl eine gereizte Discussion.

---

314 Gemeint ist das Finanzministerium, das Ignaz Plener (1810–1908) innehatte.

315 Die beiden waren Brüder.

316 [Anonymus], Wien. In: Beilage zur Allgemeinen Zeitung, Nr. 81 (1861), 22. März 1961, S. 1323–1324. In der Tat wurden die Gründer des Vereines zur »Verbreitung naturwissenschaftlicher Kenntnisse«, Suess und Hornstein, als junge Vertreter des Mittelstandes und als Vertreter der Darstellung des »Reichthums naturwissenschaftlicher Bestrebungen im österreichischen Kaiserstaat« im Gegensatz zu einer Hocharistokratie dargestellt, die auf dem neuen »Glacisgrund kolossale Zinshäuser zur Förderung des Geschmacks erbauen [lasse] und zur Hebung der Kaiserstadt« beitrage.

27. Mittwoch [März 1861]

Hingenau nicht gewählt v. d. Leobner Handelskammer. – Ich ins Cabinet, lange Discussion mit Suess u. Hörnes über den Artikel der allg[emeinen] Zeit[un]g. Ersterer weiß nicht, wer ihn geschrieben, hat ihn auch noch nicht gelesen. Er holt das Blatt aus dem Zool[ogischen] Cabinet und scheint geneigt, in seinem Namen eine kurze Entgegnung zu geben. – Er u. Zepharovich erzählen, daß Haidinger gestern im Cabinet war und Suess heftige Vorwürfe über die Arroganz des Auftretens der neuen Gesellschaft[317] gemacht habe. – Nachmittag Hingenau – Abends Spiel bei Hankenbergs.

28 Donnerstag. [März 1861]

Früh i. d. Anstalt. Ein Artikel v. Stur [Štúr] über Bauers Vortrag ist in Ost u. West erschienen; Haidinger ist sehr erfreut u. zufrieden mit den Artikeln der // Wiener-Zeitung über die G.R.A.[318] Nachmittag einen Vaterland-Artikel gearbeitet. Abends im Gasthaus mit Frauenfeld, Karl, Schmidt, Foetterle, Bauer u. den gewöhnlichen Gästen.

29. Freitag. [März 1861]

Morgens zu Hingenau. Den Vaterland-Artikel fertig gebracht u. abgeschikt. – Abends Pußwald u. Hankenbergs bei uns. Letzterer wegen Kriegsgefahr sehr verstimmt.

30. Samstag. [März 1861]

Früh i. d. Anstalt. Haidinger hat einen Brief von Jäger erhalten, in welchem dieser für die Restaurirung des Moa-Skelettes 150 fl [Gulden] verlangt und einen Gyps-Abguß desselben für weitere[319] 150 fl anbietet. Haidinger ist aufgebracht über den Brief, der übrigens auch nicht sehr diplomatisch abgefaßt ist und lehnt das Anerbieten ab, so wie die Zahlung der ersten 150 fl. – Nachmittag Brief an Curioni begonnen und

31 Sonntag [März 1861]

beendet. Diner bei den Ältern. Das Minist[erium] Schmerling soll abgedankt,[320] die ungarischen Minister in allem // gesiegt haben.

1. April Montag [April 1861]

Nichts gearbeitet. Abends Soiree bei uns. Conrads, Bells, Hauser, Bruder Karl u. Clunna, Hankenbergs, Albert Burg.

---

317 Die ältere Generation der Führungselite Wiens war in diesen Verein nicht direkt eingebunden, so auch Haidinger, der sich über die Initiative nicht sehr erfreut zeigte.

318 [Anonymus], Aus der Sitzung der geologischen Reichsanstalt. In: Wiener Zeitung, Nr. 72, 28. März 1861, S. 1118–1119.

319 »weitere« wurde nachträglich eingefügt.

320 Abdankung Anton von Schmerlings erfolgte erst am 27. Juli 1865.

2 Dienstag. [April 1861]

Morgens etwas Arbeit an Siebenbürgen. – In die Anstalt; Haidinger, dessen Bruder Eugen gestorben,[321] ist ~~zi~~ ~~s~~ehr niedergeschlagen. Ich möge mich, sagt er, möglichst viel um die Anstalt annnehmen. Giebel wünscht Abschriften von Briefen Buch's[322]. Ich schreibe den ab, den ich selbst besitze. Nachmittag zu einigen Antiquaren, um meine Schriften der phil. hist. Classe der Akademie zum Verkaufe anzubieten. Klang will versuchen, sie anzubringen – Ausschußsitz[un]g des Zool[ogisch] bot[anischen] Verein. Felder, Abgeordneter f. Wien, ist als Ausschußrath zugegen, eben so Kotschy, Hörnes, Neilreich u.s.w.

3 Mittwoch. [April 1861]

Morgens Oncle Ed[uard] Unktrechtsberg zu uns. – In die Anstalt. Ministerialrath Weissmann vom Staats-Minist[erium] // mit noch einem Beamten und einem Liechtenstein'schen Beamten sind da wegen Erneuerung des Mieth-Contraktes. Erster sagt, er habe mit dem Factotum der Fürstinn, dem Beichtvater Pater Wenzel, gesprochen und werde durch diesen günstige Bedingungen zu erlangen suchen. – Foetterle von Mähren zurück. – Abend mit dem Oncle bei Karl.

4. Donnerstag. [April 1861]

Früh in die Anstalt. Haidinger hat neuerdings einen höchst confusen Brief von Jokely erhalten – Stur [Štúr] theilt mir einiges über die Sitz[un]g d. zool[ogisch] bot[anischen] Ver[eines] mit. – Mittags Domherr Unkhrechtsberg, Carl u. Milly[?], dann Pusswald bei uns. – Allgem[eine] Sitz[un]g d. Akademie. Littrow erzählt mir, Schmerling habe gesagt, der Akad[emie] seien 26000 fl. bewilligt für die Druckauslagen. – Nichts von bemerkenswerthen Geschäften, um ½ 7 die Sitz[un]g wieder aus. – Abends bei Streitberger Hingenau, Foetterle, Bauer, Schmidt, u.s.w.

5 Freitag. [April 1861]

Morgens Hingenau mit dem Vaterland-Artikel[323]. – Ins Cabinet, wo mir Suess klagt, daß die Statuten ihres Vereines noch immer nicht erledigt seien[324]. Ich lese Hörnes // meine akademische Rede vor, mit der er einverstanden ist. Nachmittag Arbeit an Siebenbürgen.

---

321 Eugen Haidinger (1790–1861) war Porzellanfabrikant.

322 Dem Berliner Geologen Leopold Buch (1774–1853) war auf Anregung vom Linzer Kustos Karl Ehrlich 1856 ein Naturdenkmal bei Großraming errichtet worden. Seither spielte die Verehrung Buchs eine große Rolle.

323 [Franz Hauer], Wissenschaftliches Leben in Wien. In: Das Vaterland, 2. Jg., Nr. 80, 7. April 1861, S. 1. Berichtet wird über die Vorträge in der Zoologisch-Botanischen Gesellschaft und eine Erneuerung in der Zuckerfabrikation.

324 Am 15. April 1861 wurden die eingereichten Statuten akzeptiert.

6. Samstag. [April 1861]

Früh in die Anstalt. Die Fossilien von Nagy Hagymas [Nagy-Hagymás][325] untersucht u. bestimmt. – Nachmittag Arbeit an Siebenbürgen. Abends mit Louise Dichtung und Wahrheit[326] zu lesen begonnen.

7. Sonntag. [April 1861]

Diner bei d. Ältern, Abends Boston.

8 Montag. [April 1861]

Abends Vorlesung v. Tschermak.[327] Ich komme neben Rittinger zu ~~sp~~ sitzen und spreche dann mit Suess, Hornstein u.s.w.

9. Dienstag. [April 1861]

Mit Stache u. Karl viel über den Tschermak'schen Vortrag spekulirt, und einen Artikel darüber zusammengestellt. – Abends Jahresversamml[ung] der zool[ogisch] bot[anischen] Gesellschaft. Fenzl, Schrökinger, viele Vorträge. Beim Fortgehen sehen wir den Himmel geröthet von einer Feuersbrunst. Ich gehe nach Hause, dann auf den Linienwall, wo man das Feuer (in Simmering) sehr gut sieht. //

10. Mit[t]woch. [April 1861]

Vormittag in die Anstalt. Mittags erhalte ich das 6.[?] Buch v. Guembel[328] über die Bayerischen Alpen, dessen Durchsicht mich den Rest des Tages beschäftigt.

11. Donnerstag. [April 1861]

Morgens mit Foetterle zu Haidinger. Er ist im Bett, aber leidlich gut gelaunt. Dr Linberger. – Foetterle hat an Jokely geschrieben, der eine confuse Antwort gab. Es wird beschlossen, seine Eingabe wegen Verzichtleistung auf die Practikantenstelle nicht einzugeben. – Foetterle war bei Baumgartner gewesen, der ihm versprach, das gewünschte Locale im Akademie-Gebäude für die geographische Gesellschaft herzugeben. – Spaziergang in den Schwarzenberggarten.[329]

---

325 »Hagymás, ein Berg im Gyergyóer Sekler Finalstuhl, im goldenen Bistritz-Segmentalflußgebiethe.« In: Ignaz Lenk von Treuenfeld, Siebenbürgens geographisch-, topographisch-, statistisch-, hydrographisches und orographisches Lexikon (Wien 1839), 2. Bd., S. 84

326 Johann Wolfgang von Goethes Autobiographie erschien unter dem Titel »Aus meinem Leben. Dichtung und Wahrheit, 3 Bde. (Tübingen 1811–1814).

327 Gustav Tschermak (1836–1927), der sich im Wintersemester 1860 an der Universität Wien für Mineralogie und Chemie habilitiert hatte, hielt Vorlesungen unter dem Titel »Physikalische Chemie, »Kristallkunde« und »Kristallographische Übungen«, wobei die Erstgenannten hier in Frage kamen.

328 Carl Wilhelm Gümbel, Geognostische Beschreibung des Königreichs Bayern. Erste Abteilung (Gotha 1861).

329 Der Schwarzenberggarten als Teil des Sommerpalais wurde ab 1687 angelegt. Mit seiner Feuermaschine zählte er zu den barocken Attraktionen der Stadt.

Nachmittag Besuch bei Pichler's dann Akademie Sitz[un]g. Kner scheint Lust zu haben, sich um die Wahlen anzunehmen. Hyrtl, mit dem er darüber spricht, sagt ganz laut: Ich erscheine bei keiner Wahlversammlung, es ist eine Schande, wie es dabei zugeht u.s.w. Ich übergebe meine Rede für die Jahressitzung und frage, wie es bezüglich der Genehmigung der Classe zu halten sei. Baumgartner antwortet, // ich möge die Rede nur an Schrötter übergeben.[330]

12. Freitag. [April 1861]

Morgens Hingenau u. Stache bei mir – Excursion nach Mödling, Weissenbach und auf einen Aussichtspunkt hinter letzterem Orte mit Louise. – Zu Hause finde ich die Karte von Clairmont.

13 Samstag. [April 1861]

Nachmittag Ausschußsitz[un]g d. zool[ogisch] bot[anischen] Vereines. Der Kanzlist soll entlassen werden – Ich rede Fenzl zu, er solle Kotschy i. d. Akademie vorschlagen als Correspondent. – Mit Hörnes zum Parlamentsgebäude. – Abends Pusswald bei uns.

14 Sonntag [April 1861]

Einen Auszug aus Guembel's Werk für unser Jahrbuch gemacht, Mittag bei den Eltern. Abends Louise Kopfweh daher wir früher nach Hause gehen.

15 Montag. [April 1861]

An verschiedenen Mittheilungen für die Dienstag-Sitz[un]g gearbeitet. Nachmittag in der Anstalt, wo zahlreiche Erläße bezüglich unserer Druckerei-Erläße, dann wegen Stache u. Stoliczka gekommen waren. Haidinger ist mit den ersteren // sehr unzufrieden.

16. Dienstag. [April 1861]

Unsere Sitz[un]g schwach besucht, Diner bei d. Ältern, wo wir von heute an täglich speisen werden.

17. Mittwoch. [April 1861]

Morgens in die Anstalt, Haidinger, sehr ungehalten über unsere Proposition, den gestrigen Bericht unabgeschrieben in die W[iener] Z[eitung] zu senden, er will selbst einen Auszug machen. Endlich besänftigt er sich wieder und wird auch mir wieder die Richthofen'schen Correcturen senden.

---

330 Diese Rede wurde auf der Hauptversammlung gehalten und wurde publiziert. Franz von Hauer, Die Geologie und ihre Pflege in Österreich. In: Almanach der kaiserlichen Akademie der Wissenschaften in Wien, 11. Jg. (Wien 1861), S. 201–230.

Andrian, Haidinger sehr unfreundlich mit ihm. – Der Schwede Stapf auf der Rückreise v. Agordo[331]. – Abends Montanistiker Versammlung[332]. Viel Unsinn wird daselbst gesprochen, Rittinger hatte mich aufgefordert über Daubrée's Gebirgsmetamorphose[333] eine Mittheil[un]g zu machen, ich sage es ihm bedingungsweise zu. Am Rückwege sehe ich am Graben u. Stephansplatz große Menschenmassen, doch scheint kein Exceß zu Stande zu kommen wie an den vorigen Tagen.[334]

18. Donnerstag. [April 1861]

Früh schikt mir Haidinger die Correkturen, an denen ich // den ganzen Morgen arbeite. – Zu Haidinger, dort finde ich Scherzer, der sehr über die Staatsdruckerei klagt. Das Reisewerk ~~er~~ ~~ist~~ ist bereits I Bd. in England erschienen.[335] Hier haben die Holzschnitte so sehr aufgehalten, sie sind sehr theuer und doch schlecht. Das Werk wird in 5000 Ex[emplaren] aufgelegt. Die Holzschnitte sollen 5-6000 fl. [Gulden] kosten u. so das Werk kostspielig machen. – Mittag b[ei] d. Ältern. Nachmittag Hingenau – Akademie. Schrötter kömmt auf mich zu, sagt, er habe meine Rede gelesen, er wolle nicht sich aufhalten gegen das, was ihn persönlich betreffe, aber die auf die Verfassung des Partsch'schen Nekrologes durch Fitzinger bezügliche Stelle sei unrichtig. Ich ermächtige ihn, sie wegzustreichen. Ja sogar auch den ganzen ihn selbst betreffenden Passus bezüglich der wechselseitigen Lobesversicherungs-Anstalten. – Kner spricht mit Redtenbacher wegen der Akademie-Wahl, er erfährt nichts – Abend bei Strei[t]berger. Hingenau, Hochstetter, Frauenfeld u.s.w. – Hingenau hat die Erledigung wegen der Berg u. Hüttenm[ännischen] Vers[ammlung] erhalten. – Hochstetter erzählt, der Erzherz[og] Ferd. Max sei sehr ungehalten gewesen wegen Aufstellung der Neuseeland-Sachen (Moa) im Aqua//rien-Salon,[336] man habe ausgesprengt, Hochstetter habe diese Sachen verkauft u.s.w.

331 Agordo (ladinisch Ègort, deutsch auch Augarten) ist ein Ort in den Belluneser Dolomiten.

332 Die »Montanistiker-Versammlung« hatte sich innerhalb des Ingenieursvereines etabliert.

333 Auguste Daubrée, Synthetical studies and experiments on metamorphism and on the formation of crystalline rocks, Bd. 1 (1860–1861).

334 »Über die gestrigen Straßendemonstrationen.« In: Das Vaterland, Nr. 89, 18. April 1861, S. 3. In der kurzen Notiz wird nicht der Grund der Demonstrationen angegeben, sondern lediglich festgestellt, dass 38 Festnahmen stattgefunden hatten und nur »Arbeiter, Gesellen und Lehrlinge« daran teilgenommen hätten.

335 Karl von Scherzer, Narrative of the circumnavigation of the globe by the Austrian frigate Novara (London 1861). Karl von Scherzer, Bernhard Wüllerstorf-Urbair und Bernhard Grunow (Eds.), Reise der Oesterreichischen Fregatte Novara um die Erde: in den Jahren 1857, 1858, 1859, Beschreibender Theil, 3 Bde. (Wien 1861).

336 Der Aquarien-Salon wurde von Gustav Jäger betrieben und befand sich am Michaelerplatz.

19 Freitag. [April 1861]

Morgens Hingenau u. Stache zur Vollendung des Vaterland-Artikels – Später in die Anstalt, um ein paar Ammoniten für die Engländerinn, die an Haidinger deßhalb geschrieben hatte, auszuwählen.

20. Samstag. [April 1861]

Vormittag Anstalt. Haidinger hat eine Erwiederung an das Ministerium wegen der Separat-Abdrücke, welches [sic] Foetterle concipirt hatte, wesentlich umgeändert u. ~~vi~~ darin ziemliche heftige Ausfälle niedergeschrieben, mit denen wir nicht einverstanden sind. – Nachmittag arbeite ich etwas an Siebenbürgen, Abends Pusswald bei uns.

21 Sonntag. [April 1861]

Früh kömmt Hingenau und bringt Geld für unsere Vaterland-Artikel.[337] – Diner bei den Ältern. – Vaterland gesendet an Reissek, Frauenfeld, Kornhuber, Guembel, Rudolph.

22 Montag. [April 1861]

In die Anstalt. An meinen Gesteinen vom Piritske[338] gearbeitet, – Haidinger – Abermals ein sehr confuser Brief // von Jokely. – Correctur v. Richthofen gemacht. Mittag b. d. Ältern. ~~Abends~~ Pichlers Visite bei uns. Abends bei Karl Boston-Partie bis 1 Uhr!

23. Dienstag [April 1861]

Vormittag in die Stadt zu Jagemann[339]. – In die Anstalt, Peters. – G[ra]f Goes [Goës]. Letzterer erzählt mir seine Schiksale der letzteren Jahre; er war mit Baudissin im Staate Missouri, zuerst wollten sie eine Kaltwasser-Heilanstalt errichten, dann als dieser Plan gesch~~iche~~itert war, etablirten sie eine Druckerei und gaben eine Zeitung halb deutsch, halb englisch heraus; dann lebte er auf einer Landwirthschaft von Raffelsberger, endlich kehrte er zurück und war zwei Jahre in Ungarn bei einer Sägemühle, die Schnitzer daselbst einrichtete. Auch hier scheint er sich aber überworfen zu haben, suchte jetzt Rehabilitirung und Wiederaufnahme in den Staatsdienst nach, erhielt auch sein Gesuch signirt, doch aber bot man ihm endlich nur eine Amtsschreibers-Stelle an, die er nicht annahm, sondern will[340] einer Einladung seines Vetters in Kärn-

337 Offensichtlich wurden die Artikel von der Redaktion auch bezahlt! Siehe: [Franz Hauer], Naturwissenschaftliches Leben in Wien. In: Das Vaterland, Nr. 92, 21. April 1861, S. 5. Der Beitrag umfasst Hinweise auf interessante Vorträge der wissenschaftlichen Einrichtungen in Wien.

338 Piritske (auch Peritske), Berg, östlich von Ditró (Siebenbügen) gelegen, war bekannt für seine prächtigen Syeniten.

339 Carl von Jagemann (1819–1883) zählte zu den renommiertesten Photographen der Stadt. Sein Atelier befand sich am Hof Nr. 320.

340 »will« eingefügt.

ten auf dessen Gut leben zu wollen nach~~kam,~~ kommen.[341] – ~~Mittag~~ Erggelets Besuch bei den Ältern. // Ausschußsitzung d. geogr[aphischen] Gesellsch[aft] – Sitz[un]g selbst Czörnig präsidirt.

24 Mittwoch [April 1861]

Vormittag i. d. Anstalt, – Nachmittag i. d. Redaction der Wiener-Zeitung beim Cassier. Abends Roschmann u. Braulik's bei uns.

25. Donnerstag. [April 1861]

Vormittag Koffer für Sitzenberg gepakt. Mittag Karls bei den Ältern, Abend Akademie-Sitzung. Dann Streitberger, Frauenfeld, Hingenau, Bauer, u.s.w.

26. Freitag. [April 1861]

Früh i. d. Anstalt; Haidinger hat seine Eingabe wegen der Übergabe unserer vorjährigen Karten an den Kaiser geschrieben. – Correctur. – Nachmittag beginne ich Reiseerinnerungen aus Siebenbürgen für die Wiener Zeit[un]g.

27. Samstag. [April 1861]

Früh Arbeit an Siebenbürgen – In die Anstalt, die Dachsteinbivalven für Guembel vorgerichtet. Deschmann war in der Anstalt gewesen. Stache // forderte ihn auf, Donnerstag ins Gasthaus zu kommen. – Nachmittag wieder Arbeit. Abends Theodor u. Pußwald bei uns.

28 Sonntag. [April 1861]

Correctur meiner Akadem[ischen] Rede, an der ich den Vormittag arbeite. Mittag bei den Ältern. Abend Boston mit Pusswald u. Schmidt.

29. Montag. [April 1861]

Vormittag zu Haidinger. Er ist gut aufgelegt. Suess war gestern bei ihm und brachte Statuten u. Subskriptionsbogen d. neuen Vereines,[342] die Dienstag vorgelegt werden sollen, – Prinz Schaumburg Lippe war ebenfalls bei ihm, derselbe will in unsere Sitzung kommen, um Peters' Vortrag über Fünfkirchen zu hören. – An der Correctur meines Akademie Vortrages gearbeitet – Nachmittag in die Anstalt, – Peters – Sitz[un]g des Ausschußes des Zool[ogisch] bot[anischen] Vereines; Wir sehen daselbst die Conchylien an; es scheint noch nicht viel vorhanden zu sein.

341 Es handelt sich vermutlich um einen Verwandten von Johann Anton Graf von Goëss (1816–1887), der von 1861–1876 Landeshauptmann von Kärnten war.

342 Gemeint ist der »Verein zur Verbreitung naturwissenschaftlicher Kenntnisse«.

30. Dienstag. [April 1861]

Morgens in die Stadt zu Dr Rabl, um mit ihm wegen meiner Reise nach Hall zu sprechen. Ich treffe ihn // nicht. – Nach Hause, Brief geschrieben – Nachmittag Sitz[un]g der Geol[ogischen] Reichsanstalt. Prinz Schaumburg Lippe, auch sonst stark besucht, Hörnes, Hochstetter, Peters, viele Freunde.[343] Prinz Lippe zeichnet auf unserer Liste für den Suess'schen Verein[344] den Betrag von 20 fl.

1. Mittwoch [Mai 1861]

Vormittag i. d. Anstalt. Haidinger war, wie ich dort erfahre, gestern bei Schmerling in der Abgeordneten-Soiree und hörte von demselben, der Contrakt bezüglich unserer Miethe im Razumoffski[Rasumofsky] Palaste sei auf weitere 5 Jahre verlängert. – Abend Sitz[un]g d. Zool[ogisch] bot[anischen] Vereines; Stadtbeleuchtung wegen Reichsrathseröffnung; ich promenire mit Louise nachmals durch die Stadt.

2. Donnerstag. [Mai 1861]

Früh an einem Artikel für d. Vaterland geschrieben. Hingenau kömmt; auch er bringt einen Beitrag dazu. In die Anstalt, etwas Arbeit an Siebenbürgischen Petrefacten. – Bei den Ältern, Pußwald zu Tisch – Allgemeine Akademie-Sitz[un]g. Der geogr[aphischen] Gesellsch[aft] wird das Locale im 2ten Sto[c]k auf den Antrag Baumgart//ners bewilligt. Die übrigen sagen Alle kein Wort dazu. – Abend Gasthaus. Der Abgeordnete Deschmann aus Krain ist da; ich sollte ihn schon gekannt haben, denn er hat, wie er mir sagte, meine Vorlesungen 848[345] besucht. – Fritz Jäger, Hochstetter u. Frauenfeld und die Anstältler, auch Letocha.

3. Freitag. (Um 7 früh 3« [Zoll] hoch Schnee) [Mai 1861]

Früh besuchen mich Hingenau u. Stache und der Vaterland Artikel wird fertig gemacht. – Caffehhaus, – Reichsanstalt, – Abends mit L[o]uise gelesen.

4 Samstag. [Mai 1861]

In die Anstalt, Karl, Stache, Andrian – an Untersuchung Siebenbürgischer Gesteine gearbeitet. – Nachmittag mit Louise in der Allee Gasse, um für Pusswald eine Wohnung anzusehen; sie war schon genommen. – Abends Pußwald.

343 Die Transkription ist nicht eindeutig. »Freunde« könnte als Freunde der Naturwissenschaften verstanden werden, die Lesart »Fremde« wäre auch möglich.

344 Gemeint ist der »Verein zur Verbreitung naturwissenschaftlicher Kenntnisse«.

345 Gemeint sind die Vorlesungen, die Hauer am »Montanistische[n] Museum« (Vorläufer der Geologischen Reichsanstalt) gehalten hatte.

5 Sonntag [Mai 1861]

Vormittag bei Weiß. Comitée-Sitz[un]g wegen der Berg- und Hüttenmänner-Versammlung. Weiß, Wiesner, Hingenau, Foetterle, Friese u.s.w. sind da. Die Versammlung soll sogleich ~~ausge~~ angezeigt werden. – Ich sage Weiß // u. Wiesner, das Schmerlingtheater sei für unsere Anstalt ganz geeignet; – ein Gedanke, den man colportiren muß. – Diner bei den Ältern, – Abend Boston mit Schmidt u.s.w. (Besuch bei Wirkner u. Braulik).

6 Montag. [Mai 1861]

Morgens i. d. Anstalt. Heftiger Regen. Stache entwickelt das Projekt in der General-Versammlung des Vereines zur Verbreitung naturw[issenschaftlicher] Kenntniße, eine Abänderung des auf die Wahl des Ausschußes bezüglichen Paragraphen der Statuten zu beantragen – Arbeit an Siebenbürgischen Gesteinen, – Abend drei Koffer für Sitzenberg gepakt.

7. Dienstag. [Mai 1861]

Morgens Stache; er bringt den Entwurf der Statuten-Abänderung, den wir noch besprechen – In die Anstalt, auch dort wird noch das Weitere verabredet. Gewichtsbestimmungen an Mineralien gemacht, – Nachmittag Ausschußsitzung, dann Plenarsitzung der geographischen Gesellschaft, Czörnig, Frauenfeld, Scherzer u.s.w. unterschreiben den Antrag auf die Statuten-Änderung des Vereines von Suess. Foetterle stellt den // Antrag auf eine Subskription zur Einrichtung des von der Akademie der geograph[ischen] Gesellsch[aft] überlassenen Locales, Artaria meint, man soll den Jahresbeitrag erhöhen. Man einigt sich dahin, später von den Mitgliedern einen Gründungsbeitrag ein für alle Mahl zu fordern. – Wüllersdorf [Wüllerstorf-Urbair] i. d. Sitzung.

8 Mittwoch. [Mai 1861]

Gestern Abend hatte ich eine Karte von Suess vorgefunden, und dieser hatte mich bitten lassen, ihn im Cabinet aufzusuchen. – Ich gehe erst in die Anstalt, wo Paul kömmt und anfragt, ob er einen Theil meiner Sommerreise mitmachen könne. Ich sage, es wird mir sehr angenehm sein und wir verabreden, er solle ein Rigorosum, was ihm noch bevorsteht, Ende Juli machen und dann kommen. Auch Paul unterschreibt Stache's Anträge. In das Cabinet. Ich begegne Letocha u. Stur [Štúr], die mit Suess gesprochen haben und sagen, er sei durch unseren Schritt sehr gekränkt. – Ich selbst finde ihn nicht so, vielmehr scheint er ganz geneigt, auf unsere Wünsche einzugehen, hat aber die Bedenklichkeit, daß sie für die Plenarversammlung, der im Musikvereins-// Saale stattfinden soll, eine Menge Gäste einladen und vor diesen nicht Statutenberathungen gehalten werden können. Ich schlage vor, er soll eine besondere Plenar-Versammlung für den letzteren Zweck ausschreiben, womit er einverstanden scheint. – Mit Hörnes gehe ich dann nachmals in unsere Anstalt, wo derselbe Muscheln zum Zeichnen aussuchen wollte.

9. Donnerstag. [Mai 1861]

Morgens Hingenau; er hat einen Bericht über die geographische Sitz[un]g gemacht, – In die Anstalt. Wägungen von Siebenbürgischen Felsarten gemacht. Mittags bei den Ältern Bells'; – Nachmittag Schmidt. Er ist gegen die von Stache projectirte Statuten-Änderung. Abends Streitberger, Hochstetter u. Bauer, Hingenau e.c. Es wird viel über die Statutenänderung debattirt; beide Ausschüße, Bauer u. Hochst[etter], erklären mit dem Antrag einverstanden zu sein. Auch Kornhuber u. Peters sind zugegen.

10. Freitag. [Mai 1861]

Früh i. d. Anstalt. Kupelwieser, der bei der französischen Gesellschaft bedienstet ist u. sein Bruder sind // da; er selbst ist in Reschitza.[346] – Haidinger u. mit ihm der Juwelier Goldschmidt, der wegen des Lasursteines von Ditro nachfrägt. Er wünscht, ich solle im Sommer mit ihm hinab fahren; ich gebe keine bestimmte Antwort; – Inzwischen kömmt Rill, mit dem ich aber nur wenige Worte wechseln kann, dann Reitlinger, der um unsere Stimmen ~~als bei~~ bei den akademischen Wahlen bittet. Haidinger sagt ihm gründlich die Wahrheit, – und meint, er habe im vorigen Jahre 20–30 Candidaten vorgeschlagen, von denen jeder mehr Anrecht habe als R. – In die Maschinen-Fabrick von Hubazy, wo ich wegen der Dreschmaschine Verabredung treffe.
Mittag bei den Ältern. Nachmittag Akademie. Redtenbacher, der über Bunsen und Kirchhoff's neueste Untersuchungen spricht,[347] ladet mich ein, mit Karl ~~u~~ in sein Laboratorium zu kommen, um die Sache anzusehen. Schrötter zeigt die Wahlvorschläge an. Es sind ihrer noch zu wenig. – Mit Louise nach Mariahilf. //

11 Samstag. [Mai 1861]

Morgens i. d. Stadt. Geld f. Rudolph auf die Post gegeben, – Caffehhaus, – bei Conrad, aber ihn nicht getroffen, – Nachmittag mit Louise Visiten bei Seldern und Hoffmann's. Beide nicht getroffen.

12 Sonntag. [Mai 1861]

Vormittag Visiten bei Pusswald und Burg. Nur die Ersteren getroffen, dort auch Schrenk, und Maxi Krticzka. – Diner bei den Ältern. Abends Belli u. Schmidt.

13 Montag. [Mai 1861]

Früh kömmt Stache. Sein Antrag im Ganzen von 36 Mitgliedern unterzeichnet, war gestern in Ausschuß-Berathung. Man einigte sich, wie er von Hochstetter erfuhr, dahin das Princip anzunehmen und ein Comitee (5 Ausschußmitglieder gewählt vom

346 Reschitz (deutsch), Reșița (rumänisch) liegt im Banater Bergland.

347 Bunsen arbeitete gemeinsam mit Kirchhoff ab 1859 an der Spektralanalyse chemischer Elemente. Mithilfe der Spektroskopie konnten bei Erhitzung in den Flammen charakteristische Linien bestimmt werden. Ferner entdeckte er die Alkalimetalle Cäsium und Rubidium.

Ausschuß und 5 Mitglieder gewählt von der Plenarversammlung) einzusetzen zur Umarbeitung der Statuten. – Mit Stache zu Hingenau. – Letzterer erklärt sich damit zufrieden und meint, wir sollen es dem Comitee überlassen 5 Mitglieder der Plenarversammlung für das Comitee vorzuschlagen, ich solle // noch mit Suess sprechen. – In die Anstalt. Dort erfahre ich, daß Stoliczka[348] für unsere Anstalt vom Ministerium bestimmt wurde. – Foetterle hat mit Artus gesprochen über die Verzögerung in der Erledigung unserer Angelegenheiten. Das Staatsministerium hat die Reisevorschläge wirklich an die Ungarische u. croatische Hofkanzlei gegeben, Letztere hat bereits sehr artig geantwortet; erstere noch nicht.

Nachmittag vergebliche Versuche, Rill aufzusuchen, Abends Plenar-Versammlung des Suess'schen Vereines; ich sitze zwischen Baumgartner und Salm, hinter mir Pillersdorf; sonst keine Respekts-Personen. Brillante Rede v. Suess, dann ziemlich langweiliger Vortrag von Reissek – Dann die große Debatte, in welcher hauptsächlich Hingenau dann auch ich und Foetterle für das Prinzip einer Wahl der Vereins-Vorstände, dagegen Hoffer, Warhanek, Hochegger und andere gegen dasselbe sprechen. Schließlich wird der Antrag des Ausschußes, ein Statuten-Revisions-Comitee zu bilden angenommen, in dieses aber mit Ausnahme von // ~~Suess nur~~ Hingenau nur Gegner unseres Antrages gewählt; wir haben also eine offenbare Niederlage erlitten. Ich gehe bevor das Skrutinium[349] zu Ende ist.

14 Dienstag [Mai 1861]

Morgens kömmt Hingenau und theilt mir das Ergebniß des Skrutiniums mit – In das Laboratorium und mit Karl zu Fürst Salm und mit diesem zu Redtenbacher, wo wir den Bunsen'schen Spektral-Analysen-Apparat sehen; dann die Praeparaten-Sammlung, die sehr reich ist. Nachmittag einen Artikel für das Vaterland.

Gestern hatte mir Foetterle noch erzählt, er habe von Artus erfahren, eine eigentliche Entscheidung über die Angelegenheit der Vereinigung unserer Anstalt mit der Akademie sei noch immer nicht erfloßen. Gol. [Gołuchowski] hatte keinen Antrag mehr erstattet. Schmerling zögerte damit bis die anderen Angelegenheiten, namentlich in Betreff des Locales erledigt waren, nun hat er den Antrag auf Belassung // der Selbstständigkeit der Anstalt an den Kaiser gegeben und hofft auf günstige Erledigung.

15 Mittwoch. [Mai 1861]

Im Hause aufgeräumt zur bevorstehenden Übersiedlung Louisens nach Sitzenberg. – Vormittag i. d. Anstalt, wo ich erfahre, daß Suess die Stelle eines Geschäftsführers des

348 Ferdinand Stoliczka (1838–1874) hatte in Wien studiert und promovierte 1860 an der Universität Tübingen. Bereits 1859 hatte er eine Arbeit über fossile Süßwassermollusken in der Kreide publiziert. Er fand seine erste Beschäftigung am Wiener Hofmineralienkabinett und wurde 1861 an die Reichsanstalt versetzt. Bereits 1862 wurde er von dem britischen »Geological Survey of India« angestellt.

349 (mlat. scrutinium: Durchsuchung): Abstimmung.

Vereines nieder gelegt hat und der Ausschuß an seine Stelle Reissek gewählt habe. – Den Statuten-Revisions-Ausschuß bilden vom Gesellschafts-Ausschuß Suess, Hornstein, Reissek, Bauer, Pik; aus der Gesellschaft: Hoffer, Warhanek, Hingenau, Hochegger und Rosner.
In der Anstalt Rill der ex officio beurlaubt ist und sich vorläufig in Jägerndorf etablirt.

16. Donnerstag. [Mai 1861]

Vormittag i. d. Anstalt. – Fritsch aus Kronstadt, den ich schon neulich im Mineralien-Cabinete getroffen hatte, war da gewesen und hatte wieder einige Lasursteinfragmente gebracht, die wir mit Haidinger // besehen. – Früher schon war Hingenau u. Stoliczka bei mir gewesen. Ersterer hat mit Suess conferirt und sich mit ihm sehr gut vertragen. Abends Akademie-Sitz[un]g, dann bei Streitberger, wo wieder einmahl Friedenfels, dann auch Rill u. sonst zahlreiche Gesellschaft erscheint. Ein Brief von Richthofen aus Shanghai wird vorgelesen.

v[om] 17 Freitag bis 22 Mittwoch [Mai 1861]

Reise mit Louise nach Sitzenberg

23. Donnerstag. [Mai 1861]

Früh in die Anstalt, wo ich erfahre, daß ein Erlaß vom Staatsministeriums gekommen sei, in welchem angezeigt wird, daß das Handbilliet des Kaisers vom 4ten Juni vorigen Jahres zurückgenommen und die definitive Selbstständigkeit der Anstalt ausgesprochen sei; wir beschließen zur Feier dieses Ereignißes ein Festessen zu veranstalten. – Karl hat an Redtenbacher geschrieben, um ihn aufzufordern, er möge ihn[350] zum correspondirenden Mitglied der Akademie vorschlagen. – Pfingstmontag war Feldmarschalll[ieutenant] Schmerling, dann Vernier und der Kriegsminister Degenfeld // durch drei Stunden in der Anstalt. Foetterle und Karl führten sie herum und waren namentlich von dem tiefen Eingehen des Letzteren in die Sache u. von seinem Verständniß dafür sehr erfreut.
Foetterle beging die Ungeschiklichkeit, Haidinger nicht holen zu lassen. Dieser war darüber sehr aufgebracht, er kam später und zankte gründlich, wie mir scheint mit Recht. – Abends bei Streitberger, Hochstetter u. Schmidt; unser Diner wird vorläufig für 1ten Juni festgesetzt.

24. Freitag. [Mai 1861]

Früh i. d. Anstalt, wo ich Hingenau u. Haidinger finde. Mit letzterem die Mineralien von Ditro besehen, eine Sitz[un]g der Anstalt soll Dienstag stattfinden, um die Erläße zu publiziren. – Karl erzählt mir, daß Hingenau sehr aufgebracht war, weil sie in einer Notiz in der Wiener Zeitung den Besuch des Kriegsministers geschildert hatten, was

350 »ihn« nachträglich eingefügt.

er nicht gut findet. Redtenbacher hat an Karl geschrieben u. sich bereit erklärt, ihn vorzuschlagen; er soll ihm nur ein Verzeichniß seiner Publicationen sen//den. Ich rathe Karl, dieses Verzeichniß ihm selbst zu bringen. Er thut dieß und es scheint, daß sich Redtenbacher wirklich um die Sache annehmen will.

25. Samstag. [Mai 1861]

Früh zu Hingenau. Er findet es eine Tactlosigkeit, daß Karl den Degenfeld'schen Besuch in die Wiener-Zeitung setzte;[351] In die Anstalt, Foetterle war bei Artus gewesen und meint, man müße um die Erledigung unserer Reise-Erledigung zu betreiben, in die Ungarische Hofkanzlei gehen. Ich thue dieß und mit Hülfe von Lukats gelange ich zu dem Hofrathe, der das Referat dieser Sache hat. Man hatte erst an die Statthalterei in Pesth geschrieben und wieder von dieser keine Antwort erhalten. Er verspricht noch am selben Tage, an das Staatsministerium zu antworten. – Nachmittag in der Anstalt, Schwabenau dann Hochstetter mit seiner Frau; Arbeit an den Schwabenau'schen Petrefacten. Abends mit Stache im Gasth[aus] ~~26. S~~ zur Sonne. – Früher noch Besuch von Peters in meiner Wohnung. //

26. Sonntag. [Mai 1861]

Früh Conrad bei mir. In die Anstalt, an den Schwabenau'schen Petrefacten gearbeitet. Seph,[352] der Handels-Chemiker geworden ist. – Diner bei den Ältern. Langer Discurs mit B[aron] Hauser.

27. Montag. [Mai 1861]

Früh zu Schrötter, bei dem ich Baumgartner finde. Schr[ötter] meint, mein Vortrag solle nicht über eine halbe Stunde dauern. Ich bringe den größten Theil des Tages mit seiner Kürzung zu. – In der Anstalt Haidinger, nicht Neues; – Zu Jagemann, ich kann wieder nicht photographirt werden.

28. Dienstag. [Mai 1861]

Erste Wahlsitz[un]g. i. d. Akad[ademie]. Fitzinger spricht mich an, für Wüllersdorf [Wüllerstorf-Urbair] zu stimmen; Kner, der sich uns beigesellt, verspricht das Gleiche zu thuen. Aber dagegen agitirt Littrow heftig gegen Wüllersdorf. Auch Reuss, mit dem ich spreche, ist gegen diesen. – Nach der Sitz[un]g in die Anstalt, dann nochmahls nach Hause und zu den Ältern zum Diner. Marie Moriz zugegen. Nachmittag Sitz[un]g der geolog[ischen] Reichsanstalt im Freien. Reuss dabei. Haidin//ger in sehr heiterer Stimmung. Nachher gehen wir in Drehers Garten[353] soupiren.

---

351 Dieser Artikel konnte in der Wiener Zeitung nicht verifiziert werden.

352 Gemeint ist Joseph von Ferstel.

353 Das 1859 gegründete »Dreher'sche Etablissement« befand sich in der Landstraße Hauptstraße 97–99; eine weitere Bierhalle mit demselben Namen in der Operngasse 6.

29. Mittwoch. [Mai 1861]

Früh Wahlsitz[un]g d. Akademie. Der Kampf nicht lebhaft, keine Reden werden gehalten. Nachmittag in die Anstalt, ich erfahre, daß der Untersuchungsplan vom Ministerium genehmigt zurückgekommen ist. – Karl hat Schweitzer zu unserem Diner eingeladen und dieser es mit Vergnügen acceptirt, auch gesagt, man müße darüber etwas in die Zeit[un]g bringen.

30. Donnerstag. [Mai 1861]

Morgens zu Hingenau; Er bei der Frohnleichnams-Prozession. Sie allein zu Hause; empfängt mich aber Anstatt. – Mittags bei den Ältern, Juliette. – Abends Streitberger, wohl das letzte Mahl in diesem Jahr. Der Vater von Paul sucht mich auf, um mir zu sagen, daß sein Sohn unwohl ist.

31. Freitag. [Mai 1861]

Feierliche Sitz[un]g der Akademie. Früher bei Hingenau ein[354] von Stache vortrefflich geschriebener Bericht über unsere letzte geologische Sitzung für // das Vaterland gelesen.[355]

Die Sitz[un]g durch die Anwesenheit des das Präsidium führenden Erzherzogs Rainer, der Minister Schmerling, Thun, Lasser, Pratobevera, des Cardinal Rauscher, des Fürsten Salm, G[ra]f Thun, etwa 80–100 Reichsraths-Mitglieder u.s.w. ausgezeichnet wird, von Rainer mit einer sehr distinct und deutlich abgelesenen Rede eröffnet. Es folgt Karajan mit der Verlesung einer Abhandlung über Metastasio's Hofleben; ebenfalls gelesen, ~~aber~~ und zwar gut verständlich, aber wie mir scheint, etwas zu lang; Schrötter's Geschäftsbericht schlecht verfaßt und noch schlechter vorgetragen. Die Preisvertheilung durch Baumgartner; endlich meine Rede, die so weit ich urtheilen kann, ungeheuren Erfolg hatte. Ein Sturm von Beifall brach am Schluße derselben hervor, Plener und andere Herren ~~der~~ gratulirten mir zu derselben. – Dann mit Kner u. Reuss den ärgsten Regen, der inzwischen eingetreten war, abgewartet und nach Hietzing gefahren zum Diner bei Dommayer,[356] von Baumgartner veranstaltet. Schmerling ist // zugegen; ich komme zwischen Ettingshausen und ~~Schrötter z~~ Petzval zu sitzen. – Abends noch ein Besuch bei den Ältern. – Reuss hatte mir erzählt, er habe gehört, wie man (er wollte nicht sagen wer) Schrötter gefragt habe, warum man von dem Rechte, die Reden zu censuriren, bei mir keinen Gebrauch gemacht habe; er antwortete, es sei dieß nicht üblich.

---

354 Im Text heißt es »eine«.

355 [Anonymus, Stache], Naturwissenschaftliches Leben in Wien. In: Das Vaterland, Beilage zur Nr. 121, Sonntag, 26. Mai, S. 5. Der Bericht bringt eine Darstellung der Geographischen Gesellschaft.

356 Das seit 1832 in Hietzing existierende Lokal »Dommayer« zählte mit einem Tanzsaal und Casino zu den führenden Vergnügungsstätten der Stadt Wien.

Juni 1. [1861]

Die Akademie Mitglieder, denen meine Rede so unbequem war, sind wie ich bald erfahre, vor Allen Baron Münch, dann Miklosich und Bonitz. – Littrow spricht sich günstiger aus. Sonst wird mir von allen Seiten die schmeichelhafteste Anerkennung. Abends unser Festessen zur Feier der Rehabilitirung der geol[ischen] Reichsanst[alt] bei Streitberger. Haidinger führt den Vorsitz. Ausser unseren Leuten sind zugegen Löwe, Hochstetter, Frauenfeld, Deschmann;[357] als Gäste Beck und Schweitzer. Reuss, den ich geladen hatte, sagt im letzten Augenblick unmotivirt ab. Es scheint mir dieß aus Feigheit gegenüber den anderen Akademikern // geschehen zu sein. Das Mahl sehr heiter. Ein Scherzgedicht von Hingenau »Der Geolungen Noth«[358] findet großen Beifall.

2t. – 11 Juni. [1861]

Excursion nach Sitzenberg.

12 Juni Mittwoch. [1861]

Die Ungarische Statthalterei hat geschrieben, sie könne uns keine Unterstützung bei unseren Arbeiten gewähren, weil die G.R.A. kein von der Ungarischen Regierung anerkanntes Institut sei.!! – Haidinger war inzwischen bei Erzh[erzog] Rainer, der sicher versprach, Anfangs Juli in die Anstalt zu kommen. Richter hat das Silberne Verdienstkreuz mit Krone erhalten, Haidinger überreichte es ihm in Gegenwart des ganzen Personales, mit einer wie Karl sagt sehr gelungenen Ansprache.

13 Donnerstag. [Juni 1861]

Reisevorbereitungen. – Akademie-Sitzung, wo ich Chanikoff kennen lerne. – Novara-Werk[359] zum Geschenk bekommen. – Brief v. Fischer, der die Siebenbürgischen Karten schikt. Abends bei Dreher. [360]//

14. Freitag. [Juni 1861]

Bei Jagemann mich photographiren lassen. Reise-Vorbereitungen u.s.w. – Mittag zu Breunner, der versprochen hatte, mir ein Empfehlungsschreiben nach Ungarn zu geben, – nicht zu Hause) – Versendung meiner Rede besorgt.

17ten Juni – 31. August

Reise nach S. W. Ungarn.

---

357 »Deschmann« nachträglich eingefügt.

358 Abgedruckt in: Geologische Bundesanstalt, 1999, a. a. O., S. 430–432.

359 Karl von Scherzer, Bernhard Wüllerstorf-Urbair und Bernhard Grunow (Ed.), Reise der Oesterreichischen Fregatte Novara um die Erde: in den Jahren 1857, 1858, 1859, Beschreibender Theil, 3 Bde. (Wien 1861).

360 Es gab zwei Lokale (Bierhallen), die den Namen trugen: in der Landstraßer Hauptstraße 97 und in der Operngasse 6.

1 – 16 September

In Sitzenberg.

17. September Dienstag [1861]

Reise per Dampfboot nach Wien. Daselbst Szabo getroffen. Er erzählt, daß in Thallern der Bergbau[361] jetzt unter den Donauspiegel getrieben wird. 14 Kl[a]ft[er] unter dem Donau-Grunde. Wasser setzt nicht übermäßig zu, am linken Ufer das Flötz in 40 Kl[a]ft[er] Tiefe erbohrt. Jährliche Erzeugung 600000 Z[en]tn[er].

18 Sept. Mittwoch. [1861]

In die Anstalt. Foetterle u. Hingenau. Wir paken Einsendungen für die B[er]g- u. Hütten- // Versamml[ung][362] aus. Am Wege hatte ich Kotschy begegnet, der erzählt, er habe eine Aufforderung erhalten, Dalmatien im nächsten Frühjahre zu bereisen. Ich sage, wir sollen zusammen gehen. – Meine Siebenbürgische Karte fertig. – Mittags bei den Ältern mit den Carlischen u. Jul[ius] – Nachmittag wieder Anstalt. Abends bei Dreher mit Hingenau, Foetterle, Stache u. den Brüdern. Unsern Artikel »Wissenschaftliches Leben« soll Foetterle versuchen, den Neuesten Nachrichten[363] anzubieten. – Mit Foetterle und Carl[364] verabredet, ein Werk über die Oesterr[eichischen] Kohlen zu schreiben.

19 Sept. ~~Mittwoch.~~ Donnerstag [1861]

Morgens in die Stadt. Stache holt mich ab u. wir fahren zu Haidinger. Er erzählt von einer Eingabe, die er Betreffs unserer Druckerei-Angelegenheiten an das Ministerium gerichtet hat. Mit Foetterle ist er unzufrieden wegen der Gasleitung, die Letzterer in sein Vorzimmer geführt hat, dann, weil er ihn nicht in Kenntniß über seine // Sommerunternehmungen gehalten hat. – Mit Stache verabrede ich die Karte und ein Büchlein über den Bakonyer-Wald[365] Perthes[366] anzubieten.

Nachmittag G.R.A. Vorbereitungen f. d. B[er]g- u. H[üttenmänner] Versammlung getroffen. Karls Krystalle ausgestellt. – Minist[erial] Rath Weiß will einen Vortrag über

---

361 Der Braunkohlebergbau zu Thallern bei Krems bestand seit 1759 und wurde zunächst als Stollenabbau geführt, ab 1858 als Tiefbau.

362 Die zweite allgemeine Versammlung von Berg- und Hüttenmännern in Wien im Jahre 1861 hatte 240 Teilnehmer. Siehe dazu: Franz Kirnbauer, Zur Geschichte der Bergmannstage in Österreich. In: Der Anschnitt 14,4 (1962), S. 3–10.

363 Die von Otto Bernhard Friedmann (1824–1880) 1859 gegründete Zeitung »Neueste Nachrichten« wurde später unter dem Titel »Wiener Lloyd« geführt, erschien allerdings nur bis 1864.

364 »und Carl« nachträglich eingefügt.

365 Der Bakonywald erstreckt sich mit einer Länge von etwa 90 km von SW nach NO längs des Plattensees in Ungarn.

366 Die seit 1785 existierende »Perthes' Verlagsbuchhandlung« in Gotha hatte im 19. Jahrhundert ihren Publikationsschwerpunkt auf wissenschaftliche Karten verlagert.

die conservative Haltung des Bergbaues halten. Hingenau ist hautement [367] dagegen, morgen soll darüber eine Comitee-Sitz[un]g stattfinden. – Abends bei Dreher mit Foetterle, Hingenau, Stache, Julius, Prof. Voigt u. Dr Zeiner.

20 ~~19~~ Sept. ~~Donnerstag~~ Freitag [1861]

Früh i. d. Anstalt. Die Einschreibung zur B[er]g u. Hüttenvers[ammlung] beginnt sehr flau. Den ganzen Vormittag nur 6 Personen, der erste H[er]r Hellmer aus Clausthal ein geb[orener] Wiener, dann Rahn, Pöschl u.s.w. – Nachmittag noch Plenum, Comitee-Sitzung um 5 Uhr. – Abends bei Dreher mit Andrian, Stache, Foetterle u. den Brüdern. //

21. Samstag. [September 1861]

Morgens in die Anstalt. Noch immer sehr wenig Theilnehmer. Es kömmt Stamm, später Salm, der bis 2 ¼ bleibt und Mannigfaches discurirt.[368] Mittags mit Hingenau zu Streitberger, daselbst ein ehemahliger Schüler Hingenaus H[er]r Harroszawsky – Wieder in die Anstalt. Es melden sich mehr Theilnehmer. Ihre Anzahl, gestern 14, steigt allmählig auf 44. Friese, Jeitteles, u.s.w. Wir hängen unsere Karten auf. Hochstetter. – Mit ihm u. den Anderen zu Dreher, wo Hochstetter viel von Neuseeland erzählt. Burke's Expedition[369] soll ganz verloren gegangen sein.

22. Sonntag. [September 1861]

Früh in der Anstalt, Patera. Haidinger schikt mir seine Rede, die weiter keiner Änderung bedarf und wie sie ist, vorgelesen werden kann. Bergrath Haupt aus Florenz,[370] den wir ziemlich kühl behandeln. – Mittag bei den Ältern mit Oncle, Louis u. Moriz. – Nachmittag in // der Anstalt G[ra]f Louis Serenyi. Abends Schmidt, mit dem wir plaudern.

23 Montag. [September 1861]

Um 9 Uhr i. d. Anstalt. Die Leute zur Versamml[ung] kommen zahlreich, um 11 Uhr erst Wickenburg, dann Lasser, dann Plener. Wir führen sie vor und nach der Sitzung im Locale herum, wobei sie sehr gut aufgelegt u. zufrieden scheinen. Foetterle nimmt

---

367 Frz.: höchst.

368 Frz.: sich besprechen.

369 Die Expedition, die im Auftrag Königin Viktorias durchgeführt wurde und bei der Australien vom Süden nach Norden durchquert werden sollte, stand unter der Leitung Robert O'Hara Burkes. Sieben Teilnehmer starben während der Expedition, Burke kam gemeinsam mit William John während der Rückreise ums Leben.

370 Im Protokollbuch ist zu finden, dass Theodor Haupt, Bergrat in der Toskana, eine »totale Übersicht der Ereignisse im Bergbau« übergab. Siehe dazu: GBA, Bibliothek und Archiv, Amtsarchiv. Prot. Nr. 527, 3. Okt. Haupt machte sich später mit einem Werk als Historiker des Bergbaus einen Namen: Siehe Theodor Haupt, Bausteine zur Philosophie der Geschichte des Bergbaus (Leipzig 1865).

hauptsächlich Plener, ich Lasser u. Wickenburg in Beschlag. Patera wird ihnen vorgestellt und bestens empfohlen. Plener läßt sich Lipold vorstellen und beauftragt ihn, die Interpellation Dworzak's wegen Przibram zu beantworten. Nachmittag sagt mir Kudernatsch, er begreife nicht, warum Plener diese Interpellation nicht beantworte. Er (Kud[ernatsch]) habe ihm die Antwort schon lange gegeben. Erst um ½ 2 gehen die Minister; – Nachmittag B[er]gb[au] Section – Abends Dreher, wobei die ganze Gesellschaft zusammen kömmt. //

24. Dienstag. [September 1861]

Morgens Brief an Rudolph. Dann i. d. Anstalt, Hüttensection; Tunner über das Bessemer'sche Verfahren.[371] Beinahe zu viel Gemüthlichkeit, in den darauf folgenden Ansprachen v. Burg zu Tunners Ehren. Discurs mit Hummel, Stadler u. Stockher. Nach Hause Brief v. Louise, – Nachmittag wieder Anstalt, dann nach Hause, geschrieben, Abends mit Patera in ein Caffehhaus.

25. Mittwoch [September 1861]

In die Stadt, nach Hause, wo mich Ferstl besucht, in die Anstalt. Obstl[ieutenant] Bar[on] Ebner, dem wir alles zeigen; H[er]r Fritsch aus Kronstadt; er hält das Kovasznaer Eisenunternehmen[372] für Schwindel. Cotta[373] hatte dasselbe günstig beurtheilt und eine Notiz darüber war an Hingenau eingesendet worden für dessen Zeitschrift. Brief v. Smyth, der seine Ankunft anzeigt. – In die Stadt, Geldgeschäfte besorgt – In das Cabinet. Hörnes erzählt mir, er habe bei Schmerling für Haidinger den Leopold-Orden[374] beantragt, dabei auch erfahren, // daß für uns (mich u. Hörnes) der Antrag Haidingers auf Verleihung des Fr[anz] Jos[eph] Ordens eingebracht worden sei. Er hatte früher nichts davon gewußt. Ich sehe sehr schöne Mineralien, die das K. Kabinet von Kokscharow[375] erhalten hat. Mit Hörnes, Hohenegger u. Patera bei Streitberger dinirt. Nachmittag in die Anstalt, wo Smyth erscheint, von dem ich Morgens einen Brief erhalten hatte. Mit ihm ~~in~~ u. Hörnes unsere Karten u.s.w. besehen. Abends

371 Das Bessemer'sche Verfahren geht auf die Erfindung des britischen Ingenieurs Henry Bessemer (1813–1898) zurück, der das erste Verfahren entwickelt hatte, Stahl günstiger in Massenproduktion herzustellen. 1855 entwickelte er die Bessemerbirne. Die Neuerung bestand in einem Windfrischverfahren zur Entkohlung des Roheisens durch Einblasen von Luft oder Dampf.

372 Der »thonige Spatheisenstein« von Kovasna (dt.), Kovászna (ungar.) in Siebenbürgen wurde von Hauer dem Neokom zugeordnet. Siehe: Franz Hauer, Das Eisenwerksprojekt von Kovászna in Siebenbürgen. In: Österreichische Zeitschrift für Berg- und Hüttenwesen, Bd. IX (1861).

373 Bernhard von Cotta, Über die Eisenlagerstätten von Kovászna. In: Österreichische Zeitschrift für Berg- und Hüttenwesen, IX. Bd. (1861).

374 Der »Österreichische-kaiserliche Leopold-Orden«, 1808 durch Franz I. gestiftet, wurde als hoher Orden für zivile und militärische Verdienste verliehen.

375 Nikolai (Nikolaj) Ivanovich Koksharov (1818–1893) war ein bedeutender Mineraloge, der Roderich Murchison bei seiner geologischen Erforschung des russischen Imperiums unterstützt hatte. Es bestanden intensive Kontakte zwischen St. Petersburg und Wien.

bei Dreher. – Foetterle erzählt, Hingenau soll~~te in~~ das Dep[artement] von Weiß im Handelsminist[erium] übernehmen. – Senoner hat ein Büchelchen »die Sammlungen der Geol[ogischen] Reichsanstalt« bei Gerold herausgegeben;[376] ich hatte auf meiner Reise das Manuskript zur Durchsicht erhalten. Später hatte Haidinger dasselbe wesentlich umgearbeitet. Nun liegt auch eine Tafel, ein Plan der Anstalt, bei auf dem die Kanzlei als »Kanzlei des Bergrathes Foetterle« bezeichnet u. die Wohnungen von Suttner u. Richter ausgelassen sind. Darüber ist Haidinger so ergrimmt, // daß er nicht nur an Senoner einen Brief mit heftigem Tadel schrieb, sondern auch eine besondere Schrift an uns und an die Diener der Anstalt verfaßte, worin er uns bittet, ~~die Sche~~ das Druckwerk nicht anzuempfehlen und den Dienern aufträgt, das Buch weder zu verkaufen und wo sie es in der Anstalt finden wegzunehmen.

26. Donnerstag. [September 1861]

Smyth verschiedene Druckschriften gegeben. Er zeigt mir prachtvollen Bournonit[377] ~~d~~ aus Cornwallis, den er für das Hofmineralien-Cabinet gebracht hat. – Hüttenmännische Sitzung; ich bestreite dem Lang die Priorität seines patentirten Verfahrens zur Verhüttung der Frischschlacken für Reinhold. – Wir bereden Ringel, in der Schlußsitzung am Samstag einen Vortrag über Briquets zu halten, um den ~~Vor~~ angemeldeten statistischen Vortrag Friese's um so leichter zu beseitigen. – In der Comitee-Sitzung viel Streit, ob die nächste Versammlung in Ostrau[378] // oder wieder in Wien sein soll. Wiesner, Rittinger und Kern sind für Letzteres, ich Foetterle und Hingenau für ersteres. Es wird darüber die Versammlung entscheiden müssen.
Mittag mit Patera bei den Ältern. – Nachm[ittag] i. d. Stadt zu Dr Fröhlich, dann Spaziergang am Glacis, um die Neubauten[379] zu besehen.
Briefe an Ramsay u. Pepi Dürfeld.

27. Freitag [September 1861]

In die Morgensitzung kömmt Cotta, dem ich unsere Karten und Dinge zeige; mit ihm, Zippe, Smyth u.s.w. wird geplaudert, während die Sitzung im Gange ist. – Mittag mit den Genannten (ohne Zippe) und Hingenau bei Streitberger. In der Nachmittag Sitzung ein sehr guter, aber sehr langer Vortrag von Ebner über electrische Zündungen

376 Adolph Senoner, Die Sammlungen der kaiserlichen-königlichen Geologischen Reichs-Anstalt in Wien (Wien 1862).

377 Der Bournonit (Rädelerz, Spießglanzbleierz, Wölchit) ist ein häufig vorkommendes Mineral der Mineralklasse der Sulfide. Ursprünglich bekam das Mineral den Namen Endellionit, bis es 1804 durch Robert Jameson wegen der Bestimmung durch Bournon zu Bournonit umbenannt wurde.

378 Schwer lesbarer Ortsname, wohl Ostrau (Ostrava, heute Tschechien).

379 Mit dem Bau der Ringstraße war im Frühjahr 1860 begonnen worden, im Frühjahr 1861 wurde die Nivellierung des unebenen Geländes angegangen. Das erste neue Gebäude war das Treumann-Theater am Morzinplatz 4, das allerdings wenige Jahre später abbrannte. Bevor die wichtigen Prachtbauten der Ringstraße so nach und nach entstanden, waren die Privathäuser bereits zu besichtigen.

und Hirtenfelder Schießwolle;[380] wir gehen dann in das Laboratorium und weiter zu Dreher; inzwischen gibt es in der Sitzung allerlei Scandal, man läßt den Breslauer, der die Förderungsmaschine ~~nicht~~ expliziren soll, nicht zu Worte // kommen, dafür aber Rittinger nochmals seine langweiligen continuirlichen Stoßmaschinen expliciren. Später unterbricht Russegger einen Vortrag Lipold's, der gesagt hatte, der kleine Eisenstein-Bergbau befinde sich oft in den Händen von wenig tauglichen Steigern und gehe dadurch zu Grunde, damit, daß er sagt, dagegen müsse er protestiren, es gebe nur lauter gute Beamte u.s.w. – Abends bei Dreher.

28 Samstag. [September 1861]

Früh in d. Anstalt. Cotta erzählt mir, er sei am Fundorte des Hauye-Fels in Ditro[381] gewesen und das Gestein finde sich daselbst wirklich in sehr bedeutenden Massen. – In die Sitzung kömmt G[ra]f Wickenburg; er erzählt von den Hooigbrenkschen [Hooibrenk] Culturversuchen im Marchfeld;[382] ein Weingartviertel nach seiner Methode bearbeitet, ~~habe~~ jetzt schon reife Trauben und gebe einen Ertrag von 200 Eimer, während sonst alles rings um gar nichts trage. Die Sitzung sehr lebhaft. Discussion zwischen Stamm und Hingenau, ob man, wie ersterer will, die Idee, oder wie // letzterer meint, die Ausführung einer Erfindung belohnen soll; Ich schlage in längerer Rede vor, nicht wieder Wien als Versamml[un]gs-Ort zu wählen und dringe damit gegen Rusegger und Wiesner durch.

Mit Wiesner ein längeres Gespräch über das unredliche Verkaufen der Mineralien gehalten. Er verlangte von uns einen Sternbergit,[383] ich sage ihm solche bekömmt man bei Kranz und Bandi so viel man will; Diese erhielten alle Mineralien aus Österreich, ~~wie~~ von wem,[384] sei mir nicht bekannt. Auch habe das Mineraliencabinet eben solche

---

380 Jaromir Hirtenfeld (ursprünglich Csikos) (1816–1872) war ein aus Siebenbürgen stammender Militärschriftsteller, der auch zum korrespondierenden Mitglied der »k.k.Geologischen Reichsanstalt« ernannt wurde. Mit Schießwolle war ein Pulver gemeint (Munition).

381 Die in Ditró (ungar.; Ditrău, rum.), einem Ort in Siebenbürgen im Harghita Kreis, befindlichen Blöcke erregten große Aufmerksamkeit und wurden von dem Mineralogen G. Tschermak als »Cancrinit« bezeichnet, untersucht und als »orthozomer Feldspath und Sodalith« bestimmt. Siehe dazu: die Sitzung der naturw. Klasse der Akademie am 4. Juli 1861. Siehe: Gustav (Edler von Seysenegg) Tschermak, Untersuchung des Cancrinits von Ditro in Siebenbürgen. In: Sitzungsberichte der Akademie der Wissenschaften 44,2 (1861), S.134–136.

382 Die steiermärkische Landwirtschaftsgesellschaft veröffentlichte ein negatives Gutachten zu dem von Hooi(g)brenk eingereichten Patent einer neuen Weinkulturmethode. Siehe dazu: Wochenblatt der k.k. steiermärk. Landwirtschafts-Gesellschaft, 13. Nov. 1862.

383 Das Mineral Sternbergit war im Jahre 1827 von Wilhelm Haidinger zu Ehren des Gründers des Nationalmuseums in Prag, Graf Kaspar Maria Sternberg, benannt worden, weil das Exemplar auf die Sammlung des Museums zurückging. Es entstammte den Gruben aus Joachimsthal in Böhmen. Es wird der Mineralklasse der Sulfide und Sulfosalze zugeordnet. Vgl. dazu: Wilhelm von Haidinger, Ueber den Sternbergit, eine neue Mineralspecies. (Auszug aus dem Edinburgh Journal VII, 242). In: J. C. Poggendorff, Leipzig 1827, S. 483–486.

384 »von wem« nachträglich eingefügt.

Quellen. Wir dagegen, wenn wir wirklich das Geld zu solchen Ankäufen hätten, würden es nicht wagen, uns an Leute zu wenden, die verpflichtet wären, uns ohnedem die Stücke zu geben.
Mit Hingenau u. dessen Frau, dann Patera und Smyth bei Streitberger dinirt, ~~um~~ Nachmittag Novara Museum,[385] Abend wieder mit den Resten der Gesellschaft, auch Friedenfels bei Streitberger.

29 Sonntag. [September 1861]

Morgens meine Sammlungen aus dem Bakonyer[386] // Walde ausgepakt, es sind 47 ~~Kisten~~ Laden.
Zu Haidinger, er ist heiter, aber noch immer sehr erboßt über Senoner u. Foetterle und das Ministerium u. alle Welt. – Familiendiner bei den Ältern. Abend Boston.

30 Montag. [September 1861]

Sommaruga, der mir seinen Sohn empfiehlt.[387]

October 1. Dienstag [1861]

3ten bis 9ten in Sitzenberg.

9ten Mittwoch [Oktober 1861]

Fahrt nach Wien mit dem 11 Uhr Eilzug. Ankunft ½ 1 Uhr in der Wohnung.
Nachmittag Anstalt. Früher Besuch von Kornhuber. Er wurde von Schrötter sehr unwillig aufgenommen, indem Letzterer versicherte, seine Anstellung als Prof[essor][388] sei ganz überflüßig gewesen. In der Anstalt Stache, nichts Neues.

10 Donnerstag.

Unsere Bagage kömmt an. – Nachmittag i. d. Stadt, Caffehhaus; Abends Akademie-Sitzung, ich werde sehr freundlich begrüßt. Peters Vortrag über Hidas.[389] Er erzählt, daß er zwei Zuhörer hat,[390] nicht mehr; ein Geistlicher aus dem Schottenstift und den

---

385 Das »Novara Museum« war im Augarten-Gelände untergebracht und im Mai 1860 eröffnet worden. Im Jahre 1865 kamen die reichlichen Sammlungen an die Akademie der Wissenschaften und die kaiserlichen Sammlungen.

386 Der Bakonywald bzw. das Bakonygebirge ist eine Hügellandschaft in Zentralungarn im Komitat Veszprém nördlich des Plattensees.

387 Der Eintrag zum Datum nachträglich eingefügt.

388 Der 1861 an das k.k. Polytechnikum (ab 1872 Technische Hochschule) in Wien berufene Professor der Zoologie und Botanik sollte diese Fächer bis zum Jahre 1895 unterrichten. Andreas Georg Kornhuber (1824–1905) hatte auch die Funktion als Rektor dieser Institution inne.

389 Der Vortrag wurde auch gedruckt: Siehe Carl [Karl] Ferdinand Peters, Die Miocän Lokalität Hidas bei Fünfkirchen in Ungarn. In: Sitzungsberichte der Akademie der Wissenschaften, math.-nat. Kl. 44 (1861), S. 581–617.

390 Durch den Einfluss Anton von Schmerlings hatte der Kaiser am 17. Februar 1861 das im November

jungen Sommaruga. Hyrtl sagt, daß in Folge der Nationalisirung[391] der Universitäten Pesth, Krakau u. Prag die Zahl seiner Zuhörer heuer auf das dreifache stieg. Unger sagt, er war nur in den bayerischen Alpen, außerdem discurirt mit Fenzl, Littrow. – Hörnes ebenfalls da, ich verspreche ihm Siebenbürgische Karten.

11. Freitag. [Oktober 1861]

Früh i. d. Anstalt. Anfang v. Studien über Köves-Kalla-Muschelkalk.[392] – Foetterle erzählt, daß Friedmann unsere Artikel nicht will für die Neuest[en] Nachrichten.[393] Sie sind ihm zu ernst. – Breda sagt, daß G[ra]f Wickenburg über uns und namentlich Hingenau sehr erboßt sei, weil er findet, er sei ~~d~~ bei der Montanistiker-Versammlung[394] nicht beachtet und namentlich Plener gegenüber zurückgesetzt worden. Er schreibt dieß Hingenau // zu, der, wie er glaubt, ihm Feind sei und den er einen Intriganten nennt. Foetterle war bei Plener, wobei Letzterer sagte, er gebe nicht die Idee auf, unsere Anstalt mit dem Montanistikum in nähere Verbindung zu bringen. – Zu Kornhuber, der ebenfalls bei Plener war, sagte derselbe dasselbe.
Diner bei den Ältern. Brief v. Rudolph, Nachmittag wieder Anstalt. Eine Schachtel mit Ammoniten aus Val Trompia von ~~Ragazzoni~~ Spinelli[395] zur Bestimmung erhalten – Gearbeitet an den Kreidemergel-Petrefacten,
Abends die ~~Ragazzoni~~ Spinelli[396] Ammoniten ausgepakt.

12 Samstag. [Oktober 1861]

Morgens Arbeit mit den ~~Ragazzoni~~ Spinelli[397]Ammoniten. In die Stadt, Einkäufe. – Zu Hingenau, den ich nicht finde. – Nachmittag Anstalt. Jokely – er verspricht mir Loben-Zeichnungen[398] zu machen. Erzählt, daß seine // Aussichten auf eine Professur an dem Ofner Polytechnicum schwinden. Ich solle Szabo [Szabó] schreiben darüber.

1860 gestellte Gesuch des 35-jährigen Carl Ferdinand Peters (1825–1881), als Ordinarius für Mineralogie von der Universität Pest nach Wien wechseln zu können, genehmigt.

391 Die durch das Oktoberdiplom von 1860 erfolgte Intensivierung des Magyarisierungsprozesses hatte nicht nur einen Einfluss auf die Studentenzahlen, sondern etablierte Ungarisch als Unterrichtssprache an der Universität Pest, wodurch Peters als des Ungarischen nicht mächtig seiner Lehrtätigkeit verlustig geworden war.

392 Die Brachiopodenbänke von Köves-Kálla beschäftigten Hauer im Rahmen seiner Untersuchungen der Triaskalke.

393 Die von Otto Bernhard Friedmann (1824–1880) 1859 gegründete Zeitung »Neueste Nachrichten« wurde später unter dem Titel »Wiener Lloyd« geführt, erschien allerdings nur bis 1864.

394 Gemeint ist die zweite Versammlung der Berg- und Hüttenleute in Wien.

395 »Spinelli« eingefügt.

396 »Spinelli« eingefügt.

397 »Spinelli« eingefügt.

398 Die Form der Lobenlinien der fossilen Ammonoideen, die Nähte zwischen der Gehäusewand und den Kammerscheidewänden, ist ein wichtiges Unterscheidungsmerkmal bei der Bestimmung von fossilen Ammoniten.

Arbeit an meinen Kreidemergel-Petrefacten – Abends zu Hause, Arbeit an den Val Trompia-Ammoniten.[399]
Nach dem Thee Louise aus der Novara-Reise vorgelesen.

13. Sonntag. [Oktober 1861]

Brief an Szabó.
Vormittag zu Hingenau, den ich am Wege zu mir finde. Er hat bezüglich des Wickenburg'schen Zornes an Breda geschrieben. Er meint, wir sollen, da auch Friedenfels nicht hier ist, mit den Naturw[issenschaftlichen] Artikeln doch wieder an das Vaterland gehen. – Er hat heuer beinahe keine Zuhörer[400] und schreibt dieß Intriguen zu. – Später kömmt Patera, mit diesem in die Anstalt, Kreidemergel Fossilien gepuzt. Mittags Familien-Diner. Abends Louise Novarawerk vorgelesen. //

14. Montag. [Oktober 1861]

Früh in die Anstalt. Senoner gebeten, er möge wegen der Val Trompia-Ammoniten an Ragazzani schreiben. – Haidingers Schreiben an die Akademie, an Braumüller, an Flügel u. die Smithsonian-Institution gelesen u. collationirt. – In das Min[eralien] Cabin[ett]. Suess verspricht die Köves-Kalla-Sachen zu bearbeiten. Er zeigt mir Süßwasser-Kalke aus dem oberen Theil des linken Donau-~~ufer~~Beckens, die bisher als Leithakalke gegolten hatten. Es soll dort Stein Werkzeuge in Menge geben – Er will über meine Siebenbürger Karte einen Aufsatz in die Wiener Zeit[un]g bringen. – Nach Hause, an meinen Ammoniten gearbeitet. – Nachmittag mit Louise in die Stadt, ein Geschenk für die Mutter gekauft. Abends Ammoniten Arbeit, dann Novara-Lectüre.

15. Dienstag. [Oktober 1861]

Früh Ammonitenarbeit. Stache nimmt Abschied, // da er nach Breslau geht. In der Anstalt die Petref[acten] von Nana[401] gepuzt. Mittags wegen des Namenstages der Mutter Familien-Diner. Nachmittag Hingenau, Abends zu Hause Arbeit, dann Novara Buch gelesen.

16 Mittwoch [Oktober 1861]

Früh in die Anstalt. Baron Ebner und Frau, den ich herumführe und der einen seiner Offiziere als Wintergast für unsere Anstalt ankündigt. – die Turriliten[402] von Nana

399 Val Trompia ist ein Tal in Norditalien, das von den Tre Valli, einem Massiv der Dolomiten, in N-S-Richtung bis in die Ebene von Brescia verläuft.

400 Otto von Hingenau (1818–1872) lehrte als Professor für Bergrecht an der Universität Wien.

401 Nána (ungarisch auch Esztergomnána), ein im slowakischen Donautiefland gelegener Ort, gehörte bis 1919 zu Ungarn.

402 Als Turriliten werden jene Ammoniten bezeichnet, die geologisch gesehen am spätestens zur Entwicklung gelangten. Für die Bestimmung der oberen Stufen der Kreide sind sie als Leitfossilien von Bedeutung.

näher untersucht. – Zu Haidinger, er will, daß wir künftig jeden Samstag zu ihm kommen. – Ich leihe Oldhams Bericht[403] über den indischen Survey aus, um aus diesem u. jenem von Murchison[404] einen Artikel für die Wiener Zeitung zu machen. Nachmittag die Ammoniten-Untersuchung von Val Trompia fertig gebracht.

17. Donnerstag. [Oktober 1861]

Früh an dem Artikel f. d. Wiener Zeit[un]g geschrieben. – In die Anstalt, Beer preßt mich zu // einem Vortrage an einem der Damen-Abende in der Gartenbau-Gesellschaft;[405] ich sage zu. – Brief von Jokely – Ich antworte sogleich. – An den Kreidefossilien gearbeitet. – Nachmittag mit Louise i. d. Stadt, Einkäufe gemacht, dann Akad[emie] Sitz[un]g. Abermals eine Haidinger'sche Meteoriten-Abhandlung vorgelegt. 2ten Bd Novarawerk vom Kriegs-Ministerium erhalten.

18 Freitag. [Oktober 1861]

Morgens kömmt Jokely zu mir. Er bringt den Brief, den ihm Nendtvich gesendet hatte. Es geht daraus hervor, daß N. glaubt, ich hätte ihn gemeint, als ich von Intriguen (in meinem Briefe an Szábo [Szabó]) schrieb, die gegen Jokely's Ernennung zur Professur gesponnen zu werden scheinen – Den Artikel für die Wiener Zeit[un]g fertig geschrieben. – In die Anstalt, Rutthner, der wieder Foetterle aufsucht wegen der Lamquet'schen Erbschaft[406] für die geographische Gesellschaft. An meinem Gaultfossilien[407] gearbeitet. //
Nachmittag ~~Aussch~~ Hingenau, er meint, wir sollen doch wieder, aber seltener, Artikel für das Vaterland schreiben; – Ausschußsitz[un]g des Zoolog[isch] bot[anischen] Vereines. Es wird die Transferirung der Khevenhiller'schen [Khevenhüller'schen] Vögelsammlung in das Gesellschafts-Locale beschloßen.[408] Neilreich meint, das ganze Geschenk dieser Sammlung sei nachtheilig für uns, ich opponire. Man hofft, daß der Landtag ein

403 [Thomas Oldham], Annual Report of the Superintendent of the Geological Survey of India and the Museum of Economic Geology (London 1858–59).

404 Roderick Impey Murchison (1792–1871) war langjähriger Vorsitzender der Geological Society of London und Leiter des Geological Survey. Welches Werk Hauer meinte, geht leider aus dem Hinweis nicht hervor.

405 Die Österreichische Gartenbau-Gesellschaft war 1827 von dem Weltreisenden und Diplomaten Carl Freiherr von Hügel begründet worden und existiert auch heute noch.

406 Es handelte sich um einen Bestand von 800 Bänden, die aus dem Nachlass des Major Heinrich Lamquet (1807–1859) an die »Geographische Gesellschaft« kamen. Vgl. dazu: Bernhard Fabian (Hg.), Handbuch der historischen Buchbestände in Österreich (Hildesheim /Zürich/ New York 1995), S. 163.

407 Es handelt sich um eine geologische Formation bestehend aus blauem Ton der Unterkreide, die in England gefunden wurde.

408 Die ornithologische Sammlung des Richard Fürst von Khevenhüller-Metsch hatte bereits im Jahre 1845 mehr als 1000 europäische Vögel umfasst und war im Schloss Ladendorf aufgestellt gewesen. Siehe dazu: [J. R. S.], Ladendorf in Oesterreich und seine ornithologische Sammlung. In: Isis, hg. von Oken, Jg. 1845, Heft 1-XII, (Leipzig 1845), S. 563–566. Richard Fürst von Khevenhüller Metsch war

Provinzial-Museum[409] errichten werde. – Ich spreche viel mit Kotschy, – Pokorny will sein Torfmanuskript zurück haben; ich verspreche, es, Foetterle zu sagen. Auch Jeitteles zugegen. Er soll in Disponibilität kommen. – Abends Novarawerk gelesen.

19 Samstag. [Oktober 1861]

Foetterle u. Lipold holen mich zu Haidinger ab, bei dem wir fortan jeden Samstag um 9 Uhr früh zur Besprechung der Angelegenheiten der Anstalt zusammenkommen sollen.
Ich soll wieder unser ganzes Druckwesen übernehmen, und zunächst mit Foetterle zu // Artus gehen, um eine Erledigung auf Haidingers Eingabe wegen unserer Druck-Angelegenheiten zu betreiben.
Auch Karl hat Haidinger zu diesen Besprechungen eingeladen. Nachher in die Anstalt, wo ich Jokely die Ammoniten, die ich für neue Arten halte (Val Trompia), übergebe. – Nachmittag Briefe geschrieben, dann meine Sachen geordnet.
Briefe an Rudolph, Nendtvich, Karl, Unkhrechtsberg, Prof Miller.

20 Sonntag. [Oktober 1861]

Morgens Hingenau, der Foetterle aufsuchen will. In die Anstalt, Kreide-Ammon[iten] Arbeit, Diner bei den Ältern. Abends zu Hause.

21. Montag. [Oktober 1861]

~~Er~~ Früh in die Anstalt, Erläße wegen Staats-Druckerei gekommen. Haidinger damit sehr zufrieden, kömmt selbst auch in die Anstalt. Der Druck des Jahrbuches soll nun sogleich wieder beginnen[410]. – Hr Krziz [Kržiž] bietet f. d. geographische // Gesellschaft sein Werk über Persien an[411].
Nachmittag zu Hause, Arbeit u. Novaralectüre. – Brief v. ~~H~~ Nendtvich.

22. Dienstag. [Oktober 1861]

Morgens Ammon[iten] Arbeit, dann in die Anstalt, Kreide-Cephal[opoden][412] gearbeitet – Nach Hause, Bücher f. d. Buchbinder zusammengerichtet.

Mitglied des Österreichischen Reichsrates und Präsident der »k.k. Zoologisch-Botanischen Gesellschaft« in Wien.

409 Das 1846 innerhalb der Kärntner Landwirtschaftsgesellschaft konstituierte »Naturhistorische Landesmuseum« wurde 1862 gemeinsam mit den Sammlungen des Historischen Vereines von Kärnten im Landhaus in Kärnten untergebracht.

410 Der Druck des Jahrbuchs war wegen der fehlenden Finanzierung eingestellt gewesen.

411 Nach seiner Pensionierung als k.k. Hauptmann stand August Krziz [Kržiž] 1851–1859 in persischem Dienst, baute das Telegraphenwesen dort auf und verfasste eine umfassende Arbeit über Persien, die er der »Geographischen Gesellschaft« zur Publikation anbot. Das Werk wurde sodann von der Militärzeitung in Druck gegeben.

412 Cephalopoden, Kopffüßer, zählen zu den Weichtieren (Mollusca), die nur im Wasser vorkommen.

Nachmittag Ausschußsitz[un]g d. Geographischen, Hietzinger, Salm, Hingenau, Simony, Bergmann, Ob [?], Pachmann u.s.w. Die im neuen Locale im Akad[emie] Gebäude [stattfindet].[413] Hörnes sagt mir, daß mein Geolog[ischer] Survey Artikel i. d. Wiener Zeit[un]g[414] steht u. ich kaufe diesen am Rückweg. Hörnes begleitet mich nach Hause – Abends Novara-Lectüre.

23 Mittwoch [Oktober 1861]

Arbeit zu Hause u. i. d. Anstalt. – Dort die vorläufige Best[immung] der Kreide-Cephalopoden beendet. – Nachmittag Novara-Museum mit Louise. – Von Hochstetter Landschneken von seiner Reise erhalten u. ausgepakt. //

24. Donnerstag. [Oktober 1861]

Morgens Hochstetter, mit dem ich die Neuseelandfossilien durchsehe, die demnächst bearbeitet werden sollen. Er sieht auch meine Val-Trompia-Ammoniten und ladet mich ein, sie mit jenen zu vergleichen, die er von Württemberg besitzt. – Um 12 Uhr gehe ich wirklich in das Polytechnicum, wo ich auch Kornhuber sehe. Schöne Suite von Leythakalk-Petrefacten[415], die Hochstetter in Rodaun sammelte. – In die Anstalt, hier vergleiche ich meine Val Trompia-Ammoniten ebenfalls noch mit ~~s~~jenen der systematischen Sammlung.
Nachmittag Akademie-Sitz[un]g (allgemeine.) Hyrtl erzählt mir Details über Brühl, dem das Museum f. vergleichende Anatomie abgetreten werden soll. Hyrtl wehrt sich natürlich dagegen u. hat von Baumgartner das Versprechen erhalten, daß sich dieser der Sache annehmen will.
In der Sitz[un]g verliest Schrötter den Brief Haidin//gers an die Akademie (14 Octob[er]), in welchem derselbe sich aufhält, daß Schrötter Porto für d[ur]ch die Akademie an die Anstalt gelangte Sendungen von letzterer einhebt. Der sehr heftig und wie mir scheint wirklich nicht angemessen geschriebene Brief wird mit Buhen aufgenommen. Schrötters Vorgang gebilligt. Auch ich halte es für nicht angemessen, etwas dazu zu sagen.
Abends Novara-Lectüre.

25. Freitag. [Oktober 1861]

Morgens in die Anstalt; nichts Neues, dann nach Hause, Spinelli Ammon[iten] gearbeitet.

---

413 Die »Geographische Gesellschaft« durfte ihre Sitzungen im Gebäude der Akademie der Wissenschaften abhalten.

414 [Franz Hauer], Der Fortschritt der geologischen Landesaufnahmen in Großbritannien und Britisch-Indien. In: Wiener Zeitung, Nr. 246, Dienstag, 22. Oktober, Abendblatt, 1861, S. 3833 und 3834 bzw. 9 und 10.

415 Kalke nach der Leitha benannt.

Nachmittag Hingenau; er war die letzten Tage in der Comitee-Sitz[un]g d. Vereines zur Verbreitung naturw[issenschaftlicher] Kenntniße[416] u. sagt, wir haben dort vollen Sieg errungen. Alle Prinzipien, die wir voriges Jahr vertreten hatten, wurden angenommen. Warhanek gesteht ein, sein damaliges Auftreten sei von seinen Parteigenossen, Presse e.c. heftig getadelt worden. – Ammoniten Arbeit, – Novara-Lectüre.
Brief v. Jokely //

26. Samstag. [Oktober 1861]

Morgens mit Foett[erle], Lipold u. Karl zu Haidinger; derselbe hat beginnende Migräne und ist sehr schlecht aufgelegt. Er macht erst Foetterle, dann mich aus, daß doch alle Geschäfte auf ihn zurückfallen u.s.w. Endlich wird ausgemacht, daß er nun auch alle Jahrbuch-Manuskripte mir übergeben will; ich soll ferner die Sitzungen überwachen u. d. Material dazu beischaffen.
~~Dann Versam~~ Haid[inger] erzählt, daß er bei Schmerling u. Auer war, aber sagt nichts Näheres, was er dort eigentlich gemacht hat. Später kömmt ein Stückchen Meteoreisen vom Cap, dieß macht Haid[inger] etwas heiterer.
Dann Versamml[un]g unserer Herren in der geologischen Anstalt. Kornhuber kömmt dazu und verspricht mir, seine Bakonyer-Wald-Fossilien aus Preßburg mitzubringen. Nachmittag Besuch v. Ferstl. Es scheint ihm besser zu gehen. Abends Lectüre und Arbeit. //

27. Sonntag. [Oktober 1861]

Morgens Visite von Foetterle, der gestern bei Schrötter war wegen der Verhältniße der geographischen Gesellschaft. Schrötter soll zwar sehr artig, aber fortwährend verlegen gewesen sein. – Zu Knoblich, den ich nicht finde, Zu Hause Arbeit. – Familiendiner – Nachmittag die Arbeit über die Ammoniten von Val Trompia fertig gemacht. – Abends Novara Lectüre.

28. Montag. [Oktober 1861]

Früh in die Staatsdruckerei, dem Knoblich das Manuskript Lipold überbracht. In die Anstalt, und mit Foetterle u. Senoner zu Haidinger. Er ist heute wieder heiterer und gibt mir alle Akten für das Jahrbuch. Auch ein Stück des Meteoreisens von Cranbourne[417], welches ich sogleich zu Karl bringe zur Analyse. Nach Hause Correctur gemacht. – Nachmittag Hingenau. Er hat von Weiß erfahren, daß Wickenburg noch immer auf uns sehr aufge//bracht ist und sich durch Nachfragen die Nachricht ver-

416 Der Antrag auf Änderung der Statuten wurde von Stache in der Plenarversammlung gestellt. Unterstützt wurde er von 35 anderen Mitgliedern, darunter befand sich auch Hauer. Das Prinzip der freien Wahl der Vorstandsmitglieder durch alle Mitglieder wurde vertreten. Siehe dazu: Schriften des Vereines zur Verbreitung naturwissenschaftlicher Kenntnisse (Wien 1862), S. 52.

417 Die Meteoriten von Cranbourne, waren die zweitgrößten Objekte, die in Australien nach 1854 gefunden wurden.

schaffte, daß Karl die Artikel über die hüttenmännische Versammlung in der Wiener Zeit[un]g[418] schrieb. Es sei klar [ge]äußerst, daß die Auslassung seines Namens im Berichte über die Schlußsitzung absichtlich erfolgte.
Brief an Gümbel, den Hingenau mitnehmen soll, – Nachmittag die Drucksachen für das Jahrbuch geordnet. – Die Preise stellen sich sehr hoch; das erste Heft ~~soll~~ wird mindestens 1000 fl. [Gulden] kosten; und schon will Haidinger eine Menge Anderes drucken, einen Bericht für die Londoner-Ausstellung[419] in englischer Sprache u.s.w. – Abends Novara-Lectüre.

29. Dienstag [Oktober 1861]

Früh in die Anstalt. Kreide-Cephalopoden in die Wohnung bringen gelassen e.c. – In die Stadt in das Mineralien-Cabinet. Die Tafel für die Ammoniten von Val Trompia zum Zeichnen hergegeben. Suess meint, ich solle die von ihm // gesammelten Ammoniten vom Schafberg beschreiben, was ich zusage. – Nachmittag Correcturen. Mittags war Salm bei mir, fand mich aber nicht.

30 Mittwoch. [Oktober 1861]

Früh meine Ammoniten-Zeddelwirtschaft geordnet. – In die Anstalt. Karl erzählt, daß er bei G[ra]f Wickenburg war, der noch immer auf alle Mitglieder der Anstalt im höchsten Grade erzürnt ist. Es gelang Karl, nur unvollkommen ihn zu beschwichtigen, indem er sagte, er werde eine Gelegenheit suchen, ihn zu loben! ! ! – Mit Karl zu Fürst Salm. Derselbe wollte wegen der naturwiss[enschaftlichen] Vaterland-Artikel mit uns reden; Hingenau hatte ihm gesagt, wir wollten dieselben nicht fortsetzen, weil im Sommer unter demselben Titel ein anderer Artikelfabrikant über Liharczik's [Lihařzik][420] Körpermessungen eine Mittheilung gemacht hatte. Ich versichere, uns habe dieser Umstand nicht genirt und verspre//che, wir wollten wieder welche schreiben.
In die Anstalt. Die Karte zu Lipold's Colonien ist fertig. Ich bringe sie zu Haidinger, der noch die Gradeintheilungen dabei haben will; übrigens sehr gut gelaunt ist. Nach Hause. Correcturen (Bog[en] 3 der Verhandlungen). Nachmittag Besuch von Julie. Die Kreide-Arbeit zu schreiben begonnen. Novara-Lectüre.

31. Donnerstag. [Oktober 1861]

Morgens an den Kreide-Cephalopoden gearbeitet. – In die Anstalt. Die Grade auf Lipold's Colonien-Karte mit Jan eingezeichnet. – An der Präparirung der Versteine-

418 Karl Hauer hatte einen ausführlichen populären Artikel über die Bedeutung der Metalle allgemein und für die Industrie verfasst. Siehe dazu: Karl Hauer, Erinnerungen aus dem Gebiete der Chemie. Die Darstellung der Metalle. In: Wiener Zeitung, Nr. 241, Freitag, 12. Oktober 1860 (1860), S. 4111–4113.

419 Die Londoner Weltausstellung sollte im Mai 1862 eröffnet werden.

420 Franz Liharzik, Gesetz des menschlichen Wachsthums (Wien 1858).

rungen der Exogyren Schichten[421] gearbeitet – Um 1 Uhr gegessen, dann in die Stadt zu Factor Wimmer, um die Preise der lithographischen Karten zu erkunden. – In den Musikvereinssaal zur von Sectionrath Schwarz eingeladenen Versammlung; ich spreche dort mit Wirtschaftsrath Hoffmann, der mir die Zusendung von Erd//arten aus dem Marchfelde zur Analyse ankündigt. – Parmentier. – Akademie Sitz[un]g, ich lege meine Medolo-Ammoniten[422] vor. – Vortrag von Liharczik [Lihařzik]; – Ich spreche mit Schwarz u. sage ihm, daß wir die Oesterr[eichischen] Kohlen ausstellen werden[423], – mit Frisach, der zurückgekommen ist. – Liharczik's [Lihařzik's] Sache weigern sich Rokitansky u. Brücke zu begutachten. Sie wird Hyrtl zugesendet werden. Die Stimmung scheint nicht sehr dafür. – Abends Emma Hankenberg, die Louise von Hietzing mitgebracht hat. – Abends Rechnungen.

November

1. Freitag. [1861]

Morgens an den Kreide-Cephalopoden gearbeitet. Correcturen; In die Anstalt, mit Foetterle einen Besuch bei Friesach verabredet. Den Rest des Tages Correcturen u. die Arbeit der Kr[eide] Ceph[alopoden] fortgesetzt.

2 Samstag. [November 1861]

Früh i. d. Staatsdruckerei[424]. Wimmer gibt mir die // Preise der Lipoldischen Tafel. Zu Hause holen mich Karl u. Lipold ab; mit ihnen u. Foetterle, den wir begegnen, zu Haidinger. Die Kohlenausstellung für London besprochen. Ein Circular an alle Grubenbesitzer wegen Einsendung von Mustern ist zu erlassen. – Wir erzählen Haidinger die Geschichte von G[ra]f Wickenburg's Grimm. – Wir besehen die vielen von Boucher de Perthe[s] gesendeten Bücher. Stoliczka soll sie und die mitgekommene Sendung von Steinwaffen studiren, – Haidinger ist sehr ungehalten über einen Aufsatz von Reichenbach, dem Vater, über Meteoriten in Poggendorff's Annalen, in dem der Schreibersit[425] mit einem neuen Namen belegt wird. Er will darüber in der

---

421 Exogyra ist eine Gattung der fossiler Mollusken, die in der kreidezeitlichen Urwelt lebten. Sie geben einer geologischen Formation ihren Namen (beispielsweise im Pariser Becken).

422 Siehe dazu: Franz Hauer, Über die Ammoniten aus dem sogenannten Medolo der Berge Domaro und Guglielmo in Val Trompia. In: Sitzungsberichte der k.k. Akademie der Wissenschaften, math.-naturw. Kl. 44 (Wien 1861), S. 403–422.

423 Vermutlich geht es um die Londoner Weltausstellung 1862.

424 Die periodischen Publikationen der «k.k. Geologischen Reichsanstalt« wurden in der Staatsdruckerei gedruckt.

425 Der Schreibersit war eines der vielen Mineralien, das von Wilhelm von Haidinger analysiert und 1847 als neues beschrieben wurde. Bereits zuvor hatte der Chemiker Jöns Jakob Berzelius ein Mineral an dem in Bohumilitz 1827 gefallenen Meteoriten festgestellt. Adolf Patera stellte ähnliche Verbindungen in dem Magura-Meteor fest. Deshalb überließ Haidinger das Vorschlagsrecht für die Neubenennung Patera. Mit dem neuen Mineral wurde der Direktor des Naturalienkabinetts Karl Franz Anton

Akademie-Sitzung reclamiren. Aber auch über Reinhold's zweckloses Laboriren in unserem Laboratorio ist er ungehalten und will ihm schreiben, er könne dieß nicht mehr gestatten. – In die Anstalt. Am Wege begegnen mir Liharczik [Lihařzik], dem ich von der Aufnahme seines Artikels in der Akademie-Sitzung // erzähle; er ist ganz zufrieden, daß Hyrtl denselben beurtheilen soll. – Wirtschaftsrath Hoffmann bringt die zu untersuchenden Erden.[426] – Versammlung unserer Herren. – Dazu kömmt Szabo [Szabó] mit sehr merkwürdigen Petrefacten aus einem Leythakalkähnlichen Gestein zu Küstendsche.[427] Er will zwei Abhandlungen für das Jahrbuch senden – Zu Hause Marie Hankenberg, die bei uns speiset, nachmittag er, später Hanns, dem ich Mineralien verspreche. – Brief von Beer und Pichler.

Ersterem gebe ich den Titel für meinen Vortrag in der Gartenbau-Gesellschaft: Über den Einfluß d. geologischen Verhältniße auf die organische Welt. – Brief an Hodoly in Lokut, dem ich Hartmann's Geologie[428] u. Roßmäßler's Briefe über Paläontologie[429] sende. – Für Hanns Mineralien zusammengesucht. – Morgens hatte ich die Bearbeitung der Bakonyer-Kreide-Terriliten[430] beendet. – Abends Novara-Lectüre. 1 Bd zu Ende gelesen. //

Sonntag. 3. [November 1861]

Morgens Arbeit an den Kreidefossilien. Mit Foetterle zu Friesach, den wir nicht finden. Wieder Arbeit bis Mittag – Diner bei den Ältern. Nachmittag dort geblieben. Abends Arbeit, Mineralien f. Hanns gepackt.

Montag. 4ten. [November 1861]

Die Bearbeit[un]g der Ammonitischen ~~H~~ Nebenformen aus der Bakonyer Kreide beendigt. In die Anstalt. Literatur nachgesehen. Ammoniten vorgerichtet e.c. – Jokely; er war bei Haidinger u. Letzterer will an Pavai schreiben. – Nachmittag zu ~~O~~ Pußwald,

---

von Schreibers geehrt, umso mehr auch deshalb, weil die dortige Sammlung an Meteoriten eine der größten der Welt darstellte. Vgl. auch Wilhelm Haidinger, 3. Versammlung am 16. Juli. In: Berichte über die Mittheilungen von Freunden der Naturwissenschaften in Wien, Bd. 3, Nr. 1-6 (1848), S. 65–83.

426 Die Geologische Reichsanstalt stand allen Wirtschaftsbetreibenden für Expertisen zur Verfügung.

427 Küstendsche (auch Küstendže), rumänisch Constanța (Constanza), Hauptstadt der Region Dobrudscha am Schwarzen Meer, Hafen; ident mit dem alten Tomis (Tomoi, altgriech. Tóμοι) (Ovids Verbannungsort).

428 Es gibt zwei Bücher, die in Frage kämen: Carl Friedrich Alexander Hartmann, Lehrbuch der Mineralogie und Geologie: zum Gebrauche für Höhere Lehranstalten und zum Selbstunterricht für jeden Gebildeten (Nürnberg 1836); oder: Carl Friedrich Alexander Hartmann, Handwörterbuch der Berg-, Hütten- und Salzwerkkunde, der Mineralogie und Geognosie, 3 Bände (Weimar 1859–1860).

429 Emil Adolf Roßmäßler, Die Geschichte der Erde: Eine Darstellung für gebildete Leser und Leserinnen (Frankfurt am Main 1856).

430 Terrilitgruppe.

der unwohl ist; dann Ausschußsitz[un]g d. Zool[ogisch] bot[anischen] Ges[ellschaft], Hörnes, Brunner e.c. Hörnes erzählt, daß an seinem Werke fortgedruckt wird.

Dienstag. 5 ten. [November 1861]

Früh in die Anstalt. Die Petrefacten der Exogyren schichten[431] ~~z~~ vorgerichtet. – Nachmittag Hingenau, der von München zurück ist und erzählt, daß Guembel sehr thätig an der Her//ausgabe seines Buches arbeitet, aber noch immer bedeutend unwohl ist. Mit Hingenau kömmt Huyssen, der jetzt in Breslau stationirt ist, dann ~~B~~ später Boué, der mich anspricht, sein Testament zur Aufbewahrung zu übernehmen[432]. – Abends Correcturen, – Novara-Lectüre.

Mittwoch 6 ten [November 1861]

Morgens i. d. Anstalt, wo bald auch Huyssen kömmt; später Peters mit Werthheim [Wertheim], der durch 10 Jahre Maschinenwesensbeamter in Altenberg war. Huyssen ist jetzt an Carnall's Stelle nach Breslau versetzt. Er bleibt bis 2 Uhr i. d. Anstalt. Nachmittag Correcturen, um 7 Uhr in die Bergmännische Versammlung im Ingenieur-Verein, wo ich Huyssen mit den Herren bekannt mache. Abends Beisel mit Huyssen, Friese, und den Brüdern; Debatte mit Friese über Tunner's Punctir-Methode. Schrötter und Schwarz kommen auch, setzen sich aber nicht zu uns. – Hingenau will von einer Fortsetzung der Vaterland-Artikel // nichts wissen.

Donnerstag 7ten. [November 1861]

Morgens Arbeit an den Kreide-Ammoniten. Dann in das Cabinet; die Zeichnungen der Medolo-Ammoniten revidirt. Schwarz; Dr Mastalier, ich bringe Suess die Lingula[433] auf einem Belemniten von Hochstetter. – Nachmittag Arbeit, dann Akademie-Sitzung. Abends einen Vaterland-Artikel begonnen.

Freitag 8ten. [November 1861]

Morgens Arbeit an den Kreide-Ammoniten. In die Anstalt; die ~~Caproti~~ Caprinen[434] ~~v~~ aus dem Bakonyer-Wald etwas präparirt. – Feldmarschallllieutenant Hauslab; er lehnt die Präsidentschaft der geographischen Gesellschaft definitiv ab. Foetterle will es nun mit Wüllersdorf [Wüllerstorf-Urbair] versuchen. Karl gibt mir einen Artikel ~~fü~~ über Liharczik [Lihařzik] für das Vaterland. Seph[435] kömmt. – Nachmittag Hingenau; er sperrt sich anfangs, heuer wieder die Redaction der Vaterland-Artikel zu überneh-

431 Exogyra ist eine Gattung der fossiler Mollusken, die in der kreidezeitlichen Urwelt lebten. Sie geben einer geologischen Formation ihren Namen (beispielsweise im Pariser Becken).

432 Ami Boué verfügte testamentarisch, dass seine bibliographische Sammlung (Zettelkatalog) und seine Bücher an die »k.k.Geologische Reichsanstalt« kamen.

433 Lingula, zungenförmige Struktur oder Gattung der Armfüßer, ältestes noch heute lebendes Fossil.

434 Caprina stellt eine Gattung der Rudisten dar, der Meeresheterodonten Muscheln.

435 Mit Seph. ist Joseph von Ferstel gemeint oder Hauers Schwester Josephine (Sephine).

men; doch nimmt er zuletzt die Ma//nuskripte mit, und sendet sie mir noch Abends theilweise umgearbeitet wieder zur Ansicht. – Abends Ammonitenarbeit, u. Novara-Lectüre.

Samstag 9$^{\text{ten.}}$ [November 1861]

Früh mit Karl, Foett[erle] u. Lipold zu Haidinger. Er gibt mir den Auftrag, Zuschriften an die Montanistischen Vereine[436] zu richten wegen Zahlung der Separat-Drucke; sonst nicht viel Besonderes. Zu Plener, dem ich meine Siebenbürgische Karte bringe. Er besieht sie mit vielem Interesse, von anderen Dingen ist aber nicht die Rede. (Hing[enau] hatte mir erzählt, daß Huyssen von Plener gefragt worden war, wie ihm unsere Anstalt gefiele und sehr erfreut schien, als Letzteres Alles gute darüber sagte. Plener beklagte sich sehr über das Knopfthum seiner Montan-Beamten.) – In die Anstalt, die Akten zu meiner Arbeit zusammengesucht und diese; nebst ~~Cor~~ einer Correctur Nachmittag gemacht. Besuch von K. Pusswald. //
Briefe von Rudolph u. Fr. Fischer.

Sonntag 10. [November 1861]

Morgens Arbeit an meiner Abhandlung. Um 12 Uhr Sitz[un]g des Comitee der B[er]g u. Hüttenmänner Vers[ammlung]. Hingenau erzählt, daß er den Vaterland-Artikel bereits in die Druckerei gebracht habe. Debatten über den Drasche-Preis e.c. – Diner bei den Ältern. Nachmittag Correctur gemacht.

Montag 11$^{\text{ten.}}$ [November 1861]

Morgens Arbeit (Sharpe's Buch[437] für meine Zettel excerpirt). In die Anstalt. Mit Jokely Steine für die Sammlung in Pesth ausgesucht. – Zu Hubazy wegen einer Putzmühle. – Nachmittag. Ausschußsitz[un]g der geographischen Gesellschaft. Zahlreich besucht. Thun, Salm, Hietzinger, Helfert. Lange Debatten, ob die Präsidentschaft auf 3 Jahre verlängert u. d. Jahresbeitrag erhöht werden soll. Ich spreche gegen Beides u. Beides wird abgelehnt. – Abends Arbeit, dann Brief an Ru//dolph.

Dienstag 12ten [November 1861]

Morgens Arbeit, Eingang zur Bakonyer-Kreidearbeit geschrieben. – Mit Louise am Franz-Joseph-Kai spazieren gegangen – Nachmittag Hingenau – Correcturen gemacht – Geographische Sitzung; Thun hält die Jahresrede, in welcher er mit großer Wärme von der geologischen Reichsanstalt spricht und die Verdienste von Schmerling u. Plener und die Rettung der ~~Arbeit~~ Anstalt hervorhebt. – Abends Beisel mit Dr Zir-

---

436 Seit 1850 existierte in der Steiermark ein »Geognostisch-Montanistischer Verein«, der für Innerösterreich zuständig war und jährlich einmal eine Zusammenkunft veranstaltete.

437 Siehe: Daniel Sharpe, Description of the fossil remains Mollusca found in the Chalk of England. In: Palaeontographical Society 68 (1853), S. 1–26; (1854), S. 27–36 und (1856), S. 37–68.

kel, der mir von Andrian in der Sitzung vorgestellt worden war, dann Hochstetter, Hingenau, Karl, Foetterle e.c. auch Seybel und Dr A. Bauer kommen zeitweilig zu uns.

Mittwoch 13ten [November 1861]

Vormittag Arbeit, Nachmittag detto; die Abhandlung für die Akademie über die Cephalopoden des Bakonyer-Waldes gar fertig gemacht. //
Abends Theater; Reise um die Welt.[438]

14. Donnerstag. [November 1861]

Morgens, Umstellung unserer Möbel. Caroline geht fort. – Zu Knoblich, er verspricht bis 19ten die Verhandlungen für das Jahrbuch fertig zu bringen. – In das Mineralien Cabinet. – Die Zeichnungen von Strohmaier (Medolo-Ammoniten) revidirt; und die Tafeln für die Bakonyer-Cephalopoden überbracht.
Nachmittag Correctur der Medolo-Ammoniten begonnen. – Abends Akademie, Bakonyer-Cephalopoden vorgelegt; die Karte wird mit viel Interesse betrachtet. – In der geh[eimen] Sitzung[439] heftiger Kampf zwischen Brücke u. Littrow gegen Hyrtl und Petzval wegen Liharzik [Lihařzik]. Bei der Abstimmung bleiben die ersteren, die gegen den Abdruck von Liharzik's [Lihařzik's] Arbeit stimmen, allein. Alle Übrigen stimmen dafür. //

15. Freitag. [November 1861]

Morgens Correcturen, Karl besucht mich. – In die Anstalt, Foetterle und Stache, – Nachmittag Richtshofens [Richthofens] Abhandlung über Tirol und Vorarlberg II Theil[440] für die Druckerei zusammengerichtet. – Abends Rangirung meiner Mineraliensammlung begonnen.

16. Samstag. [November 1861]

Früh zu Haidinger. Sehr lange Conferenz. Er ist gut aufgelegt und hat seine Ansprache fertig, aus der er uns einzelne Stellen vorliest; Nachher Conferenz i. d. Anstalt, – Ich sende das Richthofen Manuskript und Haidinger's Ansprache in die Druckerei – Nachmittag Hingenau, an der Ordnung meiner Mineraliensammlung gearbeitet. – Abends Novara Lectüre.

---

438 Die Aufführung fand im Carl-Theater statt: »Um die Welt. Dramatische Reisebilder mit Gesang und Tanz in 3 Abtheilungen von Grandjean und Reinhard. Musik von Kierr«, so lautet die Annonce in der »Wiener Zeitung«, Nr. 264, Mittwoch, 13. Nov. 1861, S. 4143.

439 Im öffentlichen Bericht über die Sitzung in der Akademie, der in der Wiener Zeitung gedruckt wurde, war allerdings nur der Vortrag von Hauer wiedergegeben worden. Siehe dazu [Anonym], Sitzungsbericht, Kaiserliche Akademie der Wissenschaften, Sitzung der math.-naturw. Klasse am 14. November 1861. In: Wiener Zeitung, Nr. 269, 20. November 1861, S. 4243.

440 Ferdinand von Richthofen, Die Kalkalpen von Vorarlberg und Nord-Tirol. Zweite Abtheilung. In: Jahrbuch der geologischen Reichsanstalt (1862), S. 87–206.

17. Sonntag. [November 1861]

Früh Ordnen an meiner Mineralien-Sammlung. Dr Zirkel, mit dem ich in die Anstalt gehe, wo ich ~~Minera~~ geognostische Stücke aus den Alpen für // Jokely aussuche. Correctur der letzten Sitz[un]gs u. Monathsberichte, an denen ich auch Nachmittag u. Abends bis 12 Uhr arbeite. Mittags bei den Ältern.

18. Montag. [November 1861]

Früh Mineralien-Sammlung-Ordnung. Zu Knoblich in die Staatsdruckerei. Er verspricht, Haidinger's Ansprache[441] bis Dienstag 4 Uhr gesetzt zu haben. Auch der Satz von Lipold's Colonien schon in Arbeit. – In die Anstalt; die Karten des S. W. Ungarns geholt. – Min[eralogische] Samml[ungs] Ordnung. Einen Vortrag über die dießjährige Aufnahme für Dienstag begonnen. – Nachmittag Hingenau. Min[eralien] Samml[ungs] Ordnung und am Vortrag gearbeitet. – Novara-Lectüre.
Brief v. Rudolph. !!!!!!!

19. Dienstag [November 1861]

Vormittag meist zu Hause, Meinen Vortrag gar beendet, ebenso die Ordnung der Mineralien-Sammlung aus dem Gröbsten. – In die Anstalt. Mit Dr Zirkel verabredet, daß derselbe die Meleghegy // Gesteine[442] untersuchen soll – Meine ~~Siebenb.~~ Karte des Bakony aufgemacht für den Vortrag.
Nachmittag Correcturen – Abends Sitzung, sehr zahlreich besucht, aber viele mir Unbekannte. Von unseren Leuten Hörnes, Peters, Hingenau Hochstetter, Kornhuber u.s.w. Mit ihnen nachher zu Streitberger, wo auch Bauer, u. Seybel erscheinen. Letzterer erzählt mir viel von Dr Jäger's Schwindeleien, dann sprechen wir über Schrötter.

20 Mittwoch [November 1861]

Morgens Hingenau mit einem Vaterland-Artikel,[443] – Correcturen ec.; In die Stadt, – Abends Montanistiker Versammlung,[444] wo mir Friese Bausteinmuster vom Kölner-Dom für d. Geol[ogische] Reichsanstalt verspricht. Vortrag v. Karl.

21 Donnerstag. [November 1861]

Früh Seph;[445]– In die Anstalt. Am Weg die Österr[eichische] Zeit[un]g mit dem Bericht über unsere letzte Sitz[un]g gekauft, in der Haidin//gers Ansprache zu einem

---

441 Die Ansprache wurde im Vorwort des Jahrbuchs der »k. k. geologischen Reichsanstalt« 1861 und 1862 (Wien 1862) abgedruckt.

442 Meleghegy liegt im diluvialen Hügelland zwischen Ofen und Stuhlweißenburg in Ungarn. In der Sitzung am 17. Dezember in der Geologischen Reichsanstalt wurden diese Gebilde besprochen.

443 [Anonymus], Naturwissenschaftliches Leben in Wien. In: Das Vaterland, Beilage, Nr. 267, vom Sonntag, 17. November 1861, S. 5.

444 Montanistikerversammlung innerhalb des Ingenieursvereines.

445 Gemeint ist Joseph von Ferstel oder Hauers Schwester Josephine (Sephine).

heftigen Angriff auf die Akad[ademie] entstellt vorkömmt. Zu Haidinger; ich zeige ihm den Artikel, doch meint er, es sei unnöthig zu reclamiren. – In das Min[eralien] Cabinet, Meine Medolo-Ammoniten-Tafel fertig. – Suess zeigt mir seine Karte des Bodens v. Wien. – Ich mache mich anheischig, eine Beschreibung der Petref[akten] von Fünfkirchen zu machen. – Nachmittag Hingenau, Correcturen-General-Sitz[un]g d. Akademie. Baumgartner theilt mit, daß für 1862 die Summe v. 20000 fl [Gulden] für Druckkosten bewilligt seien, außerdem hat Schmerling versprochen, wenn es nöthig sein sollte, aus dem Fond des Ministerium[s] noch etwas dazu zu geben. – Die Akademien von Berlin u. Göttingen beschiken nicht die Londoner-Ausstellung[446] und demzufolge auch wir nicht. – Der geograph[ischen] Gesellschaft wird auf warme Fürsprache Baumgartners und nach einem Wortgefecht, welches ich mit Birk hatte, das kleine Zimmer // zur Benützung überlassen, welches an ihren Saal anstößt[447]. – Abends Hankenbergs und Pußwalds – Dann Ammonitenzettel bis 12 Uhr.
Brief an Rudolph.

22 Freitag [November 1861]

Expedirt Briefe an: Cotta, Guembel, Pichler, Ziprer, Fischer, Bielz; Raibler Petrefacten an Guembel, – Mineralien an Hanns; – Siebenbürger Karten nach Paris, Heidelberg, Gotha, und Bonn. – Hochstetter. Arbeit begonnen – Correcturen, – Abends Novara Lectüre, – Ammoniten-Zettel.

23. Samstag [November 1861]

Morgens lange Conferenz bei Haidinger,[448] dann in der Anstalt bei unseren Herren. Nachmittag Hingenau. – Louise erkrankt und ist die Nacht über recht unwohl.

24 Sonntag [November 1861]

Wir bleiben zu Hause. Ich schreibe das Verzeichniß der Kreide-Ammoniten aus Pictet u. Campiche ab.

1864

Jänner 30ten.

Conf[erenz] bei Haidinger. Plan für die Sommeraufnahmen besprochen; Antrag, daß die Akademie-Diener stabil werden sol[l]ten; Heinrich Rose todt. –
Zu Hause Arbeit an meinen Erläuterungen zur Übersichtkarte der Monarchie; Steinkohlenform[ation] des Banates.
G[ra]f Waldersdorff und Andrian bei mir. Schneken aus Dalmatien angesehen.

446 Die Ausstellung von 1862.

447 Raum innerhalb des Gebäudes der Akademie der Wissenschaften.

448 Haidinger wohnte in der Ungargasse Nr. 363, dorthin wurden die Beratungen aus der Reichsanstalt verlegt.

Diner bei Toni mit Rudolphs, dort Besuch von Marie Seligmann.
Abends bei der Mutter mit Nadeniczeks, den Karlischen, Reinholds u. Stache et Madelung. Ich führe Nina nach Hause. Nachts bis 3 Uhr gefiebert ohne zu schlafen, ich weiß nicht warum.

Jänner 31.$^{\text{ten.}}$ Sonntag [1864]

Besuch von Hingenau. – Brief v. Rosine; Steinkohlenformation der Nordkarpathen bearbeitet. Mittags u. Abends Familien Diner und Ganter,[449] auch Bell zugegen. Jenelas. //

Februar [1864]

1. Montag. [Februar 1864] Brief an Rosine expedirt, in die Bank, zu Frauenfeld, zu K. Unkhrechtsberg, – Nach ~~Hause~~ der Geol[ogischen] Reichsanst[alt]. In meinem neuen Zimmer zum ersten Mahle gearbeitet, den Vortrag für Abend, Visite von Peters, – Abends Sitzung, anwesend Dr Jäger der Alte. – Soiree bei Hörnes.
2 Dienstag. [Februar 1864] Bericht über die Sitzung gemacht, zu Foetterle zur Vollendung desselben. – Ziemlich unwohl, Nachmittag zu Clementine Jenelas spielen, von dort wegen Unwohlsein nach Hause.
3. Mittwoch. [Februar 1864] Zu Hause geblieben. Besuch von Rosine, Nachmittag dto von Stache und Madelung, – Abends Roschmanns, Leopoldine, Exner u. Sephine, da ich nicht hingekommen war. Sie bringen ihr Ganter mit und verzehren es bei mir.
4. Donnerstag. [Februar 1864] Ich habe einen Ausschlag und bleibe zu Hause. Immermann's Münchhausen,[450] den ich gestern begonnen hatte, so ziemlich zu Ende gelesen. – Abends bekömmt Rosa einen // ihrer Kolik-Anfälle u. ist Nachts unruhig.
5. Freitag. [Februar 1864] Besuch von Mutter, Sephine ist ebenfalls unwohl. Hartung; mein Ausschlag sind Masern; Hankenberg, geht gleich wieder, wie er Letzteres hört. – Ich lese in Marcou's Dyas[451] u. anderes bezüglich des Rothliegend in Böhmen. Nachmittag Hingenau. – Abends Mutter. –
6. Samstag. [Februar 1864] Zu Hause. Rothliegend in Böhmen zu bearbeiten begonnen. Brief von Russegger wegen Vorkommens weichen Opales in Keroly[452] erhalten u. beantwortet. Visite von Toni.

---

449 Ganselschmaus, ist Bezeichnung für die männliche Gans, auch oft Ganser, Ganterich oder Ganserich.

450 Karl (Leberecht) Immermann, Münchhausen. Eine Geschichte in Arabesken. Roman (Düsseldorf 1838–1839), 4 Bde.

451 Jules Marcou, Dyas et Trias: ou le nouveau grès rouge en Europe dans l'Amerique et dans L'Indie (Genf 1859). Der Begriff »Dyas« wurde von dem Züricher Professor Jules Marcou (1824–1898) vorgeschlagen und umfasste eine Schichte, die zwischen der Steinkohlenformation und der Trias positioniert gesehen wurde, wobei deren Bedeutung sowohl durch ihre Beziehungen zu den ältesten Formationen wichtig erschien als auch als Abschluss der paläozoischen Zeit gesehen wurde. Zur Debatte in Europa und Böhmen siehe: Hanns Bruno Geinitz (Ed.), Dyas oder die Zechsteinformation und das Rothliegende (Leipzig 1861).

452 Als amorpher Festkörper besitzt der Opal keine Kristallstruktur und wurde deshalb auch als weicher

1868[453] Jänner

Jänn. 9. [1868] Mit Foetterle bei Beust, Taffe [Taaffe], Breysky u. Erb[?] wegen Unterstellung der Anstalt unter das Reichsministerium. Abend Soiree bei Rezniczek. Nachmittag Akad[emie] Sitzung, in die Erzh[erzog] Albrecht kommen sollte, aber nicht kommt.

Jä. 10. [1868] Promemoria an Beust wegen Stellung der Anstalt expedirt – Bericht über unsere Arbeiten in den letzten 2 Jahren an Smyth für dessen anniversary adress expedirt. – An den Erläuterungen zu Bl. VI der Karte gearbeitet. Untere Trias u. Virgloriakalk.[454] – Stur [Štúr] ermächtigt für Laube's Cassianpetref[acten] ein Ex[emplar] von Hörnes Werk zu geben, eine weitere Sammlung für 25 fl. [Gulden] zu kaufen – Ein Ex[emplar] von Hörnes Werk f. Wichmann in Stettin abgesendet. //

Jänn. 11. [1868] Besuch v. Deadda aus d[er] Marmarosch. Patera v. Joachimsthal heimgekommen. Obere Trias für Erläuterungen zu Blatt VI[455] gearbeitet. – Volontär Glasel [Glasl] in d. Labor. eingetreten (am 10 ten).

[Jänn] 12. Sonntag. [1868]

[Jänn] 13 Montag. [1868] Suess den ganzen Vormittag in der Anstalt. Seine neuesten Theorien, daß die Queksilberlagerstätten der Alpen gleich denen der Rheinpfalz der Dyas angehören, daß die Granite der Karpathen jüngere den Schichten über Kohlenf[lötze] und unter d. Trias eingelagerte Massen seien, entwickelt. – Ich esse im Gasthause u. arbeite an den Erläuterungen. Brief an Herbich geschrieben.

14. Dienstag. [Jänner 1868] Den ganzen Tag in der Anstalt, über Mittag im Gasthause. Abends mit Clementine u. meinen Damen bei der Kais[erin] Elisabeth[456]. // Die Sendung von Herbich ausgepakt.

Opal bezeichnet. Die berühmtesten Fundgebiete Europas waren in Dubník in Ungarn (heute Slowakei), wo um 1670 der größte Opal Europas gefunden wurde, der in die kaiserliche Schatzkammer kam und heute im Naturhistorischen Museum in Wien aufbewahrt wird. Deshalb scheint der Bericht über ein Fundvorkommen in Kerolyi Hauer bemerkenswert. Kéröly war ein Bad, nahe Lövete, im Quertal des Vargyas (Siebenbürgen, heute Rumänien) gelegen.

453 Korrigiert aus 7.

454 Nachdem Franz Hauer 1853 den Begriff Gutensteinkalk (heute Gutenstein-Formation) geprägt hatte, folgte für den Alpenkalk in den Lienzer Dolomiten und Karnischen Alpen der Begriff der Virgloriakalke (heute Virgloriaformation).

455 Das Blatt VI der Geologischen Aufnahme der gesamten Monarchie umfasste die »Östlichen Alpenländer«.

456 »Kaiserin Elisabeth«, Gasthof in der Weihburggasse. Siehe dazu: Gustav Adolph Schimmer, Beschreibung der Haupt- und Residenzstadt Wien. Mit einem Fremdenführer (Wien 1866).

15. Mittwoch. [Jänner 1868] Wolf heimgekehrt von Teplitz,[457] soll wie er sagt, bei den Quellen die befriedigendsten Ergebniße erzielt haben, und durch seine Arbeiten das Wasser der städtischen Quellen um 240 Cub[ikfuß?] pr. Stunde zugenommen haben. – Andrian hat gestern bei Fr. v. Meyer Hoffmann gesprochen. Dieser erzählt, gestern am 14 sei Sitzung des verstärkten Ministerrathes gewesen u. die Anstalt berathen worden. Die Ungarn hätten sich bereit erklärt, 30 % zu unserer Dotation zu zahlen und wir würden unter dem cisleithanischen Ministerium bleiben. Die ungarischen Minister haben sich sehr vortheilhaft über die Anstalt ausgesprochen, den Fleiß der Mitglieder gelobt u.s.w. //

20. Montag [Jänner 1868]
Samstag bei Giskra gewesen. Die Ungarn wollen für die Anstalt zahlen, doch soll letztere cisleithanisches Institut bleiben und darf nicht mehr Reichsanstalt heißen. Wir sollen unter Giskra bleiben.
Freitag Brief v. Haidinger wegen Kalisalz von Kalerz [Fahlerz?][458]. Hingenau Vortrag f. Dienstag herausgepreßt.
Bei Giskra G[ra]f Chorinsky u. Hofer getroff[en].
Briefe von Meneguzzo, der die Sammlung Tibaldi sendet, – Hahn der Petref[acten] von Argyros[459] sendet. Ihm u. Baron Wickede gespr[ochen].
Clementine reist plötzlich Sonntag nach Venedig.
Sonntag nachmittag Hörnes bei mir mit dem Entwurf an[460] unserer Akademie wegen Statuten-Änderung.
Montag Aufnahmsplan ins Ministerium. Besuch der Kunstausstellung mit Matejko's Gemälde.[461] Viel an R[?] Gutsrechnungen gearbeitet. //
Manega besucht uns. Der Antrag wegen Aufnahme der Wallachei[462] durch uns soll in der Wall[achische] Kammer, die am 15 zusammen tritt, vorgelegt werden. Er zweifelt nicht am Gelingen.
Brief v. Laube, sehr entzückt üb[er] Hörnes Werk.
Brief v. Liebener u. Antwort.

21 Dienstag. [Jänner 1868] Sitzung u. Geologen-Kränzchen, denen Beust, Hingenau, Schwind u.s.w. beiwohnen. Auch Hofrath Ham [Hann?] lerne ich am Kränzchen ken-

457 Teplitz, Teplice (tschechisch), Bezirksstadt in der nordböhmischen Region Aussig, am Fuße des Erzgebirges.
458 Fahlerz ist in der Bergmannssprache ein Sammelbegriff für umfangreiche Gruppen aus chemisch komplexen Sulfid-Mineralen.
459 Argyros (deutsch Silberborn), einst im venetianischen Stile gebaute Festung (ungr. Argyra Kastro, türk. Ergeri).
460 »an« nachträglich eingefügt.
461 Jan Alojzy Matejko (1838–1893) war ein polnischer Historienmaler.
462 Gemeint ist die geologische Aufnahme durch die Reichsanstalt.

nen. Beust frägt, ob sich Niemand bei uns speziell mit Erzlagerstätten beschäftigt. Ich schlage dafür Andrian vor.

22 Mittwoch. [Jänner 1868] Sendung von Sholto Douglass. Nachmittag wollen wir die Kapuziner Gruft besuchen, die aber geschloßen ist.

23. Hantken. [Jänner 1868] Es werden ihm unsere Pläne mitgetheilt. – Die Ung[arische] geol[ogische] Gesellschaft[463] soll // vom Minist[er oder Ministerium] aufgefordert worden sein, sich bezüglich der geol[ogischen] Aufnahmsarbeiten i. Ungarn zu äußern. Abends Akademie-Sitzung. Suess theilt mir als Neuigkeit mit, daß Montechhio [Montecchio ???] die Ungarn 30 % zu unseren Auslagen beitragen. – Versammlung bei Hörnes. Der Text der Eingabe a. d. Ak[ademie] wegen Reform der Statuten wird endgiltig festgesetzt. Anwesend: Petzwal, Arneth, Reuss, Hörnes, Suess u. ich.[464]

24. [Jänner 1868] Besuch v. Bar[on] Reichenstein, der ein Gutachten, das über Nopcsa'sche Erze abgegeben wurde, haben will und von seinen Schürfungen in Hermannstadt erzählt.
Abends Akademie-Sitzung. Suess theilt mir als Neuigkeit mit, daß die Ungarn 30 % zu unseren Auslagen beitragen. – Versammlung bei Hörnes. Der Text der Eingabe a. d. Ak[ademie] wegen Reform der Statuten wird endgiltig festgesetzt. Anwesend: Petzwal, Arneth, Reuss, Hörnes, Suess u. ich.

26 Sonntag.[465] [Jänner 1868] Hantken besucht mich Morgens. Vormittag Arbeit. Mittag u. Abend meine gewöhnlichen Gäste.

27 Montag. [Jänner 1868] Foetterle geht zu Erb[?]. Nicht viel. ~~27~~ Vernünftiges erfahren. Mit dem Ung[arischen]-Ministerium ist Betreffs der Stellung der Anstalt noch keine Correspondenz eingeleitet. Un//ser Antrag zu den Aufnahmen war schon vor ein paar Tagen expedirt worden. Die Aufn[ahmen] sollen auch Siebenb[ürgen] begonnen werden. Abends im »Paperl«.[466]
Dienstag 28. [Jänner 1868] Visite mit Foett[erle]; bei Beust. Der Diskurs dreht sich meist um die B[er]gakademien, die er am rechten Platze glaubt und nicht nach Wien versetzen will.[467]

---

463 Die Ungarische Geologische Gesellschaft wurde 1848 in Videfalva gegründet.

464 Dieser Absatz wurde mit einem Pfeil versehen und an diese Stelle verwiesen.

465 »Sonntag« nachträglich eingefügt.

466 »Paperl oder die Weltreise eines Wiener Kapitalisten. Zauberposse mit Gesang und Tanz in 3 Abtheilungen und in 8 Bildern von Carl Elmer und Musik von A. Müller« wurde im k. k. Privat-Theater an der Wien aufgeführt. Siehe dazu: Zwischen-Akt. Organ für Theater, Kunst und Musik, 26. Jänner, 1868, S. 2.

467 Die Bergakademie in Schemnitz (Banská Štiavnica) wurde nach dem Ausgleich 1867 marginalisiert und magyarisiert und schließlich geschlossen, Leoben hingegen ausgebaut.

Nachmittag Novarasitzung. Es sind noch 14000 fl [Gulden] erforderlich, aber der Verkauf der ersten 6 Bände hat 12000 fl Brutto eingetragen.
Mittw. 29. [Jänner 1868] Andrian will durch Villers Beust bearbeiten lassen, daß er ihn zu Gangstudien verwende.

30. Donnerstag. [Jänner 1868] Akad[emie] Sitzung, unser Reformantrag wird von Suess schwungvoll vorgetragen und ohne Debatte von Karajan die begehrte Commission ernannt, bestehend aus Hauer, Suess, Littrow, Brücke, Schrötter, Arneth, Sacken, Münch, Vahlen, Miklosich, // Littrow stellt den Antrag, den Antrag erst bei allen Mitgliedern circuliren [zu] laßen, Reuss, man möge ihn lieber drucken.
Petzval unterstützt Reuss, schon der auswärtigen Mitglieder wegen.
Karajan: Dann müßte die Schlußfassung bis Mai verschoben werden.
Ich: das ist ohne dem unerläßlich, da die Auswärtigen das Recht haben, ihre Theilnahme zu fordern.
Antrag Reuss angenommen.
Fiedler stellt den Antrag, auch der Comissionsantrag möge gedruckt werden.
Littrow dagegen, es bleibe der Comission überlassen, über die Drucklegung abzuurtheilen. Vahlen u. Brücke: Der Comiss[ions] Ber[icht] werde vorgelegt und die Akademie entscheide dann im Pleno, ob er zu drucken sei.
Lange sehr animirte Discussion, endlich, nachdem Karajan die Frage wie abge//stimmt werden soll, mehrfach vergeblich zu lösen suchte, wird abgestimmt mit Ja u. nein auf Ablehnung oder Annahme von Fiedlers Antrag.
Eminente Majorität 26 gegen 9 für uns
Gegen uns stimmen Vahlen, Littrow, Redtenbacher, Brücke, Phillips, Schrötter, Rokitanski, Miklosich, Karajan, also das ganze Bureau.

31. Freitag. [Jänner 1868] Aben[d]s Whis[t]partie bei Ros.

Februar. [1868]

1. Samstag [Februar 1868]. – In der Wienerzeitung ein langer Lobartikel[468] auf Cotta, der offenbar nicht ohne Absicht geschrieben sein kann. Andrian u. Karl wollen Gegen-Artikel verfassen. – Die Sammlung Tibaldi[469] ist angekommen und wird ausgepakt, sie ist prachtvoll. Sehr zahlreich besuchte Schnapssitzung. Hantken mit dem Foetterle die ungarischen Verhältniße bespricht. Hinterhuber, der am Wege in das Banat ist. – Ich sende den Anfang ~~zu~~ der Erläuterungen zu Blatt VI // in die Druckerei[470].

---

468 [Anonymus], Bernhard v. Cotta. In: Wiener Zeitung, Nr. 28, 1. Februar 1868, S. 361.
469 Durch Vermittlung von Herrn Giovanni Meneguzzo, Petrefactenhändler in Montecchio, konnten Versteinerungen aus dem Vicentinischen Eocenbildungen durch Ankauf erworben werden.
470 Die Erläuterungen wurden dann am Anfang des 18. Bandes des Jahrbuchs publiziert, siehe Franz von

2. Sonntag. [Februar 1868] Morgens um 10 Conferenz mit Arneth, Suess und Sacken: Wir fixiren die Punkte bezüglich welcher wir in der Akad[emie] Reform alle übereinstimmen; und welche wir nöthigenfalls durch ein Minor[itäts] Votum gegenüber den Anderen aufrecht erhalten wollen.

Es sind
1. Trennung d. Classen
2. do bei den Wahlen
3. Bild[un]g v. Sectionen
4. Auflassung der jetzigen gemeinschaftl[ichen] Sitzungen
5. Mittheilungen weiterer Art in den Classensitzungen
6. Veränderungen bezüglich d. Preisaufgaben
7. Der Präsident wird abwechselnd alle 3 Jahre einer anderen Classe entnommen
8. Der Präs[ident] ist nach Ablauf seiner Functions-Dauer nicht sofort wieder in das Bureau wählbar
9. Beidruckung [?] des Namens des empfehlen//den Mitgliedes bei den Druckschriften
10. Eingegebene Manuskripte gehen an die Sectionen
11. Möglichste Beseitigung der vertraulichen Sitzungen
12. Wahl, statt Ernennung der Commissionen
13. Keine Vermehrung der Mitglieder
14. Classens. alle 14 Tage, Präsenzgeld 10 fl

Suess Entwurf der Sectionseintheilung

1. Theor. Medizin, Anatomie, Physiologie
2. Physik u. Chemie
3. Mathem[atische] Mechanik, Astron[omie], Geometrie
4. Zoologie, Botanik
5. Geolog[ie], Min[eralogie], ~~Bo~~ Palaeont[ologie], Geogr[aphie]

Für die andere Classe

1. Geschichte
2. Philologie
3. Philosophie
4. Staatswissenschaften //

Mit Foetterle[471] zu Brestel. Wir fordern ihn auf, mehr als seine Vorgänger die Anstalt zu benützen u. weisen auf die Kalisalzangelegenheit, so wie auf das Projekt der Hochofenanlage in Leoben hin.

Hauer, Geologische Uebersichtskarte der österreichischen Monarchie. In: Jahrbuch der geologischen Reichsanstalt, Bd. 18 (1866), S. 1–44.

471 »Mit Foetterle« nachträglich eingefügt.

Zu Plener. Eingehender sehr befriedigender Diskurs. Er verspricht, die Anstalt bei der Kohlen-Enquete[472] mit beizuziehen. Foetterle gibt über alle Detailfragen Auskunft, weiter übernehmen wir es, eine Kohlenkarte ähnlich wie die Preußische über Production u. Verkehr zu liefern. (Im Vorzimmer ~~v~~ Klun).

3. Montag. [Februar 1868] Besuch v. Hingenau, er weiß nichts von dem Cotta-Artikel, will Beust darüber ausholen. Klagt über Geschäftsüberbürdung, will Andrian in die Bukowina mitnehmen.

4. Dienstag. [Februar 1868] Morgens ~~Ha~~ Suess, der unsere neuen Sachen ansieht, dann Hörnes d[et]to. Letzterer will nicht erlauben, daß Fuchs bei uns arbeitet.[473] Ich spreche mich ziemlich hart mit ihm. – Sitzung, Schauenstein // anwesend. – Im Gasthaus Beust, Ihm und Hingenau wird manche Wahrheit gesagt.

5. Mittwoch [Februar 1868]

6. Donnerstag. [Februar 1868] Mr Bohner [Boner], der Verfasser des Buches über Siebenbürgen[474]. Abends Geologen Gesellschaft bei Reuss.

7. Freitag. [Februar 1868] Abends Pusswald's bei mir.

8. Samstag. [Februar 1868] Meine Erläut[erungen] zu Blatt VI[475] fertig gebracht.

9. Sonntag. [Februar 1868]

10. Montag. [Februar 1868] Foetterle reist Abends nach Franzensbad[476] mit Eaton-Artikel im »Hon«[477] die Geol[ogische] R[ei]chsanst[alt] solle »gemeinsame« Anstalt werden.

472 Korrigiert aus »Konquéte«.

473 Theodor Fuchs, 1842 geboren, war zu diesem Zeitpunkt noch sehr jung und arbeitete am Mineralogischen Hof-Kabinett und war maßgeblich bei dem Aufbau der paläontologischen Sammlung tätig. In den Jahren 1897–1903 hatte er sodann ein Extraordinariat an der Universität Wien inne.

474 Charles Boner, Siebenbürgen. Land und Leute (Leipzig 1868) (übersetzt aus dem Engl. 1865).

475 Gemeint ist die geologische Landesaufnahme. Die Erläuterungen wurden dann am Anfang des 18. Bandes des Jahrbuchs publiziert, siehe Franz von Hauer, Geologische Uebersichtskarte der österreichischen Monarchie. In: Jahrbuch der geologischen Reichsanstalt, Bd. 18 (1866), S. 1–44.

476 Das Franzensbad (tschech. Františkovy Lázně) war von Kaiser Franz I. (II.) gefördert worden und zählte bald zu den beliebtesten Bädern Europas.

477 Die Zeitung Hon zählte zu den wichtigsten Repräsentanten der ungarischen Presse.

11. Dienstag. [Februar 1868] In der Wien[er] Zeit[un]g unsere ganze Dotat[ion] im Präliminare des Min[isterium] des Inneren! Photographien der Morovaner[478] Hoferte[479] an Romer gesendet. Mit Seph[480] u. Res[?] in das Belvedere. //

12. Mittwoch. [Februar 1868] Kerter kömmt i. d. Anstalt. Er will in unserem Labor 1 Jahr zubringen, um seine Dienstzeit zu beenden. Ich empfange ihn möglichst kühl – Nachmittag Partsch's Tagebücher über Dalmatien[481] zu studieren begonnen. – Badner Schneken für Nadeniczek bestimmt. – Schweitzer will einen 2ten Artikel über Beust, ich lehne es ab.

13. Donnerstag. [Februar 1868] Foetterle kömmt an. Er erzählt von den ungeheueren Kohlenreichthümern in Falkenau und will zu Plener und [um] diesem eine Bahn zur Ausfuhr derselben nach Bayern einzureden. – Besuch von Kuschel jun. – Eine Kiste mit 18 Eisensteinproben vom Kronstädter-Bergbau-Verein. – Mit Fötterle [Foetterle] unsere Bedingungen für die Ungarn paraphirt:
1. Sie zahlen 30 % – 2. Sie geben den Namen G.R.A. oder eventuell k.k. u. k. ung. G.R.A. zu – 3. Das Personale der Anstalt wird um einen Chef und einen Sect[ion] Geol[ogie] vermehrt die über Antrag der Direk//tion vom ung[arischen] Minist[er oder Ministerium] ernannt werden. – 4. Die Anstalt macht in einem ihr anzuweisenden Locale in Pest eine geol[ogische] Aufstellung für Ungarn, und deponirt 1 Ex[emplar] der Aufnahmskarten des Landes. – 5. Der ung[arische] Chefgeologe ist zugleich Custos der geol[ogisch]-min[eralogischen] Abth[eilung] des Nationalmuseum in Pesth, residirt in Pesth, bringt aber jährlich ein paar Monathe in Wien zu. – 6. Es steht d. Ung[arn] frei, Publicat[ionen] über unsere Arbeiten in ung[arischer] Sprache für die Schriften der ung[arischen] Akad[emie] oder der geol[ogischen] Gesell[schaft] anfertigen zu lassen. – Von Albrecht u. Seiffert in Mies[482] Erze zur Bestimmung erhalten und zur Bearbeitung an Höfer gegeben. – Stur [Štúr] erzählt, daß Hörnes gestern da war und viel über uns schimpft. – Ak[ademie] Sitz[un]g. Hörnes erzählt, daß Haidingers Antrag wegen unserer Orden mit warmer Befürwortung von Beust an das Oberstkämmereramt geleitet, von diesem // aber abgelehnt wurde. Es sei demnach für mich große Aussicht vorhanden den Orden zu erhalten. Haidinger habe in Folge dessen eine Eingabe wegen

478 Zlaté Moravce (deutsch Gold-Morawitz, ungar. Aranyosmarót) ist eine Stadt in der Mittelslowakei.

479 »Offerte«, nach J. und W. Grimm das Anerbieten, seit dem 17. Jahrhundert aus dem Französischen kommend (von offrir), sehr weit gebräuchlich. Siehe: Jacob und Wilhelm Grimm, Deutsches Wörterbuch, Bd. 13., Sp. 1183–1185 (Leipzig 1854 ff).

480 Gemeint ist Josef von Ferstel, vielleicht aber auch Hauers Schwester Josephine (Sephine).

481 Der vielgereiste Kustos des »Hofmineraliencabinets« Paul Partsch hatte auch eine Studie über seine Reise nach Dalmatien verfasst: Paul Partsch, Bericht über das Detonations-Phänomen der Insel Meleda bey Ragusa. Nebst geographisch-statistischen und historischen Notizen und einer geognostischen Skizze von Dalmatien (Wien 1826).

482 Stříbro.

Hörnes direkt an den Kaiser gemacht. – Gespräch mit Hörnes u. Suess über die Attnanger Foss[ilien]. Hörnes erkl[ärt], sie stimmen mit Baden [überein].

Freitag 14ten [Februar 1868] Früh zu dem Reichsraths Abg[eordneten] Dr Stieger, der vorgestern mich gesucht hatte. Er hatte Erze zu untersuchen. – In die Anstalt, Foetterle abgereist. – Brief v. Nies sehr dankb[ar] f. s. Corresp[ondierendes-Mitglieds-] Ernennung. Brief v. Meneguzzo, sehr dankb[ar] f. d. 20 Nap[oleon] d'or – Brief v. Liebener, – Mr. Sarazin bei mir, er will im Lab[oratorium] arbeiten. Abends Jerelas mit Sep [???] u. Karl bei Rosine.

Samstag 15. [Februar 1868] Stur [Štúr] übergibt seine Abh[andlung] wegen Raibl. – Schmirgel zur Untersuchung von der Handelskammer. – Nachmittag Spaziergang mit Ros. i. d. Stadt.

Sonntag 16. [Februar 1868] Brief von Rudolph. – Meine gewöhnl[ichen] Gäste, zum ersten Mahle nach den Masern auch wieder Bell's – Ed[uard?] unwohl, aber Abends wieder frisch.

Montag 17. [Februar 1868] Vormittag, Dalmatina gearbeitet. Nachmittag Spaziergang i. d. Prater.

Dienstag 18. [Februar 1868] Foetterle zurück v. Pesth. Nicht sehr befriedigt. Szabó scheint Hintergedanken zu haben und will nicht mit der Sprache heraus. Bei Arany-Ida [??] weiß nicht, was er will. Hantken mit unseren Vorschlägen einverstanden, aber zu furchtsam. Hideghety allein zuverläßig, Zsigmondy leider in Serbien. Foett[erle] schreibt an Letzteren unsere Propositionen. – Brief von Herbich. Er ist pensionirt, will für uns arbeiten. Ich verspreche ihm 300 fl [Gulden] für nächsten Sommer[483]. – Brief an Rudolph. – Nachmittag begegne ich Beust, er verwickelt mich in einen langen Discurs über das Salzwesen. Er will in den Alpen reinere und reichere Steinsalz//flötze erbohren, und nächstens kommen, um unsere Karten deßfalls zu studieren.
In der Anstalt Hingenau, er ist sehr unzufrieden mit dem Reichsrath, namentlich Lohninger, der das Montanbudget zu bearbeiten hat. Derselbe soll namentlich auch gegen die Bewilligung der Beträge für die einberufenen Montanisten eifern. Hing[enau] hat den Antrag gestellt, ihm Andrian als Reisebegleiter in die Bukowina beizugeben. In der Sitzung Hingenau, später, als dieser fort ist, Beust, sonst wenig Gäste. Zur Kais[erin] Elisabeth geht Beust mit, dort finden wir Paradies. – Im Laufe des Tages hatte mich H[err] Brunner, der statt Neupauer ins Minist[erium] einberufen ist, besucht.

483 Gemeint ist die geologische Begehung.

Mittwoch 19. [Februar 1868]
Morgens Brief v. Fr. Schmidt an R. [?] wegen Werkhes v. Morowan. – In der Anstalt Reuss, um die Eocen[?]-Korallen zu sehen. Zu meiner großen Verwunderung erklärt der//selbe an Eozoon nicht zu glauben.
Erzherzog Johann v. Toskana mit Prof Heller. Wir führen sie in der Anstalt umher.
Abend Geologenkränzchen. Viel Diskurs mit Beust, der Nachrichten über die Goldbergbaue im südl[ichen] Böhmen haben will. Burg setzt sich zu uns, wird aber von Beust nicht viel beachtet.

Donnerstag 20. [Februar 1868] Andrian will zu Beust gehen, ihm über die Eliaszeche zu sprechen. Briefe von Sholto Douglass, dann von dem Mineralienhändler[484] in Teplitz, der die Schaustücke von Kephanspäthen sendet, um die ich ihm geschrieben hatte. Ak[ademie] Sitz[un]g. Fr. v. Strauss +.

Freitag 21. [Februar 1868] Brief von Seebach, an ihn und Sapetza. – Notiz über Favre und Sarrasin an Schweitzer[485]. – Patera war bei Beust u. ~~dieser~~ ist sehr entzückt über dessen Eingehen auf seine Ideen // bezüglich der Přzibramer Schlacken.
Abends Comiss[ions] Sitzung der Akademie wegen unseres Reformantrages. Sehr erregte Debatten, bei denen sich herausstellt, daß unsere Gegner absolut gegen jede Änderung sind, und verlangen, wir sollen Beweise liefern für die Behauptungen in der Schrift. Aber, ob etwas gut oder schlecht sei, läßt sich eben nicht mathematisch beweisen. Übrigens war ich vom Gange der Debatte nicht sehr befriedigt.
Abends Whistpartie mit Gervay, der von Preßburg gekommen war.

22. Samstag. [Februar 1868] Schnapssitzung, an der ~~Ha~~ Hlasiwetz und Weselsky, so wie Klein theilnehmen. Langer Disput mit Ersterem über Moor's Geologie.[486]
Andrian war bei Beust. Letzterer meint, die Eliaszeche[487] vom Staate zu übernehmen, gehe nicht an. Er bemerkt, die // Arbeiten der Anstalt bewegten sich zu sehr auf wissenschaftlichem Gebiete.

---

484 Für die nachträgliche Einfügung des Händlernamens ließ er Raum frei.

485 Schweitzer als Redakteur der Zeitung »Das Vaterland« brachte diese Information nicht in seiner Zeitung. Sie erschien im »Fremden-Blatt«. Siehe dazu: Fremden-Blatt XXII Jg., Nr. 53, 23. Februar 1868, S. 2: »Die bei dem Hofball am 18. l[aufenden]. M[onats] eidgenossenschaftlichen Geschäftsträger Sr Majestät dem Kaiser vorgestellten Offiziere Favre und Sarasin aus Genf halten sich in Wien auf, um als Volontäre an den Arbeiten der k.k. geologischen Reichsanstalt theilzunehmen, Ersterer ist Sohn des berühmten schweizerischen Geologen Alph. Favre in Genf, dessen neustes großes Werk über den Montblanc in wissenschaftlichen Kreisen größte Aufmerksamkeit erregt.«

486 Charles Moore, On the Zones of Lower Lias and the Avicula Contorta Zone. In: Quarterly Journal of the Geological Society 17 (1861), S. 483–517.

487 Die Eliaszeche befand sich bei Joachimsthal, Böhmen.

Montag 24ten. [Februar 1868] Früh Sitz[un]g im Milit[ärisch]-geogr[aphische] Inst[itut].[488] Mehr Theilnehmer, namentlich Todt aus Ungarn, dann Lorenz, Generalmajor Bayer stellt sich mir vor. – Berathung des Statuts des Institutes.[489] Meine Anträge ~~s.~~ das Inst[ituts] solle Publicationen, ein Jahrbuch herausgeben, dann der zu bildenden permanenten Commission sollen Privatgelehrte als ständige Mitglieder beigegeben werden, wird angenommen.[490]
Abends Ak[ademie] Comiss[ions] Sitz[un]g. Unsere Gegner viel artiger als neulich, obgleich eben so stricte negirend. Bei der Abst[immung] 6 Mitgl. (Münch, Schrötter, Miklosich, Brücke, Littrow, Vahlen) gegen 4 (Ich, Suess, Sacken, Arneth) für unseren Antrag. Wir melden ein Minori//täts-Votum an. Littrow Berichterstatter der Majorität, ich der Minorität.

Dienstag 25. [Februar 1868] Unser Diener Schreiner[491] hat den Typhus. – Fahrt nach Döbling zum Maskenzug, der nicht stattfindet. – Abends Elisabeth.

Mittw[och] 26. [Februar 1868] Die Kohlenkarte hat große Fortschritte gemacht, die mir Foetterle zeigt. Briefe von Vogelsang, Kittel, Ersterem geantwortet – An Schrötter die neuen Arbeiten über Santorin gesendet,[492] – Hörnes soll sehr erboßt sein, daß

488 Das k.k. »Militärgeographische Institut«, seit 1839 in Wien existierend, verdankt sein Entstehen Napoleon, der 1800 in Mailand ein »Instituto geografico militare« im Kriegsministerium für die »Cisalpinische Republik« geschaffen hatte. Die Mitarbeiter wurden 1839 nach Wien transferiert und das Institut entwickelte sich, vereinigt mit der »Topographisch-Lithographischen Anstalt« zu einem großartigen Zentrum der Kartenherstellung. Seit 1842 wurde es im Josefstädter Glacis (in der später als Landesgerichtsstraße bezeichneten Straße) in einem neuen Gebäude untergebracht (heute Bundesamt für Eich- und Vermessungswesen).

489 Hier ging es ebenso wie bei der Reichsanstalt um die Frage der Zuständigkeit für die Doppelmonarchie infolge des Ausgleichs.

490 Im Ausgleich mit Ungarn verblieb der Status diese Einrichtung als gemeinsamer erhalten.

491 Es handelte sich um den ersten »Amtsdiener-Gehülfen« Rudolph Schreiner, der auch im Gebäude Rasumofskygasse Nr. 3 wohnte. An der RA waren außerdem ein »Cabinetsdiener«, Johann Suttner, und ein Militärinvalide, Offizier Anton Gärtner, als Portier tätig. Ferner arbeitet als Heizer und Zimmerputzer Joseph Fuchs in dienender Rolle. Siehe dazu: Jahrbuch der k.k. geologischen Reichsanstalt Bd. XVIII (1868), S. VI.

492 Im Jahre 1866 war es zu einem Ausbruch des Vulkans auf Santorin gekommen, einem Ereignis, das die Geologen und Chemiker sehr interessierte und sowohl Schrötter als auch Hauer in ein Konkurrenzverhältnis stellte. Schrötter publizierte darüber in der Akademie der Wissenschaften und musste sich in seinem Artikel eingestehen, dass ihm Hauer zuvorgekommen war, sie beide allerdings zu gleichen Analyseergebnissen gekommen waren. Allerdings war Schrötter auf die Analyse des Praktikanten am Laboratorium des Polytechnikums angewiesen. (Vgl. Anton von Schrötter, Anhang zur vorstehenden Mittheilung, betreffend die chemische Zusammensetzung zweier Arten von Eruptivgesteinen der neuen Erhebung. In: Sitzungsberichte der math-naturw. Klasse der Akademie der Wissenschaften Bd. LIII, II. Abt. (1866), S. 449–453.) Die Materialien wurden vom österreichischen Konsul von Hahn aus »Syra« an die Akademie geliefert. Die Geologische Reichsanstalt jedoch hatte sofort im direkten Kontakt zum Leiter der Sternwarte in Athen, Dr. Julius Schmidt, sowie auch dem Legationsrat Joseph Ritter von Pusswald in Athen direkte

meine Notiz, die dem Kaiser vorgestellten Offiziere Favre u. Sarrasin seien Volont[äre] der geol[ogischen] Reichsanstalt, in den Zeitungen[493] erschien.
Nachmittag Conferenz mit Arneth, Suess und Sacken wegen der Akademie. Die Grundlinien unseres Minoritätsvotum[s] werden ausgearbeitet. //

Donnerstag 27. [Februar 1868]
Gestern war Beust in der Anstalt wegen der in den Alpen auszuführenden Salzbohrungen. Die Anstalt soll vorher eingehende geologische Untersuchungen machen, zu welchen sich Moisisovich [Mojsisovics] anbietet. Beust wird uns darüber schreiben. – Briefe von Urban in Troppau, der Gesellschaft in Chambery, die ihre Abh[andlung] schikt.[494] Ersterem geantwortet.

Freitag 28. [Februar 1868]
Samstag. 29. [Februar 1868] Früh Hochstetter bei uns, studiert böhm[ische] Kreide. – Später Wiesner wegen Tergove. Foetterle reist Abends ab, weil seine Schwägerinn gestorben ist. – Nachmittag Spaziergang i. d. Augarten. – Brief v. Rudolph, die neuen Gebäude auf d. Puszta sollen bei 10000 fl [Gulden] kosten. //

März 1868.

Sonntag 1. Göttmann besucht mich, um eine Anstellung durch meine Protection zu erhalten. Er reflectirt auf Tergove, ist aber von den Nachrichten, die ich ihm gebe, wenig erbaut. – Stur [Štúr] will die Untersuchung der alpinen Salzlagerstätten machen, ich sage ihm aber, daß dafür bereits Mojsisovics bestimmt ist.

Informationen und publizierte auch sofort umfangreiche Augenzeugenberichte, Landschaftsdarstellungen und Zeichnungen wie auch wissenschaftliche Einschätzungen. Insgesamt thematisierte Hauer in den Sitzungen der Reichsanstalt ab 20. Februar laufend (insgesamt in 46 Einträgen) die neuesten Erkenntnisse und verfügte auch bald über Sammlungsmaterial, für dessen ausführliche Analyse er bereits in der Sitzung am 15. Mai seine Expertise einbrachte. Siehe: Jahrbuch der geologischen Reichsanstalt, XVI. Bd. (1866), S. 20, 23, 35, 38–57, 62–64, 67, 70, 78–79 (chemische Analyse) etc.

493 Siehe dazu: Fremden-Blatt XXII. Jg., Nr. 53, 23. Februar 1868, S. 2: »Die bei dem Hofball am 18. l[aufenden] M[onats] eidgenossenschaftlichen Geschäftsträger Sr Majestät dem Kaiser vorgestellten Offiziere Favre und Sarasin aus Genf halten sich in Wien auf, um als Volontäre an den Arbeiten der k.k. geologischen Reichsanstalt theilzunehmen, Ersterer ist Sohn des berühmten schweizerischen Geologen Alph. Favre in Genf, dessen neustes großes Werk über den Montblanc in wissenschaftlichen Kreisen größte Aufmerksamkeit erregt.« Nachrichten über Volontäre wurden auch schon im Jahre 1867 bzw. 1866 publiziert, allerdings wurden keine Namen genannt. Im Jahre 1866 wurde darauf verwiesen, dass die Bereitschaft für diese freiwilligen Tätigkeiten als Indiz für die Güte der Reichsanstalt zu interpretieren sei, es spreche »für die bekannte Anziehungskraft in der Fachwelt« (siehe Neue Freie Presse, 18. Februar 1866), auch wurde gerne darauf verwiesen, dass mit den vom Handelsministerium bewilligten Volontären die Zahl der Mitarbeiter (Bergingenieure) um 8 freiwillige Kräfte gestiegen sei. Siehe: [Anonymus] Geologische Reichsanstalt. Sitzung vom 18. Februar 1866. In: Neue Freie Presse Nr. 890, Abendblatt, Wien 1867, S. 16.

494 Die Geologische Reichsanstalt stand mit vielen Institutionen und Gesellschaften in regelmäßigen Buchaustausch.

Montag 2. [März 1868] Brief v. Baron Wiekede, Akademie in Apt[?] – Abend Ausschußsitz[un]g d. Zool[ogisch] bot[anischen] Ges[ellschaft] Colloredo im Vorsitz.

Dienstag 3. [März 1868] Früh Sitz[un]g im geograph[ischen] Institut langweilige u. langwierige Discussion um die Stylisirung der Statuten. – Nachmittag Anstalt. Die Zuschrift von Beust wegen der Salinen ist gekommen; eben so die Mineralien von Seifert. In die Sitzung kommen Toth und Beust, auch Hingenau und Hochstetter. – Nebst diesen im Gasthaus noch Lorsey und Paradies, sehr animirt.[495]

Mittwoch 4. [März 1868] Brief an Guembel wegen // seiner Liasammoniten, die Schlönbach u. Moisisovics [Mojsisovics] bearbeiten wollen. Fritsch in Frankfurt sendet eine Mittheilung über ~~das~~ Warschauer Mete[o]rstein. – Dankbrief an. Ich verfasse die Antwort an die Handelskammer wegen Schmirgel – Nachmittag Zool[ogisch] bot[anische] Ges[ellschaft]. Wieder Colloredo, Herr[496] Sekret[air] d. neuen Moskauer Gesellschaft, den ich begrüßen muß.

Donnerstag 5. [März 1868] Memoire an Beust wegen der Salzfrage geschrieben u. selbst abgeschrieben – Abend Akad[emie] Sitz[un]g, die sämmtlichen auswärtigen Mitglieder haben, wie es scheint, sehr zustimmend für unsere Anträge geantwortet.

Freitag 6. [März 1868] Louise kehrt zurück. Abend große Whistpartie.

Híngenau erzählt, daß Brestel in der Ausschußsitzung im Abgeordnetenhause sehr energisch für die ~~nebst~~ beanstandete Aufrechterhaltung der Einberufungen an unsere Anstalt eintrat.[497]
~~bis 11 10~~

9. Montag. [März 1868] Ich arbeite mein Separatvotum f. d. Akad[emie] zu Ende. ~~Abends~~

10. Dienstag. [März 1868] Menapace besucht uns, er geht nach Innsbruck. In das H[o]f-min[eralien] Cabinet, wo ich Hörnes u. Reuss das Separatvotum vorlese und Letzterer viel von seinen Kümmernißen über d. Obersthofmeisteramt und seine Differenz mit Dr Martini wegen des Halitherium Schädels[498] erzählt. – Marie Hankenberg war bei

495 Es folgt ein Auslassungszeichen für die Ergänzung unter dem Datum vom Freitag, 6. März.

496 Der Platz wurde für den Namen von Hauer freigelassen.

497 Der Absatz ist die Ergänzung zu Dienstag, 3. März.

498 Interessanterweise wurde das in Hainburg sichergestellte Halitherium ohne Schädel aufgefunden. Siehe dazu: Karl F. Peters, Das Halitheriumskelett von Hainburg. In: Jahrbuch der geologischen Reichsanstalt XVII (1867), S. 309–314. Die Abbildung wurde von Griesebach vorgenommen. Der

mir gewesen u. hatte erzählt, daß Hoffmann gestorben ist. Nachmittag in der Stadt mit Ros[ine?] u. Louis[e]. Einkäufe machen. Köke[499] zeigt an, daß Blatt VI[500] fertig ist.

11. Mittwoch. [März 1868] Patera klagt über Hingenau und die Gefahr, daß ihm seine Arbeit bezüglich der Přibramer Schlacke genommen werde.

12. Donnerstag. [März 1868] Haidinger schikt einen Brief von Richthofen.

13. Freitag. [März 1868] Visite bei Haidinger,[501] er giebt mir alle seine alten Akad[emie] Akten. Ich sende // mein Min[isterial] Votum an Arneth, Fest. Diner u. Souper wegen R[euss'?] Namenstag.

15. Sonntag. [März 1868] Exc[ursion] mit R[euss?], Lou[ise], Pußw[ald] nach Mödling.

16. Montag. [März 1868] Mit Foett[erle] b. Gorove. Letzterer hatte mich schon gestern bitten lassen, ihn zu besuchen. Foetterle war hingegangen, hatte ihn aber nicht getroffen. Wir trafen dort Fest. Gorove fragte zunächst um unsere Vorschläge wegen der G.R.A. Ich setze ihm die schon an Zsigmondi geschriebenen Propositionen auseinander. Er selbst gibt keine deutliche Antwort, versichert, die Wissenschaft u. das Staats-Interesse solle nicht leiden, doch wäre eine Erklärung der Anst[alt] als gemeins[ames] Angelegenheit gegen das Gesetz; es handle sich um Ausmittlung einer entsprechenden Form, um die Arbeiten fortzusetzen. Er werde Zsigmondi ersuchen, mit uns in Correspondenz zu treten, und dann // eine Commission, am liebsten nach Pest, einberufen, um Vorschläge zu machen. An diesen sollen wir, dann Zsigmondi, Hantken, auch Reiz theilnehmen. Wir gehen so ziemlich so klug, wie wir gekommen waren.
Stur [Štúr] hat unter den Pflanzen von Tergove sichere Steinkohlenarten gefunden.

17. März. Dienst. [1868] Vormittag Gorove u. Abgeordn[eter] Csengery in d. Anstalt. Sehr wenig Verständniß und gar keine Kenntniß namentlich bei Ersterem. Er geht nur durch die Hälfte der Säle, dann wird es ihm zu kalt. –
Abend Sitzung. Beust, Heeger, Ersterer auch mit zu Elisabeth. Die Salzuntersuchungsgeschichte sagt er, werde gehen, der Minister sei ganz einverstanden.

---

erste Fund im Mainzer Becken erfolgte 1838 und wurde nach dem Zahn bestimmt als Halitherium *schinzii* Kaup, 1838; ist noch heute als Typus anerkannt.

499 Friedrich Köke mit seiner lithographischen Anstalt war für die farbliche Druckgraphik zuständig und war auf geologische Karten spezialisiert.

500 Die Erläuterungen wurden dann am Anfang des 18. Bandes des Jahrbuchs publiziert. Siehe Franz von Hauer, Geologische Uebersichtskarte der österreichischen Monarchie. In: Jahrbuch der geologischen Reichsanstalt, Bd. 18 (1866), S. 1–44.

501 Haidinger wohnte in Erdberg, in der Ungargasse Nr. 363.

Haidinger hatte mir geschrieben, daß Thinnfeld schwer erkrankte, es scheint mir aber nicht passend, dieß, wie er wohl erwartet haben mochte, in die Sitzung // zu bringen.

18. Mittw[och]. [März 1868] Haidinger schreibt, daß Thinnfeld wieder besser ist. L Goldschmidt, Bes[itzer] od. Pächter der Opalgruben, will ein Duplicat seines Correspondenten Diplomes, um es bei einem Gesuche um eine Ordensverleihung beizulegen.

19. Donnerstag. [März 1868] Ak[ademie] Sitz[un]g. Hörnes spricht mir zu, ich solle trachten, daß wir ein Locale[502] in dem neuen Musealgebäude erhalten.

20. Freitag. [März 1868] Erlaß v. Beust wegen der Salinenuntersuchung. Wir sollen die Kosten f. Mojsisovics bestreiten. Wir antworten, das gehe nicht an, da unsere Pläne schon eingereicht sind.

21. Samstag. [März 1868] Reuss in d. Anstalt. Wir zeigen ihm die Foss[ilien] v. Tergove, er gibt zu, daß kein Grund vorliege, sie für permisch zu halten. //

22. Sonntag. [März 1868] Landpartie mit Pußw[ald] e.c. p[e]r Pferdebahn n. Dornbach.

23. Montag. [März 1868] Köke[503] i. d. Anstalt. Hölder will eine genaue Kostenberechnung der weiteren Kartenblätter, sonst müße er die Weiterarbeit einstellen. Ich verspreche dazu die Farbenschemas. Hingenau war gestern da, fand mich nicht; ich suche heute ihn vergebens.

24. Dienstag. [März 1868] Nachmittag Hingenau; er ist sehr unzufrieden mit den Ereignißen, mit seinen Beamten (Lipold u. Stadler) e.c. Viel über die projektirte Untersuchung im Salzkammergute gesprochen, er will es Beust anheim stellen, dieselbe auf das nächste Jahr zu verschieben od. sich an Giskra zu wenden, damit die Zahlung aus unseren Fonds bewilligt werde. – Abends Gasthaus, dann Billardpartie mit Paradis.

25. Mittwoch. [März 1868] Schneewetter, daher nichts mit der Partie am Kahlenberge. Früh zu // Pusswalds. Abends Soiree mit diesen bei Ras[?].

28. Samstag. [März 1868] Rowland besucht uns. Genehmigung des Finanz Min[isteriums] zur Untersuchung im Salzkammergut. – Julius kommt an, er geht nach Rheinpreussen.

---

502 In der Tat bemühte man sich aber von Seiten der »k.k. Geologischen Reichsanstalt« um einen Standort auf der Ringstraße, war aber nicht erfolgreich. Siehe dazu: Marianne Klemun / Thomas Hofmann (Ed.), Die k.k. Geologische Reichsanstalt in den ersten Jahrzehnten ihres Wirkens. Neue Zugänge und Forschungsfragen (= Berichte der Geologischen Bundesanstalt 95, Wien 2012).

503 Friedrich Köke war mit seiner lithographischen Anstalt für die farbliche Druckgraphik zuständig und war auf geologische Karten spezialisiert.

29. Sonntag. [März 1868] Mittag bei Ras[?]. Nachmittag Visite von Beust, der für meine Karte dankt, er hatte den Antrag wegen der Salzuntersuchung eventuell gestellt, Brestel aber denselben in unserem Sinne erledigt.

Dienstag 30. [März 1868] Beust u. Hingenau i. d. Sitzung, dann bei d. Elisabeth. In der Nacht ein Telegramm von Zsigmondy, der mich nach Pesth bemüht.

Mittwoch 1. April. [1868] Ich telegraphire an Zsigmondy, daß ich nicht komme und motivire mein Ausbleiben in einem längeren Briefe. (Abschr. i. d. Briefen). Foetterle geht zu Praysky. Dieser meint, // wenn die Ungarn zu viel Umstände machen, so werde man unser ganzes Budget auf Cisleithanien übernehmen und wir würden unsere Aufnahmen ohne Einvernehmen mit den Ungarn fortsetzen.
Ein französ[ischer] Ingenieur, der nach Croatien reist und Karten haben will.
Nachmittag Einkäufe i. d. Stadt.

2 Apr[il] Donnerstag. [1868] Ak[ademie] Sitz[un]g. Suess spricht über meine Erläuterungen zu Blatt VI.[504] In Seelowitz [heute Židlochovice] soll der Leithakalk auf Schlier liegen. Schiefer von Tergove gibt er als höchste Kohlenschicht zu. Littrow läßt mir sagen, daß er mit dem Majoritätsvotum in Betreff der Akad[emie-] Reorganis[ierung] erst Ende April fertig wird.

3. Freitag. [April 1868] Brief v. Zsigmondy. – Seine Propositionen sind annehmbar u. Foetterle geht heute nach Pesth.

5. Sonntag. [April 1868] Excursion nach Mödling. Verstauchter Fuss. //

6. Montag. [April 1868] Luschinsky will eine Empfehl[un]g an G[ra]f Wilczek, die ich ihm nicht geben kann, da ich letzteren nicht kenne. – Ettingshausen will Empfehlungen in das Mürzthal, wo er den Sommer zuzubringen u. Pflanzen zu sammeln gedenkt; ich gebe i[h]m eine Karte für Miller.

Foetterle ist von Pesth ~~Ab~~ zurück. Alles steht gut. Die Ungarn wollen 25000 fl [Gulden] auf Geol[ogische] Forschungen verwenden, davon 10000 an uns, für 15000 fl zwei Sectionen im Land etabliren. Hantken soll erster, Hoffmann 2[ter] Geologe werden. Zsigmondy und Hideghety haben dieß gegen eine heftige Opposition, an deren Spitze namentlich Reiz stand, durchgesetzt. Letzterer wollte eine ganz selbstständige ung[arische] Anstalt ohne Verbindung mit uns.
Tergoveer Pflanzen auf Verlangen von Suess u. Heinitz an Letzteren gesendet. //

504 Siehe Franz von Hauer, Geologische Uebersichtskarte der österreichischen Monarchie. In: Jahrbuch der k.k. geologischen Reichsanstalt, Bd. 18 (1866), S. 1–44.

Dienst. 7ten. [April 1868] Morgens kommt Czörnig [Czoernig], der sich ganz auf Geologie verlegt hat; später Peters, der die Eibiswalder Knochen weiter arbeiten will. Nachmittag nach Döbling. Abends bei Elisabeth.

Mittwoch 8ten. [April 1868] Zepharovich, dem ich die von Ambrož gesendeten Min[eralien] von Swoszowice zur Bearbeitung gebe. – Suess. Er bringt meinen Minoritäts-Entwurf, zu dem Arneth u. Sacken viele Ausstellungen gemacht haben. – Zepharowich [Zepharovich] wird auch das Eruptivgestein von Tergove untersuchen. Andrian meint, dasselbe sei Olivinfels.

Freitag 10. [April 1868] Louise reist ab. S

Sonntag 12. [April 1868] Spaziergang im Prater. Sendung v. Erlauer Wein von Srorenyi war angekommen u. wird abgezogen.

Montag 13. [April 1868] Excursion a. d. Kahlenberg. //

Dienstag 14. [April 1868] Zu Beck, mit ihm abgemacht, daß wir vom 2ten Quartal des Jahres an wieder in der Staatsdruckerei drucken. Zu Hölder. Köke hatte eben die Karte Nr VI abgeliefert. Hölder verspricht 30 Ex[emplare] zu senden.

Mittw[och] 15. [April 1868] Zusammenkunft mit Arneth, Sacken u. Suess. Mein Minoritätsvotum wegen Ak[ademie] Reform wird viel geändert, aber wie mir scheint, nicht verbessert. – Zu Hingenau. Foetterle's Reise mit den Montanisten soll bis Herbst bleiben.

Donnerstag 16. [April 1868] Novara Subcommiss[ions] Sitz[un]g. – Ros[?] reist nach Krems.

Freitag 17. [April 1868] Foetterle krank. Erlauterung [sic] zu Blatt II (Böhmen) zu arbeiten begonnen.

Samstag 18. [April 1868] Früh Besuch v. Pöschl – In der Anstalt Hochstetter. Er hat eine Anzeige der Übersichtskarte f. d. Wiener Zeit[un]g geschrieben. – Briefe von Heinitz, Zittel, Rosine, Suess[505] – Briefe an Krejci, Zittel, // Goebel (der zahlreiche Separatabdrücke gesendet hatte[)], Brühl (Zustimmung zu seinen Expectorationen[506] gegen Rokitansky), Rudolph. – Mit Foetterle Sommereintheilung entworfen.[507] – Wolf

505 »Suess« nachträglich eingefügt.

506 (lat.): Auswurf (bes. Med.) auch: Aussprechen von Gefühlen.

507 Es ging darum, wer von den Anstaltsgeologen wo seine Geländearbeit vornehmen sollte.

theilt mit, daß er den Zettelcatalog f. d. Geolog[ische] u. Pal[äontologische] Abth[ei]l[un]g unserer Bibliothek vollendete.

Sonnt[ag] 19. [April 1868] Mit ~~Zit~~ Schlömb [Schlönbach?] u. Mojsisovics in Greifenstein, wo wir mit Ros[?], die von Krems kam, zusammentreffen. Wir fanden zahlreiche Num[m]uliten in dem Sandstein aus dem Bruche beim Pereira'schen Schloß.[508] //

Dienstag 21. [April 1868] Besuch von Bornemann, der zur Sitzung bleibt. Diese sehr lebhaft, eben so die Nachsoiree im Gasthause.

Mittwoch 22. [April 1868] Ak[ademie] Reform, Minorit[äts] Sitz[un]g, das Votum wird definitiv angenommen.

Donnerstag 23. [April 1868] Jude Heinrich Schacherl, dann mit Stache im Prater, – Akad[emie] Sitz[un]g u. Novara-Sitz[un]g.

Freitag 24. [April 1868] Nachmittag. Amraser Samml[un]g, dann böse Zungen im Th[eater] a. d. Wien.

Samstag 25. [April 1868] Besuch von Köchel. Brief von Stoliczka. Nachmittag Hietzing. Abel's Blumenaus[s]tellung.

Sonntag 26. Blumenaus[s]tellung.

27 – 29. [April 1868] In Alland.

30. Donnerstag. [April 1868] Prof. Preiss in der Ak[ademie] kennen gelernt, der [am]

Mai [1868]

I[ten] zu mir kömmt und mit Wolf wegen einer geologischen Untersuchung von Oedenburg behufs Wasserver//sorgung unterhandelt. – Andrian von seiner Reise zurück, er war auch in Berlin u. hat überall sehr freundliche Aufnahme gefunden. – Foetterle war gestern in der Giskra Soirée und hat mit Plener u. Pototzky wegen Herausgabe der Kohlenkarte conferirt. Ich ging wegen des Unwetters nicht hin.

2. Mai. Samstag. [1868] Rosine reiset ab. Durch den Prater in die Anstalt. Dort Vor- u. Nachmittag Arbeit. Das Farbenschema für Blatt II der Karte zusammengestellt. Abends Franz Schmidt bei Schöls getroffen und mit ihm wegen Morovan conferirt.

---

508 Eine halbe Seite wurde von Hauer freigelassen.

3. Mai. Sonntag. [1868] Brief an Rosine. Stache bringt Nachricht, daß in der Staatsdruckerei keine passenden Lettern für uns sind. Nachmittag mit Rosa zu Renz und durch den Prater nach Hause. //

4. Montag. [Mai 1868] Ung[arischer] Erlass weg[en] G.R.A. – Abend Hankenberg getroffen u. mit ihm u. Marie, Emma, dann vielen Herren (Blumfeld) bei Steindl.

5. Dienstag. [Mai 1868] Foetterle war gestern in Eichhorn in Mähren bei F[ür]st Ypsilanti wegen Bleierzen, die Letzterer nach Paris zur Untersuchung gebracht hatte und durch einen von dort geholten franz[ösischen] Ingenieur ausbeuten lassen wollte. Letzterer fand sich gar nicht zurecht und so wendete man sich endlich an F[oetterle?], der übrigens das Ganze für werthlos erklärt. – Abend Elisabeth mit Clemma, Patera u.s.w.

6. Mittwoch. [Mai 1868] Abends mit Rosa im Schwarzenberggarten.

7. Donnerstag. [Mai 1868] Antwort an das Min[isterium] in Bezug auf den ung[arischen] Erlaß fertig gemacht. Mittag mit Conrad's bei der Mutter. In der Anstalt Hr Matthias, der die Saarbrükner-Kohle nach Wien bringen will. //
Abends Gesammtsitz[un]g d. Ak[ademie]. Lange Debatte, ob den Vortragenden des Verbreitler-Vereines oder dem Verein selbst der grüne Saal für die Montagsvorlesungen zu bewilligen sei. Die Frage wird endlich einer Commission zugewiesen. Mit Patera in den Prater u. zu Schöls.

8. Freitag. [Mai 1868] Acad[emie] Commiss[ions] Sitzung. Littrow liest erst sein, dann ich mein Gutachten, beide werden gedruckt, keine Debatte.

9. Samstag. [Mai 1868] Rosa übersiedelt nach Döbling. Abend ~~Schö~~ fahre ich auch hinaus und besuche mit ihr Nadeniczeks.

10. Sonntag. [Mai 1868] Foetterle geht zu Erb[?] u. Praysky. Unser Gutachten bezüglich Ungarns hat großen Beifall gefunden und soll abschriftlich letzteren mitgetheilt werden. Abends Feuerwerk.

11. Montag. [Mai 1868] Excurs[ion] i. d. Thiergarten.[509]

12. Dienstag. [Mai 1868] Nachmittag nach Döbling, dann in den [sic] geographische Ausschußsitzung. Große // Unzufriedenheit über Foetterle, weil der rückständige Band

509 Laut Exkursionstagebuch waren Griesebach, Štúr, Schönbach, Höfer und Favre seine Begleiter.

der Mittheilungen, dessen Redaction er besorgt, noch nicht herausgegeben ist. In der Sitzung selbst Consul Hahn,[510] der mich dringend einladet, nach Santorin zu kommen.

13. Mittwoch. [Mai 1868] Brief von Reiz, dem ich sogleich antworte. Nachmittag zwei Mahl in der Stadt um Einkäufe zu machen.

16. bis 24. [Mai 1868] in Morovan.[511]

25. [Mai 1868] Besprechung mit d. Akademikern, wobei ich Höfler u. Palaczky kennen lerne.

26 – 30ten [Mai 1868]
Die stürmischen Akademie-Debatten. Noch immer keine Erledigung des Reiseplanes. Visite bei Preysky [?] u. Erb[?].

31ten [Mai 1868] Pfingstsonntag, fleißig gearbeitet. Sarrazin nimmt Abschied.[512] Abends mit Hingenau u.s.w. beim König von Ungarn.[513] //

Juni

1. Montag. [Juni 1868] Pfingst[en]. ~~Nachm~~ Mittag in Döbling.

2. Dienstag. [Juni 1868] Fleißig gearbeitet. ~~Abend~~ Nachmittag zu Stache, der mir seine Akademie-Artikel vorliest. Abends mit Ilc und Beust zur Kaiserinn Elisabeth.

3. Mittwoch. [Juni 1868] Artikel in der Allgemeinen Zeitung[514] gegen die Akad[emie] Reform.

4. Donn[erstag]. [Juni 1868] Langer Artikel in d. alt[en] Presse[515] gegen die Akademie-Reform.

5. Freitag. [Juni 1868] Karl erhält Telegramm von Foett[erle], er soll morgen nach Kalusz. Arbeit. Böhm[ischer] Wald von Hochstetter studiert. Abend in Döbling. Nadeniczek.

510 Hahn war Konsul in Athen.

511 Nahe von Morovan liegt das Inovec-Gebirge (deutsch Freistädter Gebirge), das westlich von Morovan gelegen, wegen der jurassischen Kalke große Beachtung bei den Wiener Geologen fand.

512 Sarrazin war als Volontär an der Geologischen Reichsanstalt tätig.

513 Der Gasthof »König von Ungarn« befand sich in der Schulerstraße 10, Innere Stadt.

514 Dieser Artikel konnte in der Allgemeinen Zeitung nicht verifiziert werden.

515 Die Reform der Akademie, 3. Juni. In: Die Presse, 21. Jg. Nr. 153, 4. Juni 1868, S. 1–2.

6. Samstag. [Juni 1868] Abich aus Tiflis besucht uns, er geht über Carlsbad u. Berlin dann in die Schweiz, um dort eine Cur zu brauchen. Auch Alph[ons] Favre, der mit Ernest M. nach Constantinopel geht, kömmt auf Besuch – Karl fort nach Kalusz. //

7. Sonntag. [Juni 1868]
Früh Besuch von Suess i. d. Anstalt. Er erzählt, daß in einer Zuschrift des Handelsministerium an die Akad[emie] Scherzer sich bereit erklären will, seine Cabine bei der Ostasiatischen Expedition mit einem Naturforscher (Geologen) zu theilen, der auf Formosa, oder Korea, oder eventuell in Japan ausgeschifft werden soll, um eine Arbeit wie die Hochstetters über Neuseeland zu machen. Ich frage Stache, dieser verlangt Bedenkzeit.
Mittag Döbling. Nachmittag zu Hochstetter. Derselbe zeigt mir die Abbildung des Schwäbischen Medusenhauptes, Pentacriniten subangulatus, die Quenstedt publiziren wird. – Ferner die Beobachtungen von Reisch über Salz u. Kalkspath. Er hat Brief von Richthofen, der mit seinen Bergbauunternehmungen schlimm daran ist, aber eine große Unternehmung, // die geol[ogische] Aufnahme des chinesischen Reiches auf Kosten der Chinesischen Regierung vor hat. Es sollen Aussichten vorhanden sein, die Sache durchzusetzen.

8. Montag. [Juni 1868] Früh zu Dr Melkus wegen dem Verkauf von Morovan. Er sagt, Gervay verstehe nichts, die Wechselprozesse seien sehr gefährlich e.c. – Brief von R. [?], keine Lust zu verkaufen.

9. Dienstag. [Juni 1868] – Stache war bei Erb [?]. Derselbe versichert, von ihm seien die Schriften wegen unserer Reisen bereits fort, aber zusammen mit der Antwort an die Ungarn, die erst vor den Ministerrath kommen müße. Er wolle nun die Geldanweisungen selbstständig flott machen.
Ins Cabinet, Hörnes, dann Favre, Suess, Reuss e.c. ~~Ih~~ Ich schlage Suess für die Ostasiatische Exped[ition] Hoffmann vor. – Nachmittag zu Melkus, dann in die Geogr[aphische] Sitz[un]g.
Ein Hauptmann hält einen Vortrag und // zeigt photogr[aphische] Bilder nach Reliefs, welche, wie er meint, die Karten ersetzen sollen. – Elisabeth.

10. Mittwoch. [Juni 1868] ~~Mittag~~ Kiste von Herbich kömmt an, beim Auspaken derselben überrascht uns ~~Herbich~~ Neumayer aus München. Mit ihm u. Suess, den [sic] wir auf der Straße begegnen, zur Elisabeth.
Nachmitt[ag] Einkäufe, Abends mit Patera u. d. Jünglingen durch den Prater.
Patera zeigt mir die mit Salz präparirten Rejskuchen [?]. Der Vorschlag, den ich ihm vor einigen Tagen gemacht hatte, geht gut. Foett[erle] u. Karl v. Kalusz zurück.

12. – 23. Juni. [1868] Mit Seph[516] in Morovan.

24. Juni Mit[t]woch. [Juni 1868] Reisebewilligung während meiner Abwesenheit angekommen. Paul, Höfer u. Vivenot schon abgereist. Schlönbach geht heute. Foetterle gibt mir die Freikarten für die Staatsbahn u. Theißbahn. Morgens im Caffehhaus Hingenau. Mittags // mit Carl, Clement. u. d. Jünglingen bei Obermaier. – Abends Döbling.

25. Juni Donnerstag. [1868] Projekt, die Nußdorfer Schwefelsäurefabrik zu kaufen, darüber mit Hornig, Foetterle u. Karl conferirt. Briefe an Herbich, Flügel und Rosine. – Ak[ademie] Sitzung.

26. [Juni 1868] Fahrt mit Hornig, Foett[erle], Karl nach Nussdorf und Besichtigung der Schwefelsäurefabrik,[517] die sehr befriedigt.

27. Samstag. [Juni 1868] Karl hat mit Kuschel gesprochen, der sich bereit erklärt, dem Unternehmen beizutreten. Brief an.

28. Sonntag. [Juni 1868] Unterredung mit Hingenau wegen der Fabrik. Er räth, man soll das Ärar als Mittheilnehmer einladen. Ihr Sachverständiger hat erklärt, es werde Niemand mehr wie 60-80000 fl geben, da man um diesen Betrag eine neue Fabrik bauen könne. – Hoffmann[518] schreibt an Stache, daß er bereit sei, an Andrians // Stelle die dießjährige Aufnahme mitzumachen. Letzterer will auf 3 Monathe Urlaub nehmen, um sich ganz seinen Bankgeschäften zu widmen. – Brief an Gümbel.

29. Montag. [Juni 1868] Tags über Arbeit, Brief an Mojsisovics. Abend mit Stache u. Patera durch den Prater zu Schöls.

30. Dienstag. [Juni 1868] Kuschel will nicht zum Fabriksankauf beitreten. – Verwalter J. Paul v. Swoszowice kömmt auf Besuch u. verwendet sich für Ambrož. Ein Schieferbruchbesitzer fragt, ob seine Schürfungen auf Kohle bei Prüglitz[519] Erfolg versprechen. Abends Zusammenkunft mit Reuss, Suess, Hörnes, Petzwal, Kner im Gasthaus. Ich soll in der nächsten allgemeinen Akademie Sitzung wegen der ~~U~~ unrichtigen Angabe

516 Joseph von Ferstel

517 Noch an der Wende zum 18. Jahrhunderts hatte Leopold Schrottenbach in Nußdorf bei Wien eine Schwefelsäurefabrik eingerichtet, die 1801 in den Staatsbesitz überging und richtungsweisend für diesen Industriezweig wurde. Vgl. A. Kolbe, Zur Geschichte der ehemaligen staatlichen Schwefelsäurefabrik in Wien-Heiligenstadt und der ehemaligen k.k. Salmiakfabrik in Nußdorf. In: Blätter für Technikgeschichte 12 (1950), S. 75 ff.

518 Hofmann Josef hatte bereits 1866–1867 als Bergwerkspraktikant an der RA gewirkt.

519 Prüglitz, (heute: Prigglitz), Dorf nahe Gloggnitz, Niederösterreich.

in Bezug auf Littrow's Anträge interpelliren.[520] Petzval will eine Brochure zusammenstellen, und jeder, der in // der Sitzung am 28. Theil genommen an der Debatte, soll ihm dazu aufschreiben, was er gesprochen hat.

1. July Mittwoch. [1868] Früh bei Zahn, später zu Oermer wegen der Kurr [sic] der Mutter in Diasgyör. – Zusammenkunft mit Hornig. Er soll den Anbot an das Fin[anz] Min[isterium] entwerfen.
Gümbels großes Werk 2ter Theil[521] erhalten. Scherzer schreibt, um über die Novara-Comm[ission][522] insbesondere Spitzka zu klagen. Briefe an ihn u. Gümbel.

2. July Donnerstag. [1868] Schrift von Giskra wegen ungar[ischen] Angelegenheiten. Er hat alle meine Propositionen acceptirt, dieselben in den Ministerrath gebracht, der dieselben ebenfalls annahm und nun sammt Abschrift meines Gutachtens an Gorove gesendet.
Nachmitt. Allg[emeine] Akad[emie] Sitzung. Ich mache meine Interpellation doch nicht, da mir das gedruckte Blatt, welches mir Hörnes gesendet hatte, nicht angreifbar scheint. Frage von Han [Hann?]. //

5. July Sonntag. [1868]
Zu Erb [?]. Der Urlaub f. Andrian und die Berufung Hoffmann's an seine Stelle hat derselbe schon erledigt. Ostermeier soll provisionirt[523] werden. – Mittag nach Döbling, dort Besuch von Hochstetters, er will mir in das Salzkammergut nachkommen. Erggelet's.

6. Montag. [Juli 1868] – Foetterle zurück. Er erzählt mir Nachmittags, daß Hingenau von seiner Pensionirung spricht. – Hornig, er wird morgen die Offerte einreichen. In die Staatsdruckerei, Faktor Meins. Mittag mit Carl u. Clementine, auch Andrian bei Obermeier. Letzterer erzählt im Vertrauen, daß auch Zang und seine Bank auf Eisenerz reflektiren. – Brief v. Rosine, ihre Mutter sehr krank, Louise nach Krems gereist. – Prozeß steht sehr gut. Alle Juden verhaftet. – Nachmittag Windakiewicz, der nach Stebnik kömmt. Souper mit Foetterle's bei //Schöls.

520 Gemeint ist die Protokollführung durch den Sekretär der mathematisch-naturwissenschaftlichen Klasse.

521 Carl Wilhelm Gümbel, Geognostische Beschreibung des Königreiche Bayern. 2. Abt. Geognostische Beschreibung des bayerischen Alpengebirges und seines Vorlandes. 1. Abt. Geognostische Beschreibung des ostbayerischen Grenzgebietes oder des bayerischen und Oberpfälzer Waldgebietes (Gotha 1868).

522 Die Kommission wurde an der Akademie der Wissenschaften eingerichtet.

523 Von lat.: providere: versorgen, regelmäßige finanzielle Unterstützung.

Namensverzeichnis
(bezieht sich auf die Edition)

Karl Kadletz und Marianne Klemun

Es bezieht sich auf die im edierten Tagebuch vorkommenden Namen.

Abel, Josefine (Josephine) Kunstgärtnerin in Wien, Ehefrau von Ludwig Abel

Abel, Ludwig
Geb. 8. 3. 1811 in Mosigkau (Preußen)
Gest. 5. 2. 1871 in Wien
Kunstgärtner in Wien, 1862–1870 im Wr. Gemeinderat

Abich, Hermann Otto Wilhelm
Geb. 11. 12. 1806 in Berlin
Gest. 2.(1.?) 7. 1886 in Graz
Reisender, Mineraloge, Stratigraph, Geologe
1863 korr. Mitgl. der GRA; seit 1877 in Wien

Aichhorn, Sigmund Johann Nepomuk
Geb. 19. 11. 1814 in Wien
Gest. 29. 11. 1892 in Graz
Quartärgeologe, Paläontologe, Höhlenkundler
1847 Prof. für Mineralogie u. Geognosie am Joanneum in Graz

Albert s. Neugeboren

Albrecht Friedrich Rudolf, Erzh. v. Österreich
Geb. 3. 8. 1817 in Wien
Gest. 18. 2. 1895 Schloss Arco (Italien)
Militär, Großgrundbesitzer, Großindustrieller (Albrecht'sche Eisenwerke, Teschen) 1867 Ehrenmitgl. der Akad. d. Wiss. in Wien

Albrecht, Johann
Schichtmeister der »Allerheiligenzeche« in Mies
Sendet Erze aus Mies (Stříbro) an die GRA zur Bestimmung

Almasy s. Bokberg

Ambros
Bekommt das »Vaterland« zugeschickt. Vermutlich ders. wie Ambrož (s.u.).

Ambrož, F.
Vermutlich ders. wie Ambros (s. o.). Sendet Mineralien von Swoszowice (Schwefellager) bei Wieliczka zur Bearbeitung an die GRA

Anderson, Thomas
Geb. 2. 7. 1819 in Leith (Schottland)
Gest. 2. 11. 1874 in Chiswick (London)
Schott. Chemiker und Mediziner mit Kontakten zur GRA (Haidinger); Studien u.a. in Österreich, Prof. in Glasgow, Red. des »Edinburgh New Philosophical J.«

Andrássy, Georg (György), Gf.
Geb. 5. 2. 1797 in Kaschau (Košice, ungar. Kassa, Slowakei)
Gest. 19. 12. 1872 in Wien
Kämmerer, Obergespan des Saroser Komitats; 1830 Mitgl. der ungar. Akademie; 1858 Vorsitzender des Vorbereitenden Komitees für den ersten österr. Bergmannstag; 1860 Mitgl. des vRR; 1863–1864 Judex Curiae (Oberster Landrichter)

Andrian-Werburg, Ferdinand v.
Geb. 20. 9. 1835 in Zornbach am Inn (Bayern)
Gest. 10. 4. 1914 in Nizza
Geologe, Anthropologe, Petrologe, Archäologe, Volkskundler
1859 korr. Mitglied der GRA

Apponyi, Georg Gf.
Geb. 29. 12. 1808 in Preßburg (Bratislava, Slowakei)
Gest. 1. 3. (28. 2.?) 1899 in Eberhard bei Preßburg
Politiker, Führer der gemäßigten Konservativen
1859 lebenslängliches Mitgl. des RR, 1865–1868 des RT

Archiac, Adolphe s. d'Archiac

Arenstein, Joseph
Geb. 1816
Gest. 1892
Dr. phil., Prof. der Oberrealschule in der Landstraße, 1851–1865 Redakteur der Allg. Land- und Forstwirtschaftl. Zeitung berichtet in der GRA am 22. 9. 1860 von seinem Englandbesuch

Arneth, Alfred v. (Sohn des Folgenden)
Geb. 10. 7. 1819 in Wien
Gest. 30. 7. 1897 in Wien
Historiker, 1860 Vize-Dir., 1868 Dir. des HHStA; ab 1861 im n.ö. Landtag, 1858 korr. Mitgl., 1862 w. Mitgl. der Akad. d. Wiss. in Wien

Arneth, Josef Carl v. (Vater des Vorigen)
Geb. 12. 8. 1791 in Leopoldschlag/OÖ

Gest. 31. 10. 1863 in Karlsbad (Karlovy Vary, Böhmen, Tschechien)
Historiker, Archäologe und Numismatiker
1847 w. Mitgl. der Akad. d. Wiss. in Wien

Artus, Anton
Präsidial-Sekretär im Innenministerium, bearb. 1861 die GRA-Causa, 1865 Sektionsrat im Staats-Ministerium

Auer-Welsbach, Alois v.
Geb. 11. 5. 1813 in Wels
Gest. 10. 7. 1869 in Hietzing bei Wien
Buchdrucker, Erfinder; 1841 Dir. der Staatsdruckerei
1847 w. Mitgl. der Akad. d. Wiss. in Wien

Bach, Alexander Frhr. v.
Geb. 4. 1. 1813 in Loosdorf bei Staatz (NÖ)
Gest. 13. 9. 1893 Schloss Schönberg bei Unterwaltersdorf NÖ
Advokat und Staatsmann; als Innenminister (1849 – 21. 8. 1859) auch Kurator der Akad. d. Wiss. in Wien; 1856 Ehrenmitgl. der Akad. d. Wiss.

Badenfeld
Vermutlich Badenfeld, Wilhelm Frhr.
Gesprächspartner Hauers bei der Soiree Schmerlings am 22. 2. 1861
Landeshauptmann des Troppauer Kreises

Barrande, Joachim
Geb. 11. (10.?) 8. 1799 in Saugues (Haute-Loire)
Gest. 5. 10. 1883 in Frohsdorf bei Wr. Neustadt
Paläontologe, Ingenieur
1854 korr. Mitgl. der GRA, 1849 korr. Mitgl. der Akad. d. Wiss. in Wien

Baudissin, Adalbert Heinrich, Gf.
Geb. 25. 1. 1820 in Horsens (Jütland, Dänemark)
Gest. 28. (26.?) 3. 1871 in Wiesbaden. Ab 1837 Bergbaustudium in Freiberg, darauf nach Österreich; 1852 in die USA, u.a. Hg. der Ztg. »Der Courir« (Washington/Missouri)

Bauer, Alexander
Geb. 16. 2. 1836 in Altenburg (Mosonmagyaróvár, Kom. Wieselburg, heute Ungarn)
Gest. 12. 4. 1921 in Wien
Chemiker, Prof. am Polytechn. Inst. in Wien; Mitgl. des Wr. Gemeinderates
1859 korr. Mitgl. der GRA, 1888 korr. Mitgl. der Akad. d. Wiss. in Wien

Bauer, Max Dr.
aus Württemberg, besucht 1860 die GRA
Geb. 13. 9. 1844 in Gnadental, Württemberg

Gest. 4. 11. 1917 in Marburg
1867 in Tübingen promoviert, 1871 habil. für Mineralogie und Geologie in Göttingen

Baumgartner, Andreas v.
Geb. 23. 11. 1793 in Friedberg (Frymburk, heute Tschechien)
Gest. 30. 7. 1865 in Wien
Physiker und Politiker; 1851 Handelsminister, 1851–1855 Finanzminister; 1847 w. Mitgl., 1849 Vizepräs., 1851–1865 Präs. der Akad. d. Wiss. in Wien

Bayer, Anton
k.k. Hauptmann, Direktor der k.k. Militär-Schwimmschule
Generalmajor

Bayerl, Alois
Telegraphenamtsassistent (laut Donau-Zeitung, 1.1. 1860)
Ist behilflich bei der Versendung eines Gesuchs wegen Terminerstreckung

Beck, Anton v., Dr.
Geb. 6. 1. 1812 in Butsch (Budeč, heute Tschechien)
Gest. 19. 8. 1895 in Plevna bei Cilli (Celje, Slowenien)
Jurist, 1866 Direktor der Hof- und Staatsdruckerei, 1860 der Wr. Ztg.

Becker, Moritz Alois v.
Geb. 21. 5. 1812 in Mähr. Altstadt (Staré Město pod Sněžníkem, heute Tschechien)
Gest. 22. 8. 1887 in Lienz
Pädagoge

Beer, Joseph Georg
Geb. 3. 7. 1803 in Wien
Gest. 13. 3. 1873 in Wien
Amateurbotaniker, Sammler (auch in Südamerika); Generalsekr. der Gartenbau-Gesellschaft in Wien

Belcredi, Richard Gf.
Geb. 12. 2. 1823 in Ingrowitz bei Zwittau (Jimramov, Mähren, heute Tschechien)
Gest. 3. 12. 1902 in Gmunden (OÖ.)
Staatsmann

Bell (Familie)
Hauers Schwester Therese heiratete in die Familie ein

Bell
Vermutlich: Bell, Samuel
k.k. Konsistorialrat. Mitglied des siebenbürgischen Vereines für Landeskunde, Sektionsrat des Ministeriums des Innern

Erhält von Hauer Mineralien

Bell, Therese
Schwester Hauers

Belli
Vermutlich Belli, Johann Joseph
Prof. der Experimentalphysik an der Universität Pavia
Abend-Treffen mit Hauer am 12. 5. 1861 in Wien

Bergmann, Joseph Ritter
Geb. 13. Nov. 1796 in Hittisau
Gest. 29. Juli 1872 in Graz
Historiker, Philologe, Numismatiker
Kustos am k.k. Münz- und Antikenkabinett, seit 1856 Mitgl. der Geogr. Gesell. in Wien Kontakte mit Hauer über die Geogr. Ges. in Wien

Bernhard
(vermutlich Verwandter Hauers)

Beust, Friedrich Ferdinand, Gf.
Geb. 13. 1. 1809 in Dresden
Gest. 24. 10. 1886 Schloss Altenberg, NÖ
Staatsmann; 1866 M. d. Ä., 1867 Reichskanzler

Bielz, Eduard Albert
Geb. 4. 2. 1827 in Hermannstadt (Sibiu, Siebenbürgen, heute Rumänien)
Gest. 26. 5. 1898 in Hermannstadt (Sibiu, Siebenbürgen, heute Rumänien)
Staatsbeamter, Schulinspektor; Paläontologe, Reisebegleiter Hauers in Siebenbürgen

Birk, Ernst v.
Geb. 15. 12. 1810 in Wien
Gest. 18. 5. 1891 in Wien
Historiker, 1851 w. Mitgl. der Akad. d. Wiss. in Wien

Bischof (Bischoff), Ferdinand
Geb. 24. 4. 1826 in Olmütz (Olomouc, Mähren, heute Tschechien)
Gest. 16. 8. 1915 in Graz
Rechtshistoriker; 1875 korr. Mitgl. der Akad. d. Wiss. in Wien

Blumfeld, Franz Serafin Edler v.
Geb. 18. 9. in Spittal an der Drau
Gest. 9. 3. 1866 in Wien
Ministerialrat im k.k. Handelsministerium
Gehört zum Bekanntenkreis Hauers

Bokberg, Baronin (Baroness?), geb. Almasy

Boner, Charles
Geb. 29. 4. 1815 in Bath
Gest. 9. 4. 1870 in München
Englischer Dichter, Reiseschriftsteller
Verf. eines engl. Buches über Siebenbürgen

Bonitz, Hermann
Geb. 29. 7. 1814 in Langensalza (Thüringen)
Gest. 25. 7. 1888 in Berlin
Klass. Philologe, Mitgestalter der österr. Unterrichtsreform
1849 korr. Mitgl., 1854 w. Mitgl. der Akad. d. Wiss. in Wien

Bornemann, Johann Georg
Geb. 20. 5. 1831 in Mühlhausen (Thüringen)
Gest. 5. 7. 1896 in Eisenach (Thüringen)
Geologe, Paläontologe, Sammler und Unternehmer; 1864 Mitgl. der »Leopoldina«

Boschan, Friedrich
Geb. 1817
Gest. 1882
Brunnenarzt im Franzensbad (Františkovy Lázně)
Teilnahme an der Soiree bei Schmerling am 25. 1. 1861

Boucher de Perthes, Jacques
Geb. 10. 9. 1788 in Rethel (Dép. Ardennes, Frankreich)
Gest. 5. 9. 1868 in Abbeville (Frankreich)
Zollinspektor, Prähistoriker; Offizier der Ehrenlegion

Boué, Ami
Geb. 16. 3. 1794 in Hamburg
Gest. 21. 11. 1881 in Vöslau
Geologe, Paläontologe, Geograph; Autor
1848 w. Mitgl. der Akad. d. Wiss. in Wien

Braulik
Entweder Braulik, Eduard
Hofrat im k.k. Obersten Gerichtshof
Oder: Braulik, Carl
Ritter im Status eines Ministerialrats
Vermutlich Braulik, Johann
Mediziner, Dr. med.
Mit Hauer und seiner Familie bekannt

Braumüller, Wilhelm v.
Geb. 19. 3. 1807 in Zillbach bei Meiningen
Gest. 25. 7. 1884 in Wien
Hofbuchhändler, 1871 geadelt

Breda, Ludwig Gf.
Geb. 24. 11. 1800 in Bohnicz (Böhmen, heute Tschechien)
Gest. 12. 7. 1882 in Wien
Wahrscheinlich der hier Genannte; Kontakte mit Geologen und Montanistikern

Breslauer
(nicht zuordenbar)

Brestel, Rudolf
Geb. 16. 5. 1816 in Wien
Gest. 3. (4.?) 3. 1881 in Wien
Politiker, 1848 RT-Abg., 1868 Finanz-Min.

Breuner (Breunner), August Gf.
Geb. 30. 6. 1796 in Regensburg
Gest. 23. 4. 1877 in Weinhart bei Meran (heute Italien)
Hofrat, Fossilien- u. Mineraliensammler, Mäzen; bis 1852 Ministerialrat im Min. für Landeskultur und Bergwesen. Oberst-Erblandkämmerer und Landtagsabg. in NÖ.

Breysky, Rudolph
Hofrat im Innenministerium, Chef des Präsidialbüros
Er empfängt am 9. 1. 1868 Hauer und Foetterle

Brücke, Ernst Wilhelm v.
Geb. 6. 6. 1819 in Berlin
Gest. 7. 1. 1892 in Wien
Physiologe mit breit gestreuten wiss. und künstler. Interessen; 1849 w. Mitgl., 1881–1885 Vizepräs. der Akad. d. Wiss. in Wien; Mitgl. des Herrenhauses

Brühl, Karl Bernhard
Geb. 5. 5. 1820 in Prag
Gest. 14. 8. 1899 in Graz
Zoologe, Anatom, praktischer Arzt; 1861–1890 Prof. der Zootomie an der Univ. Wien, gründete 1863 das Zootomische Inst.

Brunner
Vermutlich Brunner-Wattenwyl, Karl Friedrich
Geb. 13. 5. 1833 in Bern
Gest. 24. 8. 1914 in Kirchdorf- Neukematen

Prof. der Physik in Bern, Entomologe, ab 1857 Direktor des Telegraphenamtes in Wien, Ministerialbeamter im k.k. Handelsministerium

Buch, Leopold v.
Geb. 26. 4. 1774 in Stolpe bei Angermünde/Uckermark
Gest. 4. 3. 1853 in Berlin
Geologe, Paläontologe, Reisender; 1848 Ehrenmitgl. der Akad. d. Wiss. in Wien
Briefwechsel in der GBA

Bunsen, Robert Wilhelm
Geb. 31. 3. 1811 in Göttingen
Gest. 16. 8. 1899 in Heidelberg
Chemiker, geol. Studien auch in Wien; 1848 korr. Mitgl., 1862 Ehrenmitgl. der Akad. d. Wiss. in Wien

Burg, Adam v.
Geb. 28. 1. 1797 in Wien
Gest. 1. 2. 1882 in Wien
Mathematiker u. Techniker; 1848 w. Mitgl., 1879 Vizepräs. der Akad. d. Wiss. in Wien

Burg, Albert
Vermutlich Mitgl. der Familie (Adam v.) Burg

Burke, Robert O'Hara
Geb. 1820 in St. Cleram (Irland)
Gest. 28. Juni 1861 in Australien
Australienforscher; 1853 Polizeiinspektor in Melbourne, 1860/61 erste Durchquerung Australiens von S nach N, Tod auf dem Rückweg

Buschmann
Vermutlich: Buschmann, Gotthard v. (Ps. Eginhard)
Geb. 10. 11. 1810 in Ragendorf bei Sommerein (heute Österreich)
Gest. 21. 8. 1888 in Maria Enzersdorf (NÖ)
Dr. jur., Beamter u. Schriftsteller; Ministerialrat im Finanzmin.

Camesina, Albert v.
Geb. 13. 5. 1806 in Wien
Gest. 16. 6. 1881 in Wien
Graphiker, Altertumsforscher; verkehrte im Salon Pleners und u.a. mit den Mitgl. der Akad. d. Wiss. in Wien

Campiche, Gustave
Arzt in Saint-Croix, Fossilienexperte
Hauer exzerpiert sein Verzeichnis der Kreide-Ammoniten

Carl s. Hauer, Carl (Karl)

Carnall, Rudolf
Geb. 9. 2. 1804 in Glatz
Gest. 17. 11. 1874 in Breslau
Deutscher Bergingenieur, Berghauptmann in Breslau (1855–1861), Dozent für Bergbau in Berlin (1849–1855), Mitbegr. der deutschen Geologischen Gesellschaft
Vorgänger von A. Huyssen in Breslau

Carneri (Familie)
Mit der Familie Hauer bekannt

Carneri, Bartholomäus v.
Geb. 3. 11. 1821 in Trient (Trento, Italien)
Gest. 18. 5. 1909 in Marburg (Maribor, Slowenien)
Politiker, Schriftsteller u. Philosoph

Caroline
Eintrag 14. 11. 1861

Chanikoff (offenbar: Chanykow, Nikolaus v.)
Geb. 24. 10. 1819 (Gouvern. Kaluga, Russland)
Gest. 15. 12. 1878 Rambouillet (bei Paris)
russ. Orientalist u. Reisender

Chorinsky, Gf.
Vermutlich Chorinsky, Friedrich Graf v.
k.k. Kämmerer
Zusammentreffen mit Hauer bei Giskra 20. 1. 1868

Clam-Martinic (Martinitz) Heinrich Jaroslav Graf
Geb. 15. 6. 1826 in St. Georgen (Ungarn)
Gest. 5. 6. 1887 in Prag
Politiker, Verwaltungsjurist und Budgetfachmann, von 1853 bis 1859 Landeschef von Westgalizien; 1860 Mitgl. des vRR, Mitgestalter des Oktoberdiploms

Clementine
Vermutlich Gattin von Hauers Bruder Karl

Clemma
5. 5. 1868 Treffen im Lokal »Elisabeth«

Clunna
Besucht Hauers Soiree vom 1. 4. 1861

Colloredo-Mannsfeld, Josef Fürst
Geb. 26. 2. 1813 in Wien
Gest. 22. 4. 1895 in Wien
Major; 1860 Mitgl. des vRR, Komiteemitgl.; 1861–1895 Mitgl. des Herrenhauses

Conrad, Michael
Sektionsrat im Finanzministerium
Gatte von Hauers Schwester Julie

Cotta, Bernhard v.
Geb. 24. 10. 1808 in Zillbach im Landkreis Schmalkalden-Meiningen (heute Deutschland)
Gest. 14. 9. 1879 in Freiberg (Sachsen)
Geologe; 1854 korr. Mitgl. der GRA

Csengery, Anton v.
Geb. 2. 6. 1822 in Nagyvárad (Ungarn, heute Rumänien: Oradea)
Gest. 13. 7. 1880 in Budapest
Publizist, ungar. Abgeordneter

Curioni, Giulio
Geb. 17.5. 1796 in Mailand
Gest. 21. 9. 1878 in Mailand
Inspektor für Pulver in Como, Geologe, bester Kenner der lombardischen Alpen
Gründer der »Società Italiana di Scienze Naturali«

Cybulez, Ignaz
k.k. Artillerie Hauptmann, Mitgl. der geograph. Gesellschaft

Czermak, Johann Nepomuk
Geb. 17. 6. 1828 in Prag
Gest. 17. 9. 1873 in Leipzig (Sachsen)
Arzt; Prof. der Physiologe, bis 1860 in Pest; 1860 korr. Mitgl. der Akad. d. Wiss. in Wien

Czoernig (Czörnig) v. Czernhausen, Karl
Geb. 5. 5. 1804 in Tschernhausen (Czernhausen, Böhmen, Tschechien)
Gest. 5. 10. 1889 in Görz (Gorizia, Italien)
Geologe, Statistiker, Sammler
1849 korr. Mitgl. der Akad. d. Wiss. in Wien

Daubrée, Gabriel Auguste
Geb. 25. 6. 1814 in Metz
Gest. 29. 5. 1896 in Paris
Mitbegründer der experimentellen Geologie, Meteoritenforscher; 1893 korr. Mitgl. der Akad. d. Wiss. in Wien

d'Archiac, Adolphe (Étienne Jules Adolphe Desmier de Saint-Simon, Vicomte d'Archiac)
Geb. 24. 9. 1802 in Reims
Gest. 24. 12. 1868 in Paris
Kavallerieoffizier; nach der Julirevolution 1830 Geologe, Paläontologe; 1861 Prof. der Paläontologie

Darwin, Charles
Geb. 12. 2. 1809 in Shrewsbury (England)
Gest. 19. 4. 1882 in Down (Irland)
Naturforscher, Reisender; 1871 korr. Mitgl., 1875 Ehrenmitgl. der Akad. d. Wiss. in Wien

Dauber, Hermann
Geb. 23. 8. 1823 in Gandersheim in Braunschweig
Gest. 12. 3. 1861 in Wien
Assistent am »k.k. mineralogischen Cabinet«, Triasgeologe

Deadda (?)
Besuch in der GRA 11. 1. 1868

Degenfeld-Schonburg, August Gf.
Geb. 10. 12. 1798 in Großkanizsa (Nagykanizsa, Ungarn)
Gest. 5. 12. 1876 in Altmünster bei Gmunden
General; 1860–1864 Kriegsmin.

Deschmann, Karl
Geb. 3. 1. 1821 in Idria (Idrija, Slowenien)
Gest. 11. 3. 1889 in Laibach (Ljubljana, Slowenien)
Archäologe und Politiker; Bürgermeister von Laibach, RR-Abg.

Diesing, Karl Moriz
Geb. 16. 6. 1800 in Krakau (Kraków, Polen)
Gest. 10. 1. 1867 in Wien
Zoologe (Helminthologe) am zoologischen Kabinett in Wien; 1848 korr. Mitgl., 1848 w. M. der Akad. d. Wiss. in Wien

Douglass, J. S. (Sholto)
aus schottischer Adelsfamilie, sendet aus Thüringen im Bezirk Bludenz (Österreich) Belegstücke etc. an die GRA

Dreihann von Sulzberg am Steinhof
Nicht zu entscheiden ob Ferdinand (1795–1879) oder Ignaz Freiherr (1799–1875) oder Johann Ritter (1803–1864) gemeint ist

Dürfeld, Joseph v. (»Pepi«)
Geb. 14. 3. 1803

Gest. 28. 4. 1869
FML; Onkel Hauers mütterlicherseits

Dworzak, Karl
Geb. 27. 5. 1828 in Nikolsburg (Mikulov, Tschechien)
Gest. 1. 6. 1880 in Wien
Prof. an der Univ. Wien

Eaton
(nicht zuordenbar)

Ebner v. Eschenbach, Moritz
Geb. 27. 11. 1815 in Wien
Gest. 28. 1. 1898 in Wien
General, Erfinder u. Militärschriftsteller, Gatte der Schriftstellerin Marie v. E. E.; 1863 korr. Mitgl. der Akad. d. Wiss. in Wien

Ebner v. Eschenbach, Marie
Geb. 13. 9. 1830 Schloss Zdislawitz (Zdislavice bei Kremsier, heute Tschechien)
Gest. 12. 3. 1916 in Wien
Schriftstellerin

Ed. s. Unkhrechtsberg, Eduard

Elkan von Elkansberg, Leopold Anton
k.k. priv. Großhändler, Zensor der priv. österr. Nationalbank, Mitglied des nö. Gewerbevereines

Emilie
vielleicht aus der Familie Unkhrechtsberg

Emma s. Hanke v. Hankenberg

Emmrich, Friedrich Hermann
Geb. 7. 2. 1815
Gest. 24. 1. 1879
Realschullehrer in Meiningen; Paläontologe

Ender, Thomas
Geb. 3. 11. 1793 in Wien
Gest. 28. 9. 1875 in Wien
Bekannter Landschaftsmaler, der die Brasilienfahrt 1817 begleitete und Kammermaler von Eh. Johann war

Erb
Vermutlich Erb, Franz Seraphin

Gest. 1872; Dr. jur., Direktor des Haus- Hof- und Staatsarchivs, Mitgl. des Kunst- und Humanist. Vereines
Auch: Erb, Josef
Heizer und Zimmerputzer in der GRA

Erggelet, Rudolf v.
Geb. 16. 2. 1800 in Wien
Gest. 30. 1. 1882 in Wien
Bankier in Wien, Dir. der Nationalbank; 1860 Mitgl. des vRR

Ernst, Leopold
Geb. 14. 10. 1808 in Wien
Gest. 17. 10. 1862 in Wien
Architekt; 1853 Dombaumeister v. St. Stephan

Esch
Vermutlich Esch, Carl
Sektionschef, k.k. Geheimer Rat

Ettingshausen, Andreas v.
Geb. 25. 11. 1796 in Heidelberg
Gest. 25. 5. 1878 in Wien
Physiker, Mathematiker; 1852 Dir. des Physikal. Inst. der Univ. Wien, 1862 Rektor; 1847 w. Mitgl., 1847–1850 Generalsekretär der Akad. d. Wiss. in Wien

Exner, Karl (vielleicht dieser)
Geb. 26. 3. 1842 in Prag
Gest. 11. 12. 1914 in Wien
Physiker; 1897 korr. Mitgl. der Akad. d. Wiss. in Wien, Sohn des Philosophen und Schulreformers Franz Seraphin Exner, gest. 1853

Ernest, M
S. Mayer Ernest

Fabianek
(nicht zuordenbar)

Favre
Offizier aus Genf, 1868 Aufenthalt in Wien und Volontär der GRA
Vermutlich Sohn des Favre Jean Alphonse
Geb 31. 3. 1815 in Genf
Gest. 11.7. 1890 in Pregny, Geologe und Paläontologe der Genfer Akademie

Felder, Cajetan v.
Geb. 19. 9. 1814 in Wien
Gest. 30. 11. 1894 in Wien
Jurist, Entomologe; 1848 Wiener Gemeinderat, 1861 im Landtag und Gemeinderat; 1868 Bürgermeister, unter ihm u.a. Bau der Hochquellwasserleitung; 1870 w. Mitgl. der Akad. d. Wiss. in Wien

Fenzl, Eduard
Geb. 15. 2. 1808 in Krummnußbaum (NÖ)
Gest. 29. 9. 1879 in Wien
Botaniker, Schüler und Mitarbeiter Stephan L. Endlichers; Mitbegründer u.a. der Zool.-bot. Ges.; 1849 Prof. der Botanik an der Univ. Wien; 1848 w. Mitgl. der Akad. d. Wiss. in Wien

Ferdinand Maximilian, Erzh. (Ks. Maximilian I. von Mexiko)
Geb. 6. 7. 1832 in Wien
Gest. 19. 6. 1867 in Querétaro (Mexiko)
1856 Ehrenmitgl. der Akad. d. Wiss. in Wien; 1860 erste Amerikareise eines Erzh.; 1864 als Ks. nach Mexiko, dort u.a. Gründung einer Akad. d. Wiss.

Ferstl (Ferstel) v. Förstenau, Joseph Leopold
Geb. 21. 8. 1820 in Wien
Gest. 22. 6. 1883 in Wien
1845 Dr. med., Arzt in Wien; 1848 Mitgl. der Akademischen Legion, 1854 korr. Mitgl. der GRA, an die er Fossilien einsendet

Fest, Emerich v.
Geb. 3. 11. 1817 in Kirchdrauf (Spišské Podhradie, heute Slowakei)
Gest. 11. 3. 1883 in Budapest
Volkswirtschaftler, Förderer des Montanwesens; 1865 letztes Mal RT-Abg.

Fichtner, Johann
Geb. 1799 in Proßnitz [Postějov], Mähren, heute Tschechien
Gest. 2. 10. 1878 in Atzgersdorf
Techniker, Erfinder, Fabrikant, Begründer der ersten Knochenmehlfabrik, k.k. priv. Fabriksbesitzer, Atzgersdorf. Mitgl. der GRA

Ficker, Adolph F. (wahrscheinlich dieser)
Geb. 14. 6. 1816 in Olmütz (Olomouc, Tschechien)
Gest. 12. 3. 1880 in Wien
Statistiker; 1853 Ministerialsekr. im Handelsmin., 1870 w. Mitgl. der Akad. d. Wiss. in Wien

Fiedler, Josef v.
Geb. 17. 3. 1819 in Wittingau (Třeboň, Tschechien)
Gest. 30. 6. 1908 in Baden

Archivar und Vize-Dir. des HHStA, Historiker; 1858 korr. Mitgl., 1864 w. Mitgl. der Akad. d. Wiss. in Wien

Fischer, Franz
Geometer in Hermannstadt (Sibiu, Rumänien)

Fischer, Sebastian
Geb. 1806 in München
Gest. 1871 in München
Arzt und Naturforscher, Zoologe, begleitete den russ. General Tolstoy nach Ägypten

Fitzinger, Leopold Joseph
Geb. 13. 4. 1802 in Wien
Gest. 22. 9. 1884 in (Wien-)Hietzing
Zoologe; ab 1844 Kustos-Adjunkt am Hofnaturalienkabinett und dessen Chronist 1856–1880; 1848 korr. Mitgl., 1848 w.M. der Akad. d. Wiss. in Wien

Fligely, August v.
Geb. 26. 9. 1810 in Janov (Galizien, Janów Lubelski, heute Polen)
Gest. 12. 4. 1879 in Wien
General, Kartograph; 1853–1872 Kmdt. des Militär-Geogr. Inst.

Flügel, Gustav Leberecht
Geb. 18. 2. 1802
Gest. 5. 7. 1870
Orientalist; 1848 korr. Mitgl. der Akad. d. Wiss. in Wien

Flygely s. Fligely

Foetterle, Franz
Geb. 2. 2. 1823 in Mramotitz (Mramotice, Tschechien)
Gest. 5. 9. 1876 in Wien
Geologe, Paläontologe; 1854 korr. Mitgl. der GRA; Kustos, 1873 Vize-Dir. d. GRA

Fonsboom
Baron Fonsboom aus Galizien (geführt im Fremdenblatt)

Frank
Vermutlich Frank, Carl
Adlatus des Kom. Generals de Landes-General Kommandos für Ungarn
General, Vertreter des Kriegsministeriums

Franz Joseph I., Ks.
Geb. 18. 8. 1830 in Schönbrunn (bei Wien)
Gest. 21. 11. 1916 in Wien (Schönbrunn)

Frauenfeld, Georg v.
Geb. 3. 6. 1807 in Neustift (damals Vorort von Wien)
Gest. 8. 10. 1873 in Wien
Naturforscher; Zoologe, Botaniker. Teilnahme an der Novara-Expedition 1857–1859. 1851 Mitbegründer, bis 1873 Sekretär der Zoolog.-Botan. Gesellschaft und Redakteur ihrer »Verhandlungen«

Frauenfeld
gest. 29. 9. 1860
(Bruder von Georg Fr.,)

Freyer, Heinrich
Geb. 7. 7. 1802 in Idria (Idrija, Slowenien)
Gest. 21. 8. 1866 in Laibach (Ljubljana, Slowenien)
Botaniker, Zoologe; Geologe, Paläontologe, Höhlenkundler
1848 korr. Mitgl. der Akad. d. Wiss. in Wien; 1854 korr. Mitgl. der GRA

Friedenfels, Eugen v.
Geb. 8. 12. 1819 in Hermannstadt (Sibiu, Siebenbürgen, Rumänien)
Gest. 31. 1. 1886 in Wien
Verwaltungsbeamter, Historiker; Siebenbürg. Pressechef Schmerlings

Friedenthal (vermutlich Pino v. Fr., s.d.)

Friedmann, Otto Bernhard
Geb. 13. 3. 1824 in Wien
Gest. 14. 6. 1880 Salmannsdorf bei Wien
Journalist seit der Revolution 1848, gründet 1859 die »Neuesten Nachrichten«; Gegner von Schmerlings Zentralismuspolitik, 1868 Vizepräs. der »Concordia«

Friedau, Franz
Ritter, Guts- und Werksbesitzer

Friesach, Karl
Geb. 26. 12. 1821 in Wien
Gest. 10. 7. 1891 in Graz
Astrophysiker, Mathematiker, Militär; 1856–1861 Reise u.a. nach Amerika

Friese, Franz Maria v.
Geb. 16. 5. 1820 in Innsbruck
Gest. 27. 9. 1891 in Oetz (Tirol)
Montanist und Montanhistoriker; Beamter im Montanstaatsdienst, 1867 im Finanzmin.

Frisach s. Friesach

Fritsch, Eduard
Fotograph und Inhaber eines Kunstateliers in Kronstadt
(Brașov, Siebenbürgen, Rumänien), in Kontakt mit Hauer

Fritsch, Karl v.
Geb. 11. 11. 1838 in Weimar (Sachsen-Weimar-Eisenach)
Gest. 9. 1. 1906 in Goddula bei Merseburg (Sachsen)
Geologe und Reisender; 1867 Dozent für Mineralogie und Geologie in Frankfurt a.M.

Fröhlich
Vermutlich Fröhlich von Salionze, Johann
Oberst, Ritter des k.k. Militärischen Maria-Theresia-Ordens
Oder: Fröhlich von Elmbach, Ferdinand, Major des Ordens der Eisernen Krone

Fuchs, Theodor
Geb. 15. 9. 1842 in Prešov (Eperies, Slowakei)
Gest. 5. 10. 1925 Steinach am Brenner
Geologe; Studium in Wien bei Sueß
1865 korr. Mitgl. der GRA, 1888 korr. Mitgl. der Akad. d. Wiss. in Wien

Fürstenberg, Landgraf
Alle Vertreter dieses Namens (ob Johann Egon oder Friedrich Egon oder Karl) waren in unterschiedlichen Diensten im Hofstaat der kaiserl. Familie tätig

Fuss, Michael
Geb. 5.10. 1814 in Hermannstadt (Sibiu), Siebenbürgen (heute Rumänien)
Gest. 17. 4. 1883 in Groß-Scheuern (Sure Mare), Siebenbürgern (heute Rumänien)
Seit 1854 Korrektor am Hermannstädter Gymnasium, Theologe und Botaniker

Gaal
Referent d. »Presse«
Vielleicht Gaal, Ludwig
Brigad. des k.k. Armee-Oberkommandos

Gaudry, Jean Albert
Geb. 16. 9. 1827 in Saint-Germain-en-Laye (heute Paris)
Gest. 27. 11. 1908 in Paris
Geologe, Paläontologe; Forschungen in Zypern, danach von 1855 bis 1860 in Griechenland (von Darwin zitiert)

Gerold, Moritz
Geb. 21.11. 1815 in Wien
Gest. 6. 10. 1884 in Neuwaldegg
Leitete gemeinsam mit seinem Bruder den seit 1775 bestehenden Verlag Gerold, wirkte ab 1848 auch als Redakteur der Ostdeutschen Post

Gervay, Ferdinand
Dr., Advokat in Pressburg

Giebel, Christian Gottfried Andreas
Geb. 13. 9. 1820 in Quedlinburg
Gest. 14. 11. 1881 in Halle
Zoologe, Paläontologe, Prof. in Halle; 1854 korr. Mitgl. der GRA

Giskra, Karl
Geb. 29. 1. 1820 in Mähr. Trübau (Moravská Třebová, heute Tschechien)
Gest. 1. 6. 1879 in Baden
Advokat; liberaler Politiker: Bürgermeister von Brünn, Abgeordneter und Präsident des Reichsrats; 1848 im Frankfurter Parlament, 1867–70 Min. des Innern.

Glasl, Egmont
Dr., Volontär im Labor der GRA, 1868, 1869 im Personalstand

Goebel, Carl
Geb. 26. 2. 1824 in Wien
Gest. 10. 2. 1899 in Wien
Porträtmaler, Lithograph, nachgeb. Sohn des Historienmalers Carl Peter (gest. 1823)

Goës
(Vielleicht Goëss, Johann Anton, Gf.)
Geb. 1816
Gest. 1887
1861–1876 Landeshauptmann von Kärnten

Goes (vielleicht Goëss)
Vetter des Gf. Goës (Goëss) mit Gut in Kärnten

Goldmark, Joseph Jacob
Geb. 15. 8. 1819 in Németkeresztúr (Ungarn, heute Österreich [Deutschkreuz])
Gest. 18. 4. 1881 in Brooklyn (New York)
Arzt, Chemiker; bekannt als Entdecker des roten Phosphors neben Schrötter v. Kristelli; Bruder des Komponisten Karl G.

Goldschmidt,
Vermutlich Goldschmidt, Salomon Johann Nepomuk
Geb. 1808
Gest. 1865
Juwelier, Pächter der Opalgruben in Vörös-Vägäs (Rothan), Ungarn

Gołuchowski (Goluchowski / Goluchowsky), Agenor (d.Ä.), Gf.
Geb. 8. 2. 1812 in Lemberg (Lviv, heute Ukraine)

Gest. 3. 8. 1875 in Lemberg (Lviv, heute Ukraine)
Staatsmann, Dr. jur.; 1859 Innenminister nach Bach. Vom 21. 8. bis 13. 12. 1860 Staatsminister und Regierungschef, schuf die Grundlage für das Oktober-Diplom 1860

Görgey, Arthur (evtl. dieser trotz Konfinierung)
Geb. 30. 1. 1818 in Toporcz (Toporec, heute Slowakei)
Gest. 21. 5. 1916 in Visegrád (Ungarn)
FMZ, ungar. Revolutions-Gl., bis 1867 in Klagenfurt konfiniert

Gorove, Stefan v.
Geb. 20. 8. 1819 in Pest
Gest. 31. 5. 1881 in Budapest
Politiker; 1843 korr. Mitgl. der Ung. Akad. d. Wiss., 1861 aus der Emigration zurück, 1867 Wirtschaftsminister

Gottlieb, Johann
Geb. 15. 2. 1815 in Brünn (Brno, Tschechien)
Gest. 4. 3. 1875 in Graz
Chemiker; 1855 korr. Mitgl., 1857 w. Mitgl. der Akad. d. Wiss. in Wien

Göttmann
Vermutlich Göttmann von Göttsburg, Gustav
Brigad., k.k. Armee-Oberkommando

Gouté
Nicht zuordenbar

Greissing, Carl
Dr. med., Spitalsarzt am Allg. Krankenhaus in Wien, Mitglied der Zoolog.-botan. Gesellschaft in Wien, publiziert über die Mineralquelle in Zaizon

Greissing, Joseph v.
Stadt- und Distriktsphysikus in Kronstadt, Buchautor einer Quellenanalyse der Ferdinandsquelle in Zaizon (Siebenbürgen)

Gümbel (Guembel), Karl Wilhelm v.
Geb. 11. 2. 1823 in Dannenfels (Rheinpfalz)
Gest. 18. 6. 1898 in München
Mineraloge, Geognost; Prof. an der Univ. München, Autor (Geologie Bayerns); 1854 korr. Mitgl. der GRA

Haerdtl, Karl v.
(Vermutlich dieser)
Geb. 6. 8. 1818 in Prag
Gest. 30. 12. 1889 in Wien

Jurist; 1848 Advokat in Wien, 1865 Präs. der Wr. Advokatenkammer, 1869 Herrenhausmitgl.

Haftner, Juliette
Wiener Atelierfotografin, um 1857 erstes Atelier, ca. 1865 Partnerschaft »J. Haftner & E. Schulz«

Hahn, Johann Georg v.
Geb. 11. 7. 1811 in Frankfurt a. M.
Gest. 23. 9. 1869 in Jena
Konsul in Athen, wiss. Reisender, Albanologe

Haidinger, Eugen Karl
Geb. 13. 5. 1790
Gest. 29. 3. 1861
Porzellanfabrikant; Bruder Wilhelm Haidingers

Haidinger, Wilhelm Karl v.
Geb. 5. 2. 1795 in Wien
Gest. 19. 3. 1871 in Dornbach (heute Wien)
Geologe und Mineraloge; 1847 w. Mitgl. der Akad. d. Wiss. in Wien; 1849–1866 erster Direktor der GRA

Halbhuber v. Festwill, Anton
Geb. 11. 3. 1809 in Prag
Gest. 9. 12. 1886 in Wien
Verwaltungsjurist; 1860–1862 Leiter der nö. Statthalterei; Mitgl. des Staatsrates

Hammer-Purgstall, Joseph v.
Geb. 9. 6. 1774 in Graz
Gest. 23. 11. 1856 in Wien
Orientalist; 1847 w. Mitgl. der Akad. d. Wiss. in Wien, 1847–1849 Präs. der Akad. d. Wiss. in Wien

Hammerschmid s. Hammerschmidt

Hammerschmidt
Mitgl. der Österr. Geogr. Ges. in Wien

Hammerschmidt, Karl Eduard (Abdullah Bey)
Geb. 12. 6. 1801 in Wien
Gest. 30. 8. 1874 in Kleinasien
Jurist, Redakteur, Mineraloge, Entomologe, Arzt
1849 Flucht in das Osmanische Reich; 1868 korr. Mitgl. der GRA

Hankenberg (Familie)
In regelmäßigem Kontakt mit Hauer und seiner Familie

(Familienvater ist eventuell: Hanke v. Hankenberg, Joh. Adolph)
Geb. 18. 4. 1821 in Albersdorf (Albrechtice, Schlesien, heute Tschechien)
Konzeptsadjunkt im k.k. Handelsmin.)

Hankenberg, Emma
Besucht aus Hietzing die Familie Hauer

Hankenberg (Kinder)
Besuchen am 25. 3. 1861 ohne Eltern die Familie Hauer

Hankenberg, Marie
Trifft Hauer am 27. 9. 1860

Hanslick, Eduard
Geb. 11. 9. 1825 in Prag
Gest. 6. 8. 1904 in Wien
Musikkritiker

Hanslik s. Hanslick

Hantken v. Prudnik, Miksa
Geb. 26. 9. 1821 in Jablunkau (Jablunkov, österr. Schlesien, heute Tschechien)
Gest. 26. 6. 1893 in Budapest
Geologe, Paläontologe
1869 erster Dir. der k. ungar. Geol. Anstalt

Harroszawsky
ehemaliger Schüler Hingenaus

Härdtel s. Haerdtl

Hartmann, Carl Friedrich Alexander
Geb. 8. 1. 1796 in Zorge (Niedersachsen)
Gest. 3. 8. 1863 in Leipzig (Sachsen)
Mineraloge, Hütteningenieur; Schriftsteller, Begründer der Berg- u. Hüttenmänn. Ztg.

Hartung, Ernst
Geb. 23. 8. 1808 in Schwechat
Gest. 1. 10. 1879 in Wien
General

Harum, Peter
Geb. 30. 4. 1825 in Graz
Gest. 6. 4. 1875 in Wien

Jurist; Univ.-Prof., Hofrat; verließ 1860 aus politischen Gründen die Univ. in Pest, 1861–1870 o. Prof. an der Univ. Innsbruck

Hauer, Carl s. Hauer, Karl v.

Hauer (Eltern)
Joseph (s.d.) und Therese (Tochter d. Joseph v. Dürfeld)

Hauer, Franz v.
Geb. 30. 1. 1822 in Wien
Gest. 20. 3. 1899 in Wien
Geologe, Paläontologe und Geograph; ab 1849 an der GRA, 1866–1885 deren 2. Direktor; 1885–1896 Intendant des Naturhistor. Hofmuseums in Wien; Mitbegründer der Geographischen Ges. (1855) und anderer Vereine; 1865 Dr. phil. h. c. Univ. Wien
1848 korr. Mitgl., 1860 w. Mitgl. der Akad. d. Wiss. in Wien

Hauer, Joseph
Geb. 6. 3. 1778
Gest. 2. 2. 1863
Paläontologe; Bergrat, Vizepräs. der Hofkammer in Münz- und Bergwesen; Vater Franz v. Hauers

Hauer, Josephine (Sephine) v.
Schwester Hauers; sie führte ihm in den letzten Lebensjahren den Haushalt

Hauer, Julie
Schwester Hauers, verheiratet mit Conrad

Hauer, Julius v.
Geb. 26. 1. 1831 in Wien
Gest. 18. 2. 1910 in Leoben
Montaningenieur, Hofrat; Bruder Franz v. Hauers; Doz. an der Bergakademie in Leoben

Hauer, Karl (Carl) v.
Geb. 3. (2.?) 3. 1819 in Wien
Gest. 2. 8. 1880 in Wien
Chemiker; Bergrat, Vorstand d. chem. Labors der GRA; Bruder Franz v. Hauers
1854 korr. Mitgl. der GRA

Hauer, Louise (Luise; geb. Unkhrechtsberg)
Geb. 1832
Gest. 1868?
Schwester von Rosa Unkhrechtsberg; 2. Gattin Hauers

Hauer, Rosa
Tochter Hauers, verh. mit Emil Tietze s. Tietze, Rosa

Hauer, Rudolph (Rudolf) v.
Gest. 4. 7. 1919 in Graz
Kustos an der Gewerbehalle u. Sekretär des Gewerbevereines in Klagenfurt; 1854 korr. Mitgl. der GRA; Bruder Franz v. Hauers

Hauer, Therese s. Bell, Therese

Haupt, Theodor
Geb. 1807
Gest. 1891
Bergrat in der Toskana, Autor historischer Darstellungen des Bergbaus

Hauser, Karl v.
Geb. 14. 12. 1821 in Wien
Gest. 31. 3. 1905 in Wien
Jurist, Denkmalpfleger; 1854 Beamter des Min. des Innern, 1861 Konzipist des Staatsrates

Hauslab, Franz v.
Geb. 1. (2.?) 2. 1798 in Wien
Gest. 11. 2. 1883 in Wien
General, Kartograph, Maler
1848 korr. Mitgl. der Akad. d. Wiss. in Wien

Haynald, Ludwig
Geb. 3. 10. 1816 in Szécsény (Ungarn)
Gest. 4. 7. 1891 in Kalocsa (Ungarn)
Kardinal; trat für Angliederung Siebenbürgens an Ungarn ein, was 1861 zum Rücktritt vom Bistum Karlsburg führte; 1867 Rehabilitierung als Erzbischof von Kalocsa; daneben astronom. und botan. Interessen; Sammler

Heeger
Vermutlich Heger, Ignaz
Geb. 24.11. 1824
Gest. 13.12. 1880
Techniker und Mediziner, 1853–65 Adjunkt an der Lehrkanzel für höhere Mathematik an der Univ. Wien, zahlreiche Erfindungen (1862: Schraubenventilator), ab 1865 o. Prof. der mechanischen Technologie der Technischen Hochschule in Wien

Heider
Zwei mögliche Gesprächspartner Hauers bei der Soiree Schmerlings am 22. 2. 1861, s. u.

Heider, Gustav v.
Geb. 15. 10. 1819
Gest. 15. 3. 1897
Jurist, Kunstwissenschaftler, Archäologe; 1850–1880 im Min. f. Kultus u. Unterr., 1862 korr. Mitgl. der Akad. d. Wiss. in Wien, Mitglied der »k.k. Central-Commission für Erforschung und Erhaltung der Baudenkmale«

Heider, Moriz
Geb. 21. 6. 1816 in Wien
Gest. 29. 7. 1866 in Wien
Zahnmediziner, ab 1858 ao. Prof. an der Univ. Wien; Vater des Zoologen Karl Heider

Heimhalt s. Höfer

Heinitz, Carl
Vermutlich: k.k. Oberwachtmeister, Autor einer Schwimmschule für das Militär
Briefkontakt mit Hauer

Helfert, A.
Aus dem Bekanntenkreis Hauers, vielleicht ident mit Helfert, Joseph Alexander

Helfert, Joseph Alexander v.
Geb. 3. 11. 1820 in Prag
Gest. 16. 3. 1910 in Wien
Jurist, Historiker, Staatsmann; Unterstaatssekretär im Min. des Innern 1848–1861; 1874 korr. Mitgl. der Akad. d. Wiss. in Wien

Heller, Kamill
Geb. 26. 9. 1823 in Sobochleben (Soběchleby) bei Teplitz-Schönau (Teplice-Šanov, Böhmen, Tschechien)
Gest. 25. 2. 1917 in Innsbruck
Zoologe; 1858–1863 Univ.-Prof. in Krakau, 1863–1894 in Innsbruck
1875 korr. Mitgl. der Akad. d. Wiss. in Wien

Hellmer, Karl
Geb. 25. 9. 1834 in Wien
Gest. 22. 1. 1917 in Wien
Mathematiker, Maschinenbauer; unterrichtet am polytechn. Institut in Wien, dann 1860–1862 an der Bergakademie in Clausthal

Henikstein, Wilhelm
Die älteste Schwester Caroline heiratet 1816 Hammer-Purgstall, die jüngste, Marianne, den Direktor der Österr. Nationalbank Rudolf v. Ergelet (Erggelett)

Herbich, Franz
Geb. 15. 1. 1821 in Preßburg (heute Bratislava, Slowakei)
Gest. 15. 1. 1887 in Klausenburg (Cluj, Siebenbürgen, Rumänien)
Geologe, Mineraliensammler; Briefkontakt mit Hauer

Heufler, Ludwig Ritter zu Rasen und Perdonegg (ab 1865 Hohenbühel)
Geb. 26. 8. 1817 in Innsbruck
Gest. 8. 6. 1885 in Altenzoll bei Hall
Schriftsteller, Botaniker, Mykologe, Lokalhistoriker
Ab 1849 Beamter des Kultusministeriums

Heuglin, Theodor v.
Geb. 20. 3. 1824 in Hirschlanden (Württemberg)
Gest. 5. 11. 1876 in Stuttgart
Afrika-, auch Polarreisender, Ornithologe; brachte 1855 reiche Sammlungen aus Ostafrika nach Wien; änderte 1861 in Äthiopien die Route seiner Suchexpedition nach Eduard Vogel

Hideghety
In konstruktivem Kontakt mit Hauer und der GRA bei der ungar. Institutsfrage 1868

Hietzinger, Karl B. v.
Geb. 3. 11. 1786 in Czernowitz (Galizien, heute Ukraine)
Gest. 26. 3. 1864 in Wien
Verwaltungsbeamter, 1853 Mitgl. des RR, 1860 Präs. der Österr. Geogr. Ges. in Wien

Hingenau, Otto Bernhard Gottlieb v.
Geb. 19. 12. 1818 in Triest
Gest. 22. 5. 1872 in Wien
Montanist, Schriftsteller; Hg. des »Berggeist« und Chefredakteur der satirischen Zeitschrift der GRA (»Neuer Freier Figaro«); 1840 Dr. jur.; k.k. Kämmerer, Bergrat, Prof. des Bergrechts, Ministerialrat im Finanzmin; 1854 korr. Mitgl. der GRA

Hinterhuber, Otto
Geb. 28. 11. 1839 in Mondsee
Gest. 29. 12. 1929 in Salzburg
Bergverwalter in Berszászka (Banat, Rumänien); Bergwerksdirektor in Salzburg
Arbeiten zur Paläontologie des Paläozoikums, spez. Fossilien der Gosau-Schichten
Reise in das Banat im Febr. 1868

Hlasiwetz, Heinrich
Geb. 7. 4. 1825 in Reichenberg (Liberec, Böhmen, Tschechien)
Gest. 8. 10. 1875 in Wien
Chemiker; 1860 korr. Mitgl., 1863 w. Mitgl. der Akad. d. Wiss. in Wien, 1873 Rektor der TH Wien

Hochegger, Franz (eventuell dieser)
Mitglied des »Vereines zur Verbreitung naturwiss. Kenntnisse«
Geb. 4. 10. 1815 in Innsbruck
Gest. 27. 9. 1875 in Hall (Tirol)
Lehrer, Schriftsteller; 1860 Leiter des Akadem. Gymnasiums in Wien

Hochstetter, Ferdinand v.
Geb. 30. 4. 1829 in Eßlingen, Württemberg
Gest. 18. 7. 1884 in Wien
Geologe, Prähistoriker, Forschungsreisender; 1854 korr. Mitgl. der GRA; 1865 korr. Mitgl., 1870 w. Mitgl. der Akad. d. Wiss. in Wien; nach der Rückkehr aus Neuseeland 1860–1881 Prof. für Mineralogie und Geologie am Polytechn. Inst.

Hodoly, Béla
Pfarrer zu Lokut (Böhmen),
Förderer der GRA

Hoelzl
Vermutl. Hoelzl Eduard
Geb. 8. 10. 1817 in Prag
Gest. 21. 12. 1855 in Salzburg
Buchhändler, eröffnet 1844 einen Verlag in Olmütz, später Wien; Produktion von Atlanten für die Schulen

Hofer
Eventuell: Hofer v. Hoffenburg, Anton
Präsident des Obersten Landes Gerichts in Tirol und Vorarlberg

Höfer v. Heimhalt, Hans
Geb. 17. 5. 1843 in Elbogen (Loket, Böhmen, Tschechien)
Gest. 9. 2. 1924 in Wien
Montangeologe, 1866 korr. Mitgl. der GRA

Hoffer
Vermutlich Hoffer, Johann
k.k. Prof. des »k.k. physikalisch-astronomischen Cabinets« in Wien

Hoffmann oder Hofmann
Schreibung im TB nicht konsequent!

Höfler, Karl Adolf Constantin v.
Geb. 26. 3. 1811 in Memmingen (Schwaben)
Gest. 29. 12. 1897 in Prag
Historiker, Publizist; 1842 Mitgl. der k. bayer. Akad. d. Wiss.; 1851 korr., 1867 w. Mitgl. der Akad. d. Wiss. in Wien; 1865 im böhm. Landtag, 1872 Mitgl. des Herrenhauses

Hofmann
Vielleicht Hoffmann, Arnold
k.k. Oberbergrat in Hermannstadt (Sibiu)
Vielleicht Hofmann, Johann
Oberstleutnant in Kroatien und Slawonien
Vielleicht Hofmann, Josef
Bergwerkspraktikant an der GRA

Hofmann, Karl
Geb. 27.11. 1839 in Rußberg (Ruszkabánya, Rusca-Montană, Banat, Rumänien)
Gest. 21.2. 1891 in Budapest
Studierte an der techn. Hochschule 1856/57 in Wien, Dr. phil., ab 1864 Professor am Polytechnikum in Ofen, ab 1869 erster Chefgeologe der neuen Ungar. Geologischen Anstalt
Geologe

Hofmann, Leopold Friedrich (vielleicht?)
Dr. jur. Legationsrat, im außerordentlichen Dienst des Außenministeriums laut Schematismus

Hohenegger, Ludwig
Geb. 1807 in Memmingen/Bayern
Gest. 25. 8. 1864 in Teschen (Cieszyn, österr. Schlesien, heute Tschechien)
Dir. der Albrecht'schen Eisenwerke in Teschen

Hölder, Alfred v.
Geb. 14. 8. 1835 in Wimpfen am Neckar
Gest. 3. 1. 1915 in Wien
1874 Univ.-Buchhändler, 1876 Hofbuchhändler, 1905 Buchhändler der Akad. d. Wiss. in Wien;

Holl
Unternehmer der Wiener Waren-Hallen

Holmes, Nathaniel
Geb. 1821
Gest. 1896
Sekretär der »Academy of Science« zu Saint Louis Missouri

Hooigbrenk (oft auch Hooibrenk), Daniel
Kunstgärtner und Pomologe, tätig in Hetzendorf in Wien, stand auch im Dienst Erzherzog Albrechts, baute die Obstkultur von Ungar. Altenburg auf 500.000 Bäume aus; entwickelte eine neue Methode der Reben- und Maulbeerkultur

Hörnes, Moriz (Hoernes, Moritz)
Geb. 14. 7. 1815 in Wien
Gest. 4. 11. 1868 in Wien

Geologe, Paläontologe und Mineraloge; Dir. des k.k. Hof-Mineralienkabinetts, Mitbegründer der von Hauer 1845 ins Leben gerufenen »Freunde« (s.d.). 1848 zusammen mit Hauer und einer Subvention d. Akad. d. Wiss. in Wien Reise nach Westeuropa (England)
1854 korr. Mitgl. der GRA, 1860 korr. Mitgl., 1865 w. Mitgl. der Akad. d. Wiss. in Wien

Hornig, Emil
Chemielehrer an dem Realgymnasium auf der Landstraße; beteiligt sich am Projekt der Nußdorfer Schwefelsäurefabrik im Juni 1868

Hornstein, Karl v.
Geb. 7. 8. 1824 in Brünn (Brno, Mähren, Tschechien)
Gest. 22. 12. 1882 in Prag
Astronom, Mathematiker; lehrte an den Univ. Wien, Krakau, Graz und Prag; 1857 korr. Mitgl. der Akad. d. Wiss. in Wien, 1860 neben Sueß u.a. Mitbegründer des »Vereines zur Verbreitung naturwiss. Kenntnisse«

Hubazy, Georg
Direktor der Liechtensteinischen Maschinenfabrik, Eigentümer einer Maschinen-Fabrik für landwirtschaftliche Maschinen in Wien, Leopoldstadt und Erdberg

Hügel, Clemens Wenzel v.
Geb. 29. 6. 1792 in Koblenz
Gest. 3. 7. 1849 in Retkau (Retków, Schlesien, Polen)
1835 Präsidialsekretär Metternichs in der Staatskanzlei, 1846 Leiter des HHStA

Humboldt, Alexander v.
Geb. 14. 9. 1769 in Berlin
Gest. 6. 5. 1859 in Berlin
Naturforscher, Forschungsreisender; 1848 Ehrenmitgl. der Akad. d. Wiss. in Wien

Hummel, Wenzel
Bergeleve

Huyssen, August
Geb. 29. 4. 1824 in Nimwegen (Nijmegen, Niederlande)
Gest. 2. 12. 1903 in Bonn
1861 Oberbergrat in Breslau, ab 1884 an der Spitze der preuß. Bergverwaltung; 1865 korr. Mitgl. der GRA

Hyrtl, Josef
Geb. 7. 12. 1810 in Eisenstadt
Gest. 17. 7. 1894 in Perchtoldsdorf
Anatom
1847 w. Mitgl. der Akad. d. Wiss. in Wien, 1854 korr. Mitgl. der GRA; 1864/65 Rektor der Univ. Wien (500-Jahrfeier)

Ilc
Nicht zuordenbar

Immermann, Karl Leberecht
Geb. 24. 4. 1796 in Magdeburg
Gest. 25. 8. 1840 in Düsseldorf
Dramatiker und Romanschriftsteller

Jagemann, Carl v.
Geb. 4. 10. 1819 in Wertheim (Großherzogtum Baden)
Gest. 4. 12. 1883 in Wien
Maler, dann Lithograf und Fotograf zahlreicher Prominenter aus Kunst und Wissenschaft (1856 Atelier in Wien, 1864 Titel »k.k. Hof-Photograph«)

Jäger, P. Albert (Josef)
Geb. 8. 12. 1801 in Schwaz (Tirol)
Gest. 10. 12. 1891 in Innsbruck
Historiker; 1847 w. Mitgl. der Akad. d. Wiss. in Wien

Jäger, Fritz
Aus dem Bekanntenkreis Hauers
Ritter v., Hauptmann

Jäger, Gustav Eberhard (Sohn des Folgenden)
Geb. 23. 6. 1832 in Bürg am Kocher, Schwaben
Gest. 13. 5. 1917 in Stuttgart
Vergl. Anatom; 1859–1866 Dozent für vergl. Anatomie an der Univ. Wien

Jäger, Christoph Friedrich, Dr.
Geb. 4. 9. 1784 in Kirchberg an der Jagst
Gest. 26. 12. 1871 in Wien
Augenarzt, Prof. an der Josephsakademie, Arzt Metternichs
Vater von Gustav Eberhard J.

Jan
Vermutlich Jan Krejčí / Johann Krejci, s. dort

Jeitteles, Ludwig Heinrich
Geb. 12. 1. 1830 in Wien
Gest. 25. 1. 1883 in Wien (Selbstmord)
Mittelschullehrer; Zoologe, Prähistoriker; Korrespondent der GRA

Jerningham
Brit. Familie
Vermutl. Jerningham, Edward Wakefield

Geb. 25. 6. 1820 in London
Gest. 3. 3. 1879 in Ashburton, Neuseeland
Politiker, Publizist, Vertreter der New Zeeland Company, auch schriftstell. tätig, verfasste ein Handbuch über Neuseeland (1848)

Johann (Nepomuk Salvator) v. Toskana, Eh. (ab 1889 Johann Orth)
Geb. 25. 11. 1852 in Florenz
Gest. 1890 (verschollen)

Jokely (Jokély), Johann (János) v.
Geb. 1826 in Erlau (Eger, Ungarn)
Gest. 23. 07. 1862 in Budapest (Selbstmord)
k.k. Bergwesens-Praktikant, Geologe u. Paläontologe, Prof., 1854 korr. Mitgl. der GRA

Julien s. Saint-Julien

Juliette s. Willot Juliette

Julius s. Hauer, Julius

Kaiser s. Franz Joseph I.

Kalchberg s. Kalchegger v. Kalchberg

Kalchegger v. Kalchberg, Josef
Geb. 27. 3. 1801 in Graz
Gest. 27. 4. 1882 in Graz
Staatsmann; 1849 Ministerialrat im Innenmin., 1860 Sektionschef im Handelsmin., 1863 dessen Leiter

Kammel (v. Kampfthal), Rudolf
Geb. 14. 3. 1823 in Wien
Gest. 14. 3. 1873 in Wien
Zunächst Militärlaufbahn; ab 1850 zunächst Schreibgehilfe und dann bis 1864 als »2. Kanzlist« an der Akad. d. Wiss. in Wien tätig

Karajan, Theodor Georg v.
Geb. 9. 1. 1810 in Wien
Gest. 28. 4. 1873 in Wien
Germanist, Literarhistoriker, Historiker, Bibliothekar; 1851 bis 1866 Vizepräsident, später 1866 bis 1869 Präsident der Akad. d. Wiss. in Wien.

Karl s. Hauer

Keipp, G. Dr.
Redakteur der Ztg. »Das Vaterland«, gegründet 1860 von böhm. Adeligen

Kern, Thaddäus
Offizial der Direktoratskanzlei der k.k. Berg-, Forst- und Güter-Direktion in Schmölnitz
Teilnehmer an der Hüttenmännischen Versammlung 1861

Kerner v. Marilaun, Anton
Geb. 12. 11. 1831 in Mautern (NÖ)
Gest. 21. 6. 1898 in Wien
Botaniker; 1860-1878 Prof. an der Univ. Innsbruck; 1872 korr. Mitgl., 1875 w. Mitgl. der Akad. d. Wiss. in Wien

Kerter
Will im Labor der GRA arbeiten (ist nicht im Personalstand der GRA)

Kirchhoff, Gustav Robert
Geb. 12. 3. 1824 in Königsberg (heute Kaliningrad, Russland)
Gest. 17. 10. 1887 in Berlin
Physiker, Prof. in Berlin; entdeckte zusammen mit Bunsen die Elemente Rubidium und Zäsium, 1862 korr. Mitgl. der Akad. d. Wiss. in Wien

Kittel
Brief von ihm an Hauer

Klang
Offenbar Antiquar, will 1861 Schriften der Akademie zum Verkaufe anbieten

Klein, Karl
k.k. priv. Großhändler in Wien, Förderer der GBA, Teilnehmer an der Schnapssitzung

Klein, Albert Edler von
Werksbesitzer

Klun, Vinzenz Ferrer
Geb. 13. 4. 1823 in Laibach
Gest. 15. 7. 1875 in Karlsbad
Historiker, Geograph; 1862 Priv.-Doz. an der Univ. Wien; 1867 Sektionsrat, Landtags- und RR-Abg, 1869 Hofrat im Handelsmin.

Kner, Rudolf
Geb. 24. 8. 1810 in Linz
Gest. 27. 10. 1869 in Öd bei Gutenstein
Zoologe, Paläontologe, Mineraloge; 1835 Dr. med. und Dr. chirur.
1848 korr. Mitgl., 1860 w. Mitgl. der Akad. d. Wiss. in Wien, 1854 korr. Mitgl. der GRA

Knoblich
Faktor in der Staatsdruckerei (im Staatsschematismus allerdings nicht angeführt)

Köchel, Ludwig v.
Geb. 14. 1. 1800 in Stein, NÖ
Gest. 3. 6. 1877 in Wien
Musikforscher, Botaniker u. Mineraloge

Köke, Friedrich
Besitzer einer lithographischen Anstalt, Onkel von Gustav Freytag, der bei ihm lernte

Kokscharow (Koksharov), Nikolai
Geb. 1818
Gest. 21. 12. 1892 in St. Petersburg
K. russ. Oberstleutnant, Mineraloge; 1855 korr. Mitgl. der GRA

Kolbe
Vielleicht Kolbe Hermann Adolph Wilhelm
Geb. 27.9. 1818 in Elliehausen bei Göttingen
Gest. 25.11. in Leipzig
Deutscher Chemiker, Prof. der Chemie in Marburg, ab 1865 in Leipzig
Vermutl. Kolbe, Josef
(1825–1897), Mathematiker

Koller, P. Marian (Wolfgang)
Geb. 31. 10. 1792 in Feistritz (Ilirska Bistrica, Slowenien)
Gest. 19. 9. 1866 in Wien
Astronom, Beamter; 1851 Ministerialrat; 1848 w. Mitgl. der Akad. d. Wiss. in Wien

Kopetzki s. Kopetzky

Kopetzky (Kopezky), Benedikt
Geb. 24. 3. 1815 in Wien
Gest. 11. 8. 1872 in Wien
Mittelschulprof., Korrespondent der GRA

Kornhuber, Andreas
Geb. 2. 8. 1824 in Kematen b. Grieskirchen
Gest. 21. 4. 1905 in Wien
Zoologe, Botaniker und Paläontologe; Tierarzt; Mittelschulprof. und Prof. an der TH Wien
1856 korr. Mitgl. der GRA; stand den »Freunden der Naturwiss.« nahe

Kotschy, Theodor
Geb. 15. 4. 1813 in Ostrau (Ustroń) bei Teschen (Cieszyn, österr. Schlesien, Polen)
Gest. 11. 6. 1866 in Wien

Botaniker, Forschungsreisender, 1861 korr. Mitgl. der Akad. d. Wiss. in Wien, 1865 korr. Mitgl. der GRA

Kowriguinn
russ. Bergkapitän

Kraft jun.
Vermutl. Kraft, Friedrich
Berg-Praktikant im k.k. Ministerium für Finanzen
Gibt Hauer Auskunft zum Aneroid-Barometer

Kreil, Karl
Geb. 4. 11. 1798 in Ried (OÖ)
Gest. 21. 12. 1862 in Wien
Astronom, Meteorologe und Geophysiker; o. Prof. für Physik an der Univ. Wien
1847 w. Mitgl. der Akad. d. Wiss. in Wien

Krejci (Krejčí), Johann (Jan)
Geb. 28. 02. 1825 in Klattau (Klatovy, Böhmen, Tschechien)
Gest. 1. 8. 1887 in Prag
Naturwissenschaftler, Mineraloge; Begründer der tschech. Geologie; Prof. an d. böhm. Univ. Prag; 1881 RR-Abg., 1860 korr. Mitgl. der GRA

Kronig,
Magistrats-Rat

Krticzka, Maxi
Bekannter von Hauer, aus der Familie Krticka von Jaden

Krziz (Kržiž), August Karl
Geb. 12. 5. 1815 in Tabor (Tábor, Böhmen, Tschechien)
Gest. 19. 1. 1886 in Chrudim (Böhmen, Tschechien)
Offizier; 1851–1859 Mitgl. der 1. österr. Militärmission in Persien

Kübeck v. Kübau Karl Friedrich
Geb. 28. 10. 1780 in Iglau (Jihlava, Tschechien)
Gest. 11. 9. 1855 in Hadersdorf
Verwaltungs- und Finanzbeamter, Staatsmann (Berater des Kaisers)
1848 Ehrenmitgl. der Akad. d. Wiss. in Wien

Kudernatsch, Johann
Geb. 6. 8. 1819 in Neujahrsdorf; Kovanice in Böhmen (Tschechien)
Gest. 14. 4. 1856 in Wien
Bergwerks-Adjunkt in Steierdorf im Banat (rumän. Anina) bei Orawitza im Banat, dann Geologe der GRA

Kupelwieser, Franz
Geb. 14. 9. 1830 in Wien
Gest. 5. 8. 1903 in Pörtschach (Kärnten)
Montanist; Bruder des Juristen Karl K. (1841–1925) und des Montanisten Paul K. (1843–1919), 1856 »Hüttenmeister« des Eisenwerkes Reschitza (Reşiţa, Banat, Rumänien)

Kuschel
Beteiligt sich nicht am Projekt der Nußdorfer Schwefelsäurefabrik 1868
Vielleicht Kuschel, Joseph
Adjunkt der Finanz-Landes-Direktion in Wien

Kuschel (jun.)
Besucht im Febr. 1868 die GRA

Kyerulf, Theodor
Geb. 30.3. 1825 in Oslo
Gest. 25. 10. 1888 ebenda
Norwegischer Geologe und Lyriker

Lamquet, Heinrich
1807–1859
Major, sein Büchernachlass ging an die Geogr. Ges.

Lang, Victor v.
Geb. 2. 3. 1838 in Wr. Neustadt
Gest. 3. 7. 1921 in Wien
Physiker, Mineraloge; 1866 korr. Mitgl., 1867 w. Mitgl., 1898 Generalsekr. der Akad. d. Wiss. in Wien

Lankaster (Lancaster), Joseph
Geb. 25. 11. 1778 in London
Gest. 23. 10. 1838 in New York
War englischer Pädagoge. Mit Bell Erfinder der Bell-Lancaster'schen Unterrichtsmethode

Lasser v. Zollheim, Josef
Geb. 30. 9. 1814 in Strobl (Salzburg)
Gest. 19. 11. 1879 in Wien
Jurist und Politiker, Ministerialrat, 1859 Sektionschef unter Gołuchowski; am 20. 10. 1860 Min. ohne Portefeuille, demissionierte 1865 zusammen mit Schmerling, 1871 Innenminister.

Laube, Gustav Carl
Geb. 9. 1. 1839 in Teplitz (Teplice, Böhmen, Tschechien)
Gest. 12. 4. 1923 in Prag
Geologe, Paläontologe, Forschungsreisender;
1863 korr. Mitgl. der GRA; 1865 Assistent am Polytechn. Inst., 1867 Prof. a. d. Univ. Wien

Lederer, Karl
Nicht zu entscheiden ob gemeint ist:
1. Generalkonsul in Warschau
2. Gouverneur der Österr. Nationalbank
3. Freiherr, Inhaber des Husarenregiments

Letocha, Anton v.
Geb. 7. 6. 1803 in Kralitz (Kralice nad Oslavou, Mähren, Tschechien)
Gest. 11. 5. 1877 in Bozen
1830–1862 k.k. Kriegskommissär in Wien; geologischer und paläontologischer Sammler, 1860 korr. Mitgl. der GRA

Lichtenfels vielleicht Peithner von Lichtenfels s. d.
Hofrat

Liebener v. Monte Cristallo, Leonhard
Geb. 24. 1. 1800 in Kaltenbrunn, Südtirol
Gest. 9. 2. 1869 in Innsbruck
Techniker; Geologe, Mineraloge, Fossiliensammler, Korrespondent der GRA

Liechtenstein, Franz, Fürst
Geb. 25. 2. 1802 in Wien
Gest. 31. 3. 1887 in Wien
1860 lebenslängl. ao. Mitgl. des RR

Liechtenstein, Johann II., Fürst
Geb. 5. 10. 1840 in Eisgrub (Lednice, Mähren, Tschechien)
Gest. 11. 2. 1929 in Feldsberg (Valtice, Mähren, Tschechien)
Regierender Fürst, Mäzen; 1858 Regierungsantritt, 1889 Ehrenmitgl. der Akad. d. Wiss. in Wien

Lihařzik, Franz
Geb. 25. 11. 1813 in Walachisch Meseritsch (Valašské Meziříčí, Mähren, Tschechien)
Gest. 19. 9. 1866 in Wien
Arzt

Lill von Lilienbach, Alois
(1802–1871)
Gubernialrat und Berg-Ober-Amts-Direktor in Příbram

Linberger, August
Dr. der Medizin, Mitglied der med. Fakultät

Lipold, Marko/Marcus Vincenc/Vinzenz
Geb. 19. 1. 1816 in Praßberg (Mozirje, heute Slowenien)
Gest. 22. 4. 1883 in Idria (Idrjia, heute Slowenien)
Montanist, Geologe; 1849–1867 Geologe an der GRA (1854 korr. Mitgl.) mit zahlreichen Beiträgen in deren Publikationen

Lippe s. Schaumburg-Lippe, Prinz

Littrow, Karl (Carl) Ludwig v.
Geb. 18. 7. 1811 in Kazan (Russland)
Gest. 16. 11. 1877 in Venedig
Astronom; 1848 korr. Mitgl., 1853 w. Mitgl. der Akad. d. Wiss. in Wien; 1870/71 Rektor der Wr. Univ.

Lohninger,
Vermutlich: Lohninger, Mathias
Gutsbesitzer in Missling

Löhr
Vermutlich Loehr, Moritz v.
Geb. 7. 10. 1810 in Berlin
Gest. 28. 10. 1874 in Wien
Architekt; Wiener Stadterweiterung und Ringstraßenbauten unter seiner Leitung

Lorenz
Vermutlich Lorenz v. Liburnau, Josef Roman, Dr.
Geb. 26. 11. 1825 in Linz, OÖ.
Gest. 13. 11. 1911
Gymnasiallehrer, Naturwissenschaftler; 1859 korr. Mitgl. der GRA

Lorsey
Kontakte mit Hauer und seinem Umfeld

Louise s. Hauer

Löwe
Vermutlich: Löwe, Alexander
Geb. 24. 12. 1808 in St. Petersburg
Gest. 29. 3. 1895 in Wien
Chemiker, Techniker; 1848 korr. Mitgl. der Akad. d. Wiss. in Wien)

Löwenthal, Jakob
Geb. 24. 12. 1807 in Lissa (Leszno, Polen)
Gest. 15. 5. 1882 in Wien
Schriftsteller, Journalist; 1858 Red. der (»Constitutionellen«) »Österr. Ztg.«

Ludwig, Karl
Geb. 29. 12. 1816
Gest. 23. 4. 1895
Physiologe; 1856 korr. Mitgl., 1857 w. Mitgl. der Akad. d. Wiss. in Wien

Ludwig, Erzh.
Geb. 13. 12. 1784 in Florenz
Gest. 21. 12. 1864 in Wien
Mitglied des Staatsrats, 1835 Vorsitzender der »Staatskonferenz«; 1848 Ehrenmitgl. der Akad. d. Wiss. in Wien

Ludwig Viktor, Erzh.
Geb. 15. 5. 1842 in Wien
Gest. 18. 1. 1919 in Kleßheim bei Salzburg
Kulturell und sozial engagierter Kunstsammler ohne politische oder wissenschaftliche Interessen

Lukats,
Vermutlich Lukats, Ignaz
Hofrat des Obersten Gerichtshofes

Luschinsky
Nicht zuordenbar

Maager, Carl
Geb. 18. 3. 1813 in Kronstadt (Braşov, Siebenbürgen, Rumänien)
Gest. 23. 2. 1887 in Kronstadt
Siebenbürgischer Kaufmann, Unternehmer und Politiker; 1860 eines der aktivsten Mitgl. des vRR, mit Einflussnahme auf die Presse

Madelung, Albert
Geb. 1839 in Gotha
Gest. 1. 4. 1866 in Gotha
Geologe; 1863 korr. Mitgl. der GRA

Magnus s. Schmidt v. Sönnberg Magnus

Maly, Franz de Paula
1823–1891
Hofgärtner des Wiener Belvederes

Manega
Nicht zuordenbar

Marcou, Jules
Geb. 20. 4. 1824 in Salins (Frankreich)
Gest. 17. 4. 1898 in Cambridge, Mass. (USA)
1855 korr. Mitgl. der GRA; Hauer liest seine »Lettres« bereits am 3.10.1860

Maskelyne, Mervyn Herbert Nevil Story
Geb. 1823 in Basset Down House
Gest. 20. 5. 1911 in Basset Down House
Geologe, Mineraloge, Kristallograph und Politiker; Prof. der Mineralogie in Oxford 1856–1885 und auch »Keeper of Minerals« im Brit. Museum 1857–1880

Marcus, Siegfried
Geb. 18. 9. 1831 in Malchin (Mecklenburg)
Gest. 1. 7. 1898 in Wien
Techniker und Kfz-Pionier, machte sich 1860 als Mechaniker in Wien selbständig

Marschall, August Friedrich, Gf.
Geb. 10. 12. 1804
Gest. 1877
k.k. Kämmerer, wiss. Publizist; Archivar, 1854 korr. Mitgl. der GRA, Archivvorstand der GRA, verfasste das Generalregister der ersten zehn Bände des Jahrbuchs der k.k. Geologischen Reichsanstalt

Martini, Johann
Dr., Oberstabsarzt

Mastalier, Dr. Eduard
Geb. 1. 1. 1815
Gest. 12. 9. 1862 in Ischl
Kreis- und Kurarzt der Ischler Solebäder

Matejko, Jan Alojzy
Geb. 24. 6. 1838 in Krakau (Kraków, Polen)
Gest. 1. 11. 1893 in Krakau
Historienmaler; nach dem Studium kurze Weiterbildung in Wien, 1861 nach Krakau

Mathilde s. Pusswald, Mathilde

Matthias
will Saarbrückner Kohle nach Wien bringen

Maximilian I., Ks. von Mexiko s. Ferdinand Maximilian

Mayer v. Mayrau, Cajetan
Geb. 1811 in Mähr.-Trübau (Moravská Třebová, Mähren, Tschechien)
Gest. 23. 4. 1883 in Wien
Beamter u. Finanzfachmann, 1848 Reichstagsabgeordneter, später Ministerialrat im Innenmin.

Mayer, Ernest
Erster Dolmetsch des österr. Konsularamts, Träger des osmanischen Medschidié-Orden
geht mit Alphonse Favre 1868 nach Konstantinopel

Mayer, Franz v.
Geb. in London; Industrieller in der Stmk., Mitgl. des RR

Mecséry von Tsoor, Karl
Geb. 19. 1. 1804 in Tabor (Tábor, Böhmen, Tschechien)
Gest. 12. 9. 1885 in Graz
Verwaltungsbeamter; 1860 Polizeimin. nach Thierry (s. d.); 1863 lebenslängl. Mitgl. des Herrenhauses

Meins
Faktor der Staatsdruckerei

Melanie

Melkus
Wegen Verkauf von Morovan kontaktiert

Melloni, Macedonio
Geb. 11. 4. 1798 in Parma
Gest. 11. 8. 1854 in Portici bei Neapel
International ausgezeichneter Physiker, 1841 1. Dir. des Vesuv-Observatoriums; 1831 Teilnahme an der Revolution in Parma und 1848 in Neapel

Menapace, Florian
Landesbaudirektor beim Generalgouvernement in Ofen

Meneguzzo, Giovanni
Steine- und Petrefaktensammler in Montecchio Maggiore; Analphabet; mit Hilfe seiner Frau umfangreicher Briefwechsel mit zahlreichen Geologen

Meschendörfer, Josef Traugott
Geb. 1. 3. 1832 in Petersberg (Sînpetru, Siebenbürgen, Rumänien)
Gest. 7. 10. 1909 in Kronstadt (Brașov, Siebenbürgen, Rumänien)
Schulmann und Pfarrer, naturgeschichtlicher Publizist und Verfechter von Darwins Theorie

Metastasio, Pietro Antonio
Geb. 3. 1. 1698 in Rom
Gest. 12. 4. 1782 in Wien
Dichter, Librettist; ab 1729 mehr als ein halbes Jh. kaiserl. Hofpoet

Metternich, Clemens Lothar Wenzel, Fürst
Geb. 15. 5. 1773 in Koblenz
Gest. 11. 6. 1859 in Wien
Staatskanzler, an Naturwissenschaften interessiert; förderte Friedrich Simony und Hauer; 1848 Ehrenmitgl. der Akad. d. Wiss. in Wien

Meyer, Fr. v.
Vermutlich Meyer, Bernhard
Ritter, Ministerialrat im Ministerium des Innern

Meyer, Hermann v.
Geb. 3. 9. 1801 in Frankfurt a.M.
Gest. 2. 4. 1869 in Frankfurt a.M.
Paläontologe, Publizist; 1859 korr. Mitgl. der GRA, in Briefkontakt mit Hauer

Mislin, Jacob (Jacques)
Geb. 27. 1. 1807 in Durmenach (Elsass)
Gest. 6. 12. 1878 in Hietzing (damals Vorort von Wien)
Theologe, Abt, Autor; 1836 nach Wien, dort Mitgl. der Österr. Geogr. Ges.

Miklosich, Franz v.
Geb. 20. 11. 1813 in Pichelberg (Boučí, Tschechien)
Gest. 7. 3. 1891 in Wien
Slawist und Linguist;
1848 korr. Mitgl., 1851 w. Mitgl., 1866–1870 Sekretär (phil.-hist. Kl.) der Akad. d. Wiss. in Wien

Miller v. Hauenfels, Albert
Geb. 6. 2. 1818 in Tápiószele (Ungarn)
Gest. 5. 11. 1897 in Graz
Montanist, Unternehmer, Prof. für Bergwesen

Mohs, Friedrich
Geb. 29. 1. 1773 in Gernrode (Anhalt-Bernburg)
Gest. 29. 9. 1839 in Agordo (Venetien, Italien)
Montanist, Mineraloge, Kristallograph; Erfinder der nach ihm benannten Härteskala
1835 k.k. Bergrat

Mojsisovics v. Mojsvár, Edmund (Johann August)
Geb. 18. 10. 1839 in Wien

Gest. 2. 10. 1907 in Mallnitz, Kärnten
Geologe, Paläontologe und Alpinist
1863 korr. Mitgl. der GRA; 1883 korr. Mitgl., 1891 w. Mitgl. der Akad. d. Wiss. in Wien

Molin, Raffaele
Geb. 27. 10. 1825 in Zadar (Kroatien)
Gest. 29. 6. 1887 in Wien
Parasitologe, Geologe; Studium der Medizin an der Wr. Univ., 1851 Prof. an der Univ. Padua, 1867 am Polytechn. Inst. in Wien

Moor, Charles
Geb. 8.6. 1815 in Ilminster, Somerset
Gest. 8.12. 1881 in Bath
Geologe, Mitgl. der Geological Society in London, begnadeter Sammler

Moriz
Vermutlich Moriz Hörnes, s. dort

Münch von Bellinghausen, Eligius
Geb. 2. 4. 1806 in Krakau (Kraków, Polen)
Gest. 22. 5. 1871 in Wien
Dichter (Pseud. Friedrich Halm) und Beamter; 1844 1. Kustos u. HR an der Hofbibl.; 1847 w. Mitgl. der Akad. d. Wiss. in Wien; 1861 lebenslängl. Mitgl. des Herrenhauses

Münch von Bellinghausen, Joachim E. Gf.
Geb. 29. 9. 1786 in Wien
Gest. 3. 8. 1866 in Wien
Verwaltungsbeamter; 1848 Ehrenmitgl. der Akad. d. Wiss. in Wien

Murchison, Sir Roderick Impey
Geb. 19. 2. 1792 in Tarradale (Schottland)
Gest. 22. 10. 1871 in London
Schottischer Offizier und Geologe; Direktor des Geological Survey, Präsident der Geological Soc., im Briefwechsel mit Haidinger

Museny
Nicht zuordenbar

Myrbach, Franz Xaver
Geb. 1818
Gest. 1882
Landespräsident der Bukowina, Freiherr, Träger des Leopolds-Ordens

Nadeniczek, Johann
Rechnungsoffizial in der k.k. Staats-Credit- und Central-Hofbuchhaltung

Naumann, Karl Friedrich
Geb. 30. 5. 1797 in Dresden
Gest. 26. 11. 1873 in Dresden
Kristallograph, Mineraloge, Geologe; Prof. in Freiberg u. Leipzig

Neilreich, August
Geb. 12. 12. 1803 in Wien
Gest. 1. 6. 1871 in Wien
Jurist, Botaniker, botan. Autor
1867 korr. Mitgl. der Akad. d. Wiss. in Wien; w. Mitgl. der Ung. Akad. d. Wiss.

Nendtvich, Károly Miksa
Geb. 31. 12. 1811 in Fünfkirchen (Pécs, Ungarn)
Gest. 5. 7. 1892 in Budapest
Chemiker für Steinkohle, Mineralwässer

Neugeboren, Johann Ludwig
Geb. 2. 8. 1806 in Mühlbach (Sebeş, Siebenbürgen, Rumänien)
Gest. 20. 9. 1887 in Hermannstadt (Sibiu, Siebenbürgen, Rumänien)
1854 korr. Mitglied der GRA, ev. Pfarrer, Naturforscher

Neugeboren, Albert
Sohn von Johann Ludwig Neugeboren

Neumann, Leopold v.
Geb. 23. 10. 1811 in Zaleszczyki (Galizien, Polen)
Gest. 7. 12. 1888 in Bozen-Gries (Südtirol)
Jurist, Experte im Völkerrecht; 1865 o. Prof. für Statistik an der Univ. Wien, 1865 Mitgl. des Herrenhauses

Neumayer, Georg v.
Geb. 21. 6. 1826 in Kirchheimbolanden (Bayern)
Gest. 24. 5. 1909 in Neustadt an der Haardt (Bayern)
Admiralitätsrat und Seereisender mit vielen Kontakten zu österreichischen Forschern; unterrichtete Erzh. Johann Salvator (Johann Orth) in Navigationslehre

Neupauer, Ferdinand
Hofrat

Nies, Friedrich
Geb. 10. 5. 1839 in Leipzig (Sachsen)
Gest. 22. 9. 1895 in Hohenheim (Stuttgart)
Geologe, Mineraloge, Paläontologe; 1868 Privatdozent in Würzburg, korr. Mitgl. der GRA

Nüll, Eduard van der
Geb. 9. 1. 1812 in Wien
Gest. 4. 4. 1868 in Wien
Architekt, akademischer Lehrer; 1861 Oberbaurat

Oermer
Vermutlich Arzt der Mutter Hauers

Oldham, Thomas
Geb. 4. 5. 1816 in Dublin (Irland)
Gest. 17. 7. 1878 in Rugby (England)
Irischer Geologe; erster Dir. des Geological Survey of India

Oppolzer, Johann v.
Geb. 4. 8. 1808 in Gratzen (Nové Hrady, Böhmen, Tschechien)
Gest. 16. 4. 1871 in Wien
Internist; 1861/62 Rektor der med. Klinik an der Wr. Univ.

Orges, Hermann v.
Geb. 12. 4. 1821 in Braunschweig
Gest. 10. 6. 1874 in Wien
Journalist, Publizist (Augsburger Allgem. Ztg.), ab 1864 in Österr. und österr. Staatsbürger

Ostermeier
Er soll »provisioniert« werden

Oswald, Eduard
Beamter der »Eskomptekasse«
Reicht 1861 eine Klageschrift gegen die Interessen der GRA ein

Pachl
Wurde als Freigesetzter bezüglich Wien beraten

Pachmann, Theodor
Jurist, Dr., ord. Prof. des Kirchenrechts der Univ. Wien
Nimmt an Sitzungen der Österr. Geogr. Ges. in Wien teil

Padestá
Mitgl. der Zool.-bot. Ges.

Palacký, František (Franz)
Geb. 14. 6. 1798 in Hotzendorf (Hodslavice, Mähren, Tschechien)
Gest. 26. 5. 1876 in Prag
Historiker, Archivar; Begründer des tschechischen Nationalbewusstseins, 1847 w. Mitgl. der Akad. d. Wiss. in Wien

Perkmann
Dr., Abonnent des »Vaterland«

Peters, Carl (Karl) Ferdinand
Geb. 13. 8. 1825 Liebshausen, (Libčeves, Böhmen, Tschechien)
Gest. 7. 11. 1881 Rosenburg bei Graz
Arzt, Mineraloge, Paläontologe und Geologe; 1854 korr. Mitgl. der GRA, 1861 der Akad. d. Wiss. in Wien

Petzval, Josef
Geb. 6. 1. 1807 in Szepesbéla (Zipser Bela, Spišská Belá, Slowakei)
Gest. 17. 9. 1891 in Wien
Mathematiker u. Techniker; 1849 w. Mitgl. der Akad. d. Wiss. in Wien, in der er 1852 eine Kontroverse mit Christian Doppler vom Zaun brach

Pfeiffer, Franz (wahrscheinlich dieser)
Geb. 27. 2. 1815 in Bettlach (Schweiz)
Gest. 29. 5. 1868 in Wien
Germanist; 1857 Prof. an der Univ. Wien, 1860 w. Mitgl. der Akad. d. Wiss. in Wien

Phillips, George
Geb. 6. 1. 1804 in Königsberg (Kaliningrad, Russland)
Gest. 6. 9. 1872 in Salzburg
Jurist, Rechtshistoriker; ab 1865 Vorl. an der Univ. Wien; 1852 korr. Mitgl., 1853 w. Mitgl. der Akad. d. Wiss. in Wien

Pichler, Andreas
Hofrat
Mit Hauer bekannt, auch einer seiner Spielpartner

Pichler (St. Pölten)
Evtl. ders. wie HR Pichler, s.o.
Oder

Pichler, Franz
»Accessist« im k.k. Ministerium des Innern
Oder
Pichler Josef,
Vorstand und Referent in der Sektion für ökonomische Angelegenheiten im k.k. Oberkommando

Pictet, François Jules
Geb. 27. 9. 1809 in Genf
Gest. 15. 5. 1872 in Genf
Schweizer Paläontologe u. Entomologe; Prof. in Genf

Pik
Mitglied des »Vereines zur Verbreitung naturwiss. Kenntnisse«

Pilarski, Valentin Kasimir
Geb. 9. 2. 1804 in Auschwitz (Oświęcim, Polen)
Gest. 11. 2. 1884 in Mauer (damals Vorort von Wien)
Techniker; 1848–1854 Stellvertreter Ghegas beim Bau der Semmeringbahn, später bis ca. 1867 beim Finanzmin. in Verwendung

Pillersdorf, Franz v.
Geb. 1. 3. 1786 in Brünn (Brno, Mähren, Tschechien)
Gest. 22. 2. 1862 in Wien
Staatsmann; 1842 Hofkanzler, 1848 zunächst Innenminister, dann Ministerpräsident; 1848 Ehrenmitgl. der Akad. d. Wiss. in Wien

Pino v. Friedenthal, Felix
(Vermutlich dieser)
Geb. 14. 10. 1825 in Wien
Gest. 14. 4. 1906 in Sankt Ruprecht (Kärnten)
Beamter und Politiker, 1867 Bezirkshauptmann von Baden

Plener, Ignaz Joh. Vinzenz v. (Vater des Folgenden)
(1784–1863)
Beamter; Sektionsrat im k.k. Finanzmin, mit den Eltern Hauers bekannt

Plener, Ignaz v. (Sohn des Vorigen)
Geb. 21. 5. 1810 in Wien
Gest. 17. 2. 1908 in Wien
Finanzfachmann, Politiker; 1833 Dr. jur., 1859 Finanzreferent im Ständigen RR, 1860 Mitgl. des vRR, ab Dezember 1860 Leiter des Finanzmin.

Plößl (Plössl), Simon
Geb. 19. 9. 1794 in Wien
Gest. 29. 1. 1868 in Wien
Optiker; Erfinder optischer Geräte in Zusammenarbeit mit berühmten Naturwissenschaftlern in Wien

Poche, Adolf v.
Geb. 9. 6. 1811 in Nischburg (Nižbor, Böhmen, Tschechien)
Gest. 2. 5. 1893 (Selbstmord) in Wien
Verwaltungsbeamter

Poggendorff, Johann Christian
Geb. 29. 12. 1796 in Hamburg
Gest. 24. 1. 1877 in Berlin

Physiker; Begründer der nach ihm benannten »Annalen«
1848 korr. Mitgl. der Akad. d. Wiss. in Wien

Pohl, Josef
Geb. 12. 2. 1825 in Wien
Gest. 21. 3. 1900 in Wien
Chemiker

Pokorny, Alois
Geb. 22. 5. 1826 in Iglau (Jihlava, Mähren, Tschechien)
Gest. 29. 12. 1886 in Innsbruck
Botaniker und Lehrer, Fachmann für Torfmoore

Porkmann
Erhält 1861 die Ztg. »Das Vaterland«

Pöschl
Vermutl Pöschl, Rudolph
Official im k.k. Finanzministerium, Kontakte mit Hauer und der GRA

Pototzki, Alfred Gf.
Geb. 29. 7. 1822 in Łańcut (Galizien, Polen)
Gest. 18. 5. 1889 in Paris
Staatsmann, 1861 Mitgl. des Herrenhauses, ab 1872 Vizeprotektor der Akad. d. Wiss. in Krakau

Pototzky s. Pototzki

Pranter Moriz
Steinmetzmeister in Wien

Pratobevera v. Wiesborn, Adolf
Geb. 12. 6. 1806 in Bielitz-Biala (Bielsko-Biała, österr. Schlesien, heute Polen)
Gest. 16. 2. 1875 in Wien
1861 RR-Abg., dann 1861 Minister ohne Portefeuille und Justizminister; 1869 lebenslängl. Mitgl. des Herrenhauses

Praysky / Preysky s. Breysky

Preiss s. Preyss

Preyss, Moritz
Geb. 23. 7. 1829 in Ödenburg (Sopron, Ungarn)
Gest. 24. 3. 1877 in Ofenpest (Budapest)
Chemiker, gilt als Begründer der ungar. Weinkunde; Memoire zur Verbesserung der Wasserversorgung von Ödenburg

Prokesch-Osten, Anton Gf.
Geb. 10. 12. 1795 in Graz
Gest. 26. 10. 1876 in Wien
Militär, Diplomat, Orientalist und Reiseschriftsteller; österr. Botschafter in Konstantinopel, Sammler griech. und oriental. Münzen; 1848 korr. Mitgl., 1852 w. Mitgl. der Akad. d. Wiss. in Wien

Pusswald, Karl
Ritter, Ministerialkonzipist im k.k. Ministerium für Finanzen, in engem Kontakt mit Hauer

Pusswald, Mathilde (geb. v. Unkhrechtsberg)

Quaglio, Baldassare
Kommissär des Distrikts-Kommissariats in Padua
Ing. mit der Ambition, österr. Mineralien abzubauen

Quenstedt, Friedrich August
Geb. 9. 7. 1809 in Eisleben
Gest. 21. 12. 1889 in Tübingen
Geologe, Paläontologe, Kristallograph; Prof. in Tübingen

Rabl, Johann Dr.
Kurarzt in Bad Hall, ließ dort die Villa Rabl nach Plänen von Theophil Hansen erbauen

Raffelsberger, Gustav
Offizial im Oberlandesgericht (Landwirtschaftsbesitzer in den USA)

Ragazzoni, Pietro
Kommissär im Distrikts-Kommissariat in Belluno

Rahn
Nimmt an der Versammlung der Berg- und Hüttenmänner in Wien im Sept. 1861 teil

Rainer Ferdinand (Rainer d. J.), Erzh.
Geb. 11. 1. 1827 in Mailand
Gest. 27. 1. 1913 in Wien
1857 Präsident des ständigen RR, 1860 des vRR; 1861 bis 1865 der erste konstitutionelle Ministerpräsident der Monarchie; 1861 Kurator und Ehrenmitgl. der Akad. d. Wiss. in Wien

Ramsay, Sir Andrew Crombie
Geb. 31. 1. 1814 in Glasgow (Schottland)
Gest. 9. 12. 1891 in Beaumaris (Wales)
Geologe, Nachfolger von Roderick Murchison als Generaldir. des Geol. Survey

Ransonnet-Villet, Carl
Ministerialrat, erster Protokollführer der Minister-Konferenz, Oberste Staatsverwaltung, Mitglied des Ausschusses des Altertumsvereines in Wien

Ransonnet, Ludwig v.
Geb. 1807
Gest. 1868
Bergrat, Salinenverwalter

Ranzonnet s. Ransonnet

Rauscher, Joseph Othmar v.
Geb. 6. 10 1797 in Wien
Gest. 24. 11. 1875 in Wien
1855 Kardinal; Lehrer des späteren Ks. Franz Josef
1860 lebenslängl. ao. RR; 1861 Mitgl. des Herrenhauses

Rechberg und Rothenlöwen, Johann Bernhard Gf. (Vater des Folgenden)
Geb. 17. 7. 1806 in Regensburg
Gest. 26. 2. 1899 in Kettenhof bei Schwechat (NÖ)
1859 österr. Ministerpräs. (bis Dez. 1860) und Außenmin. (bis 1864, handelspolit. Differenzen mit Schmerling)

Rechberg und Rothenlöwen, Aloys (Louis) Gf.
Geb. 1835
Gest. 27. 1. 1877
k.k. Rittmeister; Sohn des Außenmin. Rechberg

Redtenbacher, Josef
Geb. 12. 3. 1810 in Kirchdorf an der Krems (OÖ.)
Gest. 5. 3. 1870 in Wien
Chemiker, 1849 Prof. an der Univ. Wien; 1847 w. Mitgl. der Akad. d. Wiss. in Wien

Reich, Carl
Ministerialrat, Mitglied der »Centralkommission zum Erhalt der Baudenkmäler« im k.k. Ministerium des Inneren

Reichardt, Heinrich Wilhelm
Geb. 16. 4. 1835 in Iglau (Jihlava, Mähren, Tschechien)
Gest. 2. 8. 1885 in Mödling (NÖ)
Botaniker; 1860 Ass., 1873 Prof. an der Univ. Wien, 1863 Ass. am botan. Hofkabinett

Reichenbach, Karl Ludwig v.
Geb. 12. 2. 1788 in Stuttgart
Gest. 19. 1. 1869 in Leipzig

Reuss, August Emanuel v.
Geb. 8. 7. 1811 in Bilin (Bílina, Böhmen, Tschechen)
Gest. 26. 11. 1873 in Wien
Mineraloge, Paläontologe, Geologe; 1848 w. Mitgl. der Akad. d. Wiss. in Wien; 1854 korr. Mitgl. der GRA; Prof. d. Mineralogie an der Univ. Wien

Reusslin
Präsidial-Sekretär

Rezniczek
Nicht zuordenbar

Richter, Joseph
Kabinettsdiener der GRA, Besitzer des k.k. silbernen Verdienstkreuzes mit der Krone
GRA-Angestellter

Richthofen, Ferdinand v.
Geb. 5. 5. 1833 in Carlsruhe (Pokój, Schlesien, Polen)
Gest. 6. 10. 1905 in Berlin
Geograph, Geologe, Forschungsreisender, beteiligt sich 1856-1860 an den Arbeiten der GRA; 1880 korr. Mitgl. der Akad. d. Wiss. in Wien

Riegel (Rigel), Anton Pius de (wohl dieser)
Geb. 12. 5. 1789 in Rom
Gest. 7. 8. 1868 in Wien
Architekt, Erfinder; Mitbegründer des »Österr. Ing.-Vereins«

Rill
Kontakte mit der GRA

Rittinger, Peter v.
Geb. 23. 1. 1811 in Neutitschein (Nový Jičín, Mähren, Tschechien)
Gest. 7. 12. 1872 in Wien
Montanist, Erfinder; 1850 Sektionsrat im Min. f. Landeskultur u. Bergwesen, ab 1853 im Finanzmin.; 1863-1865 Präs. des Österr. Ing.- u. Architekten-Vereines

Roden, Carl
Freiherr von Hirzenau, k.k. wirkl. Kämmerer
Die Büste nach seinem Tod soll an die Österr. Geogr. Ges. in Wien kommen

Rogenhofer, Alois Friedrich
Geb. 22. 12. 1831 in Wien
Gest. 15. 1. 1897 in Wien
Entomologe, Kurator u. Betreuer der Schmetterlingssammlung am Naturhistor. Museum in Wien

Rohanczy (Rohantzy)
Oberrat; Gesprächspartner Hauers bei der Soiree Schmerlings am 22. 2. 1861

Rokitansky, Karl v.
Geb. 19. 2. 1804 in Königgrätz (Hradec Králové, Böhmen, Tschechien)
Gest. 23. 7. 1878 in Wien
Anatom, Begründer des Faches pathologische Anatomie; 1848 w. Mitgl., 1866–1869 Vizepräs. der Akad. d. Wiss. in Wien

Römer, Ferdinand
Geb. 1818 in Hildesheim
Gest. 14. 12. 1891 in Breslau (Wrocław, Schlesien)
Prof. d. Geol. an der Univ. Breslau; 1857 korr. Mitgl. der GRA

Ros. s. Rosine

Rosa s. Tietze, Rosa

Roschmann-Hörburg, Carl
Sektionsrat, Reichsratssekretär im k.k. Reichsrat

Rose, Heinrich
Geb. 6. 8. 1795 in Berlin
Gest. 27. 1. 1864 in Berlin
Chemiker; 1848 korr. Mitgl. der Akad. d. Wiss. in Wien

Rosine
Briefkontakt und persönlicher Kontakt mit Hauer

Rosner, Carl
Ingenieur-Assistent im k.k. Handelsministerium
Mitgl. des »Vereines zur Verbreitung naturwiss. Kenntnisse«

Ros(s)iwall, Joseph
1850–1851 zeitweiliger Mitarbeiter der GRA
Montanist, k.k. Handelsmaterialrevident

Roßmäßler, Emil Adolf
Geb. 3. 3. 1806 in Leipzig
Gest. 8. 4. 1867 in Leipzig
Naturforscher, Politiker

Rousseau d'Happoncourt, Leopold
Feldmarschallleutnant

Rowland
Besuch der GRA am 28. 3. 1868

Rudolph s. Hauer, Rudolph

Russegger (Rußegger), Joseph v.
Geb. 18. 10. 1802 in Salzburg
Gest. 20. 6. 1863 in Schemnitz (Banská Štiavnica, Schlesien, Slowakei)
Montanist u. Forschungsreisender; 1850–1863 Direktor des niederungarischen Berghütten- u. Forstwesens und der Berg- und Forstakademie in Schemnitz

Rutthner
Nicht zuordenbar

Ruttner
Nicht zuordenbar

Sacken, Eduard v.
Geb. 3. 3. 1825 in Wien
Gest. 20. 2. 1883 in Wien
Archäologe, Kunsthistoriker; 1863 korr., 1869 w. Mitgl. der Akad. d. Wiss. in Wien

Sacken, Theodor Freiherr
k.k. Sektionschef

Saint-Julien s. St. (Saint-)Julien

Salm-Reifferscheidt, Hugo Karl E., Fst.
Geb. 15. 9. 1803 in Brünn (Brno, Mähren, Tschechien)
Gest. 18. 4. 1888 in Wien
Großgrundbesitzer, Industrieller und Politiker; 1847 Mitgl. des ständigen, 1860 des verstärkten RR; 1867 Landeshauptmann v. Mähren; Mitbegründer der Ztg. »Das Vaterland«

Sapetza, Josef
Geb. 1829 in Všechovice (Mähren, Tschechien)
Gest. 12. 6. 1868 in Wien
Mittelschulprof. in Rakovac (Kroatien); Paläobotaniker, korr. Mitgl. der GRA

Sarazin (Sarrasin, Sarrazin)
Offizier aus Genf, 1868 Aufenthalt in Wien und Volontär der GRA

Schacherl, Heinrich
Vielleicht ident mit dem Redakteur des Grazer Abendblattes

Schauenstein, Anton v.
Geb. 27. 7. 1824 in Wien
Gest. 7. 3. 1900 in Wien
Montanist, Doz. für Bergrecht; 1859 u.a. im Finanzmin., 1868 im Ackerbaumin.

Schaumburg-Lippe, Wilhelm, Prinz
Geb. 12. 12. 1834 in Bückeburg
Gest 4. 4. 1906 auf Schloss Ratiborschitz bei Nachod (Náchod, Tschechien)
Karriere im k. u. k. Heer, General der Kavallerie, Interesse für Kunst und Wissenschaft, moderne Bewirtschaftung seines Schlosses Ratiborschitz

Wohl eher: Schaumburg-Lippe, Wilhelm
Geb. 18. 7. 1811 in Kazan (Russland)
Gest. 16. 11. 1877 in Venedig
Astronom, 1848 korr. Mitgl., 1853 wirkl. Mitgl. der Akad. der Wissenschaften in Wien, 1870/71 Rektor der Universität Wien

Scherzer, Karl v.
Geb. 1. 5. 1821 in Wien
Gest. 19. 2. 1903 in Görz (Gorizia, heute Italien)
Studium in Gießen; Forschungsreisender, Publizist und Diplomat; 1866 als Min.-Rat im Handelsmin., 1871 im Außenmin.; 1901 korr. Mitgl. der Akad. d. Wiss. in Wien (Geographie)

Scheuchenstuel, Karl v.
Geb. 28. 10 1792 in Schwarzenbach (Črna na Koroškem, Slowenien)
Gest. 21. 7. 1867 in Salzburg
Montanist und Jurist; 1849 ins Ministerium für Landeskultur und Bergwesen, dort Sektionschef unter Min. Thinnfeld (s.d.), 1853 in der Sektion Bergwesen des Finanzmin.

Schlechta v. Wschehrd (Wssehrd), Franz X.
Geb. 20. 10. 1796 in Písek (Böhmen)
Gest. 23. 8. 1875 in Wien
Schriftsteller und Beamter; 1856 Sektionschef, 1862 Funktionen eines Unterstaatssekretärs

Schlechta v. Wschehrd, Vincenz
Geb. 1799
Gest. 17. 7. 1879 in Wien
Feldmarschall-Lieutenant (Bruder v. Franz X. v. Schlechta, s.d.)

Schlömb s. Schlönbach

Schlönbach, Urban
Geb. 10. 3. 1841 auf der Saline Salzliebenhalle bei Salzgitter-Bad
Gest. 13. 8. 1870 in Berzasca (Banat, heute Rumänien)
dt. Geologe und Paläontologe in Wien, Hochschullehrer in Prag, ging 1867 an die GRA

Schmerling, Anton v.
Geb. 23. 8. 1805 in Wien
Gest. 23. 5. 1893 in Wien
Politiker, 1860–1865 Staatsminister; 1860–1893 Kuratoren-Stellvertreter, 1862 Ehrenmitgl. der Akad. d. Wiss. in Wien

Schmerling, Joseph v.
Geb. 8. 12. 1806 in Wien
Gest. 6. 9. 1884 in Aussee (Bad Aussee, Stmk.)
Feldzeugmeister, 1860–1862 Stellvertr. des KM (Zentralkanzei); 1879 Mitgl. des Herrenhauses des österr. RR

Schmerling (Sylvia oder Violetta)
Töchter Anton v. Schmerlings

Schmid
Direktor in Jena

Schmidburg, Rudolf v.
Geb. 3. 10. (11.?) 1810 in Prag
Gest. 1. 7. 1902 in Graz
General

Schmidl, Adolf (Ps. Salmoser)
Geb. 18. 5. 1802 in Königswart (Kynžvart, Böhmen, Tschechien)
Gest. 20. 11. 1863 in Ofen (Kom. Pest, Ungarn)
Topograph, Geograph, Höhlenforscher und Schriftsteller; Redakteur der »Österr. Blätter für Literatur, Kunst, Geschichte, …«

Schmidt, Friedrich v.
Geb. 22. 10. 1825 in Frickenhofen (Württemberg)
Gest. 23. 1. 1891 in Wien
Architekt, Prof. für mittelalterl. Kunst; 1863 Dombaumeister

Schmidt, Gustav Johann Leopold
Geb. 16. 9. 1826 in Wien
Gest. 27. 1. 1883 in Prag
(Berg-)Techniker, u.a. im Finanzmin., 1861 Dozent für Mechanik in Leoben, ging danach nach Riga und Prag

Schmidt, Johann Friedrich Julius
Geb. 26. 10. 1825 in Eutin (Deutschland)
Gest. 7. 2. 1884 in Athen

Astronom, Meteorologe, Geologe; 1853 Leiter der Privatsternwarte E. v. Unkhrechtsbergs in Olmütz, 1858 Dir. der Sternwarte in Athen; 1883 korr. Mitgl. der Akad. d. Wiss. in Wien; Freundschaftliche Beziehungen zu Haidinger und der GRA

Schmidt v. Sönnberg Magnus
Ober-Amtsofficial in der »k. k. Lotto-Gefälls-Direction«

Schmiedel
Laut Hauer aus der Gegend von Znaim, 1860 Ass. der Chemie bei Prof. Anderson in Edinburgh

Schnitzer
Unternehmer in Ungarn

Schöls
Häufige Kontakte mit Hauer

Schönbein, Christian Friedrich
Geb. 18. 10. 1799 in Metzingen (Wttbg.)
Gest. 29. 8. 1868 in Baden-Baden (Baden)
Chemiker, Entdecker des Ozon

Schrauf, Albrecht
Geb. 14. 12. 1837 in Wieden (damals Vorort von Wien)
Gest. 29. 11. 1897 in Wien
Mineraloge, Naturwissenschaftler; 1861 Ass. am Hofmineralienkabinett, 1863 an der Univ. Wien habil.; 1884 korr. Mitgl., 1893 w. Mitgl. der Akad. d. Wiss. in Wien

Schreiner, Rudolph
1868 Amtsdiener in der GRA

Schrenk, v.
Vielleicht Schrenk auf Notzing, Franz
Freiherr, k. k. Kämmerer
Baron, Kreispräsident

Schrökinger s. Schröckinger von Neudenberg

Schröckinger v. Neudenberg, Julius
Geb. 13. 1. 1813 (1814) in Brünn (Brno, Mähren, Tschechien)
Gest. 1. 12. 1882 in Wien
Beamter, Konchylienkenner, Sammler; ab 1860 mehrfach Vizepräs. der Zool.-bot. Ges.

Schrötter v. Kristelli, Anton
Geb. 27. 11. 1802 in Olmütz (Olomouc, Mähren, Tschechien)
Gest. 15. 4. 1875 in Wien

Chemiker, bekannt als Entdecker des roten Phosphors, wofür Hauer u. andere Joseph Goldmark hielten; 1847 w. Mitgl., 1850–1875 Generalsekr. der Akad. d. Wiss. in Wien; 1854 korr. Mitgl. der GRA

Schwabenau, Anton v.
Geb. 9. 3. 1800 in Brünn (Brno, Mähren, Tschechien)
Gest. 7. 9. 1891 in Bad Ischl
Beamter, Hofrat, Sammler; 1874 Ankauf seiner Sammlung für das Geologische Inst. der Univ. Wien

Schwarz v. Mohrenstern, Gustav Franziskus Maria
Geb. 7. 5. 1809 in Himberg (NÖ)
Gest. 15. 6. 1890 in Wien
Paläontologe und Privatier; seine mineralog. und paläontolog. Sammlungen gingen in den Besitz des Naturhist. Mus. in Wien über; 1854 korr. Mitgl. der GRA

Schwarz, Wilhelm
Sektionsrat und Kanzleidirektor des General-Konsulats in Paris
Sektionsrat, beruft 1861 eine Versammlung ein

Schweitzer, Johannes, Dr.
Redakteur der »Wr. Ztg.« und der Ztg. »Das Vaterland«

Schweizer s. Schweitzer

Schwind
Vermutlich Schwind, Franz
Ministerialrat im k.k. Ministerium für Finanzen
21. 1. 1868 Teilnahme an Sitzung u. Geologen-Kränzchen der GRA

Sécsen s. Szecsen

Seebach, Karl A. L. v.
Geb. 13. 8. 1839 in Weimar (Sachsen-Weimar-Eisenach)
Gest. 21. 1. 1880
1862 (Antritt 1863) Prof. der Geologie u. Mineralogie in Göttingen, im Briefkontakt mit Hauer

Seifert (Seiffert)
Vermutlich Seifert, Carl
Hofrat und Direktor der »k.k. Privat-, Fideicommiss.-, Familien- und Avitical-Fonds-Cassen-Direction« der »k.k. Familien-Fonds-Güter-Direction« in Wien, war auch Ehrenbürger der Stadt Laibach (Ljubljana)
Sendet an die GRA Erze aus Mies (Stříbro) zur Bestimmung

Seiffert s. Seifert

Seiller, Johann Kaspar v.
Geb. 20. 10. 1802 in Marburg (Maribor, Slowenien)
Gest. 10. 2. 1888 in Wien
Rechtsanwalt, 1851 Wiener Bürgermeister

Seldern
Mit Hauer bekannt
Vermutlich Gustav Graf von Seldern
Geb. 6. 1. 1812
Gest. 1880
k.k. Kämmerer außer Dienst, Vizepräsident des »Wiener Hilfsvereines für verwundete Krieger«

Seligmann, Franz Romeo (Abraham, Romeo)
(vermutlich dieser und nicht der Marinearzt Franz S.)
Geb. 30. 6. 1808 in Nikolsburg (Mikulov, Mähren, Tschechien)
Gest. 15. 9. 1892 in Wien
Orientalist, Epidemiologe und Medizinhistoriker

Seligmann, Marie
Mit Hauers Schwester Antonie bekannt

Senoner, Adolf
Geb. 26. 7. 1806 in Klagenfurt
Gest. 30. 8. 1895 in Wien
Militärarzt, dann Zivilarzt, auch Paläontologe; danach für die GRA tätig, 1866–1886 daselbst Bibliothekskustos

Seph. s. Ferstl (Ferstel)

Sephine s. Hauer, Josephine

Septina
Nicht zuordenbar

Serenyi, Louis Gf.
Walburga Serenyi (geb. 1819) war mit Franz Hauers Freund Otto von Hingenau verheiratet
Besucht am 22. Juni 1861 die GRA

Seybel, Emil
Fabriksbesitzer im IV. Bezirk, Resselgasse
Mit Hauer bekannt

Sharpe, Daniel
Geb. 6. 4. 1806 in Nottingham Place (England)
Gest. 31. 5. 1856 in London
Geologe

Shepard, Charles Upham
Geb. 29. 6. 1804 in Little Compton (Rhode Island, USA)
Gest. 1. 5. 1886 in Charleston (South Carolina, USA)
Mineraloge, Meteoritensammler

Sholto Douglass s. Douglass, J. S.

Simon
Konstruierte mit Siegfried Marcus in dessen Wr. Werkstatt einen von Hauer 1860 besichtigten Verbrennungsmotor

Simon, Joseph
Ingenieur im Bauamt in Shékely?

Simony, Friedrich
Geb. 30. 11. 1813 in Hrochowteinitz bei Chrudim (Tschechien)
Gest. 20. 07. 1896 in St. Gallen (Steiermark)
Geograph und Paläontologe; bekannt als Alpenforscher, erster Prof. für Geographie an der Wr. Univ.; 1850 zeitlicher Reichs-Geologe, 1854 korr. Mitgl. der GRA

Skoda (Škoda), Josef v.
Geb. 10. 12. 1805 in Pilsen (Plzeň, Böhmen, Tschechien)
Gest. 13. 6. 1881 in Wien
Internist, Anatom; 1846 Prof. in Wien, 1848 w. Mitgl. der Akad. d. Wiss. in Wien

Smyth, Warington W., Sir
Geb. 26. 8. 1817 in Neapel
Gest. 19. 6. 1890 in London
Geologe; 1854 korr. Mitgl. der GRA; 1866–1868 Präs. der Geol. Soc. in London

Söchting, Johann Wilhelm Edmund
Geb. 13. 1. 1830 in Cönnern bei Halle (Sachsen)
Verfasser geologischer Bücher

Sommaruga, Franz Philipp v. (sen.)
Geb. 5. 3. 1815 in Schönbrunn
Gest. 26. 6. 1884 in Wien
Beamter, liberaler Politiker im Kreis um Schmerling

Sommaruga, Guido v. (jun.)
Geb. 22. 1. 1842 in Wien
Gest. 11. 1. 1895 in Wien
Jurist, Politiker

Sonklar v. Innstätten, Karl
Geb. 2. 12. 1816 in Weißkirchen
Gest. 10. 1. 1885 in Innsbruck
Generalmajor, Geograph (Alpenforscher), Fachschriftsteller

Sperl
(künftiger Direktor einer laut Hauer dubiosen steirischen AG)
Vermutlich Sperl, Johann
Geb. 20. 2. 1815
Gest. 4. 3. 1899 in Graz
k.k. Bergrat und Bergwerksdirektor der »k.k. Steiermärk.-österreich. Eisenwerksdirection« in Eisenerz

Spinelli
Vielleicht: Spinelli, Alessandro
Geb. 15. 2. 1843 in Modena
Gest. 11.9. 1909 in Modena
Bibliotheksleiter in Mailand und Rom, sandte Lias-Ammoniten aus dem Brescianischen an Senoner

Spitzka, Johann
k.k. Regierungsrat und Buchhalter der Akad. d. Wiss. in Wien; 1868 Mitgl. der Novara-Kommission, Autor einer Zusammenfassung der Weltreise der Fregatte Novara

Srorenyi
Weinhändler? (z.T. unleserl.)
Vermutlich Serényi, Graf Otto,
Entwickelte ein Gutachten zur Testung des Weines

St. (Saint-)Julien-Wallsee, Franz Joseph Gf.
(Vermutlich dieser und nicht Bergrat Saint-Julien, Arthur Gf.)
Geb. 18. 5. 1805 in Chlumetz (Chlumec, Böhmen, Tschechien)
Gest. 29. 4. 1889 in Linz
Reichsratsabg., Komiteemitgl.

Stabile, Giuseppe
Geb. 1827? in Lugano? (Schweiz)
Gest. 25. 4. 1869 in Mailand (Milano, Italien)
Muschelforscher

Stache, Guido
Geb. 28. 3. 1833 in Namslau (Namysłów, Polen)
Gest. 11. 4. 1921 in Wien
Geologe, Dir. der GRA 1892–1902

Stadler, Joseph
Mitbegründer des Geognost.-Montanist. Vereins, 1837 Direktor der Techn. Abteilung, Direktor der »k.k. Steiermärkisch-österreichischen Eisenwerks-Direction in Eisenerz«

Stamm, Ferdinand
Geb. 11. 5. 1813 in Orpus (aufgelassen; Böhmen, Tschechien)
Gest. 30. 7. 1880 in Pötzleinsdorf (NÖ, heute Wien)
Schriftsteller, Journalist, Politiker; 1860 Leiter der Bergwerke der Graz-Köflacher Eisenbahn, 1867 RR-Abg.

Stampfer, Simon
Geb. 26. 10. 1790 in Windischmatrei (Osttirol)
Gest. 10. 11. 1864 in Wien
Mathematiker, Physiker, Geodät, Astronom und Erfinder; 1847 w. Mitgl. der Akad. d. Wiss. in Wien

Stapff, Friedrich Moritz, Ing.
Geb. 26. 10. 1836 in Gerstungen (Sachsen-Weimar-Eisenach)
Gest. 17. 10. 1895 in Tanga (Dt.-Ostafrika, heute Tansania)
Geologe, Ing.

Starke, Georg Christian
Werkmeister, konstruiert ein Goniometer für das Polytechn. Inst. in Wien, evtl. zusammen mit seinem Sohn Gustav

Steindl
Vielleicht Steindl, Karl,
Edler von Tannenwald, Rittmeister, im Hofdienst.
Gehört zum Bekanntenkreis Hauers

Steingaß (Steingass), Franz Joseph
Neffe von Joseph Görres, übersiedelte 1851 von Frankfurt nach Wien,
dann Journalist und Mitarbeiter der Ztg. »Das Vaterland«, 1860–1861 Redakteur der Ztg. »Das Vaterland«

Steinhauser, Anton d. Ä.
(Vermutlich dieser und nicht Steinhauser Adolf, Ministerial-Sekretär)
Geb. 17. 11. 1802 in Wien
Gest. 15. 1. 1890 in Wien

Geograph, Kartograph und Ministerial-Beamter, ab 1862 wiss. Tätigkeit; 1866 Präs. der Österr. Geogr. Ges. in Wien

Stephan Victor, Eh.
Geb. 14. 9. 1817 in Ofen (Buda)
Gest. 19. 2. 1867 in Menton (bei Nizza)
Studium der Staatswissenschaften, Palatin Ungarns

Steudner, Hermann
Geb. 1. 9. 1832 in Greiffenberg (Gryfów Śląski, Schlesien, Polen)
Gest. 10. April 1863 in Waw (Sudan)
Schlesisch-preußischer, deutscher Natur- und Afrikaforscher, machte ab 1861 die Heuglin'sche Expedition mit

Stieger, Johann
Geb. 30. 11. 1808 in Bozen (Bolzano, Tirol, Italien)
Gest. 21. 1. 1884 in Klagenfurt
Dr. jur., 1861–1867 RR-Abg. (vermutlich dieser und nicht z.B. Joseph V. Stieger, geb. 1807 in Bozen)

Stoliczka (Stolitzka), Ferdinand
Geb. 28. 5. 1838 in Hochwald (Hukvaldy, Mähren, Tschechien)
Gest. 19. 6. 1874 in Murghi am Shayok (Himalaya)
Paläontologe, Geologe; 1860–1862 Geologe an der GRA, 1863–1874 Geologe des Geological Survey of India

Stockher (Stokher)
Vermutlich Stockher, Eduard
k.k. Hüttenverwalter in Eisenerz

Stoppani, Antonio
Geb. 15. 8. 1824 in Lecco (Lombardei)
Gest. 1. 1. 1891 in Mailand
Geologe, Paläontologe als Autodidakt; Geistlicher; 1858 korr. Mitgl. der GRA

Strauss, Fr. v.
Nicht zuordenbar

Streffleur, Valentin v.
Geb. 18. 2. 1808 in Wien
Gest. 5. 7. 1870 in Purkersdorf (NÖ)
Offizier, Publizist, Staatsbeamter, auch Geologe; militär. Lehrer Ks. Franz Josephs

Strohmaier
Richtig: Strohmayer Johann
Geb. 10. 12. 1827 in Regensburg
Gest. 26. 6. 1873 in Wien
Zeichner und Lithograph. Illustrator paläontologischer Arbeiten von Barrande, Reuss und Neumayer, nicht in der GRA beschäftigt (Zeichnungen)

Stubenrauch, Mori(t)z v.
Geb. 22. 9. 1811 in Wien
Gest. 31. 8. 1865 (Selbstmord) in Ober St. Veit, NÖ (heute Wien)
Rechtswissenschaftler, Politiker; Bibliothekar im jurid.-polit. Leseverein, 1848 Red. der »Wr. Ztg.«, 1849 o. Prof. an der Univ. Wien

Stur (Štúr), Dionys
Geb. 2. 4. 1827 in Beczkó (Slowakei)
Gest. 9. 10. 1893 in Wien
Geologe; 1854 korr. Mitgl., 1885–1892 3. Dir. der GRA

Sueß (Suess), Eduard
Geb. 20. 8. 1831 in London
Gest. 26. 4. 1914 in Wien
Geologe, Paläontologe
1854 korr. Mitgl. der GRA; 1860 korr. Mitgl., 1867 w. Mitgl., 1893–1898 Vizepräsident, 1898–1911 Präsident der Akad. d. Wiss. in Wien. Er berührt in seinen Erinnerungen das wissenschaftspolitische Umfeld und seine Kontakte zu Haidinger und der GRA.

Suttner, Johann
Geb. 30. 4. 1801 in Magersdorf bei Hollabrunn, NÖ.
Gest. 12. 10. 1875 in Wien
1849 1. Hausknecht im Mont. Museum, 1850 Kabinettsdiener in der Geol. Reichsanst; Entdecker der Molluskenfundstellen von Grund bei Hollabrunn, NÖ

Szabó, József
Geb. 14. 3. 1822 in Kalocsa (Ungarn)
Gest. 10. 4. 1894 in Pest
Prof. an der Univ. Budapest
1854 korr. Mitgl. der GRA

Szecsen de (Szécsen von) Temerin, Anton Gf.
Geb. 17. 10. 1819 in Pest
Gest. 23. 8. 1896 in Aussee
Obersthofmeister; 1860 ungar. Min. ohne Portefeuille, Mitgl. des vRR

Taaffe, Eduard Gf.
Geb. 24. 2. 1833 in Wien
Gest. 29. 11. 1895 in Ellischau, Nalžovské Hory (Böhmen, Tschechien)
Der konservative Sozialreformer aus irischem Uradel, Jugendfreund von Ks. Franz Joseph, trat 1852 in den österr. Staatsdienst, 1861 Statthaltereirat in Prag; u.a. 1867 und 1870 Innenmin., 1868 Kriegsmin.

Taffe s. Taaffe

Thaer, Albrecht
Geb. 14. 5. 1752 in Celle
Gest. 26. 10 1828 in Möglin/Wriezen a. d. O. (Deutschland)
Prof. in Berlin, Agronom, führte die Fruchtwechselwirtschaft ein

Theodor (wahrscheinlich der Vorname gemeint)
mit Pußwald (Pusswald) bei Hauer auf Besuch

Thierry, Adolph v.
Geb. 1803 in Kuttenberg (Kutná Hora, Böhmen, Tschechien)
Gest. 6. 11. 1867 in Wiesbaden
1859 Polizeimin.; 1860 Rücktritt und Mitgl. des st. RR

Thinnfeld, Ferdinand v.
Geb. 24. 4. 1793 in Graz
Gest. 8. 4. 1868 in Feistritz
Steirischer Bergwerks- und Großgrundbesitzer, Montanfachmann. Seit 1820 Schwager Haidingers; 1849 Minister für Landeskultur und Bergwesen

Thun-Hohenstein, Leo Graf
Geb. 7. 4. 1811 in Tetschen (Děčin, Böhmen, Tschechien)
Gest. 17. 12. 1888 in Wien
Österr. Staatsmann, 1849–1860 Min. für Kultus u. Unterr.; gemeinsam mit Exner und Bonitz Mitgestalter der österr. Unterrichtsreform;
1860 Ehrenmitgl. der Akad. d. Wiss. in Wien, Mitbegründer der Ztg. »Das Vaterland«

Tietze, Rosa
Tochter Hauers, verh. mit Emil Tietze (5. Dir. der GRA 1902–1918)

Todt
(aus Ungarn, vielleicht identisch mit Toth)

Tommasini, Muzio (Mutius) Giuseppe v.
Geb. 8. 6. 1794 in Triest
Gest. 31. 12. 1879 in Triest
Botaniker; 1839–1860 Bürgermeister v. Triest; Mitgl. der Zool.-bot. Ges.

Toni (»Oncle« Hauers)
Mit »Oncle« hat Hauer viell. scherzhaft seine Schwester Antonie bezeichnet, verh. mit Reinhold v. Reichenbach und Familienmitlglieder Unkhrechtsberg

Tóth s. Todt
Der Name Tóth ist in Ungarn verbreitet.
Es ist nicht zu entscheiden, ob es sich um Gabriel Prónay-Tóth, k. k. Kämmerer in Pest oder Stephan Korcsmáros-Tóth, Bergwerksbesitzer in Szentpeter handelt oder andere

Tschermak v. Seysenegg, Gustav
Geb. 19. 4. 1836 in Littau/Olmütz (Olomouc, Mähren)
Gest. 4. 5. 1927 in Wien
Mineraloge, Petrologe
1866 korr. Mitgl., 1875 w. Mitgl. der Akad. d. Wiss. in Wien

Tunner, Peter v.
Geb. 10. 5. 1809 in Feistritz (Dt. Feistritz, Stmk.)
Gest. 8. 6. 1897 in Leoben (Stmk.)
Montanist und Politiker; fachliche Studienreisen ins Ausland dienten der Verbesserung der österr. Eisenhüttentechnik

Unger, Franz
Geb. 30. 11. 1800 in Amthof bei Leutschach (Stmk.)
Gest. 12. 2. 1870 in Graz
Arzt, Botaniker, Zoologe, Paläontologe, Geologe, Prof. in Graz und Wien; 1847 w. Mitgl. der Akad. d. Wiss. in Wien, 1854 korr. Mitgl. der GRA

Unkhrechtsberg, Eduard Ritter von
Geb. 10. 7. 1797
Gest. 30. 3. 1870
Domherr und Astronom
War zeitweise Redemptorist, ab 1837 Kanoniker an der Kathedralkirche zu Olmütz, Domherr und Vorsteher der erzbischöfl. Seminars, ab 1867 zog er sich in das Redemptoristenkloster in Leoben zurück, in Olmütz baute er eine Sternwarte

Unkhrechtsberg, Karl Emanuel Ritter von
Gutsbesitzer in Sitzendorf
Mit Hauer über dessen beide Gattinnen verwandt

Unkhrechtsberg, Louise s. Hauer, Louise

Urban, Emanuel
Geb. 4. 11. 1821 in Freiberg, Mähren (Příbor, CZ)
Gest. 22. 4. 1901 in Troppau, Schlesien (Opava, CZ)

Pädagoge und Naturwissenschaftler, Leiter des Gymnasiums in Troppau und Besitzer einer einzigartigen Mineraliensammlung, Autor floristischer und faunistischer Themen
Briefwechsel von Troppau (Opava, Mähren) mit Hauer

Vach
Vielleicht Josef Vach (1830–1906), Kantor in Brünn

Vahlen, Johannes
Geb. 28. 9. 1830 in Bonn
Gest. 30. 11. 1911 in Berlin
Klass. Philologe; 1858 Prof. in Wien; 1860 korr. Mitgl., 1862 w. Mitgl. der Akad. d. Wiss. in Wien

Van der Nüll s. Nüll, Eduard

Vernier
Vermutlich Vernier de Rougemont Franz,
Freiherr von, k.k. wirkl. Kämmerer
Besichtigt mit Kriegsmin. Degenfeld im Mai 1861 die GRA

Vestenegg
Höherer Beamter (Hofrat)
Vermutlich Vestenegg, Moritz Franz Ritter von
Besitzer des Kohlebergwerkes Brezovica in Krain (Slowenien)

Villers, Alexander Heinrich v.
Geb. 12. 4. 1812 in Moskau
Gest. 16. 2. 1880 in Neulengbach (NÖ)
Sächsischer Diplomat (u.a. in Wien), Schriftsteller, Landwirt, Jurist, bekannt durch postum veröffentl. Briefe

Vincke, Georg
Geb. 15. 5. 1811 in Hagen, Westfalen
Gest. 3. 6. 1875 in Bad Oeynhausen
Verwaltungsjurist, Parlamentarier im preuss. Landtag, Liberaler
Aus westfälischem Adelsgeschlecht, wird von der GRA über Zeitungsartikel des »Vaterlandes« informiert

Vivenot, Rudolph v. (jun.)
Geb. 5. 10. 1833 in Wien
Gest. 7. 4. 1870 in Wien
Mediziner (Klimatologe) und Fachschriftsteller

Vivenot, Rudolph v. (sen.)
Geb. 3. 7. 1807 in Wien

Gest. 30. 6. 1884 in Gut Berghof (Lilienfeld, NÖ)
Mediziner

Vogelsang, Hermann
Geb. 11. 4. 1838 in Minden (Westfalen)
Gest. 6. 6. 1874 in Delft (Niederlande)
Geologe, 1864 habil. in Bonn, 1865 Prof. in Delft

Vogt, Carl
Geb. 5. 7. 1817 in Gießen (Hessen)
Gest. 5. 5. 1895 in Plainpalais (heute Gem. Genf)
Naturwissenschaftler, Zoologe und Paläontologe, Politiker; Ass. von Agassiz, 1848 an der Revolution beteiligt

Voigt, Christian August
Geb. 21. 8. 1808 in Brody (Galizien, Polen)
Gest. 10. 2. 1890 ebd.
Anatom, 1854 Prof. an der Univ. Krakau, 1861 an der Univ. Wien

Wagemann
Nicht zuordenbar

Waldersdorff, Gf. v
Rheinisches Adelsgeschlecht
Vielleicht Waldersdorff Eduard Graf
Besitzer des Schlosses Klafterbrunn in Niederösterreich

Warhanek, Wilhelm Friedrich
Pädagoge; Realschulprof., 2. Sekretär der Geogr. Ges. in Wien

Warhanek Carl (Carel Varhánek)
Geb. 30. 1. 1829 in Polná
Gest. 2. 2. 1900 in Wien
Tschech-österr. Konservenunternehmer

Weissmann, Johann
Jurist, Ministerialrat im Staats-Ministerium

Weiß, Josef
Inspektor für die Hochbauten, Ministerialrat im Handelsministerium

Wenzel (Pater)
Beichtvater der Fürstin Liechtenstein

Wertheim
Maschinenwesensbeamter in Altenberg

Weselsky, Philipp
(Vermutlich dieser)
Geb. 1828 in Saar (Žďár nad Sázavou, Mähren, Tschechien)
Gest. 1889 in Wien
Chemiker

Wibner
Nicht zuordenbar

Wichmann
(Anfang 1868 in Stettin)

Wickede (Baron)
dt. Adelsgeschlecht mit einigen Vertretern im Forstwesen

Wickenburg, Mathias Constantin Capello, Gf.
Geb. 16. 7. 1797 in Pesch bei Düsseldorf
Gest. 26. 10. 1880 in Bad Gleichenberg
Wirtschaftsfachmann und Politiker, 1861 Handelsminister

Wickof
Nicht zuordenbar

Wiebner s. Wiesner

Wiekede s. Wickede

Wiesner, Josef
k.k. Münz- und Bergwesensbuchhalter in Wien
Sitzungsteilnehmer bei den Versammlungen der Berg- und Hüttenmänner

Wilczek, Johann (Han[n]s) Nepomuk, Gf.
Geb. 7. 12. 1837 in Wien
Gest. 27. 1. 1922 in Wien
Mäzen und Sammler; 1884 Ehrenmitgl. der Akad. d. Wiss. in Wien

Wildhans
Bekannter von Karl Unkhrechtsberg

Willot, Juliette
Bekannte Hauers

Wimmer, (Franz?)
Faktor in der Staatdruckerei, wobei die »Zeichenabteilung« unter Wimmer stand.

Windakiewicz, Edward (?)
Nicht zuordenbar

Wirkner, Karl
Bruder des Hofrats Ludwig v. Wirkner

Wirkner, Ludwig v.
Geb. 1802 in Kaschau (Košice, damals Ungarn)
Gest. 18. 12. 1882 in Wien
Advokat, Hofrat; Günstling Metternichs als Fachmann in ung. Angelegenheiten

Woldrich, Johann Nepomuk
Geb. 15. 7. 1834 in Groß-Zdikau bei Prachatitz (Prachatice, Böhmen, Tschechien)
Gest. 3. 2. 1906 in Prag
Paläontologe

Wolf, Hptm.
Wolf, Heinrich
Geb. 21. 12. 1825 in Wien
Gest. 23. 10. 1882 in Wien
Zunächst Diener an der GRA, dann Studium am Polytechn. Inst.; 1854 korr. Mitgl., 1862 Geologe, 1877 Chefgeologe der GRA

Wüllerstorf-Urbair (Wüllersdorf), Bernhard v.
Geb. 29. 1. 1816 in Triest (Österr., heute Italien)
Gest. 10. August 1883 in Gries bei Bozen (Österr., heute Italien)
Marineoffizier, Leiter der Weltumseglung der Fregatte Novara 1857–1859; 1865-1867 k.k. Handelsminister, 1867 Ehrenmitgl. der Akad. d. Wiss. in Wien

Ypsilanti, Gregor, Fst.
Geb. 1835
Gest. 1886 in Paris
Griech. Gesandter in Wien

Zahn
Vermutlich Zahn, Joseph
Geb. 22. 10. 1831 in Großenzersdorf (Niederösterreich)
Gest. 9. 8. 1916 in Illenau bei Baden-Baden
Historiker, Fachschriftsteller, Archivar
1857–1859 Absolvent des Kurses des Instituts für Österr. Geschichtsforschung, 1861 Prof. der Pressburger Reichsakademie

Zang, August
Geb. 2. 8. 1807 in Wien
Gest. 4. 3. 1888 in Wien
Politiker, Zeitungs-Hg. (u.a. der von Hauer abgelehnten Ztg. »Die Presse«); Unternehmer, Erfinder (u.a. des Perkussionsgewehres)

Zeiner, Dr.
Nicht zuordenbar

Zenker
Vielleicht Zenger, C. W.
Lehrer der Physik am Gymnasium in Neusohl, Autor physikalischer Abhandlungen, übersendet seine Abhandlung

Zepharovich, Viktor Leopold v.
Geb. 13. 4. 1830 in Wien
Gest. 24. 2. 1890 in Prag
Mineraloge; 1854 korr. Mitgl. der GRA; 1865 korr. Mitgl., 1885 w. Mitgl. der Akad. d. Wiss. in Wien

Zichy, Edmund Gf. (Linie Carlburg)
Geb. 19. Juli 1811 in Wien
Gest. 27. Januar 1894 in Wien
Orientreisender, Kunstmäzen; Förderer des Museums für angewandte Kunst in Wien

Zincken (Zinken), Carl Friedrich Jacob (Sohn des Folgenden)
Geb. 19. 7. 1814 in Blankenburg (Harz)
Gest. 4. 2. 1894 in Leipzig (Sachsen)
Metallurg, Ing., Braunkohlen-Fachmann

Zincken (Zinken), Johann Ludwig Carl (Vater des Vorigen)
Geb. 13. 6. 1791 in Seesen (Harz/damals Hzt. Braunschweig)
Gest. 19. 3. 1862 in Bernburg (heute Sachsen-Anhalt)
Mineraloge und Bergbaudirektor

Zipfl, Ernest
Fürstlich Liechtenstein'scher Wirtschaftsrat

Zippe, Franz Xaver M.
Geb. 15. 1. 1791 in Nieder Falkenau (Kytlice, Böhmen, Tschechien)
Gest. 22. 2. 1863 in Wien
Mineraloge; 1847 w. Mitgl. der Akad. d. Wiss. in Wien

Zipser, Christian Andreas
Geb. 25. 11. 1783 in Györ (Ungarn)

Gest. 20. 2. 1864 in Neusohl (heute Banská Bystrica, Slowakei)
Mineraloge, Paläontologe

Zirkel, Ferdinand
Geb. 20. 5. 1838 in Bonn
Gest. 11. 6. 1912 in Bonn
dt. Mineraloge, Geologe; 1861–1862 an der GRA, 1867 ebd. korr. Mitgl.; 1883 korr. Mitgl. der Akad. d. Wiss. in Wien

Zittel, Karl Alfred v.
Geb. 25. 9. 1839 in Bahlingen (Baden)
Gest. 5. 1. 1904 in München
Paläontologe; Prof. d. Geol. an der Univ. München; 1861/62 korr. Mitgl. der GRA, 1900 korr. Mitgl. der Akad. d. Wiss. in Wien; Präs. der Bayer. Akad. d. Wiss.

Zollikofer, Theobald v.
Geb. 17. 8. 1828 in St. Gallen (Schweiz)
Gest. 19. 10. 1862 in Graz
Geologe

Zredenyi
Hofrat
Vielleicht auch: Zsedényi, Eduard
Geb. 18. 3. 1803 in Leutschach in der Zips
Gest. 20. 2. 1879 in Pest
Ab 1833 Abgeordneter des Zipser Komitats, Sekretär der Ungar. Hofkanzlei bis 1861, später ab 1875 im ungar. Reichstag tätig

Zsigmondy (Zsigmondi), Wilhelm (Vilmos)
Geb. 14. Mai 1821 in Preßburg (Bratislava, Slowakei)
Gest. 21. 12. 1888 in Budapest
Bergbauingenieur, Geologe; korr. Mitgl. der ungar. Akad d. Wiss., Mitgl. des Baurates Budapests, Abg. des Parlaments

Bibliographie

Archivalien

AVA (Österreichisches Staatsarchiv, Allgemeines Verwaltungsarchiv), Wien

Nachlass Feuchtersleben Memoire I (undatiert, aber vor 1849!) Nr. 24/51.

Karton 73b, Nr. 3443/MI – 252 1853, Haidinger an Bach, 22. Mai 1853.

Präs. Akten; K 73 b, Promemoire Foetterle, 22. Nov. 1857, 3380 58, Nr. 5, fol. 74–84.

Präs. Akten; K 73, Vortrag Bach, 17. April 1858, 7450 59, Zl. 3380/M.I.

Präs. Akten; K 73, 7450 59, Zl. 3380/M.I.

Innenministerium, Präs. Akten des I.M., Konzept zum Vortrag von Gołuchowski vom 20.5.1860, Zl. 1560.

Praes. –Akten – 2, Prot. 3488, Vortrag vom 28. 4. 1861.

Zl. 3072; Gołuchowski an Plener, 26. 9. 1860. Port. Nr. 3072/2.

Unterrichtsministerium 1848–1940, Fasz. 2983, Z 1395, Thinnfeld an das Ministerium für Kultus und Unterricht, 4. Jänner 1850.

HHStA (Österreichisches Haus-, Hof- und Staatsarchiv)

Ministerrat 1849,

K 10; Zl 3671, »Vortrag des Ministers für Landes Cultur und Bergwesen ddte 19 Novemb 849 mit dem Antrage auf Ernennung des Bergrathes Wilhelm Haidinger zum Direktor vom 15 d Mts neu gegründeten geologischen Reichsanstalt«, 19. Nov. 1849.

StA, 1853; M.C. K 6-2, Auszug aus dem Protokoll der Minister-Konferenz vom 2. April 1853.

StA, K.Z. 1858, K 4, Zl. 798 ex 58, Vortrag von Bach, 8. 3. 1858.

StA, 1853, M.C.; K 6-2, Auszug aus dem Protokoll, 2. 4. 1853.

StA, 1853; M.C. K 6-2. Auszug aus dem Protokoll der Minister-Konferenz.

Kabinettsarchiv K 42 a, Protokoll XX, 18. Februar 1860.

Kab. Kanzlei, KZ, 1648 aus 1860.

Kab. Kanzlei, KZ. 1339/1861.

VRR – K1, Mappe 5/I, 2. Juni 1860. Mappe 5/I, Akt 4, fol. 4v.

Akademie der Wissenschaften Wien

AÖAW, GRA, Aktenarchiv, Akt Nr. 1-24

AÖAW, Allg. Akten, No. 482/1848, Hofkanzlei (Pillersdorf) an das Präsidium der Akademie der Wissenschaften, 6. 4. 1848.

AÖAW, Protokolle der Gesamtsitzungen, 1848–1868.

Universitätsbibliothek Wien

Manuscripta 512 [neue Signatur I 165.760] fol. 1–75.

Wilhelm Haidingers Lebenserinnerungen. Abschrift eines Briefs von Haidinger an Fürst Metternich, 21. April 1846, Beilage zu: Wilhelm Haidingers Lebenserinnerungen, UB Wien, Manuscripta 512, neue Signatur I 165.760 fol. 15r.

Haidinger an Unbekannt, (7. Mai 1846), Beilage 4 zu Wilhelm Haidingers Lebenserinnerungen, fol. 64r. UB Wien, Manuscripta 512, neue Signatur I 165.760, fol 32r.

Archiv der Universität Wien UAW

Autographen Sammlung 151.273, 131.33. Vier Briefe Darwins an Anton Kerner (1869–1876).

Institut für Pflanzenwissenschaften Graz

Nachlass Franz Unger, Notiz von Unger, Teilnachlass Ungers.

Geologische Bundesanstalt, Bibliothek und Wissenschaftliches Archiv

Inv. Nr. A 00077-TB Hauer, Tagebücher Franz Hauers (1839–1885) insgesamt 32 Bände.
155 Briefe von Wilhelm Haidinger an Franz Hauer (1846–1850)
Inv. Nr. A 004-BM Franz-Hauer-Nachlass
Brief von Hauer an Hingenau, 22. Jan. 1849 (K1 neu),
Brief Franz Hauers an Warington W. Smyth, 21. November 1849.
Brief von Carl Hauer an Franz Hauer, 6. August 1859.
Brief von Hingenau an Hauer, 10. Juli 1860.
Brief von Foetterle an Hauer Franz, 23. Juni 1860.
Brief von Karl Hauer an Franz Hauer, 13. August 1860.
Inv.-Nr. A 00209- B27, Brief Johann Cžjžeks an Hauer, 30. Nov. 1846.
Inv.-Nr. A 00209-B 37, Brief Johann Cžjžeks an Hauer, 10. Februar. 1854.
Inv.-Nr. A00209-B 27, Brief Johann Cžjžek [in den Quellen oft nur Czjzeks geschrieben] an Hauer, 22. 5. 1853.
Inv.-Nr. A 00209-B 37, Briefe Foetterles an Hauer, (Wien, 22. September 1850)
Inv.-Nr. A 00209-B 37, Brief Foetterles an Hauer, o. Datum.
Inv.-Nr. A 00209-B 37, Brief Franz Hauers an Foetterle, Steyr 27. Juni 1850.
Inv.-Nr. A 00209-B 37, Brief Foetterles an Hauer, 8. August 1852.
Inv.-Nr. A 00209-B 37, Brief Foetterles an Hauer, 7. Juli 1856.
Inv. -Nr. A 00209-B 77, Brief Franz Hauers an Johann Kudernatsch, Wien, 1. Jänner 1850.
Inv.-Nr. A 00209-B 115, Brief Foetterles an Pettko, Wien 25. Februar 1851.
Inv.-Nr. A 00209-B 141, Brief Sturs an Hauer, 24. Juni 1854. 426
Inv. -Nr. A00209-B.112, Brief von Carl Peters an Franz Hauer, Klagenfurt, 10. Juli 1854.
Inv.-Nr. A 00071-TB, Tagebuch Johann Cžjžeks 1854.
Abschrift aus dem AVA, K 73b, I.M. Praesent. Nr. 3976/M.I. 1072 de 854 in der Geologischen Bundesanstalt, unter GBA, Archiv, Briefe, »Baumgartner«

Wienbibliothek im Rathaus, Handschriften und Nachlässe

Nachlass Günther Hamann, Archivbox 17, 4.112.13.
Abschrift eines Briefes an Peter Merian im Besitz von Prof. Kühn, der an Prof. Hamann überging.

Staatsbibliothek München, Handschriftensammlung

Martusiana II, Brief Ungers an Martius, 25. Juli 1848,

ETH Zürich, Bibliothek und Archiv

Nachlass Escher, Brief Eduard Suess' an Arnold Escher von der Linth, Wien, 12. Februar 1854.

Geological Society in London

Briefe von Haidinger an Murchison (1847 bis 1871). GSL/L/R/11/218, 223, 338, GSL/L/R/12/62.

Darwin Correspondence Project (online)

Kerner DCP-LETT-11768F.

Charles Darwin an Hugh Falconer, 25/26.8.1863, DCP-LETT-4277.

Hugh Falconer an Charles Darwin, 24. August 1863 und 29. August 1863, DCP-LETT-473 A und DCP-LETT-4284.

Darwin Correspondence Project, online, Photograph Album, of German and Austrian Scientists. EH 88202652

Korrespondenz Leo Thun Hohensteins, online, A3 XXI D593.

Brief Hingenaus an Minister Leo Thun-Hohenstein vom 20. Juni 1860

Primärliteratur

Zeitungsberichte

[Anonymus], Naturwissenschaftliche Gesellschaft. Auf Anregung des Professors Ettingshausen und des Bergrathes Haidinger soll sich hier ein Verein bilden mit Tendenz zur Pflege der verschiedenen naturwissenschaftlichen Fächer. In: Beilage zu den Sonntagsblättern der Wiener Zeitung, Nr. 50, 14. Dezember 1845, S. 21 (= S. 1167).

[Anonymus], Wien. Augsburger Zeitung, 29. Juni, Beilage zu Nr. 181, 1860, S. 3021.

[Anonymus], Die Vereinigung der geologischen Reichsanstalt mit der kaiserlichen Akademie der Wissenschaften. In: Augsburger Allgemeine Zeitung, Beilage Nr. 181, 29. Juni 1860.

[Anonymus, vermutlich Hauer], Wien, 30. Juni. In: Augsburger Zeitung, Beilage zu Nr. 188, Freitag, 6. Juli (1860), S. 31 –42.

[Anonymus, wohl Franz Hauer], Reichsrathssitzung vom 14. September. Fortsetzung der Berathung des Etats des Ministeriums des Innern. In: Allgemeine Zeitung, Dienstag, 18. September, 1860, Nr. 262, S. 4343.

[Anonymus], Verhandlungen des Verstärkten Reichsrathes. Sitzung vom 14. September 1860. In: Wiener Zeitung, Nr. 220, Mittwoch, 19. September 1860, Titelseite, S. 3689–3692.

[Anonymus], Der Verstärkte Reichsrath. In: Die Presse, Nr. 232, Samstag, 15. September, 1860, Titelseite.

[Anonymus, Hauer], Reichsrathssitzung vom 14. September. Fortsetzung der Berathung des Etats des Ministeriums des Innern. In: Allgemeine Zeitung, Dienstag, 18. September 1860, Nr. 262, S. 4343.

[Karl Hauer], Die geologische Reichsanstalt. In: Ost-Deutsche Post, Nr. 266 (1860). Dienstag, 25. September 1860, S. 3.

Anonymus, Hauer], Wissenschaftliches Leben in Wien. In: Das Vaterland. Zeitung für die österreichische Monarchie, Nr. 32, Sonntag, 7. Oktober 1860, S. 5.

[Anonymus, Hauer], Wissenschaftliches Leben in Wien. In: Das Vaterland. Zeitung für die österreichische Monarchie, 1. Jg., Nr. 32, Beilage, Sonntag, 7. Oktober 1860, S. 6.

[Anonymus / Hingenau], Wissenschaftliches Leben in Wien. In: Das Vaterland, Nr. 38, Beilage, 12. Oktober 1860, S. 4 und 5.

[Hauer], Wissenschaftliches Leben in Wien. In: Das Vaterland, Beilage zu Nr. 38, 14. Oktober 1860, S. 5.

[Anonymus], Feuilleton. Ein Besuch in der Akademie der Wissenschaften. In: Ost-Deutsche Post, Nr. 286, 12. Jg., 14. Oktober 1860, S. 1.

[Anonymus], Die geologische Reichs-Anstalt und der Verstärkte Reichsrath in Wien. In: Der Berggeist: Zeitung für Berg-, Hüttenwesen und Industrie, Nr. 77, 78, 79, 80, V. Jg., 1860, S. 627–628, 638–639, 645–646, 653–654.

[Anonymus, Hauer], Wiener Nachrichten, 15. October. In: Die Presse, 13. Jg., Nr. 263, Dienstag, 16. Oktober 1860, S. 4.

[Hingenau], Zur Staatsschuldenfrage. Wien, 15. Oct. In: Das Vaterland. Zeitung für die österreichische Monarchie. 1. Jg., Nr. 40, S. 1, 16. Oktober 1860.

[Anonymus], Das neue Aktenstück über die Verfassung. In: Allgemeine Zeitung, Nr. 295, 21. Oktober 1860, S. 4897.

[Franz von Hauer], Neuere montanistische Literatur. Zeitschrift für Bergrecht, redigirt und herausgegeben von H. Brassert und Dr. H. Aschenbach (1860). Und: Der Berggeist. Zeitung für Berg-, Hüttenwesen und Industrie, 5. Jg. 1860. In: Wiener Zeitung, Nr, 252 (1860), S. 4292.

[Franz Hauer], Wien, im Oktober. In: Allgemeine Zeitung, Beilage zu Nr. 297, 23. Oktober 1860, S. 4926.

[Franz Hauer], Wien 24. Oktober. In: Allgemeine Zeitung, Nr. 301, 27. Oktober 1860, S. 4984.

[Anonymus, wohl Hingenau], Wissenschaftliches Leben in Wien. In: Beilage zur Nr. 53. Das Vaterland, 30. Oktober 1860.

[Franz Hauer], Wissenschaftliches Leben in Wien. In: Das Vaterland, Beilage zur Nr. 57, 4. November 1860.

[Franz Hauer], Wissenschaftliches Leben in Wien. In: Das Vaterland, Beilage zur Nr. 57, 4. November 1860.

[Anonymus], Tags-Neuigkeiten. Wien. In: Fremden-Blatt, XIV: Jg., Nr. 309, 7. November 1860, S. 2.

[Anonymus], Wiener Nachrichten. In: Die Presse, 13. Jg., Nr. 288, 10. November 1860, S. 4

[Anonymus], Wissenschaftliches Leben in Wien. In: Das Vaterland. Beilage zu Nr. 63, 11. November 1860, S. 5–6.

[Anonymus], Wissenschaftliches Leben in Wien. In: Das Vaterland. Beilage zu Nr. 68, 18. November 1860, S. 6f.

[Anonymus], Wiener Zeitung, Nr. 273, 21. November 1860, S. 1;

[Anonymus], Das Vaterland, 1. Jg., 22. November 1860, Nr. 74, S. 5.

[Anonymus, Hauer], Wissenschaftliches Leben in Wien. In: Das Vaterland, 1. Jg., Nr. 85, 8. Dezember 1860, S. 1–2.

[Anonymus], Wiener Nachrichten. In: Die Presse, 12. Dezember 1860, 13. Jg., Nr. 319, S. 4.

[Chronik], (Geologische Reichsanstalt). In: Die Presse, Abendblatt, 13. Jg., Nr. 319, 12. Dezember 1860, S. 9–10.

[Anonymus], Wiener Nachrichten, in: Die Presse, 12. Dezember 1860, 13. Jg., Nr. 319.

[Franz Hauer], Neuste Posten Wien. In: Allgemeine Zeitung, 25. Dezember 1860, Nr. 361, S. 5969.

[Anonymus], Zur Lage des deutschen Kaiserstaates und zu den Finanzvorschlägen. In: Allgemeine Zeitung, Br. 364, 30. Dezember 1860, S. 1.

[Franz Hauer], Wissenschaftliches Leben in Wien, In: Das Vaterland. 1. Jg., Nr. 101, 30. Dezember 1860, S. 1.

[Franz Hauer], Wissenschaftliches Leben in Wien. In: Das Vaterland, II. Jg., Nr. 6, 6. Jänner 1861, S. 1.

[Franz Hauer], Wissenschaftliches Leben in Wien. In: Das Vaterland, 2. Jg., Nr. 11, 13. Jänner 1861, S. 429

[Franz Hauer], Wissenschaftliches Leben in Wien. In: Das Vaterland, Beilage, 2. Jg., Nr. 18, 22. Jänner 1861, S. 5.

[Franz Hauer], Wissenschaftliches Leben in Wien. In: Das Vaterland, 2. Jg., Nr. 22, 26. Jänner 1861.

[Franz Hauer], Wissenschaftliches Leben in Wien. In: Das Vaterland, Jg. II, Nr. 28, Samstag, 2. Februar 1861, S. 1–2.

[Anonymus, Hauer], Wissenschaftliches Leben in Wien. In: Das Vaterland, 2. Jg., Nr. 33, Samstag, 9. Februar 1861, S. 1.

[Franz Hauer], Wissenschaftliches Leben in Wien, Das Vaterland, Beilage, 2. Jg., Nr. 45, Samstag, 23. Februar, S. 5.

[Erlässe], Wiener Zeitung, Nr. 48, Mittwoch, 27. Februar 1861, S. 705–707.

[Anonymus], Vereinsnachrichten. In: Verhandlungen und Mittheilungen des siebenbürgischen Vereines für Naturwissenschaften zu Hermannstadt, Jg. XI, Nr. 10 (1860), S. 206.

[Franz Hauer], Wissenschaftliches Leben in Wien. In: Das Vaterland, Beilage, Jg. II., Nr. 58, 10. März 1861, S. 5–6.

[Anonymus], Aus den Sitzungen der k.k. geologischen Reichsanstalt vom 15. und 29. Jänner, Wiener Zeitung, Nr. 55, 7. März 1861, S. 829–830 und Nr. 56, 8. März 1861, S. 841–842.

[Anonymus], Bericht. In: Der Berggeist. Zeitung für Berg- und Hüttenwesen und Industrie, VI. Jg., Nr. 20 (1861), S. 168–169.

[Schrötter], VIII. Sitzung vom 14. März 1861. In: Sitzungsberichte der Akademie der Wissenschaften, math.-naturw. Klasse 43 (1861), S. 247–250.

[Anonymus], Der Verein zur Verbreitung naturwissenschaftlicher Kenntnisse. In: Wiener Zeitung, Nr. 64, 17. März 1861, S. 970.

[Anonymus], Wien. In: Beilage zur Allgemeinen Zeitung, Nr. 81, 22. März 1861, S. 1323–1324.

[Anonymus], Aus der Sitzung der geologischen Reichsanstalt. In: Wiener Zeitung, Nr. 72, 28. März 1861, S. 1118–1119.

[Franz Hauer], Wissenschaftliches Leben in Wien. In: Das Vaterland, 2. Jg., Nr. 80, 7. April 1861, S. 1.

[Anonymus], »Über die gestrigen Straßendemonstrationen«. In: Das Vaterland, Nr. 89, 18. April 1861, S. 3.

[Anonymus], »Über die gestrigen Straßendemonstrationen«. In: Das Vaterland, Nr. 89, 18. April 1861, S. 3.

[Franz Hauer], Naturwissenschaftliches Leben in Wien. In: Das Vaterland, Nr. 92, 21. April 1861, S. 5.

[Anonymus, Stache], Naturwissenschaftliches Leben in Wien. In: Das Vaterland, Beilage zur Nr. 121, Sonntag, 26. Mai 1861, S. 5.

[Karl Hauer], Erinnerungen aus dem Gebiete der Chemie. Die Darstellung der Metalle. In: Wiener Zeitung, Nr. 241, Freitag, 12. Oktober 1861 (1861), S. 4111–4113.

[Franz Hauer], Der Fortschritt der geologischen Landesaufnahmen in Großbritannien und Britisch-Indien. In: Wiener Zeitung, Nr. 243, Montag, 21. Oktober 1861, Abendblatt, S. 3833 und 3834 bzw. 9 und 10.

[Anonymus], Sitzungsbericht, Kaiserliche Akademie der Wissenschaften, Sitzung der math.-naturw. Klasse am 14. November 1861. In: Wiener Zeitung, Nr. 268, 20. November 1861, S. 4243.

[Anonymus], Naturwissenschaftliches Leben in Wien. In: Das Vaterland, Beilage, Nr. 267, vom Sonntag, 17. November 1861, S. 5.

[Anonymus] Geologische Reichsanstalt. Sitzung vom 18. Februar 1866. In: Neue Freie Presse Nr. 890, Abendblatt, Wien 1867, S. 16.

[Anonymus], Bernhard v. Cotta. In: Wiener Zeitung, Nr. 28, 1. Februar 1868, S. 361 bzw. S 3.

[Anonymus], Die Reform der Akademie, 3. Juni. In: Die Presse, 21. Jg. Nr. 153, 4. Juni 1868, S. 1–2.

Gedruckte Primärliteratur

Johann Christoph Adelung, Grammatisch-kritisches Wörterbuch der hochdeutschen Mundart (Wien 1811).

Allgemeines Reichs-Gesetz- und Regierungsblatt für das Kaiserthum Oesterreich, ausgegeben und versendet am 9. März 1850. 57: Bekanntmachung des Ministeriums für Landescultur und Bergwesen vom 1. December 1849.

[Anonymus], Ausführliche Darstellung des Kartenspiels Boston, zum Selbstunterricht (Wien 1847).

Moriz Becker, Ueber die geographischen Bedingungen der Civilisation. Bericht über die Versammlungen der kaiserl. königl. Geographischen Gesellschaft. In: Mittheilungen der Geographischen Gesellschaft Wien 5 (1861), S. 29.

Charles Boner, Siebenbürgen. Land und Leute (Leipzig 1868) (übersetzt aus dem Engl. 1865).

Christoph Ludwig Otto Buchner, Die Feuermeteore, insbesondere die Meteoriten, historisch-naturwissenschaftlich betrachtet (Gießen 1859).

Bartholomäus von Carneri, Das moderne Faustrecht. Ein Aufruf (Wien 1860).

Commission des hohen Ministeriums des Inneren (Ed.), Das Wasser in und um Wien rücksichtlich seiner Eignung zum Trinken und zu anderen häuslichen Zwecken. Nach dem Bericht der von dem hohen Ministerium des Inneren zum Behufe der Untersuchung eingesetzten Commission (Wien 1860).

Bernhard von Cotta, Über die Eisenlagerstätten von Kovászna. In: Österreichische Zeitschrift für Berg- und Hüttenwesen, IX. Bd. (1861).

Johann Cžjžek, Dionysius Stur [Štúr] und F. Orlitschek (Künstler), Geologische Karte der Umgebung Wiens's (Artaria, Wien 1860).

Charles Darwin, Naturwissenschaftliche Reise, übersetzt von Ernst Dieffenbach (Braunschweig 1844).

Charles Darwin, On the Origin of Species by Means of Natural Selection, or the Preservation of Favoured Races in the Struggle for Life (London 1860).

Charles Darwin, Die Entstehung der Arten im Thier- und Pflanzen-Reich durch natürliche Züchtung, oder, Erhaltung der vollkommneten Rassen im Kampfe um's Daseyn, übersetzt von H. G. Bronn (Schweizerbart: Stuttgart 1860). Diese Übersetzung folgte der zweiten Auflage des englischen Werkes.

Adolphe d'Archiac, Histoire des progrès de la géologie de 1834 à 1859 (Paris 1847–1860), 8 Bände.

Gabriel Auguste Daubrée, Syntatical studies and experiments on metamorphism and on the formation of crystalline rocks, Bd. 1 (1860–1861).

Alcide d'Orbigny, Foraminifères fossiles du Bassin tertiaire de Vienne (Autriche) découverts par son excellence le chevalier Joseph de Hauer (Paris 1846).

F. H. Elliott, Verbesserte Gehäuse für Aneroid-Barometer, aus London Journal of Arts, August 1861, S. 74. In: Polytechnisches Journal, Bd. 162, Nr. XXXVIII (1861), S. 117.

Constantin von Ettingshausen, Berichte über die Untersuchung von Fundorten tertiärer Pflanzen aus dem Kaiserthum Österreich. In: Jahrbuch der k.k. geologischen Reichsanstalt 1 (1850), S. 679–684.

Franz Foetterle, Geologischer Atlas des österreichischen Kaiserstaates (Gotha 1860).

Hanns Bruno Geinitz (Ed.), Dyas oder die Zechsteinformation und das Rothliegende (Leipzig 1861).

Carl von Greissing, Die Mineralquellen zu Zaizon in Siebenbürgen (Wien 1855).

Joseph von Greissing, Joseph Miller und Peter Schnell, Analyse der Ferdinands-Quelle in Zaizon. Vorgenommen im Jahre 1845 (Kronstadt o. J.).

Johann Wolfgang von Goethe, Aus meinem Leben. Dichtung und Wahrheit, 3 Bde. (Tübingen 1811–1814).

Robert P Greg, Oberservations on meteorolites or aerolites, considered geographically, statistically, and cosmically; accompanied by a complete catalogue. In: Philosophical Magazine and Journal of Science 8 (1854), S. 329–342, 449–463.

Carl Wilhelm Gümbel, Geognostische Beschreibung des Königreichs Bayern. Erste Abteilung (Gotha 1861).

Carl Wilhelm Gümbel, Die Dachsteinbivalve (Megalodon triqueter) und ihre alpinen Verwandten. In: Sitzungsberichte der Akademie der Wissenschaften, math.-nat. Cl., Abt. I/ 45 (1862), S. 325–377 und 432.

Carl Wilhelm Gümbel, Geognostische Beschreibung des Königreiche Bayern. 2. Abt. Geognostische Beschreibung des bayerischen Alpengebirges und seines Vorlandes. 1. Abt. Geognostische Beschreibung des ostbayerischen Grenzgebietes oder des bayerischen und Oberpfälzer Waldgebietes (Gotha 1868).

Franz Güssmann, Lithophylacium Mitisianum (Wien 1785).

Carl Haidinger Eintheilung der k.k. Naturaliensammlung in Wien (Wien 1782).

Carl Haidinger, Systematische Eintheilung der Gebirgsarten. (Wien 1787).

Wilhelm von Haidinger, Ueber den Sternbergit, eine neue Mineralspecies. (Auszug aus dem Edinburgh Journal VII, 242. In: J. C. Poggendorff (Leipzig 1827), S. 483–486.

Wilhelm Haidinger, Anfangsgründe der Mineralogie. Zum Gebrauche bei Vorlesungen (Leipzig 1829).

Wilhelm von Haidinger, Ueber das directe Erkennen des polarisierten Lichtes und der Lage der Polarisationsebene. In: Annalen der Physik und Chemie, Bd. LXIII, Heft 9 (1844), S. 29–39.

Wilhelm Haidinger, Nachricht über das im Arvaer Komitat aufgefundene Meteoreisen. In: Wiener Zeitung vom 17. April 1844, S. 675.

Wilhelm Haidinger, Wissenschaftliche Nachrichten. Geologie, Mathematik, Naturwissenschaftliche Jahresberichte. In: Österreichische Kaiserliche Privilegierte Wiener Zeitung Nr. 125 (Wien 1846), 6. Mai, S. 3.

Wilhelm Haidinger, Salzburg Erdbeben. In: Wiener Zeitung, 23. Juli 1845, S. 3.

Wilhelm Haidinger, Naturwissenschaftliche Abhandlungen 1, Vorwort (Wien 1847).

Wilhelm Haidinger, Meteoreisen von Braunau. Berichte über die Meteoreisen in Braunau. In: Mitteilungen von Freunden der Naturwissenschaften in Wien, Bd. 3 (1847), S. 302–304 und 378–379.

Wilhelm Haidinger, 3. Versammlung am 16. Juli. In: Berichte über die Mittheilungen von Freunden der Naturwissenschaften in Wien, Bd. 3, Nr. 1-6 (1848), S. 65–83.

Wilhelm von Haidinger (Ed.), Naturwissenschaftliche Abhandlungen, gesammelt und durch Subscription herausgegeben, 4 Bde. (Wien 1847–1850).

Wilhelm Haidinger, Berichte über die Mittheilungen von Freunden der Naturwissenschaften in Wien, 7 Bde. (Wien 1846–1852).

Wilhelm Haidinger: Die Aufgabe des Sommers 1850 für die k.k. geologische Reichsanstalt in der geologischen Durchforschung des Landes. In: Jahrbuch der k.k. geologischen Reichsanstalt 1 (1850), S. 6–16.

Wilhelm Haidinger, Vorwort. In: Berichte über die Mittheilungen von Freunden der Naturwissenschaft In Wien (Wien 1851).

Wilhelm Haidinger, Der Meteorit von Kakova bei Oravitza. In: Sitzungsberichte der kaiserl. Akademie der Wissenschaften in Wien, math.-naturw. Kl. 34 (1859), S. 11–21.

Wilhelm Haidinger, Die Meteoriten des k.k. Hof-Mineralien-Cabinets am Jänner 1859 chronologisch geordnet. In: Sitzungsberichte der kaiserl. Akademie der Wissenschaften math.-naturw. Kl. 34 (1859), S. 21–26.

Wilhelm Haidinger, Der Meteoreisenfall von Hraschina bei Agram am 26. Mai 1751. In: Sitzungsberichte der kaiserl. Akademie der Wissenschaften, math-naturw. Kl. 35 (1859), S. 361–388.

Wilhelm Haidinger, der Meteorit von Shalka in Bancoorah und der Piddingtonit. In: Sitzungsberichte der kaiserl. Akademie der Wissenschaften, math.-naturw. Kl. 41 (1860), S. 251–260.

Wilhelm Haidinger, Die Calcutta-Meteoriten, von Shalka, Futtehpore, Pegu, Assam und Segowlee im k.k. Hof-Mineralien-Cabinete. In: Sitzungsberichte der kaiserl. Akademie der Wissenschaften, math-naturw. Kl. 41 (1860), S. 745–758.

[Wilhelm Haidinger], Sitzungsberichte. In: Jahrbuch der kaiserlichen und königlichen geologischen Reichsanstalt, 11. Bd. (1860), S. 115–134.

Wilhelm von Haidinger, Die Meteoritenfälle von Quenggonk bei Bassein in Pegua und Dhurmsale im Punjab. In: Sitzungsberichte der kaiserl. Akademie der Wissenschaften in Wien, math.-naturw. Kl. 42 (1860), S. 293, 301–306.

Wilhelm von Haidinger, Eine Leitform der Meteoriten. In: Sitzungsberichte der kaiserl. Akademie der Wissenschaften, math.-naturw. Kl. 40 (1860), S. 530–533.

Wilhelm Haidinger, Der Meteorit von Yatoor bei Nellore in Hindostan. In: Sitzungsberichte der kaiserl. Akademie der Wissenschaften, math.-naturw. Kl. 44 (1861), S. 73–74.

Wilhelm Haidinger, Der Meteorit von Dhurmsala im k.k. Hof-Mineraliencabinet, ein Geschenk von dem kön. grossbritannischen Vicekönig und Generalgouverneur von Indien, Lord Viscount Canning. In: Sitzungsberichte der kaiserl. Akademie der Wissenschaften, mathem-naturw. Kl. 44/2 (1861), S. 285–288.
Wilhelm Haidinger, Die Erdbeben und Schallerscheinungen der Umgebung von Litschau. Berichte von Herrn Franz Rauscher in Josephsthal. In: Mittheilungen der kais.-königl. Geographischen Gesellschaft, V. Jg. (1861), S. 34–40.
Wilhelm Haidinger, Zur Erinnerung an Ferdinand Freiherr von Thinnfeld. In: Jahrbuch der k.k. geologischen Reichsanstalt Bd. 18 (1868), S. 321–336.
Wilhelm Haidinger, Vorwort. In: Jahrbuch der k.k. geologischen Reichsanstalt 11 (1860), S. III–VI.
Wilhelm Haidinger, Das Kaiserlich-Königliche Montanistische Museum und die Freunde der Naturwissenschaften in Wien in den Jahren 1840 bis 1850. Erinnerungen an die Vorarbeiten zur Gründung der Kaiserlich-Königlichen Geologischen Reichs-Anstalt (Wien 1869).
Wilhelm Haidinger, Der 8. November 1845. Jubel-Erinnerungstage. Rückblick auf die Jahre 1845 bis 1870 (Wien 1870).
Joseph Hammer-Purgstall, Erinnerungen aus meinem Leben, ed. von Walter Höflechner, Alexandra Wagner, Gerit Koitz-Arko. Publikationen aus dem Archiv der Universität Graz, ed. von Alois Kernbauer (Graz 2018).
Carl Friedrich Alexander Hartmann, Lehrbuch der Mineralogie und Geologie: zum Gebrauche für Höhere Lehranstalten und zum Selbstunterricht für jeden Gebildeten (Nürnberg 1836).
Carl Friedrich Alexander Hartmann, Handwörterbuch der Berg-, Hütten- und Salzwerkkunde, der Mineralogie und Geognosie, 3 Bände (Weimar 1859–1860).
[Franz Hauer], Wissenschaftliche Nachrichten. Versammlung der Naturwissenschaften in Wien. Mineralogie, Geologie, Chemie, Botanik. In: Die Wiener Zeitung, 27. November 1846, S. 2653.
Franz Hauer, Beiträge zur Kenntnis der Cephalopoden-Fauna der Hallstaetter Schichten. In: Denkschriften der Akademie der Wissenschaften, math.-naturw. Kl. 9/1 (1855), S. 141–166.
Franz von Hauer, Nachträge zur Kenntnis der Cephalopoden-Fauna der Hallstätter Schichten. In: Sitzungsberichte der Akademie der Wissenschaften, math-naturw. Kl. 41 (1860), S.113–150.
Franz von Hauer, Die Geologie und ihre Pflege in Österreich. In: Almanach der kaiserlichen Akademie der Wissenschaften in Wien, 11. Jg. (Wien 1861), S. 201–230.
Franz Hauer, Das Eisenwerksprojekt von Kovászna in Siebenbürgen. In: Österreichische Zeitschrift für Berg- und Hüttenwesen, Bd. IX (1861).
Franz Hauer, Über die Ammoniten aus dem sogenannten Medolo der Berge Domaro und Guglielmo in Val Trompia. In: Sitzungsberichte der k.k. Akademie der Wissenschaften, math.-naturw. Kl. 44 (Wien 1861), S. 403–422.
Franz von Hauer und Guido Stache, Geologie Siebenbürgens (Wien 1863).
Franz von Hauer, Geologische Uebersichtskarte der österreichischen Monarchie. In: Jahrbuch der geologischen Reichsanstalt, Bd. 18 (1866), S. 1–44. 434
Franz Hauer, Todes.-Anzeige. In: Verhandlungen der k.k. geologischen Reichsanstalt 14 (1882), S. 253–255.
Franz Hauer, Geologische Übersichtskarte der Österreichisch-Ungarischen Monarchie nach den Aufnahmen der k.k. geologischen Reichsanstalt 1 : 576.000 (Wien 1867–74).

Karl von Hauer, Erinnerungen aus dem Gebiete der Chemie. XV; Die Edelsteine. In: Wiener Zeitung, Nr. 243, Sonntag, 14. Oktober 1860, S. 4140–4142.

Joseph Alexander Freiherr von Helfert, Über Nationalgeschichte und den gegenwärtigen Stand ihrer Pflege in Oesterreich (Prag 1853).

Hermann von Helmholtz, Handbuch der physikalischen Optik (Leipzig 1867), Bd. 1.

Karl Hietzinger, Ansprache bei der Jahresversammlung am 13. November. Bericht über die Versammlungen der kaiserl. königl. Geographischen Gesellschaft. In: Mittheilungen der Geographischen Gesellschaft Wien 5 (1861), S. 1–21.

Otto von Hingenau, Von Haus zu Haus (Wien 1860).

Ferdinand Hochstetter, Madeira. Ein Vortrag am k.k. Polytechnischen Institute, den 22. December 1860 (Wien 1861).

Moriz Hörnes, Die fossilen Mollusken des Tertiär-Beckens von Wien. In: Jahrbuch der k.k. geologischen Reichsanstalt 7 (1856), S. 188–192.

Carl (auch Karl) von Hornstein, Elemente und Oppositions-Ephemeride (1861) der Calliope. In: Sitzungsberichte der Akademie der Wissenschaften, math.-naturw. Kl. 42 (1861), S. 519–522.

Karl (Leberecht) Immermann, Münchhausen. Eine Geschichte in Arabesken. Roman (Düsseldorf 1838–1839), 4 Bde.

Heinrich Joachim Jäck, Wien und dessen Umgebungen (Weimar 1822).

Gustav Jäger, Die Darwin'sche Theorie über die Entstehung der Arten. Zwei Vorträge gehalten am 10. u. 15. Decbr. 1860. In: Schriften des Vereines zur Verbreitung naturwissenschaftlicher Kenntnisse 1 (1862), S. 81–110.

Hermann Junker, Leben und Werk in Selbstdarstellung (= Sitzungsberichte der phil.-hist. Klasse der Österreichischen Akademie der Wissenschaften 242,5, 1963).

Anton Kerner, Gute und schlechte Arten (Innsbruck 1866).

Rudolf Kner, Über die geographische Verbreitung der Süßwasserfische Österreichs. In: Oesterreichische Revue 2 (1863), S. 254–259.

Rudolf Kner, Betrachtungen über die Ganoiden, als natürliche Ordnung. In: Sitzungsberichte der kaiserlichen Akademie der Wissenschaften Wien 54 (1866) 1. Abt., S. 519–536.

Ignaz Lenk von Treuenfeld, Siebenbürgens geographisch-, topographisch-, statistisch-, hydrographisches und orographisches Lexikon (Wien 1839), 2 Bde.

Franz Lihařzik, Gesetz des menschlichen Wachsthums (Wien 1858).

Markus V. Lipold, Ueber Herrn J. Barrande's »Colonien« in der Silur-Formation Böhmens. In: Jahrbuch der k.k. geologischen Reichsanstalt 12 (1860), S. 1–69.

Charles Lyell, Principles of Geology, Beeing an attempt to explain the former changes of the earth's surface by references to the causes now in operation (London 1830–1833) Vol 1–3.

Katharina M. Lyell, Life, Letters, and Journals of Sir Charles Lyell (London 1881).

Jules Marcou, Dyas et Trias: ou le nouveau grès rouge en Europe dans l'Amerique et dans L'Indie (Genf 1859).

Jules Marcou, Lettres sur les roches du Jura et leur distribution géographique dans les deux hémisphères (Paris 1860).

Jacques Mislin, Die heiligen Orte. Pilgerreise nach Jerusalem von Wien nach Marseille, Slavonien, die Donaufürstenthümer, Constantinopel, den Archipelagus, den Libanon, Syrien, Alexandrien, Malta und Sicilien. 3 Bde. (Wien 1860).

Friedrich Mohs, Versuch einer Elementar-Methode zur naturhistorischen Bestimmung und Erkennung der Foßilien (Wien 1812).
Frederick Mohs, Treatise on Mineralogy or Natural History of the Mineral Kingdom. Übersetzt von William Haidinger (Edinburgh 1825) 3 Bde.
Charles Moore, On the Zones of Lower Lias and the Avicula Contocta Zone. In: Quaterly Journal of the Geological Society 17 (1861), S. 483–517.
Adolphe Morlot, Erläuterungen zur geologischen Übersichtskarte der nordöstlichen Alpen (Wien 1847).
[Thomas Oldham], Annual Report of the Superintendent of the Geological Survey of India and the Museum of Economic Geology (London 1858–59).
E. M. Paul und Emil Tietze, Neue Studien in der Sandsteinzone der Karpathen. In: Jahrbuch der k.k. geologischen Reichsanstalt 28 (1879), S. 189–304.
Carl [Karl] Ferdinand Peters, Die Miocän Lokalität Hidas bei Fünfkirchen in Ungarn. In: Sitzungsberichte der Akademie der Wissenschaften, math.-nat. Kl. 44 (1861), S. 581–617.
Karl F. Peters, Das Halitheriumskelett von Hainburg. In: Jahrbuch der k.k. geologischen Reichsanstalt XVII (1867), S. 309–314.
Henry Piddington, Examination and Analysis of the Shalka Meteorite (Zillah West Burdwan). In: Journal of the Asiatic Scociety of Bengal for 1851, Vol. XX (1851), S. 299–314.
Ferdinand von Richthofen, Die Kalkalpen von Vorarlberg und Nord-Tirol. Zweite Abtheilung. In: Jahrbuch der geologischen Reichsanstalt (1862), S. 87–206.
Emil Adolf Roßmäßler, Die Geschichte der Erde: Eine Darstellung für gebildete Leser und Leserinnen (Frankfurt am Main 1856).
[J. R. S.], Ladendorf in Oesterreich und seine ornithologische Sammlung. In: Isis, ed. von Oken, Jg. 1845, Heft 1-XII (Leipzig 1845), S. 563–566.
Karl von Scherzer, Bernhard Wüllerstorf-Urbair und Bernhard Grunow (Eds.), Reise der Oesterreichischen Fregatte Novara um die Erde: in den Jahren 1857, 1858, 1859, Beschreibender Theil, 3 Bde. (Wien 1861).
Karl von Scherzer, Narrative of the circumnavigation of the globe by the Austrian frigate Novara (London 1861).
Alois Schmidl, Die Elemente des geistigen Lebens in Wien. In: Oesterreichische Blätter für Literatur und Kunst, Geografie, Geschichte, Statistik und Naturkunde 4 (Wien 1847), IV. Jg. Nr. 56, 6. März 1847, S. 221–224.
Christian Friederich [!] Schönbein, Über die Erzeugung des Ozons auf chemischem Wege (Basel 1844).
Christian Friedrich Schönbein, Über die Verbindung metabolischer Superoxyde mit Säuren. In: Münchner Abhandlungen, Bd. 8 (1858).
Schriften des Vereines zur Verbreitung naturwissenschaftlicher Kenntnisse (Wien 1862).
Anton von Schrötter, Ueber das Vorkommen des Ozons im Mineralreiche. In: Annalen der Physik und Chemie, 4. Reihe, Jg. 111, 21.Bd. (1860), S. 561–572.
Anton von Schrötter, Anhang zur vorstehenden Mittheilung, betreffend die chemische Zusammensetzung zweier Arten von Eruptivgesteinen der neuen Erhebung. In: Sitzungsberichte der mathematisch-naturwissenschaftlichen Klasse der kaiserl. Akademie der Wissenschaften Bd. LIII, II. Abt. (1866), S. 449–453.
Friedrich Schütz, Alexander Bach. Nach dessen eigenen Mitteilungen. Feuilleton der Neuen Freien Presse. 18. November 1893, S. 1–3.

Anton von Schwabenau, Das Vorkommen einer neuen Art fossiler Korallen in den Hallstätterkalken. In: Jahresbericht des Museum Fransico Carolinum 25 (1865), S. 89–92.
Adolph Senoner, Die Sammlungen der kaiserlichen-königlichen Geologischen Reichs-Anstalt in Wien (Wien 1862).
Daniel Sharpe, Description of the fossil remains Mollusca found in the Chalk of England. In: Palaeontographical Society 68 (1853), S. 1–26; (1854), S. 27–36 und (1856), S. 37–68.
Statistische Uebersicht des Erzherzogthums Öesterreich unter der Enns (Wien 1861).
Statuten der kaiserlichen königlichen Geographischen Gesellschaft. In: Mittheilungen der kaiserl.-königl. Geographischen Gesellschaft IV (1860), S. VI–VII.
Antonio Stoppani, Les Pétrifications d'Esino (Mailand 1850–1860).
Eduard Suess, Hofrath Bronn's Ansichten von der Entwicklung des Thierreiches. In: Schriften des Vereines zur Verbreitung naturwissenschaftlicher Kenntnisse 1 (1861), S. 113–148.
Eduard Suess, Der Boden der Stadt Wien nach seiner Bildungsweise, Beschaffenheit und seinen Beziehungen zum bürgerlichen Leben (Wien 1862). 437.
Eduard Suess, Über die Verschiedenheit und die Aufeinanderfolge der tertiären Landfaunen in der Niederung von Wien. In: Sitzungsberichte der kaiserl. Akademie der Wissenschaften Wien, math.-naturw. Kl. 47 (1863), S 306–331.
Eduard Suess, Die Entstehung der Alpen (Wien 1875).
Eduard Suess, Das Antlitz der Erde, 1. Bd. (Prag/Wien/Leipzig 1888).
[Eduard Suess, nach Stenogr. von Beck], Abschieds-Vorlesung des Professor Eduard Suess bei seinem Rücktritte von dem Lehramte am 13. Juli 1901. In: Beiträge zur Geologie und Paläontologie Österreichs-Ungarns und des Orients (1902).
Eduard Sueß [!], Erinnerungen (Leipzig 1916)
Ferdinand Edler von Thinnfeld, Allerunterthänigster Vortrag des treugehorsamsten Ministers für Landescultur und Bergwesen, Ferdinand Edlen von Thinnfeld. Abgedruckt in: Jahrbuch der k.k. geologischen Reichsanstalt 1 (1850), S. 2–6
Gustav (Edler von Seysenegg) Tschermak, Untersuchung des Cancrinits von Ditro in Siebenbürgen. In: Sitzungsberichte der kaiserl. Akademie der Wissenschaften 44,2 (1861), S.134–136.
Franz Unger, Synopsis Plantarum Fossilium (Leipzig 1845).
Franz Unger, Versuch einer Geschichte der Pflanzenwelt (Wien 1852).
Franz Unger, Botanische Briefe (Wien 1852).
Franz Unger, Wissenschaftliche Ergebnisse einer Reise in Griechenland und in den jonischen Inseln (Wien 1862).
Franz Unger, Die Steiermark zur Zeit der Braunkohlenbildung. In: Franz Unger und [Eduard] Oscar Schmidt (Eds.), Das Alter der Menschheit und das Paradies. Zwei Vorträge (Wien 1866).

Sekundärliteratur

Benedict Anderson, Imagined Communities. Reflections on the Origin and Spread of Nationalism (London 1991).
[Anonymus], Bericht über die erste allgemeine Versammlung der Berg- und Hüttenmänner in Wien, 10.–15. Mai 1858, Wien 1859.

[Anonymus], Aus der Natur. 18. Bd. (Leipzig 1861).

[Anonymus, Wien. Zweite Versammlung des Berg- und Hüttenmännischen Vereins. In: Zeitung für den Berg-, Hüttenwesen und Industrie, 5. Jg. Nr. 58 (1860), S. 475, 20. Juli.

[Anonymus], Acht Tage in Wien. Ein Führer zu den Sehenswürdigkeiten der österreichischen Reichshauptstadt und Residenzstadt Wien (Wien 1862).

Jan Arend, Introduction. In: Science and Empire in Eastern Europe. Imperial Russia and Habsburg Monarchy in the 19th Century (Göttingen 2020) im Druck.

Mitchell G. Ash, Räume des Wissens – was und wo sind sie? Einleitung in das Thema. In: Berichte zur Wissenschaftsgeschichte 23 (2000), S. 235–242.

Mitchell G. Ash, Wissenschaft und Politik als Ressourcen für einander [sic]. In: Rüdiger vom Bruch und Brigitte Kaderas (Ed.), Wissenschaften und Wissenschaftspolitik. Bestandaufnahmen zu Formationen, Brüchen und Kontinuitäten im Deutschland des 20. Jahrhunderts (Stuttgart 2002), S. 32–51.

Mitchel G. Ash und Jan Surman (Eds.), The Nationalization of Scientific Knowledge in the Habsburg Empire, 1848–1918 (New York 2012, Palgrave Macmillan).

Christina Bachl-Hofmann et al. (Eds.), Die Geologische Bundesanstalt in Wien. 150 Jahre Geologie im Dienste Österreichs (1849–1999) (Wien 1999).

Friedrich Martin Berwerth, Die Meteoritensammlung des naturhistorischen Hofmuseums als Born der Meteoritenkunde. In: Sitzungsberichte der kais. Akademie der Wissenschaften, math.-naturw. Kl. 127 (1918), S. 715–795.

Mario Biagioli, Galileo, Courtier. The Practice of Science in the Culture of Absolutism (Chicago 1993).

Melanie Blank und Julia Debelts, Was ist ein Museum? »... eine metaphorische Complication ...«. Museum zum Quadrat Nr. 9. (Wien 2002).

Peter Boerner, Tagebuch (Stuttgart 1969).

Gerhardt Boldt, Aus dem Leben und Wirken von Otto Freiherrn von Hingenau (1818–1872). In: Veröffentlichungen des Österreichischen Museums für Volkskunde 16 (Wien 1975), S. 36–42.

Arno Borst, Das Erdbeben von 1348. Ein historischer Beitrag zur Katastrophenforschung. In: Historische Zeitschrift 233/1 (1981), S. 529–569.

Pierre Bourdieu, Zur Soziologie der symbolischen Formen (Frankfurt am Main 2000, urspr. frz. 1970).

Marie-Noëlle Bourguet, A Portable World: The Notebooks of European Travelers (Eighteenth and Nineteenth Centuries). In: Intellectual History Review 20/3 (2010), S. 377–400.

Dorothee Brantz, Sasha Disko, and Georg Wagner-Kyora, Thick Space: Approaches to Metropolitanism In: Dorothee Brantz, Sasha Disko and Georg Wagner-Kyora (Eds.), Thick Space: Approaches to Metropolitanism (Bielefeld 2012), S. 9–30.

Wilhelm Brauneder, Verfassungsentwicklung in Österreich 1848 bis 1918. In: Die Habsburgermonarchie 1848–1918, Bd.7: Verfassung und Parlamentarismus, 2. Teilband: Helmut Rumpler und Peter Urbanitsch (Eds.): Die regionalen Repräsentativkörperschaften (Wien 2000), S. 69–237.

Emil Brix und Allan Janik (Eds.), Kreatives Milieu. Wien um 1900 (München 1993).

Ernst Bruckmüller, Die österreichische Revolution von 1848 und der Habsburgermythos des 19. Jahrhunderts. In: Lengauer Hubert und Kucher Primus Heinz (Eds.), Bewegung im

Reich der Immobilität. Revolutionen in der Habsburgermonarchie 1848–1849. Literarisch-publizistische Auseinandersetzungen (Wien 2001), S. 1–33.

Ernst Bruckmüller, Untersteirische Eliten. In: Georg Kastner, Ursula Mindler-Steiner und Helmut Wohnout (Eds.), Auf der Suche nach der Identität (Wien 2015), S. 351–377.

John G. Burke, Cosmic Debris: Meteorites in History (Berkeley/Los Angeles/London 1986).

Helena Calsamiglia, Popularization Discourse. In: Discourse Studies 5(2) (2003), S. 139–146.

Tillfried Cernajsek, Wilhelm Karl Ritter von Haidinger - der erste geowissenschaftliche Manager Österreichs. In: Abhandlungen der Geologischen Bundesanstalt 53 (Wien 1996), S. 5–13.

Michel de Certeau, L'Invention du quotidien. Bd. 1: Arts de Faire (Paris 1990).

William Clark, Academic Charisma and the Origins of the Research University (Chicago/London 2006).

James Clifford, On Ethnographic Authority. In: Representations 2 (1983), S. 118–146.

Deborah Coen, Vienna in the Age of Uncertainty. Science, Liberalism, and Private Life (Chicago/London 2007).

Deborah R. Coen, Climate in motion; science, empire, and the problem of scale (Chicago/London 2018).

Pietro Corsi, Introduction to thematic set of papers on Geological Surveys. In: Earth Science History, Vol. 26/Nr. 1 (2007), S. 5–12.

Felix Czeike, Historisches Lexikon Wien, 6 Bde. (Wien 2004).

Lorraine Daston, Die wissenschaftliche Persona. Arbeit und Berufung. In: Theresa Wobbe (Ed.), Zwischen Vorderbühne und Hinterbühne. Beiträge zum Wandel der Geschlechterbeziehungen in den Wissenschaften vom 17. Jahrhundert zur Gegenwart (Bielefeld 2003), S. 109–136.

Lorraine Daston, The Coming into Being of Scientific Objects. In: Loraine Daston (Ed.), Biographies of Scientific Objects (Chicago 1999).

Lorraine Daston und Peter Galison, Objectivity (New York 2007).

Lorraine Daston und Peter Galison, Objektivität (Frankfurt am Main 2007).

Lorraine Daston and Elizabeth Lunbeck, Introduction. Observation Observed. In: Histories of Scientific Observation, edited by Lorraine Daston and Elizabeth Lunbeck (Chicago 2011), S. 1–11.

Andreas W. Daum, Wissenschaftspopularisierung im 19. Jahrhundert. Bürgerliche Kultur, naturwissenschaftliche Bildung und die deutsche Öffentlichkeit, 1848–1914 (Oldenburg 2002 [1995]).

Regina Dauser, Stefan Hächler, Michael Kempe, Franz Mauelshagen, Martin Stuber (Eds.), Wissen im Netz. Botanik und Pflanzentransfer in europäischen Korrespondenznetzen des 18. Jahrhunderts (Berlin 2008).

Johannes Dörflinger, Österreichische Kartographie. In: Lexikon zur Geschichte der Kartographie. Bd. 2. (Wien 1986), S. 563–569.

Johannes Dörflinger, Die österreichische Kartographie im 18. und zu Beginn des 19. Jahrhunderts unter Berücksichtigung der Privatkartographie zw. 1780 und 1820, 2 Bde. (Wien 1984–1989).

Arno Dusini, Tagebuch. Möglichkeiten einer Gattung. Habilitationsschrift an der Universität Wien (Wien 2002).

Arno Dusini, Tagebuch (Paderborn 2005).

Herbert H. Egglmaier, Naturgeschichte. Wissenschaft und Lehrfach. Ein Beitrag zur Geschichte des naturhistorischen Unterrichts in Österreich (Graz 1988).

Helena Ekerholm, Karl Grandin, Christer Nordlund & Patience A. Schell (Eds.), Understanding Field Science Institutions (Watson Publishing International 2017).

François Ellenberger, Histoire de la géologie, Vol. 1 und 2 (Paris 1988–1994).

Helmut Engelbrecht, Geschichte des österreichischen Bildungswesens. Bd. 4: Von 1848 bis zum Ende der Monarchie (Wien 1986).

Eve-Marie Engels und Thomas F. Glick (Eds.), The Reception of Charles Darwin in Europe (London 2008).

Eve-Marie Engels (Ed.), Die Rezeption von Evolutionstheorien im 19. Jahrhundert (Frankfurt a. M. 1995).

Bernhard Fabian (Ed.), Handbuch der historischen Buchbestände in Österreich (Hildesheim/Zürich/New York 1995).

Johannes Feichtinger, ›Staatsnation‹, ›Kulturnation‹, ›Nationalstaat‹: The Role of National Politics in the Advancement of Sciences and Scholarship in Austria from 1848 to 1938. In: Mitchel Ash und Jan Surman (Eds.), The Nationalization of Scientific Knowledge in the Habsburg Empire, 1848–1918 (Palgrave Macmillan 2012), S. 57–82.

Johannes Feichtinger, Die verletzte Autonomie. Wissenschaft und ihre Struktur in Wien 1848 bis 1938. In: Katharina Kniefacz et al. (Ed.), Universität – Forschung – Lehre. Themen und Perspektiven im langen 20. Jahrhundert. 650 Jahre Universität Wien – Aufbruch ins neue Jahrhundert (Wien 2015), S. 261—292.

Fritz Fellner, Geschichtswissenschaft. In: Das Zeitalter Kaiser Franz Josephs. 1 Teil: Von der Revolution zur Gründerzeit 1848–1880. Beiträge (Katalog des Niederösterreichischen Landesmuseums, N.F. 147, Wien 1984), S. 374–379.

Ludwik Fleck, Entstehung und Entwicklung einer wissenschaftlichen Tatsache. Einführung in die Lehre des Denkstils und des Denkkollektivs (= suhrkamp taschenbuch wissenschaft 312) (Frankfurt am Main 1980 [Basel 1935].

Michel Foucault, Archäologie des Wissens. suhrkamp taschenbuch wissenschaft 356 (Frankfurt am Main 1981).

Michel Foucault, Archäologie des Wissens (8. Aufl. Frankfurt am Main 1997).

Michel Foucault, In Verteidigung der Gesellschaft. Vorlesungen am Collège de France. Übersetzt von Michele Ott (Frankfurt am Main 1999).

Ulrich Freitag, Das metrische Maßsystem in seinen Beziehungen zu anderen Maßsystemen. In: Kartographische Nachrichten 18 (1968), S. 93–96. 441

Brigitte Fuchs, »Rasse«, »Volk«, »Geschlecht«. Anthropologische Diskurse in Österreich 1850–1960 (Frankfurt/New York 2003).

Geologische Bundesanstalt (Ed.), Die Geologische Bundesanstalt in Wien 150 Jahre Geologie im Dienste Österreichs (1849–1999).

Lothar Gall, Europa auf dem Weg in die Moderne 1850–1890 (Oldenbourg Grundriss der Geschichte 14), 3. erw. Aufl. (München 1997).

Anthony Giddens, Konsequenzen der Moderne (Frankfurt am Main 1996).

Anthony Giddens, Die Konstitution der Gesellschaft. Grundzüge einer Theorie der Strukturierung (Frankfurt am Main/New York 1997).

Sander Gliboff, Evolution, Revolution, and Reform in Vienna. Franz Unger's Ideas on Descent and their Post–1848 Reception. In: Journal of the History of Biology 31.2 (1998), S. 179–209.

Sander Gliboff, H. G. Bronn, Ernst Haeckel, and the Origins of German Darwinism. A Study in Translation and Transformation (Cambridge, MA, 2008).

Sander Gliboff, Franz Unger and Developing Concepts of Entwicklung. In: Marianne Klemun (Ed.), Einheit und Vielfalt. Franz Ungers (1800–1870) Konzepte der Naturforschung im internationalen Kontext (Göttingen 2016), S. 93–104.

Georg Gothein, Der Oberschlesische Berg- und Hüttenmännische Verein. Ein Rückblick auf 25-jährige Thätigkeit als Interessensvertretung der oberschlesischen Montanindustrie (Kattowitz 1885).

Wilhelm Gümbel, Arnold Escher von der Linth. Biographie in der ADB 6, S. 362–365.

Otto Guglia, Das Ministerium für Landeskultur und Bergwesen 1848–1853. In: Festschrift für Heinrich Kunnert (= Burgenländische Forschungen, Sonderheft 2) (Eisenstadt 1969), S. 54–65.

Jürgen Habermas, Theorie des kommunikativen Handelns (Frankfurt am Main 1981).

Rebekka Habermas und Alexandra Przyrembel, (Eds.), Von Käfern, Märkten und Menschen: Kolonialismus und Wissen in der Moderne (Göttingen 2013).

Mark Harrison, Science and the British Empire. In: Isis 96, no.1 (2005), S. 56–63.

David Harvey, The Condition of Postmodernity. An Enquiry into the Origins of Cultural Change (Oxford 1989).

Karin Hausen, Die Nicht-Einheit der Geschichte als historiographische Herausforderung. Zur historischen Relevanz und der Geschlechtergeschichte. In: Hans Medick und Anne-Charlott Trepp (Eds.), Geschlechtergeschichte und Allgemeine Geschichte. Herausforderungen und Perspektiven (= Göttinger Gespräche zur Geschichtswissenschaft, Bd.5., Göttingen 1998), S. 15–55.

Wolfgang Häusler, Kaiserstaat oder Völkerverein? Zum österreichischen Staats- und Reichsproblem zwischen 1804 und 1848/9. In: Richard G. Plaschka, Gerald Stourzh und Jan P. Niederkorn (Eds.), Was heißt Österreich? Inhalt und Umfang des Österreichbegriffs vom 10. Jahrhundert bis heute (= Archiv für österreichische Geschichte 136, Wien 1995), S. 221–254.

Klaus Hentschel, Analogien in Naturwissenschaft, Medizin und Technik (Stuttgart 2010).

Dirk Hoerder, Christiane Harzig, Adrian Shubert, The Historical Practice of Diversity. Transcultural Interactions from the Early Modern Mediterranean to the Postcolonial World (New York/Oxford 2003).

Gustav René Hocke, Europäische Tagebücher aus vier Jahrhunderten (Wiesbaden/München 1986).

Walter Höflechner, Österreich: eine verspätete Wissenschaftsnation? In: Karl Acham (Ed.), Geschichte der Humanwissenschaften in Österreich, Bd. 1: Historischer Kontext, wissenschaftssoziologische Befunde und methodologische Voraussetzungen (Wien 1999), S. 93–114.

Thomas Hofmann, Günter Blöschl, Lois Lammerhuber, Werner E. Piller und A. M. Celâl Şengör (Eds.), The Face of The Earth. The Legacy of Eduard Suess (Edition Lammerhuber: Wien 2014).

Frederic L. Holmes, Laboratory Notebooks and Investigative Pathways. In: Frederic L.Holmes, Jürgen Renn and Hans-Jörg Rheinberger (Eds.), Reworking the Bench. Research Notebooks in History of Science (= Archimedes Vol. 7, Dordrecht /Boston/London 2003), S. 295–307.

Bernhard Hubmann und Tillfried Cernajsek, Die Steiermark im geologischen Kartenbild (Graz 2004).

Pieter M. Judson, Exclusive Revolutionaries. Liberal Politics, Social Experience, and National Identity in the Austrian Empire, 1848–1914 (Ann Arbor 1996).

Pieter M. Judson, The Habsburg Empire. A New History (Cambridge/Massachusetts/London 2016).

Thomas Junker, Darwinismus und Botanik. Rezeption, Kritik und theoretische Alternativen im Deutschland des 19. Jahrhunderts: In: Quellen und Studien zur Geschichte der Pharmazie 54 (Stuttgart 1989).

Georg W. A. Kahlbaum und Eduard Thon, Justus von Liebig und Christian Friedrich Schönbeins Briefwechsel 1833–1868 (Leipzig 1900).

Hedwig Kadletz, »Der Tarpäische Fels ist die wahre Wohnstätte der Geister«. Der Briefwechsel zwischen Erzherzog Johann und Metternich als Quelle für die Gründungsgeschichte der Akademie der Wissenschaften in Wien. In: Günther Hamann (Ed.): Aufsätze zur Geschichte der Naturwissenschaften und Geographie (Österreichische Akademie der Wissenschaften, phil. hist. Kl. Sitzungsberichte Bd. 475 = Veröffentlichungen der Kommission für Geschichte der Mathematik, Naturwissenschaften und Medizin 44, Wien 1986), S. 119–135.

Karl Kadletz, »Krisenjahre« zwischen 1849 und 1861. In: Christina Bachl-Hofmann et al (Eds.), Die Geologische Bundesanstalt in Wien. 150 Jahre Geologie im Dienst Österreichs (1849–1999) (Wien 1999), S. 78–92.

Karl Kadletz, Wilhelm Haidinger (1795–1871). In: Gerhard Heindl (Ed.), Wissenschaft und Forschung in Österreich. Exemplarische Leistungen österreichischer Naturforscher, Techniker und Mediziner (Frankfurt am Main etc. 2000), S. 9–30.

Karl Kadletz, Die Geologische Reichsanstalt im Schicksalsjahr 1860. Genese und Ablauf des Konflikts um ihre Eingliederung in die Akademie der Wissenschaften. (Phil. Diss. Wien 2003).

Alois Kieslinger, Die Steine von St. Stephan (Wien 1949).

Alois Kieslinger, Die Wiener Ringstraße (Wiesbaden 1977).

Friedrich Kittler, Discourse Networks: 1800 / 1900, übersetzt von Michael Metterer mit Chris Cullens (Stanford 1999).

Franz Kirnbauer, Zur Geschichte der Bergmannstage in Österreich. In: Der Anschnitt 14 (1962), Heft 4, S. 3–10.

Marianne Klemun, Arbeitsbedingungen eines Naturforschers im Kärnten des 18. Jahrhunderts am Beispiel Franz Xaver Wulfens. In: Carinthia I, 174 (1984), S. 357–374.

Marianne Klemun, Friedrich Simony (1813–1896) – 1. Kustos des Naturhistorischen Museums in Klagenfurt (1848–1850). Ein Beitrag zur Gründungsgeschichte des Museums. In: Carinthia II, 182/102 (1992), S. 375–391.

Marianne Klemun, … mit Madame Sonne konferieren. Die Großglockner-Expeditionen 1799 und 1800 (= Das Kärntner Landesarchiv 25, Klagenfurt 2000).

Marianne Klemun, Gründung des »Zoologisch-Botanischen Vereins« 1851 – Eine »Kathedrale« der Naturgeschichte und Biologie in der wissenschaftsorganisatorischen Landschaft der Habsburgermonarchie. In: Verh. Zool.-Bot. Gesellschaft Österreich 138 (2001), S. 255–270.

Marianne Klemun, Franz Unger (1800–1870). Wanderer durch die Welten der Natur. In: Glücklich, wer den Grund der Dinge zu erkennen vermag. Österreichische Mediziner, Naturwissenschaftler und Techniker im 19. und 20. Jahrhundert (Frankfurt am Main/Berlin/Bern 2003), S. 27–43.

Marianne Klemun, »Die Gestalt der Buchstaben, nicht das Lesen wurde gelehrt.« Friedrich

Mohs' »naturhistorische Methode« und der mineralogische Unterricht in Wien. In: ÖGW (2004), S. 43–60.

Marianne Klemun, Questions of periodization and Adolphe von Morlot's contribution to the term and the concept »Quaternär« (1854). In: David Oldroyd (Ed.), History of Geomorphology and Quaternary Geology (= Geological Society, London, Special Publications 301, 2008), S. 19–31.

Marianne Klemun, »Da bekommen wir auf einmal wieder zwei Etagen mehr! Wohin soll das noch führen!« Geologische Wissenskommunikation zwischen Wien und Zürich: Arnold Escher von der Linths Einfluss auf Eduard Suess' alpines Deckenkonzept, diskutiert anhand seiner Ego-Dokumente (1854–1856) und seiner Autobiografie. In: Eduard Suess (Wien 2009), S. 295–318.

Marianne Klemun, The Geologist's Hammer – fossil tool, equipment, instrument and/or badge? In: Ana Carneiro and Marianne Klemun (Eds.), Seeing and Measuring, Constructing and Judging: Instruments in the History of the Earth Sciences (= Centaurus, An International Journal of the History of Science and its Cultural Aspects, Vol. 53, Issue 2, 2011), S. 86–101.

Marianne Klemun, Thomas Hofmann (Eds.), Die k.k. Geologische Reichsanstalt in den ersten Jahrzehnten ihres Wirkens. Neue Zugänge und Forschungsfragen (= Berichte der Geologischen Bundesanstalt 95, Wien 2012).

Marianne Klemun, National ›Consensus‹ as Culture and Practice: The Geological Survey in Vienna and the Habsburg Empire (1849–1867). In: The Nationalization of Scientific Knowledge in the Habsburg Empire, 1848–1918, ed. by Mitchell G. Ash and Jan Surman (New York 2012, Palgrave Macmillan), S. 83–101.

Marianne Klemun, Administering science: the paper form of scientific practice and geological fieldwork. In: Earth Sciences History 33, Nr. 2 (2014), S. 279–293.

Marianne Klemun, Historismus/Historismen – Geschichtliches und Naturkundliches: Identität – Episteme – Praktiken, in: Christine Ottner, Gerhard Holzer und Petra Svatek (Eds.): Wissenschaftliche Forschung in Österreich 1800–1900. Spezialisierung, Organisation, Praxis (= Schriften des Archivs der Universität Wien, Fortsetzung der Schriftenreihe des Universitätsarchivs der Universität Wien, Bd. 21, Göttingen 2015), S. 17–41.

Marianne Klemun, Geognosie versus Geologie: Nationale Denkstile und kulturelle Praktiken bezüglich Raum und Zeit im Widerstreit. In: Berichte zur Wissenschaftsgeschichte. Organ der Gesellschaft für Wissenschaftsgeschichte 38/3 (2015), S. 227–242.

Marianne Klemun (Ed.), Einheit und Vielfalt. Franz Ungers (1800–1870) Konzepte der Naturforschung im internationalen Kontext (Göttingen 2016).

Marianne Klemun, Spaces and places: an historical overview of the development of geology in Austria (Habsburg Monarchy) in the eighteenth and nineteenth centuries. In: Wolf Mayer, Rene M. Clary et al (Eds.), History of Geoscience: Celebrating 50 Years of INHIGEO, Geological Society, Special Publications, 442 (Geological Society London: London 2017), S. 263–270.

Marianne Klemun, Fieldwork of the Austrian Geological Survey. In: Helena Ekerholm, Karl Grandin, Christer Nordlund and Patience A. Schell (Eds.), Understanding Field Science Institutions. Science History Publications (Watson Publishing International 2017), S. 133–156.

Marianne Klemun, Helga Hühnel, Nikolaus Jacquin (1727–1817) – ein Naturforscher (er)findet sich (Göttingen, Vienna University Press 2017).

Marianne Klemun, Different functions of learning and knowledge – Geology takes form: Museums in the Habsburg Empire, 1815–1848. In: G. D. Rosenberg, and R. M. Clary, (Eds.), Museums at the Forefront of the History and Philosophy of Geology: History Made, History in the Making: Geological Society of America Special Paper 535 (2018), p. 163–175.

Simon Knell, The Culture of English Geology, 1815–51. A Science Revealed through its Collecting (Aldershot 2000).

Simon J. Knell, The sustainability of geological mapmaking: the case of the Geological Survey of Great Britain. In: Earth Sciences History, Vol. 26/Nr. 1 (2007), S.13–29,

Robert E. Kohler, Landscapes & Labscapes: Exploring the Lab-Field Border in Biology (Chicago/London 2002).

Robert E. Kohler and Jeremy Vetter, »The Field«, In: Bernard Lightman (Ed.) A Companion to the History of Science (Chichester 2016), S. 282–295.

E. A. Kolbe, Zur Geschichte der ehemaligen staatlichen Schwefelsäurefabrik in Wien-Heiligenstadt und der ehemaligen k.k. Salmiakfabrik in Nußdorf. In: Blätter für Technikgeschichte 12 (1950), S. 75–90.

László Kontler, Antonella Romano, Silvia Sebastiani und Borbála Zsuzsanna Török, Negotiating Knowledge in Early Modern Empires. A Decentered View. (New York 2014).

Sybille Krämer, Medium, Bote, Übertragung. Kleine Metaphysik der Medialität (Frankfurt am Main 2008).

Thomas Kristen und Thomas Hofmann, Die Tagebücher Franz von Hauers von 1860 bis 1873: Hintergründe, Privates und Unbekanntes aus der Pionierphase der k.k. Geologischen Reichsanstalt. In: Berichte der Geologischen Bundesanstalt 96 (2012), S. 28–30.

Friedrich Krotz, Mediatization. A Concept with which to Grasp Media and Societal Change. In: Knut Lundby (Ed.), Mediatization. Concept, Changes, Consequences (New York 2009), S. 21–40.

Jens Lachmund: Kartennaturen. In: David Gugerli und Barbara Orland (Eds.), Ganz normale Bilder (Interferenzen 2, 2002), S. 85–104.

Bruno Latour, Science in Action: How to Follow Scientists and Engineers Through the Society (Harvard 1987).

Henry Lefebvre, The Production of Space (Oxford 1992).

Henri Lefebvre, La production de l'espace (Paris 2000 [1974]).

Hubert Leitgeb, Franz Unger (Graz 1870).

Hubert Lengauer und Primus Heinz Kucher, Vorwort. In: Lengauer Hubert und Kucher Primus Heinz (Eds.): Bewegung im Reich der Immobilität. Revolutionen in der Habsburgermonarchie 1848 – 1849. Literarisch-publizistische Auseinandersetzungen (Wien 2001), S. IX–XVIII.

Hans Lentze, Die Universitätsreform des Ministers Graf Leo Thun-Hohenstein (= Sitzungsberichte der Österreichischen Akademie der Wissenschaften, phil.-hist. Kl. 239, Wien 1962).

George Levine, Darwin and the Novelists: Pattern of Science in Victorian Fiction (Chicago and London 1988).

Min-Hsiu Liao, Popularization and Translation. In: Yves Gambier, Luc van Doorslaer (Eds.), Handbook of Translation Studies. Vol. 4. (Amsterdam/Philadelphia 2013), S. 130–13.

Bernard Lightman (Ed.), Victorian Popularisers of Science: Designing Nature for New Audiences (Chicago/London 2007).

David N. Livingstone, Putting Science in Its Place. Geographies of Scientific Knowledge (Chicago/London 2003).

David N. Livingstone, The Geography of Darwinism, in: Interdisciplinary Science Review 31, Issue 1 (2006), S. 32–41.

Martina Löw, Raumsoziologie (Frankfurt am Main 2001).

Niklas Luhmann, Vertrauen (Stuttgart 1989).

Katharina M. Lyell, Life, Letters, and Journals of Sir Charles Lyell (London 1881).

Eva Macho, Alexander Freiherr von Bach. Stationen einer umstrittenen Karriere (= Beiträge zur Neueren Geschichte Österreichs, ed. von Bertrand Michael Buchman) (Frankfurt am Main/Berlin/Bern etc. 2009).

Roy Macleod, Introduction: Nature and Empire. Science and the Colonial Enterprise, In: Nature and Empire: Science and the Colonial Enterprise, ed. Roy Macleod, 1–13 (Chicago 2000).

Stefan Malfèr, Zur Abrüstungsdebatte in Österreich im 19. Jahrhundert. In: Bericht über den achtzehnten österreichischen Historikertag in Linz 1990 (= Veröffentlichungen des Verbandes Österreichischer Geschichtsvereine 27, Wien 1991), S. 80–83.

Stefan Malfèr, Die Protokolle des Österreichischen Ministerrats 1848–1867. IV: Abt. Das Ministerium Rechberg, Band I, 19. Mai 1858–2/3 März 1860 (Wien 2003).

Franz Mauelshagen, Netzwerke des Vertrauens. In: Ute Frevert (Ed.), Vertrauen, Historische Annäherungen (Göttingen 2003), S.119–151.

Renate Mayntz, Friedhelm Neidhardt, Peter Weingart, Ulrich Wengenroth (Eds.), Wissensproduktion und Wissenstransfer: Wissen im Spannungsfeld von Wissenschaft, Politik und Öffentlichkeit (Bielefeld 2008).

Brigitte Mazohl-Wallnig, Universitätsreform und Berufungspolitik. Die Ära des Ministers Thun-Hohenstein. In: Klaus Müller-Salget, Sigurd Paul Scheichl (Eds.), Nachklänge der Aufklärung im 19. und 20. Jahrhundert (Innsbruck 2008), S. 129–149.

Brigitte Mazohl, Universitätsreform und Universitätspolitik. Die Ära des Ministers Thun-Hohenstein. In: Klaus Müller-Salget und Sigurd Paul Scheichl (Eds.), Nachklänge der Aufklärung im 19. und 20. Jahrhundert. Für Werner Baier zum 65. Geburtstag (= Innsbrucker Beiträge zur Kulturwissenschaft. 49, Germanistische Reihe 73, Innsbruck 2008), S. 129–149.

Marshall McLuhan, Understanding Media. The Extension of Man [New York 1964] (Corte Madera 2003).

Richard Meister, Entwicklung und Reformen des österreichischen Studienwesens. Teil I: Abhandlung (= Österreichische Akademie der Wissenschaften, phil.-hist. Klasse, Sitzungsberichte, 239/1 (Wien 1963).

Greg Myers, Discourse Studies of Scientific Popularization. Questioning the Boundaries. In: Discourse Studies 5/2 (2003), S. 265–279.

Siegfried Nasko (Ed.), Österreich unter Kaiser Franz Joseph I. (Historische Sondersaustellung im Schloß Pottenbrunn, Wien 1979).

Michael North (Ed.), Kultureller Austausch. Bilanz und Perspektiven der Frühneuzeitforschung (Köln/Weimar/Wien 2009).

Lynn K. Nyhart, Kundekunde, oder: Das Allgemeine im Museum. In: Michael Hagner und Manfred Laubichler (Eds.), Der Hochsitz des Wissens (2006), S. 207–223.

Lynn K. Nyhart, Historiography of the History of Science. In: Bernard Lightman (Ed.), A Companion to the History of Science (Chichester 2016), S. 7–22.

Richard Dixon Oldham, A Bibliography of Indian Geology being a list of books and papers, related to the Geology of British India (Calcutta 1888).

David Oldroyd, Thinking about the Earth, a History of Ideas in Geology (London 1996).
Michael A. Osborne, Science and the French Empire. In: Isis 96,1 (2005), S. 80–87.
Faidra Papanelopoulou, Agustí Nieto-Galan, Enrique Perdiguero (Eds.), Popularizing Science and Technology in the European Periphery, 1800 – 2000 (Oxford 2016).
Jürgen Osterhammel, Europamodelle und imperiale Kontexte, Journal of Modern European History 2, no. 2 (2004), S. 157–182.
John Durham Peters, Beyond Reciprocity: Public Communication as a Moral ideal. In: Communication, Culture, and Community. Liber Amicorum James Stappers, ed. von E. Hollander, Coen van der Linden und Paul Rutten (Houton 1995), S. 41–50.
Walther E. Petrascheck und Günther Hamann, Franz von Hauer: Reiseberichte über eine mit Moriz Hörnes im Sommer 1848 unternommene Reise nach Deutschland, Frankreich, England und der Schweiz mit einer Subvention der Akademie der Wissenschaften zwecks Studien über geologische Landesaufnahmen. (= Veröffentlichungen der Kommission für Geschichte der Mathematik, Naturwissenschaften und Medizin 43, Wien 1985).
Kapil Raj, Go-Betweens, Travelers, and Cultural Translators. In: Bernard Lightman (Ed.), A Companion to the History of Science Chichester 2016), S. 39–57;
Kapil Raj, Relocating Modern Science: Circulation and the Construction of Scientific Knowledge in South Asia and Europe, 1650–1900 (Basingstoke 2007).
Susanne Rau, Räume. Konzepte, Wahrnehmungen, Nutzungen (Frankfurt/New York 2013).
Heinz Reif, Metropolises. History, Concepts, Methodologies. In: Dorothee Brantz, Sasha Disko, and Georg Wagner-Kyora (Eds.), Thick Space: Approaches to Metropolitanism (Bielefeld 2012), S. 31–47.
Paul Ricoeur, Zeit und Erzählung, Bd. III (Paderborn [1991] 2007).
Alexander Reyer, Leben und Wirken des Naturhistorikers Dr. Franz Unger (Graz 1871).
Nikolai Roskamm, Dichte. Eine transdisziplinäre Dekonstruktion. Diskurse zu Stadt und Raum (Bielefeld 2011).
Martin Rudwick, The foundation of the Geological Society of London. Its scheme for co-operative research and its struggle for independence. In: British Journal for the History of Science 4 (1963), S. 325–355.
Martin J. S. Rudwick, Worlds Before Adam. The Reconstruction of Geohistory in the Age of Reform (Chicago/London 2008).
Martin Rudwick, Minerals, strata and fossils. In: N. Jardine, J. A. Secord and E. C. Spary (Eds.), Cultures of Natural History (Cambridge 1996), S. 266–286.
Helmut Rumpler, Ministerrat und Ministerratsprotokolle 1848 bis 1867. Behördengeschichtliche und aktenkundliche Analyse. In: Die Protokolle des Österreichischen Ministerrates 1848–1867. Einleitungsband (Wien 1970), S. 11–108. 448
Bodo Plachta, Editionswissenschaft. Eine Einführung in Methode und Praxis der Edition neuerer Texte. Reclams Universal-Bibliothek Nr. 17603 (Stuttgart [3]2013).
Luitfried Salvini-Plawen und M. Svojtka, Fische, Petrefakten und Gedichte: Rudolf Kner (1810-1869) – ein Streifzug durch sein Leben und Werk (= Denisia 24, 2008).
José Saramago, Ensaio sobre a Cegueira (Lissabon 1995). Deutsche Übersetzung: José Saramago, Stadt der Blinden (Reinbek 1997).
Elisabeth Satzinger, Alexander Bach während des Jahres 1848. Ein politisches Charakterbild (Phil. Diss. Wien 1944).

Gustav Adolph Schimmer, Beschreibung der Haupt- und Residenzstadt Wien. Mit einem Fremdenführer (Wien 1866).

Carl Schorske, Wien – Geist und Gesellschaft im Fin de Siècle (München/Zürich 1994). Das Original erschien in englischer Sprache 1982.

Elmar Schübl, Mineralogie, Petrographie, Geologie und Paläontologie. Zur Institutionalisierung der Erdwissenschaften an österreichischen Universitäten, vornehmlich an jener in Wien, 1848–1938 (Scripta geo-historica, Bd. 3, Graz 2010).

Johannes Schultze, Grundzüge für die äußere Textgestaltung bei der Herausgabe von Quellen zur neueren Geschichte. In: Blätter für deutsche Landesgeschichte 102 (1966), S. 1–10.

James A. Secord, The Geological Survey of Great Britain as a research school, 1839–1855. In: History of Science 24 (1986), S. 233–275.

James A. Secord, Victorian Sensation: The Extraordinary Publication, Reception and Secret Authorship of Vestiges of the Natural History of Creation (Chicago/London 2000).

James A. Secord, Visions of Science: Books and Readers at the Dawn of the Victorian Age (Oxford 2014).

James A. Secord, How Scientific Conversation became Shop Talk. In: Aileen Fyfe and Bernard Lightman (Eds.). Science in the Marketplace (Chicago/London 2017), S. 23–59.

Johannes Seidl, Einige Inedita zur Frühgeschichte der Paläontologie an der Universität Wien. Die Bewerbung von Eduard Suess um die Venia Legendi für Paläontologie. In: Berichte der Geologischen Bundesanstalt 53 (Wien 2001), S. 61–67.

Johannes Seidl (Eds.), Eduard Suess und die Entwicklung der Erdwissenschaften zwischen Biedermeier und Sezession (Göttingen 2009).

Steven Shapin und Simon Schaffer, Leviathan and the Air-pump: Hobbes, Boyle, and the Experimental Life (Princeton 1985).

Steven Shapin, Why the public ought to understand science-in-the-making. Public Understanding of Science 1(1992), S. 27–30.

Terry Shinn, Richard Whitley (Eds.), Expository Science. Forms and Functions of Popularisation (Dordrecht/Boston/Lancaster 2012).

Georg Simmel, Soziologie (Frankfurt am Main 1992).

Georg Simmel, Soziologie des Raumes. In: Georg Simmel, Gesamtausgabe, Bd. 7.1: Aufsätze und Abhandlungen 1901–1908, ed. von Otthein Rammstedt (Frankfurt am Main 1903, 1905), S. 132–183.

Fritz Steininger, Daniella Angetter und Johanes Seidl, Zur Entwicklung der Paläontologie in Wien bis 1945. Abhandlungen der Geologischen Bundesanstalt 72 (Wien 2018).

Gerald Stourzh, Die Gleichberechtigung der Volksstämme als Verfassungsprinzip 1848–1918. In: Adam Wandruszka und Peter Urbanitsch (Eds.), Die Habsburgermonarchie 1848–1918, Bd.3: Die Völker des Reiches, Teilbd. 2 (Wien 1980), S. 975–1206.

Botho Strauß, Der Untenstehende auf Zehenspitzen (München 2004).

Friedrich Strieder, Schriftsteller-Geschichte, 17. Bd., ed. von Wilhelm Justi (Marburg 1819).

Berthold Sutter, Probleme einer österreichischen Parlamentsgeschichte 1848 bis 1918. In: Die Habsburgermonarchie 1848–1918, Bd.7: Verfassung und Parlamentarismus, 2. Teilband: Helmut Rumpler und Peter Urbanitsch (Eds.), Die regionalen Repräsentativkörperschaften (Wien 2000), S. 541–568.

Matthias Svojtka, Johannes Seidl und Michael Coster-Heller, Frühe Evolutionsgedanken in der Paläontologie. Materialien zur Korrespondenz zwischen Charles Robert Darwin und Melchior Neumayr. In: Jahrbuch der Geologischen Bundesanstalt 149 (2009), S. 357–374.

Kenneth L. Taylor, Before vulcanoes became ordinary. In: Wolf Mayer, Rene M. Clary et al (Eds.), History of Geoscience: Celebrating 50 Years of INHIGEO, Geological Society, Special Publications, 442 (London 2017), S. 117–126.

Emil Tietze, Franz von Hauer, sein Lebensweg und seine wissenschaftliche Tätigkeit. In: Jahrbuch der k.k. geologischen Reichsanstalt, Bd. 49 (1900), S. 679–825.

Jacob Vogel, Moderner Traditionalismus. Mythos und Bilder des Bergwerkseigentums im preuß.-deutschen Bergrecht des 19. Jahrhunderts. In Eigentum im internationalen Vergleich 18. bis 20. Jahrhundert, ed. von Hannes Siegrist und David Sugarman (Göttingen 1999), S. 185–208.

Robert Waissenberger, Vorwort. In: Traum und Wirklichkeit. Wien 1870–1930. 93. Sonderausstellung des Historischen Museums der Stadt Wien (Wien 1985), S. 10 –11.

Adam Wandruszka, Schicksalsjahr 1866 (Graz, Wien, Köln 1966).

Peter Weingart, Die Wissenschaft der Öffentlichkeit. Essays zum Verhältnis von Wissenschaft, Medien und Öffentlichkeit (Weilerswist 2006 [2005]).

Julius Wiesner, Franz Unger. Gedenkrede, gehalten am 14. Juli 1901 anlässlich der im Arkadenhofe der Wiener Universität aufgestellten Unger-Büste (Separatabdruck, Wien 1902).

J[ohn]. Wilson, Futtehpore as a Mission Station. India Missions. Extracts from several Letters. In: The Foreign Missionary Chronicle vol. XIII, Oktober 1845, Nr. 10, S.289–290.

Eduard Winter, Revolution, Neoabsolutismus und Liberalismus in der Donaumonarchie (Wien 1969).

Dennis Woods, The Power of Maps (London 1992).

Ernest Anton Wulfing, Die Meteoriten in Sammlungen und ihre Literatur (Tübingen 1897).

Helmuth Zapfe, Eduard Suess zum 50. Todestag. In: Annalen des Naturhistorischen Museums Wien. Geologie und Paläontologie 67 (1964), S. 169–173.

Erich Zöllner, Perioden der österreichischen Geschichte und Wandlungen des Österreich-Begriffes bis zum Ende der Habsburgermonarchie. In: Adam Wandruszka und Peter Urbanitsch (Eds.), Die Habsburgermonarchie 1848–1918, Bd. 3: Die Völker des Reiches, Teilbd. 1 (Wien 1980), S. 1–32.

Abbildungsverzeichnis

Personenregister